# CONTROLE PREDITIVO BASEADO EM MODELO

Blucher

sociedade brasileira de
AUTOMÁTICA

Julio Elias Normey-Rico
Rodolfo César Costa Flesch
Daniel Martins Lima
Vinícius Berndsen Peccin

# CONTROLE PREDITIVO BASEADO EM MODELO

## Tópicos Avançados

Volume 2

*Controle preditivo baseado em modelo: volume 2: tópicos avançados*



*Publisher* Edgard Blücher
*Editor* Eduardo Blucher
*Coordenador editorial* Rafael Fulanetti
*Coordenação de produção* Andressa Lira
*Pré-produção:* Aline Fernandes
*Produção editorial* Lidiane Pedroso Gonçalves
*Diagramação* Daniel Martins Lima
*Revisão de texto* Maurício Katayama
*Capa* Laércio Flenic
*Imagem de capa* iStockphoto

**Blucher**

Rua Pedroso Alvarenga, 1245, 4° andar
CEP 04531-934 – São Paulo – SP – Brasil
Tel.: 55 11 3078-5366
**contato@blucher.com.br**
**www.blucher.com.br**

Segundo o Novo Acordo Ortográfico, conforme 6. ed. do *Vocabulário Ortográfico da Língua Portuguesa*, Academia Brasileira de Letras, julho de 2021.



Dados Internacionais de Catalogação na Publicação (CIP)
Angélica Ilacqua CRB-8/7057

Controle preditivo baseado em modelo : volume 2 : tópicos avançados / Julio Elias Normey-Rico ... [et al]. – São Paulo: Blucher, 2024.
432 p. : il.

Bibliografia
ISBN 978-85-212-2500-3

1. Engenharia 2. Controle preditivo 1. Normey-Rico, Julio Elias

24-5368 CDD 620

Índice para catálogo sistemático:
1. Engenharia

# Agradecimentos

Aproveitamos este espaço para agradecer a pessoas e entidades que, de diversas maneiras, tornaram este livro possível. Em especial, agradecemos os incentivos dos nossos colegas e amigos de departamento. Alguns exemplos e estudos de caso apresentados ao longo deste livro foram elaborados com base em pesquisa científica financiada pela CAPES, FINEP, ANP e CNPq, assim, agradecemos a essas instituições pelo suporte. Lembramos do acolhimento deste livro pela Sociedade Brasileira de Automática, que o incluiu na série de material didático da SBA Press.

# Conteúdo

CAPÍTULO 1

# Introdução

Este livro é o Volume 2 da obra que tem como objetivo principal apresentar aos estudantes de engenharia e de áreas afins os fundamentos do controle preditivo baseado em modelo (MPC, do inglês *Model Predictive Control*), também denominado controle preditivo. O MPC é uma das metodologias de controle mais usadas na indústria de processos e vem ganhando diversas contribuições teóricas ano após ano.

Seguindo a mesma linha do Volume 1, aqui a abordagem também é teórico-prática, apresentando o desenvolvimento da teoria clássica do MPC, aspectos de implementação dos algoritmos de controle e estudos de caso, alguns deles retirados do ambiente industrial, como do setor de energia solar e da indústria de petróleo e gás. Neste volume, são apresentadas as versões multivariáveis (MIMO, do inglês *Multi-Input Multi-Output*) dos controladores DMC (do inglês *Dynamic Matrix Control*) e GPC (do inglês *Generalized Predictive Control*) estudados no Volume 1, além de outras estratégias de MPC linear e não linear. Ainda, analisamos aspectos relacionados com o controle MPC de processos com atraso e apresentamos os principais algoritmos de otimização utilizados no contexto de MPC.

Dando continuidade ao apresentado no Volume 1, aqui o desenvolvimento teórico apresentado segue, também, uma abordagem no domínio do tempo discreto, recorrendo a conceitos e ferramentas básicas da teoria de controle digital clássico, como equações a diferenças e transformada Z, e a ferramentas de sistemas multivariáveis, como descrições em variáveis de estado e matriz de transferência. O livro é orientado a estudantes que possuem conhecimentos básicos de teoria de controle em tempo contínuo e em tempo discreto. Além disso, para o bom acompanhamento do conteúdo deste volume, é necessário que os leitores conheçam a teoria de controle MPC SISO e os controladores GPC e DMC na sua versão monovariável, seja por meio do estudo do conteúdo do Volume 1 desta obra ou de outro material bibliográfico. Assim, este Volume 2 é mais orientado a disciplinas de mestrado e de doutorado, mas também pode ser usado em cursos de graduação, nas fases finais.

Os próximos capítulos estão organizados da seguinte maneira:

- No Capítulo 2, revisamos os principais conceitos de MPC para o caso monovariável e a notação empregada. Aqueles que já tenham lido o Volume 1 desta obra não encontrarão novidades no capítulo, porém encorajamos sua leitura caso o leitor tenha adquirido conhecimentos de MPC de outras fontes, como forma de evitar confusão com a notação empregada, que pode ser diferente de outros livros sobre o tema.

- No Capítulo 3, é apresentada a generalização dos algoritmos DMC e GPC do caso SISO para o caso MIMO, mas o estudo é iniciado discutindo aspectos particulares do tratamento de sistemas com múltiplas entradas e saídas, que são válidos para todo tipo de sistema de controle MIMO.
- O Capítulo 4 é dedicado ao SSMPC (do inglês *State-Space Model Predictive Control*), que, assim como o DMC e o GPC, também é uma abordagem muito usada, principalmente no estudo de problemas mais teóricos de MPC. O SSMPC é apresentado diretamente para o caso MIMO, sendo os sistemas SISO tratados como um caso particular. Isso se justifica pelas próprias caraterísticas da representação de sistemas em variáveis de estado, que, de forma unificada, trata tanto sistemas SISO quanto MIMO.
- No Capítulo 5, é apresentado um panorama geral sobre o MPC não linear (NMPC, do inglês *Nonlinear Model Predictive Control*) e como implementar algoritmos que sejam passíveis de uso na prática industrial, na qual muitos processos apresentam dinâmicas não lineares. O capítulo trata, inicialmente, do caso SISO e depois generaliza os resultados para o caso MIMO.
- No Capítulo 6, é apresentado o problema de controle preditivo de processos com atraso. A estrutura do MPC é analisada de forma a entender como a compensação do atraso dentro da estrutura do controlador é realizada. Assim, traçando um paralelo com as estruturas de compensadores de tempo morto (DTC, do inglês *Dead-Time Compensators*), analisamos diversos aspectos relacionados com a robustez do MPC e a rejeição de perturbações. Finalmente, estudamos uma forma de modificar o preditor para conseguir controladores preditivos lineares e não lineares mais robustos e mais simples de ajustar quando controlam processos com atraso.
- Por fim, no Capítulo 7, são tratados aspectos relacionados com os algoritmos de otimização e metodologias para poder implementar o MPC em sistemas rápidos, que precisam de períodos de amostragem muito pequenos.

Para fins de revisão dos conteúdos apresentados, no final de cada capítulo, são propostos exercícios e atividades de simulação. Ainda, nos apêndices, são apresentados uma ferramenta de simulação gratuitas, definições importantes de otimização convexa e um resumo dos algoritmos MPC discutidos no livro. Os códigos dos exemplos são disponibilizados para *download* na página web do livro.[1]

[1] https://danielml.paginas.ufsc.br/livro-mpc/

CAPÍTULO 2

# Revisitando o MPC SISO

Como já comentado, na apresentação do conteúdo deste livro consideramos que o leitor conhece a teoria de controle preditivo SISO, mas, para facilitar o entendimento, neste capítulo revisamos as principais ideias do MPC SISO apresentadas no Volume 1, assim como definimos alguns aspectos de notação, de forma tal que o leitor que conhece o assunto possa prosseguir com a análise dos próximos capítulos sem necessidade de recorrer constantemente àquele volume. Ainda, para motivar o estudo dos próximos capítulos, também apresentamos um exemplo simulado do uso do controle GPC MIMO, que mostra o potencial do MPC.

## 2.1 MPC SISO – IDEIAS BÁSICAS E NOTAÇÃO

No caso SISO, consideramos um processo com saída ou variável controlada $y$, variável de controle ou manipulada $u$ e perturbação mensurável $q$. O MPC SISO estudado no Volume 1 utiliza um modelo matemático linear e em tempo discreto, que aproxima o comportamento do processo, de forma tal que se pode escrever $y(k)$ como função de $u(k)$ e $q(k)$. Usando esse modelo, o MPC calcula as predições da saída do processo em uma janela de tempo futura (denominada horizonte de predição) e, usando um otimizador, encontra as ações de controle futuras (no horizonte de controle) que minimizam uma determinada função custo, considerando as restrições de operação do processo (por exemplo, valores máximos e mínimos das variáveis envolvidas).

O MPC é uma estratégia de controle que utiliza realimentação, dado que o modelo utiliza os valores passados das variáveis controladas para calcular as predições, que, por sua vez, são usadas para encontrar a ação de controle. Dessa forma, a ação de controle depende da saída medida. Por outro lado, o MPC pode ter também uma ação antecipativa, ou de pré-alimentação, caso utilize informações das perturbações medidas ou tenha conhecimento das referências futuras que a variável controlada deve seguir.

De forma geral, o MPC calcula a ação de controle a ser aplicada no instante atual, $k$, a partir da predição do comportamento da planta, baseado em um modelo dinâmico dela, em um horizonte finito $N$. São computados $N_u$ sinais de controle futuros por meio da otimização de uma função custo que representa algum critério de comportamento do sistema e condições de operação da planta. Apenas a primeira ação de controle é aplicada no sistema e o MPC recalcula uma nova sequência de controle a cada novo instante de amostragem (horizonte deslizante), uma vez que novas informações da planta são adquiridas.

O MPC não é uma estratégia de controle específica, mas uma filosofia de controle que contempla uma família de estratégias ou técnicas de controle que têm alguns elementos em comum (CAMACHO; BORDONS, 2004):

- modelo de predição;
- função custo (ou função objetivo);
- procedimento para a obtenção da lei de controle, com base em um algoritmo de otimização.

O que diferencia cada tipo de técnica é basicamente como as perturbações são consideradas, o modelo utilizado na predição e a função custo, como visto no Volume 1 para o DMC e o GPC. Vamos, aqui, apenas revisar as ideias principais.

O DMC SISO utiliza um modelo de resposta ao degrau do processo:

$$y(k) = \sum_{i=1}^{\infty} g_i \Delta u(k-i), \tag{2.1}$$

onde $\Delta u$ é o incremento de controle, e $g_i$ representa cada um dos coeficientes da resposta ao degrau que relaciona a variável manipulada com a saída. O modelo utilizado para as predições considera os efeitos de perturbações não medidas, $\hat{\eta}$, com a suposição de que elas são constantes no horizonte: $\hat{\eta}(k+j \mid k) = \hat{\eta}(k \mid k)$ para todo $j$. Assim, as predições podem ser escritas, para um elemento $j$ no horizonte, como:

$$\hat{y}(k+j \mid k) = \sum_{i=1}^{\infty} g_i \Delta u(k+j-i) + \hat{\eta}(k \mid k),$$

onde $\hat{y}\left(k+j \mid k\right)$ é uma predição da saída em um tempo futuro $k+j$, dadas as informações em $k$, e $\hat{\eta}(k \mid k) = y(k) - \hat{y}_o(k \mid k)$, sendo $\hat{y}_o$ a estimação da saída do sistema sem correção, obtida a partir de (2.1).

Já o GPC SISO utiliza um modelo de função de transferência para representar as relações entre a saída do processo, a variável manipulada $u$ e as perturbações não medidas $n$:

$$y(k) = \frac{B(z^{-1})z^{-d}}{A(z^{-1})}u(k-1) + \frac{C(z^{-1})}{A(z^{-1})}n(k),$$

com $A$, $B$ e $C$ polinômios no operador atraso $z^{-1}$ e $d$ o atraso do processo. As perturbações são modeladas por:

$$n(k) = \frac{1}{1-z^{-1}}e(k),$$

com $e(k)$ um ruído branco de média nula. Assim, para um elemento $j$ no horizonte, as predições são calculadas usando:

$$\hat{y}(k+j \mid k) = \frac{B(z^{-1})z^{-d}}{A(z^{-1})}u(k+j-1) + \frac{C(z^{-1})}{(1-z^{-1})A(z^{-1})}e(k+j),$$

que pode ser escrita como:

$$\tilde{A}(z^{-1})\hat{y}(k+j \mid k) = B(z^{-1})z^{-d}\Delta u(k+j-1) + C(z^{-1})e(k+j),$$

com $\tilde{A}(z^{-1}) = A(z^{-1})(1-z^{-1})$ e $\Delta u(k) = (1-z^{-1})u(k)$. Este modelo é chamado de CARIMA (do inglês *Controlled Autoregressive Integrated Moving Average*).

A função custo para o caso SISO (apresentada no Volume 1 e usada tanto no DMC quanto no GPC) é dada por:

$$J = \sum_{j=N_1}^{N_2} \delta(j)\left[\hat{y}(k+j \mid k) - r(k+j)\right]^2 + \sum_{j=0}^{N_u-1} \lambda(j)\left[\Delta u(k+j)\right]^2, \quad (2.2)$$

onde $r(k+j)$ é a referência em $k+j$, $\Delta u(k+j)$ é o incremento de controle em $k+j$, $\delta(j)$ e $\lambda(j)$ ponderam o comportamento futuro do erro e do esforço de controle, respectivamente, $N_1$ e $N_2$ definem uma janela de horizonte de predição, sendo que $N = N_2 - N_1 + 1$, e $N_u$ é o horizonte de controle.

A função custo descrita em (2.2) busca, por um lado, que a saída do processo siga uma dada referência e, por outro lado, ajustar o esforço de controle necessário. Note que o compromisso entre esses dois pontos é ajustado utilizando $\delta(j)$ e $\lambda(j)$. Nessa função custo, $N_1$ e $N_2$ são usados para definir em que janela de tempo desejamos considerar os erros de seguimento de referência em $J$, e $N_u$ define quantos incrementos de controle futuros são considerados para o cálculo da ação de controle a cada instante de amostragem. Altos valores de $N_u$ permitem mais flexibilidade para definir os sinais de controle, mas aumentam a complexidade computacional.

A função custo pode ser colocada de forma vetorial, definindo os vetores de incrementos de controles futuros $\Delta\mathbf{u} \in \mathbb{R}^{N_u}$, de referências futuras $\mathbf{r} \in \mathbb{R}^N$, e de predições futuras $\hat{\mathbf{y}} \in \mathbb{R}^N$:

$$J = [\mathbf{r} - \hat{\mathbf{y}}]^T \mathbf{Q}_e [\mathbf{r} - \hat{\mathbf{y}}] + \Delta\mathbf{u}^T \mathbf{Q}_u \Delta\mathbf{u}, \tag{2.3}$$

com

$$\mathbf{r} = \begin{bmatrix} r(k+N_1) \\ r(k+N_1+1) \\ \vdots \\ r(k+N_2) \end{bmatrix}, \quad \hat{\mathbf{y}} = \begin{bmatrix} \hat{y}(k+N_1 \mid k) \\ \hat{y}(k+N_1+1 \mid k) \\ \vdots \\ \hat{y}(k+N_2 \mid k) \end{bmatrix}, \quad \Delta\mathbf{u} = \begin{bmatrix} \Delta u(k) \\ \Delta u(k+1) \\ \vdots \\ \Delta u(k+N_u-1) \end{bmatrix},$$

$\mathbf{Q}_e = \text{diag}(\delta(1), \delta(2), \ldots, \delta(N))$ e $\mathbf{Q}_u = \text{diag}(\lambda(0), \lambda(1), \ldots, \lambda(N_u - 1))$, sendo diag$(\cdot)$ uma função que retorna uma matriz diagonal composta pelos elementos passados como argumento. Se as ponderações são constantes no horizonte, $\delta(j) = \delta$ e $\lambda(j) = \lambda$, temos:

$$\mathbf{Q}_e = \delta \mathbf{I}_N, \qquad \mathbf{Q}_u = \lambda \mathbf{I}_{N_u},$$

sendo $\mathbf{I}_N$ e $\mathbf{I}_{N_u}$ matrizes identidade de dimensão $N$ e $N_u$, respectivamente.

Para expressar $J$ apenas em função das variáveis de decisão, que são os incrementos futuros da ação de controle,[2] tanto o DMC como o GPC usam o conceito de resposta livre e resposta forçada, que foi apresentado no Volume 1 e que é resumido na sequência.

Para o DMC, usando o modelo de predição, os valores das predições nos instantes $j$ da janela de predição podem ser escritos em função dos incrementos de controle futuros e passados. Se separarmos essas duas partes, podemos escrever o vetor de predições da saída do processo $\hat{\mathbf{y}}$ como:

$$\hat{\mathbf{y}} = \mathbf{G}\Delta\mathbf{u} + \mathbf{f}, \tag{2.4}$$

sendo $\mathbf{G}$ a matriz dinâmica, ou de resposta ao degrau do sistema, e $\mathbf{f}$ a resposta livre, que expressa a dependência de $\hat{\mathbf{y}}$ com os controles passados. Como visto no Volume 1, a resposta livre é obtida mantendo o sinal de controle futuro constante, ou seja, todos os incrementos futuros são nulos e, assim, $\Delta\mathbf{u} = \mathbf{0}_{N_u}$ e $\hat{\mathbf{y}} = \mathbf{f}$, sendo $\mathbf{0}_{N_u}$ um vetor nulo de dimensão $N_u$. Já se considerarmos o sistema com uma condição de equilíbrio inicial $y_0$ com os controles passados constantes, $\mathbf{f} = y_0\mathbf{1}_N$, com $\mathbf{1}_N$ um vetor de dimensão $N$ cujos elementos são todos 1, obtemos $\hat{\mathbf{y}} = \mathbf{G}\Delta\mathbf{u} + y_0\mathbf{1}_N$, que mostra a dependência

[2] Note que consideramos o incremento de controle atual, $\Delta u(k)$, como um valor futuro, pois ele não está disponível para o controlador tomar sua decisão no instante atual, $k$. Por outro lado, a medição atual da saída, $y(k)$, é considerada como valor passado, pois o controlador já tem informação sobre ela no instante atual, visto que a medição é feita antes do cálculo da sequência de controle ótima.

das predições apenas com as variações de controle que executaremos no futuro, pois o termo $y_0\mathbf{1}_N$ é constante. Como o sistema é linear, a mesma análise pode ser realizada em torno da origem.

Para o GPC, usando o modelo CARIMA recursivamente, podemos calcular os valores das predições nos instantes $j$ da janela de predição em função dos controles futuros e e dos valores passados da saída e do controle. Assim, da mesma forma que no DMC, é possível separar as predições nas partes correspondentes à resposta forçada e à resposta livre, que têm a mesma interpretação que no DMC.

Então, usando (2.4) para substituir $\hat{\mathbf{y}}$ na expressão de $J$ dada por (2.3), podemos transformar a função custo em uma expressão dependente apenas dos incrementos de controle futuros e de informações conhecidas (da referência e dos valores passados das variáveis). Então, o objetivo do controle preditivo SISO é resolver, a cada amostra, um processo de otimização da função custo do tipo:

$$\begin{aligned} \min_{\Delta\mathbf{u}} \quad & J \\ \text{s.a.} \quad & \overline{\mathbf{R}}\Delta\mathbf{u} \leq \overline{\mathbf{r}} \\ & \overline{\mathbf{C}}\Delta\mathbf{u} = \overline{\mathbf{c}}, \end{aligned} \tag{2.5}$$

onde $\overline{\mathbf{R}}\Delta\mathbf{u} \leq \overline{\mathbf{r}}$ e $\overline{\mathbf{C}}\Delta\mathbf{u} = \overline{\mathbf{c}}$ representam as restrições de desigualdade e igualdade, respectivamente, colocadas em função do vetor de incrementos de controle futuros, $\Delta\mathbf{u}$, que tem dimensão $N_u$. As matrizes $\overline{\mathbf{C}}$ e $\overline{\mathbf{R}}$ e os vetores $\overline{\mathbf{r}}$ e $\overline{\mathbf{c}}$ são calculados em função do modelo e dos limites e demais condições impostos para as diferentes variáveis. Essas restrições podem ser de todo tipo e sobre todas as variáveis do problema, mas, em geral, podem ser colocadas em função da variável de decisão do problema, que é o vetor de incrementos de controle futuros, usando (2.4) para substituir $\hat{\mathbf{y}}$ em todas as restrições que se apliquem à saída futura do processo.

O problema de controle (2.6) definido no MPC, que é um problema de otimização, tipicamente deve ser resolvido a cada instante de amostragem. Há casos em que o problema de otimização tem solução analítica, mas, em geral, ele precisa ser resolvido com métodos numéricos. A solução encontrada para o problema de otimização depende do estado atual da planta, do modelo de predição e dos parâmetros de ajuste do MPC (ponderações e horizontes).

## 2.2 UM EXEMPLO MOTIVADOR

Para motivar os leitores e mostrar o potencial da estratégia de controle MPC no caso MIMO, vamos considerar aqui um estudo de caso de um processo multivariável relativamente complexo que deve operar dentro de determinadas especificações. Trata-se do controle do fracionador de óleo pesado da Shell, um sistema muito conhecido na literatura e utilizado para estudar diferentes estratégias de controle para colunas de destilação, inclusive de MPC (CAMACHO; BORDONS, 2004). Este exemplo ilustra o problema de controle de um processo MIMO com atrasos diferentes nas variáveis de saída $y$ sujeito a restrições de operação.

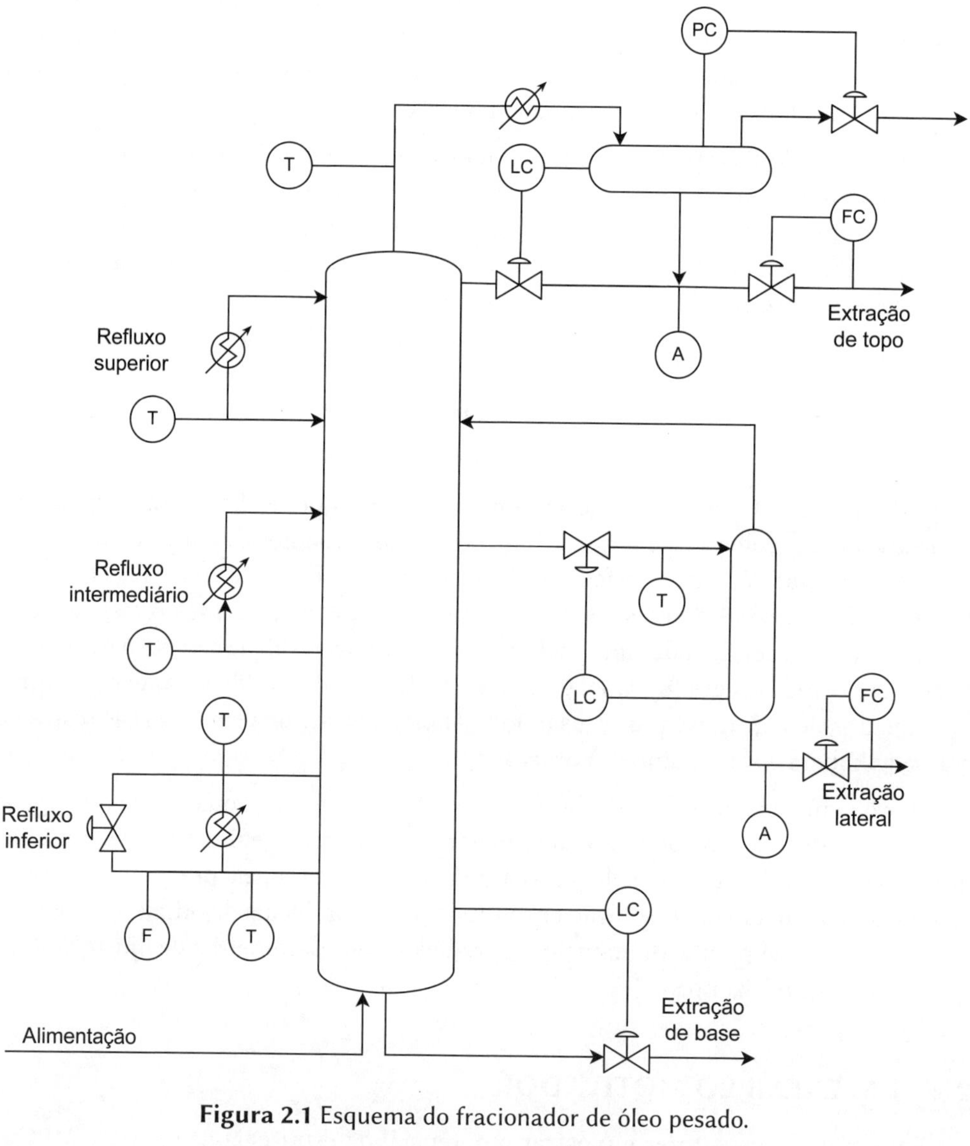


**Figura 2.1** Esquema do fracionador de óleo pesado.

O processo mostrado na Figura 2.1 é uma versão simplificada do fracionador de óleo pesado da Shell e possui três variáveis que devem ser controladas: as composições dos produtos superior (ou de topo, $y_1$) e lateral ($y_2$), que são medidas por analisadores, e a temperatura no fundo (ou base) da torre ($y_3$). As variáveis manipuladas são a vazão de extração superior (ou de topo, $u_1$), a vazão de extração lateral ($u_2$) e a vazão de refluxo inferior ($u_3$). Neste processo, a alimentação fornece todos os requisitos de calor para a coluna, não necessitando de adição de energia externa. A dinâmica do processo pode ser descrita pelo seguinte modelo, que representa as variações das variáveis manipuladas e controladas nas vizinhanças do ponto de operação:

$$\begin{bmatrix} Y_1(s) \\ Y_2(s) \\ Y_3(s) \end{bmatrix} = \begin{bmatrix} \dfrac{4{,}05e^{-27s}}{1+50s} & \dfrac{1{,}77e^{-28s}}{1+60s} & \dfrac{5{,}88e^{-27s}}{1+50s} \\ \dfrac{5{,}39e^{-18s}}{1+50s} & \dfrac{5{,}72e^{-14s}}{1+60s} & \dfrac{6{,}9e^{-15s}}{1+40s} \\ \dfrac{4{,}38e^{-20s}}{1+33s} & \dfrac{4{,}42e^{-22s}}{1+44s} & \dfrac{7{,}2}{1+19s} \end{bmatrix} \begin{bmatrix} U_1(s) \\ U_2(s) \\ U_3(s) \end{bmatrix},$$

com tempos em minutos. O modelo de tempo discreto obtido com uma amostragem de 4 min é dado por:

$$\begin{bmatrix} \dfrac{0{,}08(z^{-1}+2{,}88z^{-2})}{1-0{,}923z^{-1}}z^{-6} & \dfrac{0{,}114z^{-1}}{1-0{,}936z^{-1}}z^{-7} & \dfrac{0{,}116(z^{-1}+2{,}883z^{-2})}{1-0{,}923z^{-1}}z^{-6} \\ \dfrac{0{,}211(z^{-1}+0{,}96z^{-2})}{1-0{,}923z^{-1}}z^{-4} & \dfrac{0{,}187(z^{-1}+0{,}967z^{-2})}{1-0{,}936z^{-1}}z^{-3} & \dfrac{0{,}17(z^{-1}+2{,}854z^{-2})}{1-0{,}905z^{-1}}z^{-3} \\ \dfrac{0{,}5z^{-1}}{1-0{,}886z^{-1}}z^{-5} & \dfrac{0{,}196z^{-1}+0{,}955z^{-2}}{1-0{,}913z^{-1}}z^{-5} & \dfrac{1{,}367z^{-1}}{1-0{,}81z^{-1}} \end{bmatrix}.$$

As entradas e saídas foram omitidas na representação anterior para que ela coubesse na página, porém elas seguem a mesma ordem empregada para o caso de tempo contínuo.

Um GPC MIMO foi projetado para esse sistema usando horizontes de predição da ordem da maior constante de tempo do modelo e considerando o primeiro elemento do horizonte depois do atraso. Observe que esta escolha parece intuitivamente adequada, pois, como o sinal de controle que vamos calcular somente afeta a saída depois do atraso, não faz sentido considerar na função custo as predições das saídas antes do atraso. Assim, escolhemos $N_1 = 6$ e $N_2 = 15$ para a primeira saída, $N_1 = 3$ e $N_2 = 15$ para a segunda saída, e $N_1 = 1$ e $N_2 = 5$ para a terceira saída (observe que consideramos o menor atraso de cada saída). O horizonte de controle foi ajustado com $N_u = 5$ para todas as variáveis manipuladas. Assumiremos que o controlador tem conhecimento das referências futuras.

Vamos considerar que, inicialmente, não temos restrições nas variáveis e que todas as saídas têm a mesma importância. Assim, as ponderações de todas as variáveis manipuladas são fixadas em $\lambda = 2$ e as das controladas em $\delta = 1$. O resultado de aplicar este MPC no processo, para mudanças tipo degrau nas referências das três variáveis controladas, é mostrado na Figura 2.2. As figuras mostradas são do simulador interativo usado para estudo do controle GPC MIMO, descrito no Apêndice A.

O sistema parte do ponto de operação, considerado zero na simulação, pois são mostradas as variações das variáveis do processo em torno do ponto de operação. Como podemos observar, o sistema apresenta uma resposta com pouco acoplamento e transitórios sem grandes oscilações para a mudança de referência dada em tempo zero para todas as variáveis controladas. As ações de controle também têm um comportamento suave e o sistema de controle permite que as referências (mostradas em linhas tracejadas) sejam alcançadas em regime permanente. Na metade da simulação, muda-se a referência para a variável $y_1$ e pode ser observado que, como o controle conhece a referência futura, o MPC executa a mudança de referência antecipadamente, para conseguir um valor da função custo menor. O acoplamento entre as variáveis mostra que $y_2$ e $y_3$ se alteram durante o transitório, mas voltam ao ponto de operação.

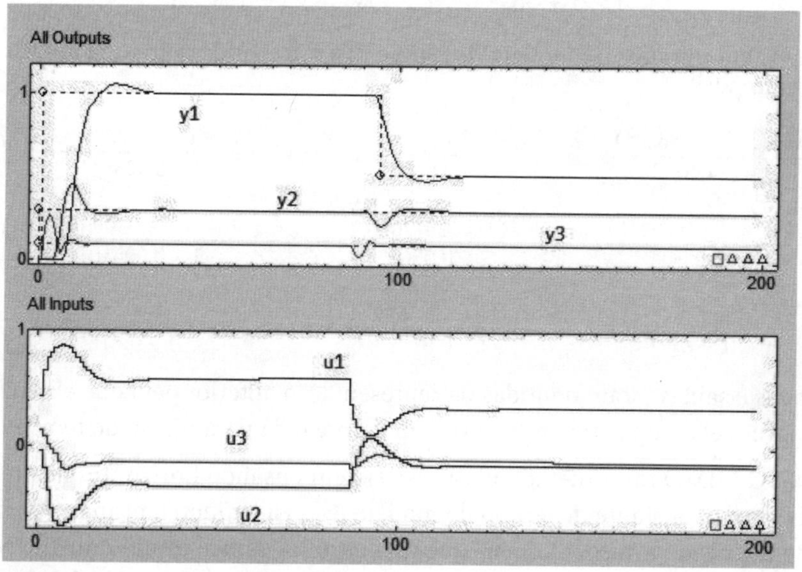


**Figura 2.2** Respostas do fracionador de óleo pesado para o caso sem restrições.

Para mostrar o potencial do MPC, uma segunda simulação inclui restrições nas variáveis controladas. Vamos supor que não se deseja que a variável $y_1$ se afaste mais do que 0,7 do ponto de operação, mas que o operador mantém as mudanças de referência da simulação anterior (a referência para $y_1$ se mantém em 1). Na Figura 2.3, é mostrado o resultado dessa simulação. Observe que o MPC não permite que a variável $y_1$ viole a restrição imposta quando a mudança de referência é aplicada e tenta manter, durante o tempo correspondente, a variável na restrição imposta, garantindo, assim, o correto funcionamento do processo. Como podemos concluir deste estudo de caso, o MPC é extremamente flexível e permite atender diversas especificações. Estudaremos com mais detalhes estes aspectos nos próximos capítulos.

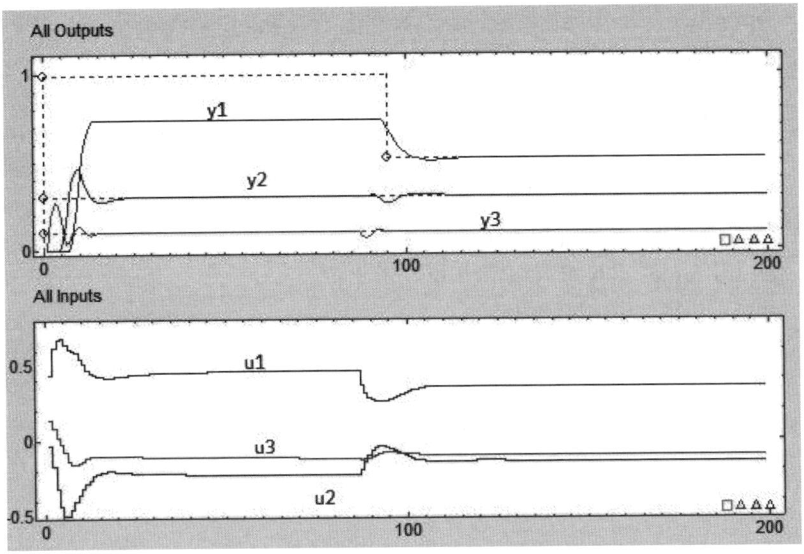


**Figura 2.3** Respostas do fracionador de óleo pesado para o caso com restrições.

## 2.3 COMENTÁRIOS FINAIS

Neste capítulo, apresentamos as principais ideias e notação usada no MPC SISO, que foram desenvolvidas com detalhe no Volume 1, e que servirão de base para a apresentação do MPC MIMO e não linear dos próximos capítulos. Também apresentamos um exemplo para motivar o estudo do MPC MIMO, mostrando a potencialidade da técnica.

## 2.4 EXERCÍCIO PROPOSTO

1. Utilizando a ferramenta de simulação para GPC MIMO apresentada no Apêndice, escolha o processo $3 \times 3$ da ferramenta. Ajuste um GPC sem restrições de forma intuitiva usando a análise do efeito dos parâmetros de sintonia apresentados neste capítulo. Mude os parâmetros e observe o efeito nas respostas. Inclua restrições no problema e analise os resultados, considerando restrições apenas em uma das variáveis manipuladas. Mude a restrição para considerar apenas cada uma das outras variáveis manipuladas e, finalmente, considere restrições em todas elas de forma simultânea. Observe a flexibilidade no ajuste do sistema de controle que o MPC proporciona.

CAPÍTULO 3

# DMC e GPC multivariáveis

Na prática, é comum que se necessite controlar simultaneamente mais de uma variável de um dado processo, utilizando, para isso, mais de uma variável manipulada. Se cada variável manipulada apenas afeta uma controlada, então o projeto do controle pode ser realizado usando vários controladores monovariáveis independentes. Porém, as variáveis desses processos usualmente estão acopladas, ou seja, a variação de uma variável manipulada pode causar efeitos em mais de uma controlada, simultaneamente. Nesse caso, o uso de vários controladores independentes pode não ser adequado e, tipicamente, faz mais sentido considerar o processo como um sistema multivariável, que tem múltiplas variáveis manipuladas e múltiplas controladas sendo consideradas como um conjunto, e não como a união de vários sistemas monovariáveis.

Os controladores monovariáveis, como os PIDs, que têm muito sucesso no controle de sistemas monovariáveis (controle local), em geral, têm dificuldades para lidar com essa interação de forma adequada. Por isso, existem técnicas para melhorar o desempenho dos PIDs no caso multivariável, como o uso de desacopladores, mas a complexidade do projeto do sistema de controle aumenta consideravelmente quando o sistema é de dimensão elevada. Além disso, nem sempre é possível desacoplar completamente a resposta de um processo multivariável e, em muitos casos, desacopladores introduzem ganhos elevados em altas frequências, que acabam levando a outros problemas do ponto de vista prático, como a amplificação de ruídos. Nesses casos, técnicas avançadas, como a de controle preditivo, permitem, em geral, obter melhores resultados que os obtidos com controladores PID, dado que, além de serem capazes de tratar o problema multivariável diretamente, podem incluir diversos objetivos e restrições no problema. Cabe aqui lembrar que o MPC teve sua origem no controle de plantas multivariáveis no setor industrial petroquímico (CUTLER; RAMAKER, 1980; RICHALET et al., 1976).

Outro aspecto importante que deve ser destacado dos sistemas multivariáveis é que, dependendo das características do processo, nem sempre é possível que o sistema alcance um ponto de operação arbitrariamente definido pelo usuário. Nos sistemas de controle monovariáveis estudados no Volume 1, mostramos que, sob estabilidade em malha fechada e com um controle que possui ação integral, é possível levar a saída do sistema para uma referência desejada constante com erro zero contanto que a ação de controle necessária para isso esteja dentro da faixa de atuação do atuador. No caso de sistemas multivariáveis, para que essa propriedade seja verdadeira, precisamos adicionar uma condição extra: ter graus de liberdade suficientes no controle para chegar nas referências desejadas. Por exemplo, se considerarmos um sistema linear estável de duas saídas e uma entrada, que tem modelo estático dado por:

$$\begin{bmatrix} y_1 \\ y_2 \end{bmatrix} = \begin{bmatrix} K_{e1} \\ K_{e2} \end{bmatrix} u,$$

não é possível encontrar um valor de $u$ capaz de levar $y_1$ a uma referência $r_1$ e $y_2$ a uma referência $r_2$ simultaneamente, a menos que $r_1/r_2 = K_{e1}/K_{e2}$. De forma geral, para um sistema multivariável estável com modelo estático:

$$\mathbf{y} = \mathbf{K}_e \mathbf{u},$$

uma dada referência vetorial $\mathbf{r}$ somente será alcançável se existe um controle $\mathbf{u}$ tal que $\mathbf{r} = \mathbf{K}_e \mathbf{u}$. Assim, principalmente no caso de plantas com menor número de variáveis manipuladas que controladas, a referência passada ao controlador tem que ser factível quando se deseja erro de seguimento nulo. Uma outra alternativa é que o objetivo de controle seja buscar o ponto de equilíbrio mais próximo da referência escolhida. Veja que em alguns problemas pode ser requerido, por exemplo, que uma ou mais variáveis atinjam uma referência enquanto outras apenas sejam mantidas em faixas preestabelecidas de segurança.

Considerando a discussão apresentada, as técnicas de controle preditivo são capazes de lidar muito facilmente com sistemas multivariáveis, pois: (i) os conceitos utilizados na formulação do controle não dependem da dimensão do processo; (ii) podem utilizar o modelo completo do processo explicitamente, assim, as interações entre as variáveis ficam refletidas nas predições; (iii) podem ser usadas com as mais diversas funções objetivo, o que dá muita flexibilidade ao controlador para, inclusive, considerar problemas como o de chegar a um ponto de operação próximo de uma referência não factível; e (iv) em termos de sintonia, a influência dos parâmetros de ajuste do controlador na resposta do sistema é similar àquela observada no caso monovariável, apesar de que a quantidade de parâmetros para ajustar cresce linearmente com a quantidade de entradas e de saídas.

Neste capítulo, serão apresentadas as versões multivariáveis dos algoritmos DMC e GPC. Como as diferenças entre essas formulações para uma dada função custo são as mesmas que no caso monovariável, isto é, são dadas pela forma como se calcula a resposta livre do sistema, iniciamos a apresentação deste capítulo mostrando como obter a lei de controle no caso multivariável para depois analisar cada uma das particularidades dos algoritmos no que se refere ao cálculo das predições e da resposta livre. Posteriormente, no Capítulo 4, estudaremos a formulação do MPC para modelos dados por equações de estado, tratando os casos monovariável e multivariável no mesmo capítulo.

Antes de iniciar com aspectos mais formais, vamos introduzir um exemplo de um sistema multivariável simples, para ilustrar a relação entre as entradas e as saídas do processo e como as predições podem ser calculadas.

**Exemplo 3.1**

Considere um sistema de controle de vazão e de temperatura de água em uma tubulação de um processo industrial. A água com temperatura controlada é obtida pela mistura de duas vazões de água com temperaturas diferentes, uma quente e outra fria. Duas bombas são usadas, uma para a linha de água quente e outra para a linha de água fria, e a mistura é realizada por uma conexão tipo Y. Transdutores de temperatura e de vazão são adequadamente instalados na seção final da tubulação, onde a água será usada. Nesse sistema, pode-se atuar no sinal de controle das duas bombas. Logicamente, nesse processo, a temperatura e a vazão são duas variáveis acopladas fisicamente, dado que uma variação em qualquer um dos atuadores trará uma variação de temperatura e de vazão na água entregue ao próximo processo. Assim, esse processo pode ser considerado multivariável. Um modelo simplificado desse processo, funcionando nas vizinhanças de um ponto de operação, foi construído usando equações diferenciais, obtendo:

$$20\frac{dT(t)}{dt} + T(t) = 5u_q(t) - 3u_f(t),$$

$$5\frac{dV(t)}{dt} + V(t) = 1{,}5u_q(t) + u_f(t),$$

considerando $u_q$ e $u_f$, respectivamente, os sinais de controle das bombas de água quente e fria, e $T(t)$ e $V(t)$, respectivamente, a temperatura e a vazão da água no ponto de medição. Os tempos no modelo estão em segundos.

Um modelo em tempo discreto desse processo, obtido usando um sustentador de ordem zero e um tempo de amostragem de 1 s, é dado por:

$$T(k) = 0{,}95T(k-1) + 0{,}25u_q(k-1) - 0{,}15u_f(k-1),$$

$$V(k) = 0{,}82V(k-1) + 0{,}27u_q(k-1) + 0{,}18u_f(k-1).$$

A partir desse modelo, podemos inferir que os valores futuros de temperatura e de vazão serão afetados pelos valores passados dessas variáveis e pelos valores passados e futuros das variáveis manipuladas. Um modelo de resposta livre e forçada poderia ser obtido de forma simples como no estudo dos controladores preditivos monovariáveis apresentados no Volume 1 e discutidos no Capítulo 2 apenas usando o princípio de superposição. Por exemplo, as respostas forçadas de

$T$ e $V$ poderiam ser obtidas para a variável manipulada $u_f$ considerando $u_q = 0$ e depois para $u_q$ considerando $u_f = 0$. Para cada saída, os resultados podem, então, ser somados com a resposta livre do sistema, obtida com todos os controles futuros nulos. Finalmente, podemos organizar os resultados obtidos de forma vetorial para ter uma visão da forma multivariável de calcular as predições da saída desse processo.

Vamos supor que escolhemos um horizonte de predição de 3 amostras para $T$, de 2 amostras para $V$ e um horizonte de controle de 2 amostras para $u_q$ e $u_f$. Assim, usando os conceitos vistos no caso monovariável para as predições de temperatura, $\hat{T}$, podemos calcular:

$$\begin{bmatrix} \hat{T}(k+1 \mid k) \\ \hat{T}(k+2 \mid k) \\ \hat{T}(k+3 \mid k) \end{bmatrix} = \begin{bmatrix} 0{,}250 & 0 \\ 0{,}490 & 0{,}250 \\ 0{,}715 & 0{,}490 \end{bmatrix} \begin{bmatrix} \Delta u_q(k) \\ \Delta u_q(k+1) \end{bmatrix} + \begin{bmatrix} -0{,}150 & 0 \\ -0{,}294 & -0{,}150 \\ -0{,}429 & -0{,}294 \end{bmatrix} \begin{bmatrix} \Delta u_f(k) \\ \Delta u_f(k+1) \end{bmatrix} + \begin{bmatrix} f_T(k+1) \\ f_T(k+2) \\ f_T(k+3) \end{bmatrix},$$

sendo $f_T$ os valores da resposta livre de temperatura.

Já para as predições de vazão, $\hat{V}$:

$$\begin{bmatrix} \hat{V}(k+1 \mid k) \\ \hat{V}(k+2 \mid k) \end{bmatrix} = \begin{bmatrix} 0{,}270 & 0 \\ 0{,}409 & 0{,}270 \end{bmatrix} \begin{bmatrix} \Delta u_q(k) \\ \Delta u_q(k+1) \end{bmatrix} + \begin{bmatrix} 0{,}180 & 0 \\ 0{,}327 & 0{,}180 \end{bmatrix} \begin{bmatrix} \Delta u_f(k) \\ \Delta u_f(k+1) \end{bmatrix} + \begin{bmatrix} f_V(k+1) \\ f_V(k+2) \end{bmatrix},$$

sendo $f_V$ os valores da resposta livre de vazão.

Podemos, agora, agrupar as predições em um vetor $\hat{\mathbf{y}}$, os incrementos de controle em um segundo vetor $\Delta\mathbf{u}$ e as respostas livres em um terceiro vetor $\mathbf{f}$, definidos como:

$$\hat{\mathbf{y}} = \begin{bmatrix} \hat{T}(k+1 \mid k) \\ \hat{T}(k+2 \mid k) \\ \hat{T}(k+3 \mid k) \\ \hline \hat{V}(k+1 \mid k) \\ \hat{V}(k+2 \mid k) \end{bmatrix}, \quad \Delta\mathbf{u} = \begin{bmatrix} \Delta u_q(k) \\ \Delta u_q(k+1) \\ \hline \Delta u_f(k) \\ \Delta u_f(k+1) \end{bmatrix}, \quad \mathbf{f} = \begin{bmatrix} f_T(k+1) \\ f_T(k+2) \\ f_T(k+3) \\ \hline f_V(k+1) \\ f_V(k+2) \end{bmatrix}.$$

Finalmente, é possível escrever:

$$\hat{\mathbf{y}} = \left[\begin{array}{cc|cc} 0{,}250 & 0 & -0{,}150 & 0 \\ 0{,}490 & 0{,}250 & -0{,}294 & -0{,}150 \\ 0{,}715 & 0{,}490 & -0{,}429 & -0{,}294 \\ \hline 0{,}270 & 0 & 0{,}180 & 0 \\ 0{,}409 & 0{,}270 & 0{,}327 & 0{,}180 \end{array}\right] \Delta\mathbf{u} + \mathbf{f}.$$

Assim, observamos que a forma de escrever as predições do sistema segue a mesma lógica do caso monovariável.

Como ilustramos no exemplo anterior (Exemplo 3.1), conceitualmente, a forma de escrever as predições de um modelo linear usando:

$$\hat{\mathbf{y}} = \mathbf{G}\Delta\mathbf{u} + \mathbf{f} \tag{3.1}$$

não é afetada pelo fato de o sistema ser mono ou multivariável. Nessa equação, se considerarmos um sistema multivariável, $\hat{\mathbf{y}}$ representará o vetor de predições de todas as saídas do processo organizadas de forma sequencial, da primeira até a última saída, e $\Delta\mathbf{u}$ o vetor dos incrementos de controle futuros de todas as variáveis manipuladas, também organizadas de forma sequencial, da primeira até a última variável manipulada. Observe que quando os incrementos de controle futuros são nulos, então $\hat{\mathbf{y}} = \mathbf{f}$, como acontece no caso monovariável. Além disso, se considerarmos todo o passado nulo, as predições apenas dependem dos incrementos de controle futuros. Assim, é esperado que a obtenção do sinal de controle a partir da minimização da função custo seja feita de forma semelhante ao que ocorre no caso monovariável.

Na sequência deste capítulo, vamos considerar processos multivariáveis com $m$ entradas de controle (ou variáveis manipuladas) e $n$ saídas (ou variáveis controladas). Assim, poderemos tratar tanto processos quadrados, com $m = n$, ou retangulares, com $m \neq n$. No caso de considerar as perturbações medidas no modelo, isto é, para o uso da ação antecipativa do MPC, consideraremos um número de perturbações medidas $m_q$.

## 3.1 OBTENÇÃO DA LEI DE CONTROLE

A função custo clássica do caso multivariável é muito similar àquela utilizada no caso monovariável, mostrada no Capítulo 2 em (2.2). O que muda é o fato de que agora são levados em conta os erros futuros preditos de todas as $n$ saídas e também o esforço de controle de todas as $m$ entradas:

$$J = \sum_{l=1}^{n} \sum_{i=N_{1,l}}^{N_{2,l}} \delta_l(i) \left(r_l(k+i) - \hat{y}_l(k+i \mid k)\right)^2 + \sum_{p=1}^{m} \sum_{i=0}^{N_{u,p}-1} \lambda_p(i) \Delta u_p(k+i)^2, \qquad (3.2)$$

onde $r_l$, $N_{1,l}$, $N_{2,l}$ e $\delta_l(i)$ são a referência, o horizonte inicial de predição, o horizonte final de predição e as ponderações da saída $l$, respectivamente, e $N_{u,p}$ e $\lambda_p(i)$ são, respectivamente, o horizonte de controle e as ponderações do esforço de controle da entrada $p$. Assim como no caso monovariável, usualmente utilizam-se ponderações constantes ao longo do horizonte, ou seja, $\delta_l(i) = \delta_l$ e $\lambda_p(i) = \lambda_p, \forall i$. No caso monovariável, é comum fixar uma das ponderações com valor unitário (tipicamente $\delta = 1$) e ajustar apenas a outra. No caso multivariável, note que ainda é possível fixar uma das ponderações como sendo unitária, porém, isso não pode ser feito para todos os pesos do erro de seguimento de referência, pois é justamente por meio de diferentes ponderações que é possível priorizar o seguimento de referência de uma saída em detrimento das outras. Assim, no caso multivariável, além da priorização entre seguimento rápido de referência e suavidade no sinal de controle, que já ocorre no caso monovariável, é importante definir a importância relativa entre as saídas e entre cada uma das saídas e cada um dos esforços de controle. Note que o número de parâmetros de sintonia do controlador no caso multivariável cresce consideravelmente, visto que cada saída e cada entrada tem seu conjunto de horizontes e ponderações, cuja alteração modificará o controlador resultante e, por consequência, a resposta de malha fechada. Vamos ilustrar esse ponto com um exemplo de escolha de parâmetros de ajuste de um MPC no caso multivariável.

**Exemplo 3.2**

Considere o sistema de controle de uma coluna de destilação multi-produto, na qual se deseja controlar a temperatura de extração de quatro produtos diferentes. Nessa coluna, o erro de seguimento de temperatura em cada uma das extrações de produto é inversamente proporcional à qualidade do produto extraído. Assim, manter o erro abaixo de um dado valor implica manter a qualidade do produto acima de uma certa especificação. Ainda, considere que os produtos 1 e 3 têm valor comercial muito maior que os produtos 2 e 4. Por outro lado, as dinâmicas das temperaturas associadas aos produtos 1 e 2 são mais lentas que as das temperaturas associadas aos produtos 3 e 4 e ainda possuem um atraso de transporte de 5 amostras. Finalmente, entre as variáveis manipuladas do processo $\Delta u_p$, $p = 1 \ldots 4$ (consideramos aqui um processo quadrado), $\Delta u_1$ é a que tem maior impacto econômico, por se tratar da regulagem da alimentação de combustível na base da coluna. Suponha, ainda, que todas as temperaturas estão normalizadas para a mesma faixa de variação de 0% a 100% e que todas as variáveis manipuladas estão também entre 0% e 100%.

Nesse problema simples, de dimensão $4 \times 4$, precisamos ajustar 20 parâmetros, sendo 12 referentes aos horizontes e 8 a ponderações. Como discutido anteriormente, até seria possível fixar uma das ponderações a um valor unitário, mas ainda restariam 7 ponderações para serem ajustadas, além dos parâmetros referentes aos horizontes. Seguindo as indicações práticas de escolha de parâmetros já discutidas no caso SISO, os horizontes das variáveis controladas 1 e 3 serão escolhidos como $N_{1,1} = N_{1,3} = 5 + 1 = 6$ por causa do atraso (não faz sentido colocar na função custo um termo que não depende dos sinais de controle a serem calculados) e com $N_{2,1}$ e $N_{2,3}$ compatíveis com a dinâmica lenta dessas variáveis (usamos uma janela que capture o regime transitório das variáveis). Como as variáveis 2 e 4 não têm atraso, utilizamos $N_{1,2} = N_{1,4} = 1$ e $N_{2,2}$ e $N_{2,4}$ menores que os das outras variáveis controladas, dado que são mais rápidas que aquelas. Os horizontes de controle podem ser escolhidos inicialmente como um terço da janela média de predição das controladas e depois um ajuste fino pode ser feito.

Com as considerações sobre a importância das variáveis para o processo, o ajuste do controlador multivariável deve considerar $\delta_1$ e $\delta_3$ com valores maiores que $\delta_2$ e $\delta_4$, para refletir a importância dos produtos 1 e 3 com relação aos produtos 2 e 4. Para considerar corretamente o peso na função custo, é interessante também considerar um ajuste que leve em conta o tamanho do horizonte de predição.

Com relação às variáveis manipuladas, as ponderações de controle usarão $\lambda_1$ muito maior que $\lambda_i, i = 2 \ldots 4$ para tentar minimizar o consumo de combustível, que é a variável que mais impacta o custo de operação. Novamente aqui, caso os horizontes de controle sejam diferentes para cada variável manipulada, podemos calcular os pesos para levar em consideração o efeito na função custo a ser minimizada.

E, por fim, vale ressaltar que o valor relativo entre as ponderações da saída e do esforço de controle também influencia o resultado final. Se, por exemplo, as ponderações das saídas forem muito maiores do que as dos incrementos de controle, a resposta tende a ser mais agressiva, um comportamento idêntico ao caso monovariável (veja, por exemplo, os casos simulados na ferramenta interativa do Capítulo 2 do Volume 1).

No exemplo anterior – Exemplo 3.2, consideramos um caso simples no qual todas as variáveis controladas e manipuladas estavam no mesmo intervalo de operação. Isso nem sempre acontece na prática. Por exemplo, uma temperatura pode ter uma faixa de variação com valores entre 100 °C e 200 °C e uma concentração entre $1\,\mathrm{g\,mol^{-1}}$ e $2\,\mathrm{g\,mol^{-1}}$. Neste caso, o erro de temperatura terá valores da ordem de 100 vezes maior que o erro de concentração. Por exemplo, um erro de 1% de temperatura será, em valores absolutos, 100 vezes maior que um erro de 1% na concentração. Dessa forma, o peso na função custo do erro na concentração será muito menor que o do erro na temperatura, quando, na prática, podem, por exemplo, ter a mesma importância para o processo. Esta situação pode ser corrigida utilizando um modelo de processo com variáveis normalizadas, no qual, por exemplo, cada variável seja dividida pelo seu valor máximo, ficando normalizada a um valor máximo de 1. Se todas as variáveis controladas e manipuladas têm o mesmo horizonte, esta modificação resolve o problema. Entretanto, se os horizontes de predição são diferentes, então também precisamos ajustar as ponderações colocando um fator inversamente proporcional a cada horizonte em cada termo.

De forma geral, se uma variável controlada $y_l$ tem valor máximo $y_{l,\,\max}$ e horizonte de predição $N_l = N_{2,l} - N_{1,l} + 1$, podemos escolher uma normalização do peso $\delta_l$ como:

$$\delta_l = \delta_{ln} \frac{1}{(y_{l,\,\max})^2 N_l},$$

com $\delta_{ln}$ sendo o peso normalizado a ser usado na sintonia e $\delta_l$ o peso a ser efetivamente aplicado na função custo.

Da mesma forma, se uma variável manipulada $\Delta u_p$ tem valor máximo dado por $\Delta u_{p,\,\max}$ e horizonte de controle $N_u$, podemos escolher uma normalização do peso $\lambda_p$ como:

$$\lambda_p = \lambda_{pn} \frac{1}{(\Delta u_{p,\,\max})^2 N_u},$$

com $\lambda_{pn}$ sendo o peso normalizado a ser usado na sintonia e $\lambda_p$ o peso a ser efetivamente aplicado. Vejamos um exemplo desse ajuste.

**Exemplo 3.3**

Considere um processo com duas variáveis controladas, $y_1$ e $y_2$, e duas variáveis manipuladas, $u_1$ e $u_2$. A variável $y_1$ tem horizonte de 20 amostras e valores no intervalo [0; 100], $y_2$ tem horizonte de 10 amostras e valores no intervalo [0; 10], $\Delta u_1$ tem horizonte de 5 amostras e valores no intervalo [−1; +1] e $\Delta u_2$ tem horizonte de 3 amostras e valores no intervalo [−5; +5]. Se quisermos que uma variação em qualquer uma das variáveis tenha o mesmo peso na função custo, precisamos trabalhar com pesos normalizados pelo máximo de cada variável ao quadrado e pelo horizonte, como:

$$\delta_1 = \delta_{1n}\frac{1}{100^2}\frac{1}{20} = \delta_{1n}\frac{1}{2 \cdot 10^5},$$

$$\delta_2 = \delta_{2n}\frac{1}{10^2}\frac{1}{10} = \delta_{2n}\frac{1}{10^3},$$

$$\lambda_1 = \lambda_{1n}\frac{1}{1^2}\frac{1}{5} = \lambda_{1n}\frac{1}{5},$$

$$\lambda_2 = \lambda_{2n}\frac{1}{5^2}\frac{1}{3} = \lambda_{2n}\frac{1}{75}.$$

Assim, se os pesos normalizados, $\delta_{in}$ e $\lambda_{in}$, com $i = 1, 2$, forem todos iguais e aplicarmos os pesos resultantes, $\delta_i$ e $\lambda_i$, com $i = 1, 2$, na função custo, todas as variáveis terão contribuições iguais na função custo. Da mesma forma, quando um peso normalizado for, por exemplo, o dobro do outro, o termo correspondente ao primeiro peso estará contribuindo duas vezes mais que o segundo termo na função custo.

É importante atentar ao fato de que essa análise deve servir como ponto de partida para a análise, mas ela deve ser aprofundada em cada caso específico. Por exemplo, se o nível de um tanque pode ir de 0% a 100%, porém em uma dada aplicação ele será operado sempre abaixo de 20% da capacidade nominal, o valor de 20% deve ser considerado. O mesmo vale para as variáveis manipuladas. Além disso, se o horizonte de predição for muito longo, é natural que as predições atinjam regime permanente, então, se o valor de regime das predições for próximo da referência, o fato de aumentar o horizonte de predição não irá contribuir para aumentar a parcela do erro de predição na função custo.

Esses exemplos mostram como, apesar de intuitiva, a definição dos horizontes e dos pesos pode ser um problema complexo em sistemas com grandes dimensões. Além disso, no Exemplo 3.3 ilustramos que a normalização das variáveis e pesos pode simplificar o problema. Vamos, agora, desenvolver a forma da função custo multivariável em notação matricial, assim como foi feito para o caso monovariável no Volume 1, e mostrado no em (2.3) no anterior.

É possível escrever a função custo na forma matricial assumindo que o vetor de predições futuras é organizado da forma padrão apresentada em (3.1). Nesse caso, a função custo pode ser escrita como:

$$J = [\mathbf{r} - \hat{\mathbf{y}}]^T \mathbf{Q}_e [\mathbf{r} - \hat{\mathbf{y}}] + \Delta\mathbf{u}^T \mathbf{Q}_u \Delta\mathbf{u}, \tag{3.3}$$

com

$$\mathbf{r} = \begin{bmatrix} \mathbf{r}_1 \\ \mathbf{r}_2 \\ \vdots \\ \mathbf{r}_n \end{bmatrix}, \quad \mathbf{r}_l = \begin{bmatrix} r_l(k + N_{1,l}) \\ r_l(k + N_{1,l} + 1) \\ \vdots \\ r_l(k + N_{2,l}) \end{bmatrix}, \quad \hat{\mathbf{y}} = \begin{bmatrix} \hat{\mathbf{y}}_1 \\ \hat{\mathbf{y}}_2 \\ \vdots \\ \hat{\mathbf{y}}_n \end{bmatrix},$$

$$\hat{\mathbf{y}}_l = \begin{bmatrix} \hat{y}_l(k + N_{1,l} \mid k) \\ \hat{y}_l(k + N_{1,l} + 1 \mid k) \\ \vdots \\ \hat{y}_l(k + N_{2,l} \mid k) \end{bmatrix}, \quad \Delta\mathbf{u} = \begin{bmatrix} \Delta\mathbf{u}_1 \\ \Delta\mathbf{u}_2 \\ \vdots \\ \Delta\mathbf{u}_m \end{bmatrix}, \quad \Delta\mathbf{u}_p = \begin{bmatrix} \Delta u_p(k) \\ \Delta u_p(k+1) \\ \vdots \\ \Delta u_p(k + N_{u,p} - 1) \end{bmatrix},$$

$$\mathbf{Q}_e = \begin{bmatrix} \delta_1 \mathbf{I}_{N_{2,1}-N_{1,1}+1} & \mathbf{0} & \cdots & \mathbf{0} \\ \mathbf{0} & \delta_2 \mathbf{I}_{N_{2,2}-N_{1,2}+1} & \cdots & \mathbf{0} \\ \vdots & \vdots & \ddots & \vdots \\ \mathbf{0} & \mathbf{0} & \cdots & \delta_n \mathbf{I}_{N_{2,n}-N_{1,n}+1} \end{bmatrix},$$

$$\mathbf{Q}_u = \begin{bmatrix} \lambda_1 \mathbf{I}_{N_{u,1}} & \mathbf{0} & \cdots & \mathbf{0} \\ \mathbf{0} & \lambda_2 \mathbf{I}_{N_{u,2}} & \cdots & \mathbf{0} \\ \vdots & \vdots & \ddots & \vdots \\ \mathbf{0} & \mathbf{0} & \cdots & \lambda_m \mathbf{I}_{N_{u,m}} \end{bmatrix}.$$

Nessa formulação, os vetores de predição de cada uma das saídas são empilhados no vetor $\hat{\mathbf{y}}$, que tem dimensão $\sum_{l=1}^{n}(N_{2,l} - N_{1,l} + 1)$, e os incrementos de controle são empilhados no vetor $\Delta\mathbf{u}$, que tem dimensão $\sum_{p=1}^{m} N_{u,p}$.

A função custo $J$ no caso multivariável, em sua forma matricial, é quase idêntica àquela obtida no caso monovariável, apresentada em (2.3). As alterações se dão apenas nas definições das matrizes e dos vetores. Note que, na formulação apresentada, foram empregadas ponderações constantes ao longo dos horizontes para cada variável, como forma de simplificar a notação das matrizes $\mathbf{Q}_e$ e $\mathbf{Q}_u$, porém, é possível empregar valores diferentes para cada posição do horizonte, definindo matrizes diagonais com essas ponderações no lugar da ponderação constante multiplicada pela matriz identidade. Na definição das matrizes de ponderação, a notação $\mathbf{0}$ é usada para designar matrizes com todos os elementos nulos, de dimensão apropriada, como forma de não complicar a notação.

Como o formato final da função custo é semelhante ao já apresentado no caso monovariável, é possível reescrever a função custo no formato padrão de programação quadrática (QP, do inglês *Quadratic Programming*):

$$J = \frac{1}{2}\Delta\mathbf{u}^T\mathbf{H}_{qp}\Delta\mathbf{u} + \mathbf{f}_{qp}^T\Delta\mathbf{u}^T + c_{qp}, \tag{3.4}$$

com

$$\begin{aligned}
\mathbf{H}_{qp} &= 2\left(\mathbf{G}^T\mathbf{Q}_e\mathbf{G} + \mathbf{Q}_u\right)\\
\mathbf{f}_{qp} &= -2\mathbf{G}^T\mathbf{Q}_e\left[\mathbf{r} - \mathbf{f}\right]\\
c_{qp} &= \left[\mathbf{r} - \mathbf{f}\right]^T\mathbf{Q}_e\left[\mathbf{r} - \mathbf{f}\right].
\end{aligned}$$

Para chegar em (3.4), basta substituir a expressão de $\hat{\mathbf{y}} = \mathbf{G}\Delta\mathbf{u} + \mathbf{f}$ na função custo e manipular o resultado[3]. Da mesma forma que ocorre com a função custo e as predições, para as restrições seguimos o mesmo procedimento do caso monovariável, considerando cada restrição associada a cada variável manipulada e transformando-a em uma expressão vetorial. Finalmente, a equação que representa todas as restrições de desigualdade do problema pode ser colocada como:

$$\overline{\mathbf{R}}\Delta\mathbf{u} \leq \overline{\mathbf{r}}.$$

Vamos ilustrar a montagem das matrizes $\overline{\mathbf{R}}$ e $\overline{\mathbf{r}}$ para o caso estudado no Exemplo 3.3 por meio de um novo exemplo.

**Exemplo 3.4**

Considere o mesmo caso do Exemplo 3.3, um processo multivariável $2 \times 2$, considerando que as ações de controle estão restritas ao intervalo $[0;\ 10]$ e os incrementos das ações de controle estão restritos ao intervalo $[-1;\ +1]$. Como os horizontes de controle são $N_{u,1} = 5$ e $N_{u,2} = 3$, teremos:

$$0 \leq u_1(k+j) \leq 10, \qquad -1 \leq \Delta u_1(k+j) \leq 1 \quad j = 1, ..., 5,$$

$$0 \leq u_2(k+j) \leq 10, \qquad -1 \leq \Delta u_2(k+j) \leq 1 \quad j = 1, ..., 3.$$

[3] Os detalhes desta manipulação são apresentados no Capítulo 3 do Volume 1.

O vetor de incremento de ações de controle a ser usado pelo otimizador é:

$$\Delta \mathbf{u} = [\Delta u_1(k)\ \Delta u_1(k+1)\ \ldots\ \Delta u_1(k+4)\ \Delta u_2(k)\ \Delta u_2(k+1)\ \Delta u_2(k+2)]^T,$$

que tem dimensão $8 \times 1$. Assim, vamos escrever as restrições em função desse vetor.

Para as restrições no incremento, podemos escrever:

$$-\mathbf{1}_8 \leq \Delta \mathbf{u} \leq \mathbf{1}_8,$$

ou

$$\mathbf{I}_8 \Delta \mathbf{u} \leq \mathbf{1}_8,$$
$$-\mathbf{I}_8 \Delta \mathbf{u} \leq \mathbf{1}_8.$$

Para as restrições no sinal de controle, lembre-se de que podemos reescrever o sinal de controle futuro em função dos incrementos de controle futuros:

$$u_p(k+j) = u_p(k-1) + \sum_{i=0}^{j} \Delta u_p(k+i),$$

e, matricialmente,

$$\mathbf{u}_p = \mathbf{1}_{N_{u,p}} u_p(k-1) + \mathbf{T}_{N_{u,p}} \Delta \mathbf{u}_p,$$

sendo $\mathbf{T}_{N_{u,p}}$ uma matriz quadrada triangular inferior com elementos não nulos todos iguais a um de dimensão $N_{u,p}$. Assim, para este caso particular,

$$\mathbf{u}_1 = \mathbf{T}_5 \Delta \mathbf{u}_1 + \mathbf{1}_5 u_1(k-1),$$
$$\mathbf{u}_2 = \mathbf{T}_3 \Delta \mathbf{u}_2 + \mathbf{1}_3 u_2(k-1).$$

Então, as restrições no sinal de controle podem ser representadas por

$$\mathbf{0}_5 \leq \mathbf{T}_5 \Delta \mathbf{u}_1 + \mathbf{1}_5 u_1(k-1) \leq 10 \cdot \mathbf{1}_5$$

$$\mathbf{0}_3 \leq \mathbf{T}_3 \Delta \mathbf{u}_2 + \mathbf{1}_3 u_2(k-1) \leq 10 \cdot \mathbf{1}_5$$

ou

$$\mathbf{T}_5 \Delta \mathbf{u}_1 \leq 10 \cdot \mathbf{1}_5 - \mathbf{1}_5 u_1(k-1) = \mathbf{1}_5(10 - u_1(k-1))$$

$$\mathbf{T}_3 \Delta \mathbf{u}_2 \leq 10 \cdot \mathbf{1}_3 - \mathbf{1}_3 u_2(k-1) = \mathbf{1}_3(10 - u_2(k-1))$$

$$-\mathbf{T}_5 \Delta \mathbf{u}_1 \leq \mathbf{1}_5 u_1(k-1)$$

$$-\mathbf{T}_3 \Delta \mathbf{u}_2 \leq \mathbf{1}_3 u_2(k-1)$$

Agrupando todas as restrições, temos como colocar as inequações na forma $\overline{\mathbf{R}}\Delta\mathbf{u} \leq \overline{\mathbf{r}}$:

$$\left[\begin{array}{cc} \mathbf{I}_5 & 0 \\ 0 & \mathbf{I}_3 \\ \hdashline -\mathbf{I}_5 & 0 \\ 0 & -\mathbf{I}_3 \\ \hdashline \mathbf{T}_5 & 0 \\ 0 & \mathbf{T}_3 \\ \hdashline -\mathbf{T}_5 & 0 \\ 0 & -\mathbf{T}_3 \end{array}\right] \begin{bmatrix} \Delta\mathbf{u}_1 \\ \Delta\mathbf{u}_2 \end{bmatrix} \leq \left[\begin{array}{c} \mathbf{1}_5 \\ \mathbf{1}_3 \\ \hdashline \mathbf{1}_5 \\ \mathbf{1}_3 \\ \hdashline \mathbf{1}_5(10 - u_1(k-1)) \\ \mathbf{1}_3(10 - u_2(k-1)) \\ \hdashline \mathbf{1}_5 u_1(k-1) \\ \mathbf{1}_3 u_2(k-1) \end{array}\right],$$

obtendo a matriz $\overline{\mathbf{R}}$ e o vetor $\overline{\mathbf{r}}$ usados no otimizador.

A minimização da função custo (3.2) considerando as restrições, como explicado no caso monovariável no Volume 1, nos dá o vetor de incrementos futuros a serem aplicados no processo a cada instante de amostragem, que no caso sem restrições se reduz a

$$\Delta\mathbf{u} = \mathbf{K}\left[\mathbf{r} - \mathbf{f}\right], \tag{3.5}$$

com

$$\mathbf{K} = \left(\mathbf{G}^T\mathbf{Q}_e\mathbf{G} + \mathbf{Q}_u\right)^{-1}\mathbf{G}^T\mathbf{Q}_e.$$

Note que $\Delta\mathbf{u}$ define um vetor de incrementos futuros de controle, porém, apenas os $\Delta u_p(k)$ com $p = 1 \ldots m$ são aplicados ao processo no instante $k$, pois $\Delta\mathbf{u}$ deve ser recalculado a cada instante de amostragem, seguindo o princípio de horizonte deslizante. Assim, é necessário obter apenas o valor de $\Delta u_p(k)$ ótimo, dado pelo vetor de incrementos de controle para o instante atual, definido como:

$$\Delta\mathbf{u}_a = \begin{bmatrix} \Delta u_1(k) \\ \Delta u_2(k) \\ \vdots \\ \Delta u_m(k) \end{bmatrix}, \tag{3.6}$$

com elementos iguais aos primeiros elementos de cada um dos subvetores do vetor $\Delta\mathbf{u}$. No caso irrestrito, é possível obter uma matriz simplificada $\mathbf{K}_1$ obtida a partir das $m$ linhas de $\mathbf{K}$ associadas ao cálculo de $\Delta u_p(k)$, $\forall\ p$. Por fim, as ações de controle a serem aplicadas no processo são:

$$u_p(k) = u_p(k-1) + \Delta u_p(k),\ \forall p = 1 \ldots m. \tag{3.7}$$

Agora que temos a forma da lei de controle estabelecida para o caso multivariável, podemos retomar a análise do funcionamento do sistema em malha fechada para o caso de referências constantes. Assim como no caso monovariável, por ter incluído um modelo de controle incremental e um modelo de perturbação degrau nas predições, sabemos que, assumindo a estabilidade de malha fechada, a resposta livre converge para a saída do processo e o sistema terá um incremento de controle $\Delta\mathbf{u} = \mathbf{0}$ em regime permanente, o que significa que $\mathbf{K}(\mathbf{r} - \mathbf{f}) = \mathbf{0}$, sendo $\mathbf{0}$ um vetor de zeros de dimensão apropriada. Mas essa igualdade não garante que, em regime permanente, os valores de cada uma das respostas livres $\mathbf{f}_{l,ss}$ alcancem a correspondente referência $\mathbf{r}_l$, dado que a condição imposta em regime permanente é:

$$\mathbf{K}(\mathbf{r} - \mathbf{f}_{ss}) = \sum_{l=1}^{n} \mathbf{K}_l(\mathbf{r}_l - \mathbf{f}_{l.ss}) = \sum_{l=1}^{n} \mathbf{K}_l \mathbf{e}_{l.ss} = \mathbf{0}, \tag{3.8}$$

na qual o vetor de ganho foi escrito como $\mathbf{K} = [\mathbf{K}_1\ \mathbf{K}_2\ \ldots\ \mathbf{K}_n]$ e $\mathbf{f}_{ss}$ é o vetor de resposta livre no regime permanente. Observe que (3.8) pode ser satisfeita com valores de erro estático $\mathbf{e}_{l,ss}$ não nulos, basta encontrar uma combinação linear de erros que satisfaça a equação.

Uma forma mais direta de visualizar este problema é analisar a característica estática do sistema, assumindo um processo estável de ganho estático $\mathbf{K}_e$. Temos que $\mathbf{y} = \mathbf{K}_e\mathbf{u}$ e desejamos que $\mathbf{y} = \mathbf{r}$, então,

$$\mathbf{r} = \mathbf{K}_e\mathbf{u}.$$

Podemos interpretar essa equação como um sistema linear de equações em que a incógnita é o vetor de controle $\mathbf{u}$. Se o sistema for quadrado, $n = m$, então temos um número de equações iguais ao número de incógnitas e, se o posto de $\mathbf{K}_e$ for completo (todas as linhas, ou colunas, são linearmente independentes), há uma única solução, que é $\mathbf{u} = \mathbf{K}_e^{-1}\mathbf{r}$. Se há um número de entradas maior do que saídas, $m > n$, então há um número de equações menor do que o de incógnitas. Assim, se o posto de $\mathbf{K}_e$ for igual a $n$, há um número infinito de combinações de $\mathbf{u}$ que satisfaz a equação. Em malha fechada, o ponto a ser escolhido vai depender da sintonia do controlador, das restrições e do estado atual do sistema. Porém, se o número de saídas é maior que o número de variáveis manipuladas, $n > m$, o número de equações é maior do que o número de incógnitas. Assim, mesmo se o posto de $\mathbf{K}_e$ for igual a $m$, não há solução que satisfaça todas as equações simultaneamente. Dessa forma, o controlador convergirá a um ponto em que $\Delta\mathbf{u} = \mathbf{K}(\mathbf{r} - \mathbf{f}_{ss}) = \mathbf{0}$, mesmo que os erros de rastreamento individuais não sejam nulos, e esse ponto dependerá da sintonia utilizada e do estado atual do sistema (por conta das restrições). O próximo exemplo ilustra esse caso.

**Exemplo 3.5**

Considere um processo com duas saídas e uma entrada, com horizonte de predição 2 para as duas saídas e horizonte de controle 1, $\delta_1 = \delta_2 = 1$ e $\lambda = 0$. Assim, o MPC tem liberdade total para escolher a ação de controle e os dois erros têm o mesmo peso na função custo. Considere, ainda, que o ganho estático de $u$ para $y_1$ é 2 e o ganho estático de $u$ para $y_2$ é 3. O controle sem restrições em regime permanente neste caso pode ser colocado como:

$$\Delta \mathbf{u}_{ss} = \begin{bmatrix} \mathbf{K}_1 & \mathbf{K}_2 \end{bmatrix} \begin{bmatrix} \mathbf{e}_{1,ss} \\ \mathbf{e}_{2,ss} \end{bmatrix} = 0,$$

ou:

$$\begin{aligned} &[K_{11}\, K_{12}\, K_{21}\, K_{22}] \left[e_{1,ss}\; e_{1,ss}\; e_{2,ss}\; e_{2,ss}\right]^T = \\ &(K_{11} + K_{12})e_{1,ss} + (K_{21} + K_{22})e_{2,ss} = 0. \end{aligned}$$

Assim, qualquer par de erros que satisfaça a igualdade anterior pode ser uma solução do problema. Se a referência escolhida for $r_1 = 1$ e $r_2 = 1$, sabemos que não existe um valor de $u$ que leve as duas saídas para a referência, pois $r_1/r_2 = 1$ é diferente de $K_{e1}/K_{e2} = 2/3$. O MPC vai encontrar, em regime permanente, o valor de $u$ tal que obtenha o mínimo de $J$, porém a igualdade dos ganhos estáticos sempre será obedecida, dado que é uma característica do sistema.

Neste problema simples, podemos calcular a solução de forma analítica se aceitarmos que o sistema é estável em malha fechada para o ajuste proposto. Veja que, em regime permanente, todas as variáveis estarão em valores constantes, então o incremento de controle será nulo e a função custo proposta será:

$$J = 2(r_1 - y_{1,ss})^2 + 2(r_2 - y_{2,ss})^2,$$

sendo $y_{1,ss}$ e $y_{2,ss}$ os valores de estado estacionário das saídas, que verificam $y_{1,ss} = 2u_{ss}$ e $y_{2,ss} = 3u_{ss}$, com $u_{ss}$ sendo o valor de equilíbrio do controle. Note que os valores 2 que aparecem antes de cada termo em $J$ vêm dos somatórios dos erros tomados ao longo dos horizontes de predição de duas amostras. Como os pesos são unitários e em regime permanente ambos os elementos do somatório são iguais, cada termo quadrático aparece duas vezes em $J$.

Substituindo os valores das referências e saídas em $J$ temos:

$$J = 2(1 - 2u_{ss})^2 + 2(1 - 3u_{ss})^2 = 2(2 - 10u_{ss} + 13u_{ss}^2).$$

O mínimo de $J$ é obtido com $u_{ss} = 5/13$, valor esse que levará a saída 1 ao valor $y_{1,ss} = 10/13$ e a saída 2 ao valor $y_{2,ss} = 15/13$. Note que os erros em regime permanente são similares em módulo (com valor 3/13) e de diferente sinal. Isso ocorre porque os pesos e os horizontes de ambas as saídas são iguais na função custo.

Observe que, como o MPC encontrará sempre aquela combinação que minimize $J$ e respeite o modelo estático do sistema, o resultado vai depender do ajuste de parâmetros do controlador. Se os pesos das saídas forem alterados para $\delta_1 = 1$ e $\delta_2 = 2$, obtemos:

$$J = 2(1 - 2u_{ss})^2 + 4(1 - 3u_{ss})^2 = 2(3 - 16u_{ss} + 22u_{ss}^2),$$

e o mínimo de $J$ é obtido com $u_{ss} = 4/11$, que leva a saída 1 ao valor $y_{1,ss} = 8/11$ e a saída 2 ao valor $y_{2,ss} = 12/11$, melhorando o erro da segunda saída, de maior peso, em detrimento do erro da primeira saída, de menor peso.

Do ponto de vista da formulação do MPC, o modelo do processo sempre pode ser visto como uma restrição de igualdade que deve ser cumprida pelas entradas e saídas do sistema, fazendo com que o problema de otimização sempre chegue a uma solução que satisfaça as condições de operação do processo.

Finalmente, outro ponto deve ser destacado. Apesar de a solução do problema de otimização neste caso ter a mesma forma que no caso monovariável, o aumento da dimensão do problema a ser resolvido tem grande impacto no tempo de processamento, aumentando consideravelmente para um sistema multivariável com grande número de variáveis manipuladas e controladas. Como o tempo necessário para obter a solução do problema de otimização pode ser um limitante em uma dada aplicação prática, discutiremos, no Capítulo 7, alguns métodos para diminuir o tempo computacional e conseguir aplicar o MPC em processos rápidos. O próximo exemplo ilustra o cálculo do tamanho do problema a ser resolvido.

**Exemplo 3.6**

Considere o mesmo processo $2 \times 2$ do Exemplo 3.4, com os mesmos horizontes de controle $N_{u,1} = 5$ e $N_{u,2} = 3$. A solução do problema de otimização, neste caso, fornece um vetor de incrementos de controle dado por:

$$\Delta\mathbf{u} = \begin{bmatrix} \Delta u_1(k) \\ \Delta u_1(k+1) \\ \Delta u_1(k+2) \\ \Delta u_1(k+3) \\ \Delta u_1(k+4) \\ \hdashline \Delta u_2(k) \\ \Delta u_2(k+1) \\ \Delta u_2(k+2) \end{bmatrix}, \tag{3.9}$$

mas apenas os valores de $\Delta u_1(k)$ e $\Delta u_2(k)$ são usados no instante $k$ para calcular $u_1(k) = u_1(k-1) + \Delta u_1(k)$ e $u_2(k) = u_2(k-1) + \Delta u_2(k)$ para serem enviados ao processo. Apesar disso, todos os incrementos de controle precisam ser calculados no caso geral.

Ainda para este exemplo, podemos calcular as dimensões do problema de otimização. A dimensão do vetor $\hat{\mathbf{y}}$ é $\sum_{l=1}^{2}(N_{2,l} - N_{1,l} + 1) = 20 + 10 = 30$ e a do vetor $\Delta\mathbf{u}$ é $\sum_{p=1}^{2} N_{u,p} = 5 + 3 = 8$. Assim, temos um problema com 8 variáveis de decisão e 30 predições a serem calculadas em cada amostra.

Apresentada a forma como se obtém a lei de controle do MPC a partir do conhecimento do modelo compacto das predições, da função custo e das restrições, analisaremos, na sequência, as particularidades de cada formulação de MPC multivariável no que diz respeito ao cálculo das predições, começando com o DMC.

## 3.2 DMC MULTIVARIÁVEL

Nesta seção, estudaremos aspectos relacionados com o cálculo das predições no DMC multivariável, sempre para um processo com $m$ entradas de controle e $n$ saídas a serem controladas.

### 3.2.1 Cálculo das predições no caso estável

Considere que o sistema multivariável é estável e que não há perturbações medidas (o caso multivariável com perturbações medidas será apresentado na Seção 3.2.2). Assim, o modelo de malha aberta de cada saída $l$ é dado por

$$y_l(k) = \sum_{p=1}^{m} \sum_{i=1}^{\infty} g_{l,p,i} \Delta u_p(k-i), \tag{3.10}$$

onde $\Delta u_p$ é o incremento de controle associado à variável manipulada $p$ e $g_{l,p,i}$ representa o $i$-ésimo coeficiente da resposta ao degrau que relaciona a variável manipulada $p$ com a saída $l$. Observe que, como o modelo é linear, podemos obter o modelo completo apenas somando as respostas obtidas de forma individual para um degrau aplicado em cada uma das entradas. Essa simplicidade do modelo usado pelo DMC é uma das suas vantagens, pois, na prática industrial, basta realizar um ensaio de resposta ao degrau para cada uma das entradas de controle e armazenar as repostas obtidas em todas as saídas do processo e, depois, organizar e compor as somas.

A partir do modelo de malha aberta em (3.10), considerando condições iniciais nulas, as predições da saída $l$ no tempo $k + j$ podem ser calculadas da seguinte forma:

$$\hat{y}_l(k+j \mid k) = \sum_{p=1}^{m} \sum_{i=1}^{\infty} g_{l,p,i} \Delta u_p(k+j-i) + \hat{\eta}_l(k+j \mid k), \tag{3.11}$$

com $\hat{\eta}_l(k+j \mid k)$ representando uma predição da perturbação não mensurável em $k+j$ observada na saída $l$. Assim como no caso monovariável, consideramos um modelo de perturbação constante, isto é,

$$\hat{\eta}_l(k+j \mid k) = \hat{\eta}_l(k \mid k) = y_l(k) - \hat{y}_{ol}(k \mid k),$$

sendo $y_l(k)$ a saída real do processo e o termo $\hat{y}_{ol}(k \mid k)$, calculado a partir de (3.10), é a estimação da saída $l$ do sistema sem correção.

Separando as parcelas do somatório que dependem de valores futuros de $\Delta u_p$, é possível reescrever a predição como:

$$\begin{aligned}\hat{y}_l(k+j \mid k) = &\sum_{p=1}^{m} \sum_{i=1}^{j} g_{l,p,i} \Delta u_p(k+j-i) \\ &+ \sum_{p=1}^{m} \sum_{i=j+1}^{\infty} g_{l,p,i} \Delta u_p(k+j-i) + \hat{\eta}_l(k \mid k).\end{aligned} \tag{3.12}$$

Utilizando a definição de $\hat{\eta}_l(k \mid k)$ e (3.10) para obter $\hat{y}_{ol}(k \mid k)$, temos

$$\hat{y}_l(k+j \mid k) = \sum_{p=1}^{m} \sum_{i=1}^{j} g_{l,p,i} \Delta u_p(k+j-i)$$
$$+ \sum_{p=1}^{m} \sum_{i=1}^{\infty} \left(g_{l,p,j+i} - g_{l,p,i}\right) \Delta u_p(k-i) + y_l(k), \quad (3.13)$$

ou, de forma mais compacta,

$$\hat{y}_l(k+j \mid k) = \sum_{p=1}^{m} \sum_{i=1}^{j} g_{l,p,i} \Delta u_p(k+j-i) + f_l(k+j \mid k), \quad (3.14)$$

onde $f_l(k+j \mid k)$ é a resposta livre da saída $l$ do sistema, ou seja, a parte da resposta que não depende das ações de controle futuras e que, após o truncamento dos somatórios infinitos, é dada por:

$$f_l(k+j \mid k) = \sum_{p=1}^{m} \sum_{i=1}^{N_{ss,l,p}} \left(g_{l,p,j+i} - g_{l,p,i}\right) \Delta u_p(k-i) + y_l(k). \quad (3.15)$$

Note que o truncamento é possível, pois, para sistemas assintoticamente estáveis, a resposta ao degrau de um dado par entrada-saída tende a se tornar constante após um número suficiente de amostras $N_{ss,l,p}$, portanto, $(g_{l,p,j+i} - g_{l,p,i}) \approx 0$, $\forall i > N_{ss,l,p}$. Uma observação importante é que, no caso geral, é possível definir um horizonte de modelo $N_{ss,l,p}$ para cada modelo de resposta ao degrau do sistema multivariável. Isso passa a ser interessante quando se tem modelos com tempos de assentamento muito diferentes. Assim, para os modelos com tempo de assentamento baixo, é possível escolher valores de $N_{ss,l,p}$ menores, o que pode impactar o tamanho de algumas matrizes, tornando mais eficiente a implementação do algoritmo. Comentaremos esse ponto com mais detalhes ainda nesta seção, ao apresentar a forma matricial das predições.

Considerando o cálculo das predições de 1 a $N_{2,l}$, as predições futuras da saída $l$, dadas por (3.14), podem ser escritas de forma matricial da seguinte maneira:

$$\hat{\mathbf{y}}_l = \sum_{p=1}^{m} \mathbf{G}_{l,p} \Delta \mathbf{u}_p + \mathbf{f}_l, \quad (3.16)$$

onde $\mathbf{G}_{l,p} \in \mathbb{R}^{N_{2,l} \times N_{u,p}}$ é a matriz de coeficientes da resposta ao degrau da entrada $p$ para a saída $l$, $N_{2,l}$ é o horizonte de predição da saída $l$, $N_{u,p}$ é o horizonte de controle da entrada $p$, e $\mathbf{f}_l \in \mathbb{R}^{N_{2,l}}$ a resposta livre da saída $l$ do sistema. Esses vetores e matrizes são dados por:

$$\mathbf{f}_l = \begin{bmatrix} f_l(k+1 \mid k) \\ f_l(k+2 \mid k) \\ \vdots \\ f_l(k+N_{2,l} \mid k) \end{bmatrix} = \sum_{p=1}^{m} \mathbf{H}_{l,p} \underleftarrow{\Delta \mathbf{u}}_p + \mathbf{1}_{N_{2,l}} y_l(k), \quad \underleftarrow{\Delta \mathbf{u}}_p = \begin{bmatrix} \Delta u_p(k-1) \\ \Delta u_p(k-2) \\ \vdots \\ \Delta u_p(k-N_{ss,l,p}) \end{bmatrix},$$

$$\mathbf{H}_{l,p} = \begin{bmatrix} h_{l,p,1,1} & h_{l,p,1,2} & \cdots & h_{l,p,1,N_{ss,l,p}-1} & h_{l,p,1,N_{ss,l,p}} \\ h_{l,p,2,1} & h_{l,p,2,2} & \cdots & h_{2,N_{ss,l,p}-1} & h_{l,p,2,N_{ss,l,p}} \\ \vdots & \vdots & \ddots & \vdots & \vdots \\ h_{l,p,N_{2,l},1} & h_{l,p,N_{2,l},2} & \cdots & h_{l,p,N_{2,l},N_{ss,l,p}-1} & h_{l,p,N_{2,l},N_{ss,l,p}} \end{bmatrix},$$

com

$$h_{l,p,j,i} = g_{l,p,j+i} - g_{l,p,i}, \ j+i \leq N_{ss,l,p},$$
$$h_{l,p,j,i} = g_{l,p,N_{ss,l,p}} - g_{l,p,i}, \ j+i > N_{ss,l,p},$$

e

$$\mathbf{G}_{l,p} = \begin{bmatrix} g_{l,p,1} & 0 & \cdots & 0 \\ g_{l,p,2} & g_{l,p,1} & \cdots & 0 \\ \vdots & \vdots & \vdots & \vdots \\ g_{l,p,N_{2,l}} & g_{l,p,N_{2,l}-1} & \cdots & g_{l,p,N_{2,l}-N_{u,p}+1} \end{bmatrix}.$$

Da mesma forma que no caso monovariável, se o horizonte inicial de predição da saída $l$ for maior do que um ($N_{1,l} > 1$), as $N_{1,l} - 1$ linhas iniciais de $\hat{\mathbf{y}}_l$, $\mathbf{G}_{l,p}$ e $\mathbf{f}_l$ devem ser removidas.

Também, como no caso monovariável, note que $h_{l,p,j,i} = 0$ para $i = N_{ss,l,p}$ e para todo $j$, dado que se calcula a diferença entre o $g_{l,p,N_{ss,l,p}+j}$ e o $g_{l,p,N_{ss,l,p}}$, que são iguais, dado que no modelo se consideram todos os coeficientes da resposta ao degrau iguais depois do elemento $N_{ss,l,p}$. Assim, a última coluna da matriz $\mathbf{H}_{l,p}$ será nula, como verificaremos nos exemplos desta seção.

Combinando as predições de todas as $n$ saídas, dadas por (3.16), obtemos o formato padrão de predição:

$$\hat{\mathbf{y}} = \mathbf{G}\Delta\mathbf{u} + \mathbf{f}, \tag{3.17}$$

com $\mathbf{f} = \mathbf{H}\underleftarrow{\Delta \mathbf{u}} + \mathbb{I}\mathbf{y}(k)$ e

$$\mathbf{G} = \begin{bmatrix} \mathbf{G}_{1,1} & \cdots & \mathbf{G}_{1,m} \\ \mathbf{G}_{2,1} & \cdots & \mathbf{G}_{1,m} \\ \vdots & \vdots & \vdots \\ \mathbf{G}_{n,1} & \cdots & \mathbf{G}_{n,m} \end{bmatrix}, \quad \mathbf{f} = \begin{bmatrix} \mathbf{f}_1 \\ \mathbf{f}_2 \\ \vdots \\ \mathbf{f}_n \end{bmatrix},$$

$$\mathbf{H} = \begin{bmatrix} \mathbf{H}_{1,1} & \cdots & \mathbf{H}_{1,m} \\ \mathbf{H}_{2,1} & \cdots & \mathbf{H}_{1,m} \\ \vdots & \vdots & \vdots \\ \mathbf{H}_{n,1} & \cdots & \mathbf{H}_{n,m} \end{bmatrix}, \quad \underleftarrow{\Delta \mathbf{u}} = \begin{bmatrix} \underleftarrow{\Delta \mathbf{u}_1} \\ \underleftarrow{\Delta \mathbf{u}_2} \\ \vdots \\ \underleftarrow{\Delta \mathbf{u}_m} \end{bmatrix},$$

$$\mathbb{I} = \begin{bmatrix} \mathbf{1}_{N_{2,1}} & \mathbf{0} & \cdots & \mathbf{0} \\ \mathbf{0} & \mathbf{1}_{N_{2,2}} & \cdots & \mathbf{0} \\ \vdots & \vdots & \ddots & \vdots \\ \mathbf{0} & \mathbf{0} & \cdots & \mathbf{1}_{N_{2,n}} \end{bmatrix}, \quad \mathbf{y}(k) = \begin{bmatrix} y_1(k) \\ y_2(k) \\ \vdots \\ y_n(k) \end{bmatrix}.$$

Observe que a matriz $\mathbf{H}$ resulta do empilhamento das matrizes $\mathbf{H}_{l,p}$. Assim, para cada $p$, todas as matrizes $\mathbf{H}_{l,p}$ devem ter o mesmo número de colunas, independentemente do $N_{ss,l,p}$ escolhido. Dessa forma, para um dado $p$, é necessário adicionar colunas nulas em cada submatriz para ajustar a dimensão de todas ao maior dos $N_{ss,l,p}$ para $l = 1 \ldots n$. Já para o número de linhas, não é necessário ajustar dimensões, pois para uma dada saída $l$, todas as $\mathbf{H}_{l,p}$, $p = 1 \ldots m$ têm o mesmo número de linhas, igual ao horizonte de predição da respectiva saída.

Vamos apresentar um exemplo de cálculo manual deste modelo multivariável considerando valores de $N_{ss,l,p}$ pequenos para poder mostrar os resultados numéricos de forma mais clara.

**Exemplo 3.7**

Considere um processo de duas entradas e duas saídas e suponha que todas as variáveis estão normalizadas no intervalo $[-10, +10]$. Os ensaios de resposta ao degrau realizados permitiram obter os coeficientes de quatro respostas, representados pelos vetores:

$$\mathbf{g}_{1,1} = \begin{bmatrix} 0{,}3 & 0{,}45 & 0{,}78 & 0{,}95 & 1{,}0 & 1{,}0 & 1{,}0 & \ldots \end{bmatrix}^T,$$

$$\mathbf{g}_{1,2} = \begin{bmatrix} 0{,}14 & 0{,}41 & 0{,}76 & 1{,}2 & 1{,}2 & 1{,}2 & \ldots \end{bmatrix}^T,$$

$$\mathbf{g}_{2,1} = \begin{bmatrix} 0{,}2 & 0{,}6 & 1{,}4 & 2{,}0 & 2{,}0 & 2{,}0 & \ldots \end{bmatrix}^T,$$

$$\mathbf{g}_{2,2} = \begin{bmatrix} -0{,}1 & -0{,}3 & -0{,}7 & -1{,}0 & -1{,}0 & -1{,}0 & \ldots \end{bmatrix}^T.$$

Assim, podemos definir $N_{ss,1,1} = 5$, $N_{ss,2,1} = 4$, $N_{ss,1,2} = 4$ e $N_{ss,2,2} = 4$, dado que para valores maiores teremos coeficientes nulos nas colunas das matrizes

$\mathbf{H}_{l,p}$. Suponha que os horizontes de predição e de controle foram escolhidos como $N_{1,1} = 1$, $N_{2,1} = 3$, $N_{1,2} = 1$, $N_{2,2} = 2$, $N_{u,1} = 2$, e $N_{u,2} = 1$. Dessa forma, a matriz $\mathbf{G}$ é composta por 4 submatrizes com número de linhas igual ao horizonte de predição correspondente à saída considerada e com número de colunas igual ao horizonte de controle da variável manipulada considerada. Neste caso:

$$\mathbf{G}_{1,1} = \begin{bmatrix} 0{,}30 & 0 \\ 0{,}45 & 0{,}30 \\ 0{,}78 & 0{,}45 \end{bmatrix}, \ \mathbf{G}_{1,2} = \begin{bmatrix} 0{,}14 \\ 0{,}41 \\ 0{,}76 \end{bmatrix},$$

$$\mathbf{G}_{2,1} = \begin{bmatrix} 0{,}20 & 0 \\ 0{,}60 & 0{,}20 \end{bmatrix}, \ \mathbf{G}_{2,2} = \begin{bmatrix} -0{,}10 \\ -0{,}30 \end{bmatrix},$$

que têm dimensões $3 \times 2$, $3 \times 1$, $2 \times 2$ e $2 \times 1$, respectivamente. Assim, $\mathbf{G}$ tem dimensão $5 \times 3$ e é dada por:

$$\mathbf{G} = \left[\begin{array}{cc:c} 0{,}30 & 0 & 0{,}14 \\ 0{,}45 & 0{,}30 & 0{,}41 \\ 0{,}78 & 0{,}45 & 0{,}76 \\ \hdashline 0{,}20 & 0 & -0{,}10 \\ 0{,}60 & 0{,}20 & -0{,}30 \end{array}\right].$$

A matriz $\mathbb{I}$, que é bloco diagonal, tem dois blocos dados por $\mathbf{1}_3$ e $\mathbf{1}_2$, do tamanho do horizonte de predição de cada saída, respectivamente 3 e 2. Isso resulta em:

$$\mathbb{I} = \left[\begin{array}{c:c} 1 & 0 \\ 1 & 0 \\ 1 & 0 \\ \hdashline 0 & 1 \\ 0 & 1 \end{array}\right].$$

Finalmente, a matriz $\mathbf{H}$ é composta por 4 submatrizes de dimensões que dependem dos horizontes de predição e dos horizontes de modelo. Assim, neste caso, temos blocos de dimensões $3 \times 5$, $3 \times 4$, $2 \times 4$ e $2 \times 4$:

$$\mathbf{H}_{1,1} = \left[\begin{array}{ccc} g_{1,1,2} - g_{1,1,1} & g_{1,1,3} - g_{1,1,2} & g_{1,1,4} - g_{1,1,3} \\ g_{1,1,3} - g_{1,1,1} & g_{1,1,4} - g_{1,1,2} & g_{1,1,5} - g_{1,1,3} \\ g_{1,1,4} - g_{1,1,1} & g_{1,1,5} - g_{1,1,2} & g_{1,1,5} - g_{1,1,3} \end{array}\right. \cdots$$

$$\left.\begin{array}{cc} g_{1,1,5} - g_{1,1,4} & g_{1,1,5} - g_{1,1,5} \\ g_{1,1,5} - g_{1,1,4} & g_{1,1,5} - g_{1,1,5} \\ g_{1,1,5} - g_{1,1,4} & g_{1,1,5} - g_{1,1,5} \end{array}\right],$$

$$\mathbf{H}_{1,2} = \begin{bmatrix} g_{1,2,2} - g_{1,2,1} & g_{1,2,3} - g_{1,2,2} & g_{1,2,4} - g_{1,2,3} & g_{1,2,4} - g_{1,2,4} \\ g_{1,2,3} - g_{1,2,1} & g_{1,2,4} - g_{1,2,2} & g_{1,2,4} - g_{1,2,3} & g_{1,2,4} - g_{1,2,4} \\ g_{1,2,4} - g_{1,2,1} & g_{1,2,4} - g_{1,2,2} & g_{1,2,4} - g_{1,2,3} & g_{1,2,4} - g_{1,2,4} \end{bmatrix},$$

$$\mathbf{H}_{2,1} = \left[ \begin{matrix} g_{2,1,2} - g_{2,1,1} & g_{2,1,3} - g_{2,1,2} & g_{2,1,4} - g_{2,1,3} \\ g_{2,1,3} - g_{2,1,1} & g_{2,1,4} - g_{2,1,2} & g_{2,1,5} - g_{2,1,3} \end{matrix} \right. \quad \cdots$$

$$\left. \begin{matrix} g_{2,1,5} - g_{2,1,4} & g_{2,1,4} - g_{2,1,4} \\ g_{2,1,5} - g_{2,1,4} & g_{2,1,4} - g_{2,1,4} \end{matrix} \right],$$

$$\mathbf{H}_{2,2} = \begin{bmatrix} g_{2,2,2} - g_{2,2,1} & g_{2,2,3} - g_{2,2,2} & g_{2,2,4} - g_{2,2,3} & g_{2,2,4} - g_{2,2,4} \\ g_{2,2,3} - g_{2,2,1} & g_{2,2,4} - g_{2,2,2} & g_{2,2,4} - g_{2,2,3} & g_{2,2,4} - g_{2,2,4} \end{bmatrix},$$

resultando em:

$$\mathbf{H}_{1,1} = \begin{bmatrix} 0{,}15 & 0{,}33 & 0{,}17 & 0{,}05 & 0 \\ 0{,}48 & 0{,}50 & 0{,}22 & 0{,}05 & 0 \\ 0{,}65 & 0{,}55 & 0{,}22 & 0{,}05 & 0 \end{bmatrix}, \quad \mathbf{H}_{1,2} = \begin{bmatrix} 0{,}27 & 0{,}35 & 0{,}44 & 0 \\ 0{,}62 & 0{,}79 & 0{,}44 & 0 \\ 1{,}06 & 0{,}79 & 0{,}44 & 0 \end{bmatrix},$$

$$\mathbf{H}_{2,1} = \begin{bmatrix} 0{,}4 & 0{,}8 & 0{,}6 & 0 \\ 1{,}2 & 1{,}4 & 0{,}6 & 0 \end{bmatrix}, \quad \mathbf{H}_{2,2} = \begin{bmatrix} -0{,}2 & -0{,}4 & -0{,}3 & 0 \\ -0{,}6 & -0{,}7 & -0{,}3 & 0 \end{bmatrix}.$$

Note que as matrizes $\mathbf{H}_{1,2}$ e $\mathbf{H}_{2,1}$ possuem número diferente de colunas. Isso acontece por conta dos diferentes horizontes de modelo utilizados. Para obter uma única matriz $\mathbf{H}$, é necessário completar o número de colunas de $\mathbf{H}_{2,1}$ (com elementos iguais a zero) para que esta fique com o mesmo número de colunas de $\mathbf{H}_{1,2}$. Assim:

$$\mathbf{H} = \left[ \begin{array}{ccccc:cccc} 0{,}15 & 0{,}33 & 0{,}17 & 0{,}05 & 0 & 0{,}27 & 0{,}35 & 0{,}44 & 0 \\ 0{,}48 & 0{,}5 & 0{,}22 & 0{,}05 & 0 & 0{,}62 & 0{,}79 & 0{,}44 & 0 \\ 0{,}65 & 0{,}55 & 0{,}22 & 0{,}05 & 0 & 1{,}06 & 0{,}79 & 0{,}44 & 0 \\ \hdashline 0{,}4 & 0{,}8 & 0{,}6 & 0 & 0 & 0{,}4 & 0{,}8 & 0{,}6 & 0 \\ 1{,}2 & 1{,}4 & 0{,}6 & 0 & 0 & 1{,}2 & 1{,}4 & 0{,}6 & 0 \end{array} \right].$$

Finalizando o exemplo, montamos os vetores de predição, controles futuros e controles passados, como:

$$\hat{\mathbf{y}} = \begin{bmatrix} \hat{y}_1(k+1) \\ \hat{y}_1(k+2) \\ \hat{y}_1(k+3) \\ \hdashline \hat{y}_2(k+1) \\ \hat{y}_2(k+2) \end{bmatrix}, \ \Delta\mathbf{u} = \begin{bmatrix} \Delta u_1(k) \\ \Delta u_1(k+1) \\ \hdashline \Delta u_2(k) \end{bmatrix}, \ \underleftarrow{\Delta\mathbf{u}} = \begin{bmatrix} \Delta u_1(k-1) \\ \Delta u_1(k-2) \\ \Delta u_1(k-3) \\ \Delta u_1(k-4) \\ \Delta u_1(k-5) \\ \hdashline \Delta u_2(k-1) \\ \Delta u_2(k-2) \\ \Delta u_2(k-3) \\ \Delta u_2(k-4) \end{bmatrix},$$

e o vetor de saídas medidas é dado por:

$$\mathbf{y}(k) = \begin{bmatrix} y_1(k) \\ \hdashline y_2(k) \end{bmatrix}.$$

Assim, as predições são calculadas como:

$$\begin{bmatrix} \hat{y}_1(k+1) \\ \hat{y}_1(k+2) \\ \hat{y}_1(k+3) \\ \hdashline \hat{y}_2(k+1) \\ \hat{y}_2(k+2) \end{bmatrix} = \mathbf{G} \begin{bmatrix} \Delta u_1(k) \\ \Delta u_1(k+1) \\ \hdashline \Delta u_2(k) \end{bmatrix} + \mathbf{H} \begin{bmatrix} \Delta u_1(k-1) \\ \Delta u_1(k-2) \\ \Delta u_1(k-3) \\ \Delta u_1(k-4) \\ \Delta u_1(k-5) \\ \hdashline \Delta u_2(k-1) \\ \Delta u_2(k-2) \\ \Delta u_2(k-3) \\ \Delta u_2(k-4) \end{bmatrix} + \mathbb{I} \begin{bmatrix} y_1(k) \\ \hdashline y_2(k) \end{bmatrix},$$

e os dois últimos termos representam a resposta livre $\mathbf{f}$:

$$\begin{bmatrix} f_1(k+1) \\ f_1(k+2) \\ f_1(k+3) \\ \hdashline f_2(k+1) \\ f_2(k+2) \end{bmatrix} = \mathbf{H} \begin{bmatrix} \Delta u_1(k-1) \\ \Delta u_1(k-2) \\ \Delta u_1(k-3) \\ \Delta u_1(k-4) \\ \Delta u_1(k-5) \\ \hdashline \Delta u_2(k-1) \\ \Delta u_2(k-2) \\ \Delta u_2(k-3) \\ \Delta u_2(k-4) \end{bmatrix} + \mathbb{I} \begin{bmatrix} y_1(k) \\ \hdashline y_2(k) \end{bmatrix}.$$

No próximo exemplo usaremos essas predições para obter a lei de controle.

**Exemplo 3.8**

Aqui, vamos calcular a lei de controle sem restrições do sistema analisado no Exemplo 3.7, utilizando o desenvolvimento apresentado neste capítulo.

Considere que desejamos limitar 3 vezes mais a variação do controle $u_2$ que a variação do controle $u_1$, e que o erro da variável $y_2$ é duas vezes mais importante que o da variável $y_1$. Assim, como as variáveis do modelo já estavam normalizadas, apenas consideramos a divisão das ponderações pelo horizonte de cada variável, como explicado na Seção 3.1. Considerando ponderações $\delta_{1n} = 1$, $\delta_{2n} = 2$, $\lambda_{1n} = 1$ e $\lambda_{2n} = 3$, as matrizes de ponderação são dadas por:

$$\mathbf{Q}_e = \left[\begin{array}{ccc:cc} 1/3 & 0 & 0 & 0 & 0 \\ 0 & 1/3 & 0 & 0 & 0 \\ 0 & 0 & 1/3 & 0 & 0 \\ \hdashline 0 & 0 & 0 & 2/2 & 0 \\ 0 & 0 & 0 & 0 & 2/2 \end{array}\right], \quad \mathbf{Q}_u = \left[\begin{array}{cc:c} 1/2 & 0 & 0 \\ 0 & 1/2 & 0 \\ \hdashline 0 & 0 & 3/1 \end{array}\right].$$

Observe que colocamos explicitamente a divisão das ponderações pelo horizonte de cada variável. Para esse ajuste, o ganho do controlador é:

$$\begin{aligned} \mathbf{K} &= \left(\mathbf{G}^T \mathbf{Q}_e \mathbf{G} + \mathbf{Q}_u\right)^{-1} \mathbf{G}^T \mathbf{Q}_e \\ &= \left[\begin{array}{ccc:cc} 0{,}092596 & 0{,}097308 & 0{,}17809 & 0{,}18687 & 0{,}47858 \\ -0{,}042913 & 0{,}10852 & 0{,}14646 & -0{,}077941 & 0{,}1174 \\ \hdashline 0{,}013107 & 0{,}035541 & 0{,}06748 & -0{,}03167 & -0{,}10317 \end{array}\right], \end{aligned}$$

e a lei de controle final pode ser escrita como:

$$\begin{bmatrix} \Delta u_1(k) \\ \Delta u_1(k+1) \\ \hdashline \Delta u_2(k) \end{bmatrix} = \mathbf{K} \left( \begin{bmatrix} r_1(k+1) \\ r_1(k+2) \\ r_1(k+3) \\ \hdashline r_2(k+1) \\ r_2(k+2) \end{bmatrix} - \begin{bmatrix} f_1(k+1) \\ f_1(k+2) \\ f_1(k+3) \\ \hdashline f_2(k+1) \\ f_2(k+2) \end{bmatrix} \right),$$

sendo que apenas $\Delta u_1(k)$ e $\Delta u_2(k)$ são aplicados no processo no instante $k$, pelo princípio do horizonte deslizante.

Ainda, como estamos interessados apenas nos incrementos de controle em $k$, podemos simplificar a expressão anterior utilizando $\mathbf{K}_1$, que é obtida a partir das $m$ linhas de $\mathbf{K}$ responsáveis por calcular $\Delta u_p(k)$, $\forall p$. Neste caso, essas linhas são a primeira e a terceira de $\mathbf{K}$:

$$\mathbf{K}_1 = \left[ \begin{array}{ccc:cc} 0{,}092596 & 0{,}097308 & 0{,}17809 & 0{,}18687 & 0{,}47858 \\ \hdashline 0{,}013107 & 0{,}035541 & 0{,}06748 & -0{,}03167 & -0{,}10317 \end{array} \right]$$

e a lei de controle final simplificada pode ser escrita como:

$$\begin{bmatrix} \Delta u_1(k) \\ \hdashline \Delta u_2(k) \end{bmatrix} = \mathbf{K}_1 (\mathbf{r} - \mathbf{f}) .$$

### 3.2.2 Ação antecipativa (*Feed-forward*)

Assim como analisado no DMC monovariável apresentado no Volume 1, é possível incluir as perturbações medidas no cálculo das predições do sistema multivariável. A partir de (3.11), mas agora considerando a predição da saída $l$ e um conjunto de perturbações medidas $m_q$, temos:

$$\begin{aligned}\hat{y}_l(k+j \mid k) = &\sum_{p=1}^{m}\sum_{i=1}^{j} g_{l,p,i}\Delta u_p(k+j-i) \\ &+\sum_{p=1}^{m}\sum_{i=1}^{N_{ss,l,p}} \left(g_{l,p,j+i} - g_{l,p,i}\right)\Delta u_p(k-i) + y_l(k) \\ &+\sum_{s=1}^{m_q}\sum_{i=0}^{j-1} g_{q,l,s,i}\Delta q_s(k+j-i) \\ &+\sum_{s=1}^{m_q}\sum_{i=0}^{N_{ssq,l,s}} \left(g_{q,l,s,j+i} - g_{q,l,s,i}\right)\Delta q(k-i). \end{aligned} \tag{3.18}$$

Note que esta equação tem os primeiros três termos iguais ao caso sem perturbações medidas; apenas foram adicionados os dois últimos termos, correspondentes às contribuições das perturbações medidas futuras e passadas, respectivamente. Os coeficientes da resposta ao degrau que relaciona a saída $y_l$ com a perturbação medida $q_s$ são definidos como $g_{q,l,s,i}$. Note que a soma do último termo foi truncada em $N_{ssq,l,s}$, que é o horizonte de modelo da resposta ao degrau da saída $l$ relativa à perturbação medida $q_s$, considerando um modelo estável. Note, ainda, que consideramos uma perturbação como futura a partir de $k+1$ e passada até o tempo atual $k$, pois seu valor em $k$ é conhecido para o cálculo da ação de controle.

Podemos, ainda, reescrever a predição de forma mais compacta como:

$$\hat{y}_l(k+j \mid k) = \sum_{p=1}^{m}\sum_{i=1}^{j} g_{l,p,i}\Delta u_p(k+j-i) + f_l(k+j \mid k). \tag{3.19}$$

Nesta equação, a nova resposta livre, $f_l(k+j \mid k)$, inclui informações do passado e futuro da perturbação. Quando informações sobre o futuro das perturbações não são conhecidas (na maioria dos casos práticos), usualmente se considera que a perturbação manterá o último valor medido $q_s(k+j) = q_s(k)$, $\forall j > 0$, ou seja, $\Delta q_s(k+j) = 0$, $\forall j > 0$, e o termo futuro pode ser descartado.

Considerando novamente as predições de $y_l$ de 1 a $N_{2,l}$, os termos da resposta livre $\mathbf{f}_l$ que dependem do passado e do futuro da pertubação medida podem ser colocados de forma matricial da mesma forma que foi feito para o sinal de controle:

$$\sum_{s=1}^{m_q} \mathbf{G}_{q,l,s}\Delta\mathbf{q}_s + \sum_{s=1}^{m_q} \mathbf{H}_{q,l,s}\underleftarrow{\Delta\mathbf{q}_s},$$

com:

$$\mathbf{H}_{q,l,s} = \begin{bmatrix} h_{q,l,s,1,0} & h_{q,l,s,1,1} & \cdots & h_{q,l,s,1,N_{ssq,l,s}-1} & h_{q,l,s,1,N_{ssq,l,s}} \\ h_{q,l,s,2,0} & h_{q,l,s,2,1} & \cdots & h_{q,l,s,2,N_{ssq,l,s}-1} & h_{q,l,s,2,N_{ssq,l,s}} \\ \vdots & \vdots & \ddots & \vdots & \vdots \\ h_{q,l,s,N_{2,l},0} & h_{q,l,s,N_{2,l},1} & \cdots & h_{q,l,s,N_{2,l},N_{ssq,l,s}-1} & h_{q,l,s,N_{2,l},N_{ssq,l,s}} \end{bmatrix},$$

$$h_{q,l,s,j,i} = g_{q,l,s,j+i} - g_{q,l,s,i}, \;\; j+i \leq N_{ssq,l,s},$$
$$h_{q,l,s,j,i} = g_{q,l,s,N_{ssq,l,s}} - g_{q,l,s,i}, \;\; j+i > N_{ssq,l,s},$$

$$\mathbf{G}_{q,l,s} = \begin{bmatrix} g_{q,l,s,0} & 0 & \cdots & 0 \\ g_{q,l,s,1} & g_{q,l,s,0} & \cdots & 0 \\ \vdots & \vdots & \vdots & \vdots \\ g_{q,l,s,N_{2,l}-1} & g_{q,l,s,N_{2,l}-2} & \cdots & g_{q,l,s,N_{2,l}-N_{q,s}} \end{bmatrix}.$$

Nessas equações,

$$\Delta\mathbf{q}_s = \left[\Delta q_s(k+1),\ \Delta q_s(k+2),\ \ldots\ \Delta q_s(k+N_{q,s})\right]^T,$$
$$\underleftarrow{\Delta\mathbf{q}_s} = \left[\Delta q_s(k),\ \Delta q_s(k-1),\ \ldots\ \Delta q_s(k-N_{ssq,s})\right]^T,$$

$\mathbf{H}_{q,l,s} \in \mathbb{R}^{N_{2,l}\times N_{ssq,l,s}+1}$ e $\mathbf{G}_{q,l,s} \in \mathbb{R}^{N_{2,l}\times N_{q,s}}$. Caso $N_{1,l} > 1$, as primeiras $N_{1,l} - 1$ linhas das matrizes $\mathbf{H}_{q,l,s}$ e $\mathbf{G}_{q,l,s}$ devem ser eliminadas.

Combinando as predições de todas as $n$ saídas, obtemos, novamente, o formato padrão já visto no caso sem perturbação medida:

$$\hat{\mathbf{y}} = \mathbf{G}\Delta\mathbf{u} + \mathbf{f} \tag{3.20}$$

mas, agora, $\mathbf{f} = \mathbf{H}\underleftarrow{\Delta\mathbf{u}} + \mathbb{I}\mathbf{y}(k) + \mathbf{H}_\mathbf{q}\underleftarrow{\Delta\mathbf{q}} + \mathbf{G}_\mathbf{q}\Delta\mathbf{q}$, sendo que $\mathbf{G}$ e $\mathbb{I}$ são os mesmos calculados no caso sem perturbação medida e

$$\mathbf{G}_\mathbf{q} = \begin{bmatrix} \mathbf{G}_{q,1,1} & \cdots & \mathbf{G}_{q,1,m_q} \\ \mathbf{G}_{q,2,1} & \cdots & \mathbf{G}_{q,2,m_q} \\ \vdots & \vdots & \vdots \\ \mathbf{G}_{q,n,1} & \cdots & \mathbf{G}_{q,n,m_q} \end{bmatrix}, \quad \mathbf{H}_\mathbf{q} = \begin{bmatrix} \mathbf{H}_{q,1,1} & \cdots & \mathbf{H}_{q,1,m_q} \\ \mathbf{H}_{q,2,1} & \cdots & \mathbf{H}_{q,2,m_q} \\ \vdots & \vdots & \vdots \\ \mathbf{H}_{q,n,1} & \cdots & \mathbf{H}_{q,n,m_q} \end{bmatrix},$$

$$\underset{\leftarrow}{\Delta\mathbf{q}} = \begin{bmatrix} \underset{\leftarrow}{\Delta\mathbf{q}_1} \\ \underset{\leftarrow}{\Delta\mathbf{q}_2} \\ \vdots \\ \underset{\leftarrow}{\Delta\mathbf{q}_{m_q}} \end{bmatrix}, \quad \Delta\mathbf{q} = \begin{bmatrix} \Delta\mathbf{q}_1 \\ \Delta\mathbf{q}_2 \\ \vdots \\ \Delta\mathbf{q}_{m_q} \end{bmatrix}.$$

Observe que a matriz $\mathbf{H_q}$ resulta do empilhamento das matrizes $\mathbf{H}_{q,l,s}$. Assim, para cada perturbação medida $s$, todas as matrizes $\mathbf{H}_{q,l,s}$ devem ter o mesmo número de colunas, independentemente do $N_{ssq,l,s}$ escolhido. Dessa forma, similarmente ao caso da matriz $\mathbf{H}$ apresentado na Seção 3.2.1, é preciso corrigir as dimensões com colunas nulas, se necessário. O próximo exemplo ilustra o cálculo da parte da resposta livre que depende da perturbação medida.

**Exemplo 3.9**

Considere o processo de duas entradas e duas saídas do Exemplo 3.8, no qual adicionamos uma perturbação medida $q(k)$. Suponha que os horizontes do exemplo anterior são mantidos e o horizonte da perturbação é $N_q = 2$, dado que supomos que a perturbação futura é conhecida. Considere, ainda, que no ensaio de resposta ao degrau para $q$ foram obtidos os coeficientes de duas respostas (dado que neste caso $m_q = 1$) representados pelos vetores:

$$\mathbf{g}_{q,1,1} = [0{,}2\ 0{,}4\ 0{,}8\ 1{,}1\ 1{,}1\ 1{,}1\ \ldots],$$

$$\mathbf{g}_{q,2,1} = [0{,}1\ 0{,}3\ 0{,}7\ 1{,}0\ 1{,}0\ 1{,}0\ \ldots],$$

e suponha que as respostas para a perturbação não são instantâneas, o que implica $g_{l,p,0} = 0, \forall\, l, p$.

Precisamos, neste problema, calcular a matriz $\mathbf{G_q}$, a matriz $\mathbf{H_q}$ e os vetores $\Delta\mathbf{q}$ e $\underset{\leftarrow}{\Delta\mathbf{q}}$ necessários para calcular a parte da resposta livre que depende da pertubação.

Analisando as respostas ao degrau, observamos que podemos escolher $N_{ssq,1,1} = N_{ssq,2,1} = 2$. Observamos que a matriz $\mathbf{G_q}$ é composta por duas submatrizes com número de linhas igual ao horizonte de predição e de colunas igual a $N_q = 2$, e a matriz $\mathbf{H_q}$ é composta por duas submatrizes com número de linhas igual ao horizonte de predição e de colunas igual a $N_{ssq} + 1 = 3 + 1 = 4$. Essas matrizes são dadas por:

$$\mathbf{G}_{q,1,1} = \begin{bmatrix} 0 & 0 \\ 0{,}2 & 0 \\ 0{,}4 & 0{,}2 \end{bmatrix}, \ \mathbf{G}_{q,2,1} = \begin{bmatrix} 0 & 0 \\ 0{,}1 & 0 \end{bmatrix},$$

$$\mathbf{H}_{q,1,1} = \begin{bmatrix} g_{q,1,1,1} - g_{q,1,1,0} & g_{q,1,1,2} - g_{q,1,1,1} & g_{q,1,1,3} - g_{q,1,1,2} \\ g_{q,1,1,2} - g_{q,1,1,0} & g_{q,1,1,3} - g_{q,1,1,1} & g_{q,1,1,3} - g_{q,1,1,2} \\ g_{q,1,1,3} - g_{q,1,1,0} & g_{q,1,1,3} - g_{q,1,1,1} & g_{q,1,1,3} - g_{q,1,1,2} \end{bmatrix},$$

$$\mathbf{H}_{q,2,1} = \begin{bmatrix} g_{q,2,1,1} - g_{q,2,1,0} & g_{q,2,1,2} - g_{q,2,1,1} & g_{q,2,1,3} - g_{q,2,1,2} \\ g_{q,2,1,2} - g_{q,2,1,0} & g_{q,2,1,3} - g_{q,2,1,1} & g_{q,2,1,3} - g_{q,2,1,2} \end{bmatrix},$$

$$\mathbf{H}_{q,1,1} = \begin{bmatrix} 0{,}2 & 0{,}2 & 0{,}4 \\ 0{,}4 & 0{,}6 & 0{,}4 \\ 0{,}8 & 0{,}6 & 0{,}4 \end{bmatrix}, \quad \mathbf{H}_{q,2,1} = \begin{bmatrix} 0{,}1 & 0{,}2 & 0{,}4 \\ 0{,}3 & 0{,}6 & 0{,}4 \end{bmatrix},$$

ou seja:

$$\mathbf{G_q} = \begin{bmatrix} 0 & 0 \\ 0{,}2 & 0 \\ 0{,}4 & 0{,}2 \\ \hdashline 0 & 0 \\ 0{,}1 & 0 \end{bmatrix}, \quad \mathbf{H_q} = \begin{bmatrix} 0{,}2 & 0{,}2 & 0{,}4 \\ 0{,}4 & 0{,}6 & 0{,}4 \\ 0{,}8 & 0{,}6 & 0{,}4 \\ \hdashline 0{,}1 & 0{,}2 & 0{,}4 \\ 0{,}3 & 0{,}6 & 0{,}4 \end{bmatrix},$$

e

$$\Delta\mathbf{q} = \begin{bmatrix} \Delta q(k+1) \\ \Delta q(k+2) \end{bmatrix}, \quad \underset{\longleftarrow}{\Delta\mathbf{q}} = \begin{bmatrix} \Delta q(k) \\ \Delta q(k-1) \\ \Delta q(k-2) \\ \Delta q(k-3) \end{bmatrix}.$$

### 3.2.3 DMC multivariável recursivo

Seguindo passos similares aos apresentados no Volume 1 para se obter o algoritmo recursivo do DMC no caso monovariável, é possível mostrar que, para implementar a versão recursiva do DMC multivariável, precisamos apenas alterar o cálculo da resposta livre. No caso multivariável, é mais eficiente armazenar cada vetor de predição de malha aberta, $\hat{\mathbf{y}}_{ol}$, individualmente. Esse vetor é tal que $\hat{\mathbf{y}}_{ol} \in \mathbb{R}^{N_{ss,l}}$ e é definido da seguinte forma:

$$\hat{\mathbf{y}}_{ol}(k \mid k-1) = \begin{bmatrix} \hat{y}_{ol}(k \mid k-1) \\ \hat{y}_{ol}(k+1 \mid k-1) \\ \vdots \\ \hat{y}_{ol}(k+N_{ss,l}-1 \mid k-1) \end{bmatrix}.$$

Na primeira iteração do algoritmo, em $k = 0$, assume-se que o sistema está em regime permanente. Assim, $\hat{y}_{ol}(k + j \mid k - 1) = y_l(0)$, $\forall j \geq 0$ e $\forall l$. $N_{ss,l}$ é definido como o maior de todos os $N_{ss,l,p}$ correspondentes à saída $l$.

A cada nova iteração do algoritmo DMC, é possível atualizar os vetores de predição de malha aberta, $\hat{\mathbf{y}}_{ol}$, pois agora os valores de $\Delta u_p(k-1)$ são conhecidos. Essa atualização é dada por

$$\hat{\mathbf{y}}_{ol}(k \mid k) = \hat{\mathbf{y}}_{ol}(k \mid k-1) + \sum_{p=1}^{m} \begin{bmatrix} g_{l,p,1} \\ g_{l,p,2} \\ \vdots \\ g_{l,p,N_{ss,l}} \end{bmatrix} \Delta u_p(k-1) \tag{3.21}$$

com:

$$\hat{\mathbf{y}}_{ol}(k \mid k) = \begin{bmatrix} \hat{y}_{ol}(k \mid k) \\ \hat{y}_{ol}(k+1 \mid k) \\ \vdots \\ \hat{y}_{ol}(k + N_{ss,l} - 1 \mid k) \end{bmatrix}.$$

Assim como no caso monovariável, o primeiro elemento de $\hat{\mathbf{y}}_{ol}(k \mid k)$ é $\hat{y}_{ol}(k \mid k)$, e é utilizado para o cálculo do erro de predição $\hat{\eta}_l(k \mid k) = y_l(k) - \hat{y}_{ol}(k \mid k)$, de acordo com (3.11). Esse primeiro elemento de cada $\hat{\mathbf{y}}_{ol}(k \mid k)$ é então descartado, uma vez que apenas as predições a partir de $k + 1$ serão utilizadas a partir de agora. Devido ao horizonte deslizante, os elementos internos de $\hat{\mathbf{y}}_{ol}(k \mid k)$ são, então, deslocados, dando origem a $\hat{\mathbf{y}}_{ol}(k + 1 \mid k)$, da seguinte forma:

$$\hat{\mathbf{y}}_{ol}(k+1 \mid k) = \begin{bmatrix} \hat{y}_{ol}(k+1 \mid k) \\ \hat{y}_{ol}(k+2 \mid k) \\ \vdots \\ \hat{y}_{ol}(k + N_{ss,l} - 1 \mid k) \\ \hat{y}_{ol}(k + N_{ss,l} \mid k) \end{bmatrix} \approx \begin{bmatrix} \hat{y}_{ol}(k+1 \mid k) \\ \hat{y}_{ol}(k+2 \mid k) \\ \vdots \\ \hat{y}_{ol}(k + N_{ss,l} - 1 \mid k) \\ \hat{y}_{ol}(k + N_{ss,l} - 1 \mid k) \end{bmatrix}. \tag{3.22}$$

Veja que o último elemento do vetor $\hat{\mathbf{y}}_{ol}(k \mid k)$ é repetido para se obter $\hat{\mathbf{y}}_{ol}(k + 1 \mid k)$, pois, assim como no caso monovariável,

$$\hat{y}_{ol}(k + N_{ss,l} \mid k) \approx \hat{y}_{ol}(k + N_{ss,l} - 1 \mid k),$$

dado que podemos considerar que a resposta do modelo converge a um valor constante em $N_{ss,l}$. Assim, finalmente, cada uma das respostas livres do sistema (considerando as predições de 1 a $N_{2,l}$) pode ser obtida com:

$$\mathbf{f}_l = \begin{bmatrix} \hat{y}_{ol}(k+1 \mid k) \\ \vdots \\ \hat{y}_{ol}(k+N_{2,l} \mid k) \end{bmatrix} + \mathbf{1}_{N_{2,l}} \left(y_l(k) - \hat{y}_{ol}(k \mid k)\right). \tag{3.23}$$

Combinando todas as respostas livres individuais, $\mathbf{f}_l$, obtemos o vetor $\mathbf{f}$ definido em (3.17). Observe, por fim, que o primeiro termo do lado direito de (3.23) corresponde aos termos de 1 a $N_{2,l}$ do vetor $\hat{\mathbf{y}}_{ol}$ já que, em geral, $N_{2,l} < N_{ss,l}$.

No caso de termos perturbações medidas, devemos alterar a formulação recursiva, alterando a atualização do vetor de predição de malha aberta, $\hat{\mathbf{y}}_{ol}(k \mid k)$. Caso o modelo considere perturbações mensuráveis, essa etapa do algoritmo recursivo passa a ser dada por:

$$\begin{aligned} \hat{\mathbf{y}}_{ol}(k \mid k) =& \hat{\mathbf{y}}_{ol}(k \mid k-1) + \sum_{p=1}^{m} \begin{bmatrix} g_{l,p,1} \\ g_{l,p,2} \\ \vdots \\ g_{l,p,N_{ss,l}} \end{bmatrix} \Delta u_p(k-1) \\ &+ \sum_{s=1}^{m_q} \begin{bmatrix} g_{q,l,s,0} \\ g_{q,l,s,1} \\ \vdots \\ g_{q,l,s,N_{ssq,l}-1} \end{bmatrix} \Delta q_s(k). \end{aligned} \tag{3.24}$$

Caso os valores futuros da perturbação sejam conhecidos (ou estimados), o cálculo do vetor de resposta livre, $\mathbf{f}_l$, também precisa ser modificado, usando:

$$\mathbf{f}_l = \begin{bmatrix} \hat{y}_{ol}(k+1 \mid k) \\ \vdots \\ \hat{y}_{ol}(k+N_{2,l} \mid k) \end{bmatrix} + \sum_{s=1}^{m_q} \mathbf{G}_{q,l,s} \Delta \mathbf{q}_s + \mathbf{1}_{N_{2,l}} \left(y_l(k) - \hat{y}_{ol}(k \mid k)\right). \tag{3.25}$$

O restante do algoritmo recursivo permanece exatamente igual.

**Exemplo 3.10**

Este exemplo trata do controle de nível e temperatura da água contida no interior de um tanque termicamente isolado. Utiliza-se um resistor de potência para aquecimento da água dentro do tanque e, para controlar as vazões de entrada e de saída, utilizam-se duas válvulas, sendo uma para cada variável. Desejamos controlar simultaneamente a temperatura ($y_1$) e o nível ($y_2$) no interior do tanque. O controlador pode atuar na potência entregue ao resistor de aquecimento instalado no tanque ($u_1$) e na abertura da válvula de alimentação ($u_2$). Considera-se que e a abertura da válvula de saída do tanque ($q$) é a principal perturbação do sistema.

Vamos considerar aqui que o comportamento da planta real pode ser bem representado pelo seguinte modelo normalizado:

$$\begin{bmatrix} Y_1(s) \\ Y_2(s) \end{bmatrix} = \begin{bmatrix} \dfrac{1{,}43e^{-s}}{1+7{,}5s} & \dfrac{-4{,}5e^{-s}}{1+13{,}4s} \\ 0 & \dfrac{5{,}72}{1+14{,}7s} \end{bmatrix} \begin{bmatrix} U_1(s) \\ U_2(s) \end{bmatrix} + \begin{bmatrix} \dfrac{2{,}1e^{-s}}{1+13s} \\ \dfrac{-3{,}12}{1+14{,}7s} \end{bmatrix} Q(s)$$

onde observamos que, como esperado, o nível do tanque não é afetado pela potência de aquecimento.

Para a formulação e o ajuste do controlador DMC, primeiro é realizado um teste de resposta ao degrau para a obtenção dos coeficientes da resposta ao degrau. Utilizando um período de amostragem de 1 segundo, foram obtidas as respostas ao degrau do sistema mostradas na Figura 3.1. A partir dessas respostas, foram escolhidos os horizontes de modelo como $N_{ss,i,j} = N_{ssq,i,j} = 50, \forall i,j$.

A escolha dos horizontes de predição e controle foi a seguinte. Para a saída 1, dado que há uma amostra de atraso e a constante de tempo do elemento (1,1) da matriz função de transferência é de 7 amostras, escolhemos $N_{1,1} = 2$ e $N_{2,1} = 17$, de forma tal a ter um horizonte de predição de duas constantes de tempo de malha aberta. Usando o mesmo critério, escolhemos $N_{1,2} = 1$ e $N_{2,2} = 31$ para a saída 2. O horizonte de controle foi escolhido como aproximadamente um terço do de predição, assim, $N_{u,1} = 5$ e $N_{u,2} = 10$. Essa escolha foi realizada pois, neste sistema, espera-se que o controlador atue na potência para controlar a temperatura e na válvula para o nível, dada a caraterística triangular do modelo. As ponderações do erro e do controle foram consideradas constantes ao longo dos horizontes: $\delta_1 = 1/N_1$, $\delta_2 = 9/N_2$, $\lambda = 1/N_{u,1}$ e $\lambda_2 = 30/N_{u,2}$, de tal forma que seja priorizado o seguimento de referência da saída 2 (nível), e que o esforço de controle da entrada 2 (abertura da válvula de alimentação) seja menor.

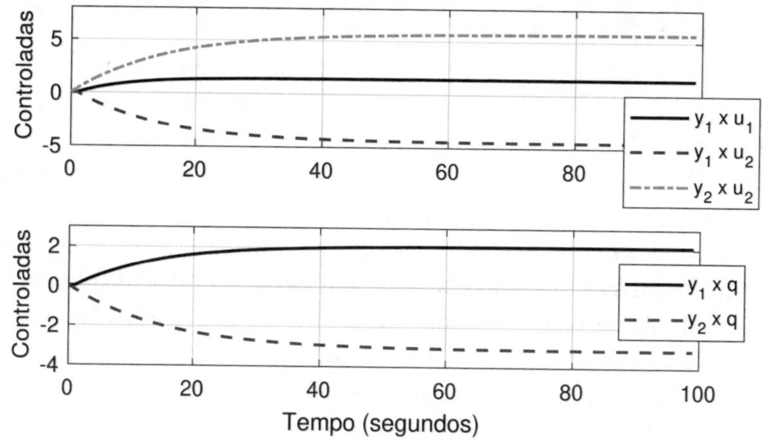


**Figura 3.1** Exemplo 3.10 – Resposta ao degrau unitário nas entradas e perturbações.

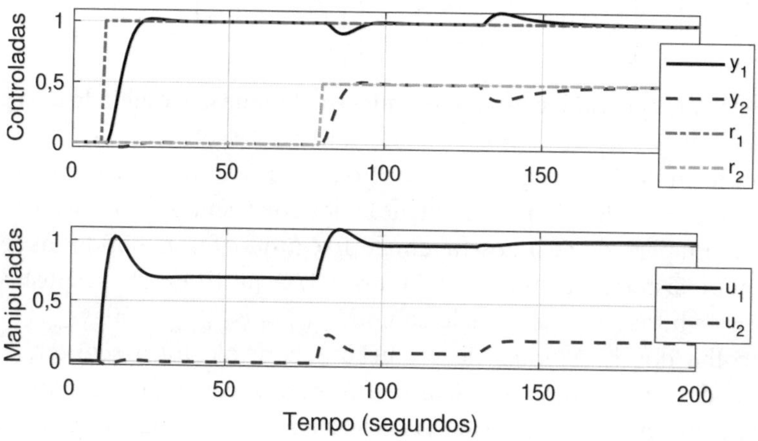


**Figura 3.2** Exemplo 3.10 – Resposta e sinal de controle do tanque térmico em malha fechada para seguimento de referências e rejeição de perturbações não mensuráveis.

O cenário de simulação considera um tempo total de 200 s. O sistema parte de $u_1 = u_2 = 0$ e $y_1 = y_2 = 0$ e, em $t = 10$ s, uma variação tipo degrau unitário da referência de $y_1$ é aplicada. Posteriormente, em $t = 80$ s aplica-se uma variação tipo degrau de amplitude 0,5 na referência de $y_2$. Finalmente, em $t = 130$ s aplica-se uma variação tipo degrau de amplitude 0,2 na perturbação $q$.

Os resultados de simulação podem ser vistos na Figura 3.2. Como pode ser observado, o controlador permite desacoplar de forma satisfatória os efeitos da variação de nível na temperatura tanto no caso de mudanças de referência como na rejeição de perturbações.

A resposta às perturbações poderia ser melhorada caso a abertura da válvula de saída fosse medida e usada na lei de controle antecipativa do DMC MIMO. Esta análise é proposta no Exercício 9 da lista apresentada no final do capítulo.

### 3.2.4 DMC filtrado

Assim como no DMC monovariável, é possível mudar a forma de calcular o erro de predição do DMC MIMO adicionando filtros, de forma tal que o novo erro de predição filtrado de cada saída seja:

$$\hat{\eta}_{f,l}(k \mid k) = F_{e,l}(z)\left(y(k) - \hat{y}_{ol}(k \mid k)\right),$$

sendo $F_{e,l}(z)$ o filtro do erro de predição da saída $l$, que deve ser estável, com ganho unitário e projetado adequadamente (LIMA et al., 2014).

Assim, para o DMC filtrado, as predições futuras passam a ser dadas por:

$$\begin{aligned}\hat{y}_l(k+j \mid k) &= \sum_{p=1}^{m}\sum_{i=1}^{j} g_{l,p,i}\Delta u_p(k+j-i)\\ &\quad + \sum_{p=1}^{m}\sum_{i=j+1}^{\infty} g_{l,p,i}\Delta u_p(k+j-i) + \hat{\eta}_{f,l}(k \mid k),\end{aligned} \tag{3.26}$$

que modificam a forma de cálculo do DMC original. Entretanto, note que, para implementar o DMC filtrado na forma recursiva, basta alterar a equação que calcula a resposta livre **f** para considerar, ao invés do erro de predição $\hat{\eta}_l(k \mid k)$, o erro filtrado $\hat{\eta}_{f,l}(k \mid k)$. Ou seja, todo o equacionamento do DMC recursivo da Seção 3.2.3 permanece o mesmo, com exceção do cálculo da resposta livre em (3.23), que passa a ser:

$$\mathbf{f}_l = \begin{bmatrix} \hat{y}_{ol}(k+N_1 \mid k) \\ \vdots \\ \hat{y}_{ol}(k+N_2 \mid k) \end{bmatrix} + \mathbf{1}_{N_l}\,\hat{\eta}_{f,l}(k \mid k). \tag{3.27}$$

Ainda, como apenas a resposta livre é modificada, nada muda em todos os procedimentos apresentados para calcular a lei de controle, salvo o cálculo de **f**.

No trabalho (LIMA; NORMEY-RICO; SANTOS, 2016), foi mostrado que, para plantas estáveis, a modificação discutida nesta seção permite adicionar um grau de liberdade no DMC para poder melhorar a resposta às perturbações não medidas e, também, ajustar a robustez do controlador sem modificar a resposta nominal para mudanças de referência. Logicamente, para conseguir essas melhoras nas respostas, o filtro deve ser adequadamente ajustado. Note que, sem perturbações ou erros de modelagem, sempre teremos $y_l(k) = \hat{y}_l(k \mid k)$, o que faz com que o uso do filtro não tenha influência nas predições e, consequentemente, nas respostas para as mudanças de referência no caso nominal. Já quando temos erros de modelagem ou perturbações, $y_l(k) \neq \hat{y}_l(k \mid k)$ e, portanto, o filtro terá efeito nas respostas. De forma intuitiva, podemos inferir que um filtro passa-baixas vai atenuar os efeitos das diferenças entre modelo e processo no cálculo do controle, o que favorece a robustez e atenua os efeitos do ruído no sinal de controle. Já um filtro passa-altas vai favorecer a aceleração da resposta às perturbações, pois o efeito que elas causam no erro de predição é amplificado durante o transitório. Mais detalhes do ajuste desse filtro são discutidos na Seção 6.3.2. Na sequência, apresentamos um exemplo ilustrativo considerando aspectos de robustez.

**Exemplo 3.11**

Considere o sistema com controle de nível e temperatura do Exemplo 3.10 mas, agora, suponha que o atraso real da saída 1 para as variáveis manipuladas 1 e 2 é de 5 s, ao invés de 1 s, ou seja, há um erro de modelagem. Considere, ainda, que o ajuste dos horizontes e ponderações do controlador DMC é mantido igual ao do Exemplo 3.10.

A resposta em malha fechada utilizando o algoritmo DMC tradicional é apresentada na Figura 3.3. Veja que a resposta da saída 1, para a qual o modelo possui erros, apresenta muitas oscilações, contrastando com a resposta do caso nominal, apresentada na Figura 3.2.

Para melhorar a resposta, projetamos um filtro passa-baixas para o erro de predição, o que tende a melhorar a robustez do sistema. Utilizaremos um filtro apenas para a saída 1, pois esta é a que apresenta mais problemas, que é dado por:

$$F_{e,1}(z) = \frac{0{,}15z}{z - 0{,}85}.$$

Os resultados são apresentados na Figura 3.4. Veja que a resposta melhora consideravelmente; apesar de existir um pico inicial no seguimento de referências (entre 10 s e 50 s), as oscilações são consideravelmente reduzidas. No entanto, a rejeição de perturbação na saída 1 (entre 130 s e 160 s) é relativamente mais lenta do que no caso nominal (Figura 3.2), o que já era esperado.

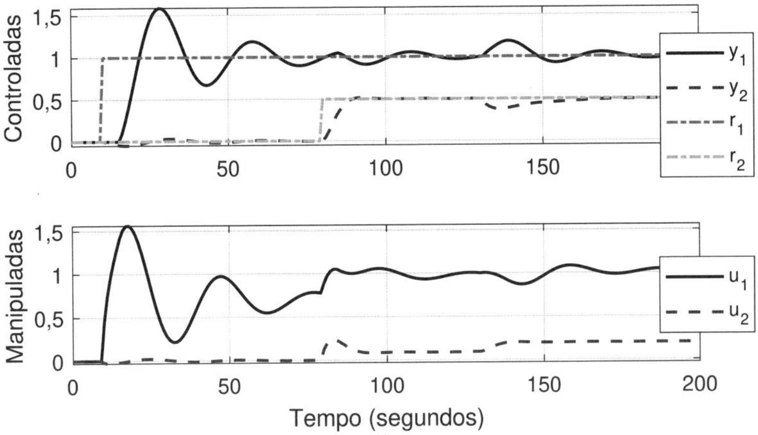


**Figura 3.3** Exemplo 3.11 – Resposta e sinal de controle do tanque térmico em malha fechada para seguimento de referências e rejeição de perturbações não mensuráveis com erro de modelagem.

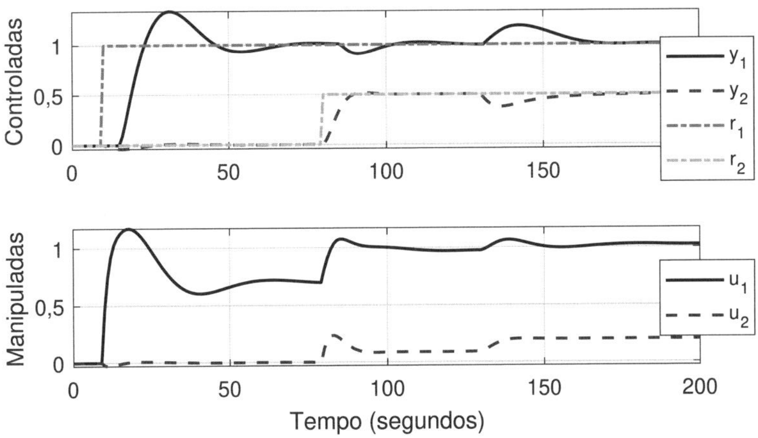


**Figura 3.4** Exemplo 3.11 – Resposta e sinal de controle do tanque térmico em malha fechada para seguimento de referências e rejeição de perturbações não mensuráveis com erro de modelagem e utilizando o DMC filtrado.

### 3.2.5 DMC MIMO para plantas integradoras

Quando alguma das dinâmicas do sistema multivariável é integradora, temos que aplicar nessa variável as mesmas ideias usadas no Volume 1 para o caso monovariável, de forma a poder calcular a resposta livre com o truncamento necessário. No caso de aproximar o comportamento integrador por um modelo estável lento, nenhuma modificação do algoritmo é necessária. Caso um outro método seja usado, a parte da reposta livre correspondente a essa variável com dinâmica integradora deverá ser alterada. A modificação do DMC para plantas integradoras e instáveis será apresentada na Seção 3.2.6. Aqui apresentaremos um exemplo de aplicação do método mais simples, que aproxima o comportamento integrador por um modelo estável lento. Como veremos no exemplo, dependendo das caraterísticas do processo, o ajuste do controlador não é simples, pelo erro introduzido no modelo, o que justifica, em geral, o uso do DMC modificado da Seção 3.2.6.

**Exemplo 3.12**

A Figura 3.5 mostra um sistema de evaporação da indústria de cana de açúcar. Neste processo, o objetivo é concentrar o caldo de cana, aumentando a concentração de açúcar por meio da evaporação da água contida no caldo. Para isso, são utilizados evaporadores nos quais o vapor produzido em caldeiras é usado para aquecer o caldo e produzir a evaporação. Para ter um processo mais eficiente, somente o primeiro evaporador recebe vapor direto da caldeira. O segundo recebe o vapor vegetal produzido no primeiro evaporador, o terceiro recebe o vapor do segundo, e assim sucessivamente.

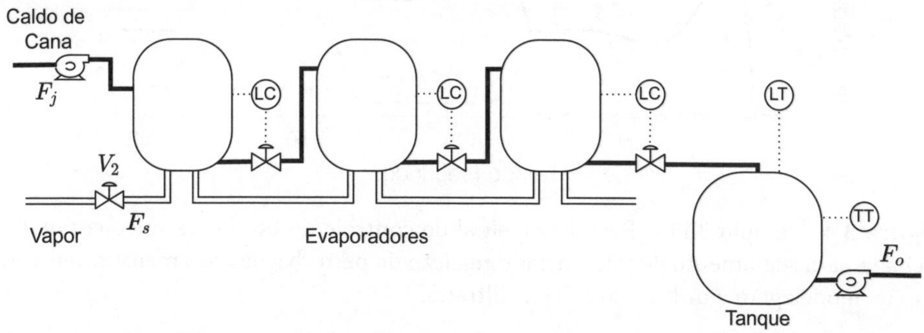


**Figura 3.5** Exemplo 3.12 – Unidade de evaporação na indústria do açúcar.

Nesse processo, o sistema de evaporação tem três estágios e um tanque de armazenamento. O caldo entra no primeiro evaporador e sai mais concentrado, passando então para o segundo evaporador e assim sucessivamente. Cada estágio possui um sistema de controle de nível do caldo e o tanque armazenador alimenta o processo seguinte com caldo concentrado de vazão $F_o$. Nesse tanque, devem ser controladas a temperatura ($T$) e o nível ($L$) manipulando a vazão de caldo na entrada ($F_j$) e a vazão de vapor ($F_s$) usando, respectivamente, a bomba de entrada e a válvula $V_2$. O modelo que representa o sistema no ponto de operação é dado por:

$$Y(s) = P(s)U(s) - P_q(s)Q(s),$$

onde $Y(s) = [L(s) \;\; T(s)]^T$ é o vetor de saídas, $U(s) = [F_j \;\; F_s]^T$ é o vetor de variáveis manipuladas e $Q(s) = F_o$ é a perturbação (vazão de saída). Os modelos normalizados são dados por:

$$\mathbf{P}(s) = \begin{bmatrix} \dfrac{3{,}5e^{-0{,}1s}}{s} & \dfrac{-e^{-0{,}5s}}{2s+1} \\ \dfrac{-2e^{-0{,}7s}}{1{,}5s+1} & \dfrac{e^{-0{,}5s}}{3{,}2s+1} \end{bmatrix}, \quad \mathbf{P_q}(s) = \begin{bmatrix} \dfrac{3{,}5e^{-0{,}1s}}{s} \\ \dfrac{-4{,}5e^{-0{,}2s}}{2s+1} \end{bmatrix}.$$

Desejamos controlar esse sistema para que rejeite as perturbações de tipo degrau de $Q(s)$ tanto no nível como na temperatura. As respostas transitórias para mudanças de referência devem ser pouco oscilatórias e com o menor pico possível. A perturbação nesse sistema, que não pode ser medida, deve ser rejeitada também com uma resposta com pouca oscilação. Nesse sistema, vamos projetar o controle DMC usando um modelo de primeira ordem para representar o sistema integrador.

Na Figura 3.6, observamos as respostas obtidas usando um modelo de primeira ordem com uma constante de tempo de 3 min para representar o sistema integrador. O ajuste dessa constante de tempo depende de cada processo e pode ser ajustada por simulação. Ainda nesse DMC, que usa uma amostragem de 0,1 min, no caso da referência 1, para evitar mudanças bruscas nas ações de controle ao mudar as referências em forma de degraus, usamos um filtro de referência de primeira ordem com constante de tempo de 1,4 min (o polo do filtro discreto é $a_f = 0{,}93$). Os demais parâmetros usados foram: $N_u = 5$ para as duas manipuladas, $N_{1,l} = d_l + 1$ e $N_{2,l} = d_l + 20$, $\forall\, l$ para as saídas, horizonte de modelo $N_{ss,1} = 90$ e $N_{ss,2} = 220$. As ponderações foram normalizadas pelos horizontes e se usou um peso 5 vezes maior para o erro e para o controle da variável 1: $\delta_1 = 5/N_1$, $\lambda_1 = 5/N_{u,1}$, $\delta_2 = 1/N_2$, $\lambda_2 = 1/N_{u,2}$.

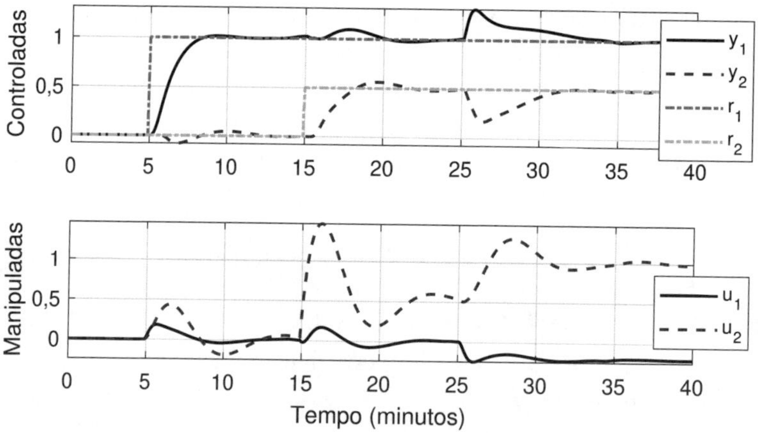


**Figura 3.6** Exemplo 3.12 – Variáveis controladas e manipuladas do evaporador em malha fechada para seguimento de referências e rejeição de perturbações não mensuráveis. Caso de um modelo de primeira ordem para representar o sistema integrador.

Como pode ser observado, nesse caso, o desempenho do controlador é aceitável, mesmo considerando o erro introduzido pela aproximação da dinâmica integradora. Como veremos na próxima seção, essa resposta pode ser bastante melhorada usando uma versão modificada do DMC.

Mais exemplos com o DMC multivariável serão apresentados na Seção 3.4. Na próxima seção, apresentamos a versão do DMC capaz de tratar de processos estáveis e não estáveis de forma unificada.

### 3.2.6 DMC generalizado multivariável

O DMC generalizado (GDMC, do inglês *Generalized DMC*), apresentado no Volume 1 para o caso SISO, pode ser facilmente estendido para o caso MIMO de forma tal a obter um algoritmo que trata sistemas MIMO instáveis ou integradores. A simplicidade da generalização se dá pelo fato de que o erro de predição é calculado de forma independente para cada saída $y_l$ do processo. Assim, usando a mesma ideia do caso SISO, podemos usar um filtro $F_{e,l,j}(z)$ em cada saída predita no horizonte $j$ para filtrar o erro de predição:

$$\hat{\eta}_{f,l}(k+j \mid k) = F_{e,l,j}(z)(y_l(k) - \hat{y}_l(k \mid k))$$

e obter, então:

$$\begin{aligned}\hat{y}_l(k+j \mid k) = &\sum_{p=1}^{m}\sum_{i=1}^{j} g_{l,p,i}\Delta u_p(k+j-i)\\ &+\sum_{p=1}^{m}\sum_{i=1}^{N_{f,l}}\left(g_{l,p,j+i}-\tilde{g}_{l,p,i}\right)\Delta u_p(k-i)\\ &+\sum_{s=1}^{m_q}\sum_{i=0}^{j-1} g_{q,l,s,i}\Delta q_s(k+j-i)\\ &+\sum_{s=1}^{m_q}\sum_{i=0}^{N_{f,l}}\left(g_{q,l,s,j+i}-\tilde{g}_{q,l,s,j,i}\right)\Delta q_s(k-i)\\ &+y_{f,l,j}(k),\end{aligned} \tag{3.28}$$

sendo que $\tilde{g}_{l,p,j,i}$ e $\tilde{g}_{q,l,s,j,i}$ são os coeficientes das respostas ao degrau filtrados por $F_{e,l,j}(z)$ relacionados à entrada $u_p$ e à perturbação medida $q_s$, respectivamente, e $y_{f,l,j}$ é a saída filtrada $y_{f,l,j}(k) = F_{e,j,l}(z)y_l(k)$. Assim, a resposta livre de cada saída $l$, dada pelos quatro últimos termos do lado direito de (3.28), pode ser escrita no formato vetorial:

$$\mathbf{f}_l = \begin{bmatrix} f_l(k+1 \mid k)\\ f_l(k+2 \mid k)\\ \vdots\\ f_l(k+N_{2,l} \mid k)\end{bmatrix} = \sum_{p=1}^{m}\mathbf{H}_{l,p}\underleftarrow{\Delta\mathbf{u}}_p + \sum_{s=1}^{m_q}\mathbf{G}_{q,l,s}\Delta\mathbf{q}_s + \sum_{s=1}^{m_q}\mathbf{H}_{q,l,s}\underleftarrow{\Delta\mathbf{q}}_s + \mathbf{y}_{f,l},$$

com $\mathbf{H}_{l,p} \in \mathbb{R}^{N_{2,l}\times N_{f,l}}$, $\mathbf{G}_{q,l,s} \in \mathbb{R}^{N_{2,l}\times N_{q,s}}$, $\mathbf{H}_{q,l,s} \in \mathbb{R}^{N_{2,l}\times N_{f,l}+1}$, $\underleftarrow{\Delta\mathbf{u}}_p \in \mathbb{R}^{N_{f,l}}$, $\Delta\mathbf{q}_s \in \mathbb{R}^{N_{q,s}}$, e $\underleftarrow{\Delta\mathbf{q}}_s \in \mathbb{R}^{N_{f,l}+1}$. As matrizes e os vetores são dados por:

$$\underleftarrow{\Delta\mathbf{u}}_p = \begin{bmatrix}\Delta u_p(k-1)\\ \Delta u_p(k-2)\\ \vdots\\ \Delta u_p(k-N_{f,l})\end{bmatrix},\ \underleftarrow{\Delta\mathbf{q}}_s = \begin{bmatrix}\Delta q_s(k)\\ \Delta q_s(k-1)\\ \vdots\\ \Delta q_s(k-N_{f,l})\end{bmatrix},\ \mathbf{y}_{f,l} = \begin{bmatrix} y_{f,l,1}(k)\\ y_{f,l,2}(k)\\ \vdots\\ y_{f,l,N_{2,l}}(k)\end{bmatrix},$$

$$\mathbf{H}_{l,p} = \begin{bmatrix} h_{l,p,1,1} & h_{l,p,1,2} & \cdots & h_{l,p,1,N_{f,l}-1} & h_{l,p,1,N_{f,l}}\\ h_{l,p,2,1} & h_{l,p,2,2} & \cdots & h_{2,N_{f,l}-1} & h_{l,p,2,N_{f,l}}\\ \vdots & \vdots & \ddots & \vdots & \vdots\\ h_{l,p,N_{2,l},1} & h_{l,p,N_{2,l},2} & \cdots & h_{l,p,N_{2,l},N_{f,l}-1} & h_{l,p,N_{2,l},N_{f,l}}\end{bmatrix},$$

$$h_{l,p,j,i} = g_{l,p,j+i} - \tilde{g}_{l,p,j,i},\ \ j+i \le N_{f,l},$$
$$h_{l,p,j,i} = g_{l,p,N_{f,l}} - \tilde{g}_{l,p,j,i},\ \ j+i > N_{f,l},$$

$$\mathbf{H}_{q,l,s} = \begin{bmatrix} h_{q,l,s,1,0} & h_{q,l,s,1,1} & \cdots & h_{q,l,s,1,N_{f,l}-1} & h_{q,l,s,1,N_{f,l}} \\ h_{q,l,s,2,0} & h_{q,l,s,2,1} & \cdots & h_{q,l,s,2,N_{f,l}-1} & h_{q,l,s,2,N_{f,l}} \\ \vdots & \vdots & \ddots & \vdots & \vdots \\ h_{q,l,s,N_{2,l},0} & h_{q,l,s,N_{2,l},1} & \cdots & h_{q,l,s,N_{2,l},N_{f,l}-1} & h_{q,l,s,N_{2,l},N_{f,l,s}} \end{bmatrix},$$

$$h_{q,l,s,j,i} = g_{q,l,s,j+i} - \tilde{g}_{q,l,s,j,i}, \;\; j+i \leq N_{f,l},$$

$$h_{q,l,s,j,i} = g_{q,l,s,N_{f,l,s}} - \tilde{g}_{q,l,s,j,i}, \;\; j+i > N_{f,l}.$$

Os termos $\Delta\mathbf{q}_s$ e $\mathbf{G}_{q,l,s}$ são iguais aos definidos na Seção 3.2.2. Da mesma forma que no caso monovariável, se o horizonte inicial de predição da saída $l$ for maior do que um ($N_{1,l} > 1$), as $N_{1,l} - 1$ linhas iniciais da resposta livre $\mathbf{f}_l$ devem ser removidas. Por fim, para obter o vetor completo de resposta livre $\mathbf{f}$, basta combinar as $n$ respostas livres $\mathbf{f}_l$ em um único vetor, como apresentado em (3.17). O GDMC não altera a resposta forçada, então o restante do cálculo para se obter as predições é igual ao DMC.

Quanto ao ajuste do filtro, o caso MIMO segue a mesma ideia do caso SISO. Devemos garantir que a resposta livre seja convergente mesmo que o modelo do processo não seja estável. Isso equivale a satisfazer $g_{l,p,j+i} - \tilde{g}_{l,p,i} \approx 0$ e $g_{q,l,s,j+i} - \tilde{g}_{q,l,s,j,i} \approx 0$ para todo $i \geq N_{f,l}$, sendo $N_{f,l}$ o horizonte de modelo filtrado para a saída $l$.

No caso MIMO, o cálculo de cada $F_{e,l,j}(z)$ deve, então, ser realizado considerando todos os polos indesejados (associados a dinâmicas não estáveis ou indesejáveis) das funções de transferência associadas às entradas que afetam a saída $y_l$. Do ponto de vista do cálculo dos filtros, estamos resolvendo $n$ problemas independentes, um por saída e, assim, usamos um filtro por saída e por instante de predição.

Observe que o problema MIMO pode ser dividido em vários problemas do tipo MISO (*Multiple-Input Single-Output*), com mais de uma entrada e uma única saída, mas o procedimento de análise é igual ao empregado no caso SISO.

Primeiro, lembre-se que o modelo de resposta ao degrau:

$$y_l(k) = \sum_{p=1}^{m} \sum_{i=1}^{\infty} g_{l,p,i} \Delta u_p(k-i)$$

pode ser representado no domínio da frequência, após aplicação da transformada Z, como:

$$Y_l(z) = \sum_{p=1}^{m} \sum_{i=1}^{\infty} g_{l,p,i} z^{-i}(1-z^{-1})U_p(z) = \sum_{p=1}^{m} G_{l,p}(z)U_p(z).$$

Como desejamos usar a expressão compacta $G_{l,p}(z)$ para a relação entre $u_p$ e $y_l$, devemos reescrever a resposta livre de forma que os coeficientes $g_{l,p,i}$ fiquem explícitos no somatório. Usando a expressão da resposta livre sem a perturbação medida (para simplicidade de apresentação), temos:

$$f_l(k+j \mid k) = \sum_{p=1}^{m} \sum_{i=j+1}^{\infty} g_{l,p,i} \Delta u_p(k+j-i) + F_{e,l,j}(z) y(k) \\ - F_{e,l,j}(z) \sum_{p=1}^{m} \sum_{i=1}^{\infty} g_{l,p,i} \Delta u_p(k-i). \tag{3.29}$$

Dado que esta última equação representa a resposta livre, que é calculada considerando os incrementos de controle futuros nulos, $\Delta u_p(k+j-i) = 0$ se $j-i \geq 0$, então $u_p(k+j-i)$ é constante se $j-i \geq 0$. Assim, o seguinte somatório é sempre zero:

$$\sum_{i=1}^{j} g_{l,p,i} \Delta u_p(k+j-i) = 0,$$

para todo $p$, e podemos adicioná-lo a (3.29) e agregá-lo ao seu primeiro termo, resultando em:

$$f_l(k+j \mid k) = \sum_{p=1}^{m} \sum_{i=1}^{\infty} g_{l,p,i} \Delta u_p(k+j-i) + F_{e,l,j}(z) y(k) \\ - F_{e,l,j}(z) \sum_{p=1}^{m} \sum_{i=1}^{\infty} g_{l,p,i} \Delta u_p(k-i),$$

ou, de forma equivalente:

$$f_l(k+j \mid k) = \sum_{p=1}^{m} \sum_{i=1}^{\infty} g_{l,p,i} z^j (1-z^{-1}) u_p(k-i) + F_{e,l,j}(z) y(k) \\ - F_{e,l,j}(z) \sum_{p=1}^{m} \sum_{i=1}^{\infty} g_{l,p,i} (1-z^{-1}) u_p(k-i).$$

Vemos, nesta última expressão, que a resposta livre é dependente de dois somatórios na forma do modelo de resposta ao degrau do sistema, o que vai permitir usar o modelo compacto $G_{l,p}(z)$ já definido.

Definindo $y_{c,l,j}(k) = f_l(k + j \mid k)$, para simplificar, e aplicando a transformada Z, obtemos:

$$\begin{aligned}
Y_{c,l,j}(z) &= \sum_{p=1}^{m} \left( G_{l,p}(z) z^j U_p(z) - F_{e,l,j}(z) G_{l,p}(z) U_p(z) \right) + F_{e,l,j}(z) Y_l(z), \\
&= \sum_{p=1}^{m} \left( z^j - F_{e,l,j}(z) \right) G_{l,p}(z) U_p(z) + F_{e,l,j}(z) Y_l(z), \\
&= \sum_{p=1}^{m} S_{l,p,j}(z) U_p(z) + F_{e,l,j}(z) Y_l(z),
\end{aligned}$$

sendo $Y_{c,l,j}(z)$, $Y_l(z)$ e $U_p(z)$ as transformadas Z de $y_{c,l,j}(k)$, $y_l(k)$ e $u_p(k)$, respectivamente, e

$$\begin{aligned}
S_{l,p,j}(z) &= \left( z^j - F_{e,l,j}(z) \right) G_{l,p}(z), \\
G_{l,p}(z) &= \sum_{i=1}^{\infty} g_{l,p,i} z^{-i} (1 - z^{-1}).
\end{aligned}$$

Neste novo modelo, cada $G_{l,p}(z)$ pode ser considerada uma função de transferência de ordem infinita, mas que pode ser aproximada por uma função de transferência de ordem finita. Além disso, dado que o sistema sob análise não é estável, pelo menos para algum $l$ e $p$, $G_{l,p}(z)$ tem polos com $|z| \geq 1$ e a resposta livre correspondente, representada por $Y_{c,l,j}(z)$, não converge quando $k \longrightarrow \infty$. Para conseguir uma resposta livre $y_{c,l,j}(k)$ convergente, para cada $l$, o filtro $F_{e,l,j}(z)$ precisa ser estável e ajustado para obter todos os $S_{l,p,j}(z)$ estáveis e ainda garantir que $y_{c,l,j}(k) = y_l(k)$ em regime permanente. Sendo estável, esta última condição é garantida se $F_{e,l,j}(z)$ tiver ganho estático unitário, isto é, $F_{e,l,j}(1) = 1$, e $S_{l,p,j}(z)$ tiver ganho estático nulo, pois assim $S_{l,p,j}(1) = 0$ e $y_{c,l,j}(k) \longrightarrow F_{e,l,j}(1) y_l(k) = y_l(k)$ quando $k \longrightarrow \infty$, ou seja, a resposta livre converge para o valor da saída em regime permanente.

Já a primeira condição, que exige um $S_{l,p,j}(z) = \left( z^j - F_{e,l,j}(z) \right) G_{l,p}(z)$ estável, é garantida se:

$$z^j - F_{e,l,j}(z) = 0 \quad \forall z = z_q, \tag{3.30}$$

sendo $z_q$ um polo de $G_{l,p}(z)$ com $|z_q| \geq 1$, para todo $p$. Note que aqui o filtro pode ter que cumprir várias condições simultaneamente, pois pode haver mais de uma $G_{l,p}(z)$ com polos com $|z_q| \geq 1$ e cada uma delas pode ter mais de um polo com $|z_q| \geq 1$. Assim, mesmo a condição teórica sendo a mesma do caso SISO apresentado no Volume 1, no caso MIMO, a ordem do filtro precisa, em geral, ser maior para conseguir que todas as $S_{l,p,j}(z)$ com $p = 1 \ldots m$ sejam estáveis para uma dada saída $l$.

Caso alguma $G_{l,p}(z)$ tenha polos múltiplos com $|z_q| > 1$, $F_{e,l,j}(z)$ deve satisfazer múltiplas condições simultaneamente, que podem ser resumidas na seguinte equação:

$$\frac{d^m(z^j - F_{e,l,j}(z))}{dz^m} = 0 \qquad \forall z = z_q,\, m = 0,1,2,...,M_q - 1, \tag{3.31}$$

sendo $M_q$ a multiplicidade da raiz $z_q$. Essa condição é obtida a partir das propriedades de polinômios: um polinômio $p(x)$ com raiz múltipla em $x = x_0$ satisfaz $\frac{d^m p(x)}{dx^m} = 0$ para $x = x_0$ com $m = 0,1,2,...,M_l - 1$. Note que essa condição contém a anterior, apresentada em (3.30), para $M_l = 1$.

O caso de plantas integradoras (com $M_q$ polos em $z = 1$) pode também ser considerado, mudando a condição para:

$$\frac{d^m(z^j - F_{e,l,j}(z))}{dz^m} = 0 \qquad z = 1,\; m = 0,1,2,...,M_q, \tag{3.32}$$

de forma a garantir o ganho estático unitário do filtro e a eliminação do efeito dos $M_q$ polos em $z = 1$ da resposta livre.

Veja que a ordem do filtro $F_{e,l,j}(z)$ depende do número de polos fora do círculo de todas as $G_{l,p}(z)$ associadas à saída $l$, dado que precisamos de um número de coeficientes ajustáveis no numerador do filtro igual ao número de polos indesejados do modelo do processo. Uma forma simples de definir o filtro é:

$$F_{e,l,j}(z) = \frac{\alpha_{j,n_f} z^{n_f} + \alpha_{j,n_f-1} z^{n_f-1} + \ldots + \alpha_{j,0}}{(z - z_f)^{n_f}},$$

onde $n_f$ define a ordem do filtro e $z_f$ define o tempo de resposta do filtro. Note que, no caso MIMO, a dinâmica de convergência a zero da resposta livre depende do $z_f$ e dos polos associados às dinâmicas estáveis mais lentas de todos os modelos do processo associados à saída $l$. Assim, analisando todas as $G_{l,p}(z)$ associadas à saída $l$, podemos determinar as dinâmicas lentas não canceladas e, combinando essas dinâmicas com as associadas ao filtro, determinar o tempo necessário para que a resposta livre convirja ($g_{l,p,j+i} \approx \tilde{g}_{l,p,j,i}$ para $i > N_f$). Observe que $N_f$ está sempre associado ao tempo de convergência da resposta livre. Assim como sugerido no caso SISO apresentado no Volume 1, podemos ajustar um valor mínimo para $N_f$ usando o tempo de assentamento de 1% (em amostras) de um sistema auxiliar $G_{\text{aux}}(z)$ que tenha os polos de $F_{e,l,j}(z)$ e os polos mais lentos não cancelados das $G_{l,p}(z)$. Na prática, usar um $N_{f,l}$ maior que esse valor mínimo diminui os erros de truncamento, mas aumenta a complexidade computacional. Assim, há um compromisso na escolha de $N_{f,l}$.

Na sequência, apresentamos um exemplo de ajuste do filtro e de escolha de $N_{f,l}$ para um sistema MIMO $2 \times 2$.

**Exemplo 3.13**

Neste exemplo, vamos considerar a aplicação do GDMC para o processo integrador do Exemplo 3.12. Mostraremos como as dificuldades apontadas naquele caso para o ajuste do DMC não são observadas quando usamos o GDMC.

Dado que a matriz de transferência do sistema possui uma dinâmica integradora no elemento (1,1), é necessário projetar os filtros do erro de predição associados à saída 1 para que a resposta livre seja convergente. As condições que precisam ser satisfeitas são:

$$\left.F_{e,1,j}(z)\right|_{z=1} = 1 \rightarrow \text{condição de ganho unitário}$$
$$\left.\frac{d(z^j - F_{e,1,j}(z))}{dz}\right|_{z=1} = 0 \rightarrow \text{condição de estabilidade}$$

Como não existem polos instáveis ou integradores associados à saída 2, não é necessário filtro do erro de predição para essa saída.

Como duas condições precisam ser satisfeitas para $F_{e,1,j}(z)$, um filtro de primeira ordem tem parâmetros livres suficientes para garantir ambas as condições. Assim, a estrutura do filtro é dada por:

$$F_{e,1,j} = \frac{a(j)z + b(j)}{z - z_f},$$

sendo $z_f$ um parâmetro de projeto e $a(j)$, $b(j)$ os parâmetros a calcular para satisfazer as condições. Com este filtro, o termo envolvendo a derivada da condição de estabilidade se torna:

$$\begin{aligned}\frac{d(z^j - F_{e,1,j}(z))}{dz} &= jz^{j-1} - \frac{a(j)(z - z_f) - (a(j)z + b(j))}{(z - z_f)^2},\\ &= jz^{j-1} - \frac{-a(j)z_f - b(j)}{(z - z_f)^2}.\end{aligned}$$

Agora, podemos calcular os coeficientes $a(j)$ e $b(j)$ de tal modo que as condições anteriores sejam satisfeitas para $j = N_1 \ldots N_2$:

$$\frac{a(j) + b(j)}{1 - z_f} = 1 \longrightarrow a(j) + b(j) = 1 - z_f,$$
$$j - \frac{-a(j)z_f - b(j)}{(1 - z_f)^2} = 0 \longrightarrow -z_f a(j) - b(j) = j(1 - z_f)^2.$$

Note que estas últimas equações podem ser rearranjadas como um conjunto de equações lineares que é de fácil solução para cada $j$:

$$\begin{bmatrix} 1 & 1 \\ -z_f & -1 \end{bmatrix} \begin{bmatrix} a(j) \\ b(j) \end{bmatrix} = \begin{bmatrix} (1 - z_f) \\ j(1 - z_f)^2 \end{bmatrix}.$$

A sintonia do GDMC é idêntica à do DMC do Exemplo 3.12, exceto que, agora, para a saída 1, temos o filtro do erro de predição. Neste caso, escolhemos $z_f = 0{,}8$, que equivale a uma constante de tempo de $0{,}45$ min, aproximadamente. Lembrando que um polo estável com constante de tempo $\tau$ é mapeado no domínio discreto como $\lambda = e^{-(1/\tau)T_s}$. Para obter a constante de tempo equivalente basta fazer a operação inversa: $\tau = -T_s/\ln(\lambda)$. Para calcular o horizonte $N_{f,1}$, utilizaremos a regra prática discutida anteriormente. Para a saída 1, fora a dinâmica cancelada, temos ainda uma dinâmica de primeira ordem com constante de tempo de 2 min no elemento (1,2) da matriz de transferência do processo. Combinando essa constante de tempo com a do filtro, o tempo de 1% é de 10,6 min. Como o período de amostragem é 0,1 min, então $N_{f,1} \approx 100$.

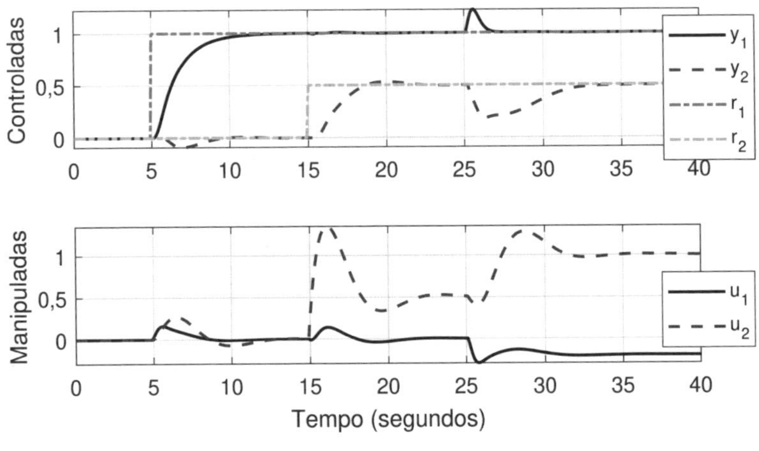


**Figura 3.7** Exemplo 3.13 – Resposta e sinal de controle do evaporador em malha fechada com o GDMC.

Os resultados de simulação são apresentados na Figura 3.7. Note que a resposta do sistema é consideravelmente melhor, tem menos oscilações e tem uma rejeição de perturbação mais rápida do que no caso apresentado no Exemplo 3.12, em que a dinâmica integradora foi aproximada por um processo de primeira ordem para poder aplicar o DMC clássico (Figura 3.6).

Como visto nesta seção, o GDMC MIMO, que é uma generalização do DMC MIMO clássico, permite realizar o projeto de controle de plantas multivariáveis estáveis, integradoras e instáveis mantendo a simplicidade de representação do processo mediante o uso de modelos de resposta ao degrau. Ainda, destacamos que a extensão para o caso MIMO do DMC e do GDMC é realizada de forma relativamente simples graças à estrutura de cálculo das predições de forma independente por variável controlada.

É importante ressaltar, assim como no caso SISO, que o ajuste dos filtros pode ser realizado também para eliminar da resposta livre dinâmicas lentas associadas à resposta em malha aberta do sistema. O procedimento matemático é o mesmo já apresentado, mas o conjunto de polos indesejados $z_q$ deve incluir essas novas dinâmicas.

Na Seção 3.3, apresentada na sequência, realizaremos um estudo similar ao apresentado para o DMC, porém para tratar do GPC MIMO. Posteriormente, apresentaremos alguns exemplos comparativos de plantas MIMO usando o DMC e o GPC.

## 3.3 GPC MULTIVARIÁVEL

Nesta seção, apresentamos a formulação multivariável do algoritmo GPC já considerando a inclusão de ação antecipativa. Na apresentação do caso monovariável tratado no Volume 1 desta obra, mostramos que o modelo CARIMA era obtido realizando uma manipulação matemática dos numeradores e denominadores das funções de transferência do sistema de forma a ter todos os denominadores de todas as funções de transferência iguais, inclusive considerando as perturbações medidas e não medidas. Aqui utilizaremos o mesmo procedimento.

Primeiro, note que um sistema multivariável com $n$ saídas, $m$ entradas e $m_q$ perturbações medidas pode ser representado por um modelo do tipo

$$\mathbf{Y}(z) = \mathbf{P}(z)\mathbf{U}(z) + \mathbf{P}_q(z)\mathbf{Q}(z),$$

sendo $\mathbf{U}(z)$ o vetor de variáveis manipuladas, $\mathbf{Y}(z)$ o vetor de saídas, $\mathbf{Q}(z)$ o vetor das perturbações e $\mathbf{P}(z)$ e $\mathbf{P}_q(z)$ as matrizes de transferência:

$$\mathbf{P}(z) = \begin{bmatrix} P_{1,1}(z) & P_{1,2}(z) & \dots & P_{1,m}(z) \\ P_{2,1}(z) & P_{2,2}(z) & \dots & P_{2,m}(z) \\ \vdots & \vdots & \ddots & \vdots \\ P_{n,1}(z) & P_{n,2}(z) & \dots & P_{n,m}(z) \end{bmatrix},$$

$$\mathbf{P}_q(z) = \begin{bmatrix} P_{q,1,1}(z) & P_{q,1,2}(z) & \dots & P_{q,1,m_q}(z) \\ P_{q,2,1}(z) & P_{q,2,2}(z) & \dots & P_{q,2,m_q}(z) \\ \vdots & \vdots & \ddots & \vdots \\ P_{q,n,1}(z) & P_{q,n,2}(z) & \dots & P_{q,n,m_q}(z) \end{bmatrix}.$$

Ainda, podemos colocar cada função de transferência $P_{i,j}(z)$ explicitando numerador, denominador e atraso:

$$\mathbf{P}(z) = \begin{bmatrix} \frac{N_{1,1}(z)}{D_{1,1}(z)} z^{-d_{1,1}} & \dots & \frac{N_{1,m}(z)}{D_{1,m}(z)} z^{-d_{1,m}} \\ \vdots & \ddots & \vdots \\ \frac{N_{n,1}(z)}{D_{n,1}(z)} z^{-d_{n,1}} & \dots & \frac{N_{n,m}(z)}{D_{n,m}(z)} z^{-d_{n,m}} \end{bmatrix}, \tag{3.33}$$

onde $N_{l,p}(z)$, $D_{l,p}(z)$ e $d_{l,p}$ representam, respectivamente, o numerador, o denominador e o atraso de transporte discreto da função de transferência que relaciona a entrada $p$ com a saída $l$. O mesmo pode ser feito com os elementos de $\mathbf{P}_q(z)$, definindo $P_{q,i}(z) = \frac{N_{q,i,j}(z)}{D_{q,i,j}(z)} z^{-d_{q,i,j}}$. Observe que o modelo multivariável pode ser visto como $n$ sistemas de uma única saída e $m + m_q$ entradas ($m$ variáveis manipuladas e $m_q$ perturbações), onde, para cada saída $Y_l(z)$:

$$\begin{aligned} Y_l(z) =& P_{l,1}(z)U_1(z) + P_{l,2}(z)U_2(z) + \ldots + P_{l,m}(z)U_m(z) \\ &+ P_{q,l,1}(z)Q_1(z) + P_{q,l,2}(z)Q_2(z) + \ldots + P_{q,l,m_q}(z)Q_{m_q}(z). \end{aligned}$$

Assim, se calcularmos o mínimo múltiplo comum $A_l(z)$ dos denominadores de todas as funções de transferência do modelo da saída $l$, podemos escrever:

$$B_{i,j}(z) = A_l(z)\frac{N_{i,j}(z)}{D_{i,j}(z)}, \qquad B_{q,i,j}(z) = A_l(z)\frac{N_{q,i,j}(z)}{D_{q,i,j}(z)}. \tag{3.34}$$

Veja que, desta forma, todas as as funções de transferência de uma linha têm o mesmo denominador $A_l(z)$ e recalculamos os numeradores da mesma forma como realizado no caso monovariável com modelo de perturbação mensurável. Assim, utilizando agora a nomenclatura com polinômios em $z^{-1}$, podemos escrever um modelo para cada saída $l$ como:

$$\begin{aligned} A_l(z^{-1})y_l(k) =& \sum_{p=1}^{m} B_{l,p}(z^{-1})z^{-d_{l,p}}u_p(k-1) \\ &+ \sum_{p=1}^{m_q} B_{q,l,p}(z^{-1})z^{-d_{q,l,p}}q_p(k), \end{aligned} \tag{3.35}$$

e, assim como no caso monovariável, adicionando uma perturbação não medida $\frac{C_l(z^{-1})}{\Delta}e(k)$, com $e(k)$ sendo um ruído branco com média nula, chegamos ao modelo CARIMA de uma saída, $m$ entradas e $m_q$ perturbações medidas:

$$\begin{aligned} A_l(z^{-1})y_l(k) = &\sum_{p=1}^{m} B_{l,p}(z^{-1})z^{-d_{l,p}}u_p(k-1) \\ &+ \sum_{p=1}^{m_q} B_{q,l,p}(z^{-1})z^{-d_{q,l,p}}q_p(k) + C_l(z^{-1})\frac{e(k)}{\Delta}, \end{aligned} \tag{3.36}$$

em que $A_l(z^{-1})$ e $C_l(z^{-1})$ são polinômios de grau $n_{a,l}$ e $n_{c,l}$, respectivamente, $B_{l,p}(z^{-1})$ possui grau $n_{b,l,p}$, $d_{l,p}$ é o atraso entre a entrada $p$ e a saída $l$, $B_{q,l,p}(z^{-1})$ possui grau $n_{bq,l,p}$, e $d_{q,l,p}$ é o atraso entre a perturbação medível $p$ e a saída $l$. Esses polinômios são definidos como:

$$\begin{aligned} A_l(z) &= 1 + a_{l,1}z^{-1} + a_{l,2}z^{-2} + \ldots + a_{l,n_{a,l}}z^{-n_{a,l}}, \\ C_l(z) &= c_{l,0} + c_{l,1}z^{-1} + c_{l,2}z^{-2} + \ldots + c_{l,n_{c,l}}z^{-n_{c,l}}, \\ B_{l,p}(z) &= b_{l,p,0} + b_{l,p,1}z^{-1} + b_{l,p,2}z^{-2} + \ldots + b_{l,p,n_{b,l,p}}z^{-n_{b,l,p}}, \\ B_{q,l,p}(z) &= b_{q,l,p,0} + b_{q,l,p,1}z^{-1} + b_{q,l,p,2}z^{-2} + \ldots + b_{q,l,p,n_{bq}}z^{-n_{bq,l,p}}. \end{aligned}$$

Apesar de a notação parecer complicada, o procedimento é exatamente o mesmo que foi usado no caso monovariável já apresentado no Volume 1. Porém, no caso monovariável com perturbações medíveis, são consideradas três entradas (variáveis manipulada, perturbação medível e não medível) e, no caso multivariável, o procedimento é generalizado para considerar as $m$ variáveis manipuladas do processo e $m_q$ perturbações medíveis para cada uma das $n$ saídas.

Considerando um sistema com $n$ saídas, $m$ variáveis manipuladas e $m_q$ perturbações medíveis, é possível representar o sistema completo de forma matricial da seguinte forma:

$$\begin{aligned} \mathbf{A}(z^{-1})\mathbf{y}(k) = &\left(\mathbf{B}(z^{-1}) \circ \mathbf{D}(z^{-1})\right)\mathbf{u}(k-1) \\ &+ \left(\mathbf{B}_q(z^{-1}) \circ \mathbf{D}_q(z^{-1})\right)\mathbf{q}(k) + \mathbf{C}(z^{-1})\frac{e(k)}{\Delta}, \end{aligned} \tag{3.37}$$

com

$$\mathbf{A}(z^{-1}) = \begin{bmatrix} A_1(z^{-1}) & & \\ & \ddots & \\ & & A_n(z^{-1}) \end{bmatrix}, \quad \mathbf{B}(z^{-1}) = \begin{bmatrix} B_{1,1} & \cdots & B_{1,m} \\ \vdots & \ddots & \vdots \\ B_{n,1} & \cdots & B_{n,m} \end{bmatrix},$$

$$\mathbf{D}(z^{-1}) = \begin{bmatrix} z^{-d_{1,1}} & \dots & z^{-d_{1,m}} \\ \vdots & \ddots & \vdots \\ z^{-d_{n,1}} & \dots & z^{-d_{n,m}} \end{bmatrix}, \quad \mathbf{B}_q(z^{-1}) = \begin{bmatrix} B_{q,1,1} & \cdots & B_{q,1,m_q} \\ \vdots & \ddots & \vdots \\ B_{q,n,1} & \cdots & B_{q,n,m_q} \end{bmatrix},$$

$$\mathbf{D}_q(z^{-1}) = \begin{bmatrix} z^{-d_{q,1,1}} & \dots & z^{-d_{q,1,m_q}} \\ \vdots & \ddots & \vdots \\ z^{-d_{q,n,1}} & \dots & z^{-d_{q,n,m_q}} \end{bmatrix}, \quad \mathbf{C}(z^{-1}) = \begin{bmatrix} C_1(z^{-1}) & & \\ & \ddots & \\ & & C_n(z^{-1}) \end{bmatrix},$$

$$\mathbf{y}(k) = \begin{bmatrix} y_1(k) \\ y_2(k) \\ \vdots \\ y_n(k) \end{bmatrix}, \quad \mathbf{u}(k) = \begin{bmatrix} u_1(k) \\ u_2(k) \\ \vdots \\ u_m(k) \end{bmatrix}, \quad \mathbf{q}(k) = \begin{bmatrix} q_1(k) \\ q_2(k) \\ \vdots \\ q_{m_q}(k) \end{bmatrix},$$

e onde $\mathbf{A}(z^{-1})$, $\mathbf{B}(z^{-1})$, $\mathbf{B}_q(z^{-1})$, $\mathbf{D}(z^{-1})$, $\mathbf{D}_q(z^{-1})$ e $\mathbf{C}(z^{-1})$ são matrizes polinomiais com $\mathbf{A}(z^{-1})$ e $\mathbf{C}(z^{-1})$ diagonais (os termos fora da diagonal não representados são nulos). Os termos $\mathbf{B}(z^{-1}) \circ \mathbf{D}(z^{-1})$ e $\mathbf{B}_q(z^{-1}) \circ \mathbf{D}_q(z^{-1})$ fazem uso do produto matricial de Hadamard, indicado por $\circ$, que é obtido a partir de duas matrizes $n \times m$ multiplicando-se cada elemento $i,j$ das matrizes originais, ou seja, $(\mathbf{B} \circ \mathbf{D})_{i,j} = B_{i,j} \cdot D_{i,j}$ (produto elemento a elemento). Logo, o resultado do produto de Hadamard de duas matrizes $n \times m$ é também uma matriz com dimensão $n \times m$.

Na prática, é possível obter uma representação CARIMA de um processo MIMO como em (3.37) diretamente num processo de identificação mas, em geral, é mais comum que as funções de transferência entre cada par $l, p$ do sistema sejam identificadas individualmente, gerando uma matriz de transferência que, posteriormente, é processada para unificação dos denominadores por saída. O método aqui descrito para se obter a representação CARIMA em (3.37) é conhecido como o de obtenção da descrição matricial fracionária (MFD, do inglês *Matrix Fraction Description*), de tal maneira que matrizes polinomiais são usadas para descrever a matriz de transferência:

$$\begin{aligned} \mathbf{P}(z^{-1}) &= \mathbf{A}(z)^{-1} \left(\mathbf{B}(z) \circ \mathbf{D}(z)\right), \\ \mathbf{P}_q(z^{-1}) &= \mathbf{A}(z)^{-1} \left(\mathbf{B}_q(z) \circ \mathbf{D}_q(z)\right). \end{aligned}$$

Vamos ilustrar, no próximo exemplo, como obter a MFD do processo a partir das matrizes de transferência originais.

**Exemplo 3.14**

Retomando o processo do Exemplo 3.10 que tratou de um tanque termicamente isolado, considerando um período de amostragem de $T_s = 1\,\text{s}$, temos o seguinte modelo em tempo discreto:

$$\begin{bmatrix} Y_1(z) \\ Y_2(z) \end{bmatrix} = \begin{bmatrix} \dfrac{0{,}1785z^{-1}}{z-0{,}8752} & \dfrac{-0{,}3236z^{-1}}{z-0{,}9281} \\ 0 & \dfrac{0{,}3762}{z-0{,}9342} \end{bmatrix} \begin{bmatrix} U_1(z) \\ U_2(z) \end{bmatrix} + \begin{bmatrix} \dfrac{0{,}1555z^{-1}}{z-0{,}9260} \\ \dfrac{-0{,}2052}{z-0{,}9342} \end{bmatrix} Q(z)$$

Para obtermos a representação MFD, podemos analisar as funções de transferências relacionadas a cada saída de forma independente. Para a primeira saída, temos os seguintes denominadores:

$$D_{1,1}(z) = z - 0{,}8752, \quad D_{1,2}(z) = z - 0{,}9281, \quad D_{q,1,1}(z) = z - 0{,}9260.$$

Veja que todos possuem raízes distintas, então o mínimo múltiplo comum desses polinômios é simplesmente a multiplicação deles. Assim:

$$\begin{aligned} A_1(z) =& (z-0{,}8752)(z-0{,}9281)(z-0{,}9260), \\ A_1(z) =& z^3 - 2{,}7292z^2 + 2{,}4820z - 0{,}7521. \end{aligned}$$

Realizando o mesmo processo para a segunda saída, temos

$$D_{2,2}(z) = z - 0{,}9342, \quad D_{q,2,1} = z - 0{,}9342,$$

e veja que, neste caso, os polinômios possuem a mesma raiz. Assim, o mínimo múltiplo comum é

$$A_2(z) = z - 0{,}9342.$$

Com os polinômios $A_i(z)$, podemos obter $B_{i,j}(z)$ e $B_{q,i,j}(z)$ para completar o modelo no formato MFD desejado utilizando (3.34):

$$\begin{aligned} B_{1,1}(z) =& A_1(z)\frac{N_{1,1}(z)}{D_{1,1}(z)}, \\ B_{1,1}(z) =& (z-0{,}8752)(z-0{,}9281)(z-0{,}9260)\frac{0{,}1785}{(z-0{,}8752)}, \\ B_{1,1}(z) =& 0{,}1785(z-0{,}9281)(z-0{,}9260), \end{aligned}$$

$$
\begin{aligned}
B_{1,2}(z) =& A_1(z)\frac{N_{1,2}(z)}{D_{1,2}(z)},\\
B_{1,2}(z) =& (z-0{,}8752)(z-0{,}9281)(z-0{,}9260)\frac{-0{,}3236}{(z-0{,}9281)},\\
B_{1,2}(z) =& -0{,}3236(z-0{,}8752)(z-0{,}9260),\\
B_{q,1,1}(z) =& A_1(z)\frac{N_{q,1,2}(z)}{D_{q,1,2}(z)},\\
B_{q,1,1}(z) =& (z-0{,}8752)(z-0{,}9281)(z-0{,}9260)\frac{0{,}1555}{z-0{,}9260},\\
B_{q,1,1}(z) =& 0{,}1555(z-0{,}8752)(z-0{,}9281),
\end{aligned}
$$

$$
\begin{aligned}
B_{2,2}(z) =& A_2(z)\frac{N_{2,2}(z)}{D_{2,2}(z)},\\
B_{2,2}(z) =& (z-0{,}9342)\frac{0{,}3762}{(z-0{,}9342)},\\
B_{2,2}(z) =& 0{,}3762\\
B_{q,2,1}(z) =& A_2(z)\frac{N_{q,2,1}(z)}{D_{q,2,1}(z)},\\
B_{q,2,1}(z) =& (z-0{,}9342)\frac{-0{,}2052}{(z-0{,}9342)},\\
B_{q,2,1}(z) =& -0{,}2052.
\end{aligned}
$$

Com esses polinômios, podemos montar as matrizes do modelo MFD de tempo discreto do sistema:

$$
\mathbf{A}(z) = \begin{bmatrix} (z-0{,}8752)(z-0{,}9281)(z-0{,}9260) & 0 \\ 0 & z-0{,}9342 \end{bmatrix},
$$

$$
\mathbf{B}(z) = \begin{bmatrix} 0{,}1785(z-0{,}9281)(z-0{,}9260) & -0{,}3236(z-0{,}8752)(z-0{,}9260) \\ 0 & 0{,}3762 \end{bmatrix},
$$

$$
\mathbf{B}_q(z) = \begin{bmatrix} 0{,}1555(z-0{,}8752)(z-0{,}9281) \\ -0{,}2052 \end{bmatrix}.
$$

### 3.3.1 Cálculo das predições (caso $C_l(z^{-1}) = 1$)

Uma vez obtido o modelo CARIMA MIMO, os passos discutidos para o caso SISO podem ser repetidos para cada saída $l$, ou seja, a partir de (3.36), supondo inicialmente $C_l(z^{-1}) = 1$ , $\forall\, l$, calculamos um conjunto de polinômios $E_{l,j}(z^{-1})$ e $F_{l,j}(z^{-1})$ por meio de equações diofantinas

$$1 = E_{l,j}(z^{-1})\Delta A_l(z^{-1}) + z^{-j}F_{l,j}(z^{-1}),$$

para obter as predições futuras do sistema em função dos dados passados e controles futuros:

$$\begin{aligned}\hat{y}_l(k+j \mid k) = &\sum_{p=1}^{m} E_{l,j}(z^{-1})B_{l,p}(z^{-1})\Delta u_p(k+j-d_{l,p}-1)\\ &+\sum_{p=1}^{m_q} E_{l,j}(z^{-1})B_{q,l,p}(z^{-1})\Delta q_p(k+j-d_{q,l,p})\\ &+F_{l,j}(z^{-1})y_l(k).\end{aligned} \tag{3.38}$$

Os dois primeiros termos da equação anterior dependem de valores futuros e passados de $\Delta u_p$ e $\Delta q_p$, respectivamente. No caso da perturbação, é interessante fazer a separação entre termos futuros e passados pois nem sempre é possível saber seus valores futuros e, no caso da entrada, a separação é importante para evidenciar as respostas livre e forçada da predição:

$$\begin{aligned}\hat{y}_l(k+j \mid k) = &\sum_{p=1}^{m} \Big[G_{l,p,j}(z^{-1})\Delta u_p(k+j-1) + H_{l,p,j}(z^{-1})\Delta u_p(k-1)\Big]\\ &+\sum_{p=1}^{m_q} \Big[G_{q,l,p,j}(z^{-1})\Delta q_p(k+j) + H_{q,l,p,j}(z^{-1})\Delta q_p(k)\Big]\\ &+F_{l,j}(z^{-1})y_l(k),\end{aligned}$$

sendo que os polinômios $G_{l,p,j}(z^{-1})$ e $H_{l,p,j}(z^{-1})$ são obtidos a partir do polinômio $E_{l,j}(z^{-1})B_{l,p}(z^{-1})$, e $G_{l,p,j}(z^{-1})$ representa os coeficientes da resposta ao degrau da saída $l$ em relação à entrada $p$. Da mesma forma, $G_{q,l,p,j}(z^{-1})$ e $H_{q,l,p,j}(z^{-1})$ são obtidos a partir do polinômio $E_{l,j}(z^{-1})B_{q,l,p}(z^{-1})$, e $G_{q,l,p,j}(z^{-1})$ representa os coeficientes da resposta ao degrau da saída $l$ em relação à perturbação $p$. $G_{l,p,j}(z^{-1})$ tem grau $j - d_{l,p} - 1$ quando $j > d_{l,p}$, e se $j \leq d_{l,p}$, então $G_{l,p,j}(z^{-1}) = 0$ por conta do efeito do atraso na resposta do sistema. Note que $E_j(z^{-1})B_{l,p}(z^{-1})\Delta u_p(k+j-d_{l,p}-1)$ só depende de valores passados da entrada se $j \leq d_{l,p}$. Já $H_{l,p,j}(z^{-1})$ é um polinômio de grau fixo $n_{b,l,p} + d_{l,p}$. De maneira similar, $G_{q,l,p,j}(z^{-1})$ tem grau $j - d_{q,l,p} - 1$ quando $j > d_{q,l,p}$, e se $j \le d_{q,l,p}$, então $G_{q,l,p,j}(z^{-1}) = 0$ por conta do efeito do atraso, e o termo $E_j(z^{-1})B_{q,l,p}(z^{-1})$ só depende de valores passados da perturbação. Por fim, $H_{q,l,p,j}(z^{-1})$ é um polinômio de grau fixo $n_{bq,l,p} + d_{q,l,p} - 1$.

Então, as predições futuras da saída $l$ (considerando o horizonte de 1 a $N_{2,l}$) podem ser escritas de forma matricial da seguinte maneira:

$$\hat{\mathbf{y}}_l = \sum_{p=1}^{m} \mathbf{G}_{l,p}\Delta\mathbf{u}_p + \mathbf{f}_l, \tag{3.39}$$

onde $\mathbf{G}_{l,p} \in \mathbb{R}^{N_{2,l}\times N_{u,p}}$ é a matriz de coeficientes da resposta ao degrau e $\mathbf{f}_l \in \mathbb{R}^{N_{2,l}}$ é o vetor de resposta livre do sistema, $N_{2,l}$ é o horizonte de predição da saída $l$, $N_{u,p}$ é o horizonte de controle da entrada $p$, $N_{q,p}$ é o horizonte da perturbação $p$, e

$$\mathbf{f}_l = \begin{bmatrix} f_l(k+1 \mid k) \\ f_l(k+2 \mid k) \\ \vdots \\ f_l(k+N_{2,l} \mid k) \end{bmatrix} = \mathbf{F}_l \underleftarrow{\mathbf{y}}_l + \sum_{p=1}^{m} \mathbf{H}_{l,p}\underleftarrow{\Delta\mathbf{u}}_p + \sum_{p=1}^{m_q} \mathbf{G}_{q,l,p}\Delta\mathbf{q}_p + \sum_{p=1}^{m_q} \mathbf{H}_{q,l,p}\underleftarrow{\Delta\mathbf{q}}_p,$$

com

$$\mathbf{F}_l = \begin{bmatrix} f_{l,1,0} & f_{l,1,1} & \cdots & f_{l,1,n_{a,l}} \\ f_{l,2,0} & f_{l,2,1} & \cdots & f_{l,2,n_{a,l}} \\ \vdots & \vdots & \ddots & \vdots \\ f_{l,N_2,0} & f_{l,N_2,1} & \cdots & f_{l,N_2,n_{a,l}} \end{bmatrix}, \quad \underleftarrow{\mathbf{y}}_l = \begin{bmatrix} y_l(k) \\ y_l(k-1) \\ \vdots \\ y_l(k-n_{a,l}) \end{bmatrix},$$

$$\underleftarrow{\Delta\mathbf{u}}_p = \begin{bmatrix} \Delta u_p(k-1) \\ \Delta u_p(k-2) \\ \vdots \\ \Delta u_p(k-n_{b,l,p}-d_{l,p}) \end{bmatrix}, \quad \mathbf{H}_{l,p} = \begin{bmatrix} h_{l,p,1,1} & h_{l,p,1,2} & \cdots & h_{l,p,1,n_{b,l,p}+d_{l,p}} \\ h_{l,p,2,1} & h_{l,p,2,2} & \cdots & h_{l,p,2,n_{b,l,p}+d_{l,p}} \\ \vdots & \vdots & \ddots & \vdots \\ h_{l,p,N_2,1} & h_{l,p,N_2,2} & \cdots & h_{l,p,N_2,n_{b,l,p}+d_{l,p}} \end{bmatrix},$$

$$\mathbf{G}_{l,p} = \begin{bmatrix} g_{l,p,1} & 0 & \cdots & 0 \\ g_{l,p,2} & g_{l,p,1} & \cdots & 0 \\ \vdots & \vdots & \ddots & \vdots \\ g_{l,p,N_{2,l}} & g_{l,p,N_{2,l}-1} & \cdots & g_{l,p,N_{2,l}-N_{u,p}+1} \end{bmatrix}, \quad \Delta\mathbf{u}_p = \begin{bmatrix} \Delta u_p(k) \\ \Delta u_p(k+1) \\ \vdots \\ \Delta u_p(k+N_{u,p}-1) \end{bmatrix},$$

$$\underleftarrow{\Delta\mathbf{q}}_p = \begin{bmatrix} \Delta q_p(k) \\ \Delta q_p(k-1) \\ \vdots \\ \Delta q_p(k-n_{bq,l,p}-d_{l,p}+1) \end{bmatrix}, \quad \Delta\mathbf{q}_p = \begin{bmatrix} \Delta q_p(k+1) \\ \Delta q_p(k+2) \\ \vdots \\ \Delta q_p(k+N_{q,p}) \end{bmatrix},$$

$$\mathbf{H}_{q,l,p} = \begin{bmatrix} h_{q,l,p,1,0} & h_{q,l,p,1,1} & \cdots & h_{l,p,1,n_{qb,l,p}+d_{q,l,p}-1} \\ h_{q,l,p,2,0} & h_{q,l,p,2,1} & \cdots & h_{l,p,2,n_{qb,l,p}+d_{q,l,p}-1} \\ \vdots & \vdots & \ddots & \vdots \\ h_{q,l,p,N_{2,l},0} & h_{q,l,p,N_{2,l},1} & \cdots & h_{l,p,N_{2,l},n_{qb,l,p}+d_{q,l,p}-1} \end{bmatrix},$$

$$\mathbf{G}_{q,l,p} = \begin{bmatrix} g_{q,l,p,0} & 0 & \cdots & 0 \\ g_{q,l,p,1} & g_{q,l,p,0} & \cdots & 0 \\ \vdots & \vdots & \ddots & \vdots \\ g_{q,l,p,N_{2,l}-1} & g_{q,l,p,N_{2,l}-2} & \cdots & g_{q,l,p,N_{2,l}-N_{q,p}} \end{bmatrix},$$

no qual $\mathbf{H}_{l,p} \in \mathbb{R}^{N_{2,l} \times n_{b,l,p}+d_{l,p}}$, $\mathbf{H}_{q,l,p} \in \mathbb{R}^{N_{2,l} \times n_{bq,l,p}+d_{l,p}}$, $\mathbf{G}_{q,l,p} \in \mathbb{R}^{N_{2,l} \times N_{q,p}}$ e $\mathbf{F} \in \mathbb{R}^{N_2 \times n_{a,l}+1}$ são matrizes com os coeficientes dos polinômios $H_{l,p,j}(z^{-1})$, $H_{q,l,p,j}(z^{-1})$, $G_{q,l,p}(z^{-1})$ e $F_{l,j}(z^{-1})$, respectivamente, e, da mesma forma que no caso monovariável, se o horizonte inicial de predição da saída $l$ for maior do que um ($N_{1,l} > 1$), as $N_{1,l} - 1$ linhas iniciais de $\mathbf{G}_{l,p}$ e $\mathbf{f}_l$ devem ser removidas.

Combinando as predições de todas as $n$ saídas, dadas por (3.39), obtemos o formato padrão

$$\hat{\mathbf{y}} = \mathbf{G}\Delta\mathbf{u} + \mathbf{f}, \tag{3.40}$$

com $\mathbf{f} = \mathbf{F}\underset{\leftarrow}{\mathbf{y}} + \mathbf{H}\underset{\leftarrow}{\Delta\mathbf{u}} + \mathbf{G}_q\Delta\mathbf{q} + \mathbf{H}_q\underset{\leftarrow}{\Delta\mathbf{q}}$, e

$$\mathbf{G} = \begin{bmatrix} \mathbf{G}_{1,1} & \cdots & \mathbf{G}_{1,m} \\ \mathbf{G}_{2,1} & \cdots & \mathbf{G}_{2,m} \\ \vdots & \vdots & \vdots \\ \mathbf{G}_{n,1} & \cdots & \mathbf{G}_{n,m} \end{bmatrix}, \quad \mathbf{f} = \begin{bmatrix} \mathbf{f}_1 \\ \mathbf{f}_2 \\ \vdots \\ \mathbf{f}_n \end{bmatrix}, \quad \Delta\mathbf{u} = \begin{bmatrix} \Delta\mathbf{u}_1 \\ \Delta\mathbf{u}_2 \\ \vdots \\ \Delta\mathbf{u}_m \end{bmatrix},$$

$$\mathbf{H} = \begin{bmatrix} \mathbf{H}_{1,1} & \cdots & \mathbf{H}_{1,m} \\ \mathbf{H}_{2,1} & \cdots & \mathbf{H}_{2,m} \\ \vdots & \vdots & \vdots \\ \mathbf{H}_{n,1} & \cdots & \mathbf{H}_{n,m} \end{bmatrix}, \quad \underset{\leftarrow}{\Delta\mathbf{u}} = \begin{bmatrix} \underset{\leftarrow}{\Delta\mathbf{u}_1} \\ \underset{\leftarrow}{\Delta\mathbf{u}_2} \\ \vdots \\ \underset{\leftarrow}{\Delta\mathbf{u}_m} \end{bmatrix}, \quad \mathbf{F} = \begin{bmatrix} \mathbf{F}_1 & & \\ & \ddots & \\ & & \mathbf{F}_n \end{bmatrix},$$

$$\underset{\leftarrow}{\mathbf{y}} = \begin{bmatrix} \underset{\leftarrow}{\mathbf{y}}_1 \\ \underset{\leftarrow}{\mathbf{y}}_2 \\ \vdots \\ \underset{\leftarrow}{\mathbf{y}}_n \end{bmatrix}, \quad \mathbf{G}_q = \begin{bmatrix} \mathbf{G}_{q,1,1} & \cdots & \mathbf{G}_{q,1,m_q} \\ \mathbf{G}_{q,2,1} & \cdots & \mathbf{G}_{q,2,m_q} \\ \vdots & \vdots & \vdots \\ \mathbf{G}_{q,n,1} & \cdots & \mathbf{G}_{q,n,m_q} \end{bmatrix}, \quad \Delta\mathbf{q} = \begin{bmatrix} \Delta\mathbf{q}_1 \\ \Delta\mathbf{q}_2 \\ \vdots \\ \Delta\mathbf{q}_{m_q} \end{bmatrix},$$

$$\mathbf{H}_q = \begin{bmatrix} \mathbf{H}_{q,1,1} & \cdots & \mathbf{H}_{q,1,m_q} \\ \mathbf{H}_{q,2,1} & \cdots & \mathbf{H}_{q,2,m_q} \\ \vdots & \vdots & \vdots \\ \mathbf{H}_{q,n,1} & \cdots & \mathbf{H}_{q,n,m_q} \end{bmatrix}, \quad \underleftarrow{\Delta \mathbf{q}} = \begin{bmatrix} \underleftarrow{\Delta \mathbf{q}_1} \\ \underleftarrow{\Delta \mathbf{q}_2} \\ \vdots \\ \underleftarrow{\Delta \mathbf{q}_{m_q}} \end{bmatrix},$$

com $\mathbf{F}$ bloco diagonal. Um detalhe importante que deve ser observado é que, para uma dada entrada $p$, é possível ter polinômios $\mathbf{H}_{l,p,j}(z^{-1})$ com graus distintos, fazendo com que as matrizes $\mathbf{H}_{l,p}$ tenham diferentes números de colunas, inviabilizando a obtenção de $\mathbf{H}$ por concatenação direta. Por isso, é importante observar qual é o polinômio $H_{l,p,j}(z^{-1})$ de maior grau, ou seja, obter o valor $n_{H,p} = \sup\{n_{b,l,p} + d_{l,p} : \forall l\}$. Assim, é possível definir o grau adequado de $\underleftarrow{\Delta \mathbf{u}}_p$ e também saber o número de colunas com que cada $\mathbf{H}_{l,p}$ deve ser preenchida para ser possível a obtenção de $\mathbf{H}$. Note que $\mathbf{H}_{l,p}$ deverá ser completada à direita com colunas de zeros sempre que $n_{b,l,p} + d_{l,p} < n_{H,p}$. No exemplo a seguir, este ponto é discutido de forma mais clara.

**Exemplo 3.15**

A partir do Exemplo 3.14, no qual calculamos a representação MFD de um sistema de tanque termicamente isolado, vamos, agora, obter a representação matricial das predições para esse processo. A título de ilustração, utilizaremos horizontes curtos: $N_{1,1} = N_{2,1} = 1$, $N_{2,1} = N_{2,2} = 3$, $N_q = 2$, $N_{u,1} = 2$ e $N_{u,2} = 1$. Os polinômios do modelo MFD são:

$$\begin{aligned} A_1(z) &= 1 - 2{,}7292z^{-1} + 2{,}482z^{-2} - 0{,}7521z^{-3}, \\ A_2(z) &= 1 - 0{,}9342z^{-1}, \\ B_{1,1}(z) &= 0{,}1785 - 0{,}331z^{-1} + 0{,}1534z^{-2}, \\ B_{1,2}(z) &= -0{,}3236 + 0{,}5828z^{-1} - 0{,}2622z^{-2}, \\ B_{2,1}(z) &= 0, \\ B_{2,2}(z) &= 0{,}3762, \\ B_{q,1,1}(z) &= 0 + 0{,}1555z^{-1} - 0{,}2804z^{-2} + 0{,}1263z^{-3}, \\ B_{q,2,1}(z) &= 0 - 0{,}2052z^{-1}. \end{aligned}$$

Calculando aos polinômios $F_{i,j}(z^{-1})$ e $E_{i,j}(z^{-1})$, a partir das equações diofantinas, temos

$$F_{1,1}(z^{-1}) = 3{,}7292 - 5{,}2112z^{-1} + 3{,}2341z^{-2} - 0{,}7521z^{-3},$$
$$F_{1,2}(z^{-1}) = 8{,}6959 - 16{,}1997z^{-1} + 11{,}3086z^{-2} - 2{,}8048z^{-3},$$
$$F_{1,3}(z^{-1}) = 16{,}2293 - 34{,}0076z^{-1} + 25{,}3186z^{-2} - 6{,}5402z^{-3},$$
$$F_{2,1}(z^{-1}) = 1{,}9342 - 0{,}9342z^{-1},$$
$$F_{2,2}(z^{-1}) = 2{,}807 - 1{,}807z^{-1},$$
$$F_{2,3}(z^{-1}) = 3{,}6224 - 2{,}6224z^{-1},$$

$$E_{1,1}(z^{-1}) = 1,$$
$$E_{1,2}(z^{-1}) = 1 + 3{,}7292z^{-1},$$
$$E_{1,3}(z^{-1}) = 1 + 3{,}7292z^{-1} + 8{,}6959z^{-2},$$
$$E_{2,1}(z^{-1}) = 1,$$
$$E_{2,2}(z^{-1}) = 1 + 1{,}9342z^{-1},$$
$$E_{2,3}(z^{-1}) = 1 + 1{,}9342z^{-1} + 2{,}807z^{-2}.$$

Analisando os polinômios $F_{i,j}(z^{-1})$, podemos concluir que precisaremos de informações passadas de $k$ até $k-3$ para a saída 1, e de $k$ até $k-1$ para a saída 2, o que é condizente com a ordem dos polinômios originais $A_i(z^{-1})$ da representação MFD, que são de ordem 3 e 1, respectivamente. As matrizes $\mathbf{F}_i$ podem ser obtidas diretamente dos polinômios $F_{i,j}(z^{-1})$. A matriz $\mathbf{F}$ resultante é, então,

$$\mathbf{F} = \left[\begin{array}{cccc|cc} 3{,}7292 & -5{,}2112 & 3{,}2341 & -0{,}7521 & 0 & 0 \\ 8{,}6959 & -16{,}1997 & 11{,}3086 & -2{,}8048 & 0 & 0 \\ 16{,}2293 & -34{,}0076 & 25{,}3186 & -6{,}5402 & 0 & 0 \\ \hline 0 & 0 & 0 & 0 & 1{,}9342 & -0{,}93424 \\ 0 & 0 & 0 & 0 & 2{,}807 & -1{,}807 \\ 0 & 0 & 0 & 0 & 3{,}6224 & -2{,}6224 \end{array}\right],$$

e

$$\underset{\leftarrow}{\mathbf{y}} = \begin{bmatrix} \underset{\leftarrow}{\mathbf{y}}_1 \\ \underset{\leftarrow}{\mathbf{y}}_2 \end{bmatrix}, \quad \underset{\leftarrow}{\mathbf{y}}_1 = \begin{bmatrix} y_1(k) \\ y_1(k-1) \\ y_1(k-2) \\ y_1(k-3) \end{bmatrix}, \quad \underset{\leftarrow}{\mathbf{y}}_2 = \begin{bmatrix} y_2(k) \\ y_2(k-1) \end{bmatrix}.$$

Agora, devemos obter os polinômios que multiplicam os sinais de controle e perturbações futuros e passados. Para isso, analisaremos os termos

$$E_{l,j}(z^{-1})B_{l,p}(z^{-1})\Delta u_p(k+j-d_{l,p}-1)$$

e

$$E_{l,j}(z^{-1})B_{q,l,p}(z^{-1})\Delta q_p(k+j-d_{q,l,p}).$$

Para a saída 1,

$$\begin{aligned}
E_{1,1}(z^{-1})B_{1,1}(z^{-1})\Delta u_1(k+1-1-1) =&0{,}1785\Delta u_1(k-1) - 0{,}331\Delta u_1(k-2)\\
&+ 0{,}1534\Delta u_1(k-3),\\
E_{1,2}(z^{-1})B_{1,1}(z^{-1})\Delta u_1(k+2-1-1) =&0{,}1785\Delta u_1(k) + 0{,}3347\Delta u_1(k-1)\\
&- 1{,}0808\Delta u_1(k-2)\\
&+ 0{,}5721\Delta u_1(k-3),\\
E_{1,3}(z^{-1})B_{1,1}(z^{-1})\Delta u_1(k+3-1-1) =&0{,}1785\Delta u_1(k+1) + 0{,}3347\Delta u_1(k)\\
&+ 0{,}4714\Delta u_1(k-1)\\
&- 2{,}3059\Delta u_1(k-2)\\
&+ 1{,}334\Delta u_1(k-3).
\end{aligned}$$

Veja que cada uma das equações anteriores possui termos no futuro e no passado, assim, para o par saída 1, entrada 1, temos que:

$$G_{1,1,1}(z^{-1}) = 0, \qquad H_{1,1,1}(z^{-1}) = 0{,}1785z^{-1} - 0{,}3310z^{-2} + 0{,}1534z^{-3},$$

$$G_{1,1,2}(z^{-1}) = 0{,}1785, \quad H_{1,1,2}(z^{-1}) = 0{,}3347z^{-1} - 1{,}0808z^{-2} + 0{,}5721z^{-3},$$

$$G_{1,1,3}(z^{-1}) = 0{,}1785z + 0{,}3347,$$
$$H_{1,1,3}(z^{-1}) = 0{,}4714z^{-1} - 2{,}3059z^{-2} + 1{,}3340z^{-3}.$$

A seguir, repetimos o procedimento para o restante das entradas e saídas e omitiremos os polinômios $G_{l,p,j}(z^{-1})$, $H_{l,p,j}(z^{-1})$, $G_{q,l,p,j}(z^{-1})$ e $H_{q,l,p,j}(z^{-1})$ por simplicidade.

$$
\begin{aligned}
E_{1,1}(z^{-1})B_{1,2}(z^{-1})\Delta u_2(k+1-1-1) =& -0{,}3236\Delta u_2(k-1)\\
&+0{,}5828\Delta u_2(k-2)\\
&-0{,}2622\Delta u_2(k-3),\\
E_{1,2}(z^{-1})B_{1,2}(z^{-1})\Delta u_2(k+2-1-1) =& -0{,}3236\Delta u_2(k)-0{,}6239\Delta u_2(k-1)\\
&+1{,}9113\Delta u_2(k-2)\\
&-0{,}9779\Delta u_2(k-3),\\
E_{1,3}(z^{-1})B_{1,2}(z^{-1})\Delta u_2(k+3-1-1) =& -0{,}3236\Delta u_2(k+1)-0{,}6239\Delta u_2(k)\\
&-0{,}9027\Delta u_2(k-1)\\
&+4{,}0904\Delta u_2(k-2)\\
&-2{,}2804\Delta u_2(k-3),
\end{aligned}
$$

$$
\begin{aligned}
E_{1,1}(z^{-1})B_{q,1,1}(z^{-1})\Delta q_1(k+1-1) =& 0\Delta q_1(k)+0{,}1555\Delta q_1(k-1)\\
&-0{,}2804\Delta q_1(k-2)\\
&+0{,}1263\Delta q_1(k-3),\\
E_{1,2}(z^{-1})B_{q,1,1}(z^{-1})\Delta q_1(k+2-1) =& 0\Delta q_1(k+1)+0{,}1555\Delta q_1(k)\\
&+0{,}2995\Delta q_1(k-1)\\
&-0{,}9193\Delta q_1(k-2)\\
&+0{,}471\Delta q_1(k-3),\\
E_{1,3}(z^{-1})B_{q,1,1}(z^{-1})\Delta q_1(k+3-1) =& 0\Delta q_1(k+2)+0{,}1555\Delta q_1(k+1)\\
&+0{,}2995\Delta q_1(k)\\
&+0{,}4328\Delta q_1(k-1)\\
&-1{,}9671\Delta q_1(k-2)\\
&+1{,}0982\Delta q_1(k-3).
\end{aligned}
$$

Para a saída 2, $E_{2,j}(z^{-1})B_{2,1}(z^{-1})\Delta u_1(k+j-d_{2,1}-1)=0,\ \forall j$, já que $B_{2,1}(z^{-1})=0$, e

$$
\begin{aligned}
E_{2,1}(z^{-1})B_{2,2}(z^{-1})\Delta u_2(k+1-0-1) =& 0{,}3762\Delta u_2(k),\\
E_{2,2}(z^{-1})B_{2,2}(z^{-1})\Delta u_2(k+2-0-1) =& 0{,}3762\Delta u_2(k+1)+0{,}7276\Delta u_2(k),\\
E_{2,3}(z^{-1})B_{2,2}(z^{-1})\Delta u_2(k+3-0-1) =& 0{,}3762\Delta u_2(k+2)\\
&+0{,}7276\Delta u_2(k+1)+1{,}0559\Delta u_2(k),
\end{aligned}
$$

$$
\begin{aligned}
E_{2,1}(z^{-1})B_{q,2,1}(z^{-1})\Delta q_1(k+1-0) =& 0\Delta q_1(k+1) - 0{,}2052\Delta q_1(k),\\
E_{2,2}(z^{-1})B_{q,2,1}(z^{-1})\Delta q_1(k+2-0) =& 0\Delta q_1(k+2) - 0{,}2052\Delta q_1(k+1)\\
& - 0{,}3969\Delta q_1(k),\\
E_{2,3}(z^{-1})B_{q,2,1}(z^{-1})\Delta q_1(k+3-0) =& 0\Delta q_1(k+3) - 0{,}2052\Delta q_1(k+2)\\
& - 0{,}3969\Delta q_1(k+1) - 0{,}576\Delta q_1(k).
\end{aligned}
$$

A partir das equações anteriores, podemos facilmente montar todas as matrizes $\mathbf{H}_{l,p}$, $\mathbf{G}_{l,p}$, $\mathbf{G}_{q,l,p}$ e $\mathbf{H}_{q,l,p}$, lembrando de desprezar os termos em função de $\Delta u_p(k+j)$ e $\Delta q_p(k+j)$ se $j > N_{u,p} - 1$ e $j > N_q$, respectivamente, por conta dos horizontes. Agrupando os valores encontrados, temos:

$$
\mathbf{G}_{1,1} = \begin{bmatrix} 0 & 0 \\ 0{,}1785 & 0 \\ 0{,}33472 & 0{,}1785 \end{bmatrix}, \quad \mathbf{G}_{1,2} = \begin{bmatrix} 0 \\ -0{,}3236 \\ -0{,}62392 \end{bmatrix}, \quad \mathbf{G}_{2,1} = \begin{bmatrix} 0 & 0 \\ 0 & 0 \\ 0 & 0 \end{bmatrix},
$$

$$
\mathbf{G}_{2,2} = \begin{bmatrix} 0{,}37618 \\ 0{,}72761 \\ 1{,}0559 \end{bmatrix}, \quad \mathbf{H}_{1,1} = \begin{bmatrix} 0{,}1785 & -0{,}33095 & 0{,}1534 \\ 0{,}33472 & -1{,}0808 & 0{,}57206 \\ 0{,}47144 & -2{,}3059 & 1{,}334 \end{bmatrix},
$$

$$
\mathbf{H}_{1,2} = \begin{bmatrix} -0{,}3236 & 0{,}58284 & -0{,}26223 \\ -0{,}62392 & 1{,}9113 & -0{,}97793 \\ -0{,}90265 & 4{,}0904 & -2{,}2804 \end{bmatrix}, \quad \mathbf{H}_{2,1} = \mathbf{H}_{2,2} = [\ ],
$$

$$
\mathbf{G}_{q,1,1} = \begin{bmatrix} 0 & 0 \\ 0 & 0 \\ 0{,}15548 & 0 \end{bmatrix}, \quad \mathbf{G}_{q,2,1} = \begin{bmatrix} 0 & 0 \\ -0{,}20519 & 0 \\ -0{,}39688 & -0{,}20519 \end{bmatrix},
$$

$$
\mathbf{H}_{q,1,1} = \begin{bmatrix} 0 & 0{,}15548 & -0{,}28037 & 0{,}12629 \\ 0{,}15548 & 0{,}29945 & -0{,}91929 & 0{,}47096 \\ 0{,}29945 & 0{,}43276 & -1{,}9671 & 1{,}0982 \end{bmatrix}, \quad \mathbf{H}_{q,2,1} = \begin{bmatrix} -0{,}20519 \\ -0{,}39688 \\ -0{,}57597 \end{bmatrix},
$$

e note que as matrizes $\mathbf{H}_{q,l,p}$ e $\mathbf{H}_{l,p}$ para um $p$ fixo não possuem o mesmo número de colunas. Isso acontece por conta do grau dos polinômios e atrasos envolvidos, que são diferentes.

Particularmente no caso de $\mathbf{H}_{2,1}$ e $\mathbf{H}_{2,2}$, veja que são vazias, ou seja, as predições de $y_2$ não dependem de valores passados das entradas. A obtenção de $\mathbf{G}$ e $\mathbf{G}_q$ se dá sem grandes problemas, pois as matrizes $\mathbf{G}_{l,p}$ e $\mathbf{G}_{q,l,p}$ sempre possuem dimensões adequadas. Dessa forma,

$$\mathbf{G} = \left[\begin{array}{cc|c} 0 & 0 & 0 \\ 0{,}1785 & 0 & -0{,}3236 \\ 0{,}33472 & 0{,}1785 & -0{,}62392 \\ \hline 0 & 0 & 0{,}37618 \\ 0 & 0 & 0{,}72761 \\ 0 & 0 & 1{,}0559 \end{array}\right], \quad \mathbf{G}_q = \left[\begin{array}{cc} 0 & 0 \\ 0 & 0 \\ 0{,}15548 & 0 \\ \hline 0 & 0 \\ -0{,}20519 & 0 \\ -0{,}39688 & -0{,}20519 \end{array}\right],$$

com

$$\Delta\mathbf{u}_1 = \begin{bmatrix} \Delta u_1(k) \\ \Delta u_1(k+1) \end{bmatrix}, \quad \Delta\mathbf{u}_2 = \begin{bmatrix} \Delta u_2(k) \end{bmatrix}, \quad \Delta\mathbf{q}_1 = \begin{bmatrix} \Delta q_1(k+1) \\ \Delta q_1(k+2) \end{bmatrix}.$$

Já para a concatenação das matrizes $\mathbf{H}_{l,p}$, para cada $p$, devemos descobrir o maior número de colunas existente, que está relacionado com os atrasos e ordens dos polinômios $B_{l,p}(z^{-1})$, e completar com colunas de zeros à direita as matrizes $\mathbf{H}_{l,p}$ com menos colunas. Por exemplo, para a entrada $p = 1$, $\mathbf{H}_{1,1}$ possui 3 colunas, e $\mathbf{H}_{2,1}$ não possui nenhuma. Então, devemos completar $\mathbf{H}_{2,1}$ com 3 colunas de zeros. Neste caso particular, o mesmo deve ser feito para $\mathbf{H}_{2,2}$, já que essa matriz é vazia e $\mathbf{H}_{2,1}$ possui três colunas. Assim,

$$\mathbf{H} = \left[\begin{array}{ccc|ccc} 0{,}1785 & -0{,}33095 & 0{,}1534 & -0{,}3236 & 0{,}58284 & -0{,}26223 \\ 0{,}33472 & -1{,}0808 & 0{,}57206 & -0{,}62392 & 1{,}9113 & -0{,}97793 \\ 0{,}47144 & -2{,}3059 & 1{,}334 & -0{,}90265 & 4{,}0904 & -2{,}2804 \\ \hline 0 & 0 & 0 & 0 & 0 & 0 \\ 0 & 0 & 0 & 0 & 0 & 0 \\ 0 & 0 & 0 & 0 & 0 & 0 \end{array}\right],$$

com

$$\underleftarrow{\Delta\mathbf{u}}_1 = \begin{bmatrix} \Delta u_1(k-1) \\ \Delta u_1(k-2) \\ \Delta u_1(k-3) \end{bmatrix}, \quad \underleftarrow{\Delta\mathbf{u}}_2 = \begin{bmatrix} \Delta u_2(k-1) \\ \Delta u_2(k-2) \\ \Delta u_2(k-3) \end{bmatrix}.$$

O mesmo princípio deve ser aplicado para o caso das matrizes $\mathbf{H}_{q,l,p}$ da perturbação. $\mathbf{H}_{q,1,1}$ possui 4 colunas, enquanto $\mathbf{H}_{q,2,1}$ possui apenas 1. Então, esta última deve ser completada com três colunas de zeros à direita para obtermos a matriz $\mathbf{H}_q$.

Assim,

$$\mathbf{H}_q = \begin{bmatrix} 0 & 0{,}15548 & -0{,}28037 & 0{,}12629 \\ 0{,}15548 & 0{,}29945 & -0{,}91929 & 0{,}47096 \\ 0{,}29945 & 0{,}43276 & -1{,}9671 & 1{,}0982 \\ \hdashline -0{,}20519 & 0 & 0 & 0 \\ -0{,}39688 & 0 & 0 & 0 \\ -0{,}57597 & 0 & 0 & 0 \end{bmatrix},$$

com

$$\underset{\longleftarrow}{\Delta \mathbf{q}_1} = \begin{bmatrix} \Delta q_1(k) \\ \Delta q_1(k-1) \\ \Delta q_1(k-2) \\ \Delta q_1(k-3) \end{bmatrix}.$$

Por fim, a seguir, exemplificaremos a aplicação do GPC no processo do tanque térmico usando agora horizontes mais longos e simulando o resultado de controle, e, com isso, consideramos todos os passos estudados.

**Exemplo 3.16**

Neste exemplo, utilizaremos o processo que trata do controle de nível e temperatura da água contida no interior de um tanque termicamente isolado, apresentado inicialmente no Exemplo 3.10, que é um sistema com duas entradas, duas saídas e uma perturbação. Para este sistema, $y_1$ e $y_2$ são, respectivamente, a temperatura e o nível no interior do tanque, $u_1$ é a potência do resistor para aquecimento, $u_2$ é a abertura da válvula de alimentação e $q$ é a abertura da válvula de saída do tanque. Neste caso particular, é desejável que o controle consiga desacoplar o comportamento das duas saídas, de forma tal que seja possível variar uma delas afetando o menos possível a outra. Como o nível é naturalmente desacoplado da temperatura, o controle deve conseguir manter a temperatura no ponto de operação independentemente do nível escolhido.

O cenário de simulação é o mesmo do Exemplo 3.10, mas com um tempo total de simulação menor, de 160 s. O sistema parte de $u_1 = u_2 = 0$ e $y_1 = y_2 = 0$ e, em $t = 10$ s, uma variação tipo degrau unitário da referência de $y_1$ é aplicada. Posteriormente, em $t = 80$ s aplica-se uma variação tipo degrau de amplitude 0,5 na referência de $y_2$. Finalmente, em $t = 130$ s aplica-se uma variação tipo degrau de amplitude 0,2 na perturbação $q$.

A representação MFD do modelo do sistema, necessária para a aplicação do GPC, foi apresentada no Exemplo 3.14, e a sintonia do controlador GPC será a mesma do controlador DMC do Exemplo 3.10, ou seja, $N_{1,1} = 2$ e $N_{2,1} = 17$, de forma tal a ter um horizonte de predição de duas constantes de tempo de malha aberta. Usando o mesmo critério, $N_{1,2} = 1$ e $N_{2,2} = 31$. O horizonte de controle foi escolhido como aproximadamente um terço do de predição, assim, $N_{u,1} = 5$ e $N_{u,2} = 10$. Com relação às ponderações, $\delta_1 = 1/N_1$, $\delta_2 = 9/N_2$, $\lambda = 1/N_{u,1}$ e $\lambda_2 = 30/N_{u,2}$, e todas são constantes ao longo do horizonte. Dois casos de simulação foram considerados, um assumindo a perturbação $q$ não medida (legenda S/FF) e outro assumindo-a medida (legenda C/FF), com $N_q = 0$.

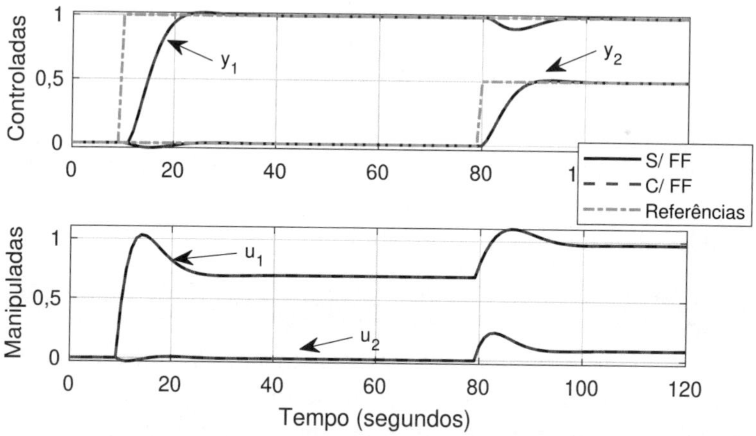


**Figura 3.8** Exemplo 3.16 – Resposta e sinal de controle do tanque térmico em malha fechada para seguimento de referências sem e com ação antecipativa.

Na Figura 3.8, é apresentada a etapa do cenário de simulação que trata do seguimento de referências. Neste caso, os controladores com e sem ação antecipativa possuem o mesmo desempenho, já que a ação antecipativa só afeta a rejeição de perturbações. Veja, também, que o controlador GPC consegue minimizar o acoplamento entre as variáveis, de forma similar ao DMC. Já no caso da rejeição de perturbações, apresentado na Figura 3.9, o GPC, mesmo sem ação antecipativa, tem uma rejeição de perturbações adequada. No entanto, no caso com ação antecipativa, veja que o controlador consegue uma rejeição mais rápida, com menos desvio em relação à referência e com menos esforço de controle do que a sintonia sem ação antecipativa. Isso mostra como o conhecimento da perturbação dentro do modelo de predição permite uma ação de controle mais eficiente.

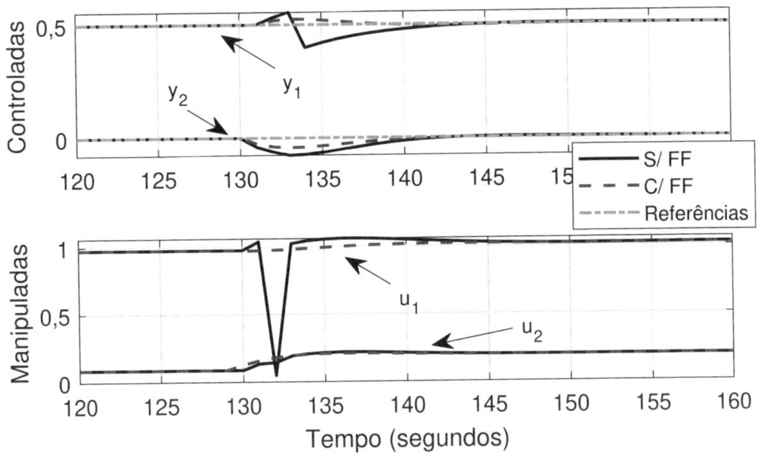


**Figura 3.9** Exemplo 3.16 – Resposta e sinal de controle do tanque térmico em malha fechada para rejeição de perturbação sem e com ação antecipativa.

### 3.3.2 Cálculo das predições (caso $C_l(z^{-1}) \neq 1$)

Assim como no caso monovariável analisado no Volume 1, a utilização do polinômio $C_l(z^{-1}) \neq 1$ no modelo de predição da saída $y_l$ do sistema MIMO altera unicamente a resposta livre e, se ajustado adequadamente, pode melhorar a robustez ou a rejeição de perturbações do sistema em malha fechada. Lembre-se que, na literatura de GPC, opta-se por utilizar um polinômio $C_l(z^{-1})$ mônico, com o seu primeiro coeficiente unitário, $c_{l,0} = 1$. Veja que isso não causa problemas na análise, dado que o efeito da perturbação na saída do processo pode ser atribuído a uma perturbação de amplitude diferente, de forma a obter o mesmo resultado que considerando $c_{l,0} \neq 1$. Para isso bastaria multiplicar e dividir $C_l(z^{-1})e(k)$ por $c_{l,0}$, obtendo $\frac{C_l(z^{-1})}{c_{l,0}}c_{l,0}e(k)$, de forma tal que o novo polinômio $\frac{C_l(z^{-1})}{c_{l,0}}$ passe a ter o seu primeiro coeficiente unitário e a nova perturbação $c_{l,0}e(k)$ tenha sua amplitude ajustada com $c_{l,0}$. Assim, no que segue, o polinômio $C_l(z^{-1})$ é considerado mônico.

Com $C_l(z^{-1}) \neq 1$, a equação diofantina a ser resolvida para obter os polinômios $E_{l,j}(z^{-1})$ e $F_{l,j}(z^{-1})$ passa a ser

$$C_l(z^{-1}) = E_{l,j}(z^{-1})\Delta A_l(z^{-1}) + z^{-j}F_{l,j}(z^{-1}), \tag{3.41}$$

que pode ser considerada como a divisão de $C_l(z^{-1})$ por $\Delta A_l(z^{-1})$, com quociente $E_{l,j}(z^{-1})$ e resto $z^{-j}F_{l,j}(z^{-1})$ (note que esses polinômios não são os mesmos encontrados para o caso com $C_l(z^{-1}) = 1$). Neste caso, o polinômio $E_{l,j}(z^{-1})$ continua tendo grau $j-1$ e o grau de $F_{l,j}(z^{-1})$ depende do grau de $C_l(z^{-1})$ e pode até ser variável. Se $n_{c,l} \leq n_{a,l}+1$, a ordem de $F_{l,j}(z^{-1})$ continua tendo grau $n_{a,l}$, como no caso de $C_l(z^{-1})=1$. Se $n_{c,l} > n_{a,l}+1$, para $j \leq n_{c,l}-n_{a,l}$, o grau de $F_{l,j}(z^{-1})$ é $n_{l,c}-j$, e se $j > n_{c,l}-n_{a,l}$ o grau é sempre $n_{a,l}$.

Multiplicando (3.36) por $\Delta E_{l,j}(z^{-1})/C_l(z^{-1})$ e dado que:

$$C_l(z^{-1}) - z^{-j}F_{l,j}(z^{-1}) = E_{l,j}(z^{-1})\Delta A_l(z^{-1}),$$

os valores futuros da saída $l$ são dados por:

$$\begin{aligned} y_l(k+j) = & \sum_{p=1}^{m} \frac{E_{l,j}(z^{-1})\tilde{B}_{l,p}(z^{-1})}{C_l(z^{-1})}\Delta u_p(k+j-1) \\ & + \sum_{p=1}^{m_q} \frac{E_{l,j}(z^{-1})\tilde{B}_{q,l,p}(z^{-1})}{C_l(z^{-1})}\Delta q_p(k+j) \\ & + \frac{F_{l,j}(z^{-1})}{C_l(z^{-1})}y_l(k) + E_{l,j}(z^{-1})e(k+j), \end{aligned} \tag{3.42}$$

sendo

$$\tilde{B}_{l,p}(z^{-1}) = z^{-d_{l,p}}B_{l,p}(z^{-1}), \qquad \tilde{B}_{q,l,p}(z^{-1}) = z^{-d_{q,l,p}}B_{q,l,p}(z^{-1}),$$

ou seja, os atrasos agora ficam implícitos nos novos polinômios. Isso foi feito para facilitar a notação e simplificar a explicação. Isso também poderia ter sido aplicado no caso de $C_l(z^{-1})=1$, mas nesta seção é especialmente interessante pois os cálculos aqui são um pouco mais elaborados e o uso de $\tilde{B}_{l,p}(z^{-1})$ e $\tilde{B}_{q,l,p}(z^{-1})$ facilita a discussão.

Note que esta última equação é similar à encontrada no caso de $C_l(z^{-1})=1$. A única diferença é que $y_l(k)$, $\Delta u_p(k+j-1)$ e $\Delta q_p(k+j)$ aparecem multiplicados por quocientes de polinômios que dependem de $C_l(z^{-1})$ e não mais por polinômios que dependem apenas do modelo do processo. Finalmente, assim como no caso de $C_l(z^{-1})=1$, o termo dependente da perturbação não mensurável:

$$E_{l,j}(z^{-1})e(k+j)$$

corresponde a valores de $e$ no futuro, dado que $E_{l,j}(z^{-1})$ tem grau $j-1$. Como o valor esperado das perturbações futuras é zero, podemos obter a predição de $y_l(k+j)$ com informações até $k$ como:

$$\begin{aligned}\hat{y}_l(k+j \mid k) = &\sum_{p=1}^{m} \frac{E_{l,j}(z^{-1})\tilde{B}_{l,p}(z^{-1})}{C_l(z^{-1})}\Delta u_p(k+j-1)\\ &+ \sum_{p=1}^{m_q} \frac{E_{l,j}(z^{-1})\tilde{B}_{q,l,p}(z^{-1})}{C_l(z^{-1})}\Delta q_p(k+j)\\ &+ \frac{F_{l,j}(z^{-1})}{C_l(z^{-1})}y_l(k).\end{aligned} \tag{3.43}$$

Observe que as divisões dos polinômios por $C_l(z^{-1})$ podem ser consideradas como polinômios em $z^{-1}$ de grau infinito. Assim, o termo $\frac{F_{l,j}(z^{-1})}{C_l(z^{-1})}y_l(k)$ corresponde a uma combinação linear de valores passados de $y_l(k)$. Já os termos $\frac{E_{l,j}(z^{-1})\tilde{B}_{l,p}(z^{-1})}{C_l(z^{-1})}\Delta u_p(k+j-1)$ e $\frac{E_{l,j}(z^{-1})\tilde{B}_{q,l,p}(z^{-1})}{C_l(z^{-1})}\Delta q_p(k+j)$ podem ser separados em duas partes, uma correspondente aos valores passados da ação de controle e da perturbação, e outra correspondente aos valores futuros da ação de controle e da perturbação. Assim como acontece no caso de $C_l(z^{-1}) = 1$, podemos compor a expressão que calcula as predições com uma componente de resposta livre e outra de resposta forçada.

Para poder chegar à formulação final do controle, é interessante o uso de sinais auxiliares, como veremos na continuação. Como o último termo do lado direito de (3.43) só depende de termos passados de $y_l$, podemos utilizar

$$y_{c,l}(k) = \frac{1}{C_l(z^{-1})}y_l(k), \tag{3.44}$$

ou seja, utilizamos uma variável auxiliar $y_{c,l}$ que nada mais é do que a saída $y_l$ filtrada por $1/C_l(z^{-1})$, e, com isso, simplificamos esse termo da equação. Também podemos replicar o procedimento para a perturbação medida:

$$q_{c,l,p}(k) = \frac{1}{C_l(z^{-1})}q_p(k). \tag{3.45}$$

É importante frisar que, para cada saída, será necessário filtrar $q_p$ pelo respectivo polinômio $C_l(z^{-1})$, o que influenciará na montagem das matrizes para a obtenção da resposta livre, como veremos a seguir. Se valores futuros da perturbação forem conhecidos ou estimados, essa filtragem pode ser realizada sem nenhuma dificuldade adicional. O mesmo não pode ser feito diretamente com os termos dependentes de $\Delta u_p$, pois há termos que dependem de valores futuros de $\Delta u_p$ e estes são desconhecidos.

Assim, considere uma segunda equação diofantina:

$$E_{l,j}(z^{-1})\tilde{B}_{l,p}(z^{-1}) = G_{l,p,j}(z^{-1})C_l(z^{-1}) + z^{-j}H_{l,p,j}(z^{-1}), \tag{3.46}$$

que pode ser considerada associada à divisão do polinômio $E_{l,j}(z^{-1})\tilde{B}_p(z^{-1})$ pelo polinômio $C_l(z^{-1})$. Note que, assim como em (3.41), o grau de $G_{l,p,j}(z^{-1})$ é $j-1$ e $H_{l,p,j}(z^{-1})$ pode ter grau variável, dependendo do grau do polinômio $C_l(z^{-1})$.

Substituindo (3.46) em (3.43), temos que:

$$\begin{aligned}\hat{y}_l(k+j \mid k) = &\sum_{p=1}^{m}\left[G_{l,p,j}(z^{-1})\Delta u_p(k+j-1) + H_{l,p,j}(z^{-1})\Delta u_{c,l,p}(k-1)\right]\\ &+ \sum_{p=1}^{m_q}\left[G_{q,l,p,j}(z^{-1})\Delta q_{c,l,p}(k+j) + H_{q,l,p,j}(z^{-1})\Delta q_{c,l,p}(k)\right]\\ &+ F_{l,j}(z^{-1})y_{c,l}(k),\end{aligned}$$

com $G_{q,l,p,j}(z^{-1})$ e $H_{q,l,p,j}(z^{-1})$ os polinômios que separam os termos dependentes de valores futuros e passados, respectivamente, da perturbação medida, e

$$\Delta u_{c,l,p}(k) = \frac{1}{C_l(z^{-1})}\Delta u_p(k)$$

define os incrementos de controle passados filtrados por $C_l(z^{-1})$. Note que, nesta última equação, os termos $G_{l,p,j}(z^{-1})\Delta u_p(k+j-1)$ só possuem termos dependentes de valores futuros de $\Delta u_p$, pois a ordem de $G_{l,p,j}(z^{-1})$ é igual a $j-1$, e que esses termos não dependem do polinômio $C_l(z^{-1})$. Note também que, para cada saída $l$, devemos filtrar os incrementos de controle passados pelo respectivo filtro $C_l(z^{-1})$.

Ainda, podemos reordenar a equação de forma a evidenciar as respostas livre e forçada da predição da saída $y_l$:

$$\hat{y}_l(k+j \mid k) = \sum_{p=1}^{m} G_{l,p,j}(z^{-1})\Delta u_p(k+j-1) + f_l(k+j \mid k),$$

com

$$\begin{aligned}f_l(k+j \mid k) = &\sum_{p=1}^{m} H_{l,p,j}(z^{-1})\Delta u_{c,l,p}(k-1)\\ &+ \sum_{p=1}^{m_q}\left[G_{q,l,p,j}(z^{-1})\Delta q_{c,l,p}(k+j) + H_{q,l,p,j}(z^{-1})\Delta q_{c,l,p}(k)\right]\\ &+ F_{l,j}(z^{-1})y_{c,l}(k).\end{aligned}$$

Essa equação tem a mesma forma que no caso de $C_l(z^{-1}) = 1$, fazendo com que o restante do algoritmo GPC não precise ser alterado. Em termos práticos, podemos calcular os polinômios $F_{l,j}(z^{-1})$, $G_{q,l,p,j}(z^{-1})$, $H_{q,l,p,j}(z^{-1})$ e $H_{l,j}(z^{-1})$, filtrar as perturbações futuras e passadas, os sinais de controle passados e de saídas passadas com um filtro $1/C_l(z^{-1})$ e, em seguida, calcular a resposta livre do sistema. A resposta forçada não muda com a inclusão do polinômio $C_l(z^{-1}) \neq 1$, dado que ela representa apenas o efeito do controle futuro na predição, sem levar em conta as perturbações.

Então, concluindo, o uso do polinômio $C_l(z^{-1})$ não unitário adiciona complexidade na obtenção das predições, porém, caso se conheça o modelo das perturbações, o modelo de predição será melhor que considerando $C_l(z^{-1}) = 1$.

Na prática, é, em geral, difícil obter bons modelos das perturbações não medidas. Assim, o GPC é formulado diretamente com $C_l(z^{-1}) = 1$ ou se considera esse polinômio como mais um parâmetro de projeto. Esta última opção dá um grau de liberdade adicional que pode ser utilizado para, por exemplo, aumentar a robustez do sistema em malha fechada ou mudar as respostas às perturbações. Por ora, podemos apenas realizar uma análise mais intuitiva: observe que, se o sistema está sujeito a perturbações, ruído ou erro de modelagem, ao filtrarmos os sinais passados da saída e do incremento de controle para calcular a resposta livre, estamos modificando a informação enviada ao algoritmo de otimização, podendo, por exemplo, evitar que sejam calculadas ações de controle violentas por causa de variações bruscas da saída e do controle causadas pelas perturbações não medidas. É interessante observar que, no caso nominal, isto é, sem erros de modelagem nem perturbações, a inclusão de um $C_l(z^{-1}) \neq 1$ não tem efeito no sistema em malha fechada, assim como no caso monovariável discutido no Volume 1.

Na sequência, vamos mostrar com um exemplo como obter as predições com o polinômio $C_l(z^{-1}) \neq 1$ e também um exemplo completo mostrando o efeito desse polinômio na rejeição de perturbações e robustez.

**Exemplo 3.17**

A partir do Exemplo 3.14, no qual calculamos a representação MFD de um sistema de tanque termicamente isolado, vamos, agora, obter a representação matricial das predições para este processo para o caso com polinômio $C_l(z^{-1}) \neq 1$. A título de ilustração, utilizaremos horizontes curtos e não consideraremos a perturbação medida.

Assim, $N_{1,1} = N_{2,1} = 1$, $N_{2,1} = N_{2,2} = 3$, $N_{u,1} = 2$ e $N_{u,2} = 1$. Os polinômios do modelo MFD, já incorporando os atrasos nos polinômios $B$, são:

$$A_1(z) = 1 - 2{,}7292z^{-1} + 2{,}482z^{-2} - 0{,}7521z^{-3},$$
$$A_2(z) = 1 - 0{,}9342z^{-1},$$

$$\tilde{B}_{1,1}(z) = 0{,}1785z^{-1} - 0{,}331z^{-2} + 0{,}1534z^{-3},$$
$$\tilde{B}_{1,2}(z) = -0{,}3236z^{-1} + 0{,}5828z^{-2} - 0{,}2622z^{-3},$$
$$\tilde{B}_{2,1}(z) = 0,$$
$$\tilde{B}_{2,2}(z) = 0{,}3762,$$

e os polinômios $C_l(z^{-1})$ que utilizaremos neste exemplo são:

$$C_1(z^{-1}) = 1 - 0{,}8z^{-1},$$
$$C_2(z^{-1}) = 1 - 0{,}9z^{-1}.$$

Calculando os polinômios $F_{i,j}(z^{-1})$ e $E_{i,j}(z^{-1})$, a partir das equações diofantinas, temos:

$$F_{1,1}(z^{-1}) = 2{,}9292 - 5{,}2112z^{-1} + 3{,}2341z^{-2} - 0{,}7521z^{-3},$$
$$F_{1,2}(z^{-1}) = 5{,}7125 - 12{,}0307z^{-1} + 8{,}7213z^{-2} - 2{,}2031z^{-3},$$
$$F_{1,3}(z^{-1}) = 9{,}2725 - 21{,}0479z^{-1} + 16{,}2717z^{-2} - 4{,}2964z^{-3},$$
$$F_{2,1}(z^{-1}) = 1{,}0342 - 0{,}9342z^{-1},$$
$$F_{2,2}(z^{-1}) = 1{,}0662 - 0{,}9662z^{-1},$$
$$F_{2,3}(z^{-1}) = 1{,}0961 - 0{,}9961z^{-1},$$

$$E_{1,1}(z^{-1}) = 1,$$
$$E_{1,2}(z^{-1}) = 1 + 2{,}9292z^{-1},$$
$$E_{1,3}(z^{-1}) = 1 + 2{,}9292z^{-1} + 5{,}7125z^{-2},$$
$$E_{2,1}(z^{-1}) = 1,$$
$$E_{2,2}(z^{-1}) = 1 + 1{,}0342z^{-1},$$
$$E_{2,3}(z^{-1}) = 1 + 1{,}0342z^{-1} + 1{,}0662z^{-2}.$$

Analisando os polinômios $F_{i,j}(z^{-1})$, podemos concluir que precisaremos de informações passadas de $k$ até $k-3$ para a saída 1, e de $k$ até $k-1$ para a saída 2, o que é condizente com a ordem dos polinômios originais $A_i(z^{-1})$ da representação MFD, que são de ordem 3 e 1, respectivamente. As matrizes $\mathbf{F}_i$ podem ser obtidas diretamente dos polinômios $F_{i,j}(z^{-1})$. A matriz $\mathbf{F}$ resultante é, então,

$$\mathbf{F} = \left[\begin{array}{cccc|cc} 2{,}9292 & -5{,}2112 & 3{,}2341 & -0{,}7521 & 0 & 0 \\ 5{,}7125 & -12{,}0307 & 8{,}7213 & -2{,}2031 & 0 & 0 \\ 9{,}2725 & -21{,}0479 & 16{,}2717 & -4{,}2964 & 0 & 0 \\ \hline 0 & 0 & 0 & 0 & 1{,}0342 & -0{,}93424 \\ 0 & 0 & 0 & 0 & 1{,}0662 & -0{,}96622 \\ 0 & 0 & 0 & 0 & 1{,}0961 & -0{,}9961 \end{array}\right],$$

$$\underset{\leftarrow}{\mathbf{y}}_c = \begin{bmatrix} \underset{\leftarrow}{\mathbf{y}}_{c,1} \\ \underset{\leftarrow}{\mathbf{y}}_{c,2} \end{bmatrix}, \quad \underset{\leftarrow}{\mathbf{y}}_{c,1} = \begin{bmatrix} y_{c,1}(k) \\ y_{c,1}(k-1) \\ y_{c,1}(k-2) \\ y_{c,1}(k-3) \end{bmatrix}, \quad \underset{\leftarrow}{\mathbf{y}}_{c,2} = \begin{bmatrix} y_{c,2}(k) \\ y_{c,2}(k-1) \end{bmatrix},$$

e note que as repartições da matrizes indicadas por linhas tracejadas definem as submatrizes $\mathbf{F}_l$.

As outras matrizes são obtidas a partir dos polinômios $E_{l,j}(z^{-1})\tilde{B}_{l,p}(z^{-1})$ e das novas equações diofantinas, que resultam em:

$$\begin{aligned} G_{1,1,1}(z^{-1}) &= 0, \\ G_{1,1,2}(z^{-1}) &= 0 + 0{,}1785z^{-1}, \\ G_{1,1,3}(z^{-1}) &= 0 + 0{,}1785z^{-1} + 0{,}3347z^{-2}, \\ G_{1,2,1}(z^{-1}) &= 0, \\ G_{1,2,2}(z^{-1}) &= 0 - 0{,}3236z^{-1}, \\ G_{1,2,3}(z^{-1}) &= 0 - 0{,}3236z^{-1} - 0{,}6239z^{-2}, \\ G_{2,2,1}(z^{-1}) &= 0{,}3762, \\ G_{2,2,2}(z^{-1}) &= 0{,}3762 + 0{,}7276z^{-1}, \\ G_{2,2,3}(z^{-1}) &= 0{,}3762 + 0{,}7276z^{-1} + 1{,}0559z^{-2}, \end{aligned}$$

$$H_{1,1,1}(z^{-1}) = 0{,}1785 - 0{,}331z^{-1} + 0{,}1534z^{-2},$$
$$H_{1,1,2}(z^{-1}) = 0{,}3347 - 0{,}816z^{-1} + 0{,}4493z^{-2},$$
$$H_{1,1,3}(z^{-1}) = 0{,}4714 - 1{,}4412z^{-1} + 0{,}8763z^{-2},$$
$$H_{1,2,1}(z^{-1}) = -0{,}3236 + 0{,}5828z^{-1} - 0{,}2622z^{-2},$$
$$H_{1,2,2}(z^{-1}) = -0{,}6239 + 1{,}445z^{-1} - 0{,}7681z^{-2},$$
$$H_{1,2,3}(z^{-1}) = -0{,}9027 + 2{,}5613z^{-1} - 1{,}498z^{-2},$$
$$H_{2,2,1}(z^{-1}) = 0{,}3386,$$
$$H_{2,2,2}(z^{-1}) = 0{,}6549,$$
$$H_{2,2,3}(z^{-1}) = 0{,}9503,$$

e veja que os polinômios do par (2,1) não foram calculados, já que a função de transferência desse par é zero. Eliminando os termos de $G_{l,p,j}(z^{-1})$ fora do horizonte de controle, podemos escrever as predições futuras no formato matricial:

$$\hat{\mathbf{y}} = \mathbf{G}\Delta\mathbf{u} + \mathbf{H}\underleftarrow{\Delta\mathbf{u}}_c + \mathbf{F}\underleftarrow{\mathbf{y}}_c,$$

com

$$\mathbf{G} = \left[\begin{array}{cc|c} 0 & 0 & 0 \\ 0{,}1785 & 0 & -0{,}3236 \\ 0{,}33472 & 0{,}1785 & -0{,}62392 \\ \hline 0 & 0 & 0{,}37618 \\ 0 & 0 & 0{,}72761 \\ 0 & 0 & 1{,}0559 \end{array}\right], \qquad \mathbf{u} = \left[\begin{array}{c} u_1(k) \\ u_1(k+1) \\ \hline u_2(k) \end{array}\right],$$

$$\mathbf{H}_{1,1} = \begin{bmatrix} 0{,}1785 & -0{,}33095 & 0{,}1534 \\ 0{,}33472 & -0{,}81603 & 0{,}44934 \\ 0{,}47144 & -1{,}4412 & 0{,}8763 \end{bmatrix}, \quad \mathbf{H}_{2,1} = \begin{bmatrix} \end{bmatrix},$$

$$\mathbf{H}_{1,2} = \begin{bmatrix} -0{,}3236 & 0{,}58284 & -0{,}26223 \\ -0{,}62392 & 1{,}445 & -0{,}76814 \\ -0{,}90265 & 2{,}5613 & -1{,}498 \end{bmatrix}, \quad \mathbf{H}_{2,2} = \begin{bmatrix} 0{,}33856 \\ 0{,}65485 \\ 0{,}95034 \end{bmatrix},$$

$$\mathbf{H} = \left[\begin{array}{cc|cc} \mathbf{H}_{1,1} & \mathbf{0} & \mathbf{H}_{1,2} & \mathbf{0} \\ \mathbf{0} & \mathbf{H}_{1,2} & \mathbf{0} & \mathbf{H}_{2,2} \end{array}\right],$$

$$\underleftarrow{\Delta\mathbf{u}}_c = \begin{bmatrix} \underleftarrow{\Delta\mathbf{u}}_{c,1,1} \\ \underleftarrow{\Delta\mathbf{u}}_{c,1,2} \\ \underleftarrow{\Delta\mathbf{u}}_{c,2,1} \\ \underleftarrow{\Delta\mathbf{u}}_{c,2,2} \end{bmatrix}, \quad \underleftarrow{\Delta\mathbf{u}}_{c,1,1} = \begin{bmatrix} \Delta u_{c,1,1}(k-1) \\ \Delta u_{c,1,1}(k-2) \\ \Delta u_{c,1,1}(k-3) \end{bmatrix}, \quad \underleftarrow{\Delta\mathbf{u}}_{c,2,1} = \begin{bmatrix} \ \end{bmatrix},$$

$$\underleftarrow{\Delta\mathbf{u}}_{c,2,1} = \begin{bmatrix} \Delta u_{c,2,1}(k-1) \\ \Delta u_{c,2,1}(k-2) \\ \Delta u_{c,2,1}(k-3) \end{bmatrix}, \quad \underleftarrow{\Delta\mathbf{u}}_{c,2,2} = \begin{bmatrix} \Delta u_{c,2,2}(k-1) \end{bmatrix},$$

e note, novamente, que as repartições das matrizes são indicadas por linhas tracejadas e que a primeira linha da matriz $\mathbf{G}$ é nula por conta do atraso entre a saída 1 e as entradas 1 e 2. Ainda, como $\mathbf{H}_{2,1}$ e $\underleftarrow{\Delta\mathbf{u}}_{c,1,2}$ são vazias, já que a entrada 2 não tem efeito na saída 2, é possível simplificar $\mathbf{H}$ e $\underleftarrow{\Delta\mathbf{u}}_c$ neste caso particular:

$$\mathbf{H} = \left[\begin{array}{c|cc} \mathbf{H}_{1,1} & \mathbf{H}_{1,2} & \mathbf{0} \\ \mathbf{0} & \mathbf{0} & \mathbf{H}_{2,2} \end{array}\right], \quad \underleftarrow{\Delta\mathbf{u}}_c = \begin{bmatrix} \underleftarrow{\Delta\mathbf{u}}_{c,1,1} \\ \underleftarrow{\Delta\mathbf{u}}_{c,2,1} \\ \underleftarrow{\Delta\mathbf{u}}_{c,2,2} \end{bmatrix}.$$

Perceba, neste último exemplo, que as matrizes resultantes $\mathbf{H}$, $\mathbf{H}_q$ e $\mathbf{G}_q$ possuem uma montagem mais complexa, ordem maior e acabam por se tornar mais esparsas, ou seja, há muitos elementos nulos nas matrizes. Em termos de implementação, os produtos com elementos nulos não agregam nada no resultado final e apenas tomam tempo de processamento. Assim, quando se utiliza o GPC com polinômios $C(z^{-1}) \neq 1$, sugerimos que as matrizes $\mathbf{H}_{i,j}$, $\mathbf{H}_{q,i,j}$ e $\mathbf{G}_{q,i,j}$ sejam armazenadas de forma independente ou, de forma equivalente, que as respostas livres de cada saída sejam calculadas de forma independente e, num segundo momento, agrupadas no vetor de resposta livre total. Matematicamente, teremos:

$$\mathbf{f}_l = \sum_{p=1}^{m} \mathbf{H}_{l,p} \underleftarrow{\Delta\mathbf{u}}_{c,l,p} + \sum_{p=1}^{m_q} \left[ \mathbf{G}_{q,l,p} \Delta\mathbf{q}_{c,l,p} + \mathbf{H}_{q,l,p} \underleftarrow{\Delta\mathbf{q}}_{c,l,p} \right] + \mathbf{F}_l \underleftarrow{\mathbf{y}}_{c,l}.$$

**Exemplo 3.18**

Ainda utilizando o processo que trata do controle de nível e temperatura, tratado no exemplo anterior, e apresentado inicialmente no Exemplo 3.10, apresentaremos os resultados quando utilizamos $C_l(z^{-1}) \neq 1$. O cenário de simulação é o mesmo do Exemplo 3.10, mas com um tempo total de simulação mais curto, de 160 s. O sistema parte de $u_1 = u_2 = 0$ e $y_1 = y_2 = 0$ e, em $t = 10\,\text{s}$, uma variação do tipo degrau unitário da referência de $y_1$ é aplicada. Posteriormente, em $t = 80\,\text{s}$ aplica-se uma variação do tipo degrau de amplitude 0,5 na referência de $y_2$. Finalmente, em $t = 130\,\text{s}$ aplica-se uma variação do tipo degrau de amplitude 0,2 na perturbação $q$.

A representação MFD do modelo do sistema, necessária para a aplicação do GPC, foi apresentada no Exemplo 3.14 e a sintonia do GPC é a mesma do DMC do Exemplo 3.10, ou seja, $N_{1,1} = 2$, $N_{2,1} = 17$, $N_{1,2} = 1$, $N_{2,2} = 31$, $N_{u,1} = 5$, $N_{u,2} = 10$, $\delta_1 = 1/N_1$, $\delta_2 = 9/N_2$, $\lambda = 1/N_{u,1}$ e $\lambda_2 = 30/N_{u,2}$. Não foi considerada, neste caso, que a perturbação é medida. Dois casos serão analisados, um com $C_l(z^{-1}) = 1$, $\forall l$, e um segundo caso com

$$C_l(z^{-1}) = 1 - 0{,}92z^{-1}, \forall l.$$

Na Figura 3.10, é apresentada a etapa do cenário de simulação que trata do seguimento de referências. Neste caso, ambas as sintonias, com e sem polinômio $C_l(z^{-1})$, possuem o mesmo desempenho, já que esse polinômio só afeta o a dinâmica de rejeição de perturbações não medidas no caso nominal (modelo de predição igual à dinâmica real da planta). Já no caso da rejeição de perturbações, apresentado na Figura 3.11, veja que o caso com $C_l(z^{-1}) \neq 1$ resultou numa rejeição de perturbações distinta, e mais lenta do que no outro caso.

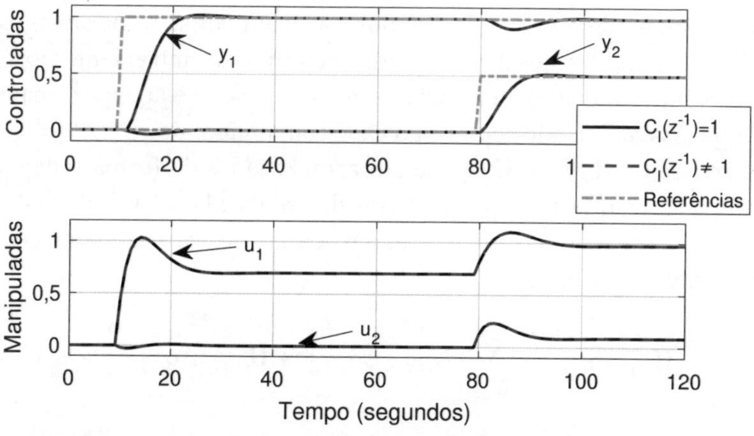


**Figura 3.10** Exemplo 3.18 – Resposta e sinal de controle do tanque térmico em malha fechada para seguimento de referências com e sem polinômio $C_l(z^{-1})$.

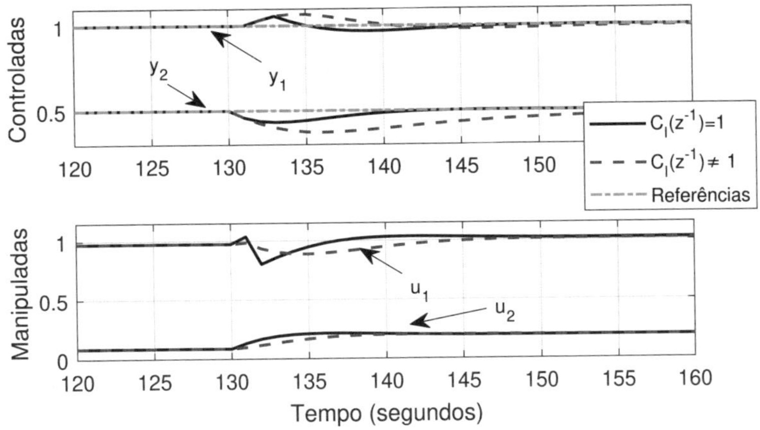


**Figura 3.11** Exemplo 3.18 – Resposta e sinal de controle do tanque térmico em malha fechada para rejeição de perturbação com e sem polinômio $C_l(z^{-1})$.

É interessante salientar que o caso $C_l(z^{-1}) \neq 1$ também tem efeito na robustez do sistema. Considere a mesma sintonia e cenário de simulação, com a diferença de que agora há um erro de modelagem, e o processo tem, na verdade, sua dinâmica representada pela seguinte matriz de transferência:

$$\begin{bmatrix} Y_1(s) \\ Y_2(s) \end{bmatrix} = \begin{bmatrix} \dfrac{2{,}5e^{-s}}{1+9s} & \dfrac{-5{,}5e^{-s}}{1+11s} \\ 0 & \dfrac{4}{1+17s} \end{bmatrix} \begin{bmatrix} U_1(s) \\ U_2(s) \end{bmatrix} + \begin{bmatrix} \dfrac{2{,}1e^{-s}}{1+13s} \\ \dfrac{-3{,}12}{1+14{,}7s} \end{bmatrix} Q(s),$$

ou seja, há um erro de modelagem nos ganhos e nas constantes de tempo das funções de transferência que relacionam as saídas com as entradas.

Os resultados de simulação para este caso com erro de modelagem são apresentados nas Figuras 3.12 e 3.13. Veja que, agora, a resposta com $C_l(z^{-1}) = 1$ apresenta oscilações, especialmente no transitório de mudança de referência da saída 2, próximo do tempo de simulação 80 s e na resposta à perturbação, próximo ao tempo de simulação 130 s. Esse comportamento oscilatório é mais evidente no sinal de controle. Já no caso $C_l(z^{-1}) \neq 1$, a ação de controle é menos agressiva, o que, por consequência, deixa as respostas das saídas também menos oscilatórias. Isso acontece pelo efeito do filtro $1/C_l(z^{-1})$, que modifica como perturbações não medidas são consideradas no modelo de predição do GPC.

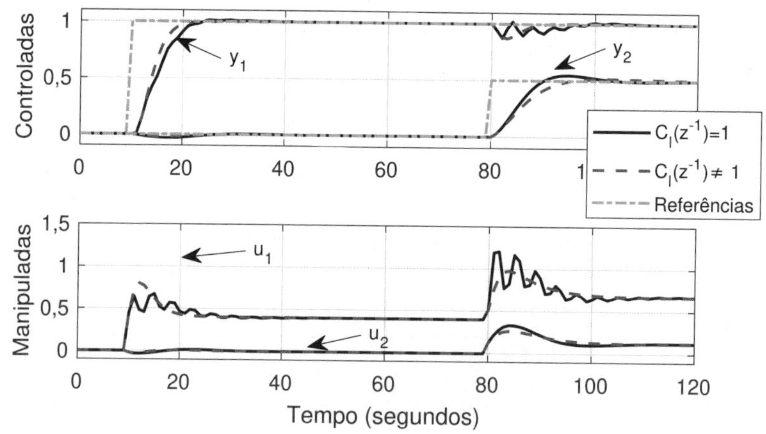


**Figura 3.12** Exemplo 3.18 – Resposta e sinal de controle do tanque térmico em malha fechada para seguimento de referências com e sem polinômio $C_l(z^{-1})$ com erro de modelagem.

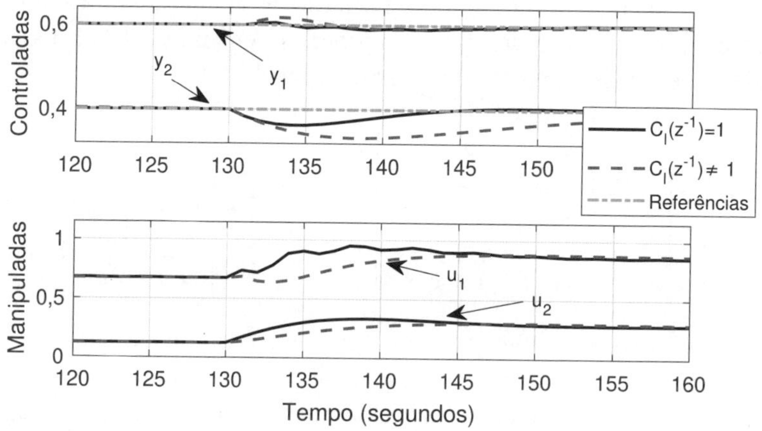


**Figura 3.13** Exemplo 3.18 – Resposta e sinal de controle do tanque térmico em malha fechada para rejeição de perturbação com e sem polinômio $C_l(z^{-1})$ com erro de modelagem.

## 3.4 ESTUDOS DE CASO

Nesta seção, apresentaremos alguns estudos de caso completos e faremos comparações entre os algoritmos GPC e DMC.

### 3.4.1 Coluna de destilação água-metanol

Considere o modelo do comportamento dinâmico aproximado de uma coluna de destilação água-metanol, funcionando nas vizinhanças de um ponto de operação, dado por:

$$\mathbf{P}(s) = \begin{bmatrix} \dfrac{12{,}8e^{-s}}{1+16{,}7s} & \dfrac{-18{,}9e^{-3s}}{1+21s} \\ \\ \dfrac{6{,}6e^{-7s}}{1+10{,}9s} & \dfrac{-19{,}4e^{-3s}}{1+14{,}4s} \end{bmatrix}, \quad \mathbf{P_q}(s) = \begin{bmatrix} \dfrac{3{,}8e^{-8s}}{1+14{,}9s} \\ \\ \dfrac{4{,}9e^{-4s}}{1+13{,}2s} \end{bmatrix},$$

com $\mathbf{Y}(s) = \mathbf{P}(s)\mathbf{U}(s) + \mathbf{P_q}(s)Q(s)$, $\mathbf{y} = [y_1 \;\; y_2]^T$ e $\mathbf{u} = [u_1 \;\; u_2]^T$. Neste processo, a vazão de refluxo ($u_1$) e a vazão de vapor no refervedor ($u_2$) são manipuladas para controlar as concentrações de metanol no topo ($y_1$) e na base ($y_2$) da coluna. A principal perturbação do sistema é a vazão de alimentação ($q$). Trata-se de um modelo incremental, logo, podemos considerar que o ponto de equilíbrio inicial é $u_1 = u_2 = 0$ e $y_1 = y_2 = 0$.

Para este processo, vamos utilizar um controlador DMC, um GPC e um GPC com polinômio $C_l(z^{-1}) \neq 1$. Cada controlador será testado com duas sintonias, uma considerando a perturbação $q$ como sendo não mensurável e outra considerando que ela pode ser medida, mas desconsiderando seus valores futuros ($N_q = 0$). Nas simulações, vamos usar o modelo de matriz de transferência dado por $\mathbf{P}(s)$ e $\mathbf{P_q}(s)$, para calcular a saída do processo. O cenário de simulação considera um tempo total de simulação de 150 s. O sistema parte de $u_1 = u_2 = 0$ e $y_1 = y_2 = 0$ e, em $t = 10$ s, uma variação do tipo degrau unitário da referência de $y_1$ é aplicada. Posteriormente, em $t = 60$ s, aplica-se uma variação do tipo degrau de amplitude 0,5 na referência de $y_2$. Finalmente, em $t = 110$ s, aplica-se uma perturbação do tipo degrau de amplitude $-0{,}2$ em $q$.

Inicialmente, vamos obter o modelo de resposta ao degrau aplicando degraus em $u_1$, $u_2$ e $q$ no processo, considerando um período de amostragem de $T_s = 1$ s. Assim, obtemos:

$$\mathbf{g}_{1,1} = [0 \; 0{,}7440 \; 1{,}447 \; 2{,}1047 \; 2{,}7263 \; \ldots \; 12{,}4 \; 12{,}4 \; \ldots]^T,$$

$$\mathbf{g}_{2,1} = [0 \; 0 \; 0 \; 0 \; 0 \; 0 \; 0 \; 0 \; 0{,}5786 \; 1{,}1064 \; 1{,}5880 \; \ldots \; 6{,}6 \; 6{,}6 \; 6{,}6 \; \ldots]^T,$$

$$\mathbf{g}_{1,2} = [0 \; 0 \; 0 \; -0{,}8789 \; -1{,}7169 \; -2{,}5160 \ldots \; -18{,}9 \; -18{,}9 \; -18{,}9 \; \ldots]^T,$$

$$\mathbf{g}_{2,2} = [0\ 0\ 0\ -1{,}3015\ -2{,}5157\ -3{,}6484\ \ldots\ -19{,}4\ -19{,}4\ -19{,}4\ \ldots]^T,$$
$$\mathbf{g}_{q,1,1} = [0\ 0\ 0\ 0\ 0\ 0\ 0\ 0\ 0\ 0\ 0{,}2467\ 0{,}4773\ 0{,}6930\ \ldots\ 3{,}8\ 3{,}8\ 3{,}8\ \ldots]^T,$$
$$\mathbf{g}_{q,2,1} = [0\ 0\ 0\ 0\ 0{,}3575\ 0{,}6889\ 0{,}9962\ \ldots\ 4{,}9\ 4{,}9\ 4{,}9\ \ldots]^T.$$

A partir desses dados, definimos os horizontes de modelo do DMC como $N_{ss,l,p} = N_{ss,q,l,p} = 100$, $\forall\ l,p$, ou seja, todos os horizontes de modelo são iguais, por simplicidade.

Para o caso do GPC, basta discretizar as matrizes de transferência. Considerando o mesmo período de amostragem de $T_s = 1$ s, temos

$$\mathbf{P}(s) = \begin{bmatrix} \dfrac{0{,}74397z^{-1}}{z-0{,}9419} & \dfrac{-0{,}87891z^{-3}}{z-0{,}9535} \\ \dfrac{0{,}57856z^{-7}}{z-0{,}9123} & \dfrac{-1{,}3015z^{-3}}{z-0{,}9329} \end{bmatrix}, \quad \mathbf{P_q}(s) = \begin{bmatrix} \dfrac{0{,}24666z^{-8}}{z-0{,}9351} \\ \dfrac{0{,}3575z^{-4}}{z-0{,}927} \end{bmatrix},$$

e, a partir deste modelo, obtemos a representação MFD do processo:

$$\begin{aligned}
A_1(z^{-1}) =& 1 - 2{,}8305z^{-1} + 2{,}6704z^{-2} - 0{,}8398z^{-3},\\
A_2(z^{-1}) =& 1 - 2{,}7723z^{-1} + 2{,}5618z^{-2} - 0{,}789z^{-3},\\
B_{1,1}(z^{-1}) =& 0{,}744 - 1{,}4051z^{-1} + 0{,}6633z^{-2},\\
B_{1,2}(z^{-1}) =& -0{,}8789 + 1{,}6497z^{-1} - 0{,}7741z^{-2},\\
B_{2,1}(z^{-1}) =& 0{,}5786 - 1{,}0761z^{-1} + 0{,}5004z^{-2},\\
B_{2,2}(z^{-1}) =& -1{,}3015 + 2{,}394z^{-1} - 1{,}1008z^{-2},\\
B_{q,1,1}(z^{-1}) =& 0 + 0{,}2467z^{-1} - 0{,}4675z^{-2} + 0{,}2215z^{-3},\\
B_{q,2,1}(z^{-1}) =& 0 + 0{,}3575z^{-1} - 0{,}6597z^{-2} + 0{,}3043z^{-3}.
\end{aligned}$$

Como mencionado, serão consideradas duas sintonias, uma sem ação antecipativa (Sintonia 1) e outra com ação antecipativa e $N_q = 0$ (Sintonia 2). Em ambos os casos, os horizontes são $N_{1,1} = 2$, $N_{1,2} = 3$, $N_{2,1} = 30$, $N_{2,2} = 40$ e $N_{u,1} = N_{u,2} = 5$. Já as ponderações são normalizadas pelos horizontes e são dadas por $\delta_l = \frac{1}{N_l}$, $\lambda_p = \frac{1}{N_{u,p}}$, $\forall\ l,p$. Ainda, no caso do GPC com polinômio $C(z^{-1}) \neq 1$ (GPC-C), $C_l(z^{-1}) = 1 - 0{,}9z^{-1}$, $\forall\ l$, que foi escolhido para dar uma certa margem de robustez e, ao mesmo tempo, não prejudicar demasiadamente a rejeição de perturbação. Veja que a raiz desse polinômio, em $z = 0{,}9$, é menor do que os polos de malha aberta do processo.

Para a Sintonia 1, sem ação antecipativa, os resultados para seguimento de referência e rejeição de perturbação são apresentados nas Figuras 3.14 e 3.15, respectivamente. Note que, por conta do acoplamento, quando há uma mudança de referência em uma das saídas, há um transitório nas demais saídas também, que pode ser visto em torno dos tempos 10 s e 60 s da Figura 3.14. No entanto, os controladores tentam minimizar esse efeito da melhor maneira possível. Além disso, veja que, para o seguimento de referências, as respostas são exatamente as mesmas tanto para o DMC quanto para o GPC e para o GPC-C quando as sintonias são idênticas, pois, apesar de os modelos serem diferentes, todos representam adequadamente o comportamento do sistema e entregam as mesmas predições. No entanto, isso já não é verdade para a rejeição de perturbação não medida, como pode ser visto na Figura 3.15.

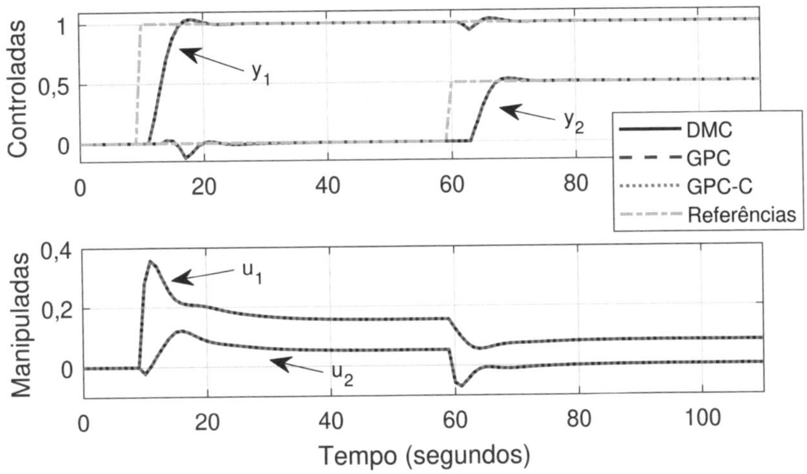


**Figura 3.14** Estudo de caso 3.4.1 – Coluna de destilação água-metanol: resposta e sinal de controle em malha fechada para seguimento de referências para a Sintonia 1 (sem ação antecipativa).

Essa diferença de respostas se dá por conta da forma como cada algoritmo MPC modela perturbações não medidas. O GPC, de forma geral, possui uma resposta mais agressiva do que o DMC a esse tipo de perturbações. Veja que o sinal de controle no caso do GPC assume valores muito mais elevados e oscilatórios, o que, por consequência, deixa a resposta de rejeição de perturbações mais oscilatória, mas mais rápida também. Essa agressividade do GPC a perturbações não medidas pode ser minimizada escolhendo adequadamente os polinômios $C_l(z^{-1})$ do modelo, como já comentado. Veja que a resposta apresentada pelo GPC-C na Figura 3.15 possui uma resposta intermediária entre o GPC e o DMC, não apresentando oscilações tão agressivas quanto o GPC, mas ainda apresentando respostas mais rápidas que o DMC na rejeição de perturbações.

Já para a Sintonia 2, com ação antecipativa e $N_q = 0$, a resposta de rejeição de perturbação pode ser vista na Figura 3.16. Veja que agora não há mais diferenças entre os algoritmos, pois o efeito da perturbação foi definido no modelo. Assim, as predições são idênticas, o que gera respostas idênticas, já que a sintonia é a mesma.

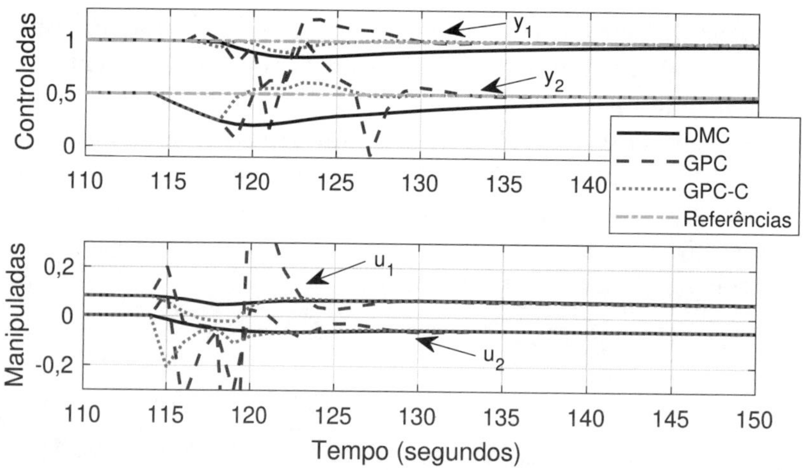


**Figura 3.15** Estudo de caso 3.4.1 – Coluna de destilação água-metanol: resposta e sinal de controle em malha fechada para rejeição de perturbações para a Sintonia 1 (sem ação antecipativa).

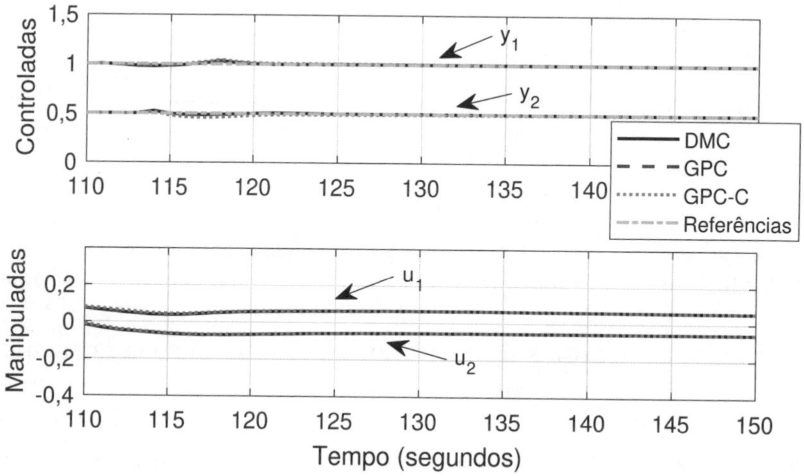


**Figura 3.16** Estudo de caso 3.4.1 – Coluna de destilação água-metanol: resposta e sinal de controle em malha fechada para rejeição de perturbações para a Sintonia 2 (com ação antecipativa).

### 3.4.2 Fracionador de óleo pesado

Considere o modelo de um fracionador de óleo pesado (CHIA; BROSILOW, 1991; ARRUDA et al., 1994), que tem três variáveis que devem ser controladas: a composição de topo ($Y_1$), a composição da extração lateral ($Y_2$) e a temperatura da base ($Y_3$). Para isso, manipulam-se as vazões de extração de topo ($U_1$) e lateral ($U_2$) e o refluxo da base ($U_3$). O modelo normalizado do processo, funcionando nas vizinhanças de um ponto de operação, é dado por (tempo em minutos):

$$\begin{bmatrix} Y_1(s) \\ Y_2(s) \\ Y_3(s) \end{bmatrix} = \begin{bmatrix} \dfrac{4{,}05e^{-27s}}{1+50s} & \dfrac{1{,}77e^{-28s}}{1+60s} & \dfrac{5{,}88e^{-27s}}{1+50s} \\ \dfrac{5{,}39e^{-18s}}{1+50s} & \dfrac{5{,}72e^{-14s}}{1+60s} & \dfrac{6{,}9e^{-15s}}{1+40s} \\ \dfrac{4{,}38e^{-20s}}{1+33s} & \dfrac{4{,}42e^{-22s}}{1+44s} & \dfrac{7{,}2}{1+19s} \end{bmatrix} \begin{bmatrix} U_1(s) \\ U_2(s) \\ U_3(s) \end{bmatrix}.$$

O modelo, além de normalizado, é incremental, então, podemos considerar que o ponto de equilíbrio inicial é zero para todas as variáveis. Note que se trata de um processo muito acoplado e com importantes atrasos de transporte. Vamos analisar diversos ajustes de horizontes de controle e ponderações para estudar os efeitos na resposta e na robustez, isto é, a sensibilidade do sistema em malha fechada aos possíveis erros de modelagem. Faremos esse estudo de forma intuitiva, por simulação de cenários. Além disso, neste caso, vamos considerar restrições no problema de otimização, tanto para as variáveis de controle como para os incrementos das mesmas.

Na simulação, a dinâmica do processo será calculada com o modelo de matriz de transferência. O cenário de simulação considera um tempo total de simulação de 300 min. O sistema parte de $u_1 = u_2 = u_3 = 0$ e $y_1 = y_2 = y_3 = 0$ e, em $t = 10$ min, uma variação do tipo degrau unitário da referência de $y_1$ é aplicada. Posteriormente, em $t = 100$ min, aplica-se uma variação do tipo degrau de amplitude 0,5 na referência de $y_2$. Finalmente, em $t = 170$ min, aplica-se uma variação do tipo degrau de amplitude 0,2 na referência de $y_3$.

O controlador a ser utilizado é um GPC com período de amostragem de $T_s = 1$ min. O modelo MFD do processo pode ser obtido facilmente com o emprego dos passos explicados na Seção 3.3. Em termos de sintonia, os horizontes iniciais foram definidos de acordo com os menores atrasos de cada saída, resultando em $N_{1,1} = 28$, $N_{1,2} = 15$ e $N_{1,3} = 1$. Para o primeiro cenário, os finais dos horizontes de predição foram definidos de modo a se obter um horizonte de predição do tamanho de uma constante de tempo do processo em malha aberta. Dessa forma, $N_{2,1} = 88$, $N_{2,2} = 75$ e $N_{2,3} = 45$. Os horizontes de controle foram definidos como $N_{u,1} = N_{u,2} = N_{u,3} = 5$. As ponderações foram normalizadas com os horizontes e definidas como $\delta_i = 1/N_i$, $\lambda_i = 1/N_{u,i}$, $\forall i$. Os resultados para este caso (Sintonia 1) podem ser vistos na Figura 3.17. Podemos perceber que, mesmo sendo uma planta bastante acoplada, o controle consegue levar as saídas para as referências desejadas de forma independente, apesar de haver uma perturbação proveniente do acoplamento nas outras saídas quando há uma troca de referência.

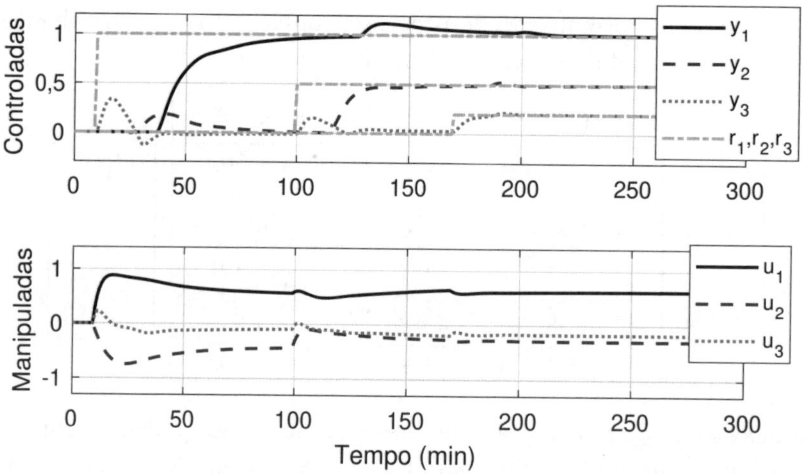


**Figura 3.17** Estudo de caso 3.4.2 – Fracionador de óleo pesado: resposta e sinal de controle do fracionador de óleo em malha fechada para seguimento de referências para a Sintonia 1.

Para avaliarmos o efeito da escolha do horizonte de predição, vamos considerar a metade dos valores atuais e definir $N_{2,1} = 44$, $N_{2,2} = 38$ e $N_{2,3} = 23$. Os resultados para este caso (Sintonia 2), podem ser observados na Figura 3.18. Relembre que as ponderações foram reajustadas em função dos horizontes, então o efeito cruzado que ocorre pela alteração dos horizontes é minimizado. Podemos perceber que, com o horizonte de predição menor, houve uma maior ênfase do controle no regime transitório, apresentando uma resposta mais rápida e sinais de controle de amplitude mais elevada. Também observamos que o acoplamento entre as saídas é menor, assim temos menos variações em cada uma das saídas quando as referências das outras saídas mudam.

Por outro lado, podemos avaliar o resultado da variação nas ponderações dos erros ou esforços de controle. Os horizontes de predição foram definidos com os valores iniciais e as ponderações no esforço de controle foram considerados constantes no horizonte e definidas com valores 10 vezes menores que os empregados na Sintonia 1, ou seja, $\lambda_i = 0{,}1/N_{u,i}$, $\forall i$. Os resultados da simulação podem ser constatados na Figura 3.19 para este caso (Sintonia 3). Podemos perceber as respostas com dinâmicas mais rápidas e sinais de controle maiores. É interessante ressaltar que os valores poderiam ser atribuídos independentemente e acelerar a resposta de apenas uma das variáveis, como pode ser visto na Figura 3.20. Nesse caso (Sintonia 4), apenas a variável $Y_1$ foi ponderada de modo diferente, $\delta_1 = 5/N_1$, em relação à Sintonia 1. Veja que a resposta de $Y_1$ se tornou mais rápida em relação à apresentada na Figura 3.17, sem alterar de maneira significativa as respostas das duas outras saídas. Assim, é possível priorizar determinadas variáveis em detrimento de outras com a escolha adequada da sintonia. Vale reforçar que essas

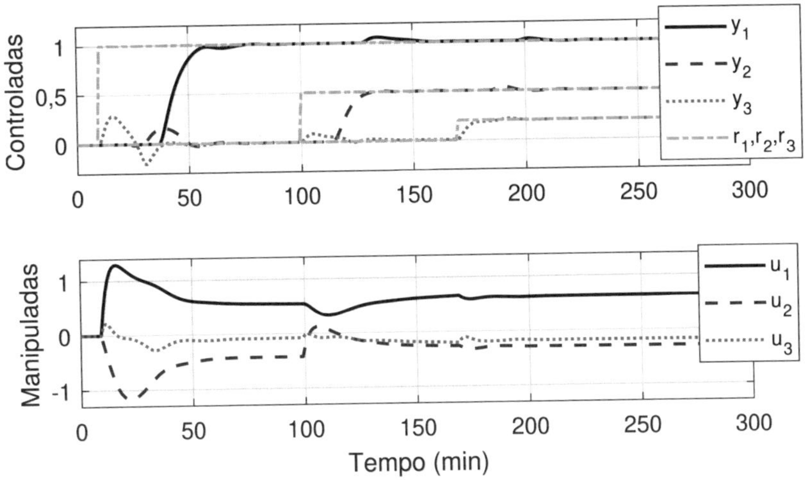


**Figura 3.18** Estudo de caso 3.4.2 – Fracionador de óleo pesado: resposta e sinal de controle do fracionador de óleo em malha fechada para seguimento de referências para a Sintonia 2 (horizontes de predição mais curtos).

considerações sobre a sintonia também continuam válidas para outros algoritmos MPC, tais como o DMC.

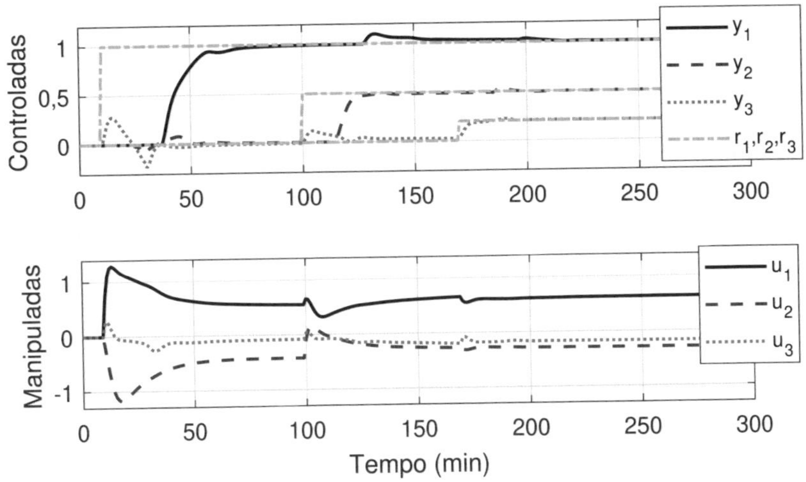


**Figura 3.19** Estudo de caso 3.4.2 – Fracionador de óleo pesado: resposta e sinal de controle do fracionador de óleo em malha fechada para seguimento de referências para a Sintonia 3 (ponderações de incremento de controle menores).

Por fim, podemos avaliar a utilização de restrições no sinal e no incremento de controle, ou seja, podemos restringir essas variáveis com valores máximos e mínimos.

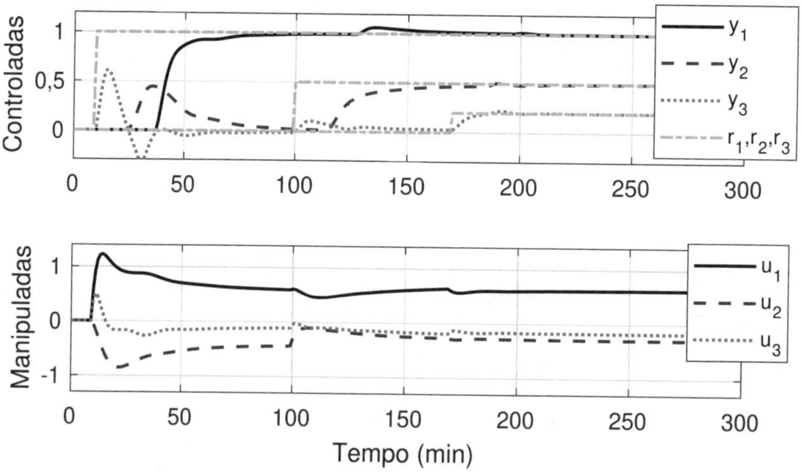


**Figura 3.20** Estudo de caso 3.4.2 – Fracionador de óleo pesado: resposta e sinal de controle do fracionador de óleo em malha fechada para seguimento de referências para a Sintonia 4 (ponderação maior para o erro de seguimento de referência de $Y_1$).

Nesse cenário, utilizamos as mesmas ponderações da Sintonia 3, porém, foram inseridas as restrições

$$-0{,}8 \leq u_1, u_2, u_3 \leq 0{,}8,$$

$$-0{,}1 \leq \Delta u_1, \Delta u_2, \Delta u_3 \leq 0{,}1.$$

Os resultados da simulação são apresentados na Figura 3.21. Podemos perceber os sinais de controle sendo limitados em 0,8, no começo da simulação e também uma taxa de variação do sinal de controle menor e limitada em 0,1 e −0,1. Essas restrições deixam a resposta do sistema mais lenta que no caso sem restrição, dado que os sinais de controle aplicados são menores e mais suaves.

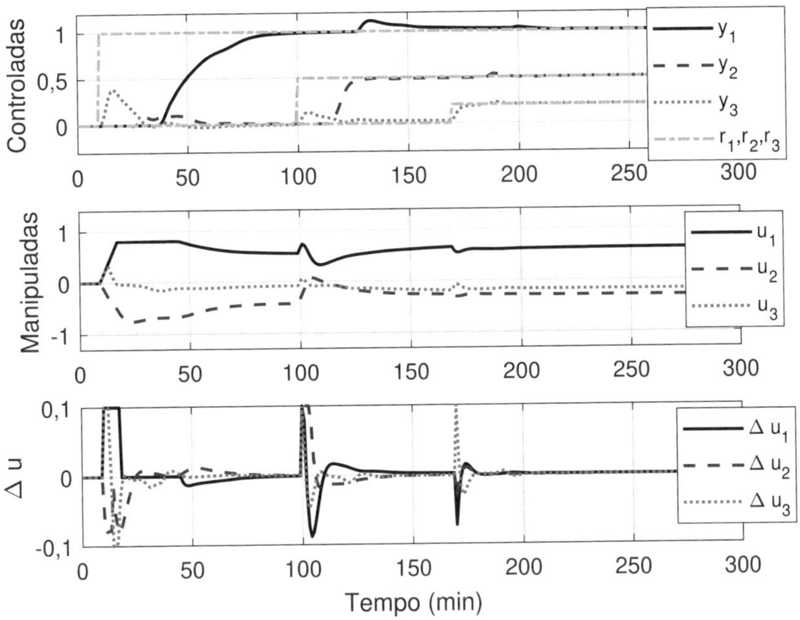


**Figura 3.21** Estudo de caso 3.4.2 – Fracionador de óleo pesado: resposta e sinal de controle do fracionador de óleo em malha fechada para seguimento de referências para a Sintonia 3 com restrições no controle e incremento do controle.

### 3.4.3 Sistema de quatro tanques

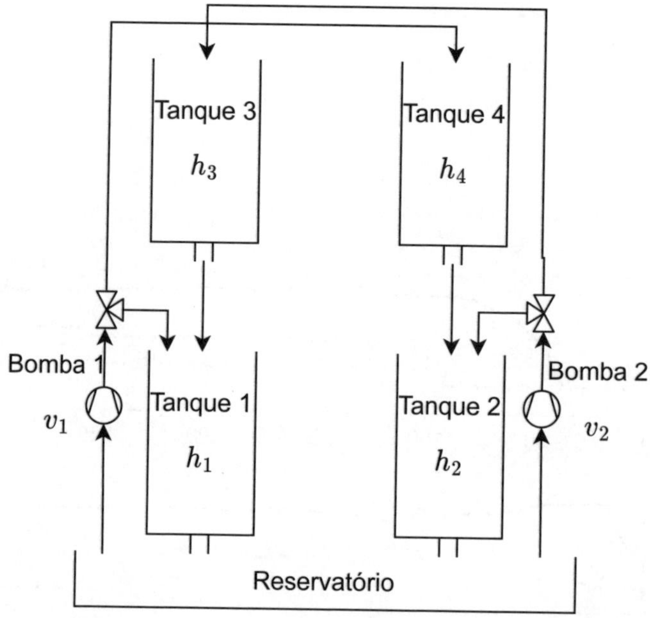


**Figura 3.22** Estudo de caso 3.4.3 – Quatro tanques: diagrama esquemático do processo.

Neste estudo de caso, trabalharemos com um sistema de quatro tanques acoplados. Este é um sistema não quadrado com mais saídas do que entradas, então o ajuste do controlador precisa ser feito de maneira adequada para que as especificações sejam atendidas. O diagrama esquemático do processo é apresentado na Figura 3.22. As saídas do processo são os níveis dos tanques ($h_1$, $h_2$, $h_3$, $h_4$), e as variáveis manipuladas são as tensões aplicadas nas bombas 1 e 2 ($v_1$ e $v_2$). Veja que a vazão da Bomba 1 é dividida entre os tanques 1 e 4, e a vazão da Bomba 2 é dividida entre os tanques 2 e 3. Essa divisão é definida pelas aberturas das válvulas 1 e 2, $\gamma_1, \gamma_2 \in [0;\ 1]$. Este sistema possui um comportamento não linear dado pelas equações a seguir:

$$\begin{cases} \dfrac{dh_1}{dt} = -\dfrac{a_1}{A_1}\sqrt{2gh_1} + \dfrac{a_3}{A_1}\sqrt{2gh_3} + \dfrac{\gamma_1 k_1}{A_1}v_1 & \text{(3.47a)} \\ \dfrac{dh_2}{dt} = -\dfrac{a_2}{A_2}\sqrt{2gh_2} + \dfrac{a_4}{A_2}\sqrt{2gh_4} + \dfrac{\gamma_2 k_2}{A_2}v_2 & \text{(3.47b)} \\ \dfrac{dh_3}{dt} = -\dfrac{a_3}{A_3}\sqrt{2gh_3} + \dfrac{(1-\gamma_2)\,k_2}{A_3}v_2 & \text{(3.47c)} \\ \dfrac{dh_4}{dt} = -\dfrac{a_4}{A_4}\sqrt{2gh_4} + \dfrac{(1-\gamma_1)\,k_1}{A_4}v_1 & \text{(3.47d)} \end{cases}$$

sendo $A_i$ as áreas das seções transversais de cada tanque, $a_i$ a área da seção do tubo de saída de cada tanque, $g$ a aceleração da gravidade, e $k_i$ constantes relacionadas às bombas. Para este estudo de caso, consideraremos:

$$A_1 = A_3 = 28\,\mathrm{cm}^2, \quad A_2 = A_4 = 32\,\mathrm{cm}^2,$$

$$a_1 = a_3 = 0{,}071\,\mathrm{cm}^2, \quad a_2 = a_4 = 0{,}057\,\mathrm{cm}^2,$$

$$k_1 = 3{,}33\,\mathrm{cm}^3\,\mathrm{V}^{-1}\,\mathrm{s}^{-1}, \quad k_2 = 3{,}35\,\mathrm{cm}^3\,\mathrm{V}^{-1}\,\mathrm{s}^{-1},$$

$$g = 981\,\mathrm{cm\,s}^{-2}, \quad \gamma_1 = 0{,}7, \quad \gamma_2 = 0{,}6.$$

A altura máxima de cada tanque é 20 cm e a tensão das bombas está limitada entre 0 e 12 V.

Como o processo é não linear, consideraremos que ele operará em torno de um ponto de operação, que é dado por $\bar{h} = [12{,}2630 \;\; 12{,}7831 \;\; 1{,}6339 \;\; 1{,}4090]^T$, $\bar{v} = [3{,}0 \;\; 3{,}0]^T$, com as alturas dadas em centímetros e as tensões em volts.

Um modelo por funções de transferência pode ser obtido linearizando o modelo do processo não linear no ponto de operação escolhido. Considerando um período de amostragem de $T_s = 2$ s, a matriz de transferência do sistema é:

$$\mathbf{G}(z) = \begin{bmatrix} \frac{0{,}16386}{(z-0{,}9684)} & \frac{0{,}004041(z+0{,}9608)}{(z-0{,}9684)(z-0{,}9159)} \\ \frac{0{,}0020149(z+0{,}9709)}{(z-0{,}9782)(z-0{,}9357)} & \frac{0{,}12425}{(z-0{,}9782)} \\ 0 & \frac{0{,}09163}{(z-0{,}9159)} \\ \frac{0{,}060408}{(z-0{,}9357)} & 0 \end{bmatrix}.$$

Agora, vamos analisar o comportamento do sistema para diferentes sintonias. A Sintonia 1 é definida da seguinte forma: horizontes de predição iguais para todas as saídas $N_1 = 1$ e $N_2 = 50$; horizontes de controle iguais para todas as variáveis manipuladas $N_u = 5$; restrições nos valores mínimos e máximos das variáveis manipuladas $0 \leq v_p \leq 12,\ \forall\, p$; ponderações das saídas $\delta_l = 1/N_l/(20)^2,\ \forall l$; e ponderações do esforço de controle $\lambda = 0{,}36/N_{u,p}/(12)^2,\ \forall p$, que foram normalizados utilizando os valores máximos das manipuladas pois não temos valor máximo do incremento de controle neste problema. Como as ponderações das saídas são todas iguais, nenhuma saída tem prioridade em relação às outras.

O cenário de simulação inicia com o sistema no ponto de operação previamente definido. Em $t = 5$ s, há uma mudança de referência para o tanque 1, que passa de 12,2630 cm para 14,7156 cm, em $t = 60$ s, a referência para o tanque 2 muda de 12,7831 cm para 10,2265 cm e, em $t = 120$ s, as referências de cada um dos tanques mudam para 8,7664 cm, 9,3579 cm, 1,2273 cm e 0,9785 cm, respectivamente. O resultado de simulação para a Sintonia 1 é mostrado na Figura 3.23.

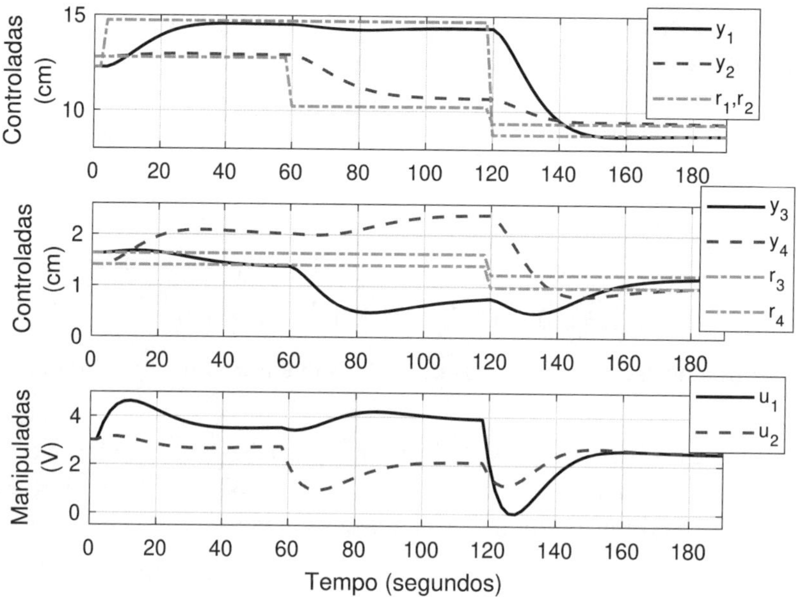


**Figura 3.23** Estudo de caso 3.4.3 – Quatro tanques: resposta e sinal de controle em malha fechada para seguimento de referências para a Sintonia 1.

Veja que o sistema inicia no ponto de operação e, como as referências são iguais aos valores dos níveis no ponto de operação, o erro de rastreamento é zero. Porém, quando ocorrem a primeira e a segunda mudança de referência, veja que existe um transitório inicial e o sistema converge para um novo ponto de operação que não tem erro de seguimento de referência nulo. Como discutido anteriormente, dado que o sistema possui mais saídas do que entradas, não é possível escolher as referências de todas as saídas de forma arbitrária e esperar que o controlador garanta erro nulo em regime permanente para todas elas, pois não há graus de liberdade suficientes para o controlador garantir isso. Neste caso, o controlador irá para um ponto de operação factível que minimize a função custo do problema de otimização do MPC, e esse ponto dependerá da sintonia e das próprias características do processo. Ainda nesta mesma simulação, veja que as referências definidas a partir de $t = 120$ s são rastreadas com erro nulo. Isso acontece pois os valores das referências foram adequadamente escolhidos para comporem um ponto factível de acordo com as características estáticas do processo, sendo esta a única maneira de garantir erro nulo para todas as saídas caso o sistema possua mais saídas do que entradas.

Considere, agora, uma Sintonia 2, igual à Sintonia 1, exceto que a ponderação do nível do tanque 2 foi aumentada para $\delta_2 = 10/N_2/(20)^2$, ou seja, desejamos que o controlador priorize o seguimento da saída 2 em detrimento das outras. O resultado de simulação com esta sintonia é apresentado na Figura 3.24. Veja que o erro de rastreamento de referência para a saída 2 diminuiu consideravelmente, porém ainda não vai a zero e os erros das outras saídas aumentaram. Assim, o projetista, no caso de sistemas não quadrados, pode utilizar o ajuste das ponderações para priorizar determinadas saídas de acordo com a relevância delas no processo.

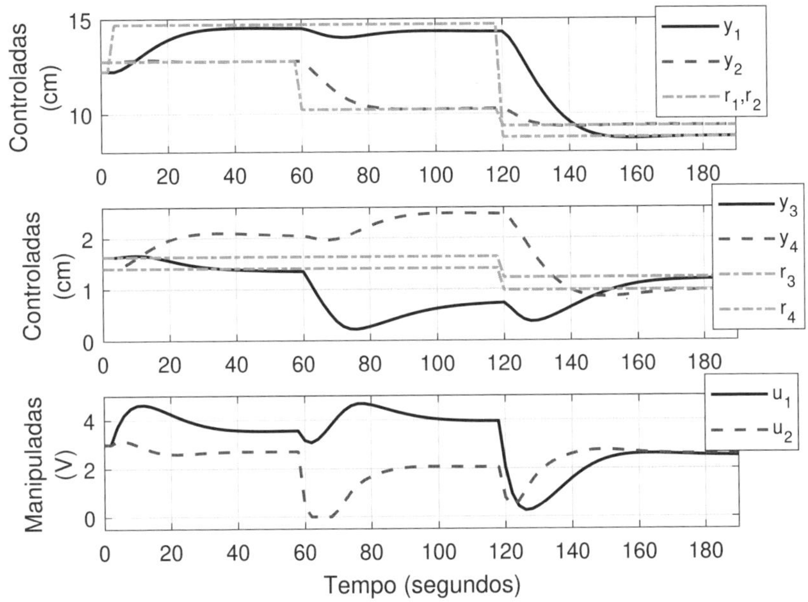


**Figura 3.24** Estudo de caso 3.4.3 – Quatro tanques: resposta e sinal de controle em malha fechada para seguimento de referências para a Sintonia 2.

Agora, considere uma Sintonia 3, igual à Sintonia 1, exceto que $\delta_3 = \delta_4 = 0$, ou seja, desejamos que o controlador ignore o rastreamento de referência das saídas 3 e 4. O resultado de simulação é apresentado na Figura 3.25. Veja que agora o controlador consegue garantir erro nulo para as saídas 1 e 2, pois indicamos que as saídas 3 e 4 não têm relevância alguma no problema de controle. Assim, do ponto de vista do controlador, há apenas duas saídas e duas entradas, ou seja, o sistema se tornou quadrado e agora o controlador é capaz de garantir erro nulo no seguimento das referências definidas para as duas saídas, desde que os valores das referências sejam factíveis. Vale ressaltar que, neste caso, as saídas 3 e 4 ficam totalmente livres e isso, na prática, pode não ser desejável.

Uma alternativa mais interessante é a implementação do controle por bandas, como explicado no Volume 1. Este tipo de controle pode ser implementado de algumas maneiras distintas, mas, em termos de resultados, todas são compatíveis e atendem os requisitos da estratégia de controle por bandas.

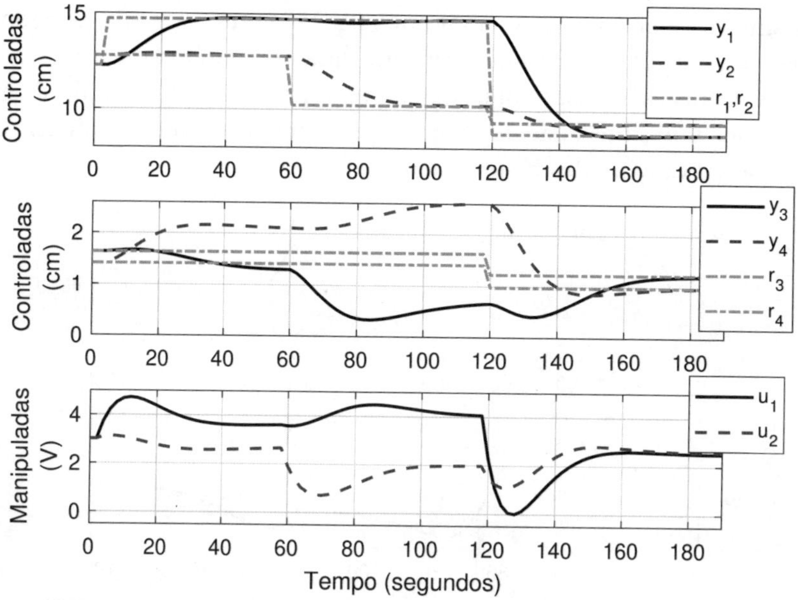


**Figura 3.25** Estudo de caso 3.4.3 – Quatro tanques: Resposta e sinal de controle em malha fechada para seguimento de referências para a Sintonia 3.

Neste exemplo, utilizaremos a restrição por bandas nas saídas 3 e 4 implementadas como restrições nas saídas, ou seja,

$$y_{l,\min} \leq \hat{y}_l(k+j \mid k) \leq y_{l,\max}, \; \forall \, l, \, j > 0.$$

No caso deste sistema vamos assumir que o valor do nível dos tanques 3 e 4 não tem tanta importância para a operação do processo contanto que estes não esvaziem ou transbordem. Por essa razão, vamos estabelecer apenas um valor mínimo e um valor máximo para as saídas 3 e 4. A título de exemplo, usaremos uma banda estreita a fim de ilustrar o funcionamento desse tipo de implementação, dada por $y_{3,\min} = y_{4,\min} = 0{,}7\,\text{cm}$ e $y_{3,\max} = y_{4,\max} = 2{,}1\,\text{cm}$. Como é necessário adicionar variáveis de folga para garantir factibilidade, a implementação aqui usa $\epsilon_3$ e $\epsilon_4$ para esse propósito, com pesos $\psi_3 = \psi_4 = 1000$. Veja que implementaremos uma versão simplificada das folgas, em que há uma única variável de folga para cada saída. Os outros parâmetros de sintonia são iguais aos da Sintonia 3. As restrições com variáveis de folga a serem adicionadas, em formato matricial, são então:

$$y_{l,\min}\mathbf{1}_{N_l} - \epsilon_l \mathbf{1}_{N_l} \leq \sum_{p=1}^{m} \mathbf{G}_{l,p}\Delta\mathbf{u}_p + \mathbf{f}_l \leq y_{l,\min}\mathbf{1}_{N_l} + \epsilon_l \mathbf{1}_{N_l}, \; l = 3{,}4,$$

sendo $\mathbf{1}_{N_l}$ um vetor com todos os elementos iguais a 1 de tamanho $N_l$. Como as variáveis de folga também são variáveis de decisão, a função custo é alterada para incluí-las:

$$J = \sum_{l=1}^{4} \sum_{i=N_{1,l}}^{N_{2,l}} \delta_l \left(r_l(k+i) - \hat{y}_l(k+i \mid k)\right)^2 + \sum_{p=1}^{2} \sum_{i=0}^{N_{u,p}-1} \lambda_p \Delta u_p(k+i)^2$$
$$+ \psi_3 \epsilon_3^2 + \psi_4 \epsilon_4^2,$$

ou, em forma matricial:

$$J = \frac{1}{2}\mathbf{w}^T \mathbf{H}_w \mathbf{w} + \mathbf{f}_w^T \mathbf{w} + c_w, \tag{3.48}$$

com

$$\mathbf{w}^T = \begin{bmatrix} \Delta\mathbf{u}^T, & \epsilon_3, & \epsilon_4 \end{bmatrix},$$
$$\mathbf{H}_w = \begin{bmatrix} 2\left(\mathbf{G}^T \mathbf{Q}_e \mathbf{G} + \mathbf{Q}_u\right) & \mathbf{0} & \mathbf{0} \\ \mathbf{0} & 2\psi_3 & 0 \\ \mathbf{0} & 0 & 2\psi_4 \end{bmatrix},$$
$$\mathbf{f}_w = \begin{bmatrix} -2\mathbf{G}^T \mathbf{Q}_e \left[\mathbf{r} - \mathbf{f}\right] \\ \mathbf{0} \end{bmatrix},$$
$$c_w = \left[\mathbf{r} - \mathbf{f}\right]^T \mathbf{Q}_e \left[\mathbf{r} - \mathbf{f}\right],$$

e sujeito a restrições no formato:

$$\left[\begin{array}{cc|cc} \mathbf{T}_{N_{u,1}} & \mathbf{0} & \mathbf{0} & \mathbf{0} \\ \mathbf{0} & \mathbf{T}_{N_{u,2}} & \mathbf{0} & \mathbf{0} \\ \hline -\mathbf{T}_{N_{u,1}} & \mathbf{0} & \mathbf{0} & \mathbf{0} \\ \mathbf{0} & -\mathbf{T}_{N_{u,2}} & \mathbf{0} & \mathbf{0} \\ \hline \mathbf{G}_{3,1} & \mathbf{G}_{3,2} & -\mathbf{1}_{N_3} & \mathbf{0} \\ \mathbf{G}_{4,1} & \mathbf{G}_{4,2} & \mathbf{0} & -\mathbf{1}_{N_4} \\ \hline -\mathbf{G}_{3,1} & -\mathbf{G}_{3,2} & -\mathbf{1}_{N_3} & \mathbf{0} \\ -\mathbf{G}_{4,1} & -\mathbf{G}_{4,2} & \mathbf{0} & -\mathbf{1}_{N_4} \end{array}\right] \left[\begin{array}{c} \Delta\mathbf{u}_1 \\ \Delta\mathbf{u}_2 \\ \hline \epsilon_3 \\ \epsilon_4 \end{array}\right] \leq \left[\begin{array}{c} \mathbf{1}_{N_{u,1}}(u_{1,\max} - u_1(k-1)) \\ \mathbf{1}_{N_{u,2}}(u_{2,\max} - u_2(k-1)) \\ \hline \mathbf{1}_{N_{u,1}}(-u_{1,\min} + u_1(k-1)) \\ \mathbf{1}_{N_{u,2}}(-u_{2,\min} + u_2(k-1)) \\ \hline \mathbf{1}_{N_3} y_{3,\max} - \mathbf{f}_3 \\ \mathbf{1}_{N_3} y_{4,\max} - \mathbf{f}_4 \\ \hline -\mathbf{1}_{N_3} y_{3,\min} + \mathbf{f}_3 \\ -\mathbf{1}_{N_3} y_{4,\min} + \mathbf{f}_4 \end{array}\right],$$

sendo que as linhas tracejadas separam as diferentes restrições e também as variáveis que representam os incrementos de controle das variáveis de folga. De forma compacta, podemos escrever as restrições como:

$$\overline{\mathbf{R}}_w \mathbf{w} \leq \overline{\mathbf{r}}_w.$$

Os resultados para a Sintonia 4, com controle por bandas, são apresentados na Figura 3.26. Veja que, agora, o controlador é capaz de fazer o seguimento das referências das saídas 1 e 2 e, ao mesmo tempo, garantir que as saídas 3 e 4 fiquem dentro das bandas especificadas. Note que o erro nulo para as saídas 1 e 2 só é obtido se este for um ponto de operação factível dentro das restrições utilizadas. Isso pode ser visto na primeira e na última mudança de referência. Entre 60 s e 120 s, o sistema converge para um ponto com erro diferente de zero pois não é possível garantir erro nulo sem que as saídas 3 e 4 saiam da banda especificada. Veja que, nesse intervalo, as saídas 3 e 4 estão exatamente nos limites estabelecidos.

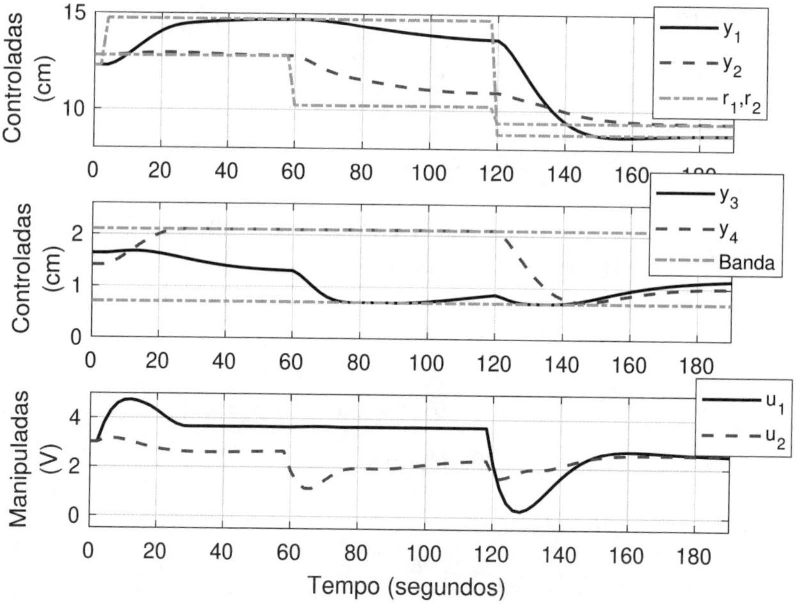


**Figura 3.26** Estudo de caso 3.4.3 – Quatro tanques: resposta e sinal de controle em malha fechada para seguimento de referências para a Sintonia 4, controle por bandas.

### 3.4.4 Reator continuamente agitado (CSTR)

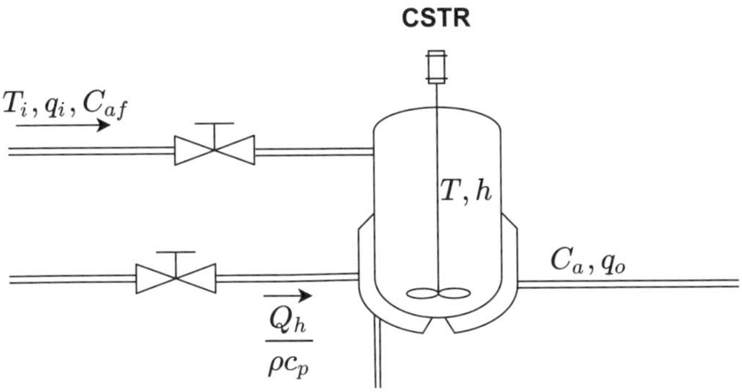


**Figura 3.27** Estudo de caso 3.4.4 – CSTR: diagrama esquemático.

Neste problema, consideramos um reator continuamente agitado (CSTR, do inglês *Continuous Stirred Tank Reactor*) não isotérmico, descrito em (GUPTA, 1998), onde uma reação química exotérmica $A \longrightarrow B$ acontece e cujo diagrama esquemático é apresentado na Figura 3.27. A dinâmica do processo é não linear e pode ser descrita pelas equações a seguir, que dizem respeito ao balanço de massa, dos componentes e de energia:

$$\begin{cases} \dfrac{dh(t)}{dt} = \dfrac{q_i(t) - q_o(t)}{A_c} & \text{(3.49a)} \\ \dfrac{dC_a(t)}{dt} = q_i(t)\dfrac{C_{af}(t) - C_a(t)}{V} - R(t)C_a(t) & \text{(3.49b)} \\ \dfrac{dT(t)}{dt} = q_i(t)\dfrac{T_i(t) - T(t)}{V} - \dfrac{\Delta H}{\rho c_p}R(t)C_a(t) - \dfrac{Q_h(t)}{\rho c_p V} & \text{(3.49c)} \\ R(t) = k_0 e^{-\frac{E}{RT(t)}} & \text{(3.49d)} \end{cases}$$

sendo que as variáveis controladas são o nível dentro do tanque $h$, a concentração $C_a$ de saída do produto $A$, e a temperatura dentro do reator $T$. As variáveis manipuladas são a vazão de saída $q_o$, a concentração $C_{af}$ do produto $A$ na alimentação do tanque e a taxa de remoção de calor normalizada $\frac{Q_h}{\rho c_p}$. As constantes presentes na equação e o ponto de operação do processo (variáveis com asterisco) são apresentados na Tabela 3.1.

Como a intenção é aplicar um algoritmo DMC, necessitamos dos modelos de resposta ao degrau do sistema. Para isso, foram aplicados degraus nas entradas do processo em torno do ponto de operação (com amplitude de 2% do valor de equilíbrio de cada variável manipulada). Os resultados são apresentados na Figura 3.28. Veja que todas as respostas são estáveis, exceto a que relaciona $q_o$ com $h$, que possui uma dinâmica integradora. Por

**Tabela 3.1** Parâmetros e ponto de operação do tanque reator

| Parâmetro/Ponto de operação | Símbolo | Valor |
|---|---|---|
| Nível dentro do reator | $h^*$ | 1 m |
| Concentração medida do produto A | $C_a^*$ | $1\,\text{kmol}\,\text{m}^{-3}$ |
| Temperatura dentro do reator | $T^*$ | 400 K |
| Vazão de saída | $q_o^*$ | $0{,}005\,\text{m}^3\,\text{s}^{-1}$ |
| Concentração de $A$ na alimentação | $C_{af}^*$ | $5\,\text{kmol}\,\text{m}^{-3}$ |
| Taxa de remoção de calor | $\frac{Q_h}{\rho c_p}^*$ | $0{,}75\,\text{K}\,\text{m}^3\,\text{s}^{-1}$ |
| Vazão de entrada | $q_i^*$ | $0{,}005\,\text{m}^3\,\text{s}^{-1}$ |
| Temperatura de entrada do fluido | $T_i^*$ | 350 K |
| Termo de energia de ativação | $E/R$ | 1000 K |
| Área do reator | $A_c$ | $0{,}05\,\text{m}^2$ |
| Volume do reator | $V$ | $0{,}05\,\text{m}^3$ |
| Calor da reação | $\Delta H$ | $-50\,000\,\text{kcal}\,\text{kmol}^{-1}$ |
| Densidades dos líquidos | $\rho$ | $1000\,\text{kg}\,\text{m}^{-3}$ |
| Calor específico | $c_p$ | $1\,\text{kcal}\,\text{kg}^{-1}\,\text{K}$ |
| Constante da taxa de reação | $k_0$ | $4{,}972\,997\,584\,\text{s}^{-1}$ |
| Período de amostragem | $T_s$ | 3 s |

conta disso, não é possível aplicar o algoritmo DMC original, sendo necessário utilizar o GDMC para estabilizar o cálculo da resposta livre.

Então, um primeiro passo é definir os filtros dos erros de predição para a primeira saída de forma a estabilizar a resposta livre. Como a única raiz indesejada é a associada à ação integradora, as condições do filtro são:

$$F_{e,1,j}(z)\Big|_{z=1} = 1 \rightarrow \text{condição de ganho unitário,}$$

$$\left.\frac{d(z^j - F_{e,1,j}(z))}{dz}\right|_{z=1} = 0 \rightarrow \text{condição de estabilidade.}$$

Para as outras saídas, $F_{e,i,j}(z) = 1$, ou seja, não é necessário o uso de filtros. Pelo número de condições a serem satisfeitas, um filtro de primeira ordem seria suficiente. Mas, para minimizar o efeito de ruídos de alta frequência e conseguir um controle mais robusto, um filtro de segunda ordem será utilizado, de forma tal que possa ser ajustado com um ganho baixo em altas frequências. Assim, a estrutura do filtro é definida como:

$$F_{e,1,j} = \frac{a(j)z^2 + b(j)z}{(z - z_f)^2}.$$

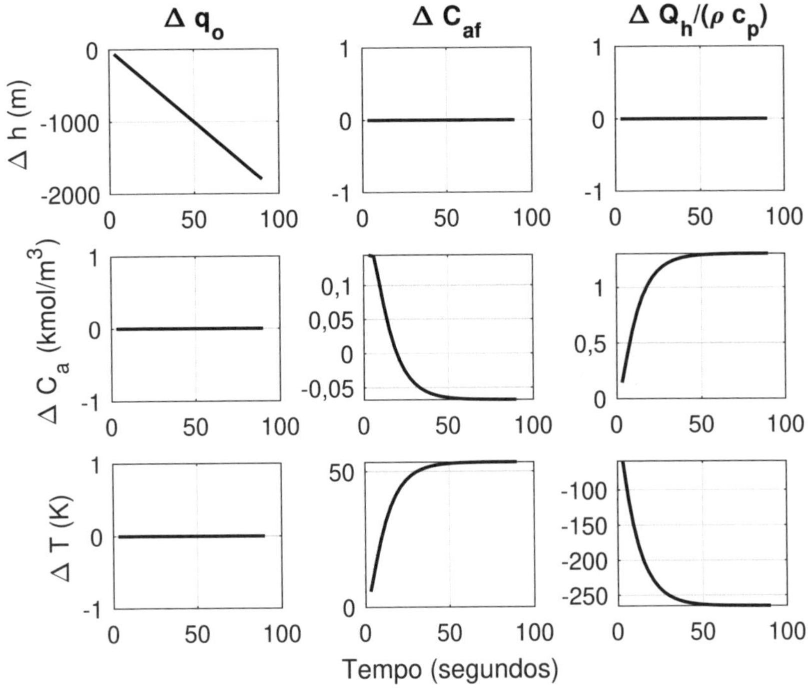


**Figura 3.28** Estudo de caso 3.4.4 – CSTR: modelos de resposta ao degrau: cada coluna de 3 figuras mostra as respostas para cada uma das manipuladas.

Com a estrutura do filtro definida, a derivada que aparece na condição de estabilidade pode ser escrita como:

$$
\begin{aligned}
\frac{d(z^j - F_{e,j}(z))}{dz} &= jz^{j-1} - \frac{(2a(j)z + b(j))(z - z_f)^2 - 2(a(j)z^2 + b(j)z)(z - z_f)}{(z - z_f)^4}, \\
&= jz^{j-1} - \frac{(2a(j)z + b(j))(z - z_f) - 2(a(j)z^2 + b(j)z)}{(z - z_f)^3}, \\
&= jz^{j-1} - \frac{a(j)(-2zz_f) + b(j)(-z - z_f)}{(z - z_f)^3}.
\end{aligned}
$$

Agora, podemos calcular os coeficientes $a(j)$ e $b(j)$ de tal modo que as condições anteriores sejam satisfeitas para $j = N_1 \ldots N_2$:

$$
\frac{a(j) + b(j)}{(1 - z_f)^2} = 1 \longrightarrow a(j) + b(j) = (1 - z_f)^2,
$$

$$
j - \frac{a(j)(-2z_f) + b(j)(-1 - z_f)}{(1 - z_f)^3} = 0 \longrightarrow (-2z_f)a(j) + (-1 - z_f)b(j) = j(1 - z_f)^3,
$$

Note que estas últimas equações podem ser rearranjadas como um conjunto de equações lineares que é de fácil solução:

$$\begin{bmatrix} 1 & 1 \\ -2z_f & -1-z_f \end{bmatrix} \begin{bmatrix} a(j) \\ b(j) \end{bmatrix} = \begin{bmatrix} (1-z_f)^2 \\ j(1-z_f)^3 \end{bmatrix}.$$

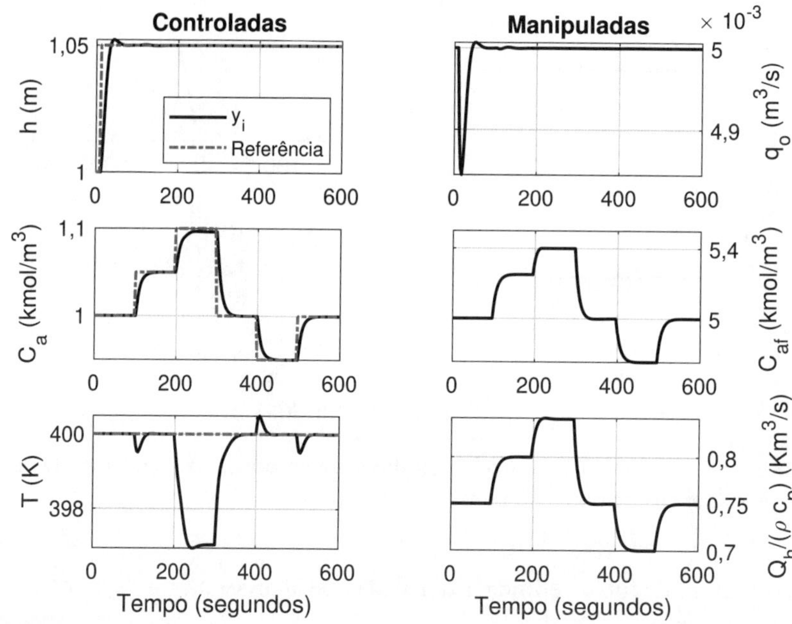


**Figura 3.29** Estudo de caso 3.4.4 – CSTR: resposta em malha fechada com o GDMC para seguimento de referência.

Os demais parâmetros de sintonia são: $N_{1,i} = 1$ e $N_{2,i} = 30, \forall i$; $N_{u,p} = 5, \forall p$; $N_{f,1} = N_{ss,2} = N_{ss,3} = 30$, e as ponderações são todas iguais a um mas foram normalizadas pelos horizontes e pelo quadrado das variações máximas esperadas, que supomos ser de $20\,\%$ do valor do ponto de operação de cada variável. Além disso, são consideradas restrições para as variáveis manipuladas: $q_0 \in [0;\ 0{,}01]\ \mathrm{m^3\,s^{-1}}$, $C_{af} \in [4{,}6;\ 5{,}4]\ \mathrm{kmol\,m^{-3}}$, $Q_h/(\rho c_p) \in [0{,}45;\ 1{,}05]\ \mathrm{K\,m^3\,s^{-1}}$.

Os resultados de simulação para diversas mudanças de referências são mostrados na Figura 3.29. Veja que o GDMC permanece estável e consegue garantir o seguimento de referências perfeitamente, exceto quando as variáveis manipuladas estão saturadas, o que ocorre entre os tempos 200 s e 300 s da simulação. A resposta para rejeição de perturbações pode ser vista na Figura 3.30 e está identificada como GDMC1. Foram aplicados degraus nas duas perturbações: $q_i$ passa de $0{,}005\ \mathrm{m^3\,s^{-1}}$ para $0{,}005\,25\ \mathrm{m^3\,s^{-1}}$

em $t$ = 700 s e $T_i$ passa de 350 K para 332,5 K em $t$ = 800 s. Neste caso, veja que o controlador consegue rejeitar o efeito das perturbações adequadamente.

Um segundo ajuste do GDMC foi feito para melhorar a resposta de rejeição de perturbações. Analisando as respostas ao degrau próximas do ponto de operação, apresentadas na Figura 3.31, é possível identificar que as dinâmicas das perturbações para $C_a$ e $T_i$ possuem constantes de tempo próximas de 15 s. Então, é possível utilizar essa informação para reprojetar os filtros do erro de predição dessas variáveis para obtermos melhores resultados (note que o filtro do nível é mantido com o ajuste já explicado). Se os filtros associados a $C_a$ e $T_i$ são ajustados para eliminar a dinâmica lenta associada à constante de tempo de 15 s dessas variáveis, a resposta em malha fechada para a perturbação pode ser acelerada sempre que os polos desses filtros sejam adequadamente ajustados (com dinâmica mais rápida que a de malha aberta).

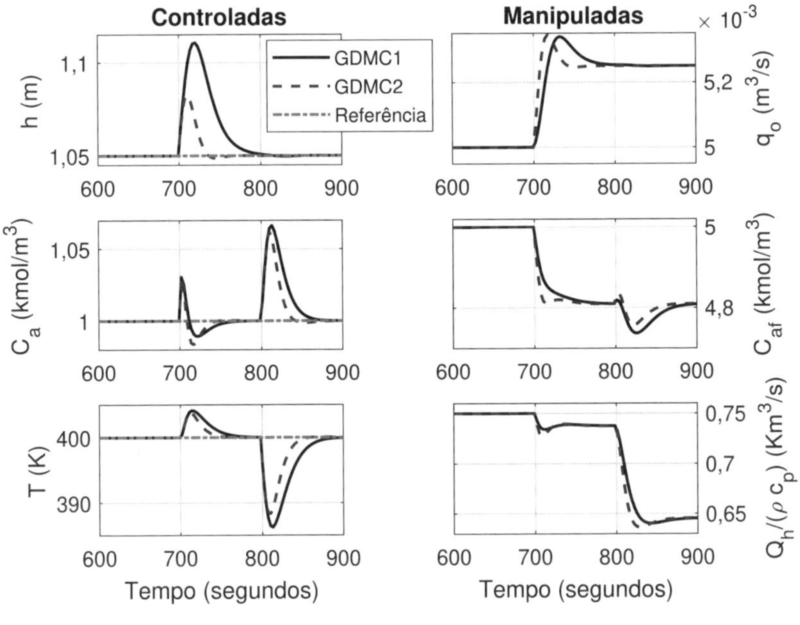


**Figura 3.30** Estudo de caso 3.4.4 – CSTR: resposta em malha fechada com o GDMC para rejeição de perturbações.

Considerando a constante de tempo encontrada de 15 s, o polo indesejado discreto associado a essa dinâmica está localizado em

$$p_z = e^{-T_s/\tau} = e^{-3/15} = 0{,}8187.$$

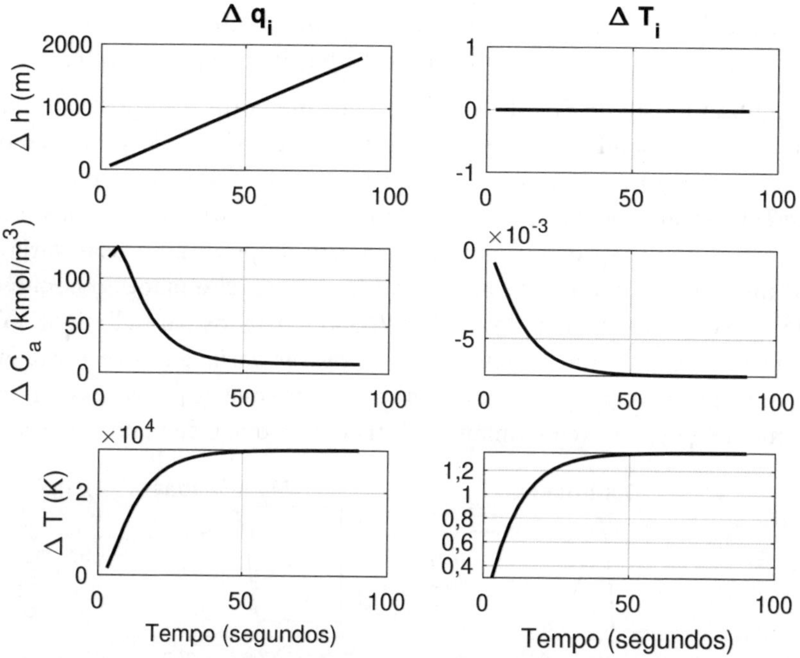


**Figura 3.31** Estudo de caso 3.4.4 – CSTR: modelos de resposta ao degrau para perturbações.

Assim, para as saídas $C_a$ e $T_i$, os filtros $F_{e,i,j}(z)$ devem satisfazer as seguintes condições:

$$F_{e,1,j}(z)\big|_{z=1} = 1 \rightarrow \text{condição de ganho unitário,}$$

$$z^j - F_{e,1,j}(z)\Big|_{z=0{,}8187} = 0 \rightarrow \text{condição para eliminar polo indesejado,}$$

que podem ser escritas no seguinte formato matricial:

$$\begin{bmatrix} 1 & 1 \\ p_z^2 & p_z \end{bmatrix} \begin{bmatrix} a(j) \\ b(j) \end{bmatrix} = \begin{bmatrix} (1-z_f)^2 \\ p z^j (p_z - z_f)^2 \end{bmatrix}.$$

Para esta segunda sintonia, o polo do filtro define o tempo de assentamento da resposta às perturbações. Assim, se considerarmos $z_f = 0{,}4$, que define uma constante de tempo de aproximadamente 3,3 s, a rejeição de perturbações vai ser acelerada consideravelmente. Os resultados para este caso (GDMC2) podem ser vistos na Figura 3.30. Note que a rejeição de perturbações melhorou, como esperado. No entanto, vale lembrar que, em geral, acelerar a rejeição de perturbações piora a robustez do sistema em malha fechada, assim, é sempre necessário balancear a rejeição de perturbações com a robustez do sistema.

## 3.5 COMENTÁRIOS FINAIS

Este capítulo apresentou os controladores DMC e GPC para o caso de plantas MIMO. Em ambos os casos foi mostrado que o procedimento para a implementação do algoritmo MPC é realizado considerando, para o cálculo das predições, o sistema como composto por $n$ subsistemas de uma única saída e múltiplas entradas, o que simplifica a análise e permite usar muitas das propriedades das versões SISO dos controladores. O controlador DMC foi formulado, inicialmente, na sua versão original e, posteriormente, na versão generalizada GDMC. Tanto para o DMC como para o GPC foram consideradas perturbações medidas, uso de filtros na predição e restrições. Vários exemplos foram apresentados e alguns estudos de caso foram usados para comparar o GPC e GDMC. O material aqui apresentado permite ao leitor a implementação dessas estratégias em plantas MIMO, o que é bastante interessante, pois são dois dos controladores mais usados nos meios acadêmico e industrial.

## 3.6 EXERCÍCIOS PROPOSTOS

1. Realize uma análise equivalente àquela apresentada no Exemplo 3.1 (p. 25) para o processo multivariável dado pelo modelo:

$$6\frac{d^2y_1(t)}{dt^2} + 5\frac{dy_1(t)}{dt} + y_1(t) = 3u_1(t) - u_2(t),$$

$$8\frac{dy_2(t)}{dt} + y_2(t) = 2{,}5u_1(t) + 3u_2(t),$$

considerando horizontes de predição de 4 amostras para as duas saídas e horizonte de controle de 2 amostras para as duas variáveis manipuladas.

2. No processo do exercício anterior deseja-se aplicar um MPC MIMO de forma tal a conseguir levar o sistema em malha fechada para um ponto de equilíbrio dado por $y_1 = 3$ e $y_2 = 2$. Assumindo que o MPC ajustado mantém a estabilidade em malha fechada e que o controle tem

ação integral, o ponto de equilíbrio será alcançado? Caso o modelo do processo fosse dado por:

$$6\frac{d^2y_1(t)}{dt^2} + 5\frac{dy_1(t)}{dt} + y_1(t) = 3u_1(t) - u_2(t),$$

$$8\frac{dy_2(t)}{dt} + y_2(t) = 4{,}5u_1(t) - 1{,}5u_2(t),$$

o equilíbrio seria alcançado? Qual seria, neste caso, a condição para o ponto de equilíbrio ser alcançável?

3. No problema do Exercício 1 vai ser aplicado um DMC MIMO. Se a variável $y_1$ está no intervalo $[0, 100]$, $y_2$ está no intervalo $[0, 10]$, $\Delta u_1$ está no intervalo $[-2, 2]$ e $\Delta u_2$ está no intervalo $[-5, 5]$, defina uma normalização adequada para os pesos a serem usados na função custo do DMC.

4. Ainda para o problema do Exercício 1, considerando que os intervalos das variáveis do exercício anterior são colocados como restrições do problema de otimização: (a) determine as dimensões das matrizes a serem usadas na formulação do problema QP a ser resolvido a cada amostragem; (b) encontre as matrizes $\overline{\mathbf{R}}$ e $\overline{\mathbf{r}}$.

5. Uma restrição que deve ser cumprida por alguns processos industriais MIMO, é que a soma das variáveis manipuladas deve satisfazer uma restrição de máximo, isto é:

$$\sum_{i=1}^{m} u_i(k) \leq U_{max}.$$

Esta restrição, que deve ser cumprida para todo o horizonte de controle, pode ser necessária, por exemplo, em um sistema de controle de vazão de um conjunto de tubulações alimentadas por uma mesma bomba.

Encontre as matrizes $\overline{\mathbf{R}}$ e $\overline{\mathbf{r}}$ para representar esta restrição em um problema MIMO de $m = 5$. Considere dois casos distintos: (a) quando todos os horizontes de controle das manipuladas são iguais a 3; (b) quando o horizonte de controle das três primeiras manipuladas é 5 e das duas últimas é 3.

6. Escreva um código de controle DMC MIMO genérico, que permita utilizar todas as funcionalidades do MPC, como filtros de referência, conhecimento da referência futura e das perturbações medidas, restrições, etc. Compare seu código com o disponibilizado com o material do livro.

7. Escreva um código de controle GPC MIMO genérico, que permita utilizar todas as funcionalidades do MPC, como filtros de referência, conhecimento da referência futura e das perturbações medidas, restrições, etc. Compare seu código com o disponibilizado com o material do livro.

8. Considere o sistema dos quatro tanques apresentado neste capítulo (Seção 3.4.3). Suponha que se deseja controlar o nível dos 4 tanques com as seguintes especificações: o nível dos tanques 1 e 2 deve ser mantido no valor de referência desejado, já o dos tanques 3 e 4 apenas dentro da faixa de operação [1, 19]cm, ou seja, evitar que trasborde ou esvazie. Considere um ponto de operação com $h_1 = h_2 = 10$ cm. Obtenha um modelo de resposta ao degrau nesse ponto de operação usando a metodologia do DMC e sintonize um DMC MIMO. Analise as respostas em malha fechada do sistema para variações da referência de nível, considerando diferentes amplitudes dos degraus, e discuta. Analise o efeito dos parâmetros de ajuste do DMC MIMO nas respostas em malha fechada. Analise, também, a robustez do seu controle, simulando situações nas quais o processo é simulado com parâmetros diferentes dos usados no ajuste do DMC MIMO.

9. Considere o problema do tanque térmico do Exemplo 3.10, da Seção 3.2.3. Implemente a ação antecipativa do controlador supondo que a perturbação é medida. Compare as respostas do novo controlador com as obtidas sem a ação antecipativa. Analise o caso sem erro de modelo e o caso com erro de modelo. Para este segundo caso, assuma que o processo é simulado com:

$$\begin{bmatrix} Y_1(s) \\ Y_2(s) \end{bmatrix} = \begin{bmatrix} \dfrac{1{,}1e^{-1{,}2s}}{1+7s} & \dfrac{-4e^{-1{,}1s}}{1+12s} \\ 0 & \dfrac{5}{1+17s} \end{bmatrix} \begin{bmatrix} U_1(s) \\ U_2(s) \end{bmatrix} + \begin{bmatrix} \dfrac{2e^{-0{,}9s}}{1+11s} \\ \dfrac{-2{,}5}{1+14s} \end{bmatrix} Q(s)$$

e o modelo é o mesmo usado no Exemplo 3.10.

10. Considere o sistema de evaporação estudado no Exemplo 3.12 da Seção 3.2.5. Utilize um GPC MIMO para controlar esse processo e compare os resultados com os obtidos usando o DMC MIMO que utiliza um modelo estável lento para modelar a dinâmica integradora da planta. Estude os mesmos dois casos do exemplo, com atraso menor e com atraso maior. Observe como há uma maior dificuldade para sintonizar o DMC MIMO neste caso particular no qual se usa um modelo aproximado da dinâmica integradora. Para completar o estudo, compare os dois controles com um terceiro caso com atrasos sendo o dobro dos usados no caso de maior atraso do exemplo.

11. Considere o fracionador de óleo pesado analisado na Seção 3.4.2. Deseja-se ajustar um controle DMC MIMO para operar o processo com as mesmas especificações e restrições usadas para o GPC e comparar o desempenho em malha fechada do sistema com os dos dois controladores nas seguintes situações: (a) caso nominal para seguimento de referências tipo degrau e rejeição de perturbações tipo degrau; (b) idem a (a) mas considerando erro de modelagem, isto é, simulando o processo com parâmetros diferentes dos usados no modelo de predição (considere, por exemplo, erro nos ganhos estáticos, constantes de tempo e atrasos dos diferentes elementos da matriz função de transferência). Estude a sensibilidade dos dois controladores aos erros de modelagem. Analise por simulação o efeito dos parâmetros de ajuste do DMC e GPC para diminuir a sensibilidade aos erros de modelagem.

CAPÍTULO 4

# MPC em espaço de estados

A representação de sistemas por espaço de estados emprega um modelo no domínio do tempo que descreve diretamente as equações diferenciais (em tempo contínuo) ou as equações a diferenças (em tempo discreto) de um sistema usando uma equação diferencial (ou a diferenças) vetorial de primeira ordem. É um modelo naturalmente multivariável e, por esse motivo, neste livro, apresentamos o caso monovariável como um caso particular do multivariável. Neste capítulo, apenas consideramos modelos lineares de tempo discreto, determinísticos e invariantes no tempo. Assim, a equação que modela um processo de $m$ entradas de controle, $m_q$ perturbações, $n$ saídas controladas e $n_s$ estados, na forma denominada espaço de estados é:

$$\begin{cases} \mathbf{x}(k+1) = \mathbf{A}\mathbf{x}(k) + \mathbf{B}\mathbf{u}(k) + \mathbf{B}_q\mathbf{q}(k), & (4.1a) \\ \quad \mathbf{y}(k) = \mathbf{C}\mathbf{x}(k) + \mathbf{C}_q\mathbf{q}(k), & (4.1b) \end{cases}$$

onde $\mathbf{x} \in \mathbb{R}^{n_s}$ representa o vetor de variáveis de estado, $\mathbf{u} \in \mathbb{R}^{m}$ é o vetor de sinais de controle, $\mathbf{y} \in \mathbb{R}^{n}$ é o vetor de saídas, $\mathbf{A} \in \mathbb{R}^{n_s \times n_s}$ é a matriz de estados, $\mathbf{B} \in \mathbb{R}^{n_s \times m}$ é a matriz de entrada, $\mathbf{B}_q \in \mathbb{R}^{n_s \times m_q}$ é a matriz de perturbação, $\mathbf{C} \in \mathbb{R}^{n \times n_s}$ é a matriz de saída e $\mathbf{C}_q \in \mathbb{R}^{n \times m_q}$ é a matriz de saída da perturbação. Esse modelo, assim como no caso do DMC e do GPC, considera que não há resposta instantânea no sinal de controle. Desta forma, a saída do sistema em $k$ somente depende dos controles até $k-1$. Observe que se a perturbação tem efeito instantâneo na saída, a matriz matriz $\mathbf{C}_q$ será não nula.

Veja que a estrutura do modelo no espaço de estados não sofre modificações independentemente do número de saídas ou entradas consideradas, o que é uma vantagem em relação a outros tipos de modelos. Apenas as dimensões dos vetores e matrizes se alteram, sendo que $n = m = 1$ no caso monovariável, e a dimensão do vetor de variáveis de estado $n_s$ é geralmente menor que no caso multivariável. Os modelos em variáveis de estado podem ser obtidos a partir das equações diferenciais que representam fenomenologicamente o processo ou a partir de modelos de matriz de transferência ou de resposta ao degrau. Ainda, caso os estados sejam medidos, o modelo pode ser obtido usando métodos de identificação de parâmetros. Esta situação, na qual os estados são todos associados a variáveis físicas do processo, não é a mais comum na prática. De fato, na maioria das aplicações, o modelo é construído com muitos estados não tendo qualquer sentido físico. Não é objetivo deste livro estudar com detalhes esse tipo de modelo, mas considerar a sua utilização no contexto de MPC. Assim, na sequência, apresentamos dois exemplos de cálculo do modelo em variáveis de estado do sistema. No primeiro caso, o modelo é obtido a partir das equações diferenciais que representam fenomenologicamente o processo. No segundo, ele é obtido a partir de um modelo de função de transferência.

**Exemplo 4.1**

Considere o sistema de controle de nível de dois tanques acoplados. O tanque 1 recebe água de uma bomba acionada pelo sinal de controle $u_1$. A saída do tanque 1 flui livremente para o tanque 2, o qual recebe água também de uma segunda bomba, com acionamento $u_2$. Finalmente, uma válvula é usada para controlar a saída de água do tanque 2. Essa válvula é controlada pelo processo a jusante e, portanto, causa perturbações no nível dos tanques. Considerando que a vazão das bombas 1 e 2 é proporcional ao seu sinal de controle $u_1$ e $u_2$, e que o comportamento do nível na região de operação pode ser considerado linear, podemos escrever um modelo simples:

$$\begin{cases} h_1(k+1) = h_1(k) + \alpha_1 u_1(k) - \alpha_2 h_1(k) \\ h_2(k+1) = h_2(k) + \alpha_2 h_1(k) + \alpha_3 u_2(k) - \alpha_4 a(k) \end{cases}$$

com $h_1$ e $h_2$ sendo os níveis dos tanques, $a$ sendo a abertura da válvula de saída, e $\alpha_i$ sendo coeficientes que dependem das caraterísticas das bombas, do período de amostragem e da aceleração da gravidade. Esse modelo pode ser escrito de forma compacta considerando os níveis $h_1$ e $h_2$ como estados do sistema, os sinais de acionamento $u_1$ e $u_2$ como entradas de controle e a abertura $a$ como perturbação. O modelo resultante neste caso é:

$$\begin{cases} \begin{bmatrix} h_1(k+1) \\ h_2(k+1) \end{bmatrix} = \mathbf{A} \begin{bmatrix} h_1(k) \\ h_2(k) \end{bmatrix} + \mathbf{B} \begin{bmatrix} u_1(k) \\ u_2(k) \end{bmatrix} + \mathbf{B}_q a(k), \\ \begin{bmatrix} y_1(k) \\ y_2(k) \end{bmatrix} = \mathbf{C} \begin{bmatrix} h_1(k) \\ h_2(k) \end{bmatrix}, \end{cases}$$

com a variável de estado definida como $\mathbf{x} = [h_1 \;\; h_2]^T$ e

$$\mathbf{A} = \begin{bmatrix} 1-\alpha_2 & 0 \\ \alpha_2 & 1 \end{bmatrix}, \; \mathbf{B} = \begin{bmatrix} \alpha_1 & 0 \\ 0 & \alpha_3 \end{bmatrix}, \; \mathbf{B}_q = \begin{bmatrix} 0 \\ -\alpha_4 \end{bmatrix}, \; \mathbf{C} = \begin{bmatrix} 1 & 0 \\ 0 & 1 \end{bmatrix}.$$

Neste exemplo, como as saídas são os próprios estados, a matriz **C** é a identidade.

**Exemplo 4.2**

Considere uma turbina a vapor da indústria que teve seu modelo determinado com experimentos de identificação, obtendo, assim, uma função de transferência relacionando as variações da abertura da válvula de vapor $u(k)$ e as variações de velocidade $y(k)$ nas vizinhanças de um ponto de operação dado por:

$$Y(z) = -0{,}2\frac{(z-1{,}1)}{(z-0{,}9)^2}U(z),$$

mostrando um comportamento de resposta inversa ao degrau. A equação a diferenças deste sistema pode ser escrita como:

$$y(k+2) - 1{,}8y(k+1) + 0{,}81y(k) = -0{,}2u(k+1) + 0{,}22u(k),$$

e, neste caso, trata-se de um sistema monovariável. Uma possível representação deste processo em variáveis de estado é:

$$\begin{cases} \begin{bmatrix} x_1(k+1) \\ x_2(k+1) \end{bmatrix} = \mathbf{A} \begin{bmatrix} x_1(k) \\ x_2(k) \end{bmatrix} + \mathbf{B}\begin{bmatrix} u(k) \end{bmatrix}, \\ \begin{bmatrix} y(k) \end{bmatrix} = \mathbf{C} \begin{bmatrix} x_1(k) \\ x_2(k) \end{bmatrix}, \end{cases}$$

com $\mathbf{x} = [x_1 \;\; x_2]^T$ e

$$\mathbf{A} = \begin{bmatrix} -1{,}8 & 0{,}81 \\ 1 & 0 \end{bmatrix}, \; \mathbf{B} = \begin{bmatrix} 1 \\ 0 \end{bmatrix}, \; \mathbf{C} = \begin{bmatrix} -0{,}2 & 0{,}22 \end{bmatrix}.$$

Neste sistema, o modelo em espaço de estados é obtido utilizando a forma conhecida como canônica de controlabilidade, um método para se obter a representação em espaço de estados a partir da função de transferência. No entanto, os estados perdem sentido físico e, por consequência, não são mensuráveis. Vale ressaltar que não existe uma única representação de estados para uma dada função de transferência. É possível mostrar que há uma infinidade de modelos em espaço de estados diferentes que resultam na mesma função de transferência (LATHI, 2006; FRANKLIN; POWELL; EMAMI-NAEINI, 2013).

A formulação do MPC com modelo por espaço de estados requer que os estados sejam medidos ou, no mínimo, estimados. Como comentado, na prática, raramente é possível medir todos os estados do sistema devido ao alto custo associado aos sensores, ou devido à impossibilidade prática de se medir diretamente certas variáveis. Por exemplo, em colunas de destilação, as concentrações dos diferentes produtos extraídos da coluna tipicamente são as variáveis de estado do sistema, mas, na prática, devido ao alto custo dos equipamentos, os estados não são medidos. Em um sistema de aquecimento de água com energia solar, a temperatura da tubulação metálica e da água são variáveis de estado do sistema, mas, normalmente, o equipamento não tem transdutor de temperatura na parede metálica, apenas para a temperatura da água.

Para solucionar esse problema da falta de informação sobre alguns ou todos os estados, é comum o uso de observadores de estados, estruturas que estimam os estados do sistema de tal forma que seja possível a implementação de sistemas de monitoramento e controle. No entanto, esses observadores adicionam dinâmicas na realimentação, de forma similar à adição de um filtro na saída, dificultando a sintonia do controlador e afetando sua robustez e capacidade de rejeitar perturbações.

A literatura de observadores de estados é bastante extensa e não será tratada neste livro. Sugerimos a consulta de (HENDRICKS; JANNERUP; SØRENSEN, 2008; CHEN, 2013) para mais detalhes. Nos desenvolvimentos deste livro, assumiremos que as medições dos estados estão disponíveis de alguma maneira, seja por medição direta ou por meio do emprego de observadores.

A formulação do MPC em espaço de estados (SSMPC, do inglês *State-Space MPC*) é apresentada na Seção 4.1, seguida pela adaptação do modelo para incluir ação antecipativa, detalhada na Seção 4.2. O capítulo segue com a apresentação da forma de se obter a lei de controle (Seção 4.3), exemplos de uso da formulação SSMPC (Seção 4.4), forma de obtenção do controlador equivalente (Seção 4.5) e um estudo de caso, que considera um CSTR (Seção 4.6). Como feito nos demais capítulos, este capítulo se encerra com comentários finais e exercícios propostos.

## 4.1 FORMULAÇÃO DO SSMPC

Na literatura de MPC, SSMPC faz referência a todos os algoritmos de MPC que utilizam um modelo em espaço de estados, não indicando precisamente um algoritmo específico. Por exemplo, diferentes SSMPC podem usar tipos de função custo ou de modelos de perturbações distintos. Assim, o algoritmo de controle e, por consequência, as características do sistema em malha fechada são diferentes. Dessa forma, ao leitor é sugerido sempre analisar com cuidado o algoritmo SSMPC sendo estudado nas diferentes fontes da literatura. Neste capítulo, utilizaremos o mesmo tipo de função custo do DMC e GPC.

Assim como no caso do GPC, podemos alterar o modelo em espaço de estados (4.1) para considerar o efeito de perturbações não medidas. Inicialmente, não consideramos a perturbação $\mathbf{q}(k)$ medida, assim ela não é considerada nas predições. O modelo de predição com adição de perturbação não medida é dado por:

$$\begin{cases} \mathbf{x}(k+1) = \mathbf{A}\mathbf{x}(k) + \mathbf{B}\mathbf{u}(k) + \dfrac{1}{\Delta}\mathbf{e}(k+1), & \text{(4.2a)} \\ \mathbf{y}(k) = \mathbf{C}\mathbf{x}(k), & \text{(4.2b)} \end{cases}$$

em que $\mathbf{e}(k) \in \mathbb{R}^{n_s}$ é um ruído branco de média zero que representa perturbações externas ou erros de modelagem em cada estado. Veja que esse modelo é similar ao utilizado no algoritmo GPC, apresentado na Seção 3.3.

A partir de (4.2), os valores futuros do estado e saída do sistema podem ser escritas como:

$$\begin{cases} \mathbf{x}(k+j+1) = \mathbf{A}\mathbf{x}(k+j) + \mathbf{B}\mathbf{u}(k+j) + \dfrac{1}{\Delta}\mathbf{e}(k+j+1), & \text{(4.3a)} \\ \mathbf{y}(k+j) = \mathbf{C}\mathbf{x}(k+j). & \text{(4.3b)} \end{cases}$$

Rearranjando (4.3a), obtemos:

$$\Delta\mathbf{x}(k+j+1) = \mathbf{A}\Delta\mathbf{x}(k+j) + \mathbf{B}\Delta\mathbf{u}(k+j) + \mathbf{e}(k+j+1). \tag{4.4}$$

Como o valor esperado de $\mathbf{e}(k+j)$ é zero para $j > 0$, então,

$$\begin{aligned} \hat{\mathbf{x}}(k+j+1 \mid k) - \hat{\mathbf{x}}(k+j \mid k) &= \mathbf{A}\left(\hat{\mathbf{x}}(k+j \mid k) - \hat{\mathbf{x}}(k+j-1 \mid k)\right) \\ &\quad + \mathbf{B}\Delta\mathbf{u}(k+j), \\ \hat{\mathbf{x}}(k+j+1 \mid k) &= (\mathbf{I}+\mathbf{A})\,\hat{\mathbf{x}}(k+j \mid k) - \mathbf{A}\hat{\mathbf{x}}(k+j-1 \mid k) + \mathbf{B}\Delta\mathbf{u}(k+j). \end{aligned}$$

A partir desta última equação, para a predição em $k+1$, temos:

$$\hat{\mathbf{x}}(k+1 \mid k) = (\mathbf{I}+\mathbf{A})\,\hat{\mathbf{x}}(k \mid k) - \mathbf{A}\hat{\mathbf{x}}(k-1 \mid k) + \mathbf{B}\Delta\mathbf{u}(k), \tag{4.5}$$

e, como $\hat{\mathbf{x}}(k \mid k) = \mathbf{x}(k)$ e $\hat{\mathbf{x}}(k-1 \mid k) = \mathbf{x}(k-1)$, pois são conhecidos, temos:

$$\hat{\mathbf{x}}(k+1 \mid k) = (\mathbf{I}+\mathbf{A})\,\mathbf{x}(k) - \mathbf{A}\mathbf{x}(k-1) + \mathbf{B}\Delta\mathbf{u}(k). \tag{4.6}$$

Para $k+2$, temos:

$$\hat{\mathbf{x}}(k+2 \mid k) = (\mathbf{I}+\mathbf{A})\,\hat{\mathbf{x}}(k+1 \mid k) - \mathbf{A}\hat{\mathbf{x}}(k \mid k) + \mathbf{B}\Delta\mathbf{u}(k+1), \tag{4.7}$$

e, substituindo (4.6), obtemos:

$$\begin{aligned}\hat{\mathbf{x}}(k+2 \mid k) &= (\mathbf{I}+\mathbf{A})\left[(\mathbf{I}+\mathbf{A})\,\mathbf{x}(k) - \mathbf{A}\mathbf{x}(k-1) + \mathbf{B}\Delta\mathbf{u}(k)\right] \\ &\quad - \mathbf{A}\mathbf{x}(k) + \mathbf{B}\Delta\mathbf{u}(k+1), \\ \hat{\mathbf{x}}(k+2 \mid k) &= \left[(\mathbf{I}+\mathbf{A})^2 - \mathbf{A}\right]\mathbf{x}(k) - (\mathbf{I}+\mathbf{A})\,\mathbf{A}\mathbf{x}(k-1) \\ &\quad + (\mathbf{I}+\mathbf{A})\,\mathbf{B}\Delta\mathbf{u}(k) + \mathbf{B}\Delta\mathbf{u}(k+1), \\ \hat{\mathbf{x}}(k+2 \mid k) &= \left[\mathbf{I}+\mathbf{A}+\mathbf{A}^2\right]\mathbf{x}(k) - \left(\mathbf{A}+\mathbf{A}^2\right)\mathbf{x}(k-1) \\ &\quad + (\mathbf{I}+\mathbf{A})\,\mathbf{B}\Delta\mathbf{u}(k) + \mathbf{B}\Delta\mathbf{u}(k+1).\end{aligned}$$

Repetindo esses passos, é possível demonstrar que a predição do estado para $k + j$ pode ser generalizada como:

$$\begin{aligned}\hat{\mathbf{x}}(k+j \mid k) &= \sum_{i=1}^{j}\left(\sum_{l=0}^{i-1}\mathbf{A}^l\right)\mathbf{B}\Delta\mathbf{u}(k+j-i) \\ &\quad + \left(\sum_{i=0}^{j}\mathbf{A}^i\right)\mathbf{x}(k) - \left(\sum_{i=1}^{j}\mathbf{A}^i\right)\mathbf{x}(k-1),\end{aligned} \tag{4.8}$$

e note que o primeiro termo só depende de valores futuros da entrada e os dois últimos dependem de valores passados dos estados. Assim, o primeiro termo define a resposta forçada dos estados do sistema e os outros dois a resposta livre dos estados do sistema. Para encontrar as predições da saída, e também as respostas forçada e livre da saída, basta multiplicar as predições por $\mathbf{C}$. Então, a partir de (4.3),

$$\begin{aligned}\hat{\mathbf{y}}(k+j \mid k) &= \mathbf{C}\hat{\mathbf{x}}(k+j \mid k) \\ &= \mathbf{C}\sum_{i=1}^{j}\left(\sum_{l=0}^{i-1}\mathbf{A}^l\right)\mathbf{B}\Delta\mathbf{u}(k+j-i) \\ &\quad + \mathbf{C}\left(\sum_{i=0}^{j}\mathbf{A}^i\right)\mathbf{x}(k) - \mathbf{C}\left(\sum_{i=1}^{j}\mathbf{A}^i\right)\mathbf{x}(k-1).\end{aligned} \tag{4.9}$$

Nesta última equação, veja que o primeiro termo do somatório a seguir

$$\mathbf{C}\left(\sum_{i=0}^{j}\mathbf{A}^i\right)\mathbf{x}(k)$$

é $\mathbf{Cx}(k) = \mathbf{y}(k)$. Então, modificamos (4.9) de tal forma que a predição se torna:

$$\begin{aligned}
\hat{\mathbf{y}}(k+j \mid k) =& \mathbf{C}\hat{\mathbf{x}}(k+j \mid k) \\
=& \mathbf{C}\sum_{i=1}^{j}\left(\sum_{l=0}^{i-1}\mathbf{A}^l\right)\mathbf{B}\Delta\mathbf{u}(k+j-i) + \mathbf{y}(k) \\
&+ \mathbf{C}\left(\sum_{i=1}^{j}\mathbf{A}^i\right)\mathbf{x}(k) - \mathbf{C}\left(\sum_{i=1}^{j}\mathbf{A}^i\right)\mathbf{x}(k-1).
\end{aligned} \tag{4.10}$$

Com isso, é possível reescrever as predições futuras do sistema de 1 a $N_2$ no formato padrão já apresentado:

$$\hat{\mathbf{y}} = \mathbf{G}\Delta\mathbf{u} + \mathbf{f}, \tag{4.11}$$

com

$$\mathbf{f} = \mathbb{I}\mathbf{y}(k) + \mathbf{F}\underset{\leftarrow}{\mathbf{x}}$$

e

$$\hat{\mathbf{y}} = \begin{bmatrix} \hat{\mathbf{y}}(k+1 \mid k) \\ \hat{\mathbf{y}}(k+2 \mid k) \\ \vdots \\ \hat{\mathbf{y}}(k+N_2 \mid k) \end{bmatrix}, \quad \hat{\mathbf{y}}(k+j \mid k) = \begin{bmatrix} \hat{y}_1(k+j \mid k) \\ \hat{y}_2(k+j \mid k) \\ \vdots \\ \hat{y}_n(k+j \mid k) \end{bmatrix},$$

$$\Delta\mathbf{u} = \begin{bmatrix} \Delta\mathbf{u}(k) \\ \Delta\mathbf{u}(k+1) \\ \vdots \\ \Delta\mathbf{u}(k+N_u-1) \end{bmatrix}, \quad \Delta\mathbf{u}(k+j) = \begin{bmatrix} \Delta u_1(k+j) \\ \Delta u_2(k+j) \\ \vdots \\ \Delta u_m(k+j) \end{bmatrix},$$

$$\mathbf{G} = \begin{bmatrix} \mathbf{CB} & \mathbf{0} & \cdots & \mathbf{0} \\ \mathbf{C}(\mathbf{I}+\mathbf{A})\mathbf{B} & \mathbf{CB} & \cdots & \mathbf{0} \\ \vdots & \vdots & \ddots & \vdots \\ \mathbf{C}\left(\sum_{l=0}^{N_2-1}\mathbf{A}^l\right)\mathbf{B} & \cdots & \cdots & \mathbf{C}\left(\sum_{l=0}^{N_2-N_u}\mathbf{A}^l\right)\mathbf{B} \end{bmatrix},$$

$$\mathbb{I} = \begin{bmatrix} \mathbf{I}_n \\ \mathbf{I}_n \\ \vdots \\ \mathbf{I}_n \end{bmatrix}, \quad \mathbf{F} = \begin{bmatrix} \mathbf{CA} & -\mathbf{CA} \\ \mathbf{C}(\mathbf{A}+\mathbf{A}^2) & -\mathbf{C}(\mathbf{A}+\mathbf{A}^2) \\ \vdots & \vdots \\ \mathbf{C}\left(\sum_{i=1}^{N_2}\mathbf{A}^i\right) & -\mathbf{C}\left(\sum_{i=1}^{N_2}\mathbf{A}^i\right) \end{bmatrix}, \quad \underset{\leftarrow}{\mathbf{x}} = \begin{bmatrix} \mathbf{x}(k) \\ \mathbf{x}(k-1) \end{bmatrix}.$$

Veja que, em regime permanente, se a saída do processo atinge um valor constante, a resposta livre converge para o valor de $\mathbf{y}$, pois $\mathbf{F}\underleftarrow{\mathbf{x}} = \mathbf{0}$ se $\mathbf{x}(k) = \mathbf{x}(k-1)$. Caso se utilize um horizonte inicial $N_1 > 1$, é necessário remover as $n \cdot (N_1 - 1)$ linhas iniciais de **G**, **F** e **I** para se obter as predições corretas. Note, também, que as definições de $\hat{\mathbf{y}}$ e $\Delta\mathbf{u}$ são diferentes das apresentadas na Seção 3.1, dado que neste caso os vetores estão organizados por tempo e não por saída ou entrada, como ocorria no DMC e no GPC. Isso impacta na obtenção da lei de controle, como será discutido a seguir num exemplo.

**Exemplo 4.3**

Considere novamente o sistema de dois tanques apresentado no Exemplo 4.1 e suponha $\alpha_1 = 0{,}1$, $\alpha_2 = 0{,}4$, $\alpha_3 = \alpha_4 = 0{,}5$. Assim, o sistema é representado da seguinte forma:

$$\begin{cases} \begin{bmatrix} h_1(k+1) \\ h_2(k+1) \end{bmatrix} = \mathbf{A} \begin{bmatrix} h_1(k) \\ h_2(k) \end{bmatrix} + \mathbf{B} \begin{bmatrix} u_1(k) \\ u_2(k) \end{bmatrix} + \mathbf{B}_q a(k), \\ \begin{bmatrix} y_1(k) \\ y_2(k) \end{bmatrix} = \mathbf{C} \begin{bmatrix} h_1(k) \\ h_2(k) \end{bmatrix}, \end{cases}$$

com a variável de estado definida como $\mathbf{x} = [h_1 \;\; h_2]^T$ e

$$\mathbf{A} = \begin{bmatrix} 0{,}6 & 0 \\ 0{,}4 & 1 \end{bmatrix}, \; \mathbf{B} = \begin{bmatrix} 0{,}1 & 0 \\ 0 & 0{,}5 \end{bmatrix}, \; \mathbf{B}_q = \begin{bmatrix} 0 \\ -0{,}5 \end{bmatrix}, \; \mathbf{C} = \begin{bmatrix} 1 & 0 \\ 0 & 1 \end{bmatrix}.$$

Neste exemplo, temos dois estados, duas saídas, duas entradas e uma perturbação. Consideraremos que apenas os níveis podem ser medidos. Em termos de sintonia do controlador, os horizontes de predição são $N_1 = 1$, $N_2 = 3$ para ambas as saídas, e $N_u = 2$ para ambas as variáveis manipuladas. De acordo com o exposto anteriormente, as matrizes para se obter as predições são:

$$\mathbf{G} = \begin{bmatrix} \mathbf{CB} & \mathbf{0} \\ \mathbf{C(I+A)B} & \mathbf{CB} \\ \mathbf{C(I+A+A^2)B} & \mathbf{C(I+A)B} \end{bmatrix},$$

$$\mathbf{F} = \begin{bmatrix} \mathbf{CA} & -\mathbf{CA} \\ \mathbf{C(A+A^2)} & -\mathbf{C(A+A^2)} \\ \mathbf{C(A+A^2+A^3)} & -\mathbf{C(A+A^2+A^3)} \end{bmatrix}, \quad \mathbb{I} = \begin{bmatrix} \mathbf{I}_2 \\ \mathbf{I}_2 \\ \mathbf{I}_2 \end{bmatrix},$$

e, fazendo as substituições adequadas, chegamos nas seguintes matrizes para os cálculos das predições:

$$\mathbf{G} = \left[\begin{array}{cc|cc} 0{,}1 & 0 & 0 & 0 \\ 0 & 0{,}5 & 0 & 0 \\ \hline 0{,}16 & 0 & 0{,}1 & 0 \\ 0{,}04 & 1 & 0 & 0{,}5 \\ \hline 0{,}196 & 0 & 0{,}16 & 0 \\ 0{,}104 & 1{,}5 & 0{,}04 & 1 \end{array}\right],$$

$$\mathbf{F} = \left[\begin{array}{cc|cc} 0{,}6 & 0 & -0{,}6 & 0 \\ 0{,}4 & 1 & -0{,}4 & -1 \\ \hline 0{,}96 & 0 & -0{,}96 & 0 \\ 1{,}04 & 2 & -1{,}04 & -2 \\ \hline 1{,}176 & 0 & -1{,}176 & 0 \\ 1{,}824 & 3 & -1{,}824 & -3 \end{array}\right], \quad \mathbb{I} = \left[\begin{array}{cc} 1 & 0 \\ 0 & 1 \\ \hline 1 & 0 \\ 0 & 1 \\ \hline 1 & 0 \\ 0 & 1 \end{array}\right],$$

com os vetores das variáveis definidos da seguinte forma:

$$\Delta\mathbf{u} = \left[\begin{array}{c} \Delta u_1(k) \\ \Delta u_2(k) \\ \hline \Delta u_1(k+1) \\ \Delta u_2(k+1) \end{array}\right], \quad \hat{\mathbf{y}} = \left[\begin{array}{c} \hat{y}_1(k+1 \mid k) \\ \hat{y}_2(k+1 \mid k) \\ \hline \hat{y}_1(k+2 \mid k) \\ \hat{y}_2(k+2 \mid k) \\ \hline \hat{y}_1(k+3 \mid k) \\ \hat{y}_2(k+3 \mid k) \end{array}\right], \quad \underleftarrow{\mathbf{x}} = \left[\begin{array}{c} h_1(k) \\ h_2(k) \\ \hline h_1(k-1) \\ h_2(k-1) \end{array}\right].$$

Apesar de o agrupamento das variáveis ser feito por tempo, é possível escolher horizontes distintos para cada variável de saída e manipulada no SSMPC. Porém, é preciso cuidado nas definições das matrizes por conta da maneira como o modelo é descrito. Por exemplo, vamos supor agora que $N_{1,1} = N_{1,2} = 1$, $N_{2,1} = 2$, $N_{2,2} = 3$, $N_{u,1} = 2$ e $N_{u,2} = 1$, de tal forma que os vetores dos incrementos de controle e predição agora são dados por:

$$\Delta\mathbf{u} = \left[\begin{array}{c} \Delta u_1(k) \\ \Delta u_2(k) \\ \hline \Delta u_1(k+1) \end{array}\right], \quad \hat{\mathbf{y}} = \left[\begin{array}{c} \hat{y}_1(k+1 \mid k) \\ \hat{y}_2(k+1 \mid k) \\ \hline \hat{y}_1(k+2 \mid k) \\ \hat{y}_2(k+2 \mid k) \\ \hline \hat{y}_2(k+3 \mid k) \end{array}\right].$$

Assim, as matrizes para o cálculo das predições precisam ser adaptadas. Com relação à mudança nos horizontes de predição, basta cortar as linhas das matrizes que dizem respeito às predições fora dos horizontes. No novo vetor $\tilde{\mathbf{y}}$, veja que o elemento $\tilde{y}_1(k+3 \mid k)$ não é mais necessário, assim, a penúltima linha das matrizes $\mathbf{G}$, $\mathbf{F}$ e $\mathbb{I}$ pode ser eliminada. Quanto à mudança no horizonte de controle, como o impacto é somente no vetor $\Delta\mathbf{u}$, que multiplica apenas $\mathbf{G}$, então apenas esta última matriz precisa ser modificada. Com a eliminação de certos elementos de $\Delta\mathbf{u}$ ou, de forma equivalente, com a consideração de que $\Delta u_p(k+j) = 0, \forall\, j \geq N_{u,p}$, devemos eliminar as colunas correspondentes de $\mathbf{G}$ que, neste caso particular, é a última coluna, que multiplicaria $\Delta u_2(k+2)$. Assim, com esta nova sintonia, as matrizes são:

$$\mathbf{G} = \left[\begin{array}{cc|c} 0{,}1 & 0 & 0 \\ 0 & 0{,}5 & 0 \\ \hline 0{,}16 & 0 & 0{,}1 \\ 0{,}04 & 1 & 0 \\ \hline 0{,}104 & 1{,}5 & 0{,}04 \end{array}\right],$$

$$\mathbf{F} = \left[\begin{array}{cc|cc} 0{,}6 & 0 & -0{,}6 & 0 \\ 0{,}4 & 1 & -0{,}4 & -1 \\ \hline 0{,}96 & 0 & -0{,}96 & 0 \\ 1{,}04 & 2 & -1{,}04 & -2 \\ \hline 1{,}824 & 3 & -1{,}824 & -3 \end{array}\right], \quad \mathbb{I} = \left[\begin{array}{cc} 1 & 0 \\ 0 & 1 \\ \hline 1 & 0 \\ 0 & 1 \\ \hline 0 & 1 \end{array}\right].$$

De forma algébrica, as matrizes podem ser definidas da seguinte maneira, para este caso particular:

$$\mathbf{G} = \begin{bmatrix} \mathbf{CB} & \mathbf{0} \\ \mathbf{C}(\mathbf{I}+\mathbf{A})\mathbf{B} & \mathbf{CB}(:,1) \\ \mathbf{C}(2,:)(\mathbf{I}+\mathbf{A}+\mathbf{A}^2)\mathbf{B} & \mathbf{C}(2,:)(\mathbf{I}+\mathbf{A})\mathbf{B}(:,1) \end{bmatrix},$$

$$\mathbf{F} = \begin{bmatrix} \mathbf{CA} & -\mathbf{CA} \\ \mathbf{C}(\mathbf{A}+\mathbf{A}^2) & -\mathbf{C}(\mathbf{A}+\mathbf{A}^2) \\ \mathbf{C}(2,:)(\mathbf{A}+\mathbf{A}^2+\mathbf{A}^3) & -\mathbf{C}(2,:)(\mathbf{A}+\mathbf{A}^2+\mathbf{A}^3) \end{bmatrix},$$

em que $\mathbf{X}(:,i)$ indica uma matriz coluna obtida a partir $i$-ésima coluna de $\mathbf{X}$ e $\mathbf{X}(i,:)$ indica uma matriz linha obtida a partir $i$-ésima linha de $\mathbf{X}$. A partir do segundo instante do horizonte, veja que desejamos apenas as informações das predições de $y_2$. Assim, utilizamos a matriz $\mathbf{C}(2,:) = [0\ 1]$ para obter apenas as informações referentes a $y_2$. De forma similar, para as variáveis manipuladas, como desejamos considerar apenas $\Delta u_1$ após o instante $k$, devemos adaptar as matrizes para considerar apenas o efeito de $\Delta u_1$, e fazemos isso eliminando as colunas de $\mathbf{B}$ das variáveis desprezadas, o que é feito usando $\mathbf{B}(:,1)^T = [0{,}1\ 0]$.

## 4.2 AÇÃO ANTECIPATIVA (*FEED-FORWARD*)

A inclusão da ação antecipativa na formulação SSMPC apresentada é bastante simples. Considerando a perturbação medida $\mathbf{q}$, o modelo do processo, como apresentado no início do capítulo, é

$$\begin{cases} \mathbf{x}(k+1) = \mathbf{A}\mathbf{x}(k) + \mathbf{B}\mathbf{u}(k) + \mathbf{B}_q\mathbf{q}(k), & (4.12a) \\ \mathbf{y}(k) = \mathbf{C}\mathbf{x}(k) + \mathbf{C}_q\mathbf{q}(k). & (4.12b) \end{cases}$$

A partir de (4.12), os valores futuros do estado e da saída do sistema podem ser escritas como:

$$\begin{cases} \mathbf{x}(k+j+1) = \mathbf{A}\mathbf{x}(k+j) + \mathbf{B}\mathbf{u}(k+j) + \mathbf{B}_q\mathbf{q}(k+j) \\ \qquad\qquad + \dfrac{1}{\Delta}\mathbf{e}(k+j+1), & (4.13a) \\ \mathbf{y}(k+j) = \mathbf{C}\mathbf{x}(k+j) + \mathbf{C}_q\mathbf{q}(k+j). & (4.13b) \end{cases}$$

Rearranjando (4.13a),

$$\begin{aligned} \Delta\mathbf{x}(k+j+1) =& \mathbf{A}\Delta\mathbf{x}(k+j) + \mathbf{B}\Delta\mathbf{u}(k+j) \\ &+ \mathbf{B}_q\Delta\mathbf{q}(k+j) + \mathbf{e}(k+j+1), \end{aligned} \tag{4.14}$$

e como o valor esperado de $\mathbf{e}(k+j)$ é zero para $j > 0$, então a predição do vetor de estados é dada por:

$$\begin{aligned} \hat{\mathbf{x}}(k+j+1 \mid k) - \hat{\mathbf{x}}(k+j \mid k) =& \mathbf{A}\left(\hat{\mathbf{x}}(k+j \mid k) - \hat{\mathbf{x}}(k+j-1 \mid k)\right) \\ &+ \mathbf{B}\Delta\mathbf{u}(k+j) + \mathbf{B}_q\Delta\mathbf{q}(k+j), \end{aligned}$$

$$\begin{aligned} \hat{\mathbf{x}}(k+j+1 \mid k) =& (\mathbf{I}+\mathbf{A})\,\hat{\mathbf{x}}(k+j \mid k) - \mathbf{A}\hat{\mathbf{x}}(k+j-1 \mid k) \\ &+ \mathbf{B}\Delta\mathbf{u}(k+j) + \mathbf{B}_q\Delta\mathbf{q}(k+j), \end{aligned}$$

e a predição da saída é:

$$\hat{\mathbf{y}}(k+j \mid k) = \mathbf{C}\mathbf{x}(k+j \mid k) + \mathbf{C}_q\mathbf{q}(k+j).$$

A partir dessas últimas equações, para a predição em $k + 1$, temos:

$$\begin{cases} \hat{\mathbf{x}}(k+1 \mid k) = (\mathbf{I}+\mathbf{A})\,\hat{\mathbf{x}}(k \mid k) - \mathbf{A}\hat{\mathbf{x}}(k-1 \mid k) \\ \qquad\qquad + \mathbf{B}\Delta\mathbf{u}(k) + \mathbf{B}_q\Delta\mathbf{q}(k), & (4.15a) \\ \hat{\mathbf{y}}(k+1 \mid k) = \mathbf{C}\hat{\mathbf{x}}(k+1 \mid k) + \mathbf{C}_q\mathbf{q}(k+1). & (4.15b) \end{cases}$$

Para $k + 2$,

$$\begin{cases} \hat{\mathbf{x}}(k+2 \mid k) = (\mathbf{I}+\mathbf{A})\,\hat{\mathbf{x}}(k+1 \mid k) - \mathbf{A}\hat{\mathbf{x}}(k \mid k) \\ \qquad\qquad + \mathbf{B}\Delta\mathbf{u}(k+1) + \mathbf{B}_q\Delta\mathbf{q}(k+1), \\ \hat{\mathbf{y}}(k+2 \mid k) = \mathbf{C}\hat{\mathbf{x}}(k+2 \mid k) + \mathbf{C}_q\mathbf{q}(k+2), \end{cases}$$

e, substituindo (4.15) nesta última equação, rearranjando e dado que $\hat{\mathbf{x}}(k \mid k) = \mathbf{x}(k)$ e $\hat{\mathbf{x}}(k-1 \mid k) = \mathbf{x}(k-1)$, pois são conhecidos, temos:

$$\begin{cases} \hat{\mathbf{x}}(k+2 \mid k) = \left[\mathbf{I}+\mathbf{A}+\mathbf{A}^2\right]\mathbf{x}(k) - \left(\mathbf{A}+\mathbf{A}^2\right)\mathbf{x}(k-1) \\ \qquad\qquad + (\mathbf{I}+\mathbf{A})\,\mathbf{B}\Delta\mathbf{u}(k) + \mathbf{B}\Delta\mathbf{u}(k+1) \\ \qquad\qquad + (\mathbf{I}+\mathbf{A})\,\mathbf{B}_q\Delta\mathbf{q}(k) + \mathbf{B}_q\Delta\mathbf{q}(k+1), \\ \hat{\mathbf{y}}(k+2 \mid k) = \mathbf{C}\hat{\mathbf{x}}(k+2 \mid k) + \mathbf{C}_q\mathbf{q}(k+2). \end{cases}$$

Repetindo esses passos, é possível chegar a uma forma geral para as predições, dada por:

$$\begin{cases} \hat{\mathbf{x}}(k+j \mid k) = \displaystyle\sum_{i=1}^{j}\left(\sum_{l=0}^{i-1}\mathbf{A}^l\right)\mathbf{B}\Delta\mathbf{u}(k+j-i) \\ \qquad\qquad + \displaystyle\sum_{i=1}^{j}\left(\sum_{l=0}^{i-1}\mathbf{A}^l\right)\mathbf{B}_q\Delta\mathbf{q}(k+j-i) \\ \qquad\qquad + \left(\displaystyle\sum_{i=0}^{j}\mathbf{A}^i\right)\mathbf{x}(k) - \left(\displaystyle\sum_{i=1}^{j}\mathbf{A}^i\right)\mathbf{x}(k-1), \\ \hat{\mathbf{y}}(k+j \mid k) = \mathbf{C}\hat{\mathbf{x}}(k+j \mid k) + \mathbf{C}_q\mathbf{q}(k+j). \end{cases}$$

Como estamos interessados apenas nas predições das saídas do sistema, podemos combinar essas duas equações em uma só. Antes disso, considere a igualdade a seguir:

$$\mathbf{q}(k+j) = \mathbf{q}(k) + \sum_{i=1}^{j}\mathbf{I}_{m_q}\Delta\mathbf{q}(k+i),\ \forall j > 0.$$

Assim, dado que $\mathbf{Cx}(k) = \mathbf{y}(k)$, as predições futuras das saídas são dadas por:

$$\begin{aligned}\hat{\mathbf{y}}(k+j \mid k) =& \mathbf{C}\sum_{i=1}^{j}\left(\sum_{l=0}^{i-1}\mathbf{A}^{l}\right)\mathbf{B}\Delta\mathbf{u}(k+j-i)\\ &+\mathbf{C}\sum_{i=1}^{j}\left(\sum_{l=0}^{i-1}\mathbf{A}^{l}\right)\mathbf{B}_q\Delta\mathbf{q}(k+j-i)\\ &+\mathbf{C}_q\left(\mathbf{q}(k)+\sum_{i=1}^{j}\mathbf{I}_{m_q}\Delta\mathbf{q}(k+i)\right)+\mathbf{y}(k)\\ &+\mathbf{C}\left(\sum_{i=1}^{j}\mathbf{A}^{i}\right)\mathbf{x}(k)-\mathbf{C}\left(\sum_{i=1}^{j}\mathbf{A}^{i}\right)\mathbf{x}(k-1),\end{aligned} \tag{4.16}$$

e note que as mesmas considerações feitas no caso sem ação antecipativa ainda são válidas. O primeiro termo só depende de valores futuros do incremento de controle, definindo, assim, a resposta forçada. Os outros termos, que dependem dos estados passados e das perturbações futuras e passadas, definem a resposta livre. Os termos das perturbações ainda podem ser separados em futuros e passados para o caso em que os valores futuros são desconhecidos, o que simplifica a expressão.

Com isso, é possível reescrever as predições futuras do sistema no formato padrão já apresentado,

$$\hat{\mathbf{y}} = \mathbf{G}\Delta\mathbf{u} + \mathbf{f}, \tag{4.17}$$

com

$$\mathbf{f} = \mathbb{I}\mathbf{y}(k) + \mathbf{F}\underset{\leftarrow}{\mathbf{x}} + \mathbf{G}_q\Delta\mathbf{q} + \mathbf{F}_q\underset{\leftarrow}{\mathbf{q}} \tag{4.18}$$

e

$$\hat{\mathbf{y}} = \begin{bmatrix}\hat{\mathbf{y}}(k+1 \mid k)\\ \hat{\mathbf{y}}(k+2 \mid k)\\ \vdots\\ \hat{\mathbf{y}}(k+N_2 \mid k)\end{bmatrix}, \quad \hat{\mathbf{y}}(k+j \mid k) = \begin{bmatrix}\hat{y}_1(k+j \mid k)\\ \hat{y}_2(k+j \mid k)\\ \vdots\\ \hat{y}_n(k+j \mid k)\end{bmatrix},$$

$$\Delta\mathbf{u} = \begin{bmatrix}\Delta\mathbf{u}(k)\\ \Delta\mathbf{u}(k+1)\\ \vdots\\ \Delta\mathbf{u}(k+N_u-1)\end{bmatrix}, \quad \Delta\mathbf{u}(k+j) = \begin{bmatrix}\Delta u_1(k+j)\\ \Delta u_2(k+j)\\ \vdots\\ \Delta u_m(k+j)\end{bmatrix},$$

$$\Delta\mathbf{q} = \begin{bmatrix} \Delta\mathbf{q}(k+1) \\ \Delta\mathbf{q}(k+2) \\ \vdots \\ \Delta\mathbf{q}(k+N_q) \end{bmatrix}, \quad \Delta\mathbf{q}(k+j) = \begin{bmatrix} \Delta q_1(k+j) \\ \Delta q_2(k+j) \\ \vdots \\ \Delta q_{m_q}(k+j) \end{bmatrix},$$

$$\mathbf{G} = \begin{bmatrix} \mathbf{CB} & \mathbf{0} & \cdots & \mathbf{0} \\ \mathbf{C}(\mathbf{I}+\mathbf{A})\mathbf{B} & \mathbf{CB} & \cdots & \mathbf{0} \\ \vdots & \vdots & \ddots & \vdots \\ \mathbf{C}\left(\sum_{l=0}^{N_2-1}\mathbf{A}^l\right)\mathbf{B} & \cdots & \cdots & \mathbf{C}\left(\sum_{l=0}^{N_2-N_u}\mathbf{A}^l\right)\mathbf{B} \end{bmatrix},$$

$$\mathbb{I} = \begin{bmatrix} \mathbf{I}_n \\ \mathbf{I}_n \\ \vdots \\ \mathbf{I}_n \end{bmatrix}, \quad \mathbf{F} = \begin{bmatrix} \mathbf{CA} & -\mathbf{CA} \\ \mathbf{C}(\mathbf{A}+\mathbf{A}^2) & -\mathbf{C}(\mathbf{A}+\mathbf{A}^2) \\ \vdots & \vdots \\ \mathbf{C}\left(\sum_{i=1}^{N_2}\mathbf{A}^i\right) & -\mathbf{C}\left(\sum_{i=1}^{N_2}\mathbf{A}^i\right) \end{bmatrix}, \quad \underleftarrow{\mathbf{x}} = \begin{bmatrix} \mathbf{x}(k) \\ \mathbf{x}(k-1) \end{bmatrix},$$

$$\mathbf{G}_q = \begin{bmatrix} \mathbf{C}_q & \mathbf{0} & \cdots & \mathbf{0} \\ \mathbf{CB}_q+\mathbf{C}_q & \mathbf{C}_q & \cdots & \mathbf{0} \\ \mathbf{C}(\mathbf{I}+\mathbf{A})\mathbf{B}_q & \mathbf{CB}_q+\mathbf{C}_q & \cdots & \mathbf{0} \\ \vdots & \vdots & \ddots & \vdots \\ \mathbf{C}\left(\sum_{l=0}^{N_2-2}\mathbf{A}^l\right)\mathbf{B}_q+\mathbf{C}_q & \cdots & \cdots & \mathbf{C}\left(\sum_{l=0}^{N_2-N_q-1}\mathbf{A}^l\right)\mathbf{B}_q+\mathbf{C}_q \end{bmatrix},$$

$$\mathbf{F}_q = \begin{bmatrix} \mathbf{CB}_q+\mathbf{C}_q & -\mathbf{CB}_q \\ \mathbf{C}(\mathbf{I}+\mathbf{A})\mathbf{B}_q+\mathbf{C}_q & -\mathbf{C}(\mathbf{I}+\mathbf{A})\mathbf{B}_q \\ \vdots & \vdots \\ \mathbf{C}\left(\sum_{i=0}^{N_2-1}\mathbf{A}^i\right)\mathbf{B}_q+\mathbf{C}_q & -\mathbf{C}\left(\sum_{i=0}^{N_2-1}\mathbf{A}^i\right)\mathbf{B}_q \end{bmatrix}, \quad \underleftarrow{\mathbf{q}} = \begin{bmatrix} \mathbf{q}(k) \\ \mathbf{q}(k-1) \end{bmatrix},$$

sendo $N_q$ o horizonte de valores futuros da perturbação $\mathbf{q}$. Caso os horizontes para cada uma das variáveis for definido com valores diferentes, é preciso adaptar as matrizes anteriores, de forma análoga ao explicado no Exemplo 4.3.

**Exemplo 4.4**

Vamos retomar o sistema de dois tanques apresentado no Exemplo 4.3, mas, agora, suponha que as perturbações são medidas e que $N_q = 3$. Os outros horizontes são $N_1 = 1$, $N_2 = 3$ para ambas as saídas, e $N_u = 2$ para ambas as variáveis manipuladas. As matrizes $\mathbf{G}$ e $\mathbf{F}$ já foram calculadas no Exemplo 4.3, restando, então, apenas o cálculo de $\mathbf{F}_q$ e $\mathbf{G}_q$:

$$\mathbf{G}_q = \begin{bmatrix} \mathbf{C}_q & \mathbf{0} & \mathbf{0} \\ \mathbf{CB}_q + \mathbf{C}_q & \mathbf{C}_q & \mathbf{0} \\ \mathbf{C(I+A)B}_q + \mathbf{C}_q & \mathbf{CB}_q + \mathbf{C}_q & \mathbf{C}_q \end{bmatrix},$$

$$\mathbf{F}_q = \begin{bmatrix} \mathbf{CB}_q + \mathbf{C}_q & -\mathbf{CB}_q \\ \mathbf{C(I+A)B}_q + \mathbf{C}_q & -\mathbf{C(I+A)B}_q \\ \mathbf{C(I+A+A^2)B}_q + \mathbf{C}_q & -\mathbf{C(I+A+A^2)B}_q \end{bmatrix},$$

dado que

$$\Delta\mathbf{q} = \begin{bmatrix} \Delta a(k+1) \\ \Delta a(k+2) \\ \Delta a(k+3) \end{bmatrix}, \quad \underset{\leftarrow}{\mathbf{q}} = \begin{bmatrix} \Delta a(k) \\ \Delta a(k-1) \end{bmatrix}.$$

Fazendo as substituições adequadas, chegamos nas seguintes matrizes para os cálculos das predições com $\mathbf{C}_q = \mathbf{0}$:

$$\mathbf{G}_q = \left[\begin{array}{c|c|c} 0 & 0 & 0 \\ 0 & 0 & 0 \\ \hline 0 & 0 & 0 \\ -0{,}5 & 0 & 0 \\ \hline 0 & 0 & 0 \\ -1 & -1 & 0 \end{array}\right], \quad \mathbf{F}_q = \left[\begin{array}{c|c} 0 & 0 \\ -0{,}5 & 0{,}5 \\ \hline 0 & 0 \\ -1 & 1 \\ \hline 0 & 0 \\ -1{,}5 & 1{,}5 \end{array}\right].$$

Caso as perturbações futuras sejam desconhecidas, pode-se desprezar a matriz $\mathbf{G}_q$ e, caso o horizonte $N_q$ seja diferente, basta remover as colunas de $\mathbf{G}_q$ adequadamente, assim como mostrado no Exemplo 4.3.

## 4.3 OBTENÇÃO DA LEI DE CONTROLE

A obtenção da lei de controle é feita de forma similar à apresentada na Seção 3.1. Porém, devido a algumas particularidades da representação utilizada para o SSMPC, vale a pena rever este ponto. Vamos considerar primeiro o caso sem restrições e posteriormente incluir as restrições.

### 4.3.1 Caso sem restrições

A função custo é a mesma apresentada na Seção 3.1, que é repetida aqui por facilidade:

$$J = \sum_{l=1}^{n} \sum_{i=N_{1,l}}^{N_{2,l}} \delta_l(i) \left(r_l(k+i) - \hat{y}_l(k+i \mid k)\right)^2 + \sum_{p=1}^{m} \sum_{i=0}^{N_{u,p}-1} \lambda_p(i) \Delta u_p(k+i)^2. \quad (4.19)$$

Com o MPC em espaço de estados, é bastante usual a definição de um único horizonte de predição inicial, de um único horizonte de predição final e de um único horizonte de controle para todas as saídas e entradas, respectivamente. Ou seja, $N_{1,l} = N_1$, $N_{2,l} = N_2$, e $N_{u,p} = N_u$, $\forall\ l,p$. Horizontes diferentes podem ser utilizados, mas isso complica as matrizes de predição, como mostrado no Exemplo 4.3.

A função custo (3.2) pode ser reordenada para evidenciar a formulação apresentada do SSMPC:

$$\begin{aligned} J = & \sum_{i=N_1}^{N_2} \left[\mathbf{r}(k+i) - \hat{\mathbf{y}}(k+i \mid k)\right]^T \tilde{\mathbf{Q}}_e(i) \left[\mathbf{r}(k+i) - \hat{\mathbf{y}}(k+i \mid k)\right] \\ & + \sum_{i=0}^{N_u-1} \Delta\mathbf{u}(k+i)^T \tilde{\mathbf{Q}}_u(i) \Delta\mathbf{u}(k+i), \end{aligned} \quad (4.20)$$

com as definições apresentadas na Seção 4.1 e

$$\mathbf{r}_{ss}(k+i) = \begin{bmatrix} r_1(k+i) \\ r_2(k+i) \\ \vdots \\ r_n(k+i) \end{bmatrix}, \quad \tilde{\mathbf{Q}}_e(i) = \begin{bmatrix} \delta_1(i) & & \\ & \ddots & \\ & & \delta_n(i) \end{bmatrix},$$

$$\tilde{\mathbf{Q}}_u(i) = \begin{bmatrix} \lambda_1(i) & & \\ & \ddots & \\ & & \lambda_m(i) \end{bmatrix},$$

o que permite reescrever a função custo na forma matricial

$$J = [\mathbf{r}_{ss} - \hat{\mathbf{y}}]^T \mathbf{Q}_e [\mathbf{r}_{ss} - \hat{\mathbf{y}}] + \Delta\mathbf{u}^T \mathbf{Q}_u \Delta\mathbf{u}, \quad (4.21)$$

e note que o vetor de referências $\mathbf{r}_{ss}$ tem uma definição diferente da dos algoritmos DMC e GPC. Assim, com as definições apresentadas na Seção 4.1 e

$$\mathbf{r}_{ss} = \begin{bmatrix} \mathbf{r}_{ss}(k+N_1) \\ \mathbf{r}_{ss}(k+N_1+1) \\ \vdots \\ \mathbf{r}_{ss}(k+N_2) \end{bmatrix}, \quad \mathbf{Q}_y = \begin{bmatrix} \tilde{\mathbf{Q}}_e(N_1) & & \\ & \ddots & \\ & & \tilde{\mathbf{Q}}_e(N_2) \end{bmatrix},$$

$$\mathbf{Q}_u = \begin{bmatrix} \tilde{\mathbf{Q}}_u(0) & & \\ & \ddots & \\ & & \tilde{\mathbf{Q}}_u(N_u-1) \end{bmatrix}.$$

Por sua vez, essa função custo pode ser reorganizada na forma padrão, como explicado na Seção 3.1 e, após ser minimizada, nos dá, para o caso irrestrito, o vetor de incrementos futuros a ser aplicado no processo:

$$\Delta\mathbf{u} = \mathbf{K}\left[\mathbf{r}_{ss} - \mathbf{f}\right], \tag{4.22}$$

com $\mathbf{K} = \left(\mathbf{G}^T\mathbf{Q}_e\mathbf{G} + \mathbf{Q}_u\right)^{-1}\mathbf{G}^T\mathbf{Q}_e$. Note que $\Delta\mathbf{u}$ define um vetor de incrementos futuros de controle, no entanto, apenas $\Delta u_p(k)$, com $p \in \{1, \cdots, m\}$, é aplicado no instante $k$, pois $\Delta\mathbf{u}$ deve ser recalculado a cada instante de amostragem, seguindo o horizonte deslizante. Assim, é necessário obter apenas o valor de $\Delta u_p(k)$ ótimo, dado por:

$$\Delta\mathbf{u}(k) = \begin{bmatrix} \Delta u_1(k) \\ \Delta u_2(k) \\ \vdots \\ \Delta u_m(k) \end{bmatrix} = \mathbf{K}_1\left[\mathbf{r}_{ss} - \mathbf{f}\right], \tag{4.23}$$

em que $\mathbf{K}_1$ define uma matriz com as $m$ primeiras linhas de $\mathbf{K}$, que é uma definição diferente da dos algoritmos GPC e DMC MIMO por causa das definições distintas dos vetores de controle futuros. A ação de controle a ser aplicada no processo é, então:

$$u_p(k) = u_p(k-1) + \Delta u_p(k), \; \forall\, p \in \{1, \cdots, m\}. \tag{4.24}$$

**Exemplo 4.5**

Neste exemplo vamos mostrar o cálculo da matriz $\mathbf{K}_1$ para o processo estudado no Exemplo 4.3. Assim, a partir das matrizes obtidas no citado exemplo, considerando a primeira sintonia, $N_{1,1} = N_{1,2} = 1$, $N_{2,1} = N_{2,2} = 3$, $N_{u,1} = N_{u,2} = 2$, e definindo ponderações fixas ao longo do horizonte tanto para as variáveis manipuladas quanto para as controladas e $\delta_1 = 0{,}8$, $\delta_2 = 1$, $\lambda_1 = 1$ e $\lambda_2 = 0{,}6$, temos:

$$\tilde{\mathbf{Q}}_e(i) = \begin{bmatrix} 0{,}8 & 0 \\ 0 & 1 \end{bmatrix}, \quad \tilde{\mathbf{Q}}_u(i) = \begin{bmatrix} 1 & 0 \\ 0 & 0{,}6 \end{bmatrix}, \ \forall\, i.$$

Então, a partir de (4.22), a matriz de ganhos do controlador é:

$$\mathbf{K} = \begin{bmatrix} 0{,}0754 & -0{,}0201 & 0{,}118 & -0{,}0105 & 0{,}146 & 0{,}0297 \\ -0{,}00321 & 0{,}187 & -0{,}00505 & 0{,}162 & -0{,}00621 & 0{,}346 \\ -0{,}00211 & 0{,}000563 & 0{,}0754 & 0{,}000294 & 0{,}0747 & -0{,}000834 \\ -0{,}00128 & -0{,}212 & -0{,}00202 & 0{,}272 & -0{,}00248 & 0{,}0589 \end{bmatrix}$$

e $\mathbf{K}_1$ seria obtido a partir das duas primeiras linhas da matriz anterior:

$$\mathbf{K}_1 = \begin{bmatrix} 0{,}0754 & -0{,}0201 & 0{,}118 & -0{,}0105 & 0{,}146 & 0{,}0297 \\ -0{,}00321 & 0{,}187 & -0{,}00505 & 0{,}162 & -0{,}00621 & 0{,}346 \end{bmatrix}.$$

Já para a segunda sintonia, que considerava os horizontes $N_{1,1} = N_{1,2} = 1$, $N_{2,1} = 2$, $N_{2,2} = 3$, $N_{u,1} = 2$ e $N_{u,2} = 1$, precisamos adaptar as matrizes das ponderações por conta das mudanças de horizontes. Assim:

$$\mathbf{Q}_y = \left[\begin{array}{cc|cc|c} 0{,}8 & 0 & 0 & 0 & 0 \\ 0 & 1 & 0 & 0 & 0 \\ \hline 0 & 0 & 0{,}8 & 0 & 0 \\ 0 & 0 & 0 & 1 & 0 \\ \hline 0 & 0 & 0 & 0 & 1 \end{array}\right], \quad \mathbf{Q}_u = \left[\begin{array}{cc|c} 1 & 0 & 0 \\ 0 & 0{,}6 & 0 \\ \hline 0 & 0 & 1 \end{array}\right],$$

e a matriz de ganho do controlador é:

$$\mathbf{K} = \begin{bmatrix} 0{,}0776 & -0{,}0232 & 0{,}123 & -0{,}00757 & 0{,}0313 \\ -0{,}00371 & 0{,}123 & -0{,}00589 & 0{,}244 & 0{,}364 \\ -0{,}000985 & 0{,}000294 & 0{,}0778 & 0{,}0000961 & -0{,}000398 \end{bmatrix}.$$

Neste caso, $\mathbf{K}_1$ seria obtido, novamente, a partir das duas primeiras linhas da matriz anterior, resultando em:

$$\mathbf{K}_1 = \begin{bmatrix} 0{,}0776 & -0{,}0232 & 0{,}123 & -0{,}00757 & 0{,}0313 \\ -0{,}00371 & 0{,}123 & -0{,}00589 & 0{,}244 & 0{,}364 \end{bmatrix}.$$

## 4.3.2 Inclusão de restrições

A adição de restrições no SSMPC segue passos similares aos dos outros algoritmos, tal como o MIMO DMC e GPC. Porém, como a definição do vetor de variáveis de decisão $\Delta\mathbf{u}$ é feita de forma diferente, a montagem das matrizes de restrições muda ligeiramente e é necessária uma certa adaptação. De qualquer maneira, é possível reescrever o problema de controle apresentado anteriormente na forma padrão do problema quadrático, com função custo dada por:

$$J = \frac{1}{2}\Delta\mathbf{u}^T\mathbf{H}_{qp}\Delta\mathbf{u} + \mathbf{f}_{qp}^T\Delta\mathbf{u} + c_{qp}, \tag{4.25}$$

com

$$\begin{aligned}
\mathbf{H}_{qp} &= 2\left(\mathbf{G}^T\mathbf{Q}_e\mathbf{G} + \mathbf{Q}_u\right),\\
\mathbf{f}_{qp} &= -2\mathbf{G}^T\mathbf{Q}_e\left[\mathbf{r}_{ss} - \mathbf{f}\right],\\
c_{qp} &= \left[\mathbf{r}_{ss} - \mathbf{f}\right]^T\mathbf{Q}_e\left[\mathbf{r}_{ss} - \mathbf{f}\right],
\end{aligned}$$

sujeito a restrições do tipo:

$$\overline{\mathbf{R}}\Delta\mathbf{u} \leq \overline{\mathbf{r}}.$$

Agora, vamos apresentar como obter as restrições no formato padrão para os tipos de restrição mais comumente empregados.

### 4.3.2.1 Restrição no incremento de controle

Considerando um horizonte de predição $N_u$ igual para todas as variáveis manipuladas, restrições na amplitude do incremento de controle podem ser representadas como:

$$\Delta\mathbf{u}_{\text{min}} \leq \Delta\mathbf{u}(k+j) \leq \Delta\mathbf{u}_{\text{max}}, \ \forall j \in [0, N_u - 1],$$

com vetores $\Delta\mathbf{u}_{\text{min}}, \Delta\mathbf{u}_{\text{max}} \in \mathbb{R}^m$. A desigualdade da direita pode ser reescrita de forma matricial como:

$$\begin{bmatrix} \mathbf{I}_m & \mathbf{0} & \cdots & \mathbf{0} \\ \mathbf{0} & \mathbf{I}_m & \cdots & \mathbf{0} \\ \vdots & \vdots & \ddots & \vdots \\ \mathbf{0} & \mathbf{0} & \cdots & \mathbf{I}_m \end{bmatrix}\Delta\mathbf{u} \leq \begin{bmatrix} \Delta\mathbf{u}_{\text{max}} \\ \Delta\mathbf{u}_{\text{max}} \\ \vdots \\ \Delta\mathbf{u}_{\text{max}} \end{bmatrix}, \quad \Delta\mathbf{u}_{\text{max}} = \begin{bmatrix} \Delta u_{1,\,\text{max}} \\ \Delta u_{2,\,\text{max}} \\ \vdots \\ \Delta u_{m,\,\text{max}} \end{bmatrix}.$$

Veja que, em comparação com o MIMO DMC (ou GPC), a estrutura dessas matrizes é diferente, por conta da definição distinta do vetor $\Delta\mathbf{u}$. De forma similar, para o limite inferior:

$$\begin{bmatrix} -\mathbf{I}_m & \mathbf{0} & \cdots & \mathbf{0} \\ \mathbf{0} & -\mathbf{I}_m & \cdots & \mathbf{0} \\ \vdots & \vdots & \ddots & \vdots \\ \mathbf{0} & \mathbf{0} & \cdots & -\mathbf{I}_m \end{bmatrix} \Delta\mathbf{u} \leq \begin{bmatrix} -\Delta\mathbf{u}_{\min} \\ -\Delta\mathbf{u}_{\min} \\ \vdots \\ -\Delta\mathbf{u}_{\min} \end{bmatrix}, \quad \Delta\mathbf{u}_{\min} = \begin{bmatrix} \Delta u_{1,\min} \\ \Delta u_{2,\min} \\ \vdots \\ \Delta u_{m,\min} \end{bmatrix},$$

ou, de forma compacta,

$$\begin{bmatrix} \mathbf{I}_{mN_u} \\ -\mathbf{I}_{mN_u} \end{bmatrix} \Delta\mathbf{u} \leq \begin{bmatrix} \bar{\mathbf{r}}_{\Delta u,\max} \\ \bar{\mathbf{r}}_{\Delta u,\min} \end{bmatrix},$$

com

$$\bar{\mathbf{r}}_{\Delta u,\max} = \begin{bmatrix} \Delta\mathbf{u}_{\max} \\ \Delta\mathbf{u}_{\max} \\ \vdots \\ \Delta\mathbf{u}_{\max} \end{bmatrix}, \quad \bar{\mathbf{r}}_{\Delta u,\min} = \begin{bmatrix} -\Delta\mathbf{u}_{\min} \\ -\Delta\mathbf{u}_{\min} \\ \vdots \\ -\Delta\mathbf{u}_{\min} \end{bmatrix}.$$

cabe salientar que nos vetores $\bar{\mathbf{r}}_{\Delta u,\min}$ e $\bar{\mathbf{r}}_{\Delta u,\max}$, os vetores $\Delta\mathbf{u}_{\min}$ e $\Delta\mathbf{u}_{\max}$ são repetidos $N_u$ vezes. Além disso, note que em $\bar{\mathbf{r}}_{\Delta u,\min}$ são informados os valores negativos dos limites inferiores dos incrementos de controle.

#### 4.3.2.2 Restrição no sinal de controle

Novamente, considerando um horizonte de predição $N_u$ igual para todas as variáveis manipuladas, restrições na amplitude do sinal de controle podem ser representadas como:

$$\mathbf{u}_{\min} \leq \mathbf{u}(k+j) \leq \mathbf{u}_{\max}, \ \forall j \in [0, N_u - 1],$$

com vetores $\mathbf{u}_{\min}$, $\mathbf{u}_{\max} \in \mathbb{R}^m$. Inicialmente, é preciso obter essas restrições em função do vetor de variáveis de decisão $\Delta\mathbf{u}$. Para isso, lembre-se que os sinais de controle futuros podem ser escritos da seguinte forma:

$$\mathbf{u}(k+j) = \mathbf{u}(k-1) + \sum_{i=0}^{j} \mathbf{I}_m \Delta\mathbf{u}(k+i), \quad \forall j \geq 0.$$

Assim:

$$\mathbf{u}_{\min} \leq \mathbf{u}(k-1) + \sum_{i=0}^{j} \mathbf{I}_m \Delta\mathbf{u}(k+i) \leq \mathbf{u}_{\max}, \ \forall j \geq 0,$$

ou de forma equivalente:

$$\sum_{i=0}^{j} \mathbf{I}_m \Delta \mathbf{u}(k+i) \leq \mathbf{u}_{\max} - \mathbf{u}(k-1), \ \forall j \geq 0,$$

e

$$-\sum_{i=0}^{j} \mathbf{I}_m \Delta \mathbf{u}(k+i) \leq -\mathbf{u}_{\min} + \mathbf{u}(k-1), \ \forall j \geq 0.$$

Considerando o horizonte de controle, as restrições podem ser agrupadas de forma matricial como:

$$\begin{bmatrix} \mathbf{I}_m & \mathbf{0} & \cdots & \mathbf{0} \\ \mathbf{I}_m & \mathbf{I}_m & \cdots & \mathbf{0} \\ \vdots & \vdots & \ddots & \vdots \\ \mathbf{I}_m & \mathbf{I}_m & \cdots & \mathbf{I}_m \end{bmatrix} \Delta \mathbf{u} \leq \begin{bmatrix} \mathbf{u}_{\max} - \mathbf{u}(k-1) \\ \mathbf{u}_{\max} - \mathbf{u}(k-1) \\ \vdots \\ \mathbf{u}_{\max} - \mathbf{u}(k-1) \end{bmatrix}, \quad \mathbf{u}_{\max} = \begin{bmatrix} u_{1,\max} \\ u_{2,\max} \\ \vdots \\ u_{m,\max} \end{bmatrix},$$

$$\begin{bmatrix} -\mathbf{I}_m & \mathbf{0} & \cdots & \mathbf{0} \\ -\mathbf{I}_m & -\mathbf{I}_m & \cdots & \mathbf{0} \\ \vdots & \vdots & \ddots & \vdots \\ -\mathbf{I}_m & -\mathbf{I}_m & \cdots & -\mathbf{I}_m \end{bmatrix} \Delta \mathbf{u} \leq \begin{bmatrix} -\mathbf{u}_{\min} + \mathbf{u}(k-1) \\ -\mathbf{u}_{\min} + \mathbf{u}(k-1) \\ \vdots \\ -\mathbf{u}_{\min} + \mathbf{u}(k-1) \end{bmatrix}, \quad \mathbf{u}_{\min} = \begin{bmatrix} u_{1,\min} \\ u_{2,\min} \\ \vdots \\ u_{m,\min} \end{bmatrix},$$

ou, de forma compacta,

$$\begin{bmatrix} \mathbb{T}_{m,N_u} \\ -\mathbb{T}_{m,N_u} \end{bmatrix} \Delta \mathbf{u} \leq \begin{bmatrix} \bar{\mathbf{r}}_{u,\max} \\ \bar{\mathbf{r}}_{u,\min} \end{bmatrix},$$

onde $\mathbb{T}_{m,N_u}$ pode ser interpretada como uma matriz bloco triangular inferior, na qual cada bloco de elementos é uma matriz identidade de dimensão $m$ e

$$\bar{\mathbf{r}}_{u,\max} = \begin{bmatrix} \mathbf{u}_{\max} - \mathbf{u}(k-1) \\ \mathbf{u}_{\max} - \mathbf{u}(k-1) \\ \vdots \\ \mathbf{u}_{\max} - \mathbf{u}(k-1) \end{bmatrix}, \quad \bar{\mathbf{r}}_{u,\min} = \begin{bmatrix} -\mathbf{u}_{\min} + \mathbf{u}(k-1) \\ -\mathbf{u}_{\min} + \mathbf{u}(k-1) \\ \vdots \\ -\mathbf{u}_{\min} + \mathbf{u}(k-1) \end{bmatrix}.$$

Nesses últimos vetores, os termos $[\mathbf{u}_{\max} - \mathbf{u}(k-1)]$ e $[-\mathbf{u}_{\min} + \mathbf{u}(k-1)]$ são repetidos $N_u$ vezes.

### 4.3.2.3 Restrições na saída

Considerando os mesmos horizontes inicial e final de predição para todas as saídas, restrições na amplitude das saídas podem ser representadas como:

$$\mathbf{y}_{\min} \leq \hat{\mathbf{y}}(k+j \mid k) \leq \mathbf{y}_{\max}, \ \forall j \in [N_1, N_2],$$

com vetores $\mathbf{y}_{\min}, \mathbf{y}_{\max} \in \mathbb{R}^n$. Note que, no caso de restrições de saída, a representação é feita em função das predições e não das saídas propriamente ditas, já que são necessários valores futuros das saídas para definição dessas restrições. Inicialmente, é preciso obter essas restrições em função do vetor de variáveis de decisão $\Delta\mathbf{u}$. Para isso, lembre-se que:

$$\hat{\mathbf{y}} = \mathbf{G}\Delta\mathbf{u} + \mathbf{f}.$$

Assim,

$$\begin{bmatrix} \mathbf{y}_{\min} \\ \mathbf{y}_{\min} \\ \vdots \\ \mathbf{y}_{\min} \end{bmatrix} \leq \mathbf{G}\Delta\mathbf{u} + \mathbf{f} \leq \begin{bmatrix} \mathbf{y}_{\max} \\ \mathbf{y}_{\max} \\ \vdots \\ \mathbf{y}_{\max} \end{bmatrix},$$

$$\mathbf{y}_{\max} = \begin{bmatrix} y_{1,\max} \\ y_{2,\max} \\ \vdots \\ y_{n,\max} \end{bmatrix}, \mathbf{y}_{\min} = \begin{bmatrix} y_{1,\min} \\ y_{2,\min} \\ \vdots \\ y_{n,\min} \end{bmatrix},$$

onde $\mathbf{y}_{\min}$ e $\mathbf{y}_{\max}$ são repetidos $N = N_2 - N_1 + 1$ vezes. Então, as restrições são descritas no formato padrão como:

$$\begin{bmatrix} \mathbf{G} \\ -\mathbf{G} \end{bmatrix} \Delta\mathbf{u} \leq \begin{bmatrix} \bar{\mathbf{r}}_{y,\max} \\ \bar{\mathbf{r}}_{y,\min} \end{bmatrix},$$

com

$$\bar{\mathbf{r}}_{y,\max} = \begin{bmatrix} \mathbf{y}_{\max} \\ \mathbf{y}_{\max} \\ \vdots \\ \mathbf{y}_{\max} \end{bmatrix} - \mathbf{f}, \quad \bar{\mathbf{r}}_{y,\min} = \begin{bmatrix} -\mathbf{y}_{\min} \\ -\mathbf{y}_{\min} \\ \vdots \\ -\mathbf{y}_{\min} \end{bmatrix} + \mathbf{f}.$$

É importante frisar que essas restrições de saída podem causar infactibilidade, ou seja, elas podem fazer com que o problema de otimização não tenha solução. Para evitar isso, é necessário inserir variáveis de folga, como explicado no Volume 1 e também no estudo de caso da Seção 3.4.3.

**Exemplo 4.6**

Ainda considerando o sistema de dois tanques do Exemplo 4.3, utilizando a primeira sintonia, $N_{1,1} = N_{1,2} = 1$, $N_{2,1} = N_{2,2} = 3$, $N_{u,1} = N_{u,2} = 2$, vamos obter as matrizes de restrições do problema de otimização supondo restrições nos incrementos de controle, no sinal de controle e na saída. Os limites são definidos como:

$$\Delta \mathbf{u}_{\max} = \begin{bmatrix} 5 \\ 5 \end{bmatrix}, \quad \Delta \mathbf{u}_{\min} = -\Delta \mathbf{u}_{\max},$$

$$\mathbf{u}_{\max} = \begin{bmatrix} 50 \\ 60 \end{bmatrix}, \quad \mathbf{u}_{\min} = \begin{bmatrix} 0 \\ 0 \end{bmatrix}, \quad \mathbf{y}_{\max} = \begin{bmatrix} 40 \\ 30 \end{bmatrix}, \quad \mathbf{y}_{\min} = \begin{bmatrix} 0 \\ 0 \end{bmatrix}.$$

As restrições, no formato padrão $\overline{\mathbf{R}}\Delta \mathbf{u} \leq \overline{\mathbf{r}}$, são dadas por:

$$\begin{bmatrix} \mathbf{I}_4 \\ -\mathbf{I}_4 \\ \hdashline \mathbb{T}_{2,2} \\ -\mathbb{T}_{2,2} \\ \hdashline \mathbf{G} \\ -\mathbf{G} \end{bmatrix} \Delta \mathbf{u} \leq \begin{bmatrix} \Delta \mathbf{u}_{\max} \\ \Delta \mathbf{u}_{\max} \\ -\Delta \mathbf{u}_{\min} \\ -\Delta \mathbf{u}_{\min} \\ \hdashline \mathbf{u}_{\max} - \mathbf{u}(k-1) \\ \mathbf{u}_{\max} - \mathbf{u}(k-1) \\ -\mathbf{u}_{\min} + \mathbf{u}(k-1) \\ -\mathbf{u}_{\min} + \mathbf{u}(k-1) \\ \hdashline \begin{bmatrix} \mathbf{y}_{\max} \\ \mathbf{y}_{\max} \\ \mathbf{y}_{\max} \end{bmatrix} - \mathbf{f} \\ \begin{bmatrix} -\mathbf{y}_{\min} \\ -\mathbf{y}_{\min} \\ -\mathbf{y}_{\min} \end{bmatrix} + \mathbf{f} \end{bmatrix},$$

ou, numericamente,

$$\left[\begin{array}{cc:cc} 1 & 0 & 0 & 0 \\ 0 & 1 & 0 & 0 \\ 0 & 0 & 1 & 0 \\ 0 & 0 & 0 & 1 \\ \hdashline -1 & 0 & 0 & 0 \\ 0 & -1 & 0 & 0 \\ 0 & 0 & -1 & 0 \\ 0 & 0 & 0 & -1 \\ \hdashline 1 & 0 & 0 & 0 \\ 0 & 1 & 0 & 0 \\ 1 & 0 & 1 & 0 \\ 0 & 1 & 0 & 1 \\ \hdashline -1 & 0 & 0 & 0 \\ 0 & -1 & 0 & 0 \\ -1 & 0 & -1 & 0 \\ 0 & -1 & 0 & -1 \\ \hdashline 0{,}1 & 0 & 0 & 0 \\ 0 & 0{,}5 & 0 & 0 \\ 0{,}16 & 0 & 0{,}1 & 0 \\ 0{,}04 & 1 & 0 & 0{,}5 \\ 0{,}196 & 0 & 0{,}1 & 0 \\ 0{,}104 & 1{,}5 & 0 & 0{,}5 \\ \hdashline -0{,}1 & 0 & 0 & 0 \\ 0 & -0{,}5 & 0 & 0 \\ -0{,}16 & 0 & -0{,}1 & 0 \\ -0{,}04 & -1 & 0 & -0{,}5 \\ -0{,}196 & 0 & -0{,}1 & 0 \\ -0{,}104 & -1{,}5 & 0 & -0{,}5 \end{array}\right] \Delta\mathbf{u} \leq \left[\begin{array}{c} 5 \\ 5 \\ 5 \\ 5 \\ \hdashline 5 \\ 5 \\ 5 \\ 5 \\ \hdashline 50 - u_1(k-1) \\ 60 - u_2(k-1) \\ 50 - u_1(k-1) \\ 60 - u_2(k-1) \\ \hdashline 0 + u_1(k-1) \\ 0 + u_2(k-1) \\ 0 + u_1(k-1) \\ 0 + u_2(k-1) \\ \hdashline 40 - \mathbf{f}(1) \\ 30 - \mathbf{f}(2) \\ 40 - \mathbf{f}(3) \\ 30 - \mathbf{f}(4) \\ 40 - \mathbf{f}(5) \\ 30 - \mathbf{f}(6) \\ \hdashline 0 + \mathbf{f}(1) \\ 0 + \mathbf{f}(2) \\ 0 + \mathbf{f}(3) \\ 0 + \mathbf{f}(4) \\ 0 + \mathbf{f}(5) \\ 0 + \mathbf{f}(6) \end{array}\right],$$

sendo que $\mathbf{x}(i)$ indica o elemento $i$ do vetor $\mathbf{x}$.

Se considerarmos a segunda sintonia do Exemplo 4.3, na qual os horizontes são escolhidos de forma distinta para cada variável, as matrizes de restrição precisam refletir essa mudança. Então, dado que que $N_{1,1} = N_{1,2} = 1$, $N_{2,1} = 2$, $N_{2,2} = 3$, $N_{u,1} = 2$ e $N_{u,2} = 1$, as novas matrizes de restrição seriam:

$$\left[\begin{array}{cc|c} 1 & 0 & 0 \\ 0 & 1 & 0 \\ 0 & 0 & 1 \\ \hline -1 & 0 & 0 \\ 0 & -1 & 0 \\ 0 & 0 & -1 \\ \hline 1 & 0 & 0 \\ 0 & 1 & 0 \\ 1 & 0 & 1 \\ \hline -1 & 0 & 0 \\ 0 & -1 & 0 \\ -1 & 0 & -1 \\ \hline 0{,}1 & 0 & 0 \\ 0 & 0{,}5 & 0 \\ 0{,}16 & 0 & 0{,}1 \\ 0{,}04 & 1 & 0 \\ 0{,}104 & 1{,}5 & 0 \\ \hline -0{,}1 & 0 & 0 \\ 0 & -0{,}5 & 0 \\ -0{,}16 & 0 & -0{,}1 \\ -0{,}04 & -1 & 0 \\ -0{,}104 & -1{,}5 & 0 \end{array}\right] \Delta \mathbf{u} \leq \left[\begin{array}{c} 5 \\ 5 \\ 5 \\ \hline 5 \\ 5 \\ 5 \\ \hline 50 - u_1(k-1) \\ 60 - u_2(k-1) \\ 50 - u_1(k-1) \\ \hline 0 + u_1(k-1) \\ 0 + u_2(k-1) \\ 0 + u_1(k-1) \\ \hline 40 - \mathbf{f}(1) \\ 30 - \mathbf{f}(2) \\ 40 - \mathbf{f}(3) \\ 30 - \mathbf{f}(4) \\ 30 - \mathbf{f}(5) \\ \hline 0 + \mathbf{f}(1) \\ 0 + \mathbf{f}(2) \\ 0 + \mathbf{f}(3) \\ 0 + \mathbf{f}(4) \\ 0 + \mathbf{f}(5) \end{array}\right].$$

## 4.4 EXEMPLOS

**Exemplo 4.7**

Considere o controle de posição de um motor de corrente contínua alimentado em tensão, apresentado inicialmente no Capítulo 4 do Volume 1. Nesse sistema, o objetivo é controlar a posição do eixo do motor dentro de um intervalo, atuando na tensão de alimentação do motor. A principal perturbação do sistema é o torque de carga aplicado no eixo do motor, que consideraremos representada por sinais do tipo degrau.

Um modelo simplificado em função de transferência de tempo discreto desse sistema, com variáveis normalizadas de 0% a 100%, é dado por:

$$Y(z) = \frac{0{,}09675z + 0{,}09358}{z^2 - 1{,}905z + 0{,}905}[4U(z) - Q(z)],$$

sendo $U$ o sinal de tensão aplicado, $Y$ a posição do eixo do motor e $Q$ o torque de carga. Uma representação em espaço de estados do sistema obtida a partir dessas funções de transferência é dada a seguir:

$$\begin{cases} \begin{bmatrix} x_1(k+1) \\ x_2(k+1) \end{bmatrix} = \mathbf{A} \begin{bmatrix} x_1(k) \\ x_2(k) \end{bmatrix} + \mathbf{B}u(k) + \mathbf{B}_q q(k), \\ y(k) = \mathbf{C} \begin{bmatrix} x_1(k) \\ x_2(k) \end{bmatrix}, \end{cases}$$

com

$$\mathbf{A} = \begin{bmatrix} 0 & -0{,}905 \\ 1 & 1{,}905 \end{bmatrix}, \ \mathbf{B} = \begin{bmatrix} 0{,}74864 \\ 0{,}774 \end{bmatrix}, \ \mathbf{B}_q = \begin{bmatrix} -0{,}18716 \\ -0{,}1935 \end{bmatrix}, \ \mathbf{C} = \begin{bmatrix} 0 & 0{,}5 \end{bmatrix}.$$

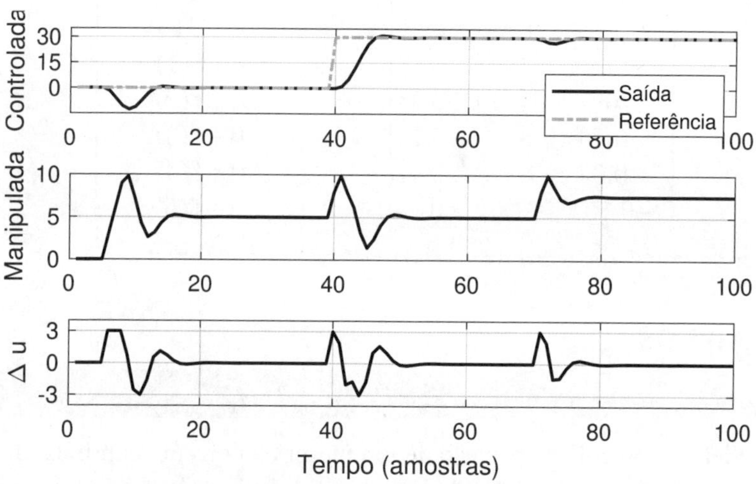


**Figura 4.1** Exemplo 4.7 – Respostas do motor CC com o SSMPC com $N_1 = 1$, $N_2 = 30$, $\lambda = 1$, $N_u = 5$ e considerando restrições.

O cenário de simulação em malha fechada considera uma mudança de referência do tipo degrau de amplitude 30% no tempo 40 amostras e perturbações de amplitude 20% no tempo 5 amostras e 30% no tempo 70 amostras. Um SSMPC foi sintonizado com $N_u = 5$, $N_1 = 1$, $N_2 = 30$, $\delta = 1$, $\lambda = 1$ e restrições no sinal de controle, que deve estar entre $[0;\ 100]\%$, e no incremento de controle, que não pode variar, em módulo, mais do que 3% a cada amostra. Os resultados obtidos são mostrados na Figura 4.1 e são muito similares ao caso com o GPC, apresentado originalmente no Volume 1. O sistema consegue seguir a referência, rejeitar as perturbações e atender as restrições impostas. Na Figura 4.2, são mostrados os resultados de rejeição de perturbação sem e com ação antecipativa, e ainda avaliando os casos sem conhecimento futuro da perturbação ($N_q = 3$) e com conhecimento dela com horizonte $N_q = 3$. Veja que a adição da ação antecipativa melhora consideravelmente a rejeição de perturbação, especialmente no caso em que seu valor futuro é conhecido. Neste caso, o controlador preditivo se antecipa ao efeito da perturbação e reage de tal forma a diminuir os erros futuros.

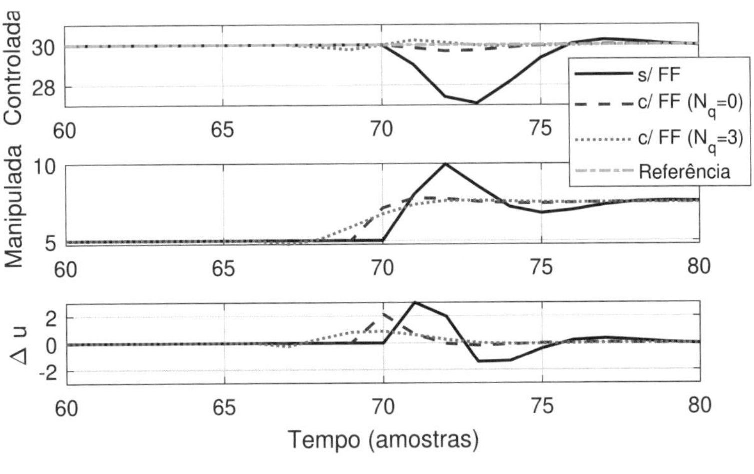


**Figura 4.2** Exemplo 4.7 – Respostas do motor CC para uma perturbação de carga sem e com ação antecipativa (FF).

**Exemplo 4.8**

Neste exemplo, o SSMPC será aplicado ao processo de uma coluna de destilação água-metanol apresentado inicialmente no estudo de caso da Seção 3.4.1. Como vimos, próximo do ponto de operação, o sistema pode ser representado pelo seguinte modelo normalizado:

$$\mathbf{P}(s) = \begin{bmatrix} \dfrac{12{,}8e^{-s}}{1+16{,}7s} & \dfrac{-18{,}9e^{-3s}}{1+21s} \\ \\ \dfrac{6{,}6e^{-7s}}{1+10{,}9s} & \dfrac{-19{,}4e^{-3s}}{1+14{,}4s} \end{bmatrix}, \quad \mathbf{P_q}(s) = \begin{bmatrix} \dfrac{3{,}8e^{-8s}}{1+14{,}9s} \\ \\ \dfrac{4{,}9e^{-4s}}{1+13{,}2s} \end{bmatrix},$$

com $\mathbf{Y}(s) = \mathbf{P}(s)\mathbf{U}(s) + \mathbf{P_q}(s)Q(s)$, $\mathbf{y} = [y_1 \;\; y_2]^T$ e $\mathbf{u} = [u_1 \;\; u_2]^T$. Neste processo, a vazão de refluxo ($u_1$) e a vazão de vapor no refervedor ($u_2$) são manipuladas para controlar as concentrações de metanol no topo ($y_1$) e na base ($y_2$) da coluna. A principal perturbação do sistema é a vazão de alimentação ($q$). Trata-se de um modelo incremental, logo podemos considerar que o ponto de equilíbrio inicial é $u_1 = u_2 = 0$ e $y_1 = y_2 = 0$.

A presença do atraso no sistema dificulta a representação de estados em tempo contínuo, porém o atraso em tempo discreto é facilmente representado como polos na origem. Assim, a mudança de representação de função de transferência de tempo discreto com atraso para espaço de estados é bastante simples, especialmente se considerarmos um modelo não mínimo (com mais estados do que o estritamente necessário). Para este processo, a matriz de transferência de tempo discreto com $T_s$ =1 s é:

$$\mathbf{P}(s) = \begin{bmatrix} \dfrac{0{,}74397z^{-1}}{z-0{,}9419} & \dfrac{-0{,}87891z^{-3}}{z-0{,}9535} \\ \\ \dfrac{0{,}57856z^{-7}}{z-0{,}9123} & \dfrac{-1{,}3015z^{-3}}{z-0{,}9329} \end{bmatrix}, \quad \mathbf{P_q}(s) = \begin{bmatrix} \dfrac{0{,}24666z^{-8}}{z-0{,}9351} \\ \\ \dfrac{0{,}3575z^{-4}}{z-0{,}927} \end{bmatrix}.$$

Com emprego do MATLAB, obtemos uma representação mínima com 21 estados. Vale ressaltar que essa representação não é única, mas, em geral, busca-se uma representação com o menor número de estados possível. O modelo não será replicado aqui por questão de espaço, mas o leitor pode verificar o modelo executando o código MATLAB disponibilizado na página deste livro na Internet.

Para efeitos de simulação, vamos considerar o modelo em espaço de estados como se fosse o processo real. O cenário de simulação considera um tempo total de simulação de 150 s. O sistema parte de $u_1 = u_2 = 0$ e $y_1 = y_2 = 0$ e, em $t = 10$ s, uma variação do tipo degrau unitário da referência de $y_1$ é aplicada. Posteriormente, em $t = 50\,\text{s}$, aplica-se uma variação do tipo degrau de amplitude 0,5 na referência de $y_2$. Finalmente, em $t = 100\,\text{s}$, aplica-se uma perturbação do tipo degrau de amplitude $-0{,}4$ em $q$.

Para este processo, vamos projetar o SSMPC considerando a perturbação $q$ como sendo não mensurável. Os parâmetros de sintonia são: $N_{1,1} = 2$ e $N_{1,2} = 3$. Os valores finais dos horizontes de predição foram definidos como $N_{2,1} = 40$ e $N_{2,2} = 30$, os horizontes de controle foram definidos como $N_{u,1} = 5$ e $N_{u,2} = 5$, as ponderações foram normalizadas pelos horizontes e definidas como $\delta_l = \frac{1}{N_l}$ e $\lambda_p = \frac{10}{N_{u,p}}$ e foram consideradas restrições no sinal de controle $u_p(k) \in [-1;\ 1]$, $\forall\ p,k$ e no incremento de controle $\Delta u_p(k) \in [-0{,}1;\ 0{,}1]$, $\forall\ p,k$.

O resultado da simulação pode ser visto na Figura 4.3. Veja que o SSMPC consegue fazer as saídas seguirem as referências ao mesmo tempo que o acoplamento entre as variáveis é minimizado. Isso fica evidente nas trocas de referências de ambas as saídas. O SSMPC também garante rejeição de perturbações do tipo degrau, como visto na Figura 4.3 a partir de 100 s. Assim como nos outros algoritmos, é possível obter uma resposta mais rápida diminuindo a ponderação das ações de controle.

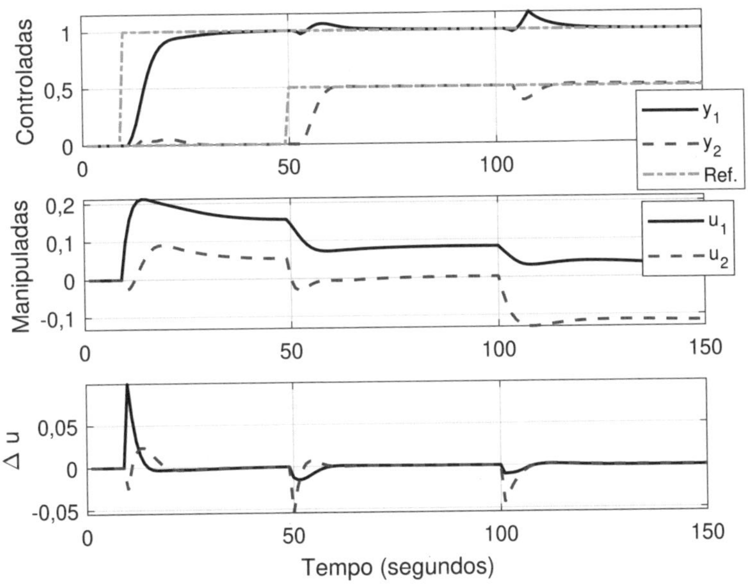


**Figura 4.3** Exemplo 4.8 – Resultados de simulação para a coluna de destilação de metanol.

Na Figura 4.4, é apresentado o resultado de simulação quando a ponderação de controle é alterada para $\lambda_p = \frac{1}{N_{u,p}}$, $\forall\, p$. Veja que a resposta do sistema se torna mais agressiva.

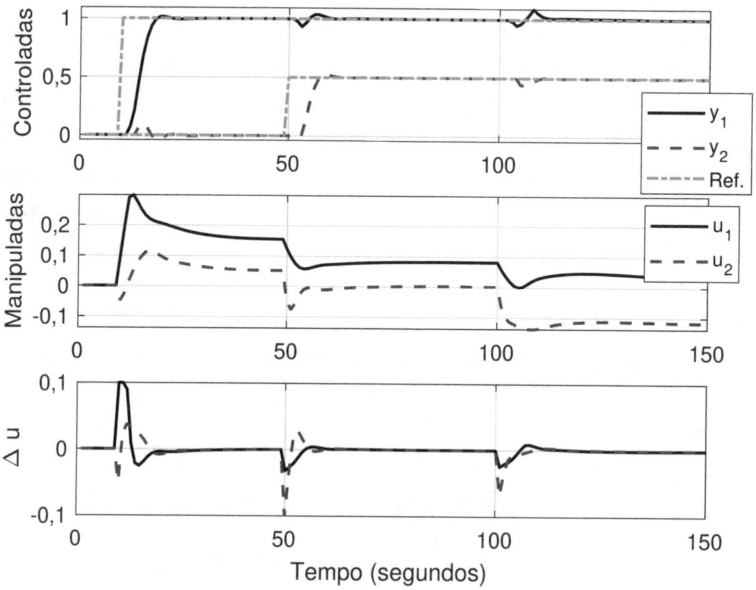


**Figura 4.4** Exemplo 4.8 – Resultados de simulação para a coluna de destilação de metanol com uma sintonia mais agressiva.

## 4.5 CONTROLADOR EQUIVALENTE

É possível obter um sistema em espaço de estado que representa o controlador equivalente implementado pelo algoritmo SSMPC apresentado no caso sem restrições. Com esse controlador equivalente, é possível analisar, no caso irrestrito, as propriedades do controlador e do sistema em malha fechada resultantes. Utilizando (4.18) e (4.23) e desconsiderando os valores futuros das perturbações, chegamos a:

$$\Delta\mathbf{u}(k) = \mathbf{K}_1\mathbf{R} - \mathbf{K}_1\mathbb{I}\mathbf{y}(k) - \mathbf{K}_1\mathbf{F}\underset{\leftarrow}{\mathbf{x}} - \mathbf{K}_1\mathbf{F}_q\underset{\leftarrow}{\mathbf{q}}. \tag{4.26}$$

Supondo que as referências futuras são constantes, $\mathbf{r}_{ss}(k+j) = \mathbf{r}_{ss}(k), \forall j$, então:

$$\mathbf{r}_{ss} = \begin{bmatrix} \mathbf{I}_n \\ \vdots \\ \mathbf{I}_n \end{bmatrix} \mathbf{r}_{ss}(k) = \mathbb{I}\mathbf{r}_{ss}(k),$$

e assim:

$$\begin{aligned}\mathbf{u}(k)-\mathbf{u}(k-1)=&\mathbf{K}_r\mathbf{r}_{ss}(k)-\mathbf{K}_r\mathbf{y}(k)-\mathbf{K}_{f0}\mathbf{x}(k)-\mathbf{K}_{f1}\mathbf{x}(k-1)\\&-\mathbf{K}_{fq0}\mathbf{q}(k)-\mathbf{K}_{fq1}\mathbf{q}(k-1),\end{aligned}\tag{4.27}$$

$$\begin{aligned}\mathbf{u}(k)=&\mathbf{u}(k-1)+\mathbf{K}_r\mathbf{r}_{ss}(k)-\mathbf{K}_r\mathbf{y}(k)-\mathbf{K}_{f0}\mathbf{x}(k)\\&-\mathbf{K}_{f1}\mathbf{x}(k-1)-\mathbf{K}_{fq0}\mathbf{q}(k)-\mathbf{K}_{fq1}\mathbf{q}(k-1),\end{aligned}\tag{4.28}$$

com $\mathbf{K}_r = \mathbf{K}_1\mathbb{I}$, $\mathbf{K}_1\mathbf{F} = \left[\mathbf{K}_{f0}, \mathbf{K}_{f1}\right]$ e $\mathbf{K}_1\mathbf{F}_q = \left[\mathbf{K}_{fq0}, \mathbf{K}_{fq1}\right]$. Dado que, no caso nominal, $\mathbf{y}(k) = \mathbf{C}\mathbf{x}(k)$,

$$\begin{aligned}\mathbf{u}(k)=&\mathbf{u}(k-1)+\mathbf{K}_r\mathbf{r}_{ss}(k)-\left(\mathbf{K}_y+\mathbf{K}_{f0}\right)\mathbf{x}(k)\\&-\mathbf{K}_{f1}\mathbf{x}(k-1)-\mathbf{K}_{fq0}\mathbf{q}(k)-\mathbf{K}_{fq1}\mathbf{q}(k-1),\end{aligned}\tag{4.29}$$

com $\mathbf{K}_y = \mathbf{K}_r\mathbf{C}$. Observe que a saída do controlador é o sinal de controle $\mathbf{u}(k)$ e suas entradas são $\mathbf{x}(k)$, $\mathbf{r}_{ss}(k)$ e $\mathbf{q}(k)$.

Para se obter a representação equivalente do SSMPC em espaço de estados, é necessário descrever a equação do sistema no formato padrão do espaço de estados de (4.1). Para isso, definimos um conjunto de estados auxiliares,

$$\mathbf{x}_c(k)=\begin{bmatrix}\mathbf{u}(k-1)\\\mathbf{x}(k-1)\\\mathbf{q}(k-1)\end{bmatrix},\tag{4.30}$$

e rearranjamos (4.29), obtendo o controlador equivalente:

$$\begin{cases}\mathbf{x}_c(k+1)=\begin{bmatrix}\mathbf{I}_m & -\mathbf{K}_{f1} & -\mathbf{K}_{fq1}\\0&0&0\\0&0&0\end{bmatrix}\mathbf{x}_c(k)\\\qquad\qquad+\begin{bmatrix}\mathbf{K}_r & -\left(\mathbf{K}_y+\mathbf{K}_{f0}\right) & -\mathbf{K}_{fq0}\\0&\mathbf{I}_{n_s}&0\\0&0&\mathbf{I}_{m_q}\end{bmatrix}\begin{bmatrix}\mathbf{r}_{ss}(k)\\\mathbf{x}(k)\\\mathbf{q}(k)\end{bmatrix}, & (4.31a)\\\mathbf{u}(k)=\begin{bmatrix}\mathbf{I}_m & -\mathbf{K}_{f1} & -\mathbf{K}_{fq1}\end{bmatrix}\mathbf{x}_c(k)\\\qquad\qquad+\begin{bmatrix}\mathbf{K}_r & -\left(\mathbf{K}_y+\mathbf{K}_{f0}\right) & -\mathbf{K}_{fq0}\end{bmatrix}\begin{bmatrix}\mathbf{r}_{ss}(k)\\\mathbf{x}(k)\\\mathbf{q}(k)\end{bmatrix}, & (4.31b)\end{cases}$$

ou, de forma compacta,

$$\begin{cases} \mathbf{x}_c(k+1) = \mathbf{A}_c\mathbf{x}_c(k) + \mathbf{B}_c \begin{bmatrix} \mathbf{r}_{ss}(k) \\ \mathbf{x}(k) \\ \mathbf{q}(k) \end{bmatrix}, & \text{(4.32a)} \\ \mathbf{u}(k) = \mathbf{C}_c\mathbf{x}_c(k) + \mathbf{D}_c \begin{bmatrix} \mathbf{r}_{ss}(k) \\ \mathbf{x}(k) \\ \mathbf{q}(k) \end{bmatrix}. & \text{(4.32b)} \end{cases}$$

Com o controlador equivalente, é possível obter a representação em espaço de estados do sistema em malha fechada, que terá como entradas $\mathbf{r}_{ss}(k)$ e $\mathbf{q}(k)$. Para isso, considere a representação (4.1), replicada aqui por conveniência:

$$\begin{cases} \mathbf{x}(k+1) = \mathbf{A}\mathbf{x}(k) + \mathbf{B}\mathbf{u}(k) + \mathbf{B}_q\mathbf{q}(k), & \text{(4.33a)} \\ \mathbf{y}(k) = \mathbf{C}\mathbf{x}(k) + \mathbf{C}_q\mathbf{q}(k). & \text{(4.33b)} \end{cases}$$

Definindo saídas auxiliares do erro de seguimento, $\mathbf{e}(k) = \mathbf{r}_{ss}(k) - \mathbf{y}(k)$, e do sinal de controle, $\mathbf{u}(k)$, e combinando (4.31) com (4.33) por meio da junção dos estados em um vetor de estados aumentado, a dinâmica de malha fechada é dada por:

$$\begin{cases} \begin{bmatrix} \mathbf{x}(k+1) \\ \mathbf{x}_c(k+1) \end{bmatrix} = \left[\begin{array}{c|c} \left(\mathbf{A} - \mathbf{B}\left(\mathbf{K}_y + \mathbf{K}_{f0}\right)\right) & \mathbf{B}\mathbf{C}_c \\ \hline -\left(\mathbf{K}_{f0} + \mathbf{K}_y\right) & \\ \mathbf{I}_{n_s} & \mathbf{A}_c \\ \mathbf{0} & \end{array}\right] \begin{bmatrix} \mathbf{x}(k) \\ \mathbf{x}_c(k) \end{bmatrix} \\ \qquad + \left[\begin{array}{c|c} \mathbf{B}\mathbf{K}_r & (\mathbf{B}_q - \mathbf{B}\mathbf{K}_{fq0}) \\ \hline \mathbf{K}_I & -\mathbf{K}_{fq0} \\ \mathbf{0} & \mathbf{0} \\ \mathbf{0} & \mathbf{I}_{m_q} \end{array}\right] \begin{bmatrix} \mathbf{r}_{ss}(k) \\ \mathbf{q}(k) \end{bmatrix}, & \text{(4.34a)} \\ \begin{bmatrix} \mathbf{y}(k) \\ \mathbf{u}(k) \\ \mathbf{e}(k) \end{bmatrix} = \left[\begin{array}{c|c} \mathbf{C} & \mathbf{0} \\ \hline -\left(\mathbf{K}_y + \mathbf{K}_{f0}\right) & \mathbf{C}_c \\ \hline -\mathbf{C} & \mathbf{0} \end{array}\right] \begin{bmatrix} \mathbf{x}(k) \\ \mathbf{x}_c(k) \end{bmatrix} \\ \qquad + \left[\begin{array}{c|c} \mathbf{0} & \mathbf{C}_q \\ \hline \mathbf{K}_r & -\mathbf{K}_{fq0} \\ \hline \mathbf{I} & -\mathbf{C}_q \end{array}\right] \begin{bmatrix} \mathbf{r}_{ss}(k) \\ \mathbf{q}(k) \end{bmatrix}, & \text{(4.34b)} \end{cases}$$

ou, de forma compacta:

$$\begin{cases} \begin{bmatrix} \mathbf{x}(k+1) \\ \mathbf{x}_c(k+1) \end{bmatrix} = \mathbf{A}_{mf} \begin{bmatrix} \mathbf{x}(k) \\ \mathbf{x}_c(k) \end{bmatrix} + \mathbf{B}_{mf} \begin{bmatrix} \mathbf{r}_{ss}(k) \\ \mathbf{q}(k) \end{bmatrix}, & \text{(4.35a)} \\ \begin{bmatrix} \mathbf{y}(k) \\ \mathbf{u}(k) \\ \mathbf{e}(k) \end{bmatrix} = \mathbf{C}_{mf} \begin{bmatrix} \mathbf{x}(k) \\ \mathbf{x}_c(k) \end{bmatrix} + \mathbf{D}_{mf} \begin{bmatrix} \mathbf{r}_{ss}(k) \\ \mathbf{q}(k) \end{bmatrix}, & \text{(4.35b)} \end{cases}$$

sendo $\mathbf{A}_{mf}$, $\mathbf{B}_{mf}$, $\mathbf{C}_{mf}$ e $\mathbf{D}_{mf}$ obtidos diretamente por comparação de (4.34) e (4.35).

**Exemplo 4.9**

Calcularemos os controladores equivalentes para o sistema de dois tanques apresentado no Exemplo 4.3 levando em conta a primeira sintonia, $N_{1,1} = N_{1,2} = 1$, $N_{2,1} = N_{2,2} = 3$, $N_{u,1} = N_{u,2} = 2$, $\delta_1 = 0{,}8$, $\delta_2 = 1$, $\lambda_1 = 1$ e $\lambda_2 = 0{,}6$, e com medição da perturbação mas sem levar em conta seus valores futuros ($N_q = 0$). Como mostrado no Exemplo 4.5, a matriz de ganhos do controlador é:

$$\mathbf{K}_1 = \begin{bmatrix} 0{,}0754 & -0{,}0201 & 0{,}118 & -0{,}0105 & 0{,}146 & 0{,}0297 \\ -0{,}00321 & 0{,}187 & -0{,}00505 & 0{,}162 & -0{,}00621 & 0{,}346 \end{bmatrix},$$

e as matrizes $\mathbf{F}$ e $\mathbf{F}_q$, calculadas nos Exemplos 4.3 e 4.5, respectivamente, são:

$$\mathbf{F} = \left[\begin{array}{cc|cc} 0{,}6 & 0 & -0{,}6 & 0 \\ 0{,}4 & 1 & -0{,}4 & -1 \\ \hline 0{,}96 & 0 & -0{,}96 & 0 \\ 1{,}04 & 2 & -1{,}04 & -2 \\ \hline 1{,}176 & 0 & -1{,}176 & 0 \\ 1{,}824 & 3 & -1{,}824 & -3 \end{array}\right], \quad \mathbf{F}_q = \left[\begin{array}{c|c} 0 & 0 \\ -0{,}5 & 0{,}5 \\ \hline 0 & 0 \\ -1 & 1 \\ \hline 0 & 0 \\ -1{,}5 & 1{,}5 \end{array}\right].$$

Assim, podemos obter:

$$\mathbf{K}_1\mathbf{F} = \begin{bmatrix} 0{,}36557 & 0{,}048184 & -0{,}36557 & -0{,}048184 \\ 0{,}86096 & 1{,}5501 & -0{,}86096 & -1{,}5501 \end{bmatrix},$$

$$\mathbf{K}_y = \begin{bmatrix} 0{,}33952 & -0{,}0008184 \\ -0{,}014468 & 0{,}69554 \end{bmatrix},$$

$$\mathbf{K}_r = \begin{bmatrix} 0{,}33952 & -0{,}0008184 \\ -0{,}014468 & 0{,}69554 \end{bmatrix}, \quad \mathbf{K}_1\mathbf{F}_q = \begin{bmatrix} -0{,}024092 & 0{,}024092 \\ -0{,}77505 & 0{,}77505 \end{bmatrix},$$

que são suficientes para calcular as matrizes do controlador equivalente de acordo com (4.32), resultando em:

$$\mathbf{A}_c = \begin{bmatrix} 1 & 0 & 0{,}36557 & 0{,}048184 & -0{,}024092 \\ 0 & 1 & 0{,}86096 & 1{,}5501 & -0{,}77505 \\ 0 & 0 & 0 & 0 & 0 \\ 0 & 0 & 0 & 0 & 0 \\ 0 & 0 & 0 & 0 & 0 \end{bmatrix},$$

$$\mathbf{B}_c = \begin{bmatrix} 0{,}33952 & -0{,}0008184 & -0{,}70509 & -0{,}047365 & 0{,}024092 \\ -0{,}014468 & 0{,}69554 & -0{,}84649 & -2{,}2456 & 0{,}77505 \\ 0 & 0 & 1 & 0 & 0 \\ 0 & 0 & 0 & 1 & 0 \\ 0 & 0 & 0 & 0 & 1 \end{bmatrix},$$

$$\mathbf{C}_c = \begin{bmatrix} 1 & 0 & 0{,}36557 & 0{,}048184 & -0{,}024092 \\ 0 & 1 & 0{,}86096 & 1{,}5501 & -0{,}77505 \end{bmatrix},$$

$$\mathbf{D}_c = \begin{bmatrix} 0{,}33952 & -0{,}0008184 & -0{,}70509 & -0{,}047365 & 0{,}024092 \\ -0{,}014468 & 0{,}69554 & -0{,}84649 & -2{,}2456 & 0{,}77505 \end{bmatrix}.$$

Por fim, com o modelo em espaço de estados do controlador equivalente, é possível combiná-lo com o modelo do sistema, resultando nas seguintes matrizes do modelo completo de malha fechada de acordo com (4.35):

$$\mathbf{A}_{mf} = \begin{bmatrix} 0{,}5295 & -0{,}0047 & 0{,}1 & 0 & 0{,}0365 & 0{,}0048 & -0{,}0024 \\ -0{,}0233 & -0{,}1228 & 0 & 0{,}5 & 0{,}4305 & 0{,}7750 & -0{,}3875 \\ -0{,}7051 & -0{,}0474 & 1 & 0 & 0{,}3656 & 0{,}0482 & -0{,}0241 \\ -0{,}8465 & -2{,}2456 & 0 & 1 & 0{,}8610 & 1{,}5501 & -0{,}7750 \\ 1 & 0 & 0 & 0 & 0 & 0 & 0 \\ 0 & 1 & 0 & 0 & 0 & 0 & 0 \\ 0 & 0 & 0 & 0 & 0 & 0 & 0 \end{bmatrix},$$

$$\mathbf{B}_{mf} = \begin{bmatrix} 0{,}033952 & -8{,}184E^{-05} & 0{,}0024092 \\ -0{,}0072339 & 0{,}34777 & -0{,}11247 \\ 0{,}33952 & -0{,}0008184 & 0{,}024092 \\ -0{,}014468 & 0{,}69554 & 0{,}77505 \\ 0 & 0 & 0 \\ 0 & 0 & 0 \\ 0 & 0 & 1 \end{bmatrix},$$

$$\mathbf{C}_{mf} = \begin{bmatrix} 1 & 0 & 0 & 0 & 0 & 0 & 0 \\ 0 & 1 & 0 & 0 & 0 & 0 & 0 \\ -0{,}70509 & -0{,}047365 & 1 & 0 & 0{,}36557 & 0{,}048184 & -0{,}024092 \\ -0{,}84649 & -2{,}2456 & 0 & 1 & 0{,}86096 & 1{,}5501 & -0{,}77505 \\ -1 & 0 & 0 & 0 & 0 & 0 & 0 \\ 0 & -1 & 0 & 0 & 0 & 0 & 0 \end{bmatrix},$$

$$\mathbf{D}_{mf} = \begin{bmatrix} 0 & 0 & 0 \\ 0 & 0 & 0 \\ 0{,}33952 & -0{,}0008184 & 0{,}024092 \\ -0{,}014468 & 0{,}69554 & 0{,}77505 \\ 1 & 0 & 0 \\ 0 & 1 & 0 \end{bmatrix}.$$

O modelo completo em malha fechada pode ser utilizado para verificar estabilidade, analisar robustez e analisar como o sistema se comporta para sinais em diferentes frequências (diagrama de Bode), por exemplo.

## 4.6 ESTUDO DE CASO – CSTR

Nesta seção, apresentamos um comparativo entre os algoritmos GPC, GDMC e SSMPC para o estudo de caso apresentado na Seção 3.4.4, do reator continuamente agitado (CSTR), controlado naquela seção por um GDMC. Como o SSMPC e o GPC utilizam, respectivamente, modelos por espaço de estados e por funções de transferência, é necessário obter essas representações do processo antes de prosseguir.

Realizando uma linearização por Taylor de primeira ordem a partir do modelo não linear (3.49), obtemos a seguinte representação linear em espaço de estados do sistema em torno de um ponto de operação:

$$\begin{bmatrix} \delta\dot{h} \\ \delta\dot{C}_a \\ \delta\dot{T} \end{bmatrix} = \begin{bmatrix} 0 & 0 & 0 \\ 0 & -\frac{q_i^*}{V} - k_0 e^{-\frac{E}{RT^*}} & -C_a^* k_0 \frac{E}{RT^{*2}} e^{-\frac{E}{RT^*}} \\ 0 & -\frac{\Delta H}{\rho c_p} k_0 e^{-\frac{E}{RT^*}} & -\frac{q_i^*}{V} - \frac{\Delta H}{\rho c_p} C_a^* k_0 \frac{E}{RT^{*2}} e^{-\frac{E}{RT^*}} \end{bmatrix} \begin{bmatrix} \delta h \\ \delta C_a \\ \delta T \end{bmatrix}$$

$$+ \begin{bmatrix} -\frac{1}{A_c} & 0 & 0 \\ 0 & \frac{q_i^*}{V} & 0 \\ 0 & 0 & -\frac{1}{V} \end{bmatrix} \begin{bmatrix} \delta q_o \\ \delta C_{af} \\ \delta \frac{Q_h}{\rho c_p} \end{bmatrix} + \begin{bmatrix} \frac{1}{A_c} & 0 \\ \frac{C_{af}^* - C_a^*}{V} & 0 \\ \frac{T_i^* - T^*}{V} & \frac{q_i^*}{V} \end{bmatrix} \begin{bmatrix} \delta q_i \\ \delta T_i \end{bmatrix},$$

sendo que $\delta x$ representa a variação da variável $x$ em torno de seu ponto de operação $x^*$. O ponto de operação e parâmetros considerados são os mesmos apresentados na Tabela 3.1 (p. 116). Discretizando este modelo com um período de amostragem $T_s = 3\,\text{s}$, obtemos o modelo em espaço de estados de tempo discreto a ser utilizado pelo SSMPC:

$$\begin{cases} \mathbf{x}(k+1) = \mathbf{A}\mathbf{x}(k) + \mathbf{B}\mathbf{u}(k) + \mathbf{B}_q\mathbf{q}(k), \\ \mathbf{y}(k) = \mathbf{C}\mathbf{x}(k), \end{cases}$$

com

$$\mathbf{y}(k) = \mathbf{x}(k) = \begin{bmatrix} \delta h(k) \\ \delta C_a(k) \\ \delta T(k) \end{bmatrix}, \quad \mathbf{u}(k) = \begin{bmatrix} \delta q_o(k) \\ \delta C_{af}(k) \\ \delta \frac{Q_h}{\rho c_p}(k) \end{bmatrix}, \quad \mathbf{q}(k) = \begin{bmatrix} \delta q_i(k) \\ \delta T_i(k) \end{bmatrix},$$

$$\mathbf{A} = \begin{bmatrix} 1 & 0 & 0 \\ 0 & 0{,}1355 & -0{,}003783 \\ 0 & 30{,}27 & 0{,}93 \end{bmatrix}, \; \mathbf{B} = \begin{bmatrix} -60 & 0 & 0 \\ 0 & 0{,}1441 & 0{,}1438 \\ 0 & 5{,}752 & -59{,}03 \end{bmatrix},$$

$$\mathbf{B}_q = \begin{bmatrix} 60 & 0 \\ 122{,}5 & -0{,}000719 \\ 1650 & 0{,}2951 \end{bmatrix}, \; \mathbf{C} = \begin{bmatrix} 1 & 0 & 0 \\ 0 & 1 & 0 \\ 0 & 0 & 1 \end{bmatrix}.$$

Para obter a representação em função de transferência desse processo, $\mathbf{Y}(z) = \mathbf{P}(z)\mathbf{U}(z) + \mathbf{P}_q(z)\mathbf{Q}(z)$, basta utilizar as equações a seguir:

$$\mathbf{P}(z) = \mathbf{C}\,(z\mathbf{I} - \mathbf{A})^{-1}\,\mathbf{B},$$
$$\mathbf{P}_q(z) = \mathbf{C}\,(z\mathbf{I} - \mathbf{A})^{-1}\,\mathbf{B}_q,$$

o que resulta em:

$$\mathbf{P}(z) = \begin{bmatrix} -\frac{60}{z-1} & 0 & 0 \\ 0 & \frac{0{,}14414(z-1{,}081)}{(z-0{,}7408)(z-0{,}3247)} & \frac{0{,}1438(z+0{,}623)}{(z-0{,}7408)(z-0{,}3247)} \\ 0 & \frac{5{,}7519(z+0{,}623)}{(z-0{,}7408)(z-0{,}3247)} & \frac{-59{,}026(z-0{,}2092)}{(z-0{,}7408)(z-0{,}3247)} \end{bmatrix},$$

$$\mathbf{P}_q(z) = \begin{bmatrix} \frac{60}{z-1} & 0 \\ \frac{122{,}5(z-0{,}9809)}{(z-0{,}7408)(z-0{,}3247)} & \frac{-0{,}00071899(z+0{,}623)}{(z-0{,}7408)(z-0{,}3247)} \\ \frac{1650{,}2(z+2{,}111)}{(z-0{,}7408)(z-0{,}3247)} & \frac{0{,}29513(z-0{,}2092)}{(z-0{,}7408)(z-0{,}3247)} \end{bmatrix}.$$

Serão apresentados resultados dos seguintes controladores: GDMC1, ajustado apenas para garantir a estabilidade da predição para a saída 1, que possui dinâmica integradora, e GDMC2, que, além de garantir estabilidade, também foi projetado para acelerar a rejeição de perturbações nas saídas 2 e 3, GPC e SSMPC. Tanto o GDMC1 quanto o GDMC2 foram apresentados na Seção 3.4.4. Os parâmetros básicos de sintonia são iguais para todos: $N_{1,i} = 1$ e $N_{2,i} = 30$, $\forall\, i$; $N_{u,p} = 5$, $\forall\, p$; $N_{f,1} = N_{ss,2} = N_{ss,3} = 30$ e as ponderações são todas iguais a um e foram normalizadas pelos horizontes e pelo quadrado dos respectivos pontos de operação. Além disso, são consideradas restrições para as variáveis manipuladas: $q_0 \in [0;\ 0{,}01]\ \mathrm{m^3\,s^{-1}}$, $C_{af} \in [4{,}6;\ 5{,}4]\ \mathrm{kmol\,m^{-3}}$ e $Q_h/(\rho c_p) \in [0{,}45;\ 1{,}05]\ \mathrm{K\,m^3\,s^{-1}}$.

Os resultados de simulação para diversas mudanças de referência são mostrados na Figura 4.5. Todos os controladores possuem respostas muito similares, já que os modelos utilizados representam bem o sistema não linear próximo do ponto de operação definido. As referências são atingidas adequadamente, exceto entre 200 s e 300 s, por conta da saturação das variáveis manipuladas.

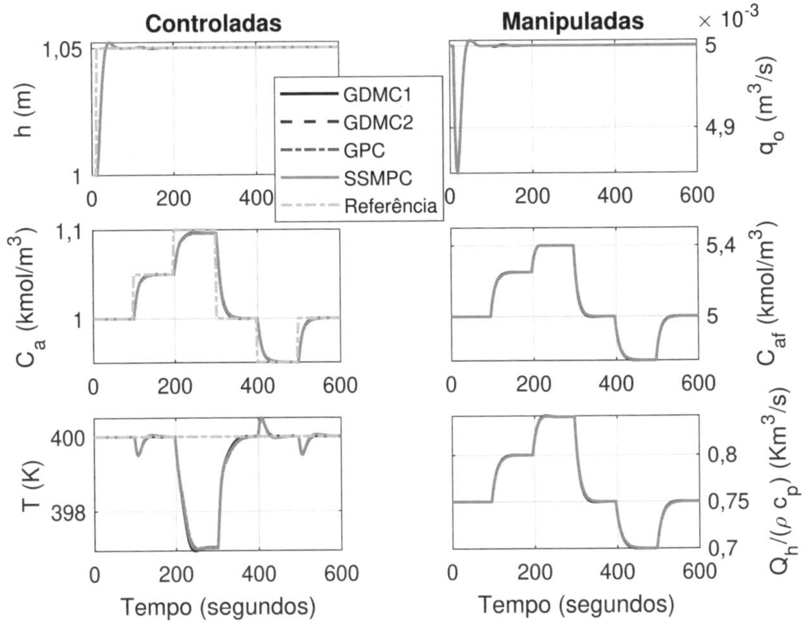


**Figura 4.5** Estudo de caso 4.6 – CSTR: resposta em malha fechada para seguimento de referência.

A resposta para rejeição de perturbações pode ser vista na Figura 4.6. Foram aplicados degraus nas duas perturbações, $q_i$ passa de $0{,}005\ \mathrm{m^3\,s^{-1}}$ para $0{,}005\,25\ \mathrm{m^3\,s^{-1}}$ em $t = 700\ \mathrm{s}$ e $T_i$ passa de $350\ \mathrm{K}$ para $332{,}5\ \mathrm{K}$ em $t = 800\ \mathrm{s}$.

Veja que todos os controladores conseguem rejeitar as perturbações, porém, agora há diferenças significativas entre as respostas, pois cada controlador estima as pertubações não medidas de forma distinta. O algoritmo GDMC1 é o que possui a resposta mais

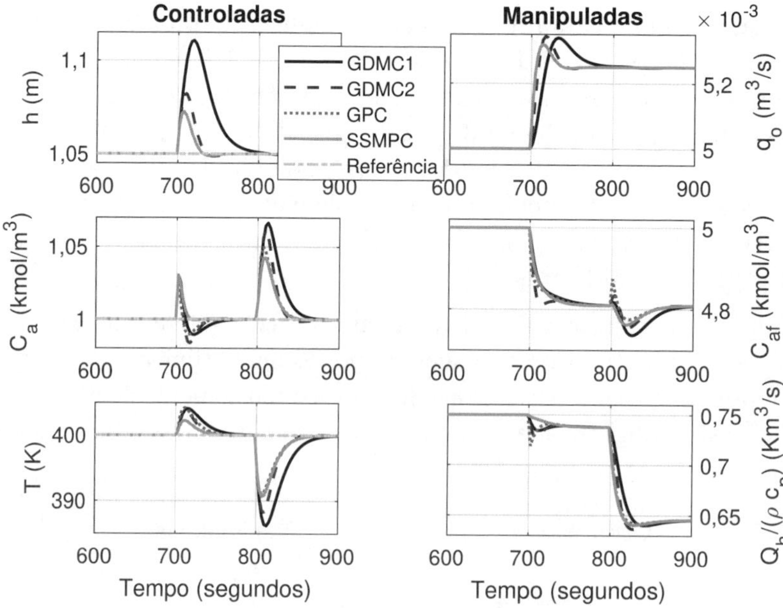


**Figura 4.6** Estudo de caso 4.6 – CSTR: resposta em malha fechada para rejeição de perturbações.

lenta de todos. O SSMPC possui a resposta mais rápida e o GPC, em geral, possui uma resposta similar, mas, em alguns casos, a resposta é um pouco mais lenta. O GDMC2 possui uma resposta intermediária entre o GDMC1 e SSMPC/GPC. De qualquer forma, todos conseguem realizar a rejeição de perturbações. Todos esses algoritmos podem ser sintonizados para obter respostas semelhantes, no entanto, ressaltamos que o algoritmo GDMC tem uma sintonia mais direta por meio dos filtros dos erros de predição na rejeição de perturbações não medidas. A resposta do GPC pode ser ajustada por meio da sintonia do polinômio $C_l(z^{-1})$, mas o ajuste não é trivial por conta da forma como $C_l(z^{-1})$ é incorporado no modelo de predição. O SSMPC apresentado aqui não possui grau de liberdade para o ajuste da estimação da perturbação, mas a metodologia poderia ser facilmente adaptada para, assim como o GPC, considerar um polinômio $C_l(z^{-1})$ na predição. Porém, as mesmas ressalvas do GPC se aplicariam.

## 4.7 COMENTÁRIOS FINAIS

Este capítulo apresentou uma formulação em espaço de estados de controle preditivo denominada aqui de SSMPC. Vale ressaltar que esta é uma formulação particular e outras fontes da literatura podem definir um MPC em espaço de estados de forma diferente. De qualquer maneira, as premissas básicas aqui apresentadas ainda são válidas.

A representação em espaço de estados possui como vantagem ser intrinsecamente multivariável, não exigindo nenhuma alteração em relação ao caso monovariável, o que facilita a aplicação do SSMPC a esse tipo de sistema. Além disso, o SSMPC pode lidar com qualquer tipo de dinâmica, por exemplo, dinâmicas instáveis e de fase não mínima, sem a necessidade de qualquer adaptação. Como desvantagem, podemos citar a necessidade de se medir todos os estados do sistema, o que nem sempre é viável na prática, ou a necessidade de se utilizar estimadores de estado, que podem complicar o projeto do controlador, pois influenciam o comportamento de malha fechada.

Além disso, mostramos como obter o controlador SSMPC com e sem ação antecipativa (*feed-forward*) e considerando ou não restrições no processo. Nos demais aspectos, tal como sintonia, o SSMPC é idêntico aos outros algoritmos MPC multivariáveis.

## 4.8 EXERCÍCIOS PROPOSTOS

1. Considere que um sistema de controle de posição de um motor de corrente contínua tem modelo de tempo discreto obtido com um período de amostragem de 1 s dado por:

$$\omega(k) = 0{,}9\omega(k) + 0{,}2u(k-1) - 0{,}1q(k-1),$$

$$\theta(k) = \theta(k-1) + \omega(k-1),$$

com $\omega(k)$ e $\theta(k)$ a velocidade e posição do eixo do motor, respectivamente, $u(k)$ a tensão aplicada (variável manipulada) e $q(k)$ o torque de carga (pertubação).

- Encontre um modelo de equações de estado do motor, considerando como variáveis controladas $\theta(k)$ e $\omega(k)$.
- Considerando que a perturbação não é medida, encontre as matrizes **G** e **f** para o cálculo das predições para o caso $N_u = 2$, $N_1 = 1$ e $N_2 = 3$ para as duas variáveis de estado.
- Repita o item anterior para o caso de $N_u = 2$, $N_1 = 1$ e $N_2 = 5$ para $\theta(k)$ e $N_1 = 1$ e $N_2 = 2$ para $\omega(k)$.

- Considere agora que a pertubação $q(k)$ é medida, mas não se conhecem os valores futuros. Calcule $\mathbf{G}$ e $\mathbf{f}$ para o cálculo das predições para o caso com $N_u = 2$, $N_1 = 1$ e $N_2 = 3$ para os estados.
- Calcule a lei de controle sem restrições considerando $\delta_\theta = 2$, $\delta_\omega = 1$ e $\lambda = 5$ para os casos com e sem perturbação medida.

2. Encontre o sistema em espaço de estados completo de malha fechada para o SSMPC considerando que a perturbação não é medida, assim como foi apresentado na Seção 4.5.

3. Considere o sistema de controle de vazão e de temperatura de água em uma tubulação de um processo industrial apresentado no Exemplo 3.1.
   - Encontre a representação por variáveis de estado deste sistema em tempo discreto.
   - Calcule a lei de controle irrestrita do SSMPC para este processo para o caso $N_u = 2$, $N_1 = 1$ e $N_2 = 3$ para as duas variáveis de estado, com ponderações unitárias para o erro e esforço de controle.
   - Encontre o controle equivalente e calcule o sistema em malha fechada. Comprove se o sistema é estável.

4. Para o mesmo processo do exercício anterior, usando os códigos disponibilizados na página web do livro, ajuste um controle SSMPC para obter uma resposta estável em malha fechada e com dinâmicas para seguimento de referências tipo degrau sem oscilações.

5. Crie seu próprio código de controle SSMPC e compare-o com o disponibilizado na página web do livro.
   - Implemente primeiro um código simples, sem perturbações medidas nem restrições.
   - Inclua no código anterior a possibilidade de perturbações medidas e restrições nas variáveis manipuladas.
   - Inclua no código anterior a possibilidade de restrições na saída do processo, utilizando variáveis de folga.

6. Considere o sistema de evaporação do Exemplo 3.12.
   - Encontre a representação por variáveis de estado desde sistema em tempo discreto.
   - Ajuste um controlador SSMPC para esde sistema e compare os resultados com os mostrados no Exemplo 3.12.
7. Considere o sistema do Exemplo 3.10.
   - Encontre a representação por variáveis de estado desse sistema em tempo discreto.
   - Ajuste um controlador SSMPC para esde sistema e compare os resultados com os mostrados no Exemplo 3.10.

CAPÍTULO 5

# Controle preditivo não linear

Como mostramos no Capítulo 1, a filosofia dos controladores MPC pode ser aplicada a qualquer tipo de processo sempre que o modelo usado no controlador represente adequadamente as relações entre as principais varáveis do sistema: manipuladas, controladas e perturbações. Sabemos que a maioria dos sistemas reais têm dinâmica não linear, logo é natural pensar em utilizar uma estratégia de MPC com modelos de predição não lineares. Porém, como é comum os processos operarem numa pequena faixa ao redor de um ponto de operação, as dinâmicas tipicamente podem ser aproximadas de modo satisfatório usando modelos lineares, o que motiva o desenvolvimento de técnicas MPC que utilizam modelos lineares, como aquelas vistas nos capítulos anteriores. Do ponto de vista prático, se um modelo linear for suficiente para obter um bom desempenho do controlador, não parece justificável complicar o projeto usando modelos mais complexos. Porém, quando os processos têm dinâmica muito não linear ou quando o processo trabalha em várias faixas de operação, o emprego de modelos não lineares no projeto do controle tende a manter o desempenho desejado para o sistema em malha fechada.

Do ponto de vista conceitual, o controle preditivo não linear (NMPC, do inglês *Nonlinear MPC*) não apresenta dificuldades. O NMPC tipicamente considera a mesma função custo que no caso linear, um modelo não linear para o cálculo das predições, e o objetivo consiste, novamente, em encontrar o controle que minimize a função custo num algoritmo de horizonte deslizante. Já do ponto de vista prático, são várias as dificuldades encontradas neste problema: (a) a determinação de um modelo não linear de um processo a partir de dados por métodos de identificação é mais complexa; (b) a obtenção do sinal de controle requer, em geral, a solução de um problema otimização não convexo; (c) toda a análise teórica do sistema em malha fechada, como estudos de estabilidade e robustez, tornam-se mais difíceis de serem feitos; (d) a simulação interna usada pelo MPC na própria implementação do controlador para o cálculo das predições torna-se mais complexa. Por esses motivos, o NMPC é um campo aberto para pesquisas tanto na área de determinação de modelos como nos procedimentos e algoritmos de otimização para o cálculo do controle.

Neste capítulo, estudaremos algumas das técnicas disponíveis na literatura para a solução do problema NMPC, focando aquelas que podem ser mais simples de usar na prática, tanto com o objetivo de uso no ambiente acadêmico quanto no industrial. O capítulo é iniciado com a apresentação de uma visão geral do conjunto de técnicas existentes na literatura, na Seção 5.1. Na sequência, na Seção 5.2, apresentamos a formulação de um NMPC propriamente dito, que resulta na necessidade de resolver um problema de otimização não linear geral. Duas alternativas que fazem uso de aproximações para poder resolver um problema de programação quadrático convexo ao invés de um problema não linear são apresentadas nas Seções 5.3 e 5.4. O capítulo é finalizado com um estudo de caso empregando um CSTR, comentários finais e exercícios propostos.

## 5.1 CONTROLE PREDITIVO NÃO LINEAR: UMA VISÃO GERAL

Existe uma grande quantidade de técnicas MPC que direta ou indiretamente tratam sistemas não lineares. Uma possível classificação dessas técnicas as divide em três grupos:

(a) as que utilizam diretamente um modelo não linear genérico e um algoritmo de otimização não linear de propósito geral para calcular a ação de controle;

(b) as que utilizam modelos não lineares particulares e métodos de otimização específicos para o modelo escolhido;

(c) as que utilizam modelos lineares para representar parte do (ou todo o) comportamento do processo e, portanto, resolvem um ou vários problemas de controle preditivo com modelos lineares para calcular a ação de controle.

Evidentemente, as vantagens de uma ou de outra alternativa estão diretamente relacionadas ao compromisso desempenho-custo computacional.

É de se supor que técnicas que utilizem modelos mais complexos apresentem melhor desempenho em termos de resposta do sistema em malha fechada, porém elas tendem a requerer maior custo computacional. Além disso, cabe destacar que pode ser necessário aumentar o período de amostragem para que uma abordagem mais complexa possa convergir antes da próxima amostra, o que pode prejudicar o desempenho dessa estratégia de controle e fazer com que abordagens mais simples acabem apresentando respostas em malha fechada melhores do que as apresentadas por técnicas mais complexas. Por fim, merece destaque o fato de que a formulação direta com modelos não lineares pode levar a problemas de otimização que não convergem ou que convergem a mínimos locais. Nesta seção, as vantagens e desvantagens de algumas dessas técnicas são discutidas, com uma visão prática, para fornecer subsídios ao estudante ou projetista na hora de escolher uma ou outra metodologia.

Uma abordagem natural é a utilização das predições na função custo empregando o modelo não linear do processo, que chamaremos de NMPC direto. Neste caso, a minimização da função custo é realizada com programas de otimização especializados na solução de funções não lineares, como programação não linear ou programação quadrática sequencial, por exemplo. Comparando com o problema de otimização quadrática (QP) já apresentado, aqui são preservadas as características de horizonte deslizante e a repetição da otimização a cada período de amostragem, mas a formulação não linear apresenta as vantagens de poder considerar restrições e funções custo não lineares no problema. Do ponto de vista prático, a principal vantagem desse método reside no uso de um modelo não linear que permite, em geral, obter predições muito próximas das saídas reais da planta, o que tipicamente permite melhorar o desempenho do sistema em malha fechada. Como desvantagens podemos citar:

(i) o elevado tempo de cômputo quando comparado ao MPC linear, geralmente devido ao grande número de iterações usadas nos métodos de otimização não linear;

(ii) maior incerteza no tempo que o algoritmo leva para entregar uma solução do problema em cada amostragem, quando comparado a um problema QP;

(iii) os problemas de convergência dos algoritmos, que podem, por exemplo, chegar a soluções que sejam mínimos locais.

Todos esses fatores fazem com que a utilização do NMPC direto seja ainda pouco difundida nas aplicações práticas de controle para aplicação on-line, em especial aquelas com requisitos de tempo real.

Uma forma de obter uma solução mais simples que a correspondente ao modelo não linear genérico consiste em utilizar classes de modelos não lineares particulares, por exemplo, séries de Volterra ou modelos de Hammerstein. Essas alternativas são interessantes na prática quando o processo que está sendo estudado enquadra-se bem na aproximação selecionada. O compromisso entre complexidade de cálculo e desempenho é, novamente, o fator determinante para a escolha. Nesses casos particulares de modelo, a otimização pode ser mais simples que no caso geral. Do ponto de vista prático, é importante notar que o uso de um modelo mais complexo somente trará benefício quando o erro de modelagem, devido a outras causas que não estão diretamente associadas à não linearidade, for pequeno, ou seja, ele consiga, de fato, representar melhor a dinâmica do processo real. Caso contrário, a dessintonia do controlador necessária para manter a robustez pode eliminar a vantagem do uso de um modelo mais complexo. Por exemplo, se um processo tem dinâmica não linear e um atraso de transporte dominante e incerto, o ajuste de um controle robusto deverá considerar, principalmente, o efeito da incerteza no atraso no comportamento de malha fechada. Assim, o fato de considerar um modelo não linear com atraso provavelmente trará pouca vantagem para o comportamento de malha fechada em relação ao uso de um modelo aproximado linear com atraso.

Uma terceira abordagem consiste em utilizar uma versão linearizada do modelo para a síntese do controlador. As formulações desta classe utilizam diferentes técnicas, como procedimentos de linearização em vários pontos de operação e uma técnica de escolha do modelo a ser usado (ou de ponderação entre modelos), ou linearizações sobre a trajetória, por exemplo. Nas técnicas de ponderação de múltiplos modelos lineares, calculam-se vários modelos lineares em diferentes pontos de equilíbrio do sistema e emprega-se uma estratégia que decide que modelo deve ser usado em cada amostra. Essa estratégia usa algum critério, que pode ser, por exemplo, a distância do ponto atual de operação em relação aos diferentes pontos usados na linearização. Esse mesmo critério pode ser usado também para obter um modelo calculado como uma combinação linear dos modelos lineares encontrados nos diferentes pontos de operação. O custo computacional e o desempenho desses métodos estão diretamente relacionados ao número de modelos necessários e aos procedimentos de ponderação, que, em geral, não são simples de generalizar. Nas técnicas de linearização sobre trajetória, muito usadas, por exemplo, em robótica ou em veículos autônomos, calcula-se um modelo linearizado genérico de forma que os parâmetros do modelo linear são escritos como funções do ponto de operação do sistema. Por exemplo, em um veículo, eles são escritos como função da posição, da velocidade e da orientação do mesmo. Com esse modelo linear a parâmetros variáveis (LPV, do inglês *Linear Parameter Varying*), aplica-se qualquer algoritmo de MPC linear que, neste caso, terá uma matriz dinâmica variável no tempo, de acordo com o ponto sobre a trajetória. Observe que, ao usar os modelos LPV, o mais comum é fixar os parâmetros quando calculamos as predições, dado que não conhecemos a trajetória futura para poder calcular exatamente os parâmetros do modelo linear ao longo do horizonte. Há diferentes abordagens para resolver este problema. Uma delas é calcular uma aproximação dessa trajetória com dados atuais, por exemplo, usando uma aproximação por Taylor do parâmetro. Mas também é possível utilizar um algoritmo iterativo para calcular melhor as predições, junto com a variação dos parâmetros, mas isso adiciona ainda mais complexidade computacional.

Uma outra forma de usar modelos lineares em um processo não linear é utilizar linearizações do modelo não linear a cada instante de amostragem, o que ajusta melhor a resposta do modelo ao comportamento não linear do sistema, diminuindo o erro de aproximação ao custo de um aumento da carga computacional. Neste caso, também se resolve, de forma aproximada, o problema de otimização não linear, usando um problema do tipo QP. Uma dessas técnicas, denominada NEPSAC (*Nonlinear Extended Predictive Self-Adaptive Controller*) (DE KEYSER; LAZAR, 2003), usa um modelo linear para o cálculo da resposta do modelo, separando em duas partes essa resposta, denominadas respostas base e ótima. No algoritmo, ambas as respostas são recalculadas usando um procedimento iterativo, buscando que a solução achada seja muito próxima da não linear. Assim, o problema de otimização não linear pode ser transformado numa sequência de problemas de otimização quadrática. Essa metodologia funciona bem em muitos casos práticos sem necessidade de muitas iterações, apesar de não se ter garantia de obtenção do ótimo nem haver prova formal das condições de convergência do processo iterativo.

Uma solução simples que também pode ser usada na prática é considerar dois modelos para o sistema, um modelo não linear completo e um modelo linearizado em algum ponto de operação que o projetista considera o mais adequado para as condições de operação do processo (por exemplo, no meio da faixa de operação ou no ponto de operação nominal do processo). Com base nesses dois modelos, as predições são calculadas de forma aproximada, usando o modelo não linear para o cálculo da resposta livre e o modelo linear para a resposta forçada. Essa aproximação vai conter um erro devido a dois fatores: por usar o princípio de superposição para um sistema não linear e por calcular a resposta forçada com um modelo aproximado. Por outro lado, a grande vantagem dessa abordagem é que pode ser usado um algoritmo de otimização do tipo QP, como no controle MPC de modelo linear. Observe que, como a função custo pode ser colocada em função apenas dos incrementos de controle futuros, todo o procedimento de minimização pode ser mantido como no caso linear, apenas calculando a resposta livre usando o modelo não linear. Veja que, neste caso, praticamente manteríamos todo o código do MPC linear, apenas mudando a parte que calcula a resposta livre, o que pode ser feito usando um código que simula a resposta livre no horizonte de predição a partir das condições iniciais do sistema (valores passados do sinal de controle e das saídas ou estados medidos).

Uma proposta que melhora o método anterior, chamada de PNMPC (do inglês *Practical NMPC*) (PLUCENIO et al., 2007), mantém o cálculo da resposta livre com o modelo não linear, mas calcula a resposta forçada usando um modelo linearizado em cada passo de amostragem e não um modelo fixo. Dessa forma, o modelo de predição se ajusta ao comportamento não linear do processo, diminuindo o erro de predição.

Note que, em todos os casos anteriores nos quais são usadas aproximações e iterações, as técnicas tratam de compensar as perdas no desempenho (por causa da aproximação do modelo) com a maior velocidade de processamento e simplicidade dos algoritmos. Assim, pode-se considerar como melhor aquele algoritmo que consiga o melhor compromisso entre desempenho, simplicidade e velocidade de execução.

Nas próximas seções, estudaremos três algoritmos de NMPC, o de cálculo direto, usando as poderosas ferramentas hoje disponíveis para otimização não linear, e duas de aproximação linear, o NEPSAC e o PNMPC.

## 5.2 CONTROLE NMPC DIRETO

Do ponto de vista da sua formulação, o NMPC direto é muito simples. Vamos usar aqui um modelo genérico não linear em variáveis de estado, mas poderíamos usar qualquer outra representação. Assim como no caso linear, a vantagem dessa formulação é que vale para sistemas SISO e MIMO.

Assim, considere que o processo pode ser representado pelo modelo de tempo discreto:

$$\begin{cases} \mathbf{x}(k+1) = f(\mathbf{x}(k), \mathbf{u}(k), \mathbf{q}(k)), & (5.1a) \\ \mathbf{y}(k) = g(\mathbf{x}(k), \mathbf{u}(k), \mathbf{q}(k)), & (5.1b) \end{cases}$$

sendo $\mathbf{x} \in \mathbb{R}^{n_s}$ o vetor de estados, $\mathbf{u} \in \mathbb{R}^{m}$ o vetor de sinais de controle, $\mathbf{q} \in \mathbb{R}^{m_q}$ o vetor de perturbações e $\mathbf{y} \in \mathbb{R}^{n}$ o vetor de saídas do sistema. Ainda, $f$ e $g$ são duas funções não lineares contínuas e diferenciáveis. Cabe destacar que, se as condições anteriores para $f$ e $g$ não forem cumpridas, ainda é possível aplicar o método, porém torna-se mais difícil encontrar a solução ótima do problema.

Considerando a mesma função custo utilizada nos métodos de MPC linear e, para simplificar, um horizonte de predição de 1 a $N$ e horizonte de controle $N_u$, temos:

$$J = [\mathbf{r} - \hat{\mathbf{y}}]^T \, \mathbf{Q}_e \, [\mathbf{r} - \hat{\mathbf{y}}] + \Delta\mathbf{u}^T \mathbf{Q}_u \Delta\mathbf{u},$$

com as mesmas definições já vistas para as variáveis e parâmetros usados em $J$. O problema a ser resolvido para a formulação NMPC é dado por:

$$\min J \tag{5.2}$$

s.a.

$$\begin{aligned} \hat{\mathbf{x}}(k+j+1 \mid k) &= f(\hat{\mathbf{x}}(k+j \mid k), \mathbf{u}(k+j), \mathbf{q}(k+j)), \; j = 1, \ldots N, \\ \hat{\mathbf{y}}(k+j \mid k) &= g(\hat{\mathbf{x}}(k+j \mid k), \mathbf{u}(k+j), \mathbf{q}(k+j)), \; j = 1, \ldots N, \\ h_1(\mathbf{u}(k+j)) &\le 0, \;\; j = 1, \ldots N_u, \\ h_2(\hat{\mathbf{x}}(k+j \mid k), \hat{\mathbf{y}}(k+j \mid k)) &\le 0, \;\; j = 1, \ldots N, \end{aligned}$$

onde $h_1$ e $h_2$ são funções que representam as restrições colocadas no controle, e estados e saídas do processo, respectivamente. Essa função pode incluir restrições comuns de limites das variáveis e também restrições não lineares em geral. Observe que, além das restrições definidas por $h$, o problema tem como restrição o modelo do processo usado para o cálculo das predições.

Em termos práticos, este problema pode ser resolvido diretamente com o uso de *solvers* não lineares de uso geral (por exemplo, *fmincon*[4], *Ipopt*[5]) ou por ferramentas

[4]https://www.mathworks.com/help/optim/ug/fmincon.html
[5]https://coin-or.github.io/Ipopt/

que disponibilizam interfaces para *solvers* e variáveis simbólicas, por exemplo, CasADi[6], AMPL[7], CVX[8], CVXPY[9] ou GRAMPC[10].

Para exemplificar, apresentamos, na sequência, o procedimento para colocar o problema do NMPC no CasADi.

## 5.2.1 CasADi – Generalidades

CasADi (do inglês *Computer-algebra software for Automatic Diferentiation*) é uma ferramenta de código aberto para otimização não linear e diferenciação algorítmica (ANDERSSON et al., 2019). Essa ferramenta facilita a implementação rápida e eficiente de diferentes métodos para controle numérico ótimo, tanto em um contexto off-line quanto para controle preditivo de modelo não linear (NMPC). CasADi é implementado em C++, que é conhecido por seu bom desempenho computacional, porém possui interfaces para linguagens de mais alto nível, como Python, Julia e MATLAB. Essa última foi utilizada neste livro.

### 5.2.1.1 Simbologias

O CasADi possui uma estrutura simbólica independente, ou seja, define classes de objetos próprios. No entanto, ainda é possível construir expressões usando uma sintaxe inspirada em MATLAB, como veremos a seguir.

Após instalar o CasADi, é possível importar as simbologias no ambiente de programação, para a linguagem MATLAB, da seguinte maneira:

```
import casadi.*
```

Após importar a ferramenta CasADi no MATLAB, é possível trabalhar no software de maneira análoga ao que fazemos normalmente em MATLAB, utilizando os comandos conhecidos. Por exemplo, para concatenar variáveis CasADi horizontal e verticalmente, usamos, respectivamente:

```
Y = [Y1,Y2,Y3,Y4]
Z = [Z1;Z2;Z3;Z4]
```

A principal classe utilizada para implementar o NMPC com o CasADi é a Opti Stack, detalhada na sequência.

[6]https://web.casadi.org/
[7]https://ampl.com/
[8]http://cvxr.com/
[9]https://www.cvxpy.org/
[10]https://sourceforge.net/projects/grampc/

### 5.2.1.2 Opti Stack

A Opti Stack é um tipo de interface que simplifica a escrita do problema de otimização, deixando o código mais limpo e legível. Nela, é utilizada uma notação matemática de um problema não linear de uma forma similar ao que se coloca em uma formulação teórica. Um objeto da classe Opti Stack é instanciado da seguinte forma:

```
opti = casadi.Opti()
```

Após definir a ferramenta de otimização, podemos utiliza-lá para criar variáveis que serão o argumento do problema de otimização (variáveis de decisão). Essa variável pode ser escalar, por exemplo, para um sistema SISO com $N_u = 1$, ou vetorial, para um sistema SISO com $N_u > 1$ ou um sistema MIMO qualquer. Exemplos de criação de variáveis são:

```
% Escalar
X = opti.variable()
% Vetor Coluna de tamanho N
X = opti.variable(N)
% Matriz de tamanho N por M
X = opti.variable(N,M)
```

No problema de otimização, precisamos fornecer valores iniciais para as variáveis de otimização, usando a seguinte sentença, colocada aqui para um escalar $x$:

```
% Atribui 2 como valor inicial de x[1]
opti.set_initial(X(1), 2)
```

Para declarar restrições de igualdade ou desigualdade temos três possibilidades de comandos, que são novamente exemplificadas aqui para um escalar $x$:

```
% Restrição de desigualdade: x tem que ser maior ou igual a 2
opti.subject_to(x>=2)
% Restrição de igualdade: x tem que ser igual a 2
opti.subject_to(x==2)
% Restrição de desigualdade dupla: -2<=x<=2
opti.subject_to(-2<=X<=2)
```

Para declarar o objetivo do problema, uma vez definida a função custo $J$, usamos o método:

```
% Objetivo: minimizar a função J
opti.minimize(J)
```

Ainda, precisamos escolher um *solver*, usando o comando:

```
opti.solver('nome do solver')
```

Existem diversas opções de *solvers* que podem ser utilizadas. Por exemplo, *Ipopt* é um *solver* livre desenvolvido na Carnegie Mellon University (WÄCHTER; BIEGLER, 2006) e é baseado no método do ponto interior, sendo numericamente robusto. Outra opção é o *sqpmethod*, que é um QP sequencial básico, tal como a formulação que se encontra em livros de otimização, e é implementado diretamente em CasADi. Já o *bonmin* é um *solver* experimental que permite usar variáveis mistas inteiras, desenvolvido sobre a base do *Ipopt* junto com técnicas de *branch and bound*.

Uma vez configurado o problema, pode-se chamar o método *solve*, que constrói o problema na forma não linear e o soluciona. Essa chamada é feita da seguinte maneira:

```
solution=opti.solve()
```

### 5.2.2 Montando o NMPC em CasADi

Vamos considerar um exemplo genérico multivariável de um processo com $n$ saídas e $m$ entradas, horizonte de predição de 1 a $N$ e $N_u = N$. O NMPC tem como variáveis de decisão o vetor de estados e o vetor de controle $U$, que devem ser mantidos entre 0 e 100. Assim, para configurar o algoritmo, precisamos de uma matriz de dimensão $m \times N$ para o controle e de $n \times N$ para a variável de estado $\mathbf{x}$.

Para montar o problema de otimização, montamos a função custo iterativamente de 1 a $N$. As restrições também são formuladas nesse mesmo laço. Assim, pode-se resolver o NMPC da seguinte maneira:

```
% Problema NMPC com horizonte de predição e de controle iguais a N
% Definindo a ferramenta de Otimização
opti = casadi.Opti()
% Variáveis de Otimização
% vetor de incrementos de controle: matriz de tamanho m por N
dU = opti.variable(m,N)
% Inicializar a função custo
f_custo = 0
% Definir condição inicial para U (necessário para quando usamos
    warm-start), e X
opti.set_initial(U(:,1),U_inicial)
% Iteração para montagem de J(X,U) (função custo genérica) a cada
    passo dentro do horizonte considerando as restrições estáticas e
    dinâmicas.
Xant = xk; % valor de X em k;
U = uk1; % valor do sinal de controle em k-1;
for k=1:N
  U = U + dU(:,k); % atualização do sinal de controle
```

```
    X = f(Xant, U); % predição utilizando a função não linear f do
        processo

    %%% montagem da função custo
    f_custo = f_custo + J(X,dU(:,k));

    %%% montagem das restrições
    opti.subject_to(0<=X<=100);
    opti.subject_to(0<=U<=100);
    opti.subject_to(du_min <= dU(:,k) <= du_max);
end

% Declarando o objetivo do problema: minimizar f_custo
opti.minimize(f_custo)
% Utilizando o solver ipopt
opti.solver('ipopt')
% Solucionando o problema não linear
solution = opti.solve()
% Retorna valor do objetivo
J = solution.value(f_custo)
% Retorna valor do controle solução
u = solution.value(U)
```

Vamos apresentar, na sequência, um exemplo simples, empregado para discutir alguns detalhes da formulação do problema NMPC e a sua resolução com CasADi.

**Exemplo 5.1**

Vamos considerar o modelo de controle de nível $h(k)$ de um tanque com acionamento pela abertura da válvula de saída $u(k)$ e considerando a abertura da válvula de entrada $q(k)$ como uma perturbação. O modelo desse tanque é:

$$h(k) = h(k-1) + K_1 q(k-1) - K_2 u(k-1)\sqrt{2gh(k-1)},$$

com $K_1 = 2$ e $K_2 = 0{,}1$.

Nesse sistema simples de primeira ordem, o estado coincide com a saída e, ainda, somente temos escalares nas variáveis da função não linear que descreve o modelo. Assim, $y(k) = x(k) = h(k)$ e o modelo na forma geral sugerida é:

$$\begin{cases} x(k+1) = f(x(k), u(k), q(k)), \\ y(k) = x(k), \end{cases}$$

com $f(x(k), u(k), q(k)) = x(k) + K_1 q(k) - K_2 u(k)\sqrt{2gx(k)}$.

Vamos considerar, também, que as restrições do problema são apenas as bandas de cada variável, dadas em valores percentuais: $x \in [0\,\%;\ 100\,\%]$, $u \in [0\,\%;\ 100\,\%]$ e $q \in [0\,\%;\ 100\,\%]$. Para esse problema, a sintonia é: $N_1 = 1$, $N_2 = 20$, $N_u = 20$ e $\lambda = 10$. Assim:

$$J = \sum_{j=1}^{20} \big(r(k+j) - x(k+j)\big)^2 + \sum_{j=0}^{19} \lambda \Delta u(k+j)^2.$$

Ainda, como a perturbação futura não é conhecida, usamos $q(k+j) = q(k)$ no modelo. Assim, o problema a resolver é dado por:

$$\min J$$

s.a.

$$\begin{aligned} x(k+j+1) &= x(k+j) + K_1 q(k) - K_2 u(k+j)\sqrt{2gx(k+j)}, \\ u(k+j) &= u(k+j-1) + \Delta u(k+j), \qquad j = 0,\ldots,N_u - 1, \\ x(k+j) &\in [0\%;\ 100\%], \qquad j = N_1,\ldots,N_2, \\ u(k+j) &\in [0\%;\ 100\%], \qquad j = 0,\ldots,N_u - 1, \end{aligned}$$

as variáveis de decisão serão os incrementos futuros de controle e os estados, que devem seguir a dinâmica do modelo do processo. A seguir, mostramos um trecho do código de simulação, especificamente a parte em que o problema de otimização é montado e resolvido (o código completo está disponível na página do livro):

```
%%% Controlador NMPC com CasADi
%% Variáveis de minimização NLP
opti = casadi.Opti();
dU = opti.variable(n,N);
f_custo = 0;

% Inicialização X e dU com os valores atuais (warm start)
opti.set_initial(dU,0);
% Montando as restrições e função custo
U = us(k-1); % variável com o sinal de controle futuro
Xk = xs(k); % variável com o estado em k
for j=1:N
    %% montando predição
    % sinal de controle
    U = U + dU(:,j);

    % iteração do modelo
    X = Xk + K1*qs(k) - K2*U*sqrt(2*g*max(Xk,1e-3));
```

```
    %% montando função custo
    f_custo = f_custo + (xr(:,k)-X)'*Qx*(xr(:,k)-X) ...
            + dU(:,j)'*Qu*dU(:,j);

    % Restrições de operação
    opti.subject_to(Xmin<=X<=Xmax);
    opti.subject_to(Umin<=U<=Umax);
end

% Declarando o objetivo do problema: minimizar f_custo
opti.minimize(f_custo);
% Utilizando o solver ipopt
opti.solver('ipopt');
% Solucionando o problema não linear
sol = opti.solve();
% Obtém valor da função custo da iteração
J(k) = sol.value(f_custo);
% Obtém o sinal de controle atual
du(:,k) = sol.value(dU(:,1));
us(:,k) = us(:,k-1) + du(:,k);
```

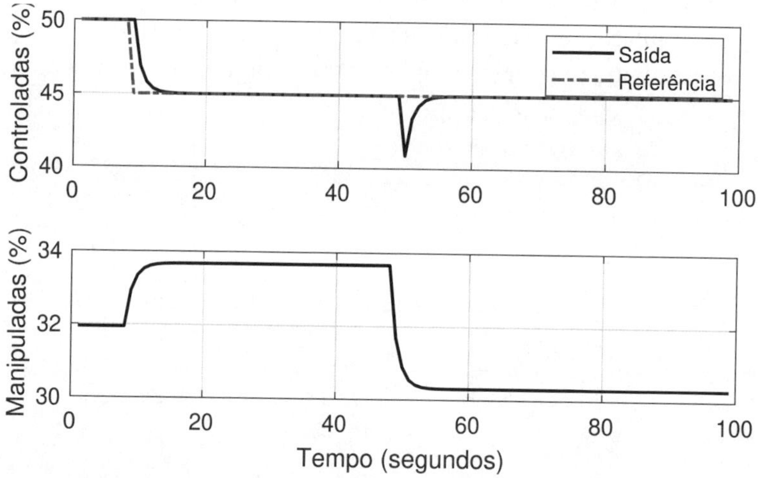


**Figura 5.1** Exemplo 5.1 – resposta e sinal de controle para o controle de nível de um tanque utilizando NMPC.

A resposta do sistema é apresentada na Figura 5.1, para um cenário em que o sistema inicia no ponto de operação $h^* = 50\,\%$, $u^* = 31{,}9438\,\%$ e $q^* = 50\,\%$. Em

$t = 10\,\text{s}$, a referência muda para 45% e, em $t = 50\,\text{s}$, a perturbação muda para $45\,\%$. Veja que o controle garante seguimento de referência e rejeição de perturbações.

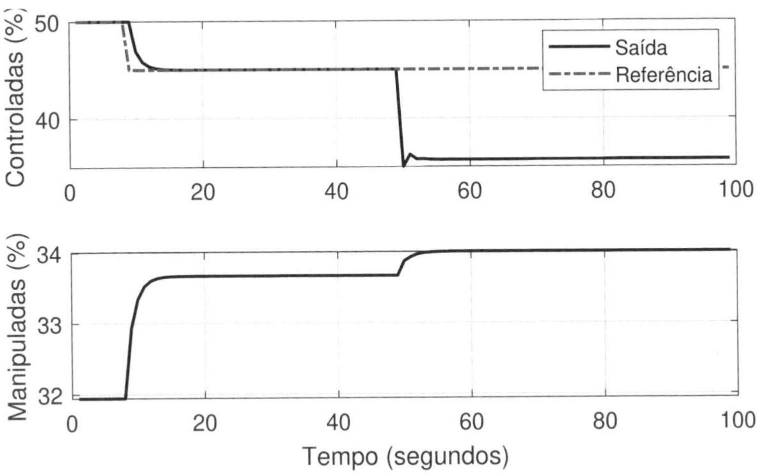


**Figura 5.2** Exemplo 5.1 – Resposta e sinal de controle para o controle de nível de um tanque utilizando NMPC sem ação antecipativa.

Na Figura 5.2, apresentamos o resultado para a mesma sintonia, exceto que, agora, não consideramos ação antecipativa, ou seja, no modelo de predição, assumimos que o valor da perturbação é fixo e igual ao seu valor do ponto de operação $q^*$. Veja que o sistema ainda é capaz de seguir referências mas o efeito da perturbação não é rejeitado. Isso ocorre devido ao modelo utilizado, que não leva em conta a estimação de perturbações não medidas. Isso pode ser remediado definindo o modelo de predição de maneira adequada, como veremos a seguir.

**Nota 5.1**

O código utilizando CasADi apresentado no Exemplo 5.1 não está otimizado para diminuir o custo computacional da solução do problema de otimização, pois este é redefinido completamente a cada iteração. Isso foi feito para simplificar a apresentação. Para diminuir o custo computacional, é possível definir o problema de otimização apenas uma vez de forma paramétrica, ou seja, o problema de otimização é fixo e o que muda são os parâmetros que definem a condição inicial. Implementar dessa maneira acelera consideravelmente a execução do código.

**Nota 5.2**

O CasADi possui funções de integração e diferenciação numéricas, como *Runge-Kutta* ou *collocation*, de tal forma que é possível utilizar o modelo em equações diferenciais diretamente na formulação do problema de otimização. Isso tende a gerar predições mais fiéis do comportamento do sistema, especialmente em sistemas com dinâmicas complexas. Mais informações podem ser obtidas diretamente na documentação do CasADi.

### 5.2.3 NMPC direto com erro de predição

Como mostrado no Exemplo 5.1, o NMPC apresentado até o momento não inclui o efeito de perturbações não medidas. Assim, na prática, nunca teremos garantia de erro nulo para perturbações constantes não medidas. Para corrigir esse problema, faremos uma alteração no modelo de predição. No entanto, isso torna o problema mais complexo. A alteração no modelo segue o procedimento apresentado no Capítulo 4 para o SSMPC, em que um ruído branco de média zero $\mathbf{e}(k) \in \mathbb{R}^{n_s}$, que representa perturbações externas ou erros de modelagem, é adicionado em cada estado:

$$\begin{cases} \mathbf{x}(k+1) = f(\mathbf{x}(k), \mathbf{u}(k), \mathbf{q}(k)) + \dfrac{1}{\Delta}\mathbf{e}(k), & (5.3a) \\ \mathbf{y}(k) = g(\mathbf{x}(k), \mathbf{u}(k), \mathbf{q}(k)). & (5.3b) \end{cases}$$

A partir da equação anterior, temos que

$$\Delta\mathbf{x}(k+j) = \Delta f(\mathbf{x}(k+j-1), \mathbf{u}(k+j-1), \mathbf{q}(k+j)) + \mathbf{e}(k+j)$$

e, como o valor esperado para o sinal $\mathbf{e}(k+j), \forall j > 0$ é zero, então:

$$\begin{aligned} \Delta\hat{\mathbf{x}}(k+j \mid k) =& \Delta f(\hat{\mathbf{x}}(k+j-1 \mid k), \mathbf{u}(k+j-1), \mathbf{q}(k+j-1)), \\ \hat{\mathbf{x}}(k+j \mid k) - \hat{\mathbf{x}}(k+j-1 \mid k) =& f(\hat{\mathbf{x}}(k+j-1 \mid k), \mathbf{u}(k+j-1), \mathbf{q}(k+j-1)) \\ & - f(\hat{\mathbf{x}}(k+j-2 \mid k), \mathbf{u}(k+j-2), \mathbf{q}(k+j-2)). \end{aligned}$$

Reorganizando, temos uma equação recursiva para obter as predições futuras:

$$\begin{aligned} \hat{\mathbf{x}}(k+j \mid k) = & f(\hat{\mathbf{x}}(k+j-1 \mid k), \mathbf{u}(k+j-1), \mathbf{q}(k+j-1)) \\ & + \hat{\mathbf{x}}(k+j-1 \mid k) \\ & - f(\hat{\mathbf{x}}(k+j-2 \mid k), \mathbf{u}(k+j-2), \mathbf{q}(k+j-2)), \end{aligned} \tag{5.4}$$

sendo que $\hat{\mathbf{x}}(k \mid k) = \mathbf{x}(k)$ e $\hat{\mathbf{x}}(k-1 \mid k) = \mathbf{x}(k-1)$. Para obter as predições das saídas, basta aplicar a equação do modelo

$$\hat{\mathbf{y}}(k+j) = g(\hat{\mathbf{x}}(k+j), \mathbf{u}(k+j), \mathbf{q}(k+j)). \tag{5.5}$$

A título de exemplo, para $j = 1$, temos:

$$\begin{aligned}\hat{\mathbf{x}}(k+1 \mid k) &= f(\mathbf{x}(k), \mathbf{u}(k), \mathbf{q}(k)) \\ &\quad + \mathbf{x}(k) - f(\mathbf{x}(k-1), \mathbf{u}(k-1), \mathbf{q}(k-1)), \\ \hat{\mathbf{y}}(k+1) &= g(\hat{\mathbf{x}}(k+1 \mid k), \mathbf{u}(k+1), \mathbf{q}(k+1)).\end{aligned}$$

Para $j = 2$, a predição é dada por:

$$\begin{aligned}\hat{\mathbf{x}}(k+2 \mid k) &= f(\hat{\mathbf{x}}(k+1 \mid k), \mathbf{u}(k+1), \mathbf{q}(k+1)) \\ &\quad + \hat{\mathbf{x}}(k+1 \mid k) - f(\mathbf{x}(k), \mathbf{u}(k), \mathbf{q}(k)), \\ \hat{\mathbf{y}}(k+2) &= g(\hat{\mathbf{x}}(k+2 \mid k), \mathbf{u}(k+2), \mathbf{q}(k+2)).\end{aligned}$$

O procedimento deve ser repetido sucessivamente até $j = N_2$. Para demonstrar a efetividade desta abordagem, apresentamos um exemplo na sequência.

**Exemplo 5.2**

Vamos retomar o processo de controle de nível apresentado no Exemplo 5.1, considerando a sintonia sem ação antecipativa (perturbação não é medida). A ideia deste exemplo é comparar o desempenho do NMPC sem uso de modelo de perturbação não medida (que não era capaz de rejeitar perturbações não medidas, como mostrado na Figura 5.2), com o NMPC que usa o modelo de perturbação não medida do tipo degrau.

Os resultados obtidos com este último controlador são apresentados na Figura 5.3. Veja que o efeito da perturbação é rejeitado mesmo sem o controlador possuir ação antecipativa. Assim, essa abordagem é mais adequada para implementação na prática, pois sempre haverá perturbações não medidas e erros de modelagem.

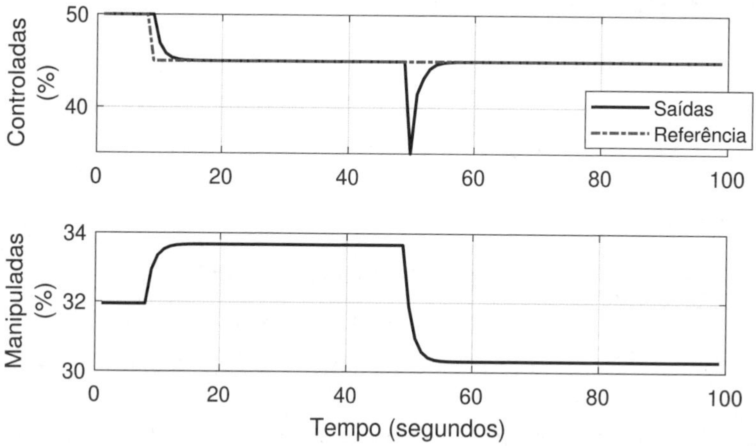


**Figura 5.3** Exemplo 5.2 – Resposta e sinal de controle para o controle de nível de um tanque utilizando NMPC sem ação antecipativa e considerando o efeito de perturbações não medidas.

Ressaltamos que, assim como no caso do SSMPC, a forma de considerar perturbações não medidas apresentada aqui não é a única presente na literatura. Assim, o leitor deve ficar atento às diferentes alternativas de NMPC. Também, é importante ressaltar que outros modelos de perturbação mais complexos que o do tipo degrau podem ser usados na formulação do NMPC.

## 5.3 CONTROLE AUTOADAPTATIVO DE PREDIÇÃO ESTENDIDA NÃO LINEAR (NEPSAC)

O algoritmo NEPSAC é uma alternativa simples para a implementação de um NMPC de forma aproximada e usa conceitos similares aos do GPC em termos de modelo do processo e de perturbações. Além disso, ele usa a mesma função custo e a mesma formulação do problema de otimização.

Uma das principais ideias usadas no MPC linear é a decomposição das predições em respostas livre e forçada, sendo esta última dependente apenas dos controles futuros que se deseja calcular e que afetam a função custo. Embora isso não seja mais válido para modelos não lineares, dado que o princípio da superposição tipicamente não pode ser aplicado nesses sistemas, o NEPSAC propõe manter o uso de uma decomposição da sequência de controle e da separação das predições em duas partes para encontrar a ação de controle ótima sem necessidade de recorrer à otimização não linear. Vamos iniciar estudando a forma de cálculo das predições para o caso monovariável (uma entrada e uma saída).

### 5.3.1 Modelo de predição

No NEPSAC, que foi derivado da sua versão linear (EPSAC), o modelo do processo é dado por:

$$y(k) = x(k) + \eta(k),$$

sendo $\eta(k)$ uma perturbação aditiva não mensurável e $x(k)$ a saída do modelo sem as perturbações não medidas. Observe que neste algoritmo usamos $x$ para indicar uma saída do modelo e não, necessariamente, os estados do sistema, como nos capítulos anteriores. Em geral, o modelo recursivo para $x(k)$ será:

$$\begin{aligned} x(k) =& f\Big(x(k-1), \ldots, x(k-n_x), u(k-1), \ldots, u(k-n_u), \\ & q(k), \ldots, q(k-n_q)\Big), \end{aligned} \tag{5.6}$$

com $f$ uma função não linear qualquer e $n_x$, $n_u$ e $n_q$ as ordens que definem a dependência com os valores passados de $x$, $u$ e $q$, respectivamente. Neste modelo, $q$ representa as perturbações medidas do processo. Na sequência, usaremos a notação compacta

$$x(k) = f(\mathbf{x}_p(k-1), \mathbf{u}_p(k-1), \mathbf{q}_p(k))$$

para representar a relação entre $x(k)$ e os vetores

$$\begin{aligned} \mathbf{x}_p(k-1) &= [x(k-1)\ x(k-2) \ldots x(k-n_x)]^T, \\ \mathbf{u}_p(k-1) &= [u(k-1)\ u(k-2) \ldots u(k-n_u)]^T, \\ \mathbf{q}_p(k) &= [q(k)\ q(k-1) \ldots q(k-n_q)]^T, \end{aligned}$$

que armazenam, respectivamente, os valores passados de $x$, $u$ e $q$ (neste último caso considerando $q(k)$ dentro desse vetor, já que no instante $k$ se tem informação sobre a perturbação atual). Ressaltamos que este modelo pode ser de vários tipos, como uma equação em espaço de estados, um modelo polinomial recursivo ou uma rede neural, por exemplo.

O modelo das perturbações não medidas é semelhante ao empregado no GPC, usando uma variável para representar a diferença entre a saída do modelo e a saída do processo. No GPC, essa diferença era representada por uma variável $n(k)$ que tinha o ruído branco integrado e era multiplicada por um polinômio $C(z^{-1})$. Neste caso, emprega-se uma generalização desse conceito, com um polinômio $D(z^{-1})$ no denominador. Por conta disso, foi adotada a notação $\eta(k)$ para o modelo das perturbações, com o seguinte formato:

$$\eta(k) = \frac{C(z^{-1})}{D(z^{-1})} e(k), \tag{5.7}$$

com $e(k)$ um ruído branco e $C(z^{-1})$ e $D(z^{-1})$ polinômios em $z^{-1}$ com graus $n_c$ e $n_d$, respectivamente. A estrutura dos polinômios $C(z^{-1})$ e $D(z^{-1})$ é a mesma usada no modelo de perturbações do GPC, com coeficientes $c_i$ e $d_i$ multiplicando as potências $z^{-i}$. O polinômio $D(z^{-1})$ geralmente inclui um integrador para representar as perturbações que têm valor estático não nulo, assim como ocorre no GPC. Observe que, para o caso linear, se o modelo do processo é dado por $x(k) = \frac{B(z^{-1})}{A(z^{-1})}u(k-1)$ e $D(z^{-1}) = \Delta A(z^{-1})$ o modelo resultante para processo mais pertubações é o clássico CARIMA usado no GPC.

No caso não linear geral, temos duas alternativas para compor os dois modelos, do processo e das perturbações. Um consiste em encontrar primeiro as predições ótimas da perturbação e, posteriormente, adicionar os valores calculados às predições dadas pelo modelo não linear do processo. A segunda forma é escrever o modelo completo do processo mais perturbações e calcular as predições de forma recursiva, considerando também as caraterísticas definidas para a perturbação. Em ambos os casos, a hipótese usada é que o ruído é branco e que seu valor esperado no futuro é nulo ($e(k+j \mid k) = 0$ para $j > 0$). Analisaremos as duas alternativas na sequência.

No primeiro método, a predição de $\eta$ pode ser calculada a partir do seguinte procedimento. Primeiro, observamos que os valores de $\eta(k-j)$ são todos calculados usando $\eta(k-j) = y(k-j) - x(k-j)$ para $j \leq 0$, isto é, no passado, a perturbação é simplesmente a diferença entre o valor da saída do processo, $y$, e do modelo, $x$. Logo, como:

$$\eta(k-j) = \frac{C(z^{-1})}{D(z^{-1})}e(k-j),$$

podemos escrever

$$e(k-j) = \frac{D(z^{-1})}{C(z^{-1})}\eta(k-j)$$

e, recursivamente, calcular os valores passados de $e(k-j)$ que serão necessários para iniciar o procedimento recursivo de cálculo das predições. Para os valores futuros, ou predições da perturbação, escrevemos de forma recursiva o modelo de $\eta(k+j)$ como:

$$\begin{aligned}\hat{\eta}(k+j \mid k) = &- d_1\hat{\eta}(k+j-1 \mid k) - d_2\hat{\eta}(k+j-2 \mid k) - \ldots \\ &+ e(k+j \mid k) + c_1 e(k+j-1 \mid k) + \ldots\end{aligned}$$

e, como temos conhecimento dos valores passados de $\hat{\eta}(k)$ e $e(k)$, podemos achar os valores de $\hat{\eta}(k+j \mid k)$ para todo o horizonte, de $j = N_1$ a $j = N_2$.

Um caso particular que vale a pena considerar é o de $D(z^{-1}) = \Delta$, que é muito usado na prática para considerar as perturbações constantes no modelo. Neste caso, a equação resulta em:

$$\begin{aligned}\hat{\eta}(k+j \mid k) = &\ \hat{\eta}(k+j-1 \mid k) + e(k+j \mid k) + c_1 e(k+j-1 \mid k) \\ &+ c_2 e(k+j-2 \mid k) + \ldots + c_{n_c} e(k+j-n_c \mid k).\end{aligned}$$

Conhecidos os valores futuros estimados da perturbação não medida $\hat{\eta}$, podemos usar duas formas de adicionar esses valores no modelo da saída:

- simplesmente adicionando os valores de $\hat{\eta}(k+j \mid k)$ aos valores de $x(k+j \mid k)$ calculados com o modelo não linear usando como valores anteriores os $x$ calculados sem considerar a perturbação. Este modelo é chamado de modelo paralelo e é similar ao procedimento usado no DMC, no qual a pertubação é adicionada à resposta ao degrau. Note que esse modelo somente pode ser usado com processos estáveis. O modelo de cálculo das predições da saída neste caso seria:

  $$\hat{y}(k+j+1 \mid k) = f(\mathbf{x}_p(k+j \mid k), \mathbf{u}_p(k+j), \mathbf{q}_p(k+j+1)) + \hat{\eta}(k+j+1 \mid k),$$

  sendo que

  $$\mathbf{x}_p(k+j \mid k) = [x(k+j \mid k) \;\; x(k+j-1 \mid k) \;\; \ldots \;\; x(k+j-n_x \mid k)]^T;$$

- calculando os valores de $\hat{y}(k+j \mid k)$ de forma recursiva, de modo que o valor de $\hat{\mathbf{y}}_p(k+j \mid k)$ é usado no lugar de $\mathbf{x}_p(k+j \mid k)$ para o cálculo de $x(k+j+1 \mid k)$ em cada passo. Este modelo é chamado de série-paralelo, usa a mesma ideia do GPC e pode ser usado com todo tipo de processo, estável ou instável. O modelo de cálculo neste caso seria:

  $$\hat{y}(k+j+1 \mid k) = f(\hat{\mathbf{y}}_p(k+j \mid k), \mathbf{u}_p(k+j), \mathbf{q}_p(k+j+1)) + \hat{\eta}(k+j+1 \mid k),$$

  com

  $$\hat{\mathbf{y}}_p(k+j \mid k) = [\hat{y}(k+j \mid k) \;\; \hat{y}(k+j-1 \mid k) \;\; \ldots \;\; \hat{y}(k+j-n_x \mid k)]^T,$$

  e considerando $\hat{y}(k+j \mid k) = y(k+j)$, se $j \leq 0$.

Na sequência, apresentamos um exemplo de cálculo das predições usando este método nas duas formulações.

**Exemplo 5.3**

Vamos considerar o mesmo modelo de controle de nível $h(k)$ de um tanque usado no caso do NMPC direto mas, agora, com acionamento pela abertura da válvula de entrada $a(k)$ e considerando a abertura da válvula de saída $q(k)$ como uma perturbação mensurável. Usaremos os seguintes horizontes $N_1 = 1$, $N_2 = N_u = 2$.

O modelo sem as perturbações não medidas é:

$$h(k) = h(k-1) + K_1 a(k-1) - K_2 q(k-1)\sqrt{2gh(k-1)},$$

com $K_1$ e $K_2$ constantes reais. A saída medida é:

$$y(k) = h(k) + \eta(k).$$

As perturbações não medidas são modeladas por:

$$\eta(k) = \frac{1 + 0{,}5z^{-1}}{1 - z^{-1}} e(k).$$

Usando o procedimento explicado, primeiro calculamos os valores de $e(k)$ para inicializar o cálculo das predições de $\eta(k)$. Observe que precisaremos do valor de $e(k)$ no primeiro passo de cálculo recursivo (para calcular $\hat{\eta}(k+1 \mid k)$). Usando o modelo, temos:

$$e(k) = \frac{1 - z^{-1}}{1 + 0{,}5z^{-1}} \eta(k),$$

e assim obtemos:

$$e(k) + 0{,}5e(k-1) = \eta(k) - \eta(k-1),$$

$$e(k) = -0{,}5e(k-1) + \eta(k) - \eta(k-1),$$

que permite calcular $e(k)$ a partir de

$$\eta(k) = y(k) - h(k)$$

e

$$\eta(k-1) = y(k-1) - h(k-1).$$

Inicializando $e(k-1) = 0$:

$$e(k) = \eta(k) - \eta(k-1).$$

A predição $\hat{\eta}(k+1 \mid k)$ pode ser obtida, sabendo que $e(k) = \eta(k) - \eta(k-1)$ e que $e(k-1) = 0$, como:

$$\begin{aligned}\hat{\eta}(k+1 \mid k) &= \eta(k) + e(k+1 \mid k) + 0{,}5e(k)\\ &= \eta(k) + 0 + 0{,}5(\eta(k) - \eta(k-1))\\ &= 1{,}5\eta(k) - 0{,}5\eta(k-1),\end{aligned}$$

e a predição $\hat{\eta}(k+2 \mid k)$ é obtida substituindo o valor de $\hat{\eta}(k+1 \mid k)$ já calculado, e sabendo que $e(k+1 \mid k) = 0$, pelo fato de o ruído ter sido assumido como branco e de média nula:

$$\begin{aligned}\hat{\eta}(k+2 \mid k) &= \hat{\eta}(k+1 \mid k) + e(k+2 \mid k) + 0{,}5e(k+1 \mid k)\\ &= 1{,}5\eta(k) - 0{,}5\eta(k-1).\end{aligned}$$

Vamos, agora, considerar o modelo paralelo para as predições de $y$:

$$\hat{y}(k+1 \mid k) = \hat{h}(k+1 \mid k) + \hat{\eta}(k+1 \mid k).$$

Neste caso, como o sistema é de primeira ordem, basta conhecer o valor de $h(k)$ para o primeiro passo ($\mathbf{h}_p(k) = h(k)$):

$$\hat{y}(k+1 \mid k) = f(h(k), \mathbf{u}_p(k), \mathbf{q}_p(k+1)) + 1{,}5\eta(k) - 0{,}5\eta(k-1).$$

A predição seguinte é:

$$\begin{aligned}\hat{y}(k+2 \mid k) &= f(h(k+1 \mid k), \mathbf{u}_p(k+1), \mathbf{q}_p(k+2)) + \hat{\eta}(k+2 \mid k)\\ &= f(h(k+1 \mid k), \mathbf{u}_p(k+1), \mathbf{q}_p(k+2)) + 1{,}5\eta(k) - 0{,}5\eta(k-1).\end{aligned}$$

Usando o modelo de $h(k)$ do tanque, temos:

$$\hat{y}(k+1 \mid k) = h(k) + K_1 a(k) - K_2 q(k)\sqrt{2gh(k)} + 1{,}5\eta(k) - 0{,}5\eta(k-1),$$

$$\begin{aligned}\hat{y}(k+2 \mid k) =& h(k+1 \mid k) + K_1 a(k+1) - K_2 q(k+1)\sqrt{2gh(k+1 \mid k)}\\ &+ 1{,}5\eta(k) - 0{,}5\eta(k-1),\\ \hat{y}(k+2 \mid k) =& h(k) + K_1 a(k) - K_2 q(k)\sqrt{2gh(k)} + K_1 a(k+1)\\ &- K_2 q(k+1)\sqrt{2g(h(k) + K_1 a(k) - K_2 q(k)\sqrt{2gh(k)})}\\ &+ 3\eta(k) - \eta(k-1).\end{aligned}$$

Se usamos o modelo série-paralelo, que também é de primeira ordem, obtemos:

$$\hat{y}(k+1 \mid k) = f(y(k), \mathbf{u}_p(k), \mathbf{q}_p(k+1)) + 1{,}5\eta(k) - 0{,}5\eta(k-1),$$

$$\hat{y}(k+2 \mid k) = f(\hat{y}(k+1 \mid k), \mathbf{u}_p(k+1), \mathbf{q}_p(k+2)) + 1{,}5\eta(k) - 0{,}5\eta(k-1).$$

Então, para o caso do tanque, temos

$$\hat{y}(k+1 \mid k) = y(k) + K_1 a(k) - K_2 q(k)\sqrt{2gy(k)} + 2\eta(k) - \eta(k-1),$$

$$\begin{aligned}\hat{y}(k+2 \mid k) =& \hat{y}(k+1 \mid k) + K_1 a(k+1) - K_2 q(k+1)\sqrt{2g\hat{y}(k+1 \mid k)} \\ &+ 2{,}5\eta(k) - 1{,}5\eta(k-1), \\ \hat{y}(k+2 \mid k) =& y(k) + K_1 a(k) - K_2 q(k)\sqrt{2gy(k)} + K_1 a(k+1) \\ &- K_2 q(k+1)\sqrt{2g\left(y(k)+K_1 a(k)-K_2 q(k)\sqrt{2gy(k)}+1{,}5\eta(k)-0{,}5\eta(k-1)\right)} \\ &+ 1{,}5\eta(k) - 0{,}5\eta(k-1).\end{aligned}$$

Veja que cada uma das abordagens resulta em predições com valores diferentes. Consequentemente, o sinal de controle ótimo será distinto. O método paralelo tende a ser mais robusto, porém tem rejeição de perturbações mais lenta e não pode ser aplicado a sistemas instáveis. Já o método série-paralelo tende a ser menos robusto, porém tem rejeição de perturbações mais rápida e pode ser aplicado a qualquer tipo de sistema, instável ou não.

Vimos que no primeiro método o cálculo das predições é feita em duas etapas, primeiramente calculando os sinais $\eta$ e $e$, para só depois calcular as predições, deixando explícito a dependência com $\eta$. No segundo método, juntamos os modelos propostos para a pertubação e processo na configuração série-paralelo e depois realizamos o cálculo das predições, como é o procedimento do GPC, mas sem uso de equações diofantinas, apenas usando recursividade e a condição de $e$ ser um ruído branco; isso acaba deixando implícito o efeito do sinal $\eta$ nas predições. Considerando, por simplicidade nesta explicação, que $D(z^{-1}) = \Delta = (1 - z^{-1})$, temos:

$$y(k) = f(\mathbf{x}_p(k-1), \mathbf{u}_p(k-1), \mathbf{q}_p(k)) + \frac{C(z^{-1})}{(1-z^{-1})}e(k),$$

e usando a ideia do modelo série-paralelo com $\mathbf{y}_p(k-1)$ na função $f$:

$$y(k) = f(\mathbf{y}_p(k-1), \mathbf{u}_p(k-1), \mathbf{q}_p(k)) + \frac{C(z^{-1})}{(1-z^{-1})}e(k),$$

o que leva a calcular:

$$(1-z^{-1})y(k) = (1-z^{-1})f(\mathbf{y}_p(k-1), \mathbf{u}_p(k-1), \mathbf{q}_p(k)) + C(z^{-1})e(k),$$

ou, de forma equivalente:

$$\begin{aligned}y(k) =& y(k-1) + f(\mathbf{y}_p(k-1), \mathbf{u}_p(k-1), \mathbf{q}_p(k)) \\ &- f(\mathbf{y}_p(k-2), \mathbf{u}_p(k-2), \mathbf{q}_p(k-1)) + C(z^{-1})e(k).\end{aligned}$$

As predições, então, são calculadas passo a passo:

$$\begin{aligned} y(k+1) =& y(k) + f(\mathbf{y}_p(k), \mathbf{u}_p(k), \mathbf{q}_p(k+1)) - f(\mathbf{y}_p(k-1), \mathbf{u}_p(k-1), \mathbf{q}_p(k)) \\ &+ e(k+1) + c_1 e(k) + \ldots + c_{n_c} e(k-n_c), \end{aligned}$$

e, como supomos que $e(k+1 \mid k) = 0$, então

$$\begin{aligned} \hat{y}(k+1 \mid k) =& y(k) + f(\mathbf{y}_p(k), \mathbf{u}_p(k), \mathbf{q}_p(k+1)) - f(\mathbf{y}_p(k-1), \mathbf{u}_p(k-1), \mathbf{q}_p(k)) \\ &+ c_1 e(k) + \ldots + c_{n_c} e(k-n_c), \end{aligned}$$

que pode ser calculada com as medições das variáveis disponíveis e considerando os $e(k-i)$ já calculados usando o modelo das perturbações não medidas. Note que, nesta equação (e nas seguintes), se os valores das perturbações medidas futuras são desconhecidos, temos $q(k+j) = q(k)$ para todo $j$ no horizonte.

No próximo passo, a predição em $k+2$ é dada por:

$$\begin{aligned} y(k+2) =& y(k+1) + f(\mathbf{x}_p(k+1), \mathbf{u}_p(k+1), \mathbf{q}_p(k+2)) \\ &- f(\mathbf{x}_p(k), \mathbf{u}_p(k), \mathbf{q}_p(k+1)) \\ &+ c_1 e(k+1) + \ldots + c_{n_c} e(k-n_c+1), \end{aligned}$$

e usamos os valores das predições anteriormente calculadas para obter a predição em $k+2$:

$$\begin{aligned} \hat{y}(k+2 \mid k) =& \hat{y}(k+1 \mid k) + f(\hat{\mathbf{x}}_p(k+1 \mid k), \mathbf{u}_p(k+1), \mathbf{q}_p(k+2)) \\ &- f(\mathbf{x}_p(k), \mathbf{u}_p(k), \mathbf{q}_p(k+1)) \\ &+ c_2 e(k) + \ldots + c_{n_c} e(k-n_c+1). \end{aligned}$$

Este procedimento pode ser realizado para todo o horizonte de predição. Antes de prosseguir com a análise teórica, vamos ilustrar esta forma de cálculo das predições para o caso do tanque do exemplo anterior.

**Exemplo 5.4**

Para o modelo série-paralelo de controle de nível do tanque do Exemplo 5.3, com o mesmo modelo de perturbações não medidas, obtemos:

$$y(k) = y(k-1) + K_1 a(k-1) - K_2 q(k-1)\sqrt{2gy(k-1)} + \frac{1+0{,}5z^{-1}}{1-z^{-1}}e(k),$$

ou, de forma equivalente:

$$\begin{aligned} y(k)(1-z^{-1}) =& y(k-1)(1-z^{-1}) + K_1 a(k-1)(1-z^{-1}) \\ & - (1-z^{-1})[K_2 q(k-1)\sqrt{2gy(k-1)}] + (1+0{,}5z^{-1})e(k), \end{aligned}$$

$$\begin{aligned} y(k) =& 2y(k-1) - y(k-2) + K_1 \Delta a(k-1) - K_2 q(k-1)\sqrt{2gy(k-1)} \\ & + K_2 q(k-2)\sqrt{2gy(k-2)} + e(k) + 0{,}5e(k-1), \end{aligned}$$

sendo $\Delta a(k) = a(k) - a(k-1)$ a variável incremento de abertura.

Vamos calcular as predições nos primeiros dois elementos do horizonte, considerando $N_1 = 1, N_2 = N_u = 2$. Para $j = 1$, temos:

$$\begin{aligned} \hat{y}(k+1 \mid k) =& 2y(k) - y(k-1) + K_1 \Delta a(k) - K_2 q(k)\sqrt{2gy(k)} \\ & + K_2 q(k-1)\sqrt{2gy(k-1)} + e(k+1 \mid k) + 0{,}5e(k), \end{aligned}$$

e, como $e(k+1 \mid k) = 0$ e $e(k)$ foi calculado ($e(k) = \eta(k) - \eta(k-1)$):

$$\begin{aligned} \hat{y}(k+1 \mid k) =& 2y(k) - y(k-1) + K_1 \Delta a(k) - K_2 q(k)\sqrt{2gy(k)} \\ & + K_2 q(k-1)\sqrt{2gy(k-1)} + 0{,}5(\eta(k) - \eta(k-1)). \end{aligned}$$

Para $j = 2$, temos:

$$\begin{aligned} \hat{y}(k+2 \mid k) =& 2\hat{y}(k+1 \mid k) - y(k) + K_1 \Delta a(k+1) \\ & - K_2 q(k+1)\sqrt{2g\hat{y}(k+1 \mid k)} \\ & + K_2 q(k)\sqrt{2gy(k)} + \hat{e}(k+2 \mid k) + 0{,}5e(k+1 \mid k), \end{aligned}$$

e, como $e(k+j \mid k) = 0$ para $j > 0$:

$$\begin{aligned} \hat{y}(k+2 \mid k) =& 2\hat{y}(k+1 \mid k) - y(k) \\ & + K_1 \Delta a(k+1) - K_2 q(k+1)\sqrt{2g\hat{y}(k+1 \mid k)} \\ & + K_2 q(k)\sqrt{2gy(k)}, \end{aligned}$$

que ainda pode ser reduzida substituindo o valor de $\hat{y}(k+1 \mid k)$ já calculado. Entretanto, como não temos aqui intenções de realizar um cálculo analítico das predições, mas apenas mostrar a forma de cálculo recursiva, não precisamos realizar essa substituição.

É importante observar que, para o cálculo das predições de $y$, usamos, como esperado, valores passados e futuros de $a$ e $q$, assim como valores passados de $y$.

A partir da análise realizada e dos exemplos, observamos que, nas equações que calculam as predições, há uma dependência dos valores dos sinais de controle futuros, que ainda não calculamos, assim como ocorre em outros métodos de controle preditivo. Ainda, observamos que, mesmo para casos simples, como o do tanque, não é trivial separar a parte da predição que depende do controle futuro, pois as expressões obtidas são complexas. Mas, como veremos na sequência, o NEPSAC propõe uma forma simples de separar os termos da predição que dependem de valores passados ou valores futuros do controle, o que permite usar os procedimentos já vistos no GPC para o cálculo do controle ótimo.

### 5.3.2 Decomposição da sequência de controle

Considera-se que a sequência de controle $u(k+j)$ a ser calculada pelo algoritmo é composta por duas partes:

$$u(k+j) = u_b(k+j) + \delta u(k+j), \quad j = 0,\ldots,N_u - 1,$$

sendo $u_b(k+j)$ o chamado controle base, $\delta u(k+j)$ o incremento de controle com relação ao controle base (pulsos de amplitude $\delta u(k+j)$ aplicados em cada $j$) e $N_u$ o horizonte de controle. Na Figura 5.4, esta decomposição da sequência de controle ótimo é apresentada para um exemplo com horizonte de controle $N_u = 4$. O controle base pode ser escolhido de diferentes maneiras, como será discutido nesta seção, e a tarefa do controlador é encontrar os valores dos incrementos de controle dentro do horizonte que levam à resposta ótima.

A saída futura do modelo é calculada como a soma da resposta base do modelo, $y_b$, que corresponde ao efeito de $u_b$ e das perturbações, e $y_{ot}$, que corresponde apenas ao efeito de $\delta u$:

$$y(k+j) = y_b(k+j) + y_{ot}(k+j), \quad j = N_1,\ldots,N_2.$$

Se o modelo é linear, claramente esta forma de separar a resposta futura é válida e qualquer escolha de $u_b$ pode ser usada. Note que, em particular, se $u_b(k+j) = u(k-1)$ para todo $j$, temos a mesma formulação do GPC, e $y_b$ corresponde à resposta livre do sistema. Neste caso $\delta u(k) = \Delta u(k)$, $\delta u(k+1) = \Delta u(k) + \Delta u(k+1)$ e $\delta u(k+j) = \Delta u(k) + \Delta u(k+1) + ... + \Delta u(k+j)$ para $j > 1$.

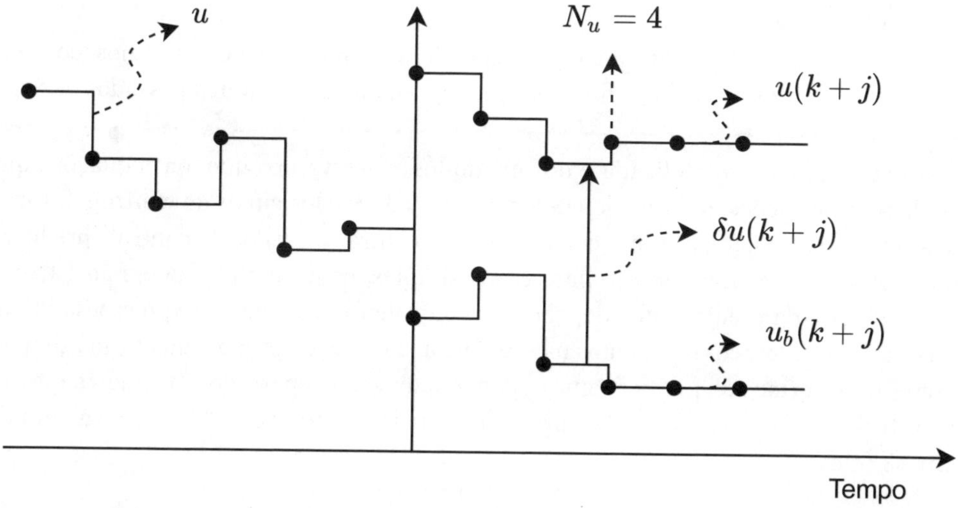


**Figura 5.4** Cálculo de $u_b$ e $\delta u$ no algoritmo NEPSAC.

No caso não linear, a saída $y_b$ (que depende apenas de valores de controle conhecidos e do modelo das perturbações) é associada ao modelo não linear e $y_{ot}$ a um modelo linear que é determinado a partir da resposta do modelo não linear em cada passo.

Considerando que um modelo linear pode descrever a relação entre os valores de $y_{ot}$ no horizonte de predição e os valores de $\delta u$ no horizonte de controle, é possível escrever (de forma similar ao caso do GPC):

$$\hat{\mathbf{y}}_{ot} = \mathbf{G}_e \delta \mathbf{u}, \tag{5.8}$$

sendo $\hat{\mathbf{y}}_{ot}$ e $\delta \mathbf{u}$ dados por:

$$\hat{\mathbf{y}}_{ot} = \begin{bmatrix} \hat{y}_{ot}(k+N_1 \mid k) \\ \hat{y}_{ot}(k+N_1+1 \mid k) \\ \vdots \\ \hat{y}_{ot}(k+N_2 \mid k) \end{bmatrix}, \quad \delta \mathbf{u} = \begin{bmatrix} \delta u(k) \\ \delta u(k+1) \\ \vdots \\ \delta u(k+N_u-1) \end{bmatrix}.$$

Para calcular $\mathbf{G}_e$, que tem dimensão $N \times N_u$ com $N = N_2 - N_1 + 1$, usando o modelo não linear, é importante notar que $\hat{\mathbf{y}}_{ot}$ pode ser considerado como o resultado acumulativo de uma série de *impulsos* na entrada ao longo do horizonte de controle $N_u$ e de uma entrada do tipo *degrau* a partir do tempo $k + N_u$ (observe a forma do sinal de controle mostrado na Figura 5.4).

Portanto, $\mathbf{G_e}$ tem a forma:

$$\mathbf{G}_e = \left[\begin{array}{cccc|c} h_{N_1} & h_{N_1-1} & \cdots & h_{N_1-N_u+2} & g_{N_1-N_u+1} \\ h_{N_1+1} & h_{N_1} & \cdots & h_{N_1-N_u+3} & g_{N_1-N_u+2} \\ \vdots & \vdots & \ddots & \vdots & \vdots \\ h_{N_2} & h_{N_2-1} & \cdots & h_{N_2-N_u+2} & g_{N_2-N_u+1} \end{array}\right],$$

em que $h_i$ (i = $N_1$, ..., $N_2$) são os coeficientes da resposta ao impulso unitário e os parâmetros $g_i$ (i = $N_1 - N_u + 1, \ldots, N_2 - N_u + 1$) são os coeficientes da resposta ao degrau unitário. Valores de $h_i$ e $g_i$ para $i \leq 0$ são nulos. Os coeficientes da resposta ao impulso ou degrau podem ser determinados simplesmente simulando o modelo não linear com entradas de tipo impulso ou degrau e determinando a variação da saída do modelo com relação ao valor de $y_b$. Este não é um processo de linearização convencional, pois não é necessário ter acesso às equações do modelo para realizar o processo de linearização, mas o modelo resultante que descreve a relação entre $\delta u$ e $y_{ot}$ é linear. Observe que a matriz $\mathbf{G_e}$ pode ser expressa totalmente em função de $h_i$ ou totalmente em função de $g_i$ por meio da relação $h_i = g_i - g_{i-1}$. É importante saber que o impulso ou degrau aplicado no processo não precisa ter amplitude unitária. Como o sistema é não linear, amplitudes diferentes podem resultar em coeficientes diferentes, mesmo depois de ser feita a correção para que eles representem o equivalente à resposta ao impulso (ou degrau) unitário. O valor a ser utilizado depende da faixa de trabalho dos sinais de entrada e é importante obter coeficientes que sejam representativos do que se espera que aconteça com o processo. Vale ressaltar que amplitudes muito grandes para os impulsos podem levar a resposta predita para valores muito distantes do ponto de operação atual, prejudicando a qualidade das predições e, consequentemente, do desempenho de malha fechada. Sugerimos que seja utilizado um valor de amplitude $\epsilon$ variável definido como um percentual da última ação de controle, por exemplo, $\epsilon = 0{,}01u(k-1)$ (1 % do sinal de controle anterior), contanto que $\epsilon$ seja não nulo e maior que um valor mínimo que depende de cada problema.

Definido o valor de $\epsilon$, os coeficientes de cada coluna $j$ de $\mathbf{G}_e$ são dados por

$$\mathbf{G}_e(:\,,j) = \frac{\hat{\mathbf{y}}_j - \hat{\mathbf{y}}_b}{\epsilon},$$

sendo que $\mathbf{G}_e(:\,,j)$ indica a $j$-ésima coluna de $\mathbf{G}_e$, e $\hat{\mathbf{y}}_j$ e $\mathbf{y}_b$ são, respectivamente, o vetor de resposta predita considerando a aplicação impulso $\delta u(k+j-1)$ (ou de um degrau se $j = N_u$), e o vetor de resposta base, dados por

$$\hat{\mathbf{y}}_j = \begin{bmatrix} \hat{y}^{\delta}(k+N_1 \mid k) \\ \hat{y}^{\delta}(k+N_1+1 \mid k) \\ \vdots \\ \hat{y}^{\delta}(k+N_2 \mid k) \end{bmatrix}, \qquad \hat{\mathbf{y}}_b = \begin{bmatrix} \hat{y}_b(k+N_1 \mid k) \\ \hat{y}_b(k+N_1+1 \mid k) \\ \vdots \\ \hat{y}_b(k+N_2 \mid k) \end{bmatrix},$$

considerando a notação $\hat{y}^{\delta}(k+N_1 \mid k)$ correspondente à saída predita obtida com o controle aplicado no experimento (impulsos e degrau sobre o controle base).

Se a modelagem descrita for aceita como válida, observamos que as predições são escritas como:

$$\hat{\mathbf{y}} = \mathbf{G}_e \delta\mathbf{u} + \hat{\mathbf{y}}_b,$$

com:

$$\hat{\mathbf{y}} = \begin{bmatrix} \hat{y}(k+N_1 \mid k) \\ \hat{y}(k+N_1+1 \mid k) \\ \vdots \\ \hat{y}(k+N_2 \mid k) \end{bmatrix},$$

que tem uma expressão similar àquela usada no GPC com a resposta livre $\mathbf{f}$ e a matriz dinâmica $\mathbf{G}$. Assim como naquele caso, o problema de otimização do NEPSAC consiste em calcular o vetor $\delta\mathbf{u}$ que minimiza a função custo. Para isso, basta escrever o custo em função do vetor $\delta\mathbf{u}$ e transformar o problema em um QP a cada amostra. Dessa forma, o problema aqui estudado seria equivalente ao do GPC apenas trocando $\hat{\mathbf{y}}_b$ pela resposta livre $\mathbf{f}$, e o vetor de incrementos $\Delta\mathbf{u}$ pelo novo $\delta\mathbf{u}$. Observe que se a função custo for a mesma do GPC, que depende do vetor de incrementos de controle $\Delta\mathbf{u}$, é necessário escrever $\Delta\mathbf{u}$ como função de $\delta\mathbf{u}$ considerando que, para cada $j$:

$$\delta u(k+j) = u(k-1) + \Delta u(k) + \Delta u(k+1) + \ldots + \Delta u(k+j) - u_b(k+j). \tag{5.9}$$

Usando a expressão em (5.9) para todo o horizonte, temos:

$$\begin{bmatrix} \delta u(k) \\ \delta u(k+1) \\ \vdots \\ \delta u(k+N_u-1) \end{bmatrix} = \begin{bmatrix} 1 \\ 1 \\ \vdots \\ 1 \end{bmatrix} u(k-1) + \mathbf{T} \begin{bmatrix} \Delta u(k) \\ \Delta u(k+1) \\ \vdots \\ \Delta u(k+N_u-1) \end{bmatrix} - \begin{bmatrix} u_b(k) \\ u_b(k+1) \\ \vdots \\ u_b(k+N_u-1) \end{bmatrix}$$
$$= \mathbf{1}u(k-1) + \mathbf{T}\Delta\mathbf{u} - \mathbf{u}_b.$$

Assim, podemos escrever:

$$\Delta\mathbf{u} = \mathbf{T}^{-1}[\delta\mathbf{u} - \mathbf{1}u(k-1) + \mathbf{u}_b] \tag{5.10}$$

e substituir essa expressão na função custo $J$ para deixá-la em função de $\delta\mathbf{u}$. Partindo de $J$:

$$J = \left[\mathbf{r} - \hat{\mathbf{y}}\right]^T \mathbf{Q}_e \left[\mathbf{r} - \hat{\mathbf{y}}\right] + \Delta\mathbf{u}^T \mathbf{Q}_u \Delta\mathbf{u},$$

e, usando as expressões de $\hat{\mathbf{y}}$ e $\Delta\mathbf{u}$, temos:

$$\begin{aligned} J =& (\mathbf{r} - \mathbf{G}_e\delta\mathbf{u} - \hat{\mathbf{y}}_b)^T \mathbf{Q}_e (\mathbf{r} - \mathbf{G}_e\delta\mathbf{u} - \hat{\mathbf{y}}_b) \\ &+ (\mathbf{T}^{-1}[\delta\mathbf{u} - \mathbf{1}u(k-1) + \mathbf{u}_b])^T \mathbf{Q}_u (\mathbf{T}^{-1}[\delta\mathbf{u} - \mathbf{1}u(k-1) + \mathbf{u}_b]). \end{aligned}$$

Essa expressão de $J$ pode ser manipulada para uma forma quadrática padrão, igual à usada no GPC e DMC, o que resulta em:

$$J = \frac{1}{2}\delta\mathbf{u}^T \mathbf{H}_{qp} \delta\mathbf{u} + \mathbf{f}_{qp}^T \delta\mathbf{u} + c_{qp}, \tag{5.11}$$

com

$$\begin{aligned} \mathbf{H}_{qp} &= 2\left(\mathbf{G}_e^T \mathbf{Q}_e \mathbf{G}_e + (\mathbf{T}^{-1})^T \mathbf{Q}_u \mathbf{T}^{-1}\right), \\ \mathbf{f}_{qp} &= -2\left(\mathbf{G}_e^T \mathbf{Q}_e \left[\mathbf{r} - \hat{\mathbf{y}}_b\right] + (\mathbf{T}^{-1})^T \mathbf{Q}_u \mathbf{T}^{-1} \left[\mathbf{u}_b - \mathbf{1}u(k-1)\right]\right), \\ c_{qp} &= \left[\mathbf{r} - \hat{\mathbf{y}}_b\right]^T \mathbf{Q}_e \left[\mathbf{r} - \hat{\mathbf{y}}_b\right] \\ &\quad + \left[\mathbf{u}_b - \mathbf{1}u(k-1)\right] (\mathbf{T}^{-1})^T \mathbf{Q}_u \mathbf{T}^{-1} \left[\mathbf{u}_b - \mathbf{1}u(k-1)\right]^T. \end{aligned}$$

Observe que um procedimento similar deve ser feito com as restrições para colocá-las no formato padrão do QP. Isso será tratado posteriormente.

Porém, é claro que esta solução, que calcula as predições separando-as em duas partes, não é válida para o caso não linear, dado que a não linearidade do modelo invalida o princípio de superposição. Uma forma de torná-la uma boa aproximação é escolher a sequência $u_b(k+j)$ de tal forma que seja muito próxima da solução ótima $u(k+j)$ que estamos buscando, o que implica ter uma sequência $\delta u(k+j) \approx 0$. Dessa forma, a solução seria quase ótima, pois a parcela linear adicionada seria muito pequena. A ideia central do NEPSAC é justamente conseguir essa condição usando um processo iterativo dentro de cada período de amostragem seguindo os passos a seguir:

- escolher, no passo $k$, a sequência base como sendo igual ao controle ótimo encontrado no passo anterior: $u_b(k+j) = u(k+j \mid k-1)$ para todo $j$ no horizonte de controle, supondo que este esteja próximo da sequência de controle ótimo buscada;
- usando o modelo não linear, calcular $\hat{\mathbf{y}}_b$ e a matriz $\mathbf{G}_e$ correspondente, e resolver o problema QP associado para encontrar os incrementos $\delta u(k+j)$. Adicionar esses incrementos a $u_b(k+j)$ e calcular uma nova sequência $u(k+j)$, supondo que esta estará mais próxima da solução ótima que a $u_b$ usada na iteração anterior;
- ainda estando no mesmo período de amostragem, repetir o procedimento usando como $u_b(k+j)$ a nova $u(k+j)$, de tal forma que a cada iteração seja obtida uma solução do problema QP com uma sequência de incrementos $\delta u(k+j)$ de amplitudes menores. O procedimento é interrompido ao atingir incrementos de controle $\delta u(k+j)$ menores que um valor pré-especificado ou um número máximo de iterações. Sendo os incrementos de controle quase iguais a zero, $\hat{\mathbf{y}}_{ot}$ será quase zero e o resultado aproximado será quase igual ao ótimo.

Apesar de o procedimento proposto não ter prova de convergência, ele tem sido testado em muitas aplicações com sucesso. As condições de convergência do algoritmo são complexas de analisar e dependem das características da não linearidade do modelo, entradas e saídas passadas do processo, referência futura e perturbações.

Na sequência, vamos apresentar dois exemplos. No primeiro, usaremos o modelo do tanque para explicar, analiticamente, o procedimento para o cálculo de $\mathbf{G}_e$ e de $\hat{\mathbf{y}}_b$, usando horizontes curtos. No segundo, vamos ilustrar o uso do NEPSAC no problema de controle do tanque via simulação usando uma sintonia mais adequada.

**Exemplo 5.5**

Considerando o modelo paralelo do tanque do Exemplo 5.3 com $K_1 = 2$ e $K_2 = 0{,}2\,\mathrm{s}/(\mathrm{m}\%)^{0,5}$, e horizontes $N_1 = 1$, $N_2 = N_u = 1$, temos as seguintes equações.

$$\begin{aligned}\hat{y}(k+1 \mid k) =& h(k) + 2a(k) - 0{,}2q(k)\sqrt{2gh(k)} + 1{,}5\eta(k) - 0{,}5\eta(k-1),\\ \hat{y}(k+2 \mid k) =& h(k) + 2a(k) - 0{,}2q(k)\sqrt{2gh(k)} + 2a(k+1)\\ &- K_2 q(k+1)\sqrt{2g(h(k) + 2a(k) - 0{,}2q(k)\sqrt{2gh(k)})}\\ &+ 3\eta(k) - \eta(k-1).\end{aligned}$$

Para este exemplo, vamos supor que o controle base é escolhido igual a $u(k-1)$ nos dois elementos do horizonte de controle, assumindo que o sistema se encontra em regime permanente. Considere que no instante $k$ medimos $h(k) = h_0$, $u(k-1) = u_0$ e $q(k) = q_0$ (valores genéricos) e que não conhecemos os valores futuros de $q$. Ainda, suponha que $\eta(k) = 0{,}1$ e $\eta(k-1) = 0$. Assim, todos os controles futuros $u_b(k+j)$ serão iguais a $u_0$. Usaremos, então, $a(k) = a(k+1) = u_0$ e $q(k) = q(k+1) = q_0$ para o cálculo de $\hat{y}_b(k+1 \mid k)$ e $\hat{y}_b(k+2 \mid k)$ na primeira iteração, obtendo:

$$\begin{aligned}\hat{y}_b(k+1 \mid k) =& h_0 + 2u_0 - 0{,}2q_0\sqrt{2gh_0} + 1{,}5(0{,}1),\\ \hat{y}_b(k+2 \mid k) =& h_0 + 2u_0 - 0{,}2q_0\sqrt{2gh_0} + 2u_0\\ &- 0{,}2q_0\sqrt{2g(h_0 + 2u_0 - 0{,}2q_0\sqrt{2gh_0})} + 3(0{,}1).\end{aligned}$$

Assim, temos:

$$\begin{aligned}\hat{y}_b(k+1 \mid k) =& h_0 + 2u_0 - 0{,}2q_0\sqrt{2gh_0} + 0{,}15,\\ \hat{y}_b(k+2 \mid k) =& h_0 + 4u_0 - 0{,}2q_0\sqrt{2gh_0}\\ &- 0{,}2q_0\sqrt{2g(h_0 + 2u_0 - 0{,}2q_0\sqrt{2gh_0})} + 0{,}3.\end{aligned}$$

Para o cálculo de $\mathbf{G}_e$, que neste caso é uma matriz $2 \times 2$ (os horizontes são $N_1 = 1$, $N_2 = 2$ e $N_u = 2$), precisamos calcular a resposta do tanque para um impulso em $a(k)$ e guardar os dois primeiros coeficientes, $h_1$ e $h_2$, para formar a primeira coluna de $\mathbf{G}_e$. Aqui, por simplicidade, utilizaremos como amplitude do impulso $\epsilon = 1$ considerando que esse valor é adequado para o tanque nesse ponto (lembrar que esta amplitude depende de cada sistema e cada situação). A sequência de controle a usar para obter o primeiro coeficiente da resposta ao impulso é $a(k) = u_0 + 1$, $a(k+1) = u_0$. Posteriormente, aplicamos um degrau em $a(k+1)$ para obter os coeficientes da resposta e compor a segunda coluna de $\mathbf{G}_e$, ou seja, aplicamos $a(k) = u_0$, $a(k+1) = u_0 + 1$. Dessa resposta, apenas precisamos de um coeficiente, $g_1$, dado que a matriz, neste caso, é triangular inferior (o elemento (1, 2) é nulo). Devemos lembrar que essas respostas são calculadas a partir da resposta base. Assim, os coeficientes são obtidos subtraindo o valor da resposta base dos valores obtidos na simulação. Para $a(k) = u_0 + 1$, $a(k+1) = u_0$, temos:

$$\hat{y}_{ot}(k+1 \mid k) = h_0 + 2(u_0+1) - 0{,}2q_0\sqrt{2gh_0} + 0{,}15 - \hat{y}_b(k+1 \mid k),$$

$$\begin{aligned}\hat{y}_{ot}(k+1 \mid k) =& h_0 + 2(u_0+1) - 0{,}2q_0\sqrt{2gh_0} + 0{,}15 - h_0 - 2(u_0+1)\\ &+ 0{,}2q_0\sqrt{2gh_0} - 0{,}15 = 2.\end{aligned}$$

Assim, $h_1 = 2$. Para o segundo elemento, temos:

$$\begin{aligned}\hat{y}_{ot}(k+2 \mid k) =& h_0 + 2(u_0+1) - 0{,}2q_0\sqrt{2gh_0} + 2u_0\\ &- 0{,}2q_0\sqrt{2g(h_0 + 2(u_0+1) - 0{,}2q_0\sqrt{2gh_0})}\\ &+ 0{,}3 - \hat{y}_b(k+2 \mid k),\end{aligned}$$

$$\begin{aligned}\hat{y}_{ot}(k+2 \mid k) =& h_0 + 2(u_0+1) - 0{,}2q_0\sqrt{2gh_0} + 2u_0\\ &- 0{,}2q_0\sqrt{2g(h_0 + 2(u_0+1) - 0{,}2q_0\sqrt{2gh_0})}\\ &+ 0{,}3 - h_0 - 2u_0 + 0{,}2q_0\sqrt{2gh_0} - 2u_0\\ &+ 0{,}2q_0\sqrt{2g(h_0 + 2u_0 - 0{,}2q_0\sqrt{2gh_0})} - 0{,}3,\end{aligned}$$

$$\begin{aligned}\hat{y}_{ot}(k+2 \mid k) =& 2 - 0{,}2q_0\sqrt{2g(h_0 + 2(u_0+1) + 0{,}2q_0\sqrt{2gh_0})}\\ &+ 0{,}2q_0\sqrt{2g(h_0 + 2u_0 - 0{,}2q_0\sqrt{2gh_0})}.\end{aligned}$$

Assim:

$$\begin{aligned}h_2 =& 2 - 0{,}2q_0\sqrt{2g(h_0 + 2(u_0+1) + 0{,}2q_0\sqrt{2gh_0})}\\ &+ 0{,}2q_0\sqrt{2g(h_0 + 2u_0 - 0{,}2q_0\sqrt{2gh_0})}.\end{aligned}$$

Agora, calculamos apenas $\hat{y}_{ot}(k+2 \mid k)$ para a entrada degrau para obter $g_1$. Neste caso, com $a(k) = u_0$ e $a(k+1) = u_0 + 1$, temos:

$$\begin{aligned}\hat{y}_{ot}(k+2 \mid k) =& h_0 + 2u_0 - 0{,}2q_0\sqrt{2gh_0} + 2(u_0+1)\\ &- 0{,}2q_0\sqrt{2g(h_0 + 2u_0 - 0{,}2q_0\sqrt{2gh_0})} + 0{,}3 - \hat{y}_b(k+2 \mid k).\end{aligned}$$

Assim:

$$\begin{aligned}\hat{y}_{ot}(k+2 \mid k) =& h_0 + 2u_0 - 0{,}2q_0\sqrt{2gh_0} + 2(u_0+1)\\ &- 0{,}2q_0\sqrt{2g(h_0 + 2u_0 - 0{,}2q_0\sqrt{2gh_0})} + 0{,}3 - h_0 - 2u_0\\ &+ 0{,}2q_0\sqrt{2gh_0} - 2u_0\\ &+ 0{,}2q_0\sqrt{2g(h_0 + 2u_0 - 0{,}2q_0\sqrt{2gh_0})} - 0{,}3 = 2.\end{aligned}$$

Finalmente, a matriz resultante é dada por:

$$\mathbf{G}_e = \begin{bmatrix} 2 & 0 \\ h_2 & 2 \end{bmatrix},$$

com:

$$\begin{aligned}h_2 =& 2 - 0{,}2q_0\sqrt{2g(h_0 + 2(u_0+1) + 0{,}2q_0\sqrt{2gh_0})}\\ &+ 0{,}2q_0\sqrt{2g(h_0 + 2u_0 - 0{,}2q_0\sqrt{2gh_0})}.\end{aligned}$$

Com essa matriz, montamos o problema de otimização e calculamos $\delta u(k)$ e $\delta u(k+1)$ e, se não são menores que o valor especificado no ajuste do algoritmo, o procedimento é repetido fazendo $a(k) = u_0 + \delta u(k)$ e $a(k+1) = u_0 + \delta u(k+1)$ para serem usados como controle base. Calculamos, novamente, a saída base e a nova $\mathbf{G}_e$ correspondente à segunda iteração deste passo de amostragem. Veja que os valores $q_0$ e $h_0$ não mudam; apenas o controle considerado como base para a nova iteração muda.

## Exemplo 5.6

Neste exemplo, vamos fazer algumas comparações com o NEPSAC: primeiramente, uma comparação entre o modelo de perturbação não medida paralelo e série-paralelo e, depois, com duas versões do algoritmo GPC, uma que usa um modelo linear obtido a partir da linearização do sistema no ponto de equilíbrio e outra com modelo misto, que calcula a resposta livre com o modelo não linear e a resposta forçada com a mesma matriz dinâmica **G** da versão com modelo linear. Para este exemplo, considere $g = 9{,}81\,\mathrm{m\,s^{-2}}$, $K_1 = 2$ e $K_2 = 0{,}1\,\mathrm{s/(m\%)^{0,5}}$, e que o ponto de operação é dado por $h^* = 50\,\%$, $u^* = 31{,}3209\,\%$ e $q^* = 20\,\%$, com unidades apropriadas. Em todos os casos, o algoritmo de controle é sintonizado com $N_1 = 1$, $N_2 = 30$, $N_u = 5$ e $\lambda = 1$, e a perturbação $q$ não é medida, ou seja, para computar as predições assume-se que $q(k) = q^*$, $\forall\, k$. No cenário de simulação proposto, a referência inicia em $50\,\%$ e muda para $90\,\%$, $50\,\%$ e $80\,\%$, nos tempos, 5, 30 e 45 amostras, respectivamente. A perturbação inicia no seu valor do ponto de operação e, em 15 amostras, muda para $30\,\%$.

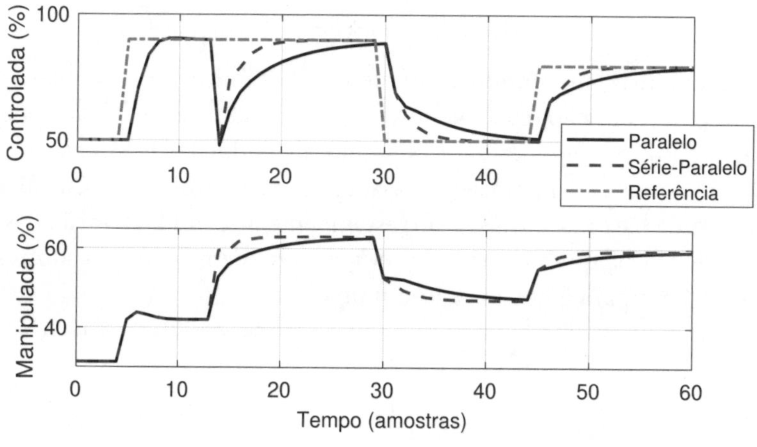


**Figura 5.5** Exemplo 5.6 – Comparação entre os métodos paralelo e série-paralelo de correção para o NEPSAC para o controle de nível em um tanque.

Os resultados para a comparação entre os métodos paralelo e série-paralelo do modelo da perturbação não medida são apresentados na Figura 5.5. Veja que as respostas são virtualmente idênticas na primeira mudança de referência, já que o modelo descreve perfeitamente o comportamento do processo. Porém, quando surge o efeito da perturbação, a partir da amostra 15, veja que os resultados diferem. A rejeição da perturbação se dá de maneira mais lenta no modelo de perturbação paralelo e, como o modelo utilizado não é atualizado com as informações da saída a cada amostra, os resultados entre os modelos divergem até mesmo para mudanças de referência, como é possível notar a partir de 30 amostras, quando ocorrem mudanças de referência. Se mudarmos a sintonia, e considerarmos ação antecipativa com $N_q = 0$, ou seja, o sinal de perturbação $q$ é medido, os resultados com os dois modelos passam a ser virtualmente idênticos, como é possível verificar na Figura 5.6.

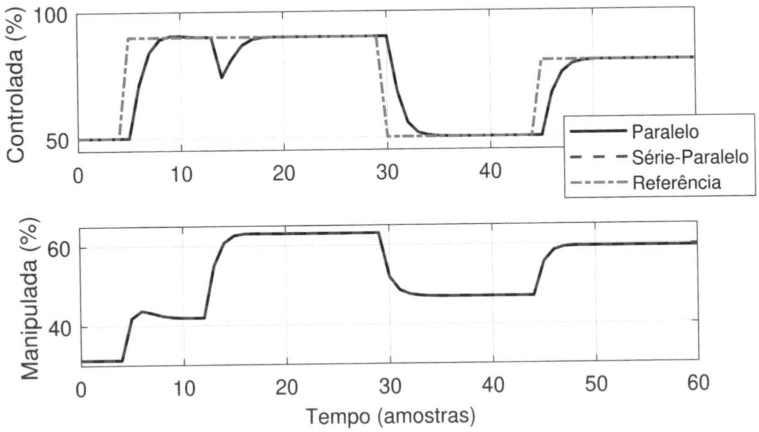


**Figura 5.6** Exemplo 5.6 – Comparação entre os métodos paralelo e série-paralelo de correção para o NEPSAC e com ação antecipativa para o controle de nível em um tanque.

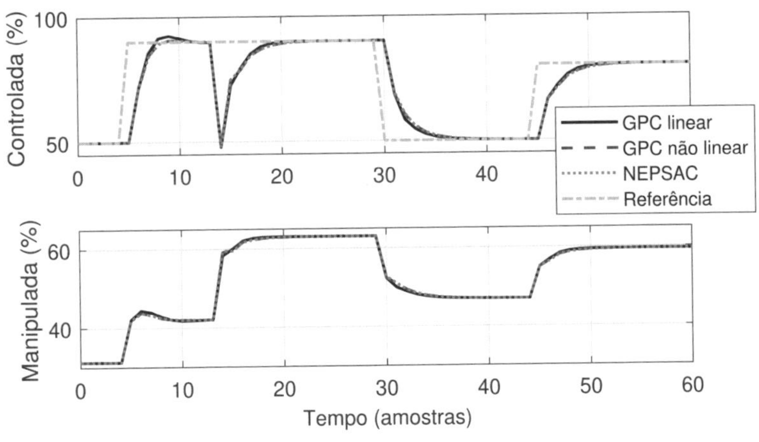


**Figura 5.7** Exemplo 5.6 – Comparação entre os algoritmos GPC linear, GPC com resposta livre não linear e NEPSAC para o controle de nível em um tanque.

Agora, faremos uma comparação entre o NEPSAC com modelo série-paralelo e duas versões do algoritmo GPC, uma que usa um modelo linear obtido a partir da linearização do sistema no ponto de equilíbrio e outra com modelo misto. Considerando a sintonia sem ação antecipativa, os resultados para todos os casos são apresentados na Figura 5.7. Veja que todos os controladores conseguiram obter respostas similares e mesmo um controlador mais simples, como o GPC linear, obteve um desempenho próximo dos controladores não lineares. Assim, este exemplo mostra que nem sempre um controlador mais complexo resultará, necessariamente, em um desempenho melhor, e cabe ao projetista avaliar as vantagens práticas de um controlador mais complexo de acordo com o problema em questão.

Agora, vamos apresentar mais um exemplo, considerando um sistema com uma não linearidade mais forte, para ilustrar melhor as diferenças entre o controle linear e o não linear.

**Exemplo 5.7**

Aqui apresentaremos um processo não linear teórico que é uma modificação do apresentado em (PLUCÊNIO, 2010). O modelo deste sistema é dado por:

$$y(k+1) = \frac{4y(k)y(k-1)}{1+y(k)^2+y(k-1)^2} + \cos\left(0{,}5(y(k)+y(k-1))\right) + 1{,}2(u(k)+q(k)),$$

sendo $y$, $u$ e $q$ a saída, o sinal de controle e a perturbação, respectivamente. Veja que a equação do modelo é complexa, envolvendo divisões dos sinais e funções trigonométricas.

Assim como no exemplo anterior, vamos comparar o desempenho do GPC com o GPC não linear e o NEPSAC. O GPC linear foi calculado usando um modelo linearizado no seguinte ponto de operação $y^* = -0{,}67$, $u^* = -2$ e $q^* = 0$, resultando na seguinte função de transferência linearizada:

$$G(z) = \frac{1{,}2}{1+0{,}4336z^{-1}0{,}4336z^{-2}}.$$

A sintonia de todos os controladores é a mesma: $N_1 = 1$, $N_2 = 3$, $N_u = 2$, $\lambda = 10$, $\delta = 1$, e sem ação antecipativa. O cenário de simulação considerado inicia com o sistema no ponto de operação. A referência é então mudada para -2 e 0,5 em 20 e 100 amostras, respectivamente. O valor da perturbação muda para 1 e -1 em 50 e 150 amostras, respectivamente. Os resultados foram divididos para uma melhor apresentação e são mostrados nas figuras 5.8 e 5.9.

Veja que, neste exemplo, o GPC linear é o pior controlador. Como as mudanças de referência e perturbação forçam o sistema a trabalhar em diferentes pontos de operação, e como o sistema tem um grau de não linearidade alto, o modelo linearizado não consegue representar bem o comportamento do sistema em pontos de operação distintos. Já o GPC não linear, em que a resposta livre é calculada com o modelo não linear, apresenta respostas melhores, com menos oscilações. Porém, nas mudanças de referência este método apresenta sobressinais maiores do que o NEPSAC e, na segunda rejeição de perturbação, a partir de 150 amostras, tem um comportamento mais oscilatório. Isto se dá pois a matriz **G** utilizada pelo GPC não linear já não é capaz de representar adequadamente a resposta forçada do sistema neste novo ponto de operação.

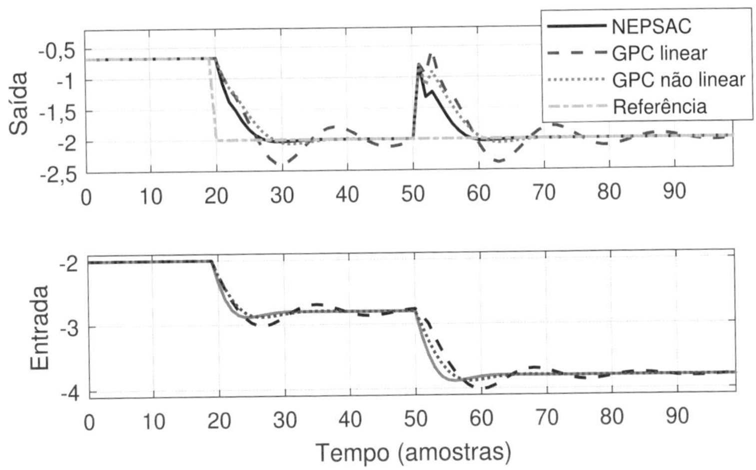


**Figura 5.8** Exemplo 5.7 – Resultado de simulação para os três controladores aplicados (Parte 1).

Este exemplo mostra que, dependendo do grau de não linearidade dos sistema, um controlador mais complexo como o NEPSAC tende a ter resultados melhores por conta de sua capacidade de representar melhor o comportamento do sistema ao fazer uso completo do modelo não linear, tanto na resposta livre quanto na resposta forçada. No entanto, reforçamos que a escolha de qual algoritmo utilizar deve ser feita caso a caso. Na prática, é comum que processos trabalhem sempre próximo de um ponto de operação predefinido, pois isso está relacionado com, por exemplo, otimização da produção. Em casos deste tipo, é possível que técnicas mais simples como o GPC linear sejam suficientes para ter um bom desempenho.

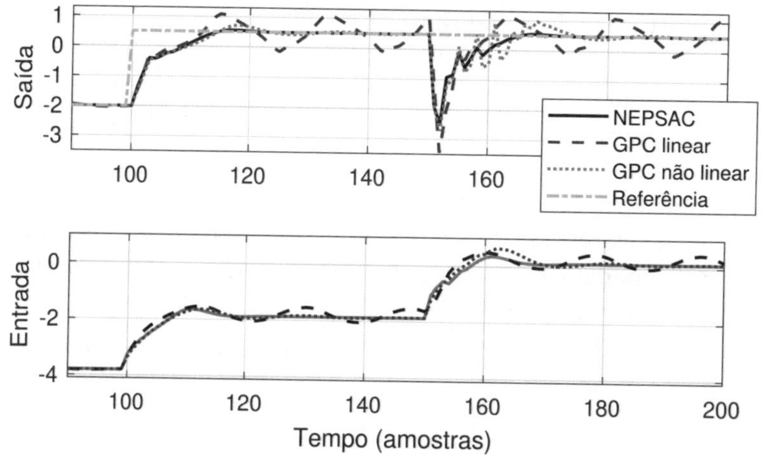


**Figura 5.9** Exemplo 5.7 – Resultado de simulação para os três controladores aplicados (Parte 2).

## 5.3.3 Restrições

Como mencionado anteriormente, como as variáveis de decisão do NEPSAC são os impulsos futuros $\delta\mathbf{u}$ e não os incrementos futuros $\Delta\mathbf{u}$, a função custo, ao ser colocada no formato padrão, tem matrizes diferentes do apresentado para o DMC e GPC. De forma similar, algumas das restrições também precisam ser adaptadas considerando esse novo conjunto de variáveis. Lembre que a relação entre $\Delta\mathbf{u}$ e $\delta\mathbf{u}$ foi dada em (5.10), que é repetida aqui por conveniência:

$$\Delta\mathbf{u} = \mathbf{T}^{-1}[\delta\mathbf{u} - \mathbf{1}u(k-1) + \mathbf{u}_b].$$

### 5.3.3.1 Restrições no incremento de controle

As restrições no incremento de controle são definidas como:

$$\Delta u_{\min} \leq \Delta u(k+j) \leq \Delta u_{\max}, \ \forall j \geq 0,$$
$$\mathbf{1}_{N_u}\Delta u_{\min} \leq \Delta\mathbf{u} \leq \mathbf{1}_{N_u}\Delta u_{\max},$$

com $\Delta u_{\max}$ e $\Delta u_{\min}$ os valores máximos e mínimos do incremento de controle, respectivamente. Substituindo a definição de $\Delta\mathbf{u}$ em função de $\delta\mathbf{u}$ nesta última equação, temos

$$\mathbf{1}_{N_u}\Delta u_{\min} \leq \mathbf{T}^{-1}[\delta\mathbf{u} - \mathbf{1}_{N_u}u(k-1) + \mathbf{u}_b] \leq \mathbf{1}_{N_u}\Delta u_{\max},$$

que pode ser reorganizado no formato padrão de restrições

$$\begin{bmatrix} \mathbf{T}^{-1} \\ -\mathbf{T}^{-1} \end{bmatrix} \delta\mathbf{u} \leq \begin{bmatrix} \mathbf{1}_{N_u}(\Delta u_{\max} + u(k-1)) - \mathbf{u}_b \\ -\mathbf{1}_{N_u}(\Delta u_{\min} + u(k-1)) + \mathbf{u}_b \end{bmatrix}.$$

### 5.3.3.2 Restrições no sinal de controle

As restrições do sinal de controle são definidas como:

$$u_{\min} \leq u(k+j) \leq u_{\max}, \ \forall j \geq 0,$$
$$\mathbf{1}_{N_u} u_{\min} \leq \mathbf{u} \leq \mathbf{1}_{N_u} u_{\max}.$$

com $u_{\max}$ e $u_{\min}$ os valores máximos e mínimos do sinal de controle, respectivamente. Dadas as definições do NEPSAC, o valor do sinal de controle é simplesmente $\mathbf{u} = \mathbf{u}_b + \delta\mathbf{u}$, assim,

$$\mathbf{1}_{N_u} u_{\min} \leq \mathbf{u}_b + \delta\mathbf{u} \leq \mathbf{1}_{N_u} u_{\max}.$$

e, reorganizando no formato padrão de restrições,

$$\begin{bmatrix} \mathbf{I}_{N_u} \\ -\mathbf{I}_{N_u} \end{bmatrix} \delta\mathbf{u} \leq \begin{bmatrix} \mathbf{1}_{N_u} u_{\max} - \mathbf{u}_b \\ -\mathbf{1}_{N_u} u_{\min} + \mathbf{u}_b \end{bmatrix}.$$

### 5.3.3.3 Restrições na saída

A representação de restrições na saída não sofre mudanças significativas, pois o vetor de predições é dado por $\hat{\mathbf{y}} = \mathbf{G}_e \delta\mathbf{u} + \hat{\mathbf{y}}_b$, que segue o mesmo padrão do DMC e GPC. Assim, se temos restrições na saída do tipo

$$y_{\min} \leq \hat{y}(k+j \mid k) \leq y_{\max}, \ \forall j \in [N_1, N_2],$$
$$\mathbf{1}_N y_{\min} \leq \hat{\mathbf{y}} \leq \mathbf{1}_N y_{\max},$$
$$\mathbf{1}_N y_{\min} \leq \mathbf{G}_e \delta\mathbf{u} + \hat{\mathbf{y}}_b \leq \mathbf{1}_N y_{\max},$$

com $y_{\max}$ e $y_{\min}$ os valores máximos e mínimos da saída, respectivamente. Reorganizando no formato padrão de restrições, temos

$$\begin{bmatrix} \mathbf{G}_e \\ -\mathbf{G}_e \end{bmatrix} \delta\mathbf{u} \leq \begin{bmatrix} \mathbf{1}_N y_{\max} - \hat{\mathbf{y}}_b \\ -\mathbf{1}_N y_{\min} + \hat{\mathbf{y}}_b \end{bmatrix}.$$

### 5.3.4 Extensão para o caso multivariável

A extensão do NEPSAC para o caso multivariável (sistema com $m$ entradas e $n$ saídas) é direta, dado que podemos usar a mesma ideia empregada no GPC e DMC multivariáveis. Do ponto de vista da função custo e restrições, nada muda no problema com modelos não lineares e todo o desenvolvimento já estudado se aplica neste caso. Assim, teremos a possibilidade de escolher horizontes e ponderações de forma individualizada para cada variável e poderemos considerar restrições de vários tipos. Como o problema a ser resolvido em cada amostra é um QP (dada a formulação do NEPSAC), basta que modifiquemos o algoritmo de controle para encontrar a relação entre o modelo não linear do processo e as matrizes usadas na formulação do problema de otimização. Então, nesta seção, vamos detalhar a forma de calcular as predições não lineares no caso multivariável.

Assim como no GPC e DMC multivariáveis, no NEPSAC vamos considerar que temos um modelo que permite calcular cada uma das saídas do processo em função das variáveis manipuladas e das perturbações que a afetam. Considerando o modelo completo, cada saída $y_i(k)$ será representada por um modelo genérico da forma:

$$y_i(k) = f_i(\mathbf{y}_{i,l}(k-1), \mathbf{u}_{i,p}(k-1), \mathbf{q}_{i,s}(k)) + \eta_i(k), \qquad i = 1 \ldots n, \forall\, l,p,s,$$

onde $\mathbf{y}_{i,l}(k-1)$, $\mathbf{u}_{i,p}$ e $\mathbf{q}_{i,p}$ são, respectivamente, os vetores contendo as informações passadas das $n$ saídas, dos $m$ controles e das $m_q$ perturbações medidas que afetam a saída $y_i$, e $\eta_i(k)$ é a perturbação não medida que afeta a mesma saída.

Assim como no caso SISO, toda a formulação para decompor a ação de controle em duas partes se aplica a cada um dos sinais de controle $u_p$, separando-os em $u_{b,p}$ e $\delta u_p$ com $p = 1 \ldots m$. Aplicando no sistema multivariável as entradas $u_{b,p}$ e as perturbações medidas $q_s$, calculamos todas as $y_{b,i}$ apenas simulando o modelo não linear multivariável no horizonte de predição de cada saída.

Por outro lado, para encontrar $\mathbf{y}_{ot,i}$ usaremos a mesma metodologia do caso SISO para cada uma das entradas, obtendo uma matriz $\mathbf{G}_{e,i,p}$ para modelar o efeito da entrada $p$ na saída $i$. Dessa forma:

$$\hat{\mathbf{y}}_{ot,i} = \mathbf{G}_{e,i,1}\delta\mathbf{u}_1 + \mathbf{G}_{e,i,2}\delta\mathbf{u}_2 + \ldots + \mathbf{G}_{e,i,m}\delta\mathbf{u}_m,$$

com:

$$\hat{\mathbf{y}}_{ot,i} = \begin{bmatrix} \hat{y}_{ot,i}(k+N_{1,i} \mid k) \\ \hat{y}_{ot,i}(k+N_{1,i}+1 \mid k) \\ \vdots \\ \hat{y}_{ot,i}(k+N_{2,i} \mid k) \end{bmatrix}, \quad \delta\mathbf{u}_p = \begin{bmatrix} \delta u_p(k) \\ \delta u_p(k+1) \\ \vdots \\ \delta u_p(k+N_{u,p}-1) \end{bmatrix},$$

sendo $N_{1,i}$ e $N_{2,i}$ os instantes iniciais e finais dos horizontes da saída $i$, e $N_{u,l}$ o horizonte de controle de $u_l$.

A forma de calcular cada $\mathbf{G}_{e,i,p}$ segue o mesmo procedimento do caso SISO, excitando o modelo não linear com impulsos e degraus no controle $p$ para obter os coeficientes de $\mathbf{G}_{e,i,p}$. Finalmente, a matriz completa terá $n \times m$ blocos:

$$\mathbf{G}_e = \begin{bmatrix} \mathbf{G}_{e,1,1} & \cdots & \mathbf{G}_{e,1,m} \\ \mathbf{G}_{e,2,1} & \cdots & \mathbf{G}_{e,1,m} \\ \vdots & \ddots & \vdots \\ \mathbf{G}_{e,n,1} & \cdots & \mathbf{G}_{e,n,m} \end{bmatrix}$$

e o modelo de predição será dado por:

$$\hat{\mathbf{y}} = \mathbf{G}_e \delta \mathbf{u} + \hat{\mathbf{y}}_b, \tag{5.12}$$

com:

$$\hat{\mathbf{y}}_b = \begin{bmatrix} \hat{\mathbf{y}}_{b,1} \\ \hat{\mathbf{y}}_{b,2} \\ \vdots \\ \hat{\mathbf{y}}_{b,n} \end{bmatrix}, \quad \delta \mathbf{u} = \begin{bmatrix} \delta \mathbf{u}_1 \\ \delta \mathbf{u}_2 \\ \vdots \\ \delta \mathbf{u}_m \end{bmatrix}.$$

O procedimento iterativo usado no caso SISO para obter a melhor aproximação do controle ótimo é também usado aqui. Dentro de um período de amostragem, o problema de otimização é resolvido repetidas vezes para calcular o vetor $\delta \mathbf{u}$ e, em cada iteração, ele é somado ao vetor de controle base $\mathbf{u}_b$ para calcular uma nova $\hat{\mathbf{y}}_b$ e uma nova $\mathbf{G}_e$, que permitem calcular um novo $\delta \mathbf{u}$. O procedimento para quando o critério de parada é atingido, o que tipicamente está associado a um número máximo de iterações ou todos os elementos de $\delta \mathbf{u}$ serem, em módulo, menores que um limiar preestabelecido. Quando isso acontece, o sinal de controle calculado é aplicado ao processo e inicia-se um novo passo de amostragem.

Vamos ilustrar o uso do NEPSAC em um processo multivariável ainda neste capítulo, na Seção 5.5, mas antes apresentaremos uma alternativa para implementação de MPC baseado em QP para plantas com modelo não linear, o algoritmo PNMPC.

## 5.4 CONTROLE PREDITIVO NÃO LINEAR PRÁTICO (PNMPC)

O algoritmo de controle preditivo não linear prático (PNMPC, do inglês *Practical Nonlinear Model Predictive Control*) foi proposto em (PLUCENIO et al., 2007) e teve algumas adaptações na versão apresentada em (PLUCÊNIO, 2010). Esse algoritmo foi desenvolvido com o objetivo de apresentar uma forma simples, prática e eficiente de aplicar os conceitos de controle preditivo a sistemas não lineares, em especial, evitando múltiplas otimizações por iteração (como acontece com o NEPSAC) e, também, evitando otimizações não lineares complexas. Uma abordagem semelhante foi apresentada em (ŁAWRYŃCZUK, 2007), com foco no uso de redes neurais artificiais como modelos de predição.

Como já discutido, nos algoritmos lineares, a predição do sistema pode ser dividida em respostas livre e forçada. No entanto, no caso de sistemas não lineares, o princípio da superposição tipicamente não se aplica e não é possível obter essa separação entre as respostas. Porém, o PNMPC consegue fazer uma aproximação realizando uma linearização especial do modelo não linear do sistema em cada instante de amostragem.

### 5.4.1 Obtenção da resposta livre

Para o cálculo da resposta livre, o PNMPC considera exatamente o mesmo procedimento do NEPSAC série-paralelo apresentado na Seção 5.3.1. O modelo do processo para o caso SISO é dado por

$$y(k) = x(k) + \eta(k)$$

e as predições são dadas por

$$\hat{y}(k+j+1 \mid k) = f(\hat{\mathbf{y}}_p(k+j \mid k), \mathbf{u}_p(k+j), \mathbf{q}_p(k+j+1)) + \hat{\eta}(k+j+1 \mid k), \tag{5.13}$$

com

$$\eta(k) = \frac{C(z^{-1})}{D(z^{-1})}e(k), \tag{5.14}$$

onde

$$\begin{aligned}
\mathbf{u}_p(k-1) &= [u(k-1)\ u(k-2)\ \ldots\ u(k-n_u)]^T, \\
\mathbf{q}_p(k) &= [q(k)\ q(k-1)\ \ldots\ q(k-n_q)]^T, \\
\hat{\mathbf{y}}_p(k+j \mid k) &= [\hat{y}(k+j \mid k)\ \hat{y}(k+j-1 \mid k)\ \ldots\ \hat{y}(k+j-n_x \mid k)]^T,
\end{aligned}$$

armazenam, respectivamente, os valores passados de $u$, $q$ e das predições, considerando $\hat{y}(k+j \mid k) = y(k+j)$, se $j \leq 0$. Note que, para o cálculo das predições, os próprios valores das saídas preditas são utilizados de forma recursiva. O leitor pode consultar o Exemplo 5.4, que apresenta a forma de se calcular as predições utilizando o método série-paralelo. Lembrando que como a resposta livre é a resposta predita do sistema caso o sinal de controle não sofra mais alterações, então para o cálculo da resposta livre assume-se $u(k+j) = u(k-1)$, $\forall j \geq 0$ ou, de forma equivalente, $\Delta u(k+j) = 0$, $\forall j \geq 0$.

### 5.4.2 Obtenção da resposta forçada

Para obter a resposta forçada, o PNMPC necessita das predições de malha aberta, isto é, as predições obtidas a partir de (5.13) sem considerar o efeito das perturbações não medidas, ou seja, $\hat{\eta}(k+j \mid k)=0, \forall j \geq 0$. Note que em outros algoritmos de controle preditivo tratados neste livro, como o DMC e o GPC, os coeficientes que definem a matriz **G** também são obtidos em malha aberta e que o cálculo da resposta forçada não leva em conta a parcela não medida da perturbação. Uma vez definidos os incrementos de controle futuros, a resposta forçada se calcula aplicando cada um desses incrementos no modelo do processo e fazendo as predições para o futuro com base nas informações conhecidas até o instante atual.

Por simplicidade, mas sem perda de generalidade, considere que $n_u = 1$, $n_x = 0$ e $n_q = 0$, então a predição de malha aberta em $k+1$ se torna

$$\hat{y}_o(k+1 \mid k) = f(y(k), u(k), q(k+1)). \tag{5.15}$$

Como $u(k) = u(k-1) + \Delta u(k)$, então a predição pode ser reescrita como:

$$\hat{y}_o(k+1 \mid k) = f\left(y(k), u(k-1) + \Delta u(k), q(k+1)\right),$$
$$\hat{y}_o(k+1 \mid k) = f_0\left(y(k), u(k-1), \Delta u(k), q(k+1)\right),$$

sendo que a função $f_0(\cdot)$ é idêntica a $f(\cdot)$, com a exceção de que os parâmetros de entrada da função são separados. A necessidade da notação $f_0$ se tornará clara a seguir. É importante frisar que esta predição de malha aberta difere da calculada no DMC, por exemplo. Aqui, a informação da saída atual é utilizada para obter $\hat{y}_o$, enquanto que, no DMC, somente a informação dos controles passados era utilizada. As predições de malha aberta futuras seguintes podem ser calculadas recursivamente com o uso de (5.15). Por exemplo, a predição em $k+2$ é dada por:

$$\hat{y}_o(k+2 \mid k) = f\left(\hat{y}_o(k+1 \mid k), u(k+1), q(k+2)\right),$$
$$\hat{y}_o(k+2 \mid k) = f\Big(f_0\left(y(k), u(k-1), \Delta u(k), q(k+1)\right), u(k+1), q(k+2)\Big),$$

e, dado que $u(k+1) = u(k-1) + \Delta u(k) + \Delta u(k+1)$, então:

$$\hat{y}_o(k+2 \mid k) = f_1\left(y(k), u(k-1), \Delta u(k), \Delta u(k+1), q(k+1), q(k+2)\right),$$

sendo que $f_1(\cdot)$ é resultado de uma composição de funções. Por inspeção, é fácil perceber que o vetor de predições de malha aberta futuras:

$$\hat{\mathbf{y}}_o = \begin{bmatrix} \hat{y}_o(k+1 \mid k) \\ \hat{y}_o(k+2 \mid k) \\ \vdots \\ \hat{y}_o(k+N_2 \mid k) \end{bmatrix},$$

é dado por

$$\hat{\mathbf{y}}_o = \begin{bmatrix} f_0(y(k), u(k-1), \Delta u(k), q(k+1)) \\ f_1(y(k), u(k-1), \Delta u(k), \Delta u(k+1), q(k+1), q(k+2)) \\ \vdots \\ f_{N_2-1}(y(k), u(k-1), \Delta u(k) \ldots, \Delta u(k+N_2-1), q(k+1), \ldots, q(k+N_2) \end{bmatrix},$$

onde $N_2$ é o horizonte final de predição e, por simplicidade, $N_u = N_2$. Para $N_u < N_2$, basta considerar os incrementos de controle nulos depois de $N_u - 1$. Também, se $N_1 > 1$, basta desconsideramos as primeiras $N_1 - 1$ linhas de $\hat{\mathbf{y}}_o$.

Esta última equação pode ser rearranjada como:

$$\hat{\mathbf{y}}_o = \mathbf{F}(y(k), u(k-1), \Delta\mathbf{u}(k), \mathbf{q}(k+1)), \tag{5.16}$$

em que

$$\Delta\mathbf{u}(k) = [\Delta u(k)\ \Delta u(k+1)\ \ldots\ \Delta u(k+N_2-1)]^T,$$
$$\mathbf{q}(k+1) = [q(k+1)\ q(k+2)\ \ldots\ q(k+N_2)]^T.$$

A ideia geral do PNMPC é empregar o modelo não linear para obter a resposta livre e calcular uma relação aproximada, mas linear, da resposta forçada do sistema que permita obter um modelo similar ao do GPC ou DMC para relacionar os valores futuros do incremento de controle com os valores futuros da saída predita. Com isso, o problema de otimização, que busca definir os valores atuais e futuros do sinal de controle, é bastante simplificado e pode ser escrito na forma de um QP, apesar de o algoritmo como um todo considerar pelo menos parte da não linearidade do modelo (para cálculo da resposta livre).

No PNMPC, a linearização do modelo é feita com base em uma série de Taylor de primeira ordem em torno do ponto onde o processo se encontra no instante $k$, dado pelos valores do controle, a perturbação e a saída nesse instante, e representado aqui por $\mathbf{x}^*$. Para uma função genérica $\mathbf{g}$, a aproximação se escreve da seguinte maneira:

$$\mathbf{g}(\mathbf{x}^* + \delta\mathbf{x}) \approx \mathbf{g}(\mathbf{x}^*) + \left.\frac{\partial \mathbf{g}}{\partial \mathbf{x}}\right|_{\mathbf{x}=\mathbf{x}^*} \delta\mathbf{x},$$

sendo que $\delta\mathbf{x} = \mathbf{x} - \mathbf{x}^*$, ou seja, uma variação de $\mathbf{x}$ em torno do ponto $\mathbf{x}^*$. Aplicando este conceito a (5.16),

$$\begin{aligned}\hat{\mathbf{y}}_o \approx & \mathbf{F}(\mathbf{x}^*) + \left.\frac{\partial \mathbf{F}}{\partial \Delta\mathbf{u}(k)}\right|_{\mathbf{x}=\mathbf{x}^*} \delta\Delta\mathbf{u}(k) + \left.\frac{\partial \mathbf{F}}{\partial \mathbf{q}(k+1)}\right|_{\mathbf{x}=\mathbf{x}^*} \delta\mathbf{q}(k+1) \\ & + \left.\frac{\partial \mathbf{F}}{\partial y(k)}\right|_{\mathbf{x}=\mathbf{x}^*} \delta y(k) + \left.\frac{\partial \mathbf{F}}{\partial u(k-1)}\right|_{\mathbf{x}=\mathbf{x}^*} \delta u(k-1),\end{aligned} \tag{5.17}$$

onde

$$\mathbf{x} = [y(k)\ u(k-1)\ \Delta\mathbf{u}(k)^T\ \mathbf{q}(k+1)^T]^T,$$

e o ponto usado para a linearização é

$$\mathbf{x}^* = [y(k)\ u(k-1)\ \mathbf{0}^T\ \mathbf{q}(k+1)^T]^T,$$

sendo que $\mathbf{0}$ é um vetor de zeros de dimensão apropriada. Como buscamos uma relação entre a saída futura e a variação do controle, os três últimos termos de (5.17) são nulos, dado que $y(k)$, $u(k-1)$ e $\mathbf{q}(k+1)$ são constantes e conhecidos no instante de amostragem $k$, e não é necessário saber como $\mathbf{F}(\cdot)$ varia em função dessas variáveis. Assim, $\delta y(k) = \delta u(k-1) = 0$ e $\delta\mathbf{q}(k+1) = \mathbf{0}$. E, como no ponto $\mathbf{x}^*$ o valor de $\Delta u(k)$ é igual a $\mathbf{0}$, então $\delta\Delta\mathbf{u}(k) = \Delta\mathbf{u}(k) - \mathbf{0} = \Delta\mathbf{u}(k)$. Assim, podemos aproximar a equação que relaciona as predições com os incrementos de controle futuros como:

$$\hat{\mathbf{y}}_o \approx \mathbf{F}(\mathbf{x}^*) + \left.\frac{\partial\mathbf{F}}{\partial\Delta\mathbf{u}(k)}\right|_{\mathbf{x}=\mathbf{x}^*}\Delta\mathbf{u}(k).$$

Vamos analisar os termos separadamente. O primeiro termo é o valor de $\mathbf{F}(\mathbf{x}^*)$ para o ponto dado por:

$$\mathbf{x}^* = [y(k)\ u(k-1)\ (\Delta\mathbf{u} = \mathbf{0})^T\ \mathbf{q}(k+1)^T]^T.$$

Note que todos os incrementos futuros de controle são zero. Assim, esse termo representa a resposta livre do processo, isto é, a resposta futura do sistema se a ação de controle futura não mudar de valor (incrementos de controle futuros nulos). No entanto, é importante frisar que esta é a resposta livre sem correção, ou seja, não leva em conta o efeito de perturbações não medidas. A resposta livre corrigida deve ser calculada de acordo com o apresentado na Seção 5.4.1.

O segundo termo representa como a função $\mathbf{F}(\cdot)$ varia em torno do ponto $\mathbf{x}^*$ quando os incrementos de controle variam em instantes futuros de tempo, que é uma aproximação da resposta forçada do sistema não linear. Desta forma, o algoritmo PNMPC calcula a predição não linear do processo da seguinte maneira

$$\hat{\mathbf{y}}_o = \mathbf{G}\Delta\mathbf{u}(k) + \mathbf{f},$$

onde $\mathbf{G}$ é a matriz jacobiana de $\mathbf{F}$ em relação a $\Delta\mathbf{u}(k)$ em torno do ponto $\mathbf{x}^*$, isto é,

$$\mathbf{G} = \frac{\partial\mathbf{F}}{\partial\Delta\mathbf{u}(k)} = \begin{bmatrix} \frac{\partial\hat{y}_o(k+1|k)}{\partial\Delta u(k)} & 0 & \cdots & 0 \\ \frac{\partial\hat{y}_o(k+2|k)}{\partial\Delta u(k)} & \frac{\partial\hat{y}_o(k+2|k)}{\partial\Delta u(k+1)} & \cdots & 0 \\ \vdots & \cdots & \ddots & \vdots \\ \frac{\partial\hat{y}_o(k+N_2|k)}{\partial\Delta u(k)} & \frac{\partial\hat{y}_o(k+N_2|k)}{\partial\Delta u(k+1)} & \cdots & \frac{\partial\hat{y}_o(k+N_2|k)}{\partial\Delta u(k+N_2-1)} \end{bmatrix}.$$

Note que essa matriz é triangular inferior e a razão disso é intuitiva. Como o sistema é causal, a predição no tempo $k + j$ só depende de informações atuais ou passadas.

Note, ainda, que nesta abordagem não linear, como o modelo de resposta livre já considera os valores da perturbação medida (tanto passados como futuros), a ação antecipativa do MPC é implementada diretamente, sem necessidade de calcular separadamente a relação entre a perturbação e a saída do modelo.

O cômputo analítico de $\mathbf{G}$ pode ser extremamente complexo dependendo das não linearidades presentes nas equações do sistema. Ainda, pode acontecer, na prática, de não termos um modelo analítico do processo. Nesses casos, é preciso utilizar uma maneira alternativa para o cálculo de $\mathbf{G}$.

Usando o conceito de limites, a derivada parcial de uma função é definida como:

$$\frac{\partial g(x)}{\partial x} = \lim_{\Delta x \to 0} \frac{g(x + \Delta x) - g(x)}{\Delta x}.$$

Esta definição pode ser utilizada para calcular numericamente o jacobiano de $\mathbf{F}$:

1. Calcule a resposta livre sem correção do sistema $\hat{\mathbf{y}}_{o,0} = \mathbf{F}(\mathbf{x}^*)$.
2. Calcule a primeira coluna de $\mathbf{G}$. Para isso, faça

   $$\Delta\mathbf{u}(k) = [\epsilon\ 0\ \ldots\ 0]^T,$$

   onde $\epsilon$ é um valor pequeno, por exemplo, $u(k-1)/100$, e calcule $\hat{\mathbf{y}}_{o,1} = \mathbf{F}(y(k), u(k-1), \Delta\mathbf{u}(k), \mathbf{q}(k+1))$. Então, a primeira coluna de $\mathbf{G}$ é dada por:

   $$\mathbf{G}(:,1) = \frac{\hat{\mathbf{y}}_{o,1} - \hat{\mathbf{y}}_{o,0}}{\epsilon}.$$

3. Calcule a segunda coluna de $\mathbf{G}$. Para isso, faça

   $$\Delta\mathbf{u}(k) = [0\ \epsilon\ 0\ \ldots\ 0]^T,$$

   e calcule $\hat{\mathbf{y}}_{o,2} = \mathbf{F}(y(k), u(k-1), \Delta\mathbf{u}(k), \mathbf{q}(k+1))$. Então, a segunda coluna de $\mathbf{G}$ é dada por:

   $$\mathbf{G}(:,2) = \frac{\hat{\mathbf{y}}_{o,2} - \hat{\mathbf{y}}_{o,0}}{\epsilon}.$$

4. Repita o procedimento para as outras colunas de $\mathbf{G}$ até a matriz estar completa.

Sendo que $\mathbf{G}(:,j)$ indica a $j$-ésima coluna de $\mathbf{G}$, e $\epsilon$ pode ser escolhido de acordo com a discussão apresentada na Seção 5.3.2, p. 193.

É interessante notar que a matriz **G** não verifica a propriedade vista no caso linear (GPC ou DMC), no qual cada coluna poderia ser obtida deslocando a anterior em uma posição e adicionando um zero no primeiro elemento. Isso ocorre por conta da característica não linear do processo.

Vamos apresentar, na sequência, um exemplo simples de aplicação dessas ideias no cálculo da matriz **G** do PNMPC.

**Exemplo 5.8**

Considerando, novamente, o modelo do tanque Exemplo 5.3 com $g = 9{,}81\,\mathrm{m\,s^{-2}}$, $K_1 = 2$ e $K_2 = 0{,}1\,\mathrm{s/(m\%)^{0{,}5}}$, $N_1 = 1$, $N_2 = N_u = 3$, vamos calcular a matriz **G**. Inicialmente, para deixar mais claro o procedimento, vamos obter a função **F** do sistema de maneira recursiva:

$$\begin{aligned}\hat{y}_o(k+1 \mid k) &= h(k) + 2(a(k-1) + \Delta a(k)) - 0{,}1q(k)\sqrt{2gh(k)}\\ &= f_0\left(h(k), a(k-1), \Delta\mathbf{a}(k), \mathbf{q}(k+1)\right),\end{aligned}$$

$$\begin{aligned}\hat{y}_o(k+2 \mid k) &= \hat{y}_o(k+1 \mid k) + 2(a(k-1) + \Delta a(k) + \Delta a(k+1))\\ &\quad - 0{,}1q(k+1)\sqrt{2g\hat{y}_o(k+1 \mid k)}\\ &= f_1\left(h(k), a(k-1), \Delta\mathbf{a}(k), \mathbf{q}(k+2)\right),\end{aligned}$$

$$\begin{aligned}\hat{y}_o(k+3 \mid k) &= \hat{y}_o(k+2 \mid k) + 2(a(k-1) + \Delta a(k) + \Delta a(k+1) + \Delta a(k+2))\\ &\quad - 0{,}1q(k+2)\sqrt{2g\hat{y}_o(k+2 \mid k)}\\ &= f_2\left(h(k), a(k-1), \Delta\mathbf{a}(k), \mathbf{q}(k+3)\right).\end{aligned}$$

Agora, é necessário calcular a resposta livre sem correção do sistema, $\hat{\mathbf{y}}_{o,0} = \mathbf{F}(\mathbf{x}^*)$, ou seja, considerando $\Delta\mathbf{a}(k) = \mathbf{0}$. Dessa forma, supondo $a(k-1) = 50$, $q(k+j) = 20\ \forall j > 0$, e $h(k) = 50$,

$$\hat{\mathbf{y}}_{o,0}^T = [87{,}3582\ 104{,}5580\ 113{,}9726].$$

Para o cálculo de **G**, devemos calcular $\hat{\mathbf{y}}_{o,1}$, $\hat{\mathbf{y}}_{o,2}$ e $\hat{\mathbf{y}}_{o,3}$, que são obtidos a partir de **F** utilizando $\Delta\mathbf{a}(k) = [\epsilon, 0, 0]$, $\Delta\mathbf{a}(k) = [0, \epsilon, 0]$, $\Delta\mathbf{a}(k) = [0, 0, \epsilon]$, respectivamente. Neste exemplo, assumiremos $\epsilon = a(k-1)/1000 = 0{,}05$:

$$\begin{aligned}\hat{\mathbf{y}}_{o,1}^T &= [87{,}4582\ 104{,}7106\ 114{,}1591],\\ \hat{\mathbf{y}}_{o,2}^T &= [87{,}3582\ 104{,}6580\ 114{,}1293],\\ \hat{\mathbf{y}}_{o,3}^T &= [87{,}3582\ 104{,}5580\ 114{,}0726].\end{aligned}$$

Então, $\mathbf{G}$ pode ser calculada como

$$\mathbf{G} = \begin{bmatrix} \frac{\hat{\mathbf{y}}_{o,1}-\hat{\mathbf{y}}_{o,0}}{\epsilon} & \frac{\hat{\mathbf{y}}_{o,2}-\hat{\mathbf{y}}_{o,0}}{\epsilon} & \frac{\hat{\mathbf{y}}_{o,3}-\hat{\mathbf{y}}_{o,0}}{\epsilon} \end{bmatrix} = \begin{bmatrix} 2{,}0000 & 0 & 0 \\ 3{,}0524 & 2{,}0000 & 0 \\ 3{,}7307 & 3{,}1338 & 2{,}0000 \end{bmatrix}.$$

Note que a segunda coluna de $\mathbf{G}$ não pode ser obtida apenas adicionando um zero e deslocando a primeira coluna, como ocorria no caso linear.

### 5.4.3 Implementação algorítmica

Com a resposta livre e forçada definidas, as predições do sistema podem ser escritas como

$$\hat{\mathbf{y}} = \mathbf{G}\Delta\mathbf{u}(k) + \mathbf{f}, \tag{5.18}$$

que é o formato padrão já apresentado para os casos lineares. Assim, supondo que a função custo utilizada seja a padrão apresentada anteriormente, para obter a sequência de controle ótima a ser aplicada no processo basta executar o procedimento de minimização da função custo apresentado para o caso linear. Como mencionado na apresentação do PNMPC, esta é uma das vantagens deste algoritmo. Enquanto muitos algoritmos NMPC necessitam, a cada instante de amostragem, da resolução de múltiplos problemas de otimização para a obtenção do controle ótimo, o PNMPC só requer uma otimização por amostragem, gerando um ganho em desempenho computacional significativo. Assim, se comparado a abordagens lineares de MPC, a complexidade do PNMPC está apenas no cômputo de $\mathbf{G}$, que precisa ser feito a cada amostra, e no uso de um modelo não linear para o cálculo da resposta livre.

A execução do algoritmo PNMPC pode ser resumida nos seguintes passos:

1. obtenha o valor atual da saída do sistema $y(k)$, da perturbação medida $q(k)$ e, possivelmente, dos valores futuros de $q$;

2. calcule a resposta livre corrigida do sistema de acordo com o apresentado na Seção 5.4.1;

3. calcule $\mathbf{G}$ utilizando o procedimento apresentado na Seção 5.4.2;

4. minimize a função custo quadrática $J$ e obtenha o controle ótimo a ser aplicado no processo;

5. aplique a ação de controle no processo;

6. espere uma amostra e repita o procedimento.

Na prática, podem ser usadas algumas estratégias para diminuir o tempo de cômputo (PICON YANG, 2016). Dependendo do sistema que está sendo controlado, pode não ser necessário calcular a matriz **G** em todos os passos de amostragem, mas apenas a cada $N_o$ amostras. Outra forma de simplificar o procedimento é calculando apenas a primeira coluna da matriz e usando o procedimento de deslocamento para as demais colunas. Essa abordagem é uma simplificação, pois, mesmo que o sistema não linear seja invariante no tempo, as condições iniciais no momento da aplicação dos diversos $\Delta u(k+j)$ para o cálculo dos vetores $\hat{\mathbf{y}}_{o,i}$ são, no caso geral, diferentes, o que implica uma resposta distinta devido à não linearidade do sistema. Esta mesma abordagem simplificada já foi discutida neste livro como sendo uma versão do GPC com resposta livre não linear.

**Exemplo 5.9**

Neste exemplo, apresentaremos uma simulação completa com o PNMPC e uma comparação com o NEPSAC e com o PNMPC alternativo, para o qual calcularemos a matriz **G** a cada 5 amostras (denominado PNMPC2). O sistema a ser controlado é o tanque apresentado no Exemplo 5.6, e o cenário de simulação e a sintonia de ambos os controladores são os apresentados anteriormente: $g = 9{,}81\,\mathrm{m\,s^{-2}}$, $K_1 = 2$, $K_2 = 0{,}1\,\mathrm{s/(m\%)^{0.5}}$, o ponto de operação é dado por $h^* = 50\,\%$, $u^* = 31{,}3209\,\%$ e $q^* = 20\,\%$, a sintonia é $N_1 = 1$, $N_2 = 30$, $N_u = 5$ e $\lambda = 1$, e a perturbação $q$ é medida, porém, $N_q = 0$.

Os resultados das simulações são apresentados na Figura 5.10. Veja que, para este caso particular, o desempenho de todos os algoritmos é virtualmente idêntico. No entanto, como mencionado anteriormente, o algoritmo PNMPC resolve o mesmo problema com desempenho similar ao NEPSAC, mas tendo um custo computacional reduzido. E este é ainda menor se a matriz **G** não for calculada a todo instante, como no caso do PNMPC2. Porém, vale ressaltar que não se pode generalizar e dizer que o PNMPC sempre terá o mesmo desempenho do NEPSAC (ou do PNMPC com o cálculo de **G** com $N_o > 1$), já que isso depende muito do sistema a ser controlado e de suas não linearidades.

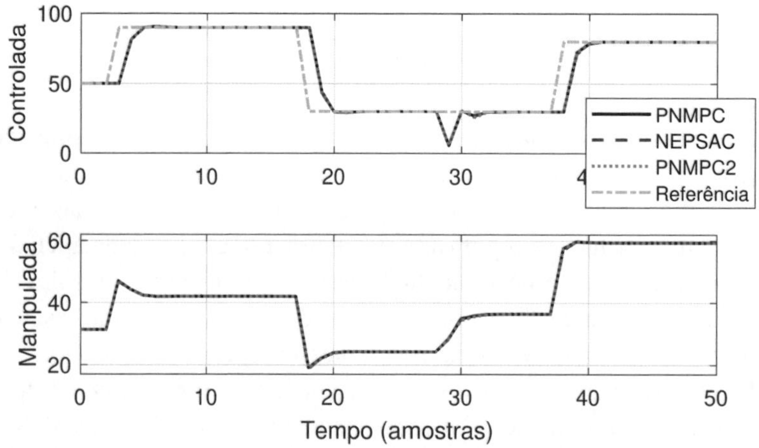


**Figura 5.10** Exemplo 5.9 – Comparação entre os algoritmos PNMPC e NEPSAC para o controle de nível em um tanque. PNMPC2 é o algoritmo PNMPC com cálculo da matriz **G** a cada 5 amostras.

### 5.4.4 Extensão para o caso multivariável

Assim como no NEPSAC, a extensão do PNMPC para o caso multivariável (sistema com $m$ entradas e $n$ saídas) é direta. Podemos usar o mesmo procedimento de otimização, a mesma definição da função custo e a mesma representação das restrições do caso linear e escolher horizontes e ponderações de forma individualizada para cada variável. Assim como fizemos com o NEPSAC, mostraremos a relação entre o modelo não linear do processo e as matrizes usadas na formulação do problema de otimização.

Cada saída $y_i(k)$ será representada por um modelo genérico da forma:

$$y_i(k) = f_i(\mathbf{y}_{i,l}(k-1), \mathbf{u}_{i,p}(k-1), \mathbf{q}_{i,s}(k)) + \eta_i(k), \qquad i = 1 \ldots n, \forall\, l,p,s,$$

onde $\mathbf{y}_{i,l}(k-1)$, $\mathbf{u}_{i,p}$ e $\mathbf{q}_{i,p}$ são, respectivamente, os vetores contendo as informações passadas das $n$ saídas, dos $m$ controles e das $m_q$ perturbações medidas que afetam a saída $y_i$, e $\eta_i(k)$ é a perturbação não medida que afeta a mesma saída.

Assim, mantendo o controle constante no sistema multivariável e considerando as perturbações medidas $q_s$, calculam-se todas as saídas $y_i$, apenas simulando o modelo não linear multivariável no horizonte de predição de cada saída.

Por outro lado, para encontrar as respostas forçadas, usaremos a mesma metodologia do caso SISO para cada uma das entradas, obtendo uma matriz $\mathbf{G}_{i,p}$ para modelar o efeito da entrada $p$ na saída $i$. Assim, a predição é dada por:

$$\hat{\mathbf{y}}_i = \mathbf{G}_{i,1}\Delta\mathbf{u}_1 + \mathbf{G}_{i,2}\Delta\mathbf{u}_2 + \ldots + \mathbf{G}_{i,m}\Delta\mathbf{u}_m + \mathbf{f}_i,$$

com $\mathbf{f}_i$ a resposta livre e:

$$\hat{\mathbf{y}}_i = \begin{bmatrix} \hat{y}_i(k+N_{1,i} \mid k) \\ \hat{y}_i(k+N_{1,i}+1 \mid k) \\ \vdots \\ \hat{y}_i(k+N_{2,i} \mid k) \end{bmatrix}, \boldsymbol{\Delta}\mathbf{u}_p = \begin{bmatrix} \Delta u_p(k) \\ \Delta u_p(k+1) \\ \vdots \\ \Delta u_p(k+N_{u,l}-1) \end{bmatrix},$$

sendo $N_{1,i}$ e $N_{2,i}$ os horizontes da saída $i$ e $N_{u,p}$ o horizonte de controle de $u_p$.

A forma de calcular cada $\mathbf{G}_{i,p}$ segue o mesmo procedimento do caso SISO, calculando as derivadas parciais numericamente para cada controle $p$. Finalmente, a matriz completa terá $n \times m$ blocos:

$$\mathbf{G} = \begin{bmatrix} \mathbf{G}_{1,1} & \cdots & \mathbf{G}_{1,m} \\ \mathbf{G}_{2,1} & \cdots & \mathbf{G}_{1,m} \\ \vdots & \vdots & \vdots \\ \mathbf{G}_{n,1} & \cdots & \mathbf{G}_{n,m} \end{bmatrix},$$

e o modelo de predição será dado por:

$$\hat{\mathbf{y}} = \mathbf{G}\Delta\mathbf{u} + \mathbf{f}, \tag{5.19}$$

com:

$$\hat{\mathbf{y}} = \begin{bmatrix} \hat{\mathbf{y}}_1 \\ \hat{\mathbf{y}}_2 \\ \vdots \\ \hat{\mathbf{y}}_n \end{bmatrix}, \quad \Delta\mathbf{u} = \begin{bmatrix} \Delta\mathbf{u}_1 \\ \Delta\mathbf{u}_2 \\ \vdots \\ \Delta\mathbf{u}_m \end{bmatrix}.$$

A execução do algoritmo PNMPC para o caso MIMO segue os mesmos passos do caso SISO.

Na Seção 5.5, vamos ilustrar o uso do PNMPC em um processo multivariável e comparar os resultados com os obtidos com os controladores anteriores apresentados neste capítulo.

## 5.5 ESTUDO DE CASO - CSTR

Neste estudo de caso, vamos realizar uma análise comparativa dos três algoritmos apresentados para o caso não linear: (a) NMPC com otimização não linear geral, (b) NEPSAC e (c) PNMPC. O problema em questão envolve o controle de um tanque reator continuamente agitado (CSTR, do inglês *Continuous Stirred Tank Reactor*). Reatores são muito importantes em plantas químicas e eles podem se apresentar de diferentes maneiras, mas uma forma muito comum é o CSTR (BEQUETTE, 1998). Esses sistemas podem apresentar dinâmicas altamente não lineares, especialmente quando reações químicas em sequência e em paralelo estão presentes. O processo em consideração realiza a produção de ciclopentenol (B) a partir de ciclopentadieno (A) por meio de uma reação química específica. Essa reação ainda tem como subprodutos o diciclopentadieno (D) e o ciclopentanediol (C) (ENGELL; KLATT, 1993). A descrição da reação química é atribuída a van de Vusse (VAN DE VUSSE, 1964) e pode ser escrita como:

$$\mathrm{A} \xrightarrow{k_1} \mathrm{B} \xrightarrow{k_2} \mathrm{C},$$

$$2\mathrm{A} \xrightarrow{k_3} \mathrm{D}.$$

O diagrama esquemático do processo é apresentado na Figura 5.11.

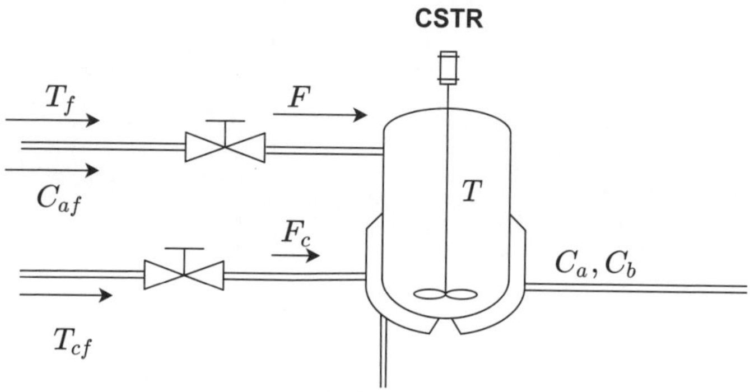


**Figura 5.11** Diagrama esquemático do CSTR.

O CSTR MIMO a ser utilizado foi inicialmente apresentado em (DU; JOHANSEN, 2014) e tem como variáveis controladas a temperatura dentro do reator $T$ e a concentração do produto A na saída $C_a$. As variáveis manipuladas são a vazão do processo $F$ e a vazão do fluido refrigerante $F_c$. As perturbações não medidas são a temperatura de entrada do produto A, representada por $T_f$, a temperatura do fluido refrigerante $T_{cf}$, e

**Tabela 5.1** Parâmetros e ponto de operação do MIMO CSTR (DU; JOHANSEN, 2014).

| | | |
|---|---|---|
| Concentração medida do produto A | $C_a^*$ | $0{,}1\,\mathrm{mol\,L^{-1}}$ |
| Vazão do fluido refrigerante | $F_c^*$ | $103{,}41\,\mathrm{L\,min^{-1}}$ |
| Concentração de A na alimentação | $C_{af}^*$ | $1\,\mathrm{mol\,L^{-1}}$ |
| Temperatura do fluido refrigerante | $T_{cf}^*$ | $350\,\mathrm{K}$ |
| Temperatura do reator | $T^*$ | $438{,}51\,\mathrm{K}$ |
| Vazão de entrada | $F^*$ | $100\,\mathrm{L\,min^{-1}}$ |
| Temperatura da vazão de entrada | $T_f^*$ | $350\,\mathrm{K}$ |
| Termo de transferência de calor | $h_a$ | $7\times10^5\,\mathrm{cal\,min^{-1}\,K^{-1}}$ |
| Termo de energia de ativação | $E/R$ | $1\times10^4\,\mathrm{K}$ |
| Densidades dos líquidos | $\rho,\rho_c$ | $1000\,\mathrm{g\,L^{-1}}$ |
| Volume do CSTR | $V$ | $100\,\mathrm{L}$ |
| Constante da taxa de reação | $k_0$ | $7{,}2\times10^{10}\,\mathrm{min^{-1}}$ |
| Calor da reação | $\Delta H$ | $-2\times10^5\,\mathrm{cal\,mol^{-1}}$ |
| Calor específico | $C_p, C_{pc}$ | $1\,\mathrm{cal\,g^{-1}\,K^{-1}}$ |

a concentração do produto A na alimentação do reator $C_{af}$. As equações diferenciais que descrevem a dinâmica do processo são:

$$\begin{cases} \dfrac{dC_a(t)}{dt} = \dfrac{F(t)}{V}[C_{af}(t) - C_a(t)] - k_0 C_a(t) e^{-E/RT(t)} & (5.20a) \\ \dfrac{dT(t)}{dt} = \dfrac{F(t)}{V}[T_f(t) - T(t)] + k_1 C_a(t) e^{-E/RT(t)} & \\ \qquad\qquad + k_2 F_c(t)[1 - e^{-k_3/F_c(t)}][T_{cf}(t) - T(t)] & (5.20b) \end{cases}$$

com

$$k_1 = -\frac{\Delta H k_0}{\rho C_p} = 1{,}44\times10^{13}\,\mathrm{L\,K\,mol^{-1}\,min^{-1}},$$

$$k_2 = \frac{\rho_c C_{pc}}{\rho C_p V} = 0{,}01\,\mathrm{L^{-1}},$$

$$k_3 = \frac{h_a}{\rho_c C_{pc}} = 700\,\mathrm{L\,min^{-1}},$$

a partir dos parâmetros dados na Tabela 5.1, junto com os valores do ponto de operação como definido em (DU; JOHANSEN, 2014).

O modelo a ser utilizado pelos controladores é obtido discretizando as equações do sistema, apresentadas em (5.20a) e (5.20b), usando a aproximação *forward* (Euler) da derivada[11], com um tempo de amostragem de $T_s = 0{,}1$ min:

$$\begin{cases} C_a(k+1) = C_a(k) + T_s\left(\dfrac{F(k)}{V}[C_{af}(k) - C_a(k)]\right) \\ \qquad - T_s\left(k_0 C_a(k) e^{-E/RT(k)}\right), \\ T(k+1) = T(k) + T_s\left(\dfrac{F(k)}{V}[T_f(k) - T(k)]\right) \\ \qquad + T_s\left(k_1 C_a(k) e^{-E/RT(k)}\right) \\ \qquad + T_s\left(k_2 F_c(k)[1 - e^{-k_3/F_c(k)}][T_{cf}(k) - T(k)]\right). \end{cases}$$

Como as perturbações são consideradas não medidas, os modelos nominais usados pelos controladores considerarão os valores do ponto de operação definidos na Tabela 5.1.

O cenário de simulação contempla mudanças de referência e perturbações. O sistema inicia no ponto de operação definido na Tabela 5.1. A referência de $C_a$ inicia em $0{,}1\,\mathrm{mol\,L^{-1}}$ e muda para $0{,}08\,\mathrm{mol\,L^{-1}}$ em $t = 1$ min, e para $0{,}1\,\mathrm{mol\,L^{-1}}$ em $t = 13$ min. A referência de $T$ inicia em 438,51 K, muda para 443,50 K em $t = 7$ min, e para 438,51 K em $t = 19$ min. As perturbações $C_{af}$, $T_f$ e $T_{cf}$ iniciam no ponto de operação e mudam para $1{,}03\,\mathrm{mol\,L^{-1}}$ em $t = 25$ min, 353,00 K em $t = 31$ min e 347,00 K em $t = 37$ min, respectivamente. Para o NEPSAC, o critério de parada utilizado foi uma tolerância de 0,1 ou 10 iterações. O sistema é simulado utilizando (5.20a) e (5.20b) e o algoritmo ODE45 do MATLAB. Todos os problemas de otimização foram resolvidos usando o CasADi e o *solver* Ipopt.

As sintonias para o PNMPC e NEPSAC são iguais. Os horizontes foram escolhidos como $N_{1,1} = N_{1,2} = 1$, $N_{2,1} = N_{2,2} = 50$ e $N_{u,1} = N_{u,2} = 30$. As ponderações são $\delta_1 = 1$, $\delta_2 = 100$ e $\lambda_1 = \lambda_2 = 1$, mas todas foram normalizadas pelos respectivos horizontes e pontos de operação. Além disso, considerou-se $C(z) = 1$, $D(z) = 1 - z^{-1}$, e um filtro de referência exponencial de primeira ordem com $\alpha = 0{,}85$. São consideradas restrições nas variáveis manipuladas $F \in [75;\ 150]$ e $F_c \in [60;\ 130]$, e nos seus incrementos, que estão limitados a 2 unidades por amostra.

Os resultados, apresentados nas Figuras 5.12 e 5.13, foram divididos em duas partes para uma melhor visualização, uma que mostra o seguimento de referências e outro

[11] Para este sistema, a aproximação *forward* da derivada resultou em um bom modelo com esse período de amostragem. No entanto, esse método de aproximação, apesar de resultar em um modelo mais simples, requer um período de amostragem relativamente menor para funcionar adequadamente (BEQUETTE, 1998).

que mostra a rejeição de perturbações. Veja que, apesar de a sintonia ser idêntica, os algoritmos geram respostas diferentes, especialmente na rejeição de perturbações. Isso se dá pela forma de obtenção do controle ótimo: o NMPC utiliza diretamente as equações não lineares, gerando um problema de otimização mais complexo, mas mais preciso; o NEPSAC executa uma sequência de otimizações por período de amostragem, como forma de tentar aproximar a solução do problema não linear original; o PNMPC faz uma linearização especial e resolve apenas um QP por amostragem, simplificando o problema, o que é uma vantagem do ponto de vista computacional.

Para uma comparação mais quantitativa, utilizaremos os termos da própria função custo como métrica, e definiremos alguns subtermos para facilitar a análise:

$$J_{y,i}\left(k_0, k_f\right) = \sum_{j=k_0}^{k_f} \delta_i \left(y_{r,i}(j) - y_i(j)\right)^2, \qquad J_{\Delta u,i}\left(k_0, k_f\right) = \sum_{j=k_0}^{k_f} \lambda_i \Delta u_i(j)^2,$$

$$J_\infty\left(k_0, k_f\right) = \sum_{i=1}^{n} J_{y,i}\left(k_0, k_f\right) + \sum_{i=1}^{m} J_{\Delta u,i}\left(k_0, k_f\right),$$

sendo que $k_0$ e $k_f$ indicam os instantes de tempo inicial e final para o cálculo destes índices, $y_{r,i}$ é o valor desejado para o sinal $y_i$, e $J_{y,i}$, $J_{\Delta u,i}$ e $J_\infty$ definem, respectivamente, as métricas para o erro de seguimento, esforço de controle, e custo total, respectivamente, no intervalo especificado. Calcularemos os índices considerando dois intervalos distintos, o primeiro entre 0 min e 25 min, e o segundo entre 25 min e 42 min, para que possamos avaliar o seguimento de referências e a rejeição de perturbações de forma independente. Além disso, para facilitar a comparação, os valores dos índices obtidos foram normalizados em relação ao caso do NMPC e são apresentados na Tabela 5.2.

Em termos de seguimento de referência, podemos ver tanto na Figura 5.12 quanto nos dados da Tabela 5.2 que os resultados são muito similares, considerando tanto as variáveis individuais quanto o índice total $J_\infty$, sendo o único ponto de nota o fato de que NEPSAC conseguiu um seguimento de referências melhor para a temperatura $T$ (cerca de 5,08 % melhor). Já quando analisamos a rejeição de perturbações (Figura 5.13 e Tabela 5.2), as diferenças são mais significativas pois, como a perturbação não é medida, as diferenças entre os cálculos de predição e sinal de controle acabam sendo maiores.

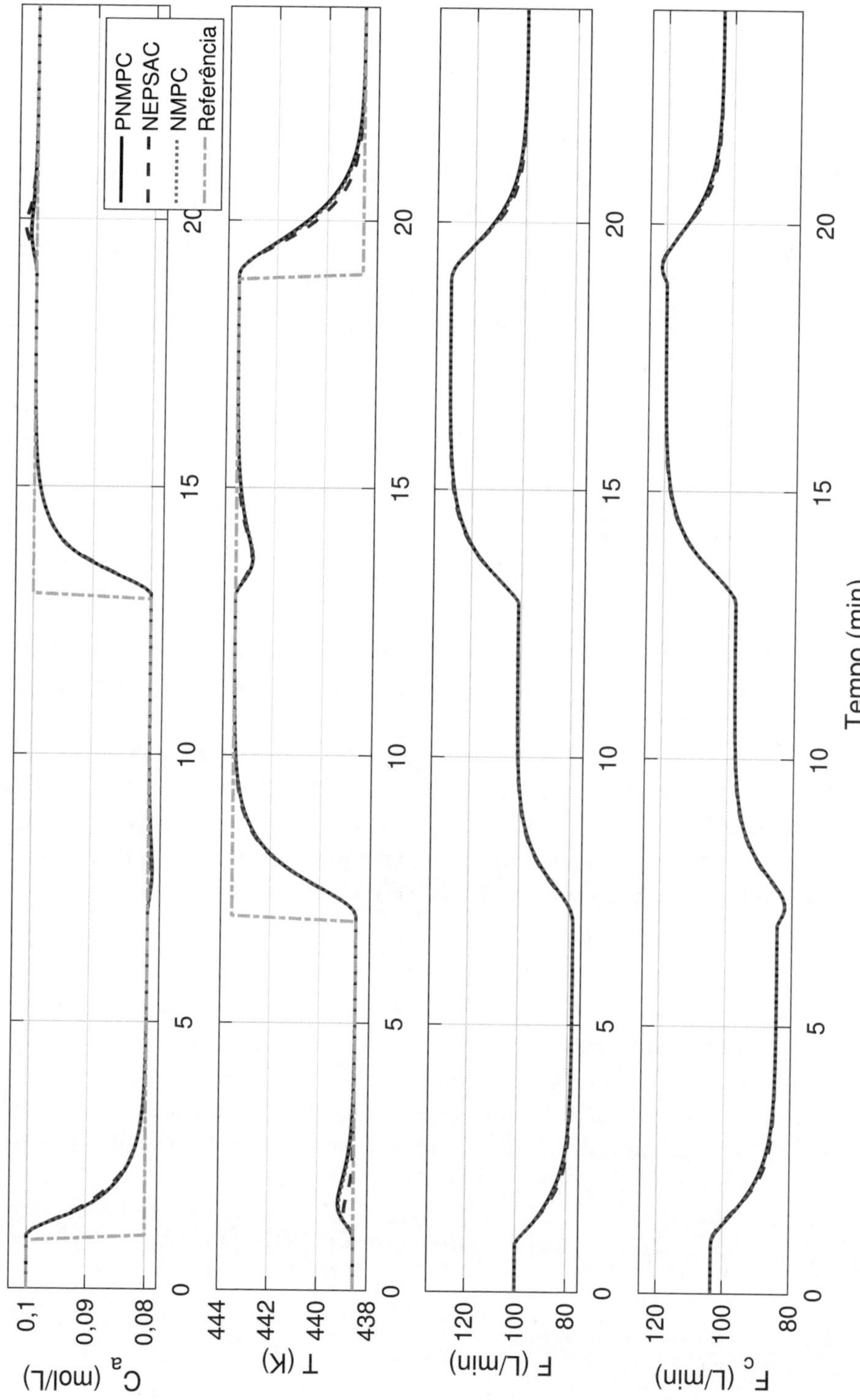


**Figura 5.12** Estudo de caso do CSTR – Resultados de simulação com PNMPC, NEPSAC e NMPC para seguimento de referência.

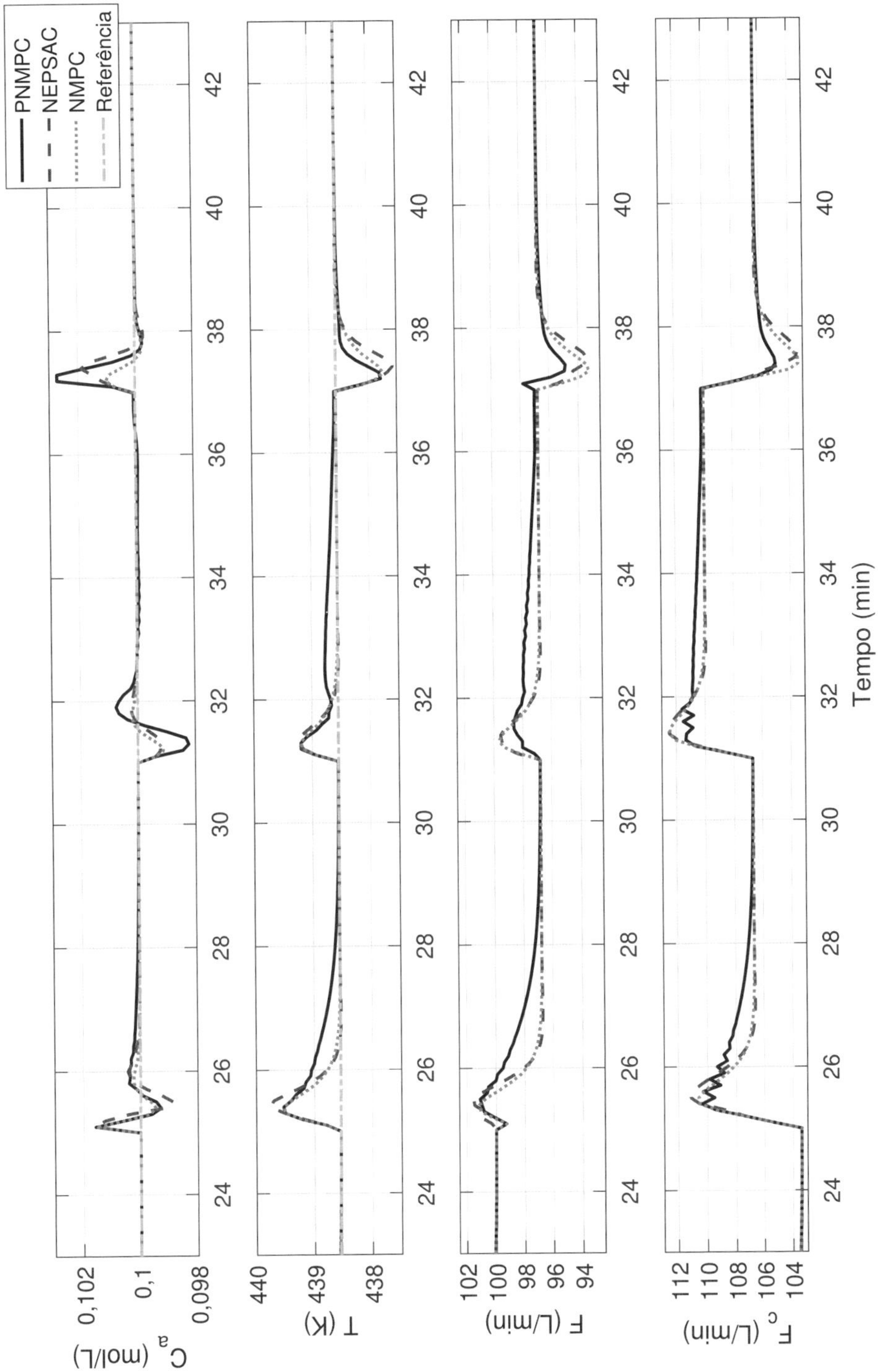


**Figura 5.13** Estudo de caso do CSTR – Resultados de simulação com PNMPC, NEPSAC e NMPC para rejeição de perturbações.

**Tabela 5.2** Estudo de caso do CSTR – índices $J$.

| | Seguimento de referência | | | Rejeição de perturbações | | |
|---|---|---|---|---|---|---|
| | PNMPC | NEPSAC | NMPC | PNMPC | NEPSAC | NMPC |
| $C_a/J_{y,1}$ | 1,0016 | 1,0321 | 1 | 4,3209 | 2,5251 | 1 |
| $T/J_{y,2}$ | 1,0071 | 0,9492 | 1 | 1,2553 | 1,4226 | 1 |
| $F/J_{\Delta u,1}$ | 0,9901 | 1,0509 | 1 | 0,6771 | 0,9080 | 1 |
| $F_c/J_{\Delta u,2}$ | 0,9914 | 1,0630 | 1 | 0,9865 | 0,9300 | 1 |
| $J_\infty$ | 1,0026 | 1,008 | 1 | 1,2239 | 1,1849 | 1 |

O PNMPC teve o pior resultado, tendo uma rejeição de perturbações mais lenta na temperatura $T$, e mais oscilatória na concentração $C_a$. Veja que o $J_y$ do PNMPC para $C_a$ é 4,32 vezes pior do que para o NMPC, e 1,25 vezes pior para $T$. O NEPSAC tem resultados melhores do que o PNMPC para perturbações em $C_a$, mas é pior do que o PNMPC para $T$. De qualquer maneira, o NEPSAC é pior do que o NMPC. O efeito de uma rejeição de perturbações pior pode ser verificado indiretamente no esforço de controle, veja que tanto o PNMPC quanto o NEPSAC possuem o índice $J_{\Delta u}$ mais baixos do que o NMPC, especialmente para a manipulada $F$. Avaliando o índice total $J_\infty$, a diferença acaba caindo, pois os efeitos dos sub-índices acabam se compensando, mas ainda assim podemos ver que o PNMPC, no geral, é pior. O NEPSAC consegue um desempenho intermediário mas ainda assim 1,18 vez pior do que o NMPC. Assim, NMPC e NEPSAC acabam sendo mais vantajosos do que o PNMPC neste caso, porém a um custo computacional mais elevado, como se mostra na análise que segue.

A Figura 5.14 ilustra o tempo gasto pelos três algoritmos em cada amostra, e é notável a diferença de custo computacional entre eles[12]. O NMPC possui o maior tempo de computação em toda a simulação, o que era de se esperar já que ele resolve um problema de otimização mais complexo. O NEPSAC tem um tempo de cômputo alto especialmente nos transitórios. Já o PNMPC possui o menor tempo de cômputo, e os valores obtidos são consideravelmente menores do que os do NMPC. Em certos momentos, o NEPSAC leva quase tanto tempo para resolver o problema quanto o NMPC. Isso ocorre pois o NEPSAC não resolve somente um problema de otimização a cada amostra, mas uma sequência de problemas até que uma condição de parada seja satisfeita. Assim, em certos momentos, é possível que este leve mais tempo para obter a solução ótima, como mostrado na Figura 5.14. No entanto, os ajustes dos critérios de parada do NEPSAC (tolerância e

[12]Os tempos de execução vão depender muito dos critérios de parada definidos pelo usuário para cada algoritmo e também das configurações de hardware do computador executando o algoritmo. No entanto, os resultados apresentados aqui ilustram a diferença de custo computacional entre os algoritmos sem perda de generalidade. Além disso, consideramos apenas o tempo de resolução do problema de otimização. Se as outras operações necessárias forem contabilizadas, esse resultado pode variar.

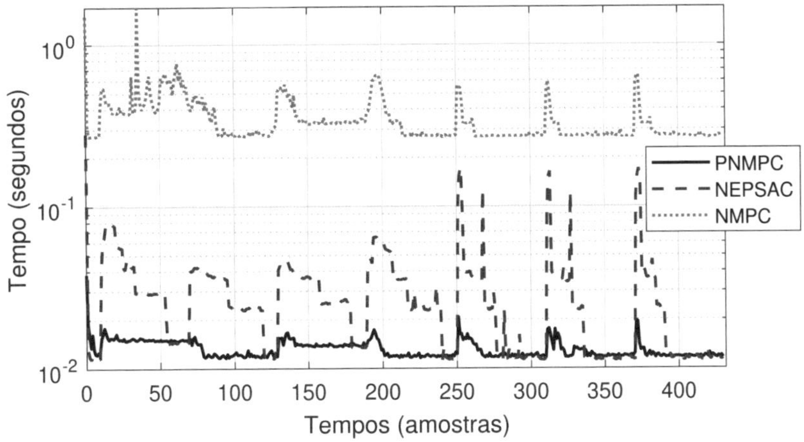


**Figura 5.14** Estudo de caso do CSTR – Tempo de cômputo dos algoritmos PNMPC, NEPSAC e NMPC.

número de iterações) podem ser relaxados para melhorar seu tempo de cômputo, porém isso pode prejudicar o desempenho do controlador. Além disso, note que, quando o NEPSAC necessita realizar poucas iterações, ele é capaz de atingir tempos de cálculo similares ao do PNMPC, que apresenta os menores valores na maior parte do tempo. Apesar de os tempos de cômputo variarem em função do algoritmo implementado, neste problema específico, os tempos não são críticos e estão bem abaixo do período de amostragem.

Para verificar o efeito das mudanças dos critérios de parada do NEPSAC na malha fechada e no tempo de cômputo, faremos alguns testes adicionais. Primeiro, refaremos a simulação anterior, mas, agora, considerando tolerâncias de 0,1, 1 e 0,01, ou seja, temos o caso inicial, e outros dois casos aumentando e diminuindo a tolerância em 10 vezes em relação ao caso inicial, e mantendo o número de iterações máxima em 10. Em termos de resposta de malha fechada, todos obtiveram resultados essencialmente idênticos. No entanto, analisando o número de iterações e o tempo de cômputo, apresentados na Figura 5.15, veja que, com uma tolerância menor, o número de iterações e tempo de cômputo aumentam consideravelmente e, se a tolerância é aumentada, acontece o contrário. Com a tolerância 10 vezes menor, na média, cerca de duas iterações de otimização são necessárias para a convergência, fazendo com que esta configuração do NEPSAC tenha desempenho similar ao do PNMPC. Porém, nos transitórios da perturbação, mesmo com uma tolerância maior, o número de iterações máximo foi atingido. Isso pode ser um problema em casos em que o período de amostragem seja menor, pois neste caso seria necessário reduzir o número de iterações máximo do NEPSAC, o que iria prejudicar a tolerância da solução.

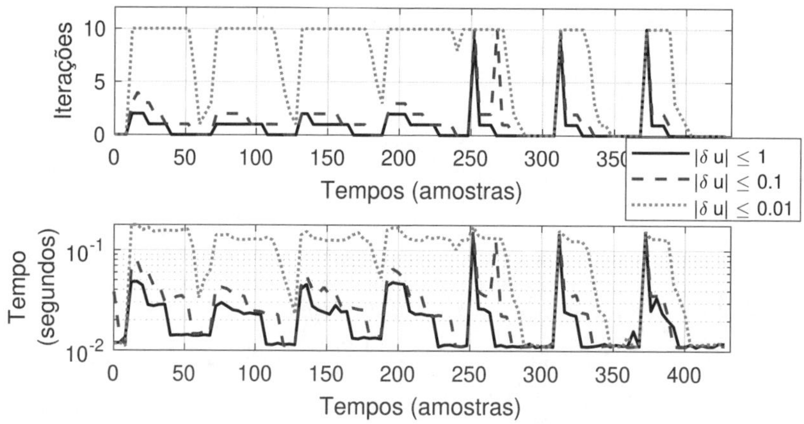


**Figura 5.15** Estudo de caso do CSTR – Tempo de cômputo e número de iterações para o variações no critério de parada de tolerância do NEPSAC.

Agora, ao invés de mudar a tolerância, modificaremos o número máximo de iterações do NEPSAC. Os resultados são apresentados nas Figuras 5.16 e 5.17. Para mudanças de referência, os resultados foram idênticos e foram omitidos. É possível perceber isso analisando a Figura 5.16, antes de 250 amostras, que é a parte da simulação que trata de seguimento de referência.

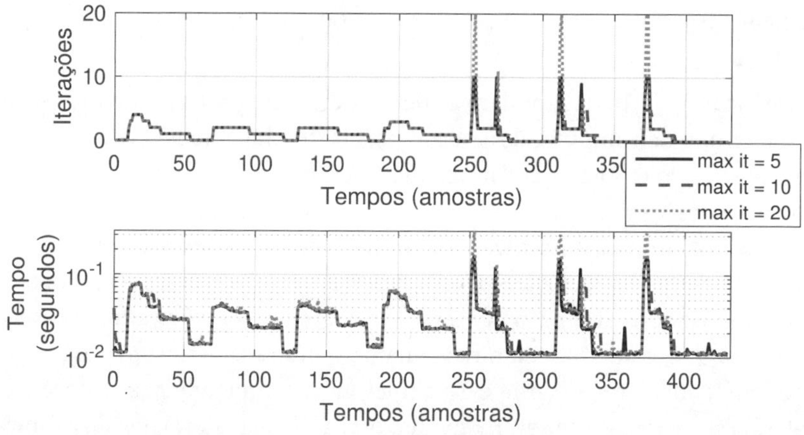


**Figura 5.16** Estudo de caso do CSTR – Tempo de cômputo e número de iterações para o variações no critério de parada de número máximo de iterações do NEPSAC.

Veja que, nesta parte, o número máximo de iterações nunca é atingido, ou seja, todos as versões do NEPSAC convergem para a tolerância antes de 5 iterações. Já na parte de rejeição de perturbações, a situação muda. O desempenho do caso com limite em 5 iterações é pior (Figura 5.17), pois o algoritmo não foi capaz de convergir para a tolerância adequadamente. Os casos com 10 e 20 iterações são próximos, mas o de 20 iterações teve um resultado melhor. Ou seja, o desempenho do NEPSAC é sensível aos ajustes de tolerância e de número de iterações, e esse ajuste não é trivial e vai variar de processo para processo. No entanto, de forma intuitiva, é fácil perceber que uma tolerância mais apertada requererá um número maior de iterações, o que aumenta o custo computacional. Por outro lado, um número de iterações muito pequeno impedirá que o NEPSAC convirja para a tolerância estipulada, prejudicando o desempenho.

Com este estudo de caso, mostramos que os diferentes algoritmos NMPC são capazes de obter bons resultados, apesar de cada um abordar o problema de controle de maneira distinta e de ter seu conjunto de vantagens e desvantagens. A escolha de qual utilizar vai depender muito das não linearidades do processo e das limitações computacionais associadas ao equipamento no qual o algoritmo será implementado.

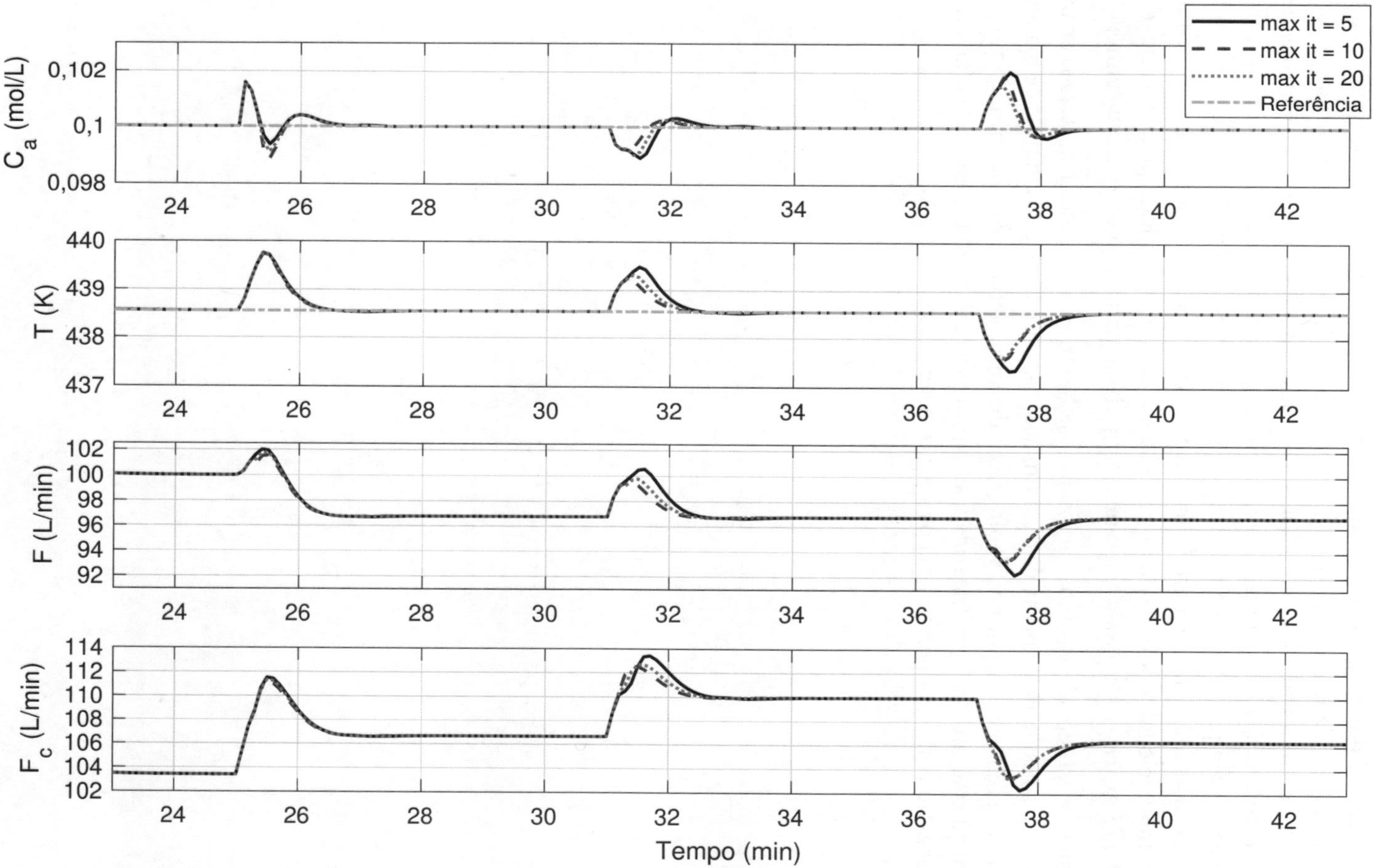


**Figura 5.17** Estudo de caso do CSTR – Resultados de simulação com NEPSAC com diferentes valores máximos de iterações.

## 5.6 COMENTÁRIOS FINAIS

Neste capítulo, apresentamos uma introdução ao problema de controle preditivo não linear (NMPC), entendendo por NMPC as técnicas que utilizam modelos não lineares para o cálculo das predições, mas que mantêm o mesmo tipo de função custo e restrições que os controladores MPC lineares. Inicialmente, mostramos como o problema não linear é conceitualmente muito similar ao do caso linear e que o uso de ação antecipativa de perturbações medíveis, o uso de filtros de referência e o tratamento de restrições na ação de controle podem ser feitos no NMPC da mesma forma que no caso linear. Por outro lado, mostramos que no NMPC a maior complexidade está associada à solução do problema de otimização que precisa ser resolvido a cada amostra, o que resulta em um problema de otimização não linear geral. Assim, foram apresentadas algumas formas de resolver o problema, com softwares de otimização não linear gerais e com métodos que aproximam o problema para conseguir achar uma solução fazendo uso apenas de programação quadrática, que é de solução mais simples[13]. Do estudo comparativo dos métodos apresentados, primeiro para o caso SISO, e depois para o caso MIMO, concluímos que o resultado é bastante dependente do caso estudado e, em muitas aplicações, as versões mais simples acabam tendo um resultado satisfatório. Dessa forma, os métodos aproximados apresentados podem ser bastante úteis na prática. Com os estudos de caso apresentados e a discussão relativa à implementação prática de NMPC, este capítulo coloca as bases para que o leitor possa entender e utilizar esse tipo de controle.

## 5.7 EXERCÍCIOS PROPOSTOS

1. Considere o controle de nível de dois tanques iguais acoplados, de forma tal que a vazão de entrada do tanque 2 é a vazão de saída do tanque 1. Os modelos dos níveis dos tanques $h_1$ e $h_2$ são dados por:

$$h_1(k) = h_1(k-1) + K_1 u(k-1) - K_2 q_1(k-1)\sqrt{2gh_1(k-1)},$$

$$h_2(k) = h_2(k-1) + K_2 q_1(k-1)\sqrt{2gh_1(k-1)} - K_2 q_2(k-1)\sqrt{2gh_2(k-1)},$$

com $g = 9{,}81\,\mathrm{m\,s^{-2}}$. $K_1 = 1{,}5$ e $K_2 = 1\,\mathrm{s/(m\%)^{0,5}}$ são constantes que definem as caraterísticas dos tanques e das válvulas. Nestas equações,

[13] Ressaltamos que o problema de programação quadrática (QP) é, em si, um problema de otimização não linear. Porém, é um caso especial que tem solução algébrica no caso irrestrito e diversos algoritmos especializados para resolvê-lo se forem consideradas restrições. Esses algoritmos especiais tendem a ser mais rápidos do que algoritmos gerais de otimização não linear.

$u$ é a abertura da válvula que alimenta o tanque 1, sendo considerada a variável manipulada. $q_1$ e $q_2$ são, respectivamente, as aberturas das válvulas de saída dos tanques 1 e 2. Todas as variáveis estão normalizadas e são dadas em %. Deseja-se, neste problema, realizar o controle de nível do tanque 2 buscando que ele possa seguir uma dada referência de tipo degrau e que rejeite as perturbações causadas pelas variações nas válvulas $q_1$ e $q_2$, que também são do tipo degrau. As aberturas das válvulas estão limitadas ao intervalo $[0, 100]\%$ e os níveis limitados ao intervalo $[0, 100]\%$. Ainda, considere que as variações de controle estão limitadas ao intervalo $[-5, 5]\%$.

Implemente um NMPC para o sistema dos tanques usando CasADi ou outra ferramenta equivalente para a otimização não linear. Considere dois casos: quando os valores das perturbações podem ser medidos e quando não.

2. Implemente um controlador NEPSAC para o sistema de controle de nível dos tanques acoplados do Exercício 1 e compare os resultados com os obtidos com o uso do NMPC direto.

3. Considere o processo de controle de pH do caldo concentrado em uma indústria de cana de açúcar. O controle do pH é realizado adicionando ácido na corrente de caldo e o pH é medido no final da tubulação. Assim, a variável manipulada é a vazão de ácido. O processo é modelado a partir de alguns experimentos usando uma amostragem de $T_s$ =0,2 s, obtendo a seguinte equação a diferenças não linear:

$$y(k) = 0{,}9y(k-1) - 0{,}09(u(k-1))^3 + 0{,}14q(k-1),$$

com $y(k)$ a medida do pH, $u(k)$ a vazão de ácido e $q(k)$ a vazão de caldo. Neste problema, a vazão de caldo $q$ é a principal perturbação, dado que pode variar com a produção.

Para este sistema, utilizando a metodologia do PNMPC, encontre a função geral para o cálculo das predições e calcule a forma analítica da matriz **G** considerando um controle com $N_1 = 1$, $N_2 = 4$ e $N_u = 2$.

Escolhendo o ponto de operação dado por $u = 1\ \text{m}^3/\text{min}$ e $q = 8\ \text{m}^3/\text{min}$, calcule a matriz **G** numericamente.

4. Para o caso do Exercício 3, implemente o PNMPC para controlar o processo em uma faixa de pH entre 2 e 12. Analise primeiro a característica estática do processo, estabelecendo as faixas da variável manipulada considerando que a vazão de caldo pode variar dentro do intervalo $6\,m^3/min$ a $10\,m^3/min$. Utilize essas informações para determinar as restrições de operação para ajustar o PNMPC (defina horizontes e ponderações nesse ajuste). Simule o processo considerando variações de $q$ do tipo degrau e variações de referência de pH nas faixas indicadas. Considere dois casos nas simulações: quando existe uma medida de $q$ que pode ser usada no cálculo das predições da resposta livre não linear e quando $q$ não está disponível. Compare os dois casos simulados. Finalmente, compare o controle PNPMC com um NEPSAC, com um GPC linear e com um GPC não linear. Discuta os resultados.

5. Aplique o controle PNMPC ao processo dos tanques acoplados utilizando as mesmas condições usadas para o caso do NEPSAC, tratado no Exercício 2.

6. O sistema de controle dos tanques acoplados do Exercício 1 pode ser considerado um sistema multivariável caso se deseje controlar os dois níveis simultaneamente. Considere, neste caso, que as duas variáveis manipuladas são as aberturas das válvulas de entrada do tanque 1 ($u$) e a saída do tanque 2 ($q_2$), e que $q_1$ é uma perturbação. Implemente e ajuste um controlador NEPSAC e um controlador PNMPC para este sistema. Analise vários cenários de mudanças de referência dentro das faixas de operação dos tanques e aplique perturbações para estudar o comportamento do sistema.

7. Para o processo do Exercício 6 implemente um controlador NMPC usando CasADi ou outra ferramenta equivalente e compare os resultados obtidos com os do NEPSAC e PNMPC no Exercício 6. Na comparação considere os seguintes aspectos: (a) erro no seguimento de referência; (b) esforço de controle; (c) rejeição de pertubações; (d) efeito do ruído de medição no sinal de controle; (e) tempo de cômputo dos algoritmos.

CAPÍTULO 6

# MPC para sistemas com atraso

Neste capítulo, estudaremos em mais detalhes as particularidades da aplicação do MPC para sistemas com atraso. Mostraremos como, no caso sem restrições, o MPC pode ser analisado como um compensador de tempo morto (DTC, do inglês *Dead-Time Compensator*) com controle primário de dois graus de liberdade (controle por realimentação com filtro de referência). Isso permite que utilizemos as propriedades dos DTCs para analisar as propriedades do MPC para esse tipo de processo, principalmente aquelas relativas à robustez e à rejeição de perturbações. Apresentaremos, inicialmente, esse estudo para o DMC e GPC para, posteriormente, discutir o caso não linear, com base no NEPSAC e no PNMPC.

## 6.1 ENTENDENDO O EFEITO DO ATRASO NO MPC

Como já foi comentado nesta obra, o MPC pode tratar de sistemas com atraso de forma natural, dado que o modelo usado para as predições pode incluir atraso. De forma geral, a formulação e o ajuste do MPC são realizados como no caso de sistemas sem atraso, considerando que o horizonte de predição inicial de uma certa variável controlada $y$ é $N_1 = d + 1$, sendo $d$ o atraso do modelo que relaciona a variável manipulada com $y$. O MPC faz, implicitamente, uma compensação do atraso, dado que o controlador tem informação do efeito do atraso nas predições usadas na função custo. Vamos ilustrar essa propriedade com um exemplo comparativo SISO entre um DMC, um GPC e uma estrutura clássica de controle DTC baseada no preditor de Smith (PS). Entretanto, antes revisaremos os conceitos principais da estratégia DTC.

O PS é uma estrutura de compensação de atraso proposta em 1957 por Otto Smith (SMITH, 1957) e que foi precursora no desenvolvimento dos DTCs. Na sua versão em tempo discreto, o PS é usado para controlar processos representados por uma função de transferência do tipo $P(z) = G(z)z^{-d}$, com $G(z)$ livre de atraso. Como pode ser observado na Figura 6.1, o PS possui duas partes: (i) um preditor, composto por um modelo nominal do processo sem o atraso $G_n(z)$ e um modelo nominal do atraso $z^{-d_n}$; e (ii) um controlador primário $C(z)$, que atua sobre o erro entre o sinal de referência e a saída predita $y_p$. O preditor calcula a predição da saída do processo sem atraso utilizando $G_n(z)$ e a predição da saída do processo com atraso utilizando $G_n(z)z^{-d_n}$. Quando temos um modelo perfeito ($G(z)z^{-d} = G_n(z)z^{-d_n}$) e não há perturbações externas, $y_p$

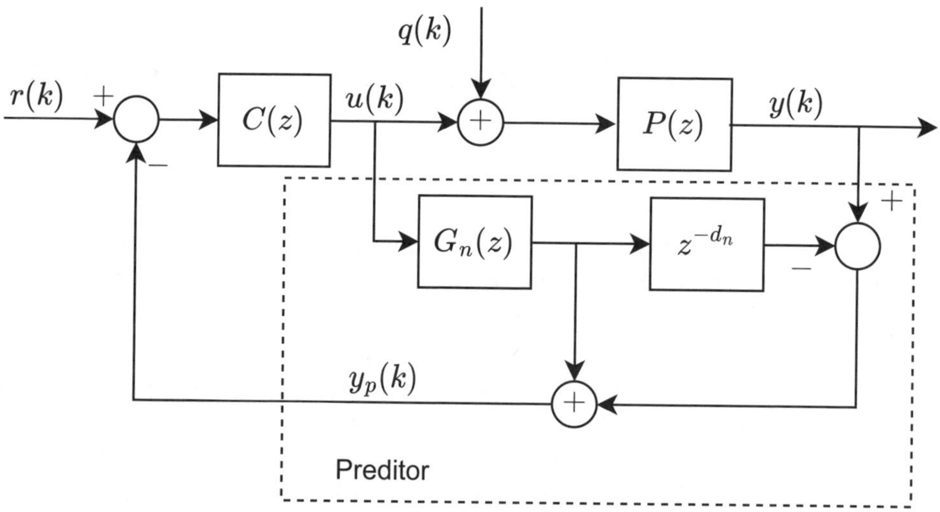


**Figura 6.1** Diagrama de blocos do preditor de Smith (PS).

é uma antecipação da resposta do sistema em $k + d$, ou seja, $y_p(k) = y(k + d)$ e, então, o controle primário pode ser ajustado considerando uma dinâmica do processo sem atraso, já que a ação de controle é dada por:

$$U(z) = C(z)[R(z) - Y_p(z)],$$

em que $U(z)$, $R(z)$ e $Y_p(z)$ são, respectivamente, as transformadas Z dos sinais $u(k)$, $r(k)$ e $y_p(k)$.

No entanto, como sempre existirão perturbações e diferenças entre o modelo nominal e a planta, é necessário corrigir as predições para levar em conta os efeitos dessas diferenças. Assim, o valor predito $y_p$ enviado ao controlador primário é corrigido com o erro entre o valor da saída real do processo e a saída do modelo com atraso, o que permite ao controlador ter informação sobre a saída real do processo. Matematicamente, isso adiciona os dois últimos termos à direita da equação:

$$\begin{aligned} Y_p(z) &= G_n(z)U(z) + Y(z) - P_n(z)U(z) \\ &= G_n(z)(1 - z^{-d_n})U(z) + Y(z). \end{aligned}$$

Note que, se o modelo é perfeito e não há perturbação, $Y(z) = P_n(z)U(z)$ e os dois termos da direita se anulam.

Dessa forma, utilizando o PS, o ajuste do controle é simplificado e se obtém uma função de transferência em malha fechada nominal cujos polos não dependem do atraso. As relações entre a saída $Y(z)$ e a referência $R(z)$, e entre a saída e a perturbação $Q(z)$ em malha fechada, considerando um modelo perfeito no preditor ($P(z) = P_n(z) = G_n(z)z^{-d_n}$), são dadas por:

$$\frac{Y(z)}{R(z)} = \frac{C(z)G(z)}{1 + C(z)G(z)} z^{-d}, \tag{6.1}$$

$$\frac{Y(z)}{Q(z)} = G(z)z^{-d} \left[1 - \frac{C(z)G(z)}{1 + C(z)G(z)} z^{-d}\right]. \tag{6.2}$$

Assim, idealmente, o atraso não afeta a dinâmica da resposta de seguimento de referência depois de $k+d$ e, teoricamente, o controle primário pode ser ajustado de modo independente do valor de $d$. Ainda, teoricamente, se conseguirmos polos muito rápidos da função de transferência $\frac{C(z)G(z)}{1+C(z)G(z)}$ (com controlador de ganho alto), de forma que

$$\frac{C(z)G(z)}{1 + C(z)G(z)} \approx 1,$$

então temos que $y(k) \approx r(k - d)$, que é a resposta ideal de um sistema com atraso em malha fechada, já que a saída não pode responder a um estímulo antes do efeito o atraso ter passado.

Para a perturbação, temos propriedades um pouco diferentes. Os polos do modelo em malha aberta do processo aparecem em $\frac{Y(z)}{Q(z)}$, o que resulta nas seguintes limitações: (i) o PS somente pode ser usado com plantas estáveis; e (ii) a resposta em malha fechada para a perturbação sempre será mais lenta que em malha aberta. Note que a função de transferência é composta pelos termos $G(z)z^{-d}$ e $\left[1 - \frac{C(z)G(z)z^{-d}}{1+C(z)G(z)}\right]$ e, portanto, o tempo de resposta será sempre maior do que cada um dos termos individualmente. Ainda, para as pertubações na entrada do processo, como é o caso aqui analisado, sempre teremos dois "atrasos" entre o momento da entrada da perturbação e o efeito da ação de controle na saída do processo. Observe que mesmo com um controlador de ganho infinito, com o qual obteríamos $\frac{C(z)G(z)}{1+C(z)G(z)} \approx 1$, a saída para uma perturbação seria dada por:

$$Y(z) \approx G(z)z^{-d}(1 - z^{-d})Q(z) = G(z)z^{-d} - G(z)z^{-2d},$$

o que implica que durante $d$ amostras não há resposta, durante mais $d$ amostras a saída reage em malha aberta à perturbação $Q$, e somente depois desses dois intervalos a perturbação começa a ser rejeitada, pois o segundo termo começa a cancelar o efeito do primeiro termo e, em regime permanente, os dois se anulam. Esse comportamento é bastante lógico, pois a perturbação está sendo considerada na entrada do processo, então ela demora $d$ instantes de tempo até começar a aparecer na saída. Por mais que o controlador tenha uma ação de controle rápida, uma ação de controle aplicada em $k + d$

só terá efeito na saída em $(k+d)+(d+1)$. Além disso, o modelo de malha aberta aparece diretamente na resposta de rejeição de perturbação, então mesmo um controlador com resposta instantânea para referência não tem como apresentar uma resposta de rejeição de perturbação mais rápida que a dinâmica de malha aberta do processo.

No caso real, com controle não infinito, o transitório da rejeição de perturbação depende do ajuste do controle utilizado, seja este qual for. Assim, observe que o comportamento do controle em malha fechada de um processo com atraso e perturbação na entrada somente pode ser analisado depois de um tempo de dois atrasos a partir da aplicação da perturbação. Qualquer controlador sem informação explícita sobre a existência da perturbação, por melhor que ele seja, não será capaz de alterar o comportamento da saída do processo antes de passado um tempo igual a duas vezes o atraso caso a perturbação atue na entrada do sistema. Vamos ilustrar essas propriedades com um exemplo.

**Exemplo 6.1**

Considere o controle de temperatura de um trocador de calor água-vapor. Nesse sistema, manipula-se a vazão de vapor $U$ e controla-se a temperatura da água na saída $T$. A principal perturbação é a temperatura da entrada da água no trocador $T_e$. O modelo do processo foi determinado experimentalmente nas vizinhanças de um ponto de operação como:

$$T(z) = \frac{0{,}095z^{-d}}{z-0{,}905}[U(z)+T_e(z)],$$

com período de amostragem $T_s$ =0,15 min. Assim, as variáveis representam valores incrementais com relação ao ponto de operação. Observe que, neste exemplo, o ganho estático da temperatura de saída para o sinal de controle e para a temperatura de entrada (perturbação) são unitários (nas unidades correspondentes).

Neste exemplo, consideramos duas situações diferentes de operação dependendo da localização do sensor de temperatura, o que resulta em atrasos diferentes. No primeiro caso, temos $d = 10$, que corresponde a um atraso igual à constante de tempo do sistema. No segundo caso, temos $d = 50$, que representa um atraso mais dominante. O PS é ajustado com um controlador primário do tipo PI, dado por:

$$C(s) = K_c\frac{1+T_is}{T_is},$$

com $T_i$ =1,5 min e $K_c = 5$, discretizado com $T_s$ =0,15 min pelo método de Tustin. Esse ajuste busca uma resposta à referência 5 vezes mais rápida que a resposta do sistema em malha aberta. O atraso do modelo do preditor é considerado, neste exemplo, igual ao do processo, ou seja, não há erro de modelagem.

No primeiro caso, para $d = 10$, compararemos o resultado do PS com o de um PID dado por:

$$C_{PID}(z) = \frac{2{,}027(z - 0{,}9048)(z - 0{,}8182)}{(z - 1)(z - 0{,}5)},$$

ajustado usando o método apresentado em (NORMEY-RICO; CAMACHO, 2007, Capítulo 4) e discretizado com o período de amostragem indicado anteriormente. A temperatura e a ação de controle podem ser vistas na Figura 6.2.

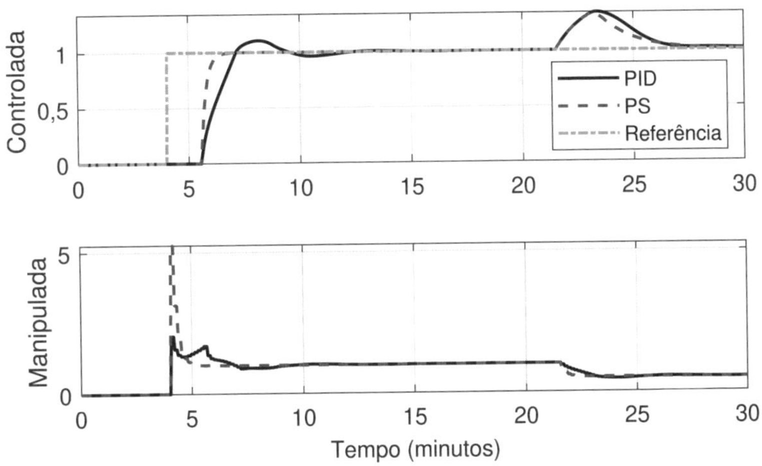


**Figura 6.2** Exemplo 6.1 – Controle de temperatura no trocador de calor. Comparação entre PS e PID para atraso $d = 10$ (1,5 min).

Na simulação, uma mudança de referência de $0\,°C$ para $1\,°C$ é aplicada em $t = 5\,\text{min}$ e uma perturbação de entrada de $0{,}5\,°C$ é inserida em $t = 20\,\text{min}$. Observe que o PS tem uma resposta bem mais rápida que o PID para a mudança de referência, e isso se deve a uma ação de controle mais rápida e de maior intensidade, antecipando o efeito do atraso. Já para a resposta à perturbação, o PS leva uma vantagem menor, dado que a sua resposta nunca pode ser mais rápida que a de malha aberta, que neste caso é dada pelo polo em $z = 0{,}905$. Note que, depois de aplicar a perturbação, temos um intervalo de $2d = 20$ amostras até a saída do sistema começar a reagir pelo efeito do controle. O sinal de controle se altera depois de $d$ amostras, mas a saída só começa o processo de correção depois de $2d$ amostras.

No segundo caso, consideramos o atraso de $d = 50$. Nada muda no ajuste do PS além do valor do atraso do modelo. Já no PID, realizamos um novo ajuste pelo mesmo método citado anteriormente, obtendo:

$$C_{PID}(z) = \frac{0{,}4699(z - 0{,}9608)(z - 0{,}9048)}{(z - 1)(z - 0{,}875)}.$$

A temperatura e a ação de controle podem ser vistas na Figura 6.3. Na simulação, uma mudança de referência de $0\,°\text{C}$ para $1\,°\text{C}$ é aplicada em $t = 5\,\text{min}$ e uma perturbação de entrada de $0{,}5\,°\text{C}$ é aplicada em $t = 50\,\text{min}$. Observe que as respostas do PS são bem similares às do caso anterior, exceto que estão mais atrasadas. Observe também que, neste caso com maior atraso, as vantagens do PS diante do PID são maiores. Note, ainda, que a resposta à perturbação continua limitada pelo tempo de resposta em malha aberta.

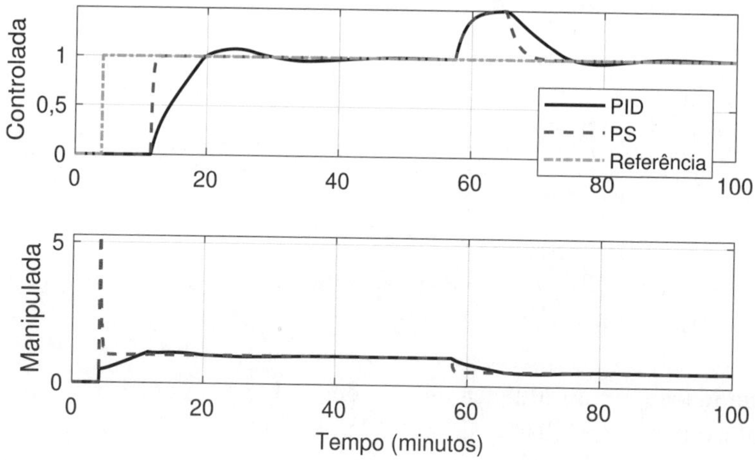


**Figura 6.3** Exemplo 6.1 – Controle de temperatura no trocador de calor. Comparação entre PS e PID para atraso $d = 50$ (7,5 min).

Toda a análise anterior considera o caso ideal e, na prática, devemos analisar os efeitos na resposta de malha fechada causados pelos erros de modelagem, isto é, as diferenças entre o processo, representado por $P(z)$, e o modelo nominal, representado por $P_n(z)$. A estabilidade robusta do sistema pode ser analisada utilizando o teorema do pequeno ganho, o que resulta na seguinte condição para o PS:

$$\left|\frac{C(z)G_n(z)}{1 + C(z)G_n(z)}\right| < \left|\frac{1}{\delta P(z)}\right|, \quad \forall z = e^{\pm j\omega T_s}, \ \omega \in [0, \pi/T_s), \tag{6.3}$$

considerando que a representação do processo pode ser relacionada com a do modelo nominal por $P(z) = P_n(z)(1 + \delta P(z))$, isto é, $\delta P(z)$ representa o erro de modelagem multiplicativo, assumindo que $P(z)$ e $P_n(z)$ têm o mesmo número de polos com $|z| \geq 1$. Essa condição é obtida a partir de uma representação com um controlador equivalente do PS e deriva da função de sensibilidade complementar. Mais detalhes podem ser obtidos em (NORMEY-RICO; CAMACHO, 2007, p. 140). Assim, se a condição em (6.3) é satisfeita para toda frequência e para todos os valores esperados do erro de modelagem, o sistema em malha fechada será sempre estável. Esta é uma condição suficiente mas não necessária, mas a experiência prática mostra que, para sistemas com erro de modelagem no atraso, se ela não for satisfeita o sistema em malha fechada tipicamente será instável ou com uma resposta muito oscilatória (NORMEY-RICO; CAMACHO, 2007). Assim, na prática, para obter uma condição de operação com respostas não muito oscilatórias para todos os casos possíveis de erro, devemos considerar um ajuste de $C(z)$ que cumpra a condição com uma certa folga em todas as frequências. Como, na prática, o valor do erro de modelagem é tipicamente maior em médias e altas frequências do que em baixas frequências, a limitação no ajuste de $C(z)$ se dá nestas faixas de frequência. Finalmente, caso necessário, o PS pode utilizar um filtro de referência para melhorar a resposta às mudanças de referência, assim como ocorre no controle clássico, atenuando, por exemplo, picos na resposta ao degrau em $r(k)$.

A partir da análise anterior, podemos observar que o ajuste do controlador deve buscar um compromisso entre uma resposta nominal rápida depois do atraso, isto é, $\frac{C(z)G_n(z)}{1+C(z)G_n(z)}$ com valores próximos de 1 em uma larga faixa de frequências, e a condição de robustez calculada com os erros de modelagem esperados, que exige que $\frac{C(z)G_n(z)}{1+C(z)G_n(z)}$ seja menor que um certo valor menor que 1 nas frequências médias e altas. Como a estabilidade robusta é uma restrição forte, dado que não podemos admitir que o sistema seja instável em malha fechada para nenhuma situação de operação, o ajuste do controle somente pode buscar uma resposta mais rápida contanto que atenda à condição de robustez. Vamos ilustrar esta análise com um exemplo.

**Exemplo 6.2**

Considere o controle de temperatura do trocador de calor água-vapor do Exemplo 6.1 para o caso de menor atraso, mas, agora, com erro de modelagem. Assim, o atraso do modelo do preditor, $d = 10$, é diferente do atraso do processo, que é assumido como $d = 12$, e o polo do modelo do preditor, $z = 0{,}905$, é diferente do polo do processo, $z = 0{,}86$. Novamente, compararemos o resultado do PS e do PID ajustados com os mesmos parâmetros do exemplo anterior. A temperatura e a ação de controle podem ser vistas na Figura 6.4 para o mesmo cenário do exemplo anterior. Observe que o PS tem uma resposta muito oscilatória, que tende à instabilidade, neste caso, dado que o controle foi ajustado sem considerar o erro de modelagem e que a resposta do PS foi ajustada para ser consideravelmente mais rápida que a do PID.

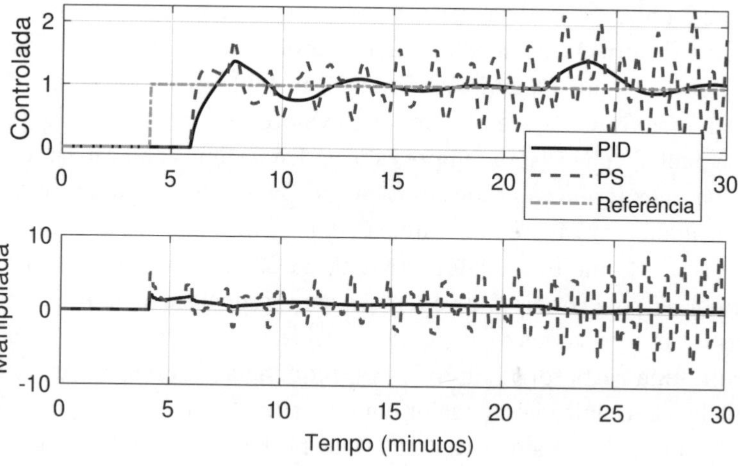


**Figura 6.4** Exemplo 6.2 – Controle de temperatura no trocador de calor. Comparação entre PS e PID para atraso $d = 10$ com erro de modelagem.

Em geral, a condição de robustez depende da frequência de corte $\omega_c$ de $\frac{C(z)G_n(z)}{1+C(z)G_n(z)}$, que, por sua vez, está relacionada ao tempo de resposta do sistema nominal em malha fechada. Assim, ao ajustar o controle para uma resposta mais rápida, isto é, ao aumentar a frequência de corte $\omega_c$, diminuímos, para as frequências $\omega \geq \omega_c$, o valor de erro de modelagem que leva o sistema à instabilidade. Por isso, para melhorar a robustez, o ajuste de $C(z)$ deve ser modificado para uma resposta nominal mais lenta.

Se o ganho do PI é diminuído para $K_c = 2$, obtemos as respostas mostradas na Figura 6.5, e observamos que: (i) as oscilações excessivas e instabilidade da resposta do PS desaparecem, e (ii) o desempenho do PS é mais lento e acaba sendo similar ao do PID.

Este resultado é esperado, dado que, quando temos um erro de modelagem importante, como neste exemplo (20 % de atraso e 50 % na dinâmica), o controle tem que ser mais conservador para conseguir atender à condição de robustez. Nesses casos, utilizar um controle mais sofisticado não traz grandes vantagens dado que ações de controle mais rápidas não podem ser utilizadas.

Mostramos na Figura 6.6 os gráficos dos módulos na frequência da inversa do erro de modelagem, $|1/\delta P(z)|$ e de $\left|\frac{C(z)G_n(z)}{1+C(z)G_n(z)}\right|$ para os dois ajustes usados. Observamos que o controlador com ganho $K_c = 5$ não tem garantia de estabilidade robusta e que o de ganho $K_c = 2$ tem, dado que o primeiro cruza a curva $|1/\delta P(z)|$ e o outro respeita a desigualdade em (6.3) para toda frequência.

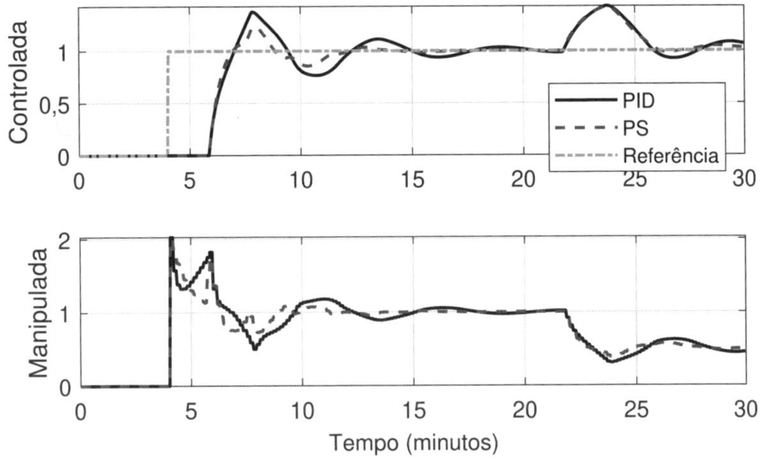


**Figura 6.5** Exemplo 6.2 – controle de temperatura no trocador de calor. Comparação entre PS e PID para atraso $d = 10$ (1,5 min) com erro de modelagem e ajuste robusto.

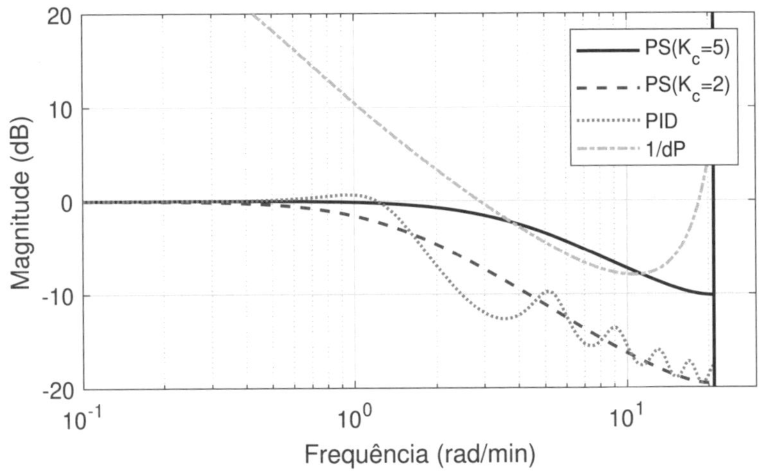


**Figura 6.6** Exemplo 6.2 – análise de robustez. Comparação entre os dois ajustes do PS para o caso de atraso nominal $d = 10$ (1,5 min).

Finalmente, ainda na Figura 6.6, mostramos o gráfico do módulo na frequência de $\left|\frac{C_{PID}(z)P_n(z)}{1+C_{PID}(z)P_n(z)}\right|$, que é a função de sensibilidade complementar para o sistema em malha fechada com o PID, empregada para a análise de robustez neste caso. Observamos que o PID e o controlador PS com $K_c = 2$ têm garantia de estabilidade robusta e que a distância média entre as curvas dos controladores e o erro de modelagem é similar.

Finalmente, vale destacar que a ação de controle implementada pode ser descrita como:

$$U(z) = C_{PS}(z)[R(z) - Y(z)],$$

com $C_{PS}(z)$ um controlador equivalente que engloba o controle primário e o preditor de tal forma que:

$$C_{PS}(z) = \frac{C(z)}{1 + C(z)G_n(z)(1 - z^{-d_n})}.$$

Podemos chegar aos polinômios usados para a implementação desse controlador definindo $C(z) = N_c(z)/D_c(z)$ e $G_n(z) = N_g(z)/D_g(z)$. Assim:

$$C_{PS}(z) = \frac{\frac{N_c(z)}{D_c(z)}}{1 + \frac{N_c(z)}{D_c(z)}\frac{N_g(z)}{D_g(z)}(1 - z^{-d_n})} = \frac{\frac{N_c(z)}{D_c(z)}}{\frac{D_c(z)D_g(z)+N_c(z)N_g(z)(1-z^{-d_n})}{D_c(z)D_g(z)}},$$

que pode ser colocado como:

$$C_{PS}(z) = \frac{N_c(z)D_g(z)}{D_c(z)D_g(z) + N_c(z)N_g(z)(1 - z^{-d_n})},$$

ou, usando todos os polinômios em $z$:

$$C_{PS}(z) = \frac{N_{PS}(z)}{D_{PS}(z)} = \frac{N_c(z)D_g(z)z^{d_n}}{z^{d_n}D_c(z)D_g(z) + N_c(z)N_g(z)(z^{d_n} - 1)}.$$

Analisando o controlador equivalente do PS observamos que: (i) os polos do modelo aparecem como zeros do controlador, então o PS implementa um controle por cancelamento, o que justifica a limitação de apenas poder ser usado com plantas estáveis e o fato de que a resposta à perturbação na entrada ser mais lenta que a de malha aberta; (ii) se o controlador primário $C(z)$ for integrador e o modelo da planta não for integrador, então $D_c(1) = 0$ e, como o termo $1 - z^{-d_n}$ é zero em $z = 1$, o denominador de $C_{PS}(z)$ também tem uma raiz em $z = 1$, ou seja, o controlador equivalente possui ação integral; (iii) no caso de $G(z)$ ter ação integral, o controlador $C_{PS}(z)$ deixa de ser integrador, mesmo que $C(z)$ tenha ação integral, o que implica que o PS não consegue rejeitar, em regime permanente, as perturbações tipo degrau na entrada da planta; (iv) o controlador a ser implementado $C_{PS}(z) = N_{PS}(z)/D_{PS}(z)$ (transformando a equação em $z$ em uma equação a diferenças) tem ordem $n_{PS} = d_n + n_c + n_g$, sendo $n_g$ a ordem do modelo do processo sem atraso e $n_c$ a ordem do controlador primário.

Uma vez analisado o controlador equivalente do PS, podemos complementar o estudo de robustez e a discussão apresentada no último exemplo. O $C_{PS}(z)$ é um controlador com ação integral de alta ordem e o PID usado no exemplo é um controlador com ação integral de segunda ordem. Dessa forma, $C_{PS}(z)$ pode ser considerado como um PID em série com um segundo controlador que implementa uma ação de avanço de fase de alta ordem, o que permite melhorar a resposta transitória do sistema no caso nominal. Porém, quando temos erros de modelagem, essa ação de controle de mais alta frequência não pode ser usada, dado que aumenta o módulo de $\frac{C(z)G_n(z)}{1+C(z)G_n(z)}$ nas médias e altas frequências, fazendo que a condição de robustez não seja satisfeita. Assim, o PS perde suas vantagens em relação a um controle mais simples. Em outras palavras, quando ajustamos o PS para uma condição de robustez, em um caso com erro de modelagem significativo, podemos ajustar um PID que seja uma aproximação em baixas frequências de $C_{PS}(z)$ e, assim, obtemos respostas muito similares com os dois controladores. Vamos ilustrar no próximo exemplo essa análise.

### Exemplo 6.3

Considere novamente o controle de temperatura do trocador de calor água-vapor do Exemplo 6.2. Vamos comparar a resposta em frequência do $C_{PS}$ para o ajuste de $K_c = 2$ com a do PID ajustado com os parâmetros do exemplo anterior. O resultado pode ser visto na Figura 6.7.

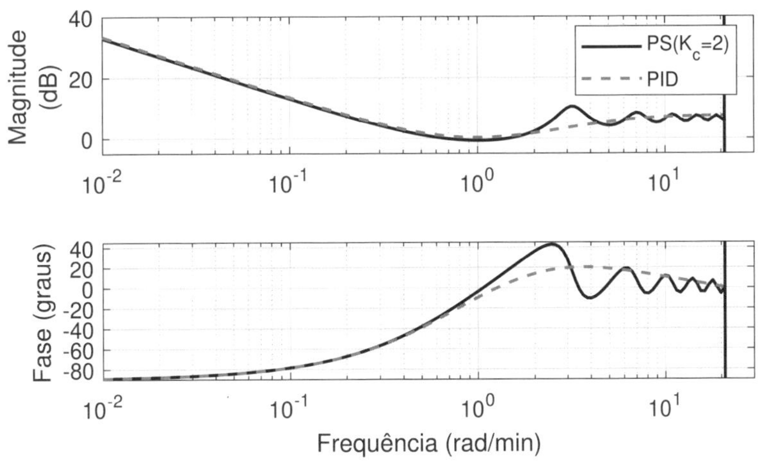


**Figura 6.7** Exemplo 6.3 – Comparação das respostas em frequência do controle equivalente do PS e do PID.

> Observe que, em baixas frequências, o PID aproxima muito bem o $C_{PS}$, o que explica o comportamento observado no domínio do tempo.

Resumindo, o PS se apresenta como uma solução interessante para sistemas estáveis com atraso que não exijam respostas para perturbações na entrada do processo mais rápidas do que em malha aberta. Nos casos de sistemas com pouco erro de modelagem, o PS consegue respostas melhores de seguimento de referência que um controlador clássico, como o PID. Nos outros casos, o PS ainda consegue um bom compromisso entre robustez e desempenho, porém, a vantagem se torna praticamente nula para erros de modelagem grandes.

Já para processos integradores ou instáveis, temos que usar uma estratégia DTC diferente, que suporte esse tipo de particularidade da planta. Várias alternativas foram propostas na literatura com esse objetivo e muitas delas são discutidas em (NORMEY-RICO; CAMACHO, 2007). Aqui, vamos apresentar uma delas, o preditor de Smith filtrado (PSF), que é uma derivação muito simples do PS que pode ser usada em processos estáveis, integradores ou instáveis com atraso.

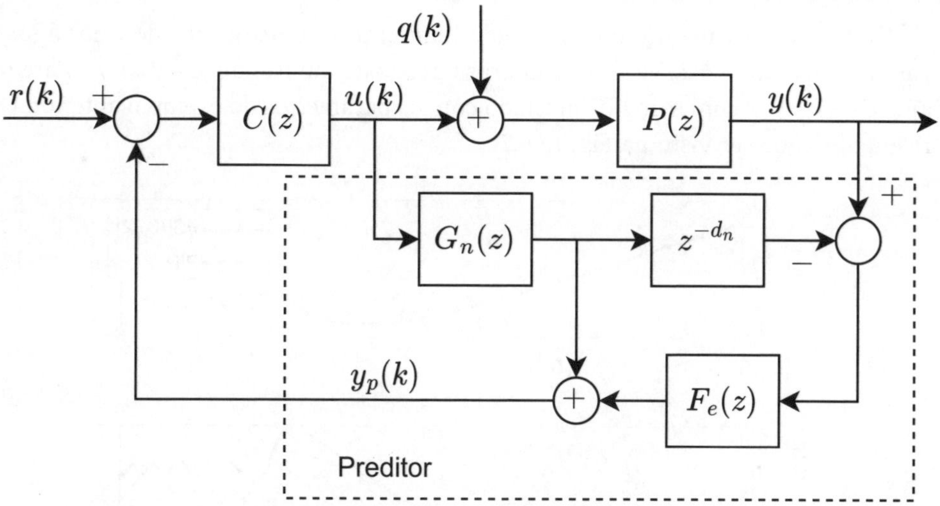


**Figura 6.8** Diagrama de blocos do preditor de Smith filtrado (PSF).

A estrutura do PSF é apresentada Figura 6.8 e é uma modificação do PS que adiciona o filtro $F_e(z)$ no erro de predição, conferindo mais um grau de liberdade para seu ajuste. Nessa nova configuração, a predição enviada ao controlador primário é dada por:

$$\begin{aligned} Y_p(z) &= G_n(z)U(z) + F_e(z)Y(z) - P_n(z)F_e(z)U(z) \\ &= G_n(z)\left[1 - z^{-d}F_e(z)\right]U(z) + F_e(z)Y(z). \end{aligned} \tag{6.4}$$

As funções de transferência de malha fechada com o PSF para a referência e a perturbação, no caso nominal, são dadas, respectivamente, por:

$$\frac{Y(z)}{R(z)} = \frac{C(z)G(z)}{1 + C(z)G(z)} z^{-d}, \tag{6.5}$$

$$\frac{Y(z)}{Q(z)} = G(z)z^{-d}\left[1 - \frac{C(z)G(z)}{1 + C(z)G(z)} z^{-d}F_e(z)\right]. \tag{6.6}$$

A estabilidade robusta é garantida se:

$$\left|\frac{C(z)G_n(z)}{1 + C(z)G_n(z)}\right| |F_e(z)| \le \left|\frac{1}{\delta P(z)}\right|, \quad \forall z = e^{\pm j\omega T_s}, \ \omega \in [0, \pi/T_s). \tag{6.7}$$

Observe que o PSF tem a mesma função de transferência $\frac{Y(z)}{R(z)}$ que o PS e também compensa o atraso do sistema de tal forma que, no caso nominal, o atraso não aparece nos denominadores das funções de transferência de malha fechada. Por outro lado, tanto a resposta à perturbação como a condição de robustez são afetadas pelo filtro. Dessa forma, escolhendo, no caso nominal, um controlador primário $C(z)$ que atenda uma condição de seguimento de referência, o filtro $F_e(z)$ pode ser usado para modificar a robustez e a resposta de rejeição de pertubações sem modificar $\frac{Y(z)}{R(z)}$.

Adicionalmente, o filtro do erro de predição $F_e(z)$ pode ser usado para permitir o uso do PSF com plantas integradoras ou instáveis, garantindo a estabilidade interna do sistema. Pode, ainda, permitir melhorar a rejeição de perturbação ou a robustez de malha fechada, dependendo dos requisitos do problema de controle considerado. Observe que podem acontecer situações nas quais essas duas especificações não possam ser atendidas simultaneamente, geralmente quando a faixa de frequências do erro de modelagem e da dinâmica da resposta à perturbação são as mesmas. Observe que melhorar a condição de robustez em uma dada faixa de frequências requer valores baixos de $\left|F_e(e^{\pm j\omega T_s})\right|$, o que implica respostas mais lentas para a perturbação. Esse compromisso deve ser resolvido caso a caso.

Podemos analisar o projeto do filtro utilizando, novamente, o controlador equivalente do PSF que, neste caso, implementa uma estratégia de controle:

$$U(z) = C_{PSF}(z)\left[R_f(z) - Y(z)\right], \qquad R_f(z) = \frac{1}{F_e(z)}R(z),$$

com

$$C_{PSF}(z) = \frac{C(z)F_e(z)}{1 + C(z)G_n(z)(1 - z^{-d_n}F_e(z))}. \tag{6.8}$$

Definindo $F_e(z) = N_e(z)/D_e(z)$, temos:

$$C_{PSF}(z) = \frac{\frac{N_c(z)N_e(z)}{D_c(z)D_e(z)}}{1 + \frac{N_c(z)}{D_c(z)}\frac{N_g(z)}{D_g(z)}(1 - z^{-d_n}\frac{N_e(z)}{D_e(z)})},$$

$$C_{PSF}(z) = \frac{\frac{N_c(z)N_e(z)}{D_c(z)D_e(z)}}{\frac{D_c(z)D_g(z)D_e(z)+N_c(z)N_g(z)(D_e(z)-z^{-d_n}N_e(z))}{D_c(z)D_g(z)D_e(z)}},$$

que pode ser colocado como:

$$C_{PSF}(z) = \frac{N_c(z)D_g(z)N_e(z)}{D_c(z)D_g(z)D_e(z) + N_c(z)N_g(z)(D_e(z) - z^{-d_n}N_e(z))},$$

ou, usando todos os polinômios em $z$:

$$C_{PSF}(z) = \frac{N_c(z)D_g(z)N_e(z)z^{d_n}}{z^{d_n}D_c(z)D_g(z)D_e(z) + N_c(z)N_g(z)(D_e(z)z^{d_n} - N_e(z))}.$$

Analisando o controlador equivalente do PSF, observamos que se $F_e(z)$ é ajustado para que $(D_e(z)z^{d_n} - N_e(z))$ seja divisível por $D_g$, isto é,

$$D_e(z)z^{d_n} - N_e(z) = D_g(z)D_x(z),$$

sendo $D_x(z)$ o quociente da divisão, o controlador pode ser escrito como:

$$C_{PSF}(z) = \frac{N_c(z)D_g(z)N_e(z)z^{d_n}}{z^{d_n}D_c(z)D_g(z)D_e(z) + N_c(z)N_g(z)D_g(z)D_x(z)},$$

ou, equivalentemente, dividindo numerador e denominador por $D_g$:

$$C_{PSF}(z) = \frac{N_c(z)N_e(z)z^{d_n}}{z^{d_n}D_c(z)D_e(z) + N_c(z)N_g(z)D_x(z)}. \tag{6.9}$$

Assim, o controlador não cancela mais os polos do modelo e o PSF não é mais um controle por cancelamento, o que permite sua utilização com plantas estáveis, integradoras e instáveis. Além disso, essa estratégia permite um ajuste da resposta à perturbação na entrada mais rápida que a de malha aberta, o que não é possível na formulação original do PS. Ainda, se o controlador primário for integrador, basta escolher o filtro com ganho estático unitário, $F_e(1) = 1$, para que o termo $z^{d_n} D_e(z) - N_e(z)$ seja zero em $z = 1$. Como consequência dessa escolha, o denominador de $C_{PSF}(z)$ também tem uma raiz em $z = 1$, ou seja, o controlador equivalente do PSF, apresentado em (6.9), é um controlador com ação integral. Veja que, neste caso, o controlador a ser implementado $C_{PSF}(z) = N_{PSF}(z)/D_{PSF}(z)$ (transformando a equação em $z$ em uma equação a diferenças) tem ordem $n_{PSF} = d_n + n_c + n_e$, sendo $n_e$ a ordem do filtro. Note que, mesmo que $C(z)$ não tenha ação integral, é possível ajustar $F_e(z)$ para que $C_{PSF}(z)$ seja integrador fazendo que $z = 1$ seja raiz do denominador de $C_{PSF}(z)$.

Na prática, não é necessário evitar que o controlador cancele todos os polos do modelo, mas apenas aqueles que são indesejados, isto é, que estejam associados a dinâmicas lentas ou possuam módulo maior ou igual a 1 (polos associados a dinâmicas marginalmente estáveis ou instáveis). Assim, a condição que deve ser imposta ao filtro é:

$$(D_e(z) z^{d_n} - N_e(z))\Big|_{z=z_i} = 0, \ \forall z_i, \tag{6.10}$$

para cada polo de malha aberta $z_i$ indesejado do modelo da planta. Essa condição faz com que as raízes indesejadas sejam eliminadas do numerador do controlador. No caso de raízes indesejadas múltiplas, a condição anterior se modifica para:

$$\left.\frac{d^l (D_e(z) z^{d_n} - N_e(z))}{dz^l}\right|_{z=z_i} = 0, \ \forall z_i, \forall l = 0, 1, \ldots, M_i - 1, \tag{6.11}$$

com $M_i$ a multiplicidade da raiz $z_i$.

A condição anterior também pode ser analisada diretamente em (6.6), que pode ser escrita como:

$$\frac{Y(z)}{Q(z)} = \frac{z^{-d_n} N_g(z)}{D_g(z)} \left[ \frac{D_c(z) D_g(z) D_e(z) z^{d_n} + N_c(z) N_g(z)(D_e(z) z^{d_n} - N_e(z))}{(D_c(z) D_g(z) + N_c(z) N_g(z)) D_e(z)} \right],$$

na qual pode ser observado que, pela condição imposta, o numerador do segundo termo da equação tem raízes em $z_i$ e, portanto, os polos indesejados do modelo do processo não aparecem mais na resposta à perturbação. O Exercício 1 da lista ao final do capítulo analisa essa dedução.

Finalmente, podemos analisar apenas a estrutura do preditor, isto é, a forma de calcular $y_p$ como função da entrada $u$ e da saída $y$ do processo:

$$\begin{aligned} Y_p(z) &= G_n(z)U(z) - P_n(z)F_e(z)U(z) + F_e(z)Y(z) \\ &= G_n(z)\left[1 - z^{-d_n}F_e(z)\right]U(z) + F_e(z)Y(z). \end{aligned}$$

Essa equação pode ser escrita de forma compacta como:

$$Y_p(z) = S(z)U(z) + F_e(z)Y(z), \tag{6.12}$$

com

$$S(z) = G_n(z)[1 - z^{-d_n}F_e(z)]. \tag{6.13}$$

Veja que a condição imposta para o filtro $F_e(z)$ assegura que $S(z)$ seja sempre estável e não possua os polos indesejados de $G_n(z)$, independentemente das caraterísticas de $G_n(z)$, dado que as raízes indesejadas do denominador de $G_n(z)$ são também raízes do numerador de $[1 - z^{-d_n}F_e(z)]$. Porém, é necessário que a implementação do PSF deixe explícito $S(z)$, como mostrado na Figura 6.9, e que, se $G_n(z)$ for instável, $S(z)$ seja implementado com o cancelamento das raízes indesejadas que aparecem tanto no numerador quanto no denominador. Isso é necessário na prática, pois, por conta de imprecisões numéricas de uma implementação em computador, a dinâmica indesejada instável não será, necessariamente, cancelada, tornando a predição instável.

Se $F_e(z)$ tem ganho estático unitário, então $S(z)$ tem ganho estático zero e $Y_p = Y$ em regime permanente para sinais de referência e perturbação tipo degrau.

Resumindo, se o controle primário assegura a estabilidade em malha fechada de $Y(z)/R(z)$, o PSF corretamente ajustado sempre tem uma predição estável e convergente para o valor da saída, mesmo que a planta nominal não seja estável.

Como mostrado, o ajuste de $F_e(z)$ regula a velocidade da resposta do preditor. Dessa forma, o ajuste de $F_e(z)$ pode ser realizado, caso desejado, para acelerar a resposta de rejeição de perturbações do sistema sempre que a estabilidade e robustez do sistema sejam atendidas. Ou seja, do ponto de vista prático, o ajuste de $F_e(z)$ deve atender o compromisso desempenho-robustez, como em qualquer outra estratégia de controle realimentado, e valem aqui as mesmas considerações realizadas na comparação entre o PS e o PID quando se controlam processos considerando erros de modelagem muito grandes.

**Nota 6.1**

Note que esta análise do PSF é similar àquela usada no GDMC para conseguir a estabilidade da resposta livre no caso de processos não estáveis. A forma do filtro e seu ajuste utilizam os mesmos conceitos já apresentados para o GDMC.

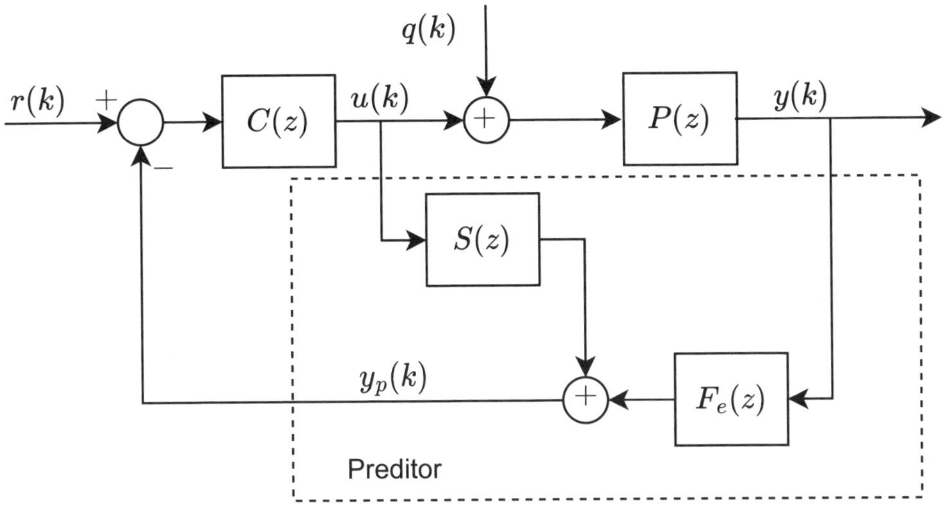


**Figura 6.9** Diagrama de blocos do preditor de Smith filtrado (PSF) para garantir estabilidade interna.

Na sequência, vamos apresentar um exemplo do uso do PSF para ilustrar as etapas de cálculo para um processo com característica integradora em malha aberta.

**Exemplo 6.4**

Considere o controle de temperatura de um boiler que tem dinâmica integradora e modelo dado por:

$$T(z) = \frac{0{,}2z^{-4}}{z-1}[2U(z) + Q(z)],$$

sendo $T$ a temperatura a ser controlada, $U$ a potência aplicada de aquecimento e $Q$ uma perturbação associada ao sistema de atuação. A amostragem é feita com período de 1 minuto. Com base no modelo do processo, definimos $G_n(z) = \frac{0{,}4}{z-1}$ e $d_n = 4$.

Deseja-se controlar este sistema para rejeitar as perturbações do tipo degrau de $Q$ e obter respostas não oscilatórias em malha fechada, com erro zero de seguimento a degraus de referência $T_r$ e com tempos de resposta depois do atraso de 15 minutos, para ambas as dinâmicas.

Um preditor de Smith, em sua proposta tradicional, não pode ser usado nesse sistema pois não rejeitaria perturbações do tipo degrau na entrada do processo. Um PSF pode ser usado para atender todas as especificações. A resposta ao degrau de referência pode ser simplesmente ajustada com um $C(z) = K_p$, dado que o processo é integrador. Assim:

$$\frac{T}{T_r} = \frac{K_p G_n(z)}{1 + K_p G_n(z)} z^{-d_n},$$

$$\frac{T}{T_r} = \frac{0{,}4K_p}{z - 1 + 0{,}4K_p} z^{-4}.$$

Para uma resposta de 15 minutos depois do atraso, temos uma constante de tempo de 5 minutos e, assim, o polo de tempo discreto desejado é $z_0 = e^{-1/5} \approx 0{,}82$. Para atender essa especificação, o ganho do controlador pode ser definido a partir do denominador da função de transferência de malha fechada deduzida anteriormente e ele tem que satisfazer $-1 + 0{,}4K_p = -0{,}82$, logo $K_p = 0{,}4532$. Com esse ajuste, a função de transferência de malha fechada resultante para mudanças de referência é:

$$\frac{T}{T_r} = \frac{0{,}18}{z - 0{,}82} z^{-4}.$$

Já para a perturbação, temos:

$$\frac{T}{Q} = \frac{0{,}2}{z-1} z^{-4} \left[1 - \frac{0{,}18}{z - 0{,}82} z^{-4} F_e(z)\right] = \frac{0{,}2}{z-1} z^{-8} \left[z^4 - \frac{0{,}18}{z - 0{,}82} F_e(z)\right].$$

Para ter uma $\frac{T}{Q}$ estável e com ganho estático nulo, precisamos que a expressão $z^4 - \frac{0{,}18}{z-0{,}82} F_e(z)$ tenha dois zeros em $z = 1$, um para cancelar o termo integrador do denominador do modelo da planta e outro para adicionar a condição de ganho estático nulo. Isso pode ser obtido com a condição:

$$\left. \frac{d^l \left[z^4 - \frac{0{,}18}{z-0{,}82} F_e(z)\right]}{dz^l} \right|_{z=1} = 0,$$

para $l = 0$ e $l = 1$. Ainda, para conseguir a resposta desejada em termos de constante de tempo, temos que considerar a posição dos polos de $F_e(z)$, que vão afetar a resposta para a perturbação. Um ajuste simples do filtro $F_e(z)$ neste caso pode ser:

$$F_e(z) = \frac{z - a}{z(1 - a)},$$

que tem ganho estático unitário (e assim cumpre a condição para $l = 0$), tem um polo em $z = 0$ (o que apenas atrasa a resposta uma amostra) e tem um parâmetro de ajuste para conseguir a condição para $l = 1$. Observe que com essa solução os polos de malha fechada de $\frac{T}{Q}$ serão $z = 0{,}82$ e $z = 0$, garantindo, aproximadamente, a especificação. Usando esse filtro temos:

$$z^4 - \frac{0{,}18}{z - 0{,}82}\frac{z - a}{z(1 - a)} = \frac{(1 - a)z^5(z - 0{,}82) - 0{,}18z + 0{,}18a}{(1 - a)z(z - 0{,}82)}.$$

Como o denominador é diferente de zero em $z = 1$ podemos considerar apenas o numerador e aplicar a condição para $l = 1$, obtendo:

$$\begin{aligned}
5(1 - a)z^4(z - 0{,}82) + (1 - a)z^5 - 0{,}18\Big|_{z=1} &= 0,\\
5(1 - a)(1 - 0{,}82) + (1 - a) - 0{,}18 &= 0,\\
0{,}9(1 - a) + (1 - a) - 0{,}18 &= 0,\\
1{,}9(1 - a) &= 0{,}180,\\
a &= \frac{1{,}9 - 0{,}18}{1{,}9},\\
a &\approx 0{,}9049.
\end{aligned}$$

Assim,

$$F_e(z) = \frac{10{,}517(z - 0{,}9049)}{z},$$

$$\frac{T}{Q} = \frac{0{,}2}{z - 1}z^{-8}\left[z^4 - \frac{0{,}18}{z - 0{,}82}\frac{10{,}517(z - 0{,}9049)}{z}\right],$$

$$\frac{T}{Q} = \frac{0{,}2}{z - 1}z^{-8}\left[\frac{z^5(z - 0{,}82) - 1{,}9063(z - 0{,}9049)}{(z - 0{,}82)z}\right],$$

e é facilmente verificável que

$$z^5(z - 0{,}82) - 1{,}9063(z - 0{,}9049) = z^6 - 0{,}82z^5 - 1{,}906z + 1{,}725$$

tem duas raízes em $z = 1$:

$$z^6 - 0{,}82z^5 - 0{,}72z + 0{,}54 = (z - 1)^2(z^2 + 1{,}861z + 1{,}316)(z^2 - 0{,}6795z + 1{,}31),$$

cumprindo as condições necessárias para a rejeição de perturbações, ou seja, $\frac{T}{Q}(1) = 0$ e a função de transferência ser estável.

Os resultados de uma simulação considerando o filtro e o controlador primário projetados são apresentados na Figura 6.10, considerando uma mudança de referência em $t = 5$ min de valor 1, e uma perturbação $Q$ de valor 0,2 em $t = 40$ min.

Como pode ser observado, as respostas obtidas para seguimento de referência e rejeição de perturbações atendem às especificações.

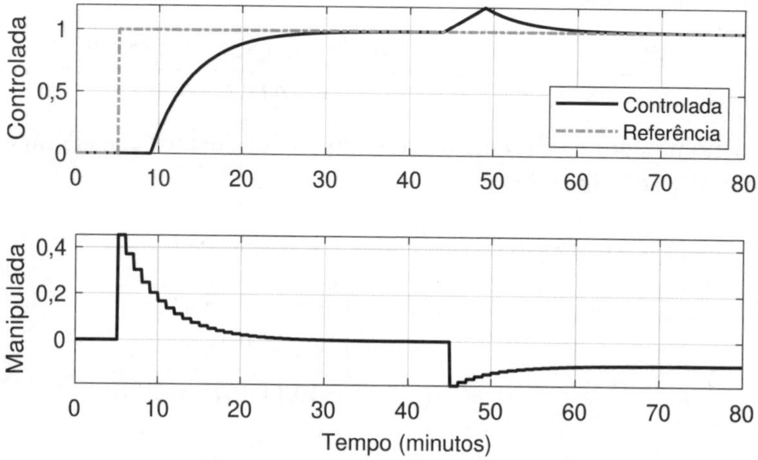


**Figura 6.10** Exemplo 6.4 – Respostas do PSF para a temperatura do boiler, caso nominal.

Para analisar a robustez do controle, simulamos o segundo cenário, com um erro de 6,5 % na estimação do atraso do processo, cujos resultados podem ser vistos na Figura 6.11. Veja que já há uma deterioração da resposta do sistema, que é mais evidente no sinal de controle, que apresenta um comportamento oscilatório.

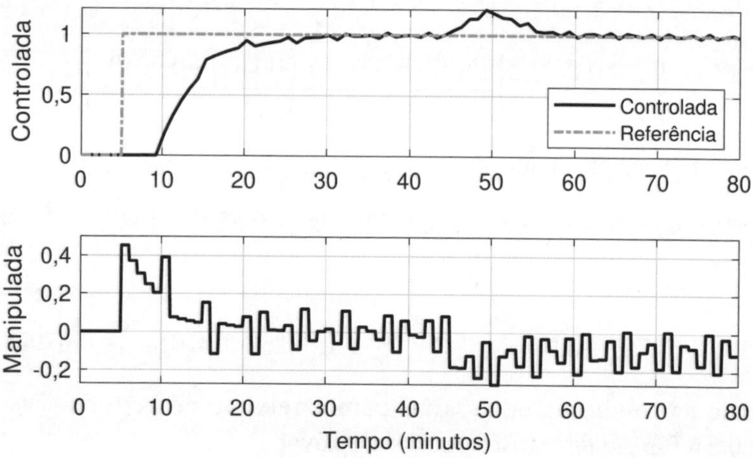


**Figura 6.11** Exemplo 6.4 – Respostas do PSF para a temperatura do boiler, caso com erro de modelagem.

> Uma forma de melhorar este comportamento é tornar o sistema mais lento, o que pode ser conseguido com um novo ajuste do controlador primário e um novo ajuste do filtro, buscando polos de malha fechada no intervalo $[0{,}82;\ 1]$. Note que neste caso não seria possível atender a especificação original para os tempos de resposta e, ao mesmo tempo, melhorar a robustez do sistema.

Os resultados obtidos com sinais de perturbação tipo degrau podem ser generalizados para outros tipos de perturbação, bastando, para isso, que as condições no filtro $F_e(z)$ sejam adaptadas para o tipo de perturbação considerado. Por exemplo, para uma perturbação tipo rampa, precisamos que a função de transferência entre a perturbação e a saída tenha dois zeros em $z = 1$, o que implica que a condição:

$$\left.\frac{d^l(D_e(z)z^{d_n} - N_e(z))}{dz^l}\right|_{z=1} = 0, \forall l = 0, 1, \ldots, M_1 - 1, \tag{6.14}$$

seja verificada com $M_1 = 2$ para o caso de plantas estáveis e $M_1 = 3$ para plantas integradoras. Note que, neste último caso, precisamos de três zeros em $z = 1$, um para eliminar a dinâmica integradora e os dois restantes para conseguir a condição de rejeição em regime permanente para a rampa.

Outros tipos de perturbação bastante comuns na prática são os sinais senoidais, que podem ser boas aproximações de perturbações oscilatórias, como as causadas por malhas de controle liga-desliga dentro do processo. Neste caso, precisamos que a condição no filtro (6.10) seja verificada para $z_1 = e^{j\omega_0 T_s}$ e $z_2 = e^{-j\omega_0 T_s}$, sendo $\omega_0$ a frequência da perturbação senoidal considerada. O Exercício 3 da lista trata desse problema.

Uma vez analisada a forma como uma estratégia DTC controla um processo com atraso, passamos a um exemplo comparativo entre o PS e o GPC.

**Exemplo 6.5**

Considere o mesmo controle de temperatura do trocador de calor do Exemplo 6.2, mas agora também com o efeito de uma perturbação atuando diretamente na saída do processo, dada por $q_e$. Assim, o modelo considerado é:

$$T(z) = \frac{0{,}095}{z - 0{,}905} z^{-10}[U(z) + T_e(z)] + Q_e(z).$$

Um GPC, ajustado com $N_1 = 11$, $N_2 = 25$, $N_u = 5$ e $\lambda = 1$, foi projetado para controlar a temperatura e foram simuladas variações da temperatura de referência do tipo degrau, assim como perturbações do tipo degrau na temperatura externa e no sinal $q_e$.

Os resultados obtidos com este GPC foram comparados com um PS de tempo discreto que utiliza como controle primário, $C(z)$, um PI, inicialmente em um caso sem erro de modelagem. O PS foi ajustado com modelo de predição $G_n(z) = \frac{0{,}095}{z-0{,}905}$ e atraso $d_n = 10$. Além do PI, a estrutura de controle considera um filtro de referência que cancela o efeito do zero do controlador primário na resposta à referência:

$$C(z) = \frac{3{,}70(z-0{,}77)}{z-1}, \qquad F(z) = \frac{0{,}23}{z-0{,}77}.$$

Os resultados podem ser vistos na Figura 6.12, considerando uma mudança de referência em $t = 4\,\text{min}$ de valor 0,5, uma perturbação de $T_e$ de valor 0,3 em $t = 15\,\text{min}$, e uma perturbação de $q_e$ de valor $-0{,}1$ em $t = 25\,\text{min}$. Como pode ser observado, as respostas obtidas com os dois controladores, no caso nominal para seguimento de referência, são muito similares e ambas mostram como a ação de controle se antecipa, atuando de forma a predizer o resultado depois do atraso. Note que, no seguimento de referência, o sinal de controle começa a ter sua amplitude diminuída antes mesmo de a variável de processo começar a se alterar. Por outro lado, os resultados da rejeição de perturbações não são idênticos. O GPC rejeita melhor a perturbação de $T_e$ e o PS a de $Q_e$. Isso pode ser explicado porque os dois controladores calculam de forma diferente as predições. O PS, como explicado, gera um controle equivalente por cancelamento dos polos do modelo do processo, o que causa a resposta lenta da rejeição de $T_e$, o que não acontece no GPC, que consegue gerar uma ação de controle mais rápida. Por outro lado, esta ação de controle mais rápida causa um pico na resposta para $Q_e$, que não é observado na resposta do PS. Essa propriedade ficará mais clara depois da análise da estrutura de predição do GPC, que apresentaremos neste capítulo.

Para analisar a robustez das estruturas de controle, simulamos, no segundo cenário, um caso no qual existe um erro de 20 % na estimação do atraso do processo e 50 % de erro na estimação da constante de tempo (mesmo cenário da comparação PS e PID no Exemplo 6.2). Os resultados desse segundo cenário podem ser vistos na Figura 6.13.

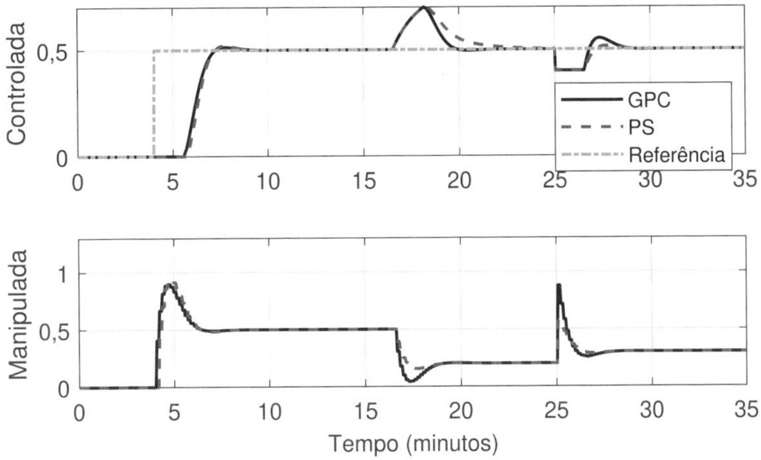


**Figura 6.12** Exemplo 6.5 – Comparação das respostas do PS e GPC para a temperatura do trocador de calor, caso nominal.

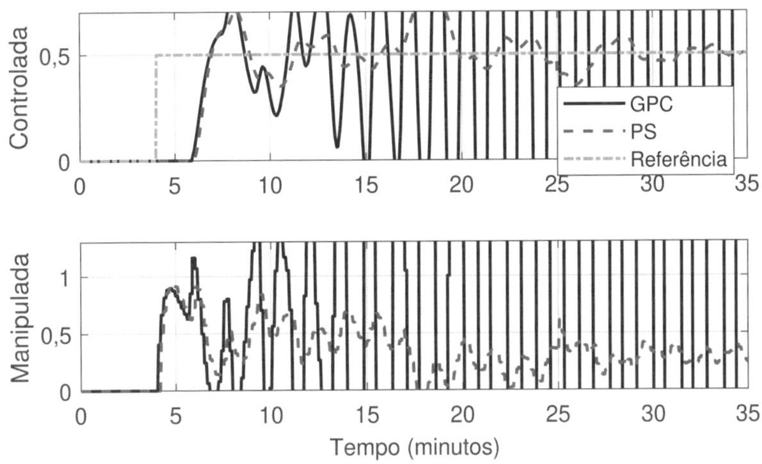


**Figura 6.13** Exemplo 6.5 – Comparação das respostas do PS e GPC para a temperatura do trocador de calor, caso com erro de modelagem.

Observe que o GPC apresenta um comportamento instável e o PS mantém a estabilidade, apesar de ter uma resposta oscilatória. Isso se deve ao fato de o GPC ter uma resposta mais rápida para a rejeição de perturbação de entrada $T_e$, o que implica menor índice de robustez, como já discutido na comparação entre o PID e PS.

Através do Exemplo 6.5 mostramos que o GPC atua da mesma forma que o PS, que tem uma compensação de atraso explicitamente colocada na estratégia de controle, mas que apresenta robustez e respostas às perturbações diferentes. Essas diferenças se dão por conta do preditor que o GPC usa internamente, que é diferente do preditor projetado para o PS (e também para o PSF). Note que poderíamos repetir o exemplo anterior utilizando um DMC no lugar do GPC, e este caso é explorado no Exercício 6 da lista. Para entender melhor essas diferenças, é importante analisar de forma mais detalhada como funciona a compensação do atraso das principais abordagens de MPC.

Para estudar o efeito do atraso em controladores MPC, é interessante calcular as predições ótimas em duas etapas: de $k + 1$ a $k + d$, que representa a resposta durante o efeito do atraso, e de $k+d+1$ a $k+N_2$ (ou $k+d+N$ se usamos um horizonte de predição de tamanho $N$, se $N_1 = d + 1$), após o efeito do atraso. Dessa forma, o valor da predição em $k+d$ pode ser colocado em evidência dentro do algoritmo e, assim como no caso do DTC, vamos encontrar uma expressão do controle em função da predição da saída da planta em $k + d$. Isso permite separar a parte do algoritmo MPC que calcula a compensação do atraso do restante da lei de controle, que usa essa predição para calcular a ação de controle. Iniciaremos o estudo com o GPC e depois realizaremos a análise para o DMC.

## 6.2 INTERPRETAÇÃO DO GPC COMO UM DTC

No Volume 1 desta obra, quando analisamos o controle GPC SISO, foi mostrado como obter o controlador equivalente para o algoritmo GPC no caso sem restrições. Quando o sistema possui atraso, é possível mostrar que o GPC define implicitamente uma estrutura preditora do tipo PSF, o que explica o comportamento obtido no Exemplo 6.5. Pela forma como o GPC estima as perturbações, o filtro do erro de predição, $F_e(z)$, da estrutura PSF definida implicitamente pelo GPC não é igual ao do PSF definido no exemplo e, por isso, observamos as diferenças no desempenho e na robustez dos dois controladores. Vamos, inicialmente, encontrar o DTC equivalente do GPC para o caso irrestrito para, posteriormente, fazer uma análise e propor uma forma alternativa de lei de controle que permite melhorar algumas propriedades do GPC para sistemas com atraso.

### 6.2.1 Análise do GPC para sistemas com atraso

Nesta seção, vamos obter a estrutura PSF definida implicitamente pelo GPC. Para isso, usaremos a expressão para cálculo das predições futuras da saída, dada por:

$$\Delta A(z)\hat{y}(k + j \mid k) = B(z)\Delta u(k + j - d - 1). \tag{6.15}$$

Como o sistema tem atraso, estamos interessados em calcular as predições para $j = d+1$ até $j = d+N$, que são as utilizadas na função custo $J$, assumindo que $N_1 = d+1$, que é a escolha natural para um processo com atraso $d$. Para simplificar a notação, assumimos um horizonte de predição com $N$ termos, definindo $N_1 = d+1$ e $N_2 = d+N$.

Vamos, primeiro, calcular as predições de $j = 1$ a $j = d$, que usaremos como condições iniciais para as predições de $j = d+1$ até $j = d+N$. Isso se dá porque uma ação na variável manipulada no instante $k$ só surtirá efeito em $k+d+1$, logo as predições de $k+1$ a $k+d$ não dependem do valor atual nem dos valores futuros da variável manipulada. Observe que, no processo recursivo de cálculo das predições do GPC visto no Capítulo 4 do Volume 1, cada predição é calculada em função de valores passados da saída e do controle, e o número de valores passados a ser usado depende da ordem da equação a diferenças do modelo.

#### 6.2.1.1 Predições de 1 a $d$

Usando a equação diofantina para o caso SISO, as predições futuras podem ser escritas como:

$$\hat{y}(k+j \mid k) = F_j(z^{-1})y(k) + E_j(z^{-1})B(z^{-1})\Delta u(k+j-d-1), \tag{6.16}$$

e, sabendo que:

$$E_j(z^{-1}) = \frac{1 - F_j(z^{-1})z^{-j}}{\Delta A_j(z^{-1})},$$

obtemos:

$$\hat{y}(k+j \mid k) = F_j(z^{-1})y(k) + \frac{1 - F_j(z^{-1})z^{-j}}{\Delta A(z^{-1})}B(z^{-1})\Delta u(k+j-d-1). \tag{6.17}$$

Observando que a função de transferência do modelo do processo é:

$$P(z^{-1}) = \frac{z^{-1}B(z^{-1})}{A(z^{-1})}z^{-d} = G(z^{-1})z^{-d},$$

podemos simplificar a expressão em (6.17) para:

$$\hat{y}(k+j \mid k) = F_j(z^{-1})y(k) + (1 - F_j(z^{-1})z^{-j})G(z^{-1})u(k+j-d), \tag{6.18}$$

com $j = 1, \ldots, d$.

Observe a semelhança no cálculo das predições com o PSF. Veja, por exemplo, que para $j = d$ temos:

$$\hat{y}(k + d \mid k) = F_d(z^{-1})y(k) + (1 - F_d(z^{-1})z^{-d})G(z^{-1})u(k), \qquad (6.19)$$

que tem a mesma estrutura de cálculo das predições do PSF dada por (6.4).

Com (6.18), é possível calcular os valores das predições anteriores a $d + 1$ como funções do sinal medido na planta $y(k)$ e do sinal de controle aplicado. Esses valores serão utilizados pelo GPC para o cálculo de $\hat{y}(k+j \mid k)$ dentro dos horizontes de predição definidos após o atraso ($j > d$). Com isso, podemos fazer um modelo de cálculo das predições usando funções de transferência, o que permite analisar o preditor do GPC usando uma abordagem clássica de controle de tempo discreto.

Vejamos, agora, como calcular as predições depois do atraso.

### 6.2.1.2 Predições de $d + 1$ a $d + N$

Utilizando novamente os resultados desenvolvidos para o GPC no Volume 1 (Capítulo 4), considerando o modelo de uma planta com atraso:

$$(z^{-1})\hat{y}(k + d + j \mid k) = B(z^{-1})\Delta u(k + j - 1), \qquad (6.20)$$

e usando a equação diofantina para $j = 1$ até $N$, dada por:

$$E_j(z^{-1})(z^{-1}) = 1 - F_j(z^{-1})z^{-j},$$

com $F_j(z^{-1})$ de grau $n_a$, podemos calcular as predições futuras após o atraso $d$. Para isso, multiplicamos (6.20) por $E_j(z^{-1})$ e usamos a equação diofantina. Assim,

$$\left[1 - F_j(z^{-1})z^{-j}\right]\hat{y}(k + d + j \mid k) = E_j(z^{-1})B(z^{-1})\Delta u(k + j - 1), \qquad (6.21)$$

ou, de forma equivalente,

$$\hat{y}(k + d + j \mid k) - F_j(z^{-1})z^{-j}\hat{y}(k + d + j \mid k) = E_j(z^{-1})B(z^{-1})\Delta u(k + j - 1). \qquad (6.22)$$

Como $z^{-j}\hat{y}(k + d + j \mid k) = \hat{y}(k + d \mid k)$, obtemos:

$$\hat{y}(k + d + j \mid k) = F_j(z^{-1})\hat{y}(k + d \mid k) + E_j(z^{-1})B(z^{-1})\Delta u(k + j - 1). \qquad (6.23)$$

Observe que, nessa nova equação, na qual $j$ varia de 1 até $N$, as predições futuras após o atraso são escritas em função das predições antes do atraso (de $k + d$ até $k + d - n_a$), o que nos permite analisar a estrutura PSF equivalente do GPC. Note que, se $n_a \geq d$, as predições são as próprias medidas da saída do processo em tempos anteriores a $k$, ou seja,

$$\hat{y}(k + d - j \mid k) = y(k + d - j), \forall\, j \geq d.$$

Outro aspecto importante a ressaltar é que, diferentemente do desenvolvimento feito no Volume 1 desta obra (Capítulo 4), aqui usamos os polinômios $F_j(z^{-1})$ e $E_j(z^{-1})$ para o cálculo da predição em $k + d + j$ e não os polinômios $F_{d+j}(z^{-1})$ e $E_{d+j}(z^{-1})$.

Considere, por exemplo, um sistema de segunda ordem com $d > 2$. Assim, o preditor precisa, para o cálculo recursivo das predições de $d+1$ até $d+N$, de três passos anteriores de $\hat{y}(k+j \mid k)$ (para um sistema de segunda ordem $F_j(z^{-1})$ tem grau dois e, dessa forma, três coeficientes). Assim, tendo como condição inicial $\hat{y}(k + d \mid k)$, $\hat{y}(k + d - 1 \mid k)$ e $\hat{y}(k + d - 2 \mid k)$, podemos calcular todos os valores das predições no horizonte. Isso implica que, usando os polinômios $F_1(z^{-1})$, $F_2(z^{-1})$ e $F_3(z^{-1})$, podemos encontrar a relação entre $y(k)$, $u(k)$ e as predições usadas, já que, como discutido na seção anterior, que trata das predições de 1 a $d$, as predições até $k+d$ dependem da saída atual e passada e do controle já aplicado.

Caso o mesmo sistema de segunda ordem tenha $d \leq 2$, algumas das predições empregadas serão, na realidade, medições passadas da saída do processo. Se $d = 1$, por exemplo, a condição inicial será dada por $\hat{y}(k + 1 \mid k)$, $\hat{y}(k \mid k) = y(k)$ e $\hat{y}(k - 1 \mid k) = y(k - 1)$.

Vamos considerar, na sequência, que o atraso é maior que a ordem do modelo, ou seja, $d > n_a$. Usando os conceitos de resposta livre e forçada, as predições futuras podem, então, ser escritas como:

$$\hat{\mathbf{y}} = \mathbf{G}\Delta\mathbf{u} + \mathbf{f}, \tag{6.24}$$

ou seja, o formato padrão já apresentado nesta obra. Assim, $\mathbf{G}$ é a mesma já calculada (note que em um sistema com atraso $d$, o primeiro coeficiente não nulo da resposta ao degrau é $g_{d+1}$).

Assim, assumindo $N_1 = d + 1$ e $N_2 = d + N$, temos:

$$\mathbf{G} = \begin{bmatrix} g_{d+1} & 0 & \cdots & 0 \\ g_{d+2} & g_{d+1} & \cdots & 0 \\ \vdots & \vdots & \vdots & \vdots \\ g_{d+N} & g_{d+N-1} & \cdots & g_{d+N-N_u+1} \end{bmatrix},$$

e

$$\hat{\mathbf{y}} = \begin{bmatrix} \hat{y}(k+d+1 \mid k) \\ \hat{y}(k+d+2 \mid k) \\ \vdots \\ \hat{y}(k+d+N \mid k) \end{bmatrix}.$$

Por outro lado, a resposta livre é escrita de forma diferente:

$$\mathbf{f} = \mathbf{F}\underset{\leftarrow}{\mathbf{y}}_d + \mathbf{H}\underset{\longleftarrow}{\Delta\mathbf{u}}, \tag{6.25}$$

já que agora temos uma dependência com as predições até $d$. Em (6.25), $\underset{\leftarrow}{\mathbf{y}}_d$ é dado por:

$$\underset{\leftarrow}{\mathbf{y}}_d = [\hat{y}(k+d \mid k)\ \hat{y}(k+d-1 \mid k)\ \ldots\ \hat{y}(k+d-n_a \mid k)]^T,$$

e $\hat{y}(k+d-j \mid k) = y(k+d-j)$, se $j \geq d$. Já $\underset{\longleftarrow}{\Delta\mathbf{u}}$ é o vetor de incrementos de controle passados, definido como:

$$\underset{\longleftarrow}{\Delta\mathbf{u}} = \begin{bmatrix} \Delta u(k-1) \\ \Delta u(k-2) \\ \vdots \\ \Delta u(k-n_b) \end{bmatrix},$$

que é similar ao usado no GPC na sua forma tradicional, exceto que o número de incrementos de controle passados é $n_b$ e não mais $n_b + d$.

O sinal de controle a ser aplicado na planta é obtido minimizando a função custo do problema de controle. Para o caso irrestrito, como mostrado no Volume 1, o incremento do sinal de controle pode ser obtido explicitamente e colocado na forma:

$$\Delta u(k) = \mathbf{K}_1\left(\mathbf{R} - \mathbf{F}\underset{\leftarrow}{\mathbf{y}}_d + \mathbf{H}\underset{\longleftarrow}{\Delta\mathbf{u}}\right), \tag{6.26}$$

onde as matrizes $\mathbf{H} \in \mathbb{R}^{N \times n_b}$ e $\mathbf{F} \in \mathbb{R}^{N \times n_a+1}$ contêm os coeficientes dos polinômios $H_j(z^{-1})$ e $F_j(z^{-1})$, respectivamente, e são dadas por:

$$\mathbf{H} = \begin{bmatrix} h_{1,1} & h_{1,2} & \cdots & h_{1,n_b} \\ h_{2,1} & h_{2,2} & \cdots & h_{2,n_b} \\ \vdots & \vdots & \ddots & \vdots \\ h_{N,1} & h_{N,2} & \cdots & h_{N,n_b} \end{bmatrix}, \quad \mathbf{F} = \begin{bmatrix} f_{1,0} & f_{1,1} & \cdots & f_{1,n_a} \\ f_{2,0} & f_{2,1} & \cdots & f_{2,n_a} \\ \vdots & \vdots & \ddots & \vdots \\ f_{N,0} & f_{N,1} & \cdots & f_{N,n_a} \end{bmatrix}.$$

É importante recordar que $H_j(z^{-1})$ é obtido de $E_j(z^{-1})B(z^{-1})$ extraindo apenas os coeficientes associados aos controles passados, da mesma forma que foi realizado no GPC original. Ainda nesta última equação, o vetor $\mathbf{R} \in \mathbb{R}^N$ representa as referências futuras e $\mathbf{K_1} \in \mathbb{R}^{1 \times N}$ representa um vetor linha com os ganhos de controlador associados a $\Delta u(k)$.

Considerando referências futuras desconhecidas, ou seja, assumindo que as referências futuras são todas iguais à referência atual, $\mathbf{R} = \mathbf{1}_N r(k)$, e que a matriz de ganhos pode ser escrita como:

$$\mathbf{K_1} = [k_1, k_2, k_3, \ldots, k_N],$$

então,

$$\Delta u(k) = f_0 r(k) - \sum_{j=0}^{n_a} \mathbb{a}_j z^{-j} \hat{y}(k+d \mid k) - \sum_{j=1}^{n_b} \mathbb{b}_j z^{-j} \Delta u(k),$$

onde

$$f_0 = \sum_{i=1}^{N} k_i, \quad \mathbb{a}_j = \sum_{i=1}^{N} k_i \cdot f_{i,j}, \quad \mathbb{b}_j = \sum_{i=1}^{N} k_i \cdot h_{i,j}. \tag{6.27}$$

Rearranjando

$$\left( \Delta \left[ 1 + \sum_{j=1}^{n_b} \mathbb{b}_j z^{-j} \right] \right) u(k) = f_0 r(k) - \sum_{j=0}^{n_a} \mathbb{a}_j \hat{y}(k+d-j \mid k), \tag{6.28}$$

ou, de forma mais compacta, definindo polinômios em $z$:

$$D_c(z) u(k) = N_f(z) r(k) - \sum_{j=0}^{n_a} \mathbb{a}_j \hat{y}(k+d-j \mid k), \tag{6.29}$$

com

$$D_c(z) = \Delta \left( 1 + \sum_{j=1}^{n_b} \mathbb{b}_j z^{-j} \right),$$
$$N_f(z) = f_0.$$

Usando o resultado das predições até $k+d$ de (6.18), podemos escrever $\hat{y}(k+d-j \mid k)$ como:

$$\hat{y}(k+d-j \mid k) = F_{d-j}(z^{-1})y(k) + (1 - F_{d-j}(z^{-1})z^{-(d-j)})G(z^{-1})u(k-j). \quad (6.30)$$

Então, o último termo de (6.29) se torna:

$$\sum_{j=0}^{n_a} \mathbb{a}_j \hat{y}(k+d-j \mid k) =$$
$$\sum_{j=0}^{n_a} \mathbb{a}_j \left[ F_{d-j}(z^{-1})y(k) + (1 - F_{d-j}(z^{-1})z^{-(d-j)})G(z^{-1})u(k-j) \right].$$

Fatorando os termos que não dependem de $j$ e dado que $u(k-j) = z^{-j}u(k)$, esta última equação pode ser reescrita como:

$$\begin{aligned}\sum_{j=0}^{n_a} \mathbb{a}_j \hat{y}(k+d-j \mid k) = &\left( \sum_{j=0}^{n_a} \mathbb{a}_j F_{d-j}(z^{-1}) \right) y(k) \\ &+ G(z^{-1})u(k) \left( \sum_{j=0}^{n_a} \mathbb{a}_j z^{-j} \right) \\ &+ G(z^{-1})z^{-d}u(k) \left( \sum_{j=0}^{n_a} \mathbb{a}_j F_{d-j}(z^{-1}) \right). \end{aligned} \quad (6.31)$$

Definindo

$$N_{fe}(z) = \sum_{j=0}^{n_a} \mathbb{a}_j F_{d-j}(z^{-1}),$$
$$N_c(z) = \sum_{j=0}^{n_a} \mathbb{a}_j z^{-j},$$

e dado que o modelo do sistema é

$$P(z) = G(z)z^{-d},$$

é possível escrever (6.31) como:

$$\begin{aligned}\sum_{j=0}^{n_a} \mathbb{a}_j z^{-j} \hat{y}(k+d \mid k) = &N_{fe}(z)y(k) \\ &+ G(z)N_c(z)u(k) - G(z)z^{-d}N_{fe}(z)u(k). \end{aligned} \quad (6.32)$$

Fazendo a substituição dessa última equação em (6.29), obtemos:

$$D_c(z)u(k) = N_f(z)r(k) \\ - \left(N_{fe}(z)y(k) + G(z)N_c(z)u(k) - G(z)z^{-d}N_{fe}(z)u(k)\right),$$

$$\left(D_c(z) + G(z)N_c(z) - G(z)z^{-d}N_{fe}(z)\right)u(k) = N_f(z)r(k) - N_{fe}(z)y(k).$$

Aplicando a transformada Z, o sinal de controle, no domínio da frequência, é dado por:

$$U(z) = \frac{N_f(z)R(z) - N_{fe}(z)Y(z)}{(D_c(z) + G(z)N_c(z) - G(z)z^{-d}N_{fe}(z))}.$$

Extraindo $N_{fe}$ do numerador e $D_c$ do denominador, obtemos:

$$U(z) = \frac{\frac{N_{fe}(z)}{D_c(z)}}{1 + G(z)\frac{N_c(z)}{D_c(z)} - G(z)z^{-d}\frac{N_{fe}(z)}{D_c(z)}}\left(\frac{N_f(z)}{N_{fe}}R(z) - Y(z)\right),$$

que pode ser colocado como:

$$U(z) = C_{GPC}(z)\left(F(z)R(z) - Y(z)\right),$$

com $F(z)$ um filtro de referência dado por:

$$F(z) = \frac{N_f(z)}{N_{fe}} = \frac{f_0}{\sum_{j=0}^{n_a} \mathbb{a}_j F_{d-j}(z)}, \tag{6.33}$$

e $C_{GPC}(z)$ um controlador equivalente dado por:

$$C_{GPC}(z) = \frac{\frac{N_{fe}(z)}{D_c(z)}}{1 + G(z)\frac{N_c(z)}{D_c(z)} - G(z)z^{-d}\frac{N_{fe}(z)}{D_c(z)}}.$$

Finalmente, colocando os termos $G(z)$ e $N_c/D_c$ em evidência no segundo e no terceiro termos do denominador e multiplicando e dividindo o numerador por $N_c$, obtemos:

$$C_{GPC}(z) = \frac{\frac{N_c(z)}{D_c(z)}\frac{N_{fe}(z)}{N_c(z)}}{1 + \frac{N_c(z)}{D_c(z)}G(z)\left(1 - z^{-d}\frac{N_{fe}(z)}{N_c(z)}\right)}.$$

Definindo

$$C(z) = \frac{N_c(z)}{D_c(z)} = \frac{\sum_{j=0}^{n_a} \mathbb{a}_j z^{-j}}{\Delta\left(1 + \sum_{j=1}^{n_b} \mathbb{b}_j z^{-j}\right)}, \tag{6.34}$$

$$F_e(z) = \frac{N_{fe}(z)}{N_c(z)} = \frac{\sum_{j=0}^{n_a} \mathbb{a}_j F_{d-j}(z)}{\sum_{j=0}^{n_a} \mathbb{a}_j z^{-j}}, \tag{6.35}$$

o controlador equivalente do GPC é dado por:

$$C_{GPC} = \frac{C(z)F_e(z)}{1 + C(z)G(z)(1 - z^{-d}F_e(z))},$$

que tem exatamente a mesma expressão da estrutura PSF dada por (6.8). Assim, é possível mostrar que o GPC implementa um preditor de Smith filtrado com filtro de referência com um ajuste definido pelo procedimento de otimização usado no GPC. O cálculo dos coeficientes dos polinômios do numerador e do denominador das funções de transferência $F(z)$, $C(z)$ e $F_e(z)$ pode ser automatizado, como mostrado nos algoritmos disponibilizados na página web do livro[14]. De qualquer maneira, ilustraremos o cálculo com um exemplo simplificado.

**Exemplo 6.6**

Considere um sistema genérico de segunda ordem de tempo discreto dado por

$$Y(z) = \frac{0{,}0093577(z + 0{,}9355)}{(z - 0{,}9048)^2} z^{-5} U(z).$$

Calcularemos o controlador e filtros equivalentes do GPC para uma sintonia simplificada: $N_1 = d + 1 = 6$, $N_2 = d + 3 = 8$, $N_u = 2$, $\lambda = 1$ e $\delta = 1$, como forma de ilustrar o procedimento de cálculo.

Inicialmente, calcularemos as matrizes da (6.26), que são importantes para o cálculo da ação de controle. Para isso, precisamos dos polinômios $E_j(z)$ e $F_j(z)$ obtidos por meio da equação diofantina. Seguindo o procedimento já explicado, obtemos:

$$\begin{aligned}
E_1(z) &= 1,\\
E_2(z) &= 1 + 2{,}8097z^{-1},\\
E_3(z) &= 1 + 2{,}8097z^{-1} + 5{,}2659z^{-2},\\
F_1(z) &= 2{,}8097 - 2{,}6284z^{-1} + 0{,}8187z^{-2},\\
F_2(z) &= 5{,}2659 - 6{,}5662z^{-1} + 2{,}3004z^{-2},\\
F_3(z) &= 8{,}2291 - 11{,}5405z^{-1} + 4{,}3113z^{-2}.
\end{aligned}$$

A partir desses polinômios, obtemos $\mathbf{K}_1$, $\mathbf{F}$ e $\mathbf{H}$, de (6.26). Os valores apresentados nas matrizes a seguir foram aproximados para simplificar a notação.

$$\mathbf{G} = \begin{bmatrix} 0{,}00936 & 0 \\ 0{,}03505 & 0{,}00936 \\ 0{,}07387 & 0{,}03505 \end{bmatrix}, \quad \mathbf{F} = \begin{bmatrix} 2{,}810 & -2{,}628 & 0{,}8187 \\ 5{,}266 & -6{,}566 & 2{,}300 \\ 8{,}229 & -11{,}54 & 4{,}311 \end{bmatrix},$$

[14] <https://danielml.paginas.ufsc.br/livro-mpc/>

$$\mathbf{H} = \begin{bmatrix} 0{,}008754 \\ 0{,}0246 \\ 0{,}0461 \end{bmatrix}, \quad \mathbf{K}_1 = \left(\mathbf{G}^T\mathbf{Q}_e\mathbf{G} + \mathbf{Q}_u\right)^{-1}\mathbf{G}^T\mathbf{Q}_e = \begin{bmatrix} 0{,}009295 \\ 0{,}03478 \\ 0{,}07327 \end{bmatrix}^T.$$

Com essas matrizes, podemos calcular os coeficientes $f_0$, $\mathbb{a}_j$ e $\mathbb{b}$, definidos em (6.27):

$$f_0 = \sum_{i=1}^{N} k_i = 0{,}1174, \quad \mathbf{K}_1\mathbf{H} = [\mathbb{b}_1] = [0{,}0043],$$

$$\mathbf{K}_1\mathbf{F} = \begin{bmatrix} \mathbb{a}_1 & \mathbb{a}_2 & \mathbb{a}_3 \end{bmatrix} = \begin{bmatrix} 0{,}8123 & -1{,}098 & 0{,}4035 \end{bmatrix}.$$

Antes de obter as funções de transferência do controlador equivalente, ainda precisamos dos polinômios $F_{d-j}(z)$, obtidos da equação diofantina, para $j = 0, \ldots, 2$, por conta da dimensão de $\mathbf{F}$. Temos, então:

$$\begin{aligned} F_3(z) &= 8{,}229 - 11{,}54z^{-1} + 4{,}311z^{-2}, \\ F_4(z) &= 11{,}58 - 17{,}32z^{-1} + 6{,}737z^{-2}, \\ F_5(z) &= 15{,}22 - 23{,}7z^{-1} + 9{,}482z^{-2}. \end{aligned}$$

Com esses coeficientes, obtemos o controlador primário $C(z)$, o filtro de referência $F(z)$ e o filtro do erro de predição $F_e(z)$ equivalentes:

$$\begin{aligned} F(z) &= \frac{f_0}{\sum_{j=0}^{n_a} \mathbb{a}_j F_{d-j}(z)} = \frac{0{,}039612}{1 - 1{,}649z^{-1} + 0{,}6888z^{-2}}, \\ C(z) &= \frac{\sum_{j=0}^{n_a} \mathbb{a}_j z^{-j}}{\Delta\left(1 + \sum_{j=1}^{n_b} \mathbb{b}_j z^{-j}\right)} = \frac{0{,}81227(1 - 1{,}352z^{-1} + 0{,}4968z^{-2})}{(1 - z^{-1})(1 + 0{,}004315z^{-1})}, \\ F_e(z) &= \frac{\sum_{j=0}^{n_a} \mathbb{a}_j F_{d-j}(z)}{\sum_{j=0}^{n_a} \mathbb{a}_j z^{-j}} = \frac{3{,}6472(1 - 1{,}649z^{-1} + 0{,}6888z^{-2})}{1 - 1{,}352z^{-1} + 0{,}4968z^{-2}}. \end{aligned}$$

A partir das expressões deduzidas nesta seção, podemos notar que os ajustes do controlador primário e dos filtros equivalentes do GPC irrestrito dependem da sintonia utilizada e do modelo do processo. Assim, embora a estrutura seja a mesma que a do PSF, o resultado final em termos de respostas em malha fechada e robustez pode ser diferente. No caso do Exemplo 6.5, no qual comparamos o PS com o GPC, o ajuste do PI no PS permite obter um $C(z)$ muito similar ao do GPC. Por isso, os resultados obtidos na resposta para mudanças de referência foram muito similares. Já o filtro do erro de predição tem uma função de transferência muito diferente, o que também explica o resultado tão distinto obtido na rejeição de perturbação e nas características de robustez. Vamos analisar esse ponto no próximo exemplo.

**Exemplo 6.7**

Considere o controle do sistema trocador de calor do Exemplo 6.5, com modelo $T(z) = \frac{0,095}{z-0,905}z^{-10}[U(z) + T_e(z)] + Q_e(z)$. Calcularemos o controle e filtros equivalentes do GPC para comparar com a solução dada pelo PS, que usa um $F_e = 1$ e tem um PI como controlador primário.

No Exemplo 6.5, o PI utilizado foi

$$C(z) = \frac{3,70(z-0,77)}{z-1}, \qquad F(z) = \frac{0,23}{z-0,77}.$$

No GPC, usando (6.33), (6.34) e (6.35), podemos calcular:

$$F_e(z) = \frac{6,7715z - 5,9604}{3,7620z - 2,9509} = \frac{1,8(z-0,8802)}{z-0,7844},$$

$$F(z) = \frac{0,8111}{6,7715z - 5,9604} = \frac{0,1198}{z-0,8802},$$

$$C(z) = \frac{3,7620z - 2,9509}{z-1} = \frac{3,762(z-0,7844)}{z-1},$$

o que mostra que o GPC implementa, neste exemplo, um controle primário do tipo PI e um filtro de predição também de primeira ordem. Como a resposta para a referência não depende do ajuste do $F_e(z)$ e o PI ajustado pelo GPC tem praticamente o mesmo ganho e zero do PI usado no PS, os resultados obtidos neste caso são, como esperado, muito similares.

Já com relação a $F_e(z)$, observamos que o filtro implementado pelo GPC tem uma caraterística passa-alta (veja o diagrama de Bode na Figura 6.14), o que explica, para a rejeição de perturbações, os valores maiores das ações de controle no transitório e as respostas mais rápidas.

Por outro lado, essa caraterística passa-alta do filtro torna o GPC menos robusto, dado que o filtro afeta a dinâmica de forma a diminuir a tolerância ao erro de modelagem em alta frequência. Como o termo $\frac{C(z)G_n(z)}{1+C(z)G_n(z)}$ é praticamente igual nas duas abordagens de controle, o módulo do filtro estabelece a relação entre a robustez das duas abordagens: o PS, neste caso, tem um comportamento mais robusto. A Figura 6.14 mostra a resposta em frequência dos filtros $F_e(z)$ do GPC e do PS (que vale 1), o que confirma a análise realizada.

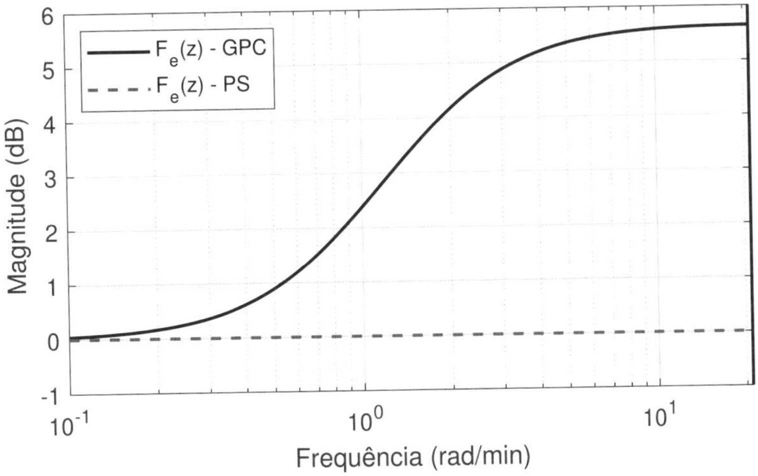


**Figura 6.14** Exemplo 6.7 – Resposta em frequência dos filtros $F_e(z)$ do GPC e do PS.

Para estudar o desempenho, podemos analisar os resultados usando os controladores equivalentes e as funções de transferência $T(z)/T_e(z)$ e $T(z)/Q_e(z)$:

$$\frac{T(z)}{T_e(z)} = P_n(z)\left[1 - \frac{C(z)G_n(z)}{1+C(z)G_n(z)}z^{-d}F_e(z)\right],$$

$$\frac{T(z)}{Q_e(z)} = \left[1 - \frac{C(z)G_n(z)}{1+C(z)G_n(z)}z^{-d}F_e(z)\right],$$

considerando que a única diferença entre os dois casos é o valor de $F_e(z)$. O zero de $F_e(z)$ no GPC permite compensar o efeito do polo lento de $P_n(z)$ em $T/T_e$, conseguindo assim a melhor resposta para a perturbação de $T_e$. De fato, $F_e(z)$ força um zero em $z = 0{,}9$ no termo $\left[1 - \frac{C(z)G_n(z)}{1+C(z)G_n(z)}z^{-d}F_e(z)\right]$. Porém, como $T/Q_e$ não tem esse polo lento, o mesmo zero torna-se dominante na resposta da perturbação $Q_e$, causando o pico observado no transitório. Por isso, apesar de mais lenta, a resposta do PS para $Q_e$ acaba sendo melhor que no GPC se consideramos, por exemplo a integral do erro de seguimento de referência. Podemos dizer que o PS tem um melhor compromisso robustez-desempenho que o GPC, pois é mais robusto, tem uma rejeição de $T_e$ pior que no GPC (mais lenta), mas uma resposta melhor para $Q_e$ (mais lenta, mas com muito menor pico e menor integral do erro). De forma geral, quando o sistema é mais robusto, a rejeição de perturbações na entrada do processo é sempre mais lenta, mas para as perturbações na saída do processo pode ser que essa lentidão ajude a obter uma resposta com menor pico e, consequentemente, menor integral do erro.

Da análise anterior, complementada com os resultados do Exemplo 6.7, podemos concluir que, para ajustar as características de rejeição de perturbações ou robustez de um GPC em um processo com atraso, podemos analisar o seu controlador equivalente e considerar o ajuste do filtro do erro de predição mais adequado para a situação que se deseja resolver. Se utilizamos o ajuste de $C(z)$ para atender uma especificação desejada para a resposta da referência do sistema em malha fechada, o filtro $F_e(z)$ será o único parâmetro livre para ajustar o compromisso entre robustez e rejeição de perturbações. Na prática, o problema é que a relação entre o filtro do erro de predição e os ajustes do GPC (horizontes e ponderações) não é direta nem simples. Assim, o ajuste do controle para levar em conta aspectos de robustez pode ser tornar complexo. Por outro lado, o ajuste do controlador primário da estrutura usando a minimização da função custo pode ser mais adequada e mais simples do que o ajuste de um controle clássico, principalmente para sistemas complexos. Porém, o ajuste das caraterísticas do filtro $F_e(z)$ no PSF é mais direto e intuitivo.

Assim, parece interessante unir as qualidades das duas estratégias de controle em um novo algoritmo, que calcule as predições até o atraso $d$ usando a estratégia de um PSF e um controlador GPC para encontrar o controlador primário. Isto é, calculam-se as ações de controle ótimas tendo como base as predições até $d$ calculadas pelo preditor filtrado derivado do PSF. Então, o problema em questão é dividir a estratégia em duas partes: (i) o projeto do GPC é realizado para um processo sem atraso, que tem como saída $y_p(k)$ e como entrada de controle $u(k)$; (ii) um preditor de Smith filtrado é usado no processo para calcular $y_p(k)$ a partir do conhecimento da saída do processo $y(k)$ e do seu controle $u(k)$. Com essa estratégia, o GPC enxerga um novo processo a ser controlado, que é a junção do processo real e o preditor, que não possui atraso.

A implementação dessa estratégia é bem simples, bastando, no procedimento aqui apresentado, alterar o cálculo das predições de $k + 1$ até $k + d$ e manter exatamente os mesmos cálculos para encontrar o sinal de controle do GPC, isto é, para o cálculo da ação de controle, seja no caso sem ou com restrições. Como vimos, as predições até $k + d$ apenas afetam a resposta livre e não a resposta forçada do GPC. Desta forma, a modificação proposta apenas altera o cálculo da resposta livre do algoritmo de controle.

Se voltamos à forma tradicional de implementação do GPC, precisamos, a cada amostra, calcular o vetor de resposta livre que contém as predições de $k + N_1$ até $k + N_2$ com controle futuro nulo. Num cálculo recursivo, calcularemos todas as predições de 1 a $N_2$, ficando apenas com as que usaremos na função custo. No novo algoritmo, iniciaremos o cálculo da resposta livre usando um PSF até calcular a predição em $k + d$. Com esses valores já calculados, acharemos todas as predições de $k+d+N_1$ até $k+d+N_2$ usando o procedimento padrão do GPC. Esse novo algoritmo, denominado DTC-GPC pois tem um compensador de atraso embutido explicitamente no MPC, foi proposto originalmente em (NORMEY-RICO, 1999) e também é descrito em (NORMEY-RICO; CAMACHO, 2007).

### 6.2.2 Algoritmo DTC-GPC

Nesta seção, analisaremos alguns aspectos do DTC-GPC, que, como explicado, é derivado do PSF e do GPC. As vantagens desse controlador para sistemas com atraso são as seguintes:

- para especificações de seguimento de referência, ele tem exatamente o mesmo desempenho que um GPC no caso nominal (caso o modelo de predição seja igual ao modelo do processo);
- para especificações de rejeição de perturbações e robustez, ele permite, de maneira mais simples, atender a um compromisso entre as duas especificações;
- como o algoritmo apenas altera a forma de calcular a resposta livre do GPC, ele pode ser estendido para o caso com restrições de forma direta, dado que a resposta livre é uma das entradas do algoritmo de otimização;
- a extensão para o caso não linear também é direta, sempre que for possível calcular no modelo não linear uma saída do processo sem atraso;
- a extensão para o caso multivariável também é relativamente simples e utiliza as caraterísticas do PSF multivariável, que pode ser usado para controlar plantas MIMO estáveis, integradoras e instáveis com atraso.

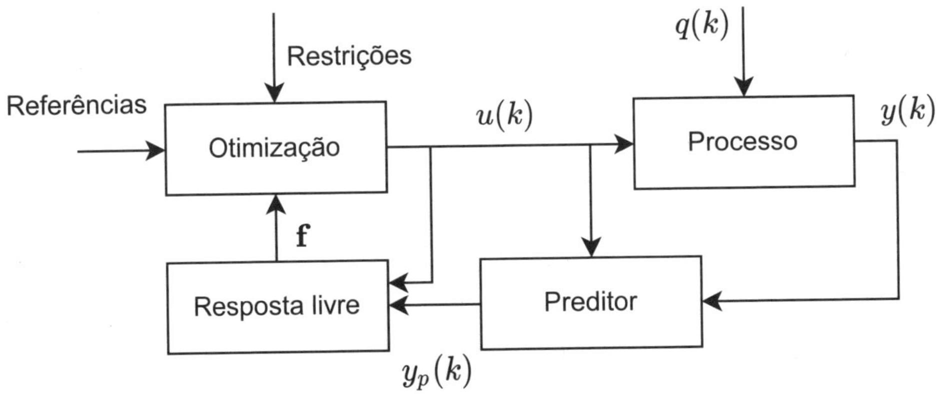


**Figura 6.15** Estrutura do DTC-GPC

A estrutura geral do DTC-GPC para o caso linear monovariável, com e sem restrições, pode ser vista na Figura 6.15. Observamos que existem três blocos nessa estratégia: preditor, resposta livre e otimização. O bloco do preditor é encarregado de calcular a predição da saída do processo até o atraso com base no PSF. Um segundo bloco calcula o vetor de resposta livre, usando como condição inicial a informação fornecida pelo preditor. Finalmente, um bloco de otimização calcula o sinal de controle a ser aplicado no processo e, para isso, utiliza como entradas a resposta livre, a função custo e as restrições do problema. Assim, o algoritmo DTC-GPC em si é dado pelos seguintes passos:

1. projeta-se o GPC para o processo sem atraso;
2. projeta-se o Preditor de Smith Filtrado;
3. a cada período de amostragem:
   (a) calcular as saídas $y_p$ utilizando o PSF;
   (b) utilizar $y_p$ e os sinais de controle passados para encontrar a nova ação de controle a partir de (6.26) (ou do problema de otimização com restrições);
   (c) aplica-se o novo sinal de controle.

Para analisar com mais detalhes a implementação das predições no DTC-GPC, basta lembrar que no PSF calculávamos a predição usando a equação:

$$Y_p(z) = S(z)U(z) + F_e(z)Y(z), \tag{6.36}$$

onde $S(z) = G(z)(1 - F_e(z)z^{-d})$ é estável e todos os polos de $F_e(z)$ são polos de $S(z)$.

Há algumas maneiras de se implementar a estrutura do PSF. Um alternativa é utilizar diretamente a estrutura mostrada na Figura 6.9, implementando $S(z)$ e $F_e(z)$ separadamente através das respectivas equações a diferenças, e somando os respectivos sinais de saída para obter $y_p$. Lembre-se que, para o cálculo da resposta livre, o GPC precisa do vetor

$$\underset{\leftarrow}{\mathbf{y}}_d = [\hat{y}(k+d \mid k) \; \hat{y}(k+d-1 \mid k) \; \dots \; \hat{y}(k+d-n_a \mid k)]^T,$$

e que

$$\hat{y}(k+d-j \mid k) = y_p(k-j),$$

com $j = 1$ até $n_a$. Dessa forma, é necessário armazenar os valores passados de $y_p$ até $y_p(k-n_a)$ para implementar efetivamente a estrutura DTC-GPC.

Uma segunda forma de implementar o cálculo de $y_p$ envolve rearranjar (6.36) de tal forma que uma única equação a diferenças seja obtida, simplificando a implementação. Para isso, considere que:

$$S(z) = \frac{N_s(z)}{D_s(z)} \quad \text{e} \quad F_e(z) = \frac{N_e(z)}{D_e(z)},$$

com $D_e(z)$ e $D_s(z)$ mônicos, e também que $D_s(z) = D_e(z)D_x(z)$, onde $D_x(z)$ é o quociente da divisão de $D_s(z)$ por $D_e(z)$. Assim, podemos escrever:

$$Y_p(z) = \frac{N_s(z)}{D_s(z)}U(z) + \frac{N_e(z)}{D_e(z)}Y(z) = \frac{N_s(z)U(z) + N_e(z)D_x(z)Y(z)}{D_s(z)}, \tag{6.37}$$

ou, de forma equivalente,

$$D_s(z)Y_p(z) = N_s(z)U(z) + N_e(z)D_x(z)Y(z),$$

com

$$D_s(z) = 1 + \sum_{i=1}^{m_s} d_{s,i}z^{-i}, \quad N_s(z) = \sum_{i=1}^{m_u} n_{s,i}z^{-i}, \quad N_e(z)D_x(z) = \sum_{i=0}^{m_x} n_{x,i}z^{-i},$$

sendo que $m_s$ é o grau de $D_s(z)$, $m_u$ é o grau de $N_s(z)$ e $m_x$ é o grau de $N_e(z)D_x(z)$.

A partir de (6.37), é possível obter uma equação a diferenças recursiva para o cálculo de $y_p(k)$:

$$y_p(k) = -\sum_{i=1}^{m_s} d_{s,i}y_p(k-i) + \sum_{i=1}^{m_u} n_{s,i}u(k-i) + \sum_{i=1}^{m_x} n_{x,i}y(k-i),$$

lembrando que ainda é necessário armazenar os valores passados de $y_p$ até $y_p(k - n_a)$. Vamos aplicar esses dois procedimentos em um exemplo.

**Exemplo 6.8**

Considere um processo com modelo de primeira ordem instável dado por:

$$P_n(z) = \frac{0{,}2}{z - 1{,}1} z^{-5}.$$

Neste caso, para obter uma predição estável, consideramos um filtro que verifique $F_e(1) = 1$ e, para $z_0 = 1{,}1$,

$$z_0^5 - F_e(z_0) = 0 \rightarrow F_e(z_0) = z_0^5,$$

que deriva de uma manipulação direta de (6.10). Assim, propomos um filtro de primeira ordem na forma:

$$F_e(z) = \frac{a_{f,0} z + a_{f,1}}{z - z_f}$$

e precisamos ajustar $a_{f,1}$ e $a_{f,0}$ para as duas condições especificadas. O polo do filtro é usado para ajustar a resposta para perturbações e robustez. Neste exemplo, definimos $z_f = 0{,}9$. Assim, as duas condições a serem satisfeitas são:

$$F_e(1) = \frac{a_{f,0} + a_{f,1}}{1 - 0{,}9} = 1,$$

$$F_e(1{,}1) = \frac{1{,}1 a_{f,0} + a_{f,1}}{1{,}1 - 0{,}9} = (1{,}1)^5,$$

que levam a:

$$a_{f,0} + a_{f,1} = 0{,}1 \qquad \text{e} \qquad 1{,}1 a_{f,0} + a_{f,1} = 0{,}2(1{,}1)^5.$$

Veja que essas duas equações definem um sistema de equações lineares que é facilmente solucionado. Esse sistema de equações pode ser representado num formato matricial:

$$\begin{bmatrix} 1 & 1 \\ 1{,}1 & 1 \end{bmatrix} \begin{bmatrix} a_{f,0} \\ a_{f,1} \end{bmatrix} = \begin{bmatrix} 0{,}1 \\ 0{,}2(1{,}1)^5 \end{bmatrix}.$$

Resolvendo o sistema, temos:

$$a_{f,0} = 2{,}2210, \qquad a_{f,1} = -2{,}1210,$$

que definem o filtro

$$F_e(z) = \frac{2{,}2210z - 2{,}1210}{z - 0{,}9} = 2{,}221 \frac{(z - 0{,}955)}{z - 0{,}9}.$$

Com esse filtro, obtemos $S(z)$, a partir de (6.13), como:

$$S(z) = \frac{0{,}2}{z-1{,}1}z^{-5}\left[z^5 - 2{,}221\frac{(z-0{,}955)}{z-0{,}9}\right]$$
$$= \frac{0{,}2z^{-5}}{z-1{,}1}\frac{z^5(z-0{,}9) - 2{,}221(z-0{,}955)}{z-0{,}9}.$$

Como o polinômio $z^5(z-0{,}9) - 2{,}221(z-0{,}955)$ é divisível por $z-1{,}1$, podemos reduzir a expressão anterior a:

$$S(z) = \frac{0{,}2z^{-5}}{z-0{,}9}\left[z^5 + 0{,}2z^4 + 0{,}22z^3 + 0{,}242z^2 + 0{,}2662z - 1{,}9282\right].$$

Com $F_e(z)$ e $S(z)$ calculados, podemos implementar a estrutura PSF de duas maneiras, como mencionado anteriormente. Na primeira delas, com $F_e(z)$ e $S(z)$ implementados separadamente, suponha que $y_f(k)$ e $y_s(k)$ são as saídas dos respectivos blocos. Assim,

$$\begin{aligned} y_s(k) =& 0{,}9y_s(k-1) + 0{,}2u(k-1) + 0{,}04u(k-2) + 0{,}044u(k-3) \\ &+ 0{,}0484u(k-4) + 0{,}0532u(k-5) - 0{,}3856u(k-6), \\ y_f(k) =& 0{,}9y_f(k-1) + 2{,}221y(k) - 2{,}121y(k-1), \end{aligned}$$

e a saída predita $y_p$ é calculada somando esses sinais (ver Figura 6.9):

$$y_p(k) = y_s(k) + y_f(k).$$

Utilizando a segunda alternativa, obtemos $y_p$ diretamente a partir de uma única equação a diferenças. Para este sistema, a partir de (6.37), temos

$$Y_p(z) = \frac{N_s(z)}{D_s(z)}U(z) + \frac{N_e(z)}{D_e(z)}Y(z) = \frac{N_s(z)U(z) + N_e(z)D_x(z)Y(z)}{D_s(z)}$$

com

$$D_s(z) = z - 0{,}9, \qquad N_e(z) = 2{,}221(z-0{,}955), \qquad D_x(z) = 1,$$
$$N_s(z) = 0{,}2 + 0{,}04z^{-1} + 0{,}044z^{-2} + 0{,}0484z^{-3} + 0{,}05324z^{-4} - 0{,}3856z^{-5},$$

o que resulta na seguinte equação a diferenças para o cálculo de $y_p$:

$$\begin{aligned} y_p(k) =& 0{,}9y_p(k-1) + 0{,}2u(k-1) + 0{,}04u(k-2) + 0{,}044u(k-3) \\ &+ 0{,}0484u(k-4) + 0{,}0532u(k-5) - 0{,}3856u(k-6) \\ &+ 2{,}221y(k) - 2{,}121y(k-1). \end{aligned}$$

Ambos os métodos para se obter $y_p$ geram os mesmos resultados. Assim, fica a critério do usuário qual utilizar.

Os resultados obtidos com sinais de perturbação do tipo degrau podem ser generalizados para outros tipos de perturbação, bastando, para isso, que as condições no filtro $F_e(z)$ sejam adaptadas para o tipo de perturbação considerado, da mesma forma que foi analisado no caso do PSF.

Um ponto importante, que deve ser ressaltado aqui, é que, no cálculo dos coeficientes dos polinômios que levam à obtenção de $F_e(z)$ e $S(z)$, sempre teremos arredondamentos. Esses arredondamentos podem causar erros numéricos de tal forma que o cancelamento das raízes indesejadas do denominador e numerador de $S(z)$ não aconteça. Assim, sugerimos sempre ajustar um dos coeficientes do numerador de $S(z)$ para que a divisão seja exata e que, finalmente, possamos eliminar do denominador de $S(z)$ todas as raízes indesejadas. Ainda, temos que garantir que o ganho estático de $S(z)$ seja nulo e que o de $F_e(z)$ seja unitário no final do procedimento. Essas duas condições garantem a estabilidade do preditor e a convergência da predição ao valor da saída do processo em regime estacionário. Caso softwares sejam utilizados para a obtenção de $F_e(z)$ e $S(z)$, tais como MATLAB ou Python, por exemplo, o risco de arrendondamentos causarem problema é minimizado. No entanto, é possível encontrar situações em que o software não identificará raízes iguais, mesmo se o procedimento para o cálculo de $F_e(z)$ estiver correto, efeito causado por erros numéricos. Nesses casos, sugerimos aumentar a tolerância da função que detecta raízes iguais na função de transferência. Esse procedimento, usualmente, resolve o problema.

Com base na discussão apresentada nesta seção, podemos observar que a mudança no código do GPC para obter o DTC-GPC é simples. Na sequência, vamos apresentar alguns exemplos simulados para ilustrar as diferenças em termos de desempenho e robustez das duas estratégias e que ilustram o fato de que o DTC-GPC é um algoritmo mais apropriado para o controle de processos com atraso.

### 6.2.3 Exemplos

**Exemplo 6.9**

Vamos considerar um controle de temperatura em um sistema que tem atraso de transporte dominante, dado que o ponto de medida da temperatura está afastado do local onde se encontra a fonte de potência. O modelo do processo considerado é dado por:

$$T(s) = \frac{3e^{-5s}}{(2s+1)(s+1)}[U(s) + Q_e(s)],$$

com $T$ a temperatura, $U$ o sinal de controle e $Q_e$ uma perturbação causada pelas variações de temperatura do fluido de entrada no aquecedor.

Para este processo, usando uma amostragem de $T_s = 0{,}2\,\text{min}$, foram implementados um GPC e um DTC-GPC utilizando os seguintes parâmetros: $N = 20$, $N_u = 2$, $\lambda = 2$. Para mostrar a simplicidade e utilidade prática do filtro do DTC-GPC, escolhemos um filtro simples de primeira ordem de ganho unitário na forma:

$$F_e(z) = \frac{z-a}{z-b}\frac{1-b}{1-a},$$

no qual $a$ e $b$ são utilizados para mudar a caraterística do filtro, mais passa-baixa ou passa-alta, dependendo da caraterística desejada.

No primeiro caso, supomos que o modelo é bem conhecido e a resposta às perturbações pode ser acelerada, mantendo inalterada a resposta às mudanças de referência. Assim, o filtro é ajustado com ganho maior que um em alta frequência, com $a = 0{,}915$ e $b = 0{,}6$. As respostas podem ser vistas na Figura 6.16 para uma mudança de referência de 0,5 em $t = 2\,\text{min}$ e uma perturbação de amplitude 0,05 aplicada em $t = 20\,\text{min}$. Podemos observar como este ajuste permite que o DTC-GPC seja mais rápido na rejeição da perturbação que o GPC, mas ambos demoram dois atrasos para iniciar a rejeição de perturbações, como discutido anteriormente. Quanto à referência, ambos os controladores têm, como esperado, a mesma resposta para a mudança de referência.

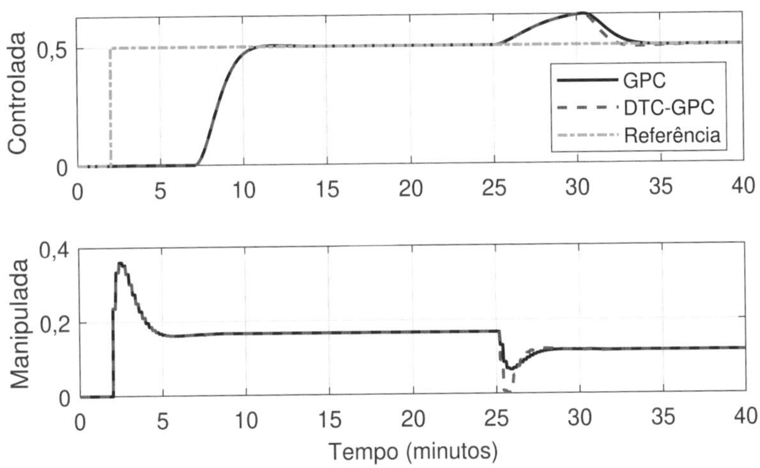


**Figura 6.16** Exemplo 6.9 – Resposta do sistema de controle de temperatura com $F_e$ do DTC-GPC ajustado para ganho de velocidade da resposta.

No segundo caso, consideramos que o comportamento do processo pode não ser igual ao do modelo. Assim, o ajuste tem que priorizar a robustez, penalizando a resposta às perturbações. Note que, mesmo neste caso, a resposta às mudanças de referência é mantida inalterada no caso nominal, ou seja, a resposta para seguimento de referência é a mesma que foi obtida com o ajuste anterior do filtro caso o modelo de predição seja o mesmo do processo. Assim, o filtro é ajustado com ganho menor que um em alta frequência, com $a = 0{,}7$ e $b = 0{,}9$. As respostas, para o mesmo cenário do caso anterior, podem ser vistas na Figura 6.17. Podemos observar como este ajuste deixa o DTC-GPC mais lento na rejeição da perturbação, porém, ambos os controladores têm, como esperado, a mesma resposta para a mudança de referência.

Para verificar a maior robustez, na Figura 6.18 mostramos o desempenho dos controladores quando o atraso do processo é aumentado para 5,5 s, ainda no mesmo cenário de simulação. Observe como somente o DTC-GPC mantém a estabilidade e, ainda, com uma resposta pouco oscilatória. Neste exemplo mostramos como, para plantas estáveis, o ajuste do filtro pode ser simples e intuitivo para utilização prática, o que facilita o seu uso em diferentes aplicações.

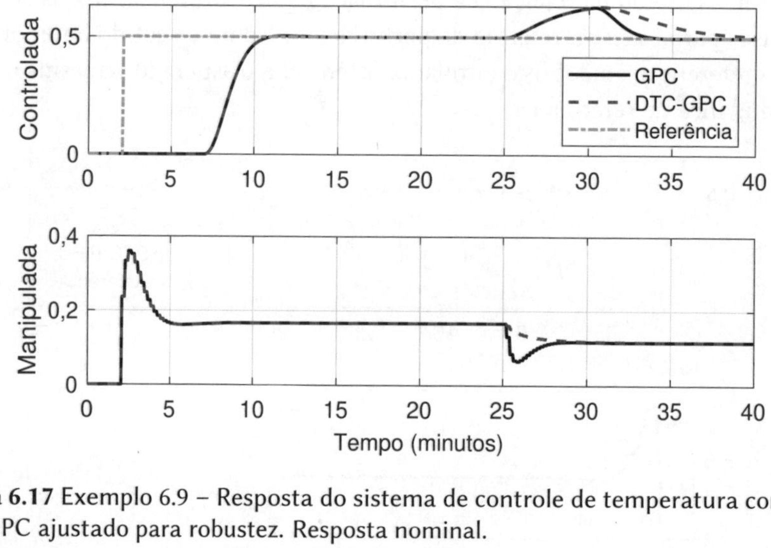


**Figura 6.17** Exemplo 6.9 – Resposta do sistema de controle de temperatura com $F_e$ do DTC-GPC ajustado para robustez. Resposta nominal.

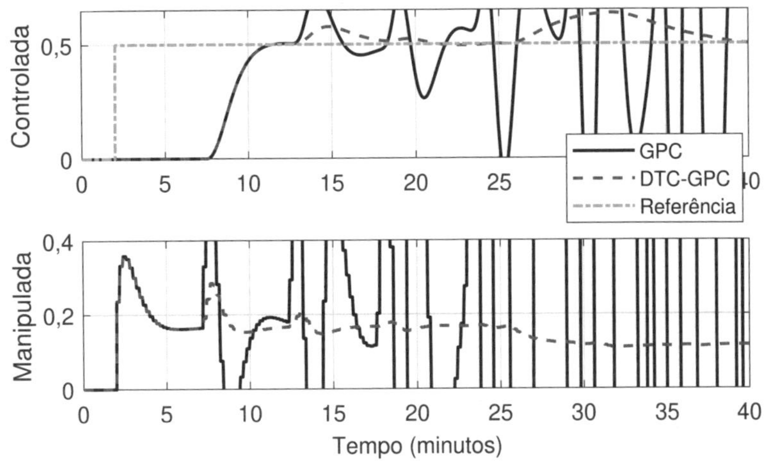


**Figura 6.18** Exemplo 6.9 – Resposta do sistema de controle de temperatura com $F_e$ do DTC-GPC ajustado para robustez. Resposta com erro de atraso de 10%.

**Exemplo 6.10**

Vamos analisar, agora, o caso do sistema instável em malha aberta e com atraso de transporte inicialmente apresentado no Volume 1, que tinha um modelo dado por $A(z^{-1}) = 1 - 1{,}1z^{-1}$, $B(z^{-1}) = 0{,}1 + 0{,}2z^{-1}$ e atraso de uma amostra, $d = 1$. Neste exemplo, analisaremos o mesmo caso e também uma situação com atraso maior, com $d = 5$. Nas simulações, consideramos a perturbação $q$ futura desconhecida. O ajuste do GPC é $\lambda = 1$, $\delta = 1$, $N = 20$ e $N_u = 5$. Estudaremos o ajuste do DTC-GPC para mostrar o compromisso desempenho/robustez e mostraremos como a instabilidade em malha aberta impõe uma limitação no ajuste do filtro em termos de robustez.

Em ambos os casos, utilizaremos um filtro do erro de predição $F_e(z)$ com o formato:

$$F_e(z) = \frac{z - a}{z - b}\frac{1 - b}{1 - a},$$

de ganho unitário por construção, que deve satisfazer a seguinte condição, já que o sistema é instável em malha aberta,

$$z^d - F_e(z)\Big|_{z=z_0} = 0,$$

sendo $z_0$ o polo indesejado. Esta última equação pode ser reescrita como:

$$F_e(z_0) = z_0^d.$$

Como a raiz indesejada está fora do círculo unitário, $|z_0| > 1$ e o termo $z_0^d$ terá valor maior que 1. Como o filtro $F_e(z)$ tem ganho estático unitário, isso quer dizer que ele deverá ter um zero dominante para satisfazer $F_e(z_0) = z_0^d$ e, além disso, quanto maior o valor de $d$, mais dominante vai ser o valor de $a$ em relação ao valor de $b$. Os filtros $F_e(z)$ para os dois casos, considerando $b = 0{,}9$, são dados a seguir:

$$F_{e,1}(z) = 1{,}2\frac{z - 0{,}9167}{z - 0{,}9}, \qquad F_{e,5}(z) = 2{,}221\frac{z - 0{,}955}{z - 0{,}9}.$$

Note como no caso $d = 5$ o zero é mais dominante do que no caso $d = 1$ para um mesmo valor de $b$. Os diagramas de Bode desses dois filtros são mostrados na Figura 6.19.

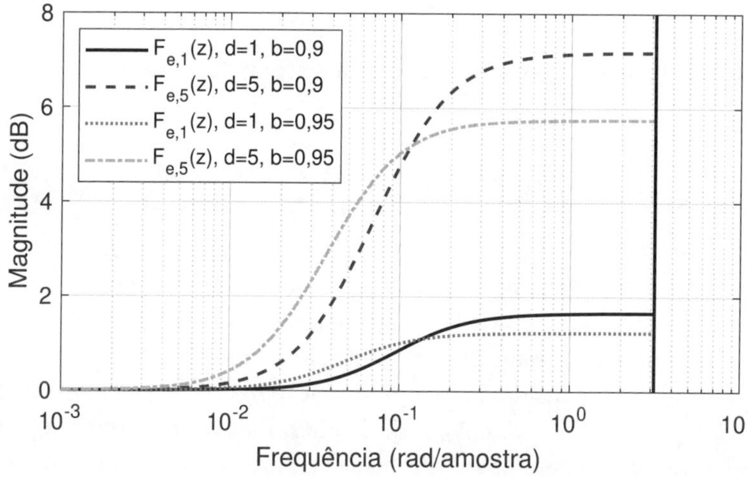


**Figura 6.19** Exemplo 6.10 – Diagrama de Bode dos filtros $F_{e,1}(z)$ e $F_{e,5}(z)$ para $d = 1$ e $d = 5$, e $b = 0{,}9$ e $b = 0{,}95$.

Veja que o filtro para o caso $d = 5$ tem uma característica consideravelmente mais passa-altas do que no caso $d = 1$. Na mesma figura são apresentadas as respostas em frequência dos filtros com $b = 0{,}95$ (mais lento), que resulta nos seguintes filtros:

$$F_{e,1}(z) = 1{,}15\frac{z - 0{,}9565}{z - 0{,}95}, \qquad F_{e,5}(z) = 1{,}9158\frac{z - 0{,}9739}{z - 0{,}95}.$$

Veja que, deixando o polo do filtro mais lento, diminuímos os valores máximos de magnitude de $F_e(z)$ no domínio da frequência independentemente do atraso. No entanto, sempre é necessário manter uma certa característica passa-alta quando lidamos com sistemas com atraso e instáveis, o que os torna mais difíceis de lidar, especialmente quando consideramos as características de robustez. As respostas temporais para os casos com diferentes atrasos e filtros são apresentadas na Figura 6.20. Nesse cenário de simulação, uma referência de 0,6 é aplicada em $t = 5$ amostras, e uma perturbação de entrada de amplitude $-0{,}2$ é aplicada em $t = 30$ amostras. Veja que, nos casos com $b = 0{,}95$, a resposta de rejeição de perturbação é ligeiramente mais lenta para esse processo, enquanto que o rastreamento de referência não sofre influência do filtro do erro de predição.

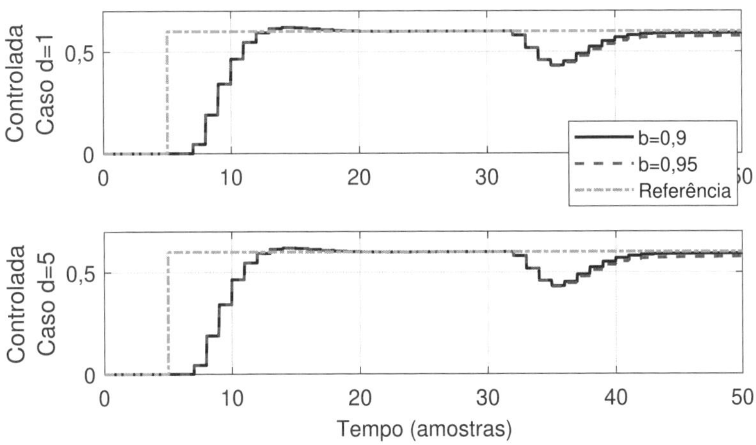


**Figura 6.20** Exemplo 6.10 – Resposta temporal para diferentes atrasos e filtros de erro de predição $F_e(z)$ no caso nominal.

Como, nestes casos, teremos uma característica passa-altas do filtro $F_e(z)$ de forma independente de $d$ ou mesmo de $b$, o sistema de malha fechada tende a ser pouco robusto. Isso pode ser parcialmente contornado relaxando as especificações temporais do sistema de malha fechada (tempo de resposta), mas há uma solução alternativa. Podemos melhorar a robustez de malha fechada mudando a estrutura do filtro $F_e(z)$. Ao invés de utilizar um filtro de primeira ordem, podemos usar

$$F_e(z) = z^{p-1} \frac{(z-a)}{(z-b)^p} \frac{(1-b)^p}{(1-a)},$$

no qual $p$ determina a ordem do filtro e o termo $z^{p-1}$ no numerador apenas faz com que o filtro não tenha atrasos desnecessários na resposta. Note que, se $p = 1$, temos o filtro utilizado anteriormente. Um novo ajuste com $p = 2$ foi realizado e, para facilitar a comparação dos resultados, $b$ foi calculado para o filtro ter o mesmo tempo de assentamento do caso $p = 1$ e $b = 0{,}9$. Os valores obtidos são $p = 2$ e $b = 0{,}8449$, que resultam nos seguintes filtros $F_e(z)$:

$$F_{e,1}(z) = 0{,}4102\frac{z(z - 0{,}9414)}{(z - 0{,}8449)^2}, \qquad F_{e,5}(z) = 0{,}71222\frac{z(z - 0{,}9662)}{(z - 0{,}8449)^2}.$$

Os diagramas de Bode para esses casos são mostrados na Figura 6.21. Veja que as características dos filtros com $p = 2$ mudam consideravelmente: a magnitude em altas frequências agora é muito mais baixa do que no caso $p = 1$, no entanto, a magnitude máxima aumenta em médias frequências. Esse comportamento tende a melhorar a característica de robustez de malha fechada, mas deve ser analisado caso a caso, pois o aumento da magnitude em médias frequências pode ser problemático.

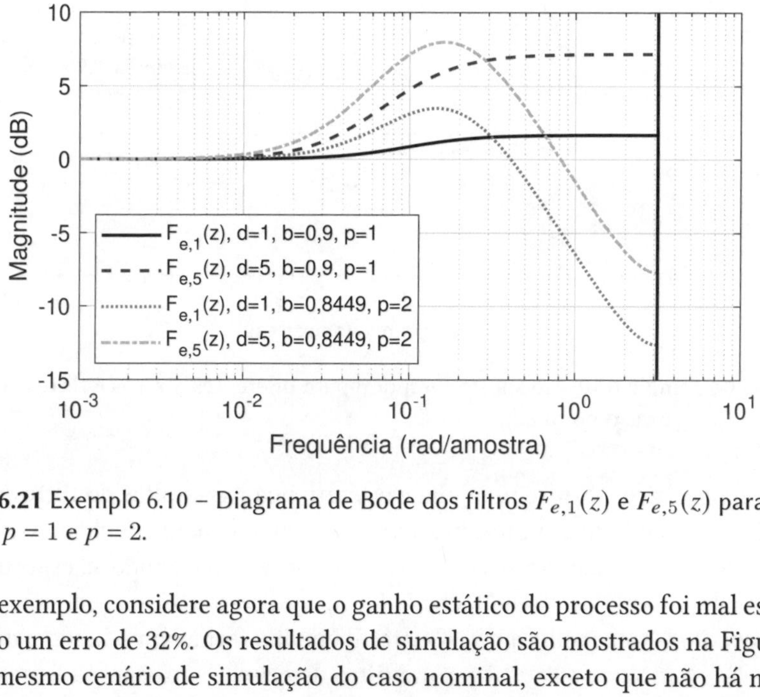


**Figura 6.21** Exemplo 6.10 – Diagrama de Bode dos filtros $F_{e,1}(z)$ e $F_{e,5}(z)$ para $d = 1$ e $d = 5$, e $p = 1$ e $p = 2$.

Por exemplo, considere agora que o ganho estático do processo foi mal estimado, havendo um erro de 32%. Os resultados de simulação são mostrados na Figura 6.22, para o mesmo cenário de simulação do caso nominal, exceto que não há mais um sinal de perturbação. No caso $d = 1$ com o filtro $b = 0{,}9$ e $p = 1$ (o primeiro que foi calculado), veja que a resposta tem uma perda de desempenho em relação ao caso nominal, mas o sistema se mantém estável, o que não ocorre para o caso $d = 5$, que é menos robusto por conta da característica mais passa-altas de seu filtro $F_e(z)$. No entanto, aumentando a ordem do filtro $F_e(z)$ para $p = 2$, veja que a resposta para $d = 1$ é melhorada e a resposta para $d = 5$ passa a ser estável, ou seja, a robustez dos sistemas em malha fechada resultantes foi melhorada com o uso de um filtro mais complexo.

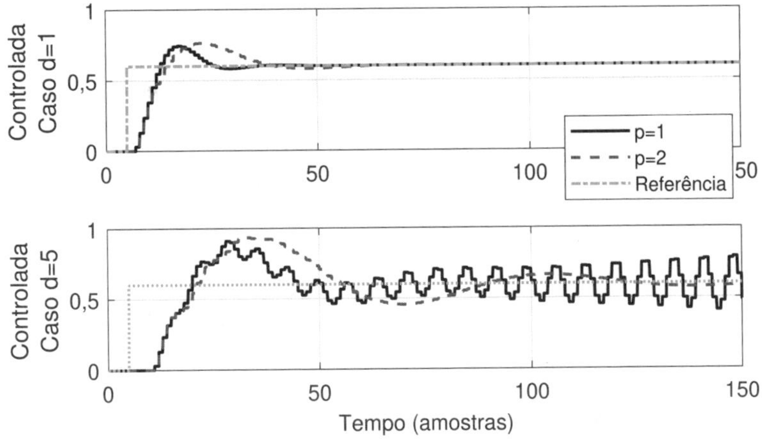


**Figura 6.22** Exemplo 6.10 – Resposta temporal para diferentes atrasos e filtros de erro de predição $F_e(z)$ com erro de modelagem.

Uma outra vantagem do uso de filtros de maior ordem com ganho pequeno em altas frequências (como é o caso do exemplo com $p = 2$) é a melhor atenuação de ruídos de medição. Como os ruídos de medição são geralmente de alta frequência e a saída do processo é filtrada no preditor, o sinal de controle torna-se menos sensível ao efeito desse ruido de medição. Considere o sistema com $d = 1$, mas, agora, a medição está contaminada com um ruído branco. Os resultados com os filtros de ordem 1 e 2 são mostrados na Figura 6.23.

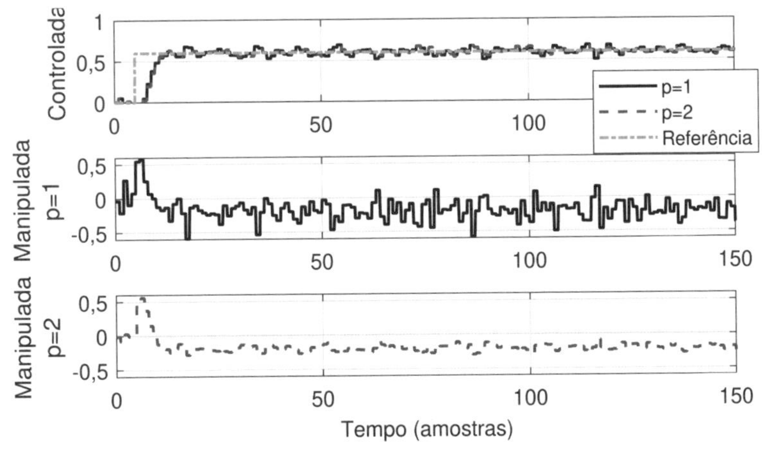


**Figura 6.23** Exemplo 6.10 – Resposta temporal com ruído de medição do caso $d = 1$ para filtros de diferentes ordens.

Em termos da controlada, não há muita diferença entre os dois casos, no entanto, veja que no caso $p = 2$ o efeito do ruído no sinal de controle é consideravelmente menor, já que sinais de alta frequência são atenuados mais fortemente do que no caso $p = 1$. Assim, na prática, em que ruídos sempre estarão presentes, é interessante utilizar filtros de ordem maior que possuam ganho pequeno em alta frequência.

Para finalizar esta seção, é importante frisar que o controle robusto de sistemas instáveis com atraso é sempre um desafio e que em alguns casos o problema pode não ter solução. Note que, para conseguir estabilidade em malha fechada, o filtro precisa ter uma caraterística de alto ganho para uma faixa de frequências médias ou altas e, para conseguir robustez, um ganho baixo nas frequências nas quais o erro de modelagem é importante (NORMEY-RICO; CAMACHO, 2007). Assim, se essas duas condições não puderem ser satisfeitas simultaneamente, o problema de controle não tem solução.

### 6.2.4 Extensão para o caso multivariável

A extensão do DTC-GPC para o caso MIMO segue os mesmos passos do caso SISO, ou seja, apenas modificamos as predições calculadas até o tempo de atraso. Um ponto importante, no entanto, é como definir o atraso de um sistema MIMO. Neste livro, vamos adotar a definição de atraso mínimo por saída, ou atraso efetivo por saída.

Note que, no modelo apresentado no Capítulo 3, cada função de transferência do modelo MIMO tem um atraso $d_{l,i}$ que corresponde ao atraso da entrada $i$ para a saída $l$, formando uma matriz de transferência com estrutura dada por:

$$\mathbf{P}(z) = \begin{bmatrix} G_{11}(z)z^{-d_{11}} & \cdots & G_{1m}(z)z^{-d_{1m}} \\ \vdots & \ddots & \vdots \\ G_{n1}(z)z^{-d_{n1}} & \cdots & G_{nm}(z)z^{-d_{nm}} \end{bmatrix}. \quad (6.38)$$

Se considerarmos uma dada saída $l$, podemos definir o atraso mínimo associado a ela, $d_l$, como sendo o mínimo de todos os $d_{l,i}$:

$$d_l = \min_{i=1\ldots m} (d_{li}),$$

visto que, por mais que todas as entradas se alterem no instante $k$, a saída $l$ só será modificada em $k + d_l + 1$. Dessa forma, o modelo MIMO pode ser escrito como o produto de uma matriz diagonal de atrasos mínimos,

$$\mathbf{L}(z) = \begin{bmatrix} z^{-d_1} & & 0 \\ & \ddots & \\ 0 & & z^{-d_n} \end{bmatrix},$$

por $\mathbf{G}(z)$, denominado modelo rápido, que não tem esses atrasos:

$$\mathbf{G}(z) = \begin{bmatrix} G_{11}(z)z^{-d_{11}+d_1} & \dots & G_{1m}(z)z^{-d_{1m}+d_1} \\ \vdots & \ddots & \vdots \\ G_{n1}(z)z^{-d_{n1}+d_n} & \dots & G_{nm}(z)z^{-d_{nm}+d_n} \end{bmatrix}.$$

Note que nesse modelo haverá pelo menos um elemento sem atraso em cada linha. Logo:

$$\mathbf{P}(z) = \mathbf{L}(z)\mathbf{G}(z),$$

e denominaremos $G_{l,i}(z)$ o elemento $l,i$ da matriz $\mathbf{G}(z)$. Como visto no Capítulo 3, a predição de cada saída é calculada de forma independente, considerando apenas todas as entradas que a afetam. Assim, para uma dada saída $l$ podemos considerar as predições calculadas em duas etapas, de $k + 1$ até $k + d_l$, usando o procedimento do PSF, e de $k + d_l + 1$ em diante usando o procedimento normal do GPC. Dessa forma, considerando um filtro $F_{e,l}(z)$ por saída, o cálculo das predições usando o PSF, no plano transformado, pode ser feito empregando:

$$\begin{aligned} Y_{p,l}(z) =& F_{e,l}(z)Y_l(z) \\ &+ \left[G_{l,1}U_1(z) + G_{l,2}U_2(z) + \ldots + G_{l,m}U_m(z)\right](1 - z^{-d_l}F_{e,l}(z)), \\ Y_{p,l}(z) =& F_{e,l}(z)Y_l(z) \\ &+ \left[P_{l,1}U_1(z) + P_{l,2}U_2(z) + \ldots + P_{l,m}U_m(z)\right](z^{d_l} - F_{e,l}(z)), \end{aligned}$$

que pode ser escrito como:

$$Y_{p,l}(z) = F_{e,l}(z)Y_l(z) + S_{l,1}U_1(z) + S_{l,2}U_2(z) + \ldots + S_{l,m}U_m(z),$$

com

$$S_{l,i}(z) = (z^{d_l} - F_{e,l}(z))P_{l,i}(z) \tag{6.39}$$

e $i = 1 \ldots m$.

O que muda em relação ao caso SISO é que o filtro usado no preditor deve ser capaz de estabilizar a predição $y_{p,l}(k)$, que neste caso depende das ações de controle $u_i$ de $i = 1$ até $i = m$, isto é, todas as $S_{l,i}(z)$ precisam ser estáveis.

O ajuste do filtro é feito da mesma forma que no caso SISO, mas, agora, precisamos eliminar todos polos indesejados de todos modelos associados a uma saída. Assim, o filtro do erro de predição da saída $l$ deverá ter ganho estático unitário e graus de liberdade suficientes para que:

$$\left.\frac{d^p(z^{d_n} - F_{e,l}(z))}{dz^p}\right|_{z=z_i} = 0,\ \forall z_i,\ \forall p = 0, 1, \ldots, M_i - 1, \tag{6.40}$$

com $M_i$ a máxima multiplicidade do polo indesejado $z_i$ dos modelos $P_{l,i}$, com $i = 1, \ldots m$. Observe que esta multiplicidade é a máxima entre todas as funções de transferência consideradas, e não a quantidade de vezes que o polo aparece em todas as $P_{l,i}$. Por exemplo, se o polo aparece com multiplicidade 1 em todas as $P_{l,i}$, $M_i = 1$. O procedimento matemático para a obtenção de $F_{e,l}(z)$ é o mesmo do caso SISO: é necessário montar um sistema de equações que permita achar os coeficientes do numerador do filtro, considerando o denominador como um parâmetro que permite ajustar a resposta às perturbações e a robustez. Devemos ainda lembrar que, como no caso SISO, os cálculos e arredondamentos devem garantir a estabilidade das funções de transferência $S_{l,i}(z)$ e que todas tenham ganho estático nulo.

Finalmente, uma vez calculados os filtros por saída, o filtro MIMO a ser usado no DTC-GPC-MIMO será diagonal (de dimensão $n$), com elementos $F_{e,l}(z)$, de $l = 1$ a $l = n$:

$$\mathbf{F}_e(z) = \begin{bmatrix} F_{e,1}(z) & & \\ & \ddots & \\ & & F_{e,n}(z) \end{bmatrix}.$$

Vamos apresentar, na sequência, um exemplo do cálculo do filtro e da estrutura para obter as predições até o atraso em um sistema MIMO $2 \times 2$.

**Exemplo 6.11**

Considere o sistema de tempo discreto representado por:

$$\mathbf{P}(z) = \begin{bmatrix} \frac{0,7}{z-1}z^{-3} & \frac{0,1}{z-0,95}z^{-5} \\ \frac{0,3}{z-0,9}z^{-4} & \frac{0,4}{z-0,95}z^{-2} \end{bmatrix}, \tag{6.41}$$

que tem atrasos mínimos por saída dados por $d_1 = 3$ e $d_2 = 2$. Para termos uma resposta mais rápida na rejeição de perturbações e um preditor estável, é necessário eliminar os modos integradores e lentos. O polo integrador é dado por $z = 1$ e foi assumido neste exemplo que se deseja ter uma resposta de rejeição de perturbação com dinâmica mais rápida que a definida pelo polo em $z = 0,95$. Dessa forma, os polos em $z = 1$ e $z = 0{,}95$ do modelo da planta devem ser eliminados das funções de transferência $S_{l,i}(z)$ por meio do projeto de $\mathbf{F}_e(z)$. Devemos, então, calcular dois filtros de erro de predição, $F_{e,1}(z)$ e $F_{e,2}(z)$, um para cada saída. Para a saída 1, veja que o sistema tem um polo integrador e um polo em 0,95, então o filtro $F_{e,1}(z)$ precisa ser projetado para eliminar esses dois polos e ter ganho estático unitário, o que é obtido com as condições:

$$z^3 - F_{e,1}(z)\Big|_{z=0{,}95} = 0,$$

$$\left.\frac{d[z^3 - F_{e,1}(z)]}{dz}\right|_{z=1} = 0,$$

$$F_{e,1}(1) = 1.$$

Já para a saída 2, é necessário apenas cancelar o polo em 0,95, além de garantir o ganho estático unitário, fazendo com que as condições a serem satisfeitas sejam:

$$z^2 - F_{e,2}(z)\Big|_{z=0{,}95} = 0,$$

$$F_{e,2}(1) = 0.$$

Podemos observar que precisamos de três parâmetros de ajuste no filtro $F_{e,1}(z)$ e dois parâmetros no filtro $F_{e,2}(z)$. Assim, escolhemos $F_{e,1}(z)$ de segunda ordem e $F_{e,2}(z)$ de primeira ordem:

$$F_{e,1} = \frac{a_1 z^2 + b_1 z + c_1}{(z - z_1)^2},$$

$$F_{e,2} = \frac{a_2 z + b_2}{(z - z_2)},$$

com $z_1$ e $z_2$ sendo parâmetros de ajuste da velocidade de resposta para perturbações.

Os parâmetros $a_1$, $b_1$ e $c_1$ são calculados resolvendo as equações:

$$\frac{a_1(0{,}95)^2 + b_1(0{,}95) + c_1}{(0{,}95 - z_1)^2} = (0{,}95)^3,$$

$$2a_1 + b_1 = 3(1 - z_1)^2 + 2(1 - z_1),$$

$$\frac{a_1 + b_1 + c_1}{(1 - z_1)^2} = 1,$$

e $a_2$ e $b_2$ com:

$$\frac{a_2(0{,}95) + b_2}{(0{,}95 - z_2)} = (0{,}95)^2,$$

$$\frac{a_2 + b_2}{(1 - z_2)} = 1.$$

Veja que os parâmetros dos filtros podem ser encontrados por meio da solução dos seguintes sistemas de equações lineares:

$$\begin{bmatrix} 0{,}95^2 & 0{,}95 & 1 \\ 2 & 1 & 0 \\ 1 & 1 & 1 \end{bmatrix} \begin{bmatrix} a_1 \\ b_1 \\ c_1 \end{bmatrix} = \begin{bmatrix} (0{,}95 - z_1)(0{,}95)^2 \\ 3(1 - z_1)^2 + 2(1 - z_1) \\ (1 - z_1)^2 \end{bmatrix},$$

$$\begin{bmatrix} 0{,}95 & 1 \\ 1 & 1 \end{bmatrix} \begin{bmatrix} a_2 \\ b_2 \end{bmatrix} = \begin{bmatrix} (0{,}95 - z_2)(0{,}95)^2 \\ (1 - z_2) \end{bmatrix}.$$

Neste caso, para o preditor, calculamos $S_{l,i}(z)$, a partir de (6.39), como:

$$S_{1,1} = \frac{0{,}7z^{-3}}{z - 1} \frac{z^3(z - z_1)^2 - (a_1 z^2 + b_1 z + c_1)}{(z - z_1)^2} = \frac{(z - 1)N_{s,1,1}(z)}{(z - z_1)^2},$$

$$S_{1,2} = \frac{0{,}1z^{-5}}{z - 0{,}95} \frac{z^3(z - z_1)^2 - (a_1 z^2 + b_1 z + c_1)}{(z - z_1)^2} = \frac{(z - 1)N_{s,1,2}(z)}{(z - z_1)^2},$$

$$S_{2,1} = \frac{0{,}3z^{-4}}{z - 0{,}9} \frac{z^2(z - z_1) - (a_2 z + b_2)}{(z - z_2)} = \frac{(z - 1)N_{s,2,1}(z)}{(z - 0{,}9)(z - z_2)},$$

$$S_{2,2} = \frac{0{,}4z^{-2}}{z - 0{,}95} \frac{z^2(z - z_1) - (a_2 z + b_2)}{(z - z_2)} = \frac{(z - 1)N_{s,2,2}(z)}{(z - z_2)},$$

sendo $N_{s,l,i}(z)$ os polinômios resultantes da redução dos $S_{l,i}(z)$ ao cancelar as raízes em $z = 1$ e/ou em $z = 0{,}95$. Observe que colocamos em evidência um fator $z - 1$ no numerador dos $S_{l,i}(z)$ para mostrar que todos têm ganho estático nulo. Com os $S_{l,i}(z)$ e $F_{e,l}(z)$, as predições são calculadas usando as equações recursivas correspondentes. Teremos uma resposta diferente do sistema para cada escolha de $z_1$ e $z_2$, sendo que para valores destes polos mais próximos de 1 a resposta será mais lenta e mais robusta. O Exercício 5 da lista explora este caso.

## 6.3 DMC PARA SISTEMAS COM ATRASO

Assim como no caso do GPC, para o DMC também foi mostrado como obter o controlador equivalente no caso sem restrições (Volume 1 desta obra). Vamos mostrar aqui que, quando o sistema possui atraso de transporte, o DMC também define implicitamente uma estrutura preditora do tipo PSF. Além disso, vamos mostrar que o filtro do erro de predição do DMC não é igual ao do GPC, o que justifica as diferenças no desempenho e na robustez entre os algoritmos.

Para apresentar o estudo de uma forma didaticamente mais clara, vamos, inicialmente, encontrar o DTC equivalente do DMC sem restrições para o caso estável. Posteriormente, estenderemos o estudo para o DMC filtrado e, finalmente, para o GDMC, de forma tal a poder aplicar as ideias também a processos integradores e instáveis.

### 6.3.1 DMC como um DTC: plantas estáveis

Lembremos que as predições do DMC SISO são calculadas com:

$$\hat{y}(k+j \mid k) = \sum_{i=1}^{j} g_i \Delta u(k+j-i) + \sum_{i=j+1}^{\infty} g_i \Delta u(k+j-i) + \hat{\eta}(k \mid k). \tag{6.42}$$

Vamos, inicialmente, obter as predições após $k + d$, ou seja, após o atraso do processo, em função da predição em $k + d$, assim como foi feito para o GPC. Para isso, a partir de (6.42), temos:

$$\hat{y}(k+d+j \mid k) = \sum_{i=1}^{j} g_i \Delta u(k+d+j-i) + \sum_{i=j+1}^{\infty} g_i \Delta u(k+d+j-i) + \hat{\eta}(k \mid k), \tag{6.43}$$

mas como $g_i = 0$ para $i \leq d$, por causa do efeito do atraso, é possível reescrever (6.43) da seguinte maneira:

$$\hat{y}(k+d+j \mid k) = \sum_{i=1}^{j} g_{d+i} \Delta u(k+j-i) + \sum_{i=1}^{\infty} g_{d+j+i} \Delta u(k-i) + \hat{\eta}(k \mid k). \tag{6.44}$$

Agora, utilizando (6.44) com $j = 0$, obtemos a predição da saída em $k + d$:

$$\hat{y}(k+d \mid k) = \sum_{i=1}^{\infty} g_{d+i} \Delta u(k-i) + \hat{\eta}(k \mid k). \tag{6.45}$$

Note que $\hat{y}(k+d \mid k)$ só depende de termos passados da entrada devido ao atraso. Rearranjando (6.45), obtemos:

$$\hat{\eta}(k \mid k) = \hat{y}(k+d \mid k) - \sum_{i=1}^{\infty} g_{d+i}\Delta u(k-i). \tag{6.46}$$

Substituindo (6.46) em (6.44),

$$\begin{aligned}
\hat{y}(k+d+j \mid k) &= \sum_{i=1}^{j} g_{d+i}\Delta u(k+j-i) + \sum_{i=1}^{\infty} g_{d+j+i}\Delta u(k-i) \\
&\quad + \hat{y}(k+d \mid k) - \sum_{i=1}^{\infty} g_{d+i}\Delta u(k-i), \\
\hat{y}(k+d+j \mid k) &= \sum_{i=1}^{j} g_{d+i}\Delta u(k+j-i) \\
&\quad + \sum_{i=1}^{\infty} (g_{d+j+i} - g_{d+i})\Delta u(k-i) + \hat{y}(k+d \mid k),
\end{aligned} \tag{6.47}$$

sendo que o termo com o somatório infinito pode ser truncado, pois $g_{d+j+i} - g_{d+i} \approx 0,\ \forall i \geq N_{ss}$. Por fim, obtemos as predições para $k+d+j$ em função da predição em $k+d$:

$$\begin{aligned}
\hat{y}(k+d+j \mid k) &= \sum_{i=1}^{j} g_{d+i}\Delta u(k+j-i) \\
&\quad + \sum_{i=1}^{N_{ss}} (g_{d+j+i} - g_{d+i})\Delta u(k-i) + \hat{y}(k+d \mid k).
\end{aligned} \tag{6.48}$$

A partir de (6.48), e considerando $N_1 = d+1$ e $N_2 = d+N$, o vetor de predições futuras é dado por

$$\hat{\mathbf{y}} = \mathbf{G}\Delta\mathbf{u} + \mathbf{f},$$

com $\mathbf{f} = \mathbf{H}\underleftarrow{\Delta\mathbf{u}} + \mathbf{1}\hat{y}(k+d \mid k)$ e

$$\hat{\mathbf{y}} = \begin{bmatrix} \hat{y}(k+d+1 \mid k) \\ \hat{y}(k+d+2 \mid k) \\ \vdots \\ \hat{y}(k+d+N \mid k) \end{bmatrix}, \quad \mathbf{G} = \begin{bmatrix} g_{d+1} & 0 & \cdots & 0 \\ g_{d+2} & g_{d+1} & \cdots & 0 \\ \vdots & \vdots & \vdots & \vdots \\ g_{d+N} & g_{d+N-1} & \cdots & g_{d+N-N_u+1} \end{bmatrix},$$

$$\Delta \mathbf{u} = \begin{bmatrix} \Delta u(k) \\ \Delta u(k+1) \\ \vdots \\ \Delta u(k+N_u-1) \end{bmatrix}, \quad \mathbf{f} = \begin{bmatrix} f(k+d+1 \mid k) \\ f(k+d+2 \mid k) \\ \vdots \\ f(k+d+N \mid k) \end{bmatrix},$$

$$\mathbf{H} = \begin{bmatrix} h_{1,1} & h_{1,2} & \cdots & h_{1,N_{ss}-1} & h_{1,N_{ss}} \\ h_{2,1} & h_{2,2} & \cdots & h_{2,N_{ss}-1} & h_{2,N_{ss}} \\ \vdots & \vdots & \ddots & \vdots & \vdots \\ h_{N_2,1} & h_{N_2,2} & \cdots & h_{N_2,N_{ss}-1} & h_{N_2,N_{ss}} \end{bmatrix}, \quad \underset{\longleftarrow}{\Delta \mathbf{u}} = \begin{bmatrix} \Delta u(k-1) \\ \Delta u(k-2) \\ \vdots \\ \Delta u(k-N_{ss}) \end{bmatrix},$$

com

$$h_{j,i} = g_{d+j+i} - g_{d+i}, \; j+i \leq N_{ss},$$
$$h_{j,i} = g_{N_{ss}} - g_{d+i}, \; j+i > N_{ss},$$

e $\mathbf{1} \in \mathbb{R}^N$ sendo um vetor formado por elementos iguais a 1.

Minimizando a função custo e assumindo referências futuras desconhecidas, de forma similar ao feito com o GPC, obtemos a lei de controle:

$$\Delta u(k) = \mathbf{K}_1 \left( \mathbf{1}(r(k) - \hat{y}(k+d \mid k)) - \mathbf{H} \underset{\longleftarrow}{\Delta \mathbf{u}} \right),$$

com

$$\mathbf{K}_1 = \begin{bmatrix} k_1 & k_2 & \ldots & k_N \end{bmatrix},$$

que resulta no seguinte controlador primário $C(z)$ após a aplicação da transformada Z:

$$C(z) = \frac{U(z)}{E_s(z)} = \frac{f_0}{\Delta \left[ 1 + \sum_{j=1}^{N_{ss}} b_j z^{-j} \right]}, \tag{6.49}$$

onde

$$b_j = \sum_{i=1}^{N} k_i (g_{d+i+j} - g_{d+j}), \quad f_0 = \sum_{i=1}^{N} k_i. \tag{6.50}$$

Note que o erro de seguimento é dado por $e_s(k) = r(k) - \hat{y}(k+d \mid k)$. Veja que chegamos novamente a uma forma de controle equivalente que é similar àquela encontrada para o GPC na Seção 6.2.

Vamos mostrar, agora, que a estrutura preditora utilizada internamente pelo DMC é equivalente à estrutura do PSF. A partir de (6.45) e da definição de $\hat{\eta}(k \mid k)$,

$$\begin{aligned}\hat{y}(k+d \mid k) &= \sum_{i=1}^{\infty} g_{d+i}\Delta u(k-i) + \hat{\eta}(k \mid k) \\ &= \sum_{i=1}^{\infty} g_{d+i}\Delta u(k-i) + \left(y(k) - \sum_{i=1}^{\infty} g_i \Delta u(k-i)\right), \qquad (6.51)\end{aligned}$$

e note que

$$\begin{aligned}\hat{y}_o(k+d \mid k) &= \sum_{i=1}^{\infty} g_{d+i}\Delta u(k-i) = \sum_{i=1}^{\infty}(g_{d+i} - g_{d+i-1})u(k-i) \\ &\approx \sum_{i=1}^{N_{ss}}(g_{d+i} - g_{d+i-1})u(k-i)\end{aligned}$$

é a predição de malha aberta em $k+d$. Aplicando a transformada Z nesta expressão, obtemos

$$G(z) = \sum_{i=1}^{N_{ss}}(g_{d+i} - g_{d+i-1})z^{-i},$$

ou seja, uma representação em função de transferência da dinâmica nominal sem atraso do sistema. Além disso,

$$\begin{aligned}\hat{y}_o(k \mid k) &= \sum_{i=1}^{\infty} g_i\Delta u(k-i) = \sum_{i=1}^{\infty}(g_i - g_{i-1})u(k-i) \\ &\approx \sum_{i=1}^{N_{ss}}(g_i - g_{i-1})u(k-i)\end{aligned}$$

é a predição de malha aberta em $k$. Aplicando novamente a transformada Z na equação anterior, obtemos:

$$\hat{Y}_o(z) = \sum_{i=1}^{N_{ss}}(g_i - g_{i-1})z^{-i}U(z),$$

que pode ser escrita como:

$$\hat{Y}_o(z) = P(z)U(z),$$

sendo:

$$P(z) = \sum_{i=1}^{N_{ss}}(g_i - g_{i-1})z^{-i},$$

que nada mais é do que a representação em função de transferência do sistema. Ainda, podemos ver que $P(z) = G(z)z^{-d}$, simplesmente comparando as expressões de $P(z)$ e $G(z)$ obtidas e lembrando que ao atrasar o modelo da resposta ao degrau, deslocamos os coeficientes em $d$ posições.

Utilizando a transformada Z em (6.51) e as definições de $P(z)$ e $G(z)$, o preditor definido implicitamente pelo DMC filtrado é dado por:

$$\hat{Y}_d(z) = G(z)U(z) + (Y(z) - z^{-d}G(z)U(z)) \tag{6.52}$$

$$= G(z)(1 - z^{-d})U(z) + Y(z), \tag{6.53}$$

que é igual à equação de predição do PS. Assim, todas as propriedades do PS podem ser estendidas ao DMC, como a de ter uma resposta às perturbações sempre mais lenta que a de malha aberta, além da conhecida limitação para uso com plantas instáveis.

Esta análise permite concluir que, se utilizarmos um filtro no erro de predição do DMC, dado por $F_e(z)$, temos os mesmos efeitos do filtro do erro de predição da estrutura PSF, ou seja, as considerações de rejeição de perturbação e robustez apresentadas na Seção 6.1 passam a ser também válidas para o DMC.

### 6.3.2 DMC filtrado: plantas estáveis

A proposta do algoritmo DMC filtrado, apresentado no Volume 1 desta obra, consiste em usar um erro de predição filtrado:

$$\hat{\eta}_f(k \mid k) = F_e(z)\left(y(k) - \hat{y}_o(k \mid k)\right)$$

no lugar do erro de predição tradicional do DMC, sendo $F_{e,l}(z)$ o filtro do erro de predição da saída $l$, que deve ser estável, com ganho unitário e projetado adequadamente (LIMA et al., 2014). Lembre-se que, para plantas estáveis, a modificação discutida nesta seção permite adicionar um grau de liberdade no DMC para poder melhorar a resposta às perturbações não medidas e, também, ajustar a robustez do controlador sem modificar a resposta nominal para mudanças de referência.

Neste controlador, as predições futuras passam a ser dadas por:

$$\hat{y}(k + j \mid k) = \sum_{i=1}^{j} g_i \Delta u(k + j - i) + \sum_{i=j+1}^{\infty} g_i \Delta u(k + j - i) + \hat{\eta}_f(k \mid k), \tag{6.54}$$

com $\hat{\eta}_f(k \mid k)$ no lugar de $\hat{\eta}(k \mid k)$.

Vamos mostrar, agora, que essa modificação transforma a estrutura preditora implícita do DMC em um PSF. Para isso, basta considerar a equação da predição em $k + d$:

$$
\begin{aligned}
\hat{y}(k+d \mid k) &= \sum_{i=1}^{\infty} g_{d+i}\Delta u(k-i) + \hat{\eta}_f(k \mid k) \\
&= \sum_{i=1}^{\infty} g_{d+i}\Delta u(k-i) + F_e(z)\left( y(k) - \sum_{i=1}^{\infty} g_i \Delta u(k-i) \right),
\end{aligned} \tag{6.55}
$$

que, para plantas estáveis, pode ser escrita como:

$$
\begin{aligned}
\hat{y}(k+d \mid k) = &\sum_{i=1}^{N_{ss}} (g_{d+i} - g_{d+i-1}) u(k-i) \\
&+ F_e(z) y(k) - F_e(z) \sum_{i=1}^{N_{ss}} (g_i - g_{i-1}) u(k-i).
\end{aligned} \tag{6.56}
$$

Aplicando a transformada Z e usando as definições:

$$
G(z) = \sum_{i=1}^{N_{ss}} (g_{d+i} - g_{d+i-1}) z^{-i}, \qquad P(z) = \sum_{i=1}^{N_{ss}} (g_i - g_{i-1}) z^{-i},
$$

obtemos:

$$
\begin{aligned}
\hat{Y}_d(z) =& G(z)U(z) + F_e(z)(Y(z) - P(z)U(z)) \\
=& P(z)(z^d - F_e(z))U(z) + F_e(z)Y(z) \\
=& S_e(z)U(z) + F_e(z)Y(z),
\end{aligned} \tag{6.57}
$$

que é exatamente a estrutura do PSF, e que também pode ser colocada como:

$$
\hat{Y}_d(z) = G(z)(1 - z^{-d} F_e(z))U(z) + F_e(z)Y(z),
$$

dado que $P(z) = G(z)z^{-d}$.

Assim, podemos usar o filtro $F_e(z)$ para conferir melhores propriedades ao DMC, de forma análoga ao que o PSF faz em relação ao PS, ou seja, podemos melhorar a rejeição de perturbações ou a robustez. Além disso, não é necessário nenhuma alteração no algoritmo DMC já tratado, exceto o cálculo de $\hat{\eta}_f$, mas essa alteração é trivial, especialmente no DMC recursivo, como tratado na Seção 3.2.4. Dessa forma, para as plantas estáveis aqui consideradas, podemos usar o filtro para acelerar a resposta às perturbações ou melhorar a robustez. A ideia do ajuste do filtro segue o mesmo procedimento do GPC: é necessário fazer com que o termo $(z^d - F_e(z))$ seja ajustado para cancelar as dinâmicas lentas de $P(z)$ quando se deseja acelerar a resposta às perturbações. Se os polos dominantes de $P(z)$ são calculados, o método usado no DTC-GPC pode ser usado aqui diretamente, escolhendo graus de liberdade suficientes no filtro $F_e(z)$ e mantendo seu ganho estático unitário. Os polos do filtro são usados para definir o tempo de resposta às perturbações, conjuntamente com os polos de $P(z)$ não cancelados. Por outro lado, assim como no DTC-GPC, para aumentar a robustez, é necessário usar filtros com característica mais passa-baixas, que tendem a deixar as respostas mais lentas.

Apresentamos, na sequência, um exemplo de ajuste do filtro para ilustrar essas ideias.

**Exemplo 6.12**

Aqui, utilizaremos novamente o sistema trocador de calor do Exemplo 6.5, com modelo $P_n(z) = \frac{0{,}1}{z-0{,}9}z^{-10}$. Um DMC, ajustado com $N_{ss} = 80$, $N_1 = 11$, $N_2 = 25$, $N_u = 5$ e $\lambda = 1$, foi projetado para controlar a temperatura e foram simuladas variações da temperatura de referência do tipo degrau, assim como perturbações do tipo degrau na temperatura externa.

Além disso, foi projetado um segundo DMC com a mesma sintonia, exceto que, agora, utilizamos um filtro do erro de predição para eliminar o efeito do polo de malha aberta na resposta às perturbações. O filtro, neste caso, deve verificar duas condições:

$$F_e(1) = 1,$$

$$z^{10} - F_e(z)\Big|_{z=0{,}9} = 0.$$

Para isso, é suficiente utilizar um filtro com dois parâmetros livres. Neste caso, propomos um filtro de primeira ordem na forma:

$$F_e(z) = \frac{a_{f,0}z - a_{f,1}}{z},$$

e a partir das duas condições estabelecidas chegamos ao seguinte filtro do erro de predição:

$$F_e(z) = \frac{7{,}0092(z - 0{,}8573)}{z}.$$

Dessa forma, como eliminamos o efeito do polo de malha aberta do sistema na resposta da perturbação e usamos um polo em $z = 0$ no filtro, obtemos uma rejeição de perturbações muito mais rápida que a de malha aberta (em detrimento da robustez).

Os resultados da simulação deste DMC no trocador de calor podem ser vistos na Figura 6.24, considerando uma mudança de referência em $t = 4\,\text{min}$ de valor 1 e uma perturbação de temperatura $T_e$ de valor 0,5 em $t = 15\,\text{min}$. Veja que a resposta para a referência é idêntica para ambas as sintonias, mas a rejeição da perturbação com o DMC com o filtro do erro de predição é mais rápida.

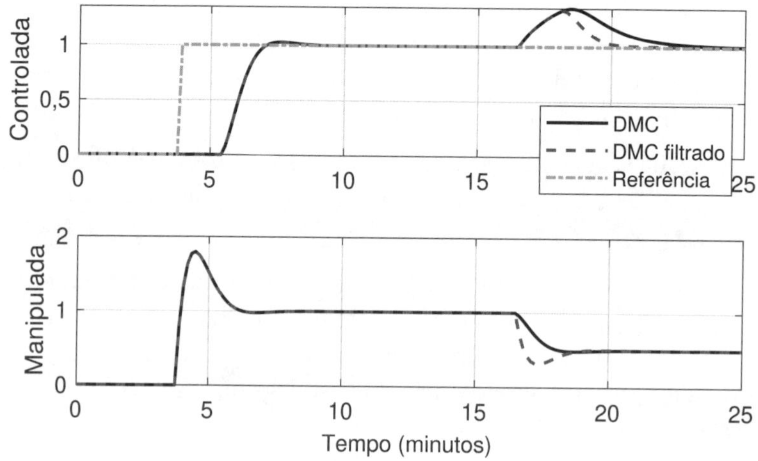


**Figura 6.24** Exemplo 6.12 – Comparação das respostas do DMC com e sem filtro do erro de predição.

Note que as condições para o projeto do filtro do erro de predição $F_e(z)$ são as mesmas apresentadas anteriormente para o GPC e para o PSF. No entanto, veja que o ajuste depende da existência da função de transferência de malha aberta do sistema para que os polos indesejados a serem eliminados da dinâmica de malha fechada da perturbação possam ser determinados. No caso do DMC, muitas vezes não temos a função de transferência do modelo (temos unicamente a resposta ao degrau do mesmo). Essa ausência inviabiliza a aplicação direta das condições apresentadas anteriormente nesta seção, já que esse tipo de modelo é do tipo resposta ao impulso finita (FIR, do inglês *Finite Impulse Response*), que não tem polos definindo a dinâmica do processo. Neste caso, é necessário obter uma aproximação por função de transferência da resposta ao degrau e, daí sim, aplicar as regras para o ajuste do filtro do erro de predição.

Caso se deseje apenas usar os dados do modelo de resposta ao degrau (sem necessidade de cálculo da função de transferência e dos polos do modelo), é possível usar um método numérico, por exemplo, o de mínimos quadrados, para ajustar os coeficientes do filtro $F_e(z)$ para que os coeficientes da resposta impulsiva de $S_e(z)$ convirjam a zero no tempo de resposta desejado, como comentado no estudo do GDMC apresentado no Volume 1. Note que, como a dinâmica de $S_e(z)$, que depende de $F_e(z)$, é sempre mais lenta que a de $F_e(z)$, $S_e(z)$ é que determina a velocidade com que $\hat{Y}_d(z)$ converge para $Y(z)$. Se os coeficientes $s_{e,i}$ da resposta impulsiva de $S_e(z)$ são quase nulos para $i > N_i$, isso implica que o tempo de convergência de $\hat{Y}_d(z)$ para $Y(z)$ será aproximadamente de

$N_i$ amostras. Como os coeficientes $s_{e,i}$ podem ser colocados em função dos parâmetros do filtro, um conjunto de equações pode ser resolvido para o ajuste dele.

### 6.3.3 DMC Filtrado MIMO: plantas estáveis

Como o DMC implicitamente já define um PSF, não é necessário fazer alterações significativas no algoritmo em relação ao que foi apresentado na Seção 3.2 para o DMC MIMO. O principal aspecto que deve ser considerado é o atraso mínimo (ou atraso efetivo) por saída na sintonia de cada um dos filtros $F_{e,l}(z)$. Além disso, os filtros devem ser projetados para cancelar os polos indesejados das funções de transferência de cada saída $y_l$, de forma análoga ao apresentado na Seção 6.2.4. Assim, a ordem do filtro pode aumentar, mas basta projetar um filtro por saída. Vamos ilustrar o procedimento de ajuste com um exemplo.

**Exemplo 6.13**

Considere o problema do estudo de caso de uma coluna de destilação água-metanol apresentado na Seção 3.4.1, lembrando que, próximo do ponto de operação, o comportamento dinâmico incremental é dado por:

$$\mathbf{P}(s) = \begin{bmatrix} \dfrac{12{,}8e^{-s}}{16{,}7s+1} & \dfrac{-18{,}9e^{-3s}}{21s+1} \\ \\ \dfrac{6{,}6e^{-7s}}{10{,}9s+1} & \dfrac{-19{,}4e^{-3s}}{14{,}4s+1} \end{bmatrix}, \quad \mathbf{P}_q(s) = \begin{bmatrix} \dfrac{3{,}8e^{-8s}}{14{,}9s+1} \\ \\ \dfrac{4{,}9e^{-4s}}{13{,}2s+1} \end{bmatrix},$$

com $\mathbf{Y}(s) = \mathbf{P}(s)\mathbf{U} + \mathbf{P}_q(s)Q(s)$, $\mathbf{y} = [y_1 \;\; y_2]^T$ e $\mathbf{u} = [u_1 \;\; u_2]^T$. Neste processo, a vazão de refluxo ($u_1$) e a vazão de vapor no refervedor ($u_2$) são manipuladas para controlar as concentrações de metanol no topo ($y_1$) e na base ($y_2$) da coluna.

Para este processo, vamos utilizar um DMC MIMO com e sem ajuste do filtro do erro de predição $F_e(z)$, supondo também $q(k)$ não mensurável. Para efeitos de simulação, vamos considerar o modelo de matriz de transferência como se fosse o processo real. O cenário de simulação considera um tempo total de simulação de 80 segundos, sendo que, em $t = 10$ s, aplica-se uma perturbação tipo degrau de amplitude $-0{,}2$ em $q$. A resposta para mudanças de referência será omitida, pois o filtro do erro de predição não tem efeito sobre ela no caso nominal, como visto na Seção 3.4.1. A sintonia é dada por: $T_s = 1{,}0$ s, $N_{ss,l,p} = N_{ss,q,l,p} = 100$, $\forall\, l,p$, $N_{1,1} = 2$, $N_{1,2} = 3$, $N_{2,1} = 40$, $N_{2,2} = 30$ e $N_{u,1} = N_{u,2} = 5$. Já as ponderações são normalizadas pelos horizontes e são dadas por $\delta_l = \frac{1}{N_l}$, $\lambda_p = \frac{1}{N_{u,p}}$, $\forall\, l,p$.

A título de exemplo, usaremos a estrutura do filtro do erro de predição a seguir:

$$F_{e,l} = \frac{az + b}{z}.$$

Veja que o polo do filtro está em 0, tornando o filtro bastante agressivo, o que geraria problemas com robustez. Porém, aqui, estamos preocupados apenas com a rejeição de perturbações no caso nominal. Os polos indesejados são os presentes em $\mathbf{P}_q(s)$. Após a discretização, temos:

$$z_1 = e^{-1/14,9} \approx 0,9351, \qquad z_2 = e^{-1/13,2} \approx 0,9270.$$

Assim, sabendo que os atrasos mínimos discretos são 1 e 3 para as saídas 1 e 2, respectivamente, as condições que o filtro do erro de predição precisa satisfazer são:

$$\begin{aligned} F_{e,1}(1) &= 1, & z^1 - F_{e,1}(z)\Big|_{z=z_1} &= 0, \\ F_{e,2}(1) &= 1, & z^3 - F_{e,2}(z)\Big|_{z=z_2} &= 0, \end{aligned}$$

o que resulta no seguinte filtro:

$$\mathbf{F}_e(z) = \begin{bmatrix} \frac{1,935z-0,9351}{z} & 0 \\ 0 & \frac{3,583z-2,583}{z} \end{bmatrix}.$$

Os resultados para o cenário de rejeição de perturbações proposto podem ser vistos na Figura 6.25. Veja que no caso em que $\mathbf{F}_e(z) = \mathbf{I}$, ou seja, sem filtro do erro de predição, a resposta é lenta para a rejeição de perturbações, pois os polos de $\mathbf{P}_\mathrm{q}(s)$ aparecem na resposta de malha fechada. Já com $\mathbf{F}_e(z)$ ajustado adequadamente, a rejeição é mais rápida, como já discutido nos vários exemplos mostrados até aqui.

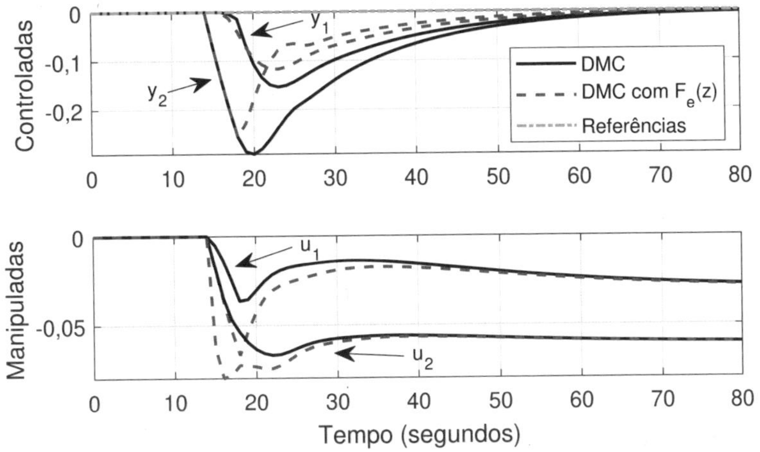


**Figura 6.25** Exemplo 6.13 – Resposta e sinal de controle em malha fechada para rejeição de perturbações para o DMC com e sem filtro do erro de predição $\mathbf{F}_e(z)$.

### 6.3.4 GDMC: plantas integradoras e instáveis

O procedimento utilizado para obter o controlador DMC (ou DMC filtrado) no formato PSF não pode ser utilizado para o GDMC, por conta da maneira como os valores dos erros de predição de $\hat{\eta}$ são calculados. No entanto, o procedimento utilizado para obter o controlador equivalente do GDMC apresentado no Volume 1 é suficiente para interpretar o GDMC por meio do PSF.

Primeiramente, lembre-se que a resposta livre com o filtro do erro de predição foi inicialmente definida da seguinte forma para o GDMC:

$$f(k+j \mid k) = \sum_{i=1}^{\infty} g_{j+i}\Delta u(k-i) + \hat{\eta}_f(k+j \mid k),$$

com

$$\hat{\eta}_f(k+j \mid k) = F_{e,j}(z)\hat{\eta}(k \mid k) = F_{e,j}(z)\left(y(k) - \hat{y}_o(k \mid k)\right).$$

Rearranjando a equação da resposta livre e calculando as predições apenas depois do atraso, chegamos a:

$$f(k+d+j \mid k) = \sum_{i=1}^{\infty} g_{d+j+i}\Delta u(k-i) + F_{e,d+j}(z)y(k) - F_{e,d+j}(z)\sum_{i=1}^{\infty} g_i\Delta u(k-i).$$

Utilizando $z^{-1}$ como um operador de atraso, podemos reescrever a resposta livre como:

$$f(k+d+j \mid k) = \sum_{i=j+1}^{\infty} g_{d+i} z^{j-i} \Delta u(k) + F_{e,d+j}(z) y(k) - F_{e,d+j}(z) \sum_{i=1}^{\infty} g_i z^{-i} \Delta u(k). \tag{6.58}$$

Agora, note que o primeiro termo do lado direito depende dos coeficientes $g_i$ do modelo a partir de $j+1$. Vamos adicionar novos termos à equação (6.58) de tal forma que o somatório do primeiro termo inicie em $i = 1$:

$$f(k+d+j \mid k) = \sum_{i=j+1}^{\infty} g_{d+i} z^{j-i} \Delta u(k) + F_{e,d+j}(z) y(k) - F_{e,d+j}(z) \sum_{i=1}^{\infty} g_i z^{-i} \Delta u(k) + \sum_{i=1}^{j} g_{d+i} z^{j-i} \Delta u(k) - \sum_{i=1}^{j} g_{d+i} z^{j-i} \Delta u(k).$$

Rearranjando os termos, chegamos a:

$$f(k+d+j \mid k) = \sum_{i=1}^{\infty} g_{d+i} z^{j-i} \Delta u(k) + F_{e,d+j}(z) y(k) - F_{e,d+j}(z) \sum_{i=1}^{\infty} g_i z^{-i} \Delta u(k) - \sum_{i=1}^{j} g_{d+i} z^{j-i} \Delta u(k). \tag{6.59}$$

O modelo nominal pode ser definido como:

$$P_n(z) = \sum_{i=1}^{\infty} g_i z^{-i} \Delta,$$

ou, então, dado que os coeficientes $g_i = 0, \forall i \leq d$,

$$P_n(z) = \sum_{i=1}^{\infty} g_{d+i} z^{-d-i} \Delta = z^{-d} \sum_{i=1}^{\infty} g_{d+i} z^{-i} \Delta = z^{-d} G_n(z),$$

sendo $G_n(z)$ o modelo sem atraso. Substituindo essas definições em (6.59):

$$f(k+d+j \mid k) = G_n(z)z^j u(k) + F_{e,d+j}(z)y(k) - F_{e,d+j}(z)P_n(z)u(k) - \sum_{i=1}^{j} g_{d+i}z^{j-i}\Delta u(k),$$

$$f(k+d+j \mid k) = G_n(z)\left(z^j - z^{-d}F_{e,d+j}(z)\right)u(k) + F_{e,d+j}(z)y(k) - \sum_{i=1}^{j} g_{d+i}z^{j-i}\Delta u(k).$$

Assim, a resposta livre de $d+1$ a $d+N$ pode ser escrita em forma vetorial como:

$$\mathbf{f} = \begin{bmatrix} G_n(z)\left(z^1 - z^{-d}F_{e,d+1}(z)\right)u(k) + F_{e,d+1}(z)y(k) - \sum_{i=1}^{1} g_{d+i}z^{1-i}\Delta u(k) \\ G_n(z)\left(z^2 - z^{-d}F_{e,d+2}(z)\right)u(k) + F_{e,d+2}(z)y(k) - \sum_{i=1}^{2} g_{d+i}z^{2-i}\Delta u(k) \\ \vdots \\ G_n(z)\left(z^N - z^{-d}F_{e,d+N}(z)\right)u(k) + F_{e,d+N}(z)y(k) - \sum_{i=1}^{N} g_{d+i}z^{N-i}\Delta u(k) \end{bmatrix}.$$

Substituindo na lei de controle $\Delta u(k) = \mathbf{K}_1(\mathbf{R} - \mathbf{f})$, obtemos:

$$\Delta u(k) = \sum_{i=1}^{N} k_i r(k) - G_n(z)\sum_{i=1}^{N} k_i\left(z^i - z^{-d}F_{e,d+i}(z)\right)u(k) - \sum_{i=1}^{N} k_i F_{e,d+i}(z)y(k) + \sum_{j=1}^{N} k_j\left(\sum_{i=1}^{j} g_{d+i}z^{j-i}\right)\Delta u(k),$$

e utilizando

$$f_0 = \sum_{i=1}^{N} k_i, \qquad F_{ke}(z) = \sum_{i=1}^{N} k_i F_{e,d+i}(z), \qquad \mathfrak{b}_j = k_j\left(\sum_{i=1}^{j} g_{d+i}z^{j-i}\right),$$

reescrevemos a lei de controle como:

$$\left(\Delta\left(1 - \sum_{j=1}^{N}\mathfrak{b}_j\right) + G_n(z)\left(\sum_{i=1}^{N} k_i z^i - z^{-d}F_{ke}(z)\right)\right)u(k) = f_0 r(k) - F_{ke}(z)y(k).$$

Finalmente, aplicando a transformada Z, obtemos o novo controlador e filtros de referência equivalentes:

$$U(z) = C_{eq}(z)\left(F_r(z)R(z) - Y(z)\right), \tag{6.60}$$

com $F_r(z) = f_0 F_{ke}^{-1}(z)$, e

$$C_{eq}(z) = \frac{F_{ke}(z)}{\Delta\left(1 - \sum_{j=1}^{N} \mathfrak{b}_j\right) + G_n(z)\left(\sum_{i=1}^{N} k_i z^i - z^{-d} F_{ke}(z)\right)}.$$

Podemos definir ainda

$$D_c(z) = \Delta\left(1 - \sum_{j=1}^{N} \mathfrak{b}_j\right), \qquad N_c(z) = \sum_{i=1}^{N} k_i z^i,$$

e rearranjar para obter a função de transferência do controlador equivalente:

$$C_{eq}(z) = \frac{F_{ke}(z)}{D_c(z) + G_n(z)N_c(z)\left(1 - z^{-d}\frac{F_{ke}(z)}{N_c(z)}\right)},$$

$$C_{eq}(z) = \frac{F_{ke}(z)\frac{N_c(z)}{N_c(z)}}{D_c(z)\left(1 + G_n(z)\frac{N_c(z)}{D_c(z)}\left(1 - z^{-d}\frac{F_{ke}(z)}{N_c(z)}\right)\right)},$$

$$C_{eq}(z) = \frac{\frac{N_c(z)}{D_c(z)}\frac{F_{ke}(z)}{N_c(z)}}{1 + G_n(z)\frac{N_c(z)}{D_c(z)}\left(1 - z^{-d}\frac{F_{ke}(z)}{N_c(z)}\right)},$$

sendo que esta última equação é idêntica à equação do controlador equivalente do PSF:

$$C_{eq}(z) = \frac{C(z)F_e(z)}{1 + G_n(z)C(z)\left(1 - z^{-d}F_e(z)\right)},$$

com

$$C(z) = \frac{\sum_{i=1}^{N} k_i z^i}{\Delta\left(1 - \sum_{j=1}^{N} \mathfrak{b}_j\right)}, \quad F_e(z) = \frac{F_{ke}(z)}{\sum_{i=1}^{N} k_i z^i}, \quad F_r(z) = f_0 F_{ke}^{-1}(z).$$

Com essas equações, é possível interpretar o GDMC como um PSF tanto em questões de rejeição de perturbação quanto de robustez. Veja que o controlador primário $C(z)$ do GDMC não depende do filtro $F_{e,d+i}(z)$, mas o filtro do erro de predição equivalente $F_e(z)$ depende tanto do filtro $F_{e,d+i}(z)$ quanto dos ganhos $k_i$. Esta característica é muito similar à presente no GPC, no entanto, as características do GDMC são mais facilmente ajustáveis do que as do GPC por conta dos filtros dos erros de predição, que fornecem um grau de liberdade para o ajuste de robustez/rejeição de perturbações mais simples do que o polinômio $C(z)$ do GPC. Essa característica será mostrada no próximo exemplo.

Uma última informação importante é que, apesar de essa interpretação do GDMC através da estrutura PSF ser válida matematicamente, erros numéricos tornam-na de difícil utilização direta na prática para avaliar as características do GDMC. Assim, sugerimos, para este algoritmo, a utilização do controlador equivalente estudado no Volume 1.

**Exemplo 6.14**

Aqui, utilizaremos novamente o Exemplo 6.5 como base, mas com modelo $T(z) = \frac{0,1}{z-0,9}z^{-10}[U(z) + T_e(z)] + Q_e(z)$. Compararemos as respostas do PS, do GPC e do GDMC com diferentes sintonias para os filtros dos erros de predição. As demais sintonias são idênticas às dos Exemplos 6.5 e 6.7.

No caso do GDMC, ajustaremos os filtros do erro de predição de tal forma a cancelar a polo da planta em 0,9, tornando a rejeição de perturbações mais rápida. Assim, os filtros devem satisfazer as seguintes condições:

$$\begin{aligned} z^j - F_{e,j}(z) &= 0 \quad &&, \forall z = 0{,}9, \\ F_{e,j}(z) &= 1 \quad &&, \forall z = 1. \end{aligned}$$

Por simplicidade, a estrutura do filtro será de primeira ordem:

$$F_{e,j} = \frac{a_j z + b_j}{z - z_f},$$

com $z_f = 0{,}8$.

Os resultados de simulação são apresentados nas Figuras 6.26 e 6.27, sendo que nesta última a rejeição de perturbações é mostrada em mais detalhes.

Como esperado, as dinâmicas de seguimento de referência com todos os controladores são idênticas, como já discutido anteriormente. No entanto, a rejeição de perturbações é diferente para cada um, já que cada um implementa (explicitamente ou implicitamente) um PSF diferente. Com a sintonia utilizada, as respostas do GDMC e do PS são similares e mais lentas do que a do GPC.

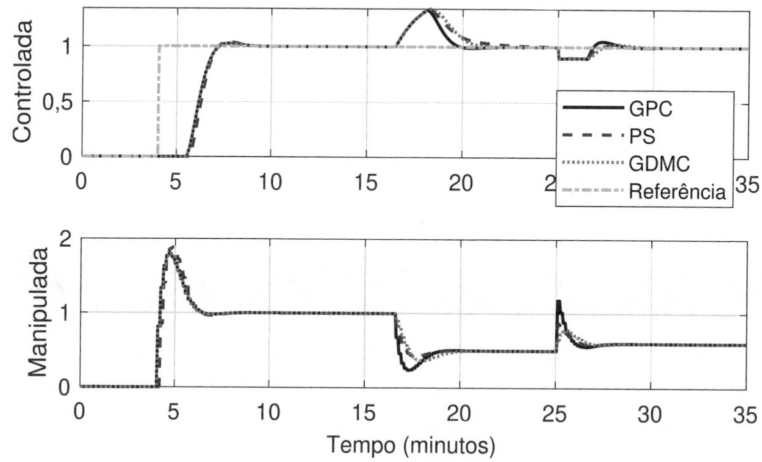


**Figura 6.26** Exemplo 6.14 – Seguimento de referência e rejeição de perturbações no caso nominal para PS, GPC e GDMC.

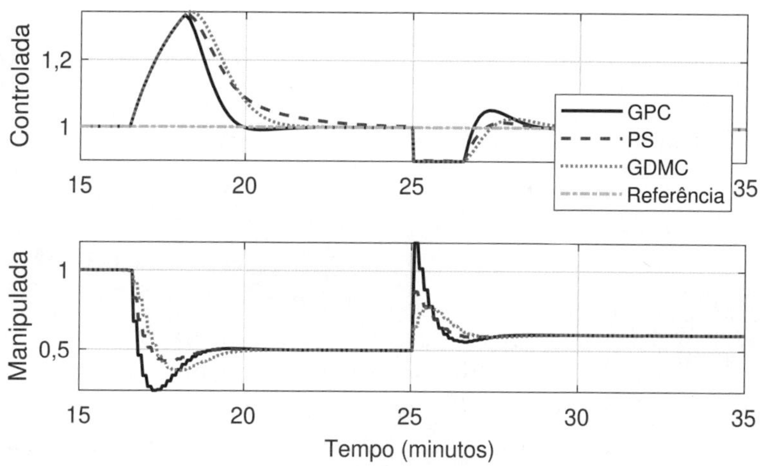


**Figura 6.27** Exemplo 6.14 – Rejeição de perturbações para o PS, GPC e GDMC.

Já no caso com erro de modelagem de $20\,\%$ de atraso e $50\,\%$ na constante de tempo, o processo considerado como real é dado por

$$P(z) = \frac{0{,}1393}{z - 0{,}8607} z^{-12}.$$

Os resultados deste caso são apresentados na Figura 6.28. Veja que tanto o PS quanto o GDMC conseguem estabilizar o sistema, enquanto o GPC não.

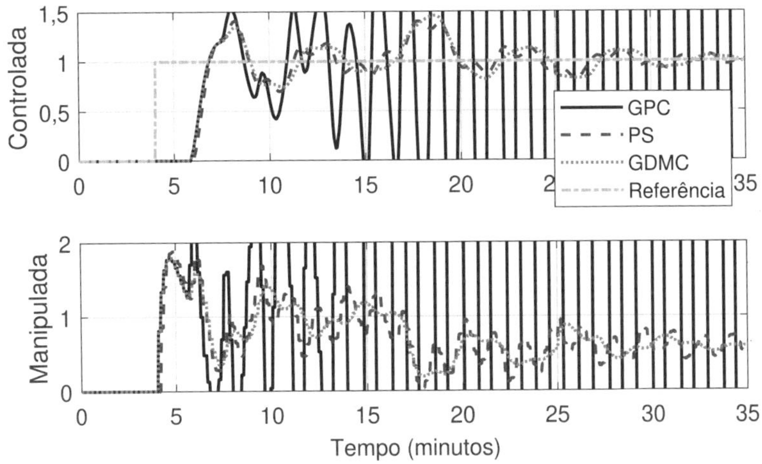


**Figura 6.28** Exemplo 6.14 – Seguimento de referência e rejeição de perturbações no caso com erro de modelagem para PS, GPC e GDMC.

Analisando os índices de robustez de cada controlador em relação ao erro de modelagem na Figura 6.29, é possível verificar que tanto o PS quanto o GDMC conseguem satisfazer a condição de estabilidade robusta, enquanto o GPC não, o que explica os resultados da Figura 6.28.

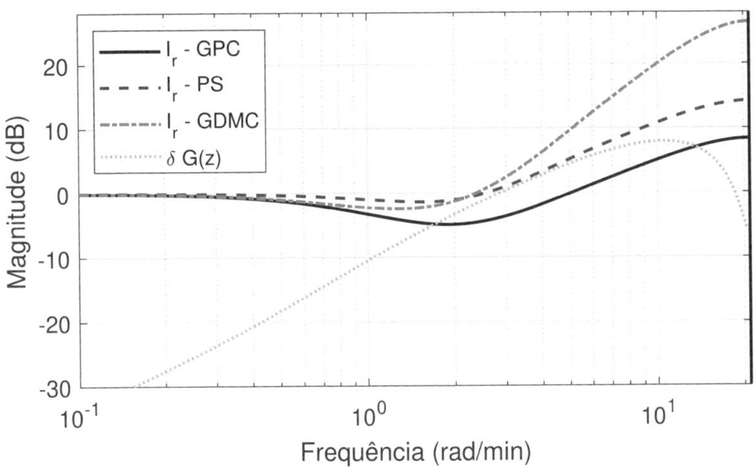


**Figura 6.29** Exemplo 6.7 – Índices de robustez para os diferentes controladores.

Mas, claro, no caso do GDMC, este resultado depende tanto da sintonia das ponderações e horizontes quanto dos filtros dos erros de predição $F_{e,j}(z)$. Para ilustrar o efeito da escolha de $z_f$ na robustez, na Figura 6.30 são apresentados os índices de robustez para vários $z_f$. Veja que, quanto mais próximo de 0 for $z_f$ (o que implica uma reposta mais rápida), menos robusto é o sistema em malha fechada com o GDMC.

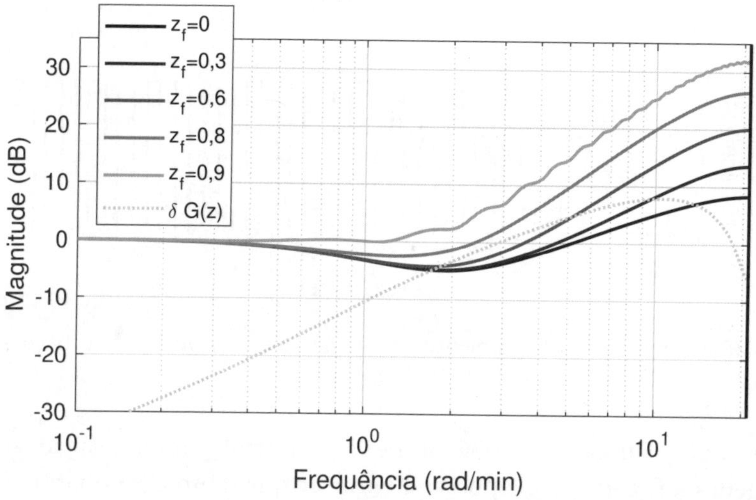


**Figura 6.30** Exemplo 6.7 – Índices de robustez para o GDMC com diferentes valores de $z_f$.

Este último exemplo mostrou que o GDMC oferece um grau de liberdade para ajustar a característica de robustez/rejeição de perturbação através da escolha dos polos dos filtros do erro de predição $F_{e,j}(z)$. Com polos escolhidos para uma rejeição de pertubação mais rápida, o sistema é menos robusto e vice-versa. O ajuste dessa característica é mais simples se comparada à do GPC. Assim, apesar de ser possível implementar um algoritmo DTC-GDMC, ou seja, projetar o GDMC para o processo sem atraso e incluir na malha um PSF, de forma similar ao DTC-GPC, o GDMC já oferece meios mais simples de ajustar as características de robustez e rejeição de perturbações de forma independente do atraso do sistema. Desta forma, o GDMC MIMO apresentado na Seção 3.2.6 já contempla o problema de processos com atraso.

## 6.4 CASO NÃO LINEAR

Como vimos no Capítulo 5, se utilizarmos um modelo não linear da planta, é possível utilizar algoritmos como GPC com predição não linear, NEPSAC ou PNMPC, que permitem resolver o problema de otimização associado usando um QP. Caso o modelo não linear do processo possa ser escrito de tal forma a separar o atraso do restante da dinâmica não linear, o uso da compensação de atraso acaba sendo direta e é possível formular estratégias DTC-NMPC usando as mesmas ideias apresentadas no caso do DTC-GPC (Seção 6.2).

Vamos considerar aqui o modelo genérico de tempo discreto do processo com atraso como no caso do PNMPC, mas agora para o caso MIMO (sistema com $n$ saídas, $m$ entradas e $m_q$ perturbações), onde cada saída $y_i(k)$ tem associado um atraso efetivo $d_i$, que é o tempo que transcorre entre a aplicação de uma variação em todas as ações de controle e o aparecimento do efeito dessa variação na saída. Considere, então, que é possível obter um modelo da saída depois de decorrido o atraso do processo, na forma:

$$\hat{y}_i(k+d_i \mid k) = f_i(\hat{\mathbf{y}}_{l,i}(k+d_i-1 \mid k), \mathbf{u}_{i,p}(k+d_i-d_{i,p}-1), \mathbf{q}_{i,s}(k+d_i-d_{q,i,s})),$$
$$i = 1\ldots n, \forall l,p,s,$$

onde $\hat{\mathbf{y}}_{l,i}(k+d_i-1)$ contém as predições e valores passados da saída $y_i$, $\mathbf{u}_{i,p}$ e $\mathbf{q}_{i,s}$ são, respectivamente, os vetores contendo as informações passadas dos $m$ controles e das $m_q$ perturbações medidas que afetam a saída $y_i$, com $i = 1\ldots n$. Neste modelo, $d_{i,p}$ e $d_{q,i,s}$ representam os atrasos associados às entradas e perturbações medidas, respectivamente.

Já a predição da saída no instante atual, $\hat{y}_i(k)$, é calculada usando:

$$\hat{y}_i(k \mid k) = f_i(\mathbf{y}_{l,i}(k-1 \mid k), \mathbf{u}_p(k-d_{i,p}-1), \mathbf{s}_p(k-d_{q,i,s})), \qquad i = 1\ldots n.$$

Observe que, usando esses modelos, podemos construir uma predição não linear até o tempo de atraso usando a forma proposta no PSF, para cada $i$, como:

$$\hat{y}_{p,i}(k \mid k) = \hat{y}_i(k+d_i \mid k) + F_{e,i}(z)[y_i(k) - \hat{y}_i(k \mid k)],$$

sendo $y_i(k)$ a saída medida, e lembrando que, no preditor de Smith filtrado, $\hat{y}_i$ é calculado em malha aberta, ou seja, apenas utilizando as informações das entradas e perturbações medidas.

Adicionando essas equações ao modelo do processo, podemos considerar agora um PNMPC que tem $\mathbf{u}$ como variável manipulada e $\mathbf{y}_i$ como variável controlada, e que enxerga um modelo do processo sem os atrasos efetivos (ou mínimos) de cada saída. Projetando o controle para esse novo modelo da forma tradicional, o conjunto pode ser visto como um DTC-PNPMC, que tem os filtros $F_{e,i}(z)$ como parâmetros adicionais de ajuste para melhorar a robustez ou rejeição de perturbações do sistema.

A mesma ideia pode ser usada com o NEPSAC ou GPC com resposta livre não linear, ou qualquer outra abordagem que permita a construção dos modelos de predição não lineares para as saídas e para as saídas adiantadas do atraso mínimo. Conceitualmente, o filtro tem o mesmo efeito que no caso linear, mas, matematicamente, a demonstração das propriedades é complexa e fica fora do escopo deste livro. Por exemplo, o ajuste do filtro para o caso de modelos não lineares com comportamento instável é um tema de pesquisa ainda em desenvolvimento. Já no caso de modelos não lineares estáveis, existem resultados que mostram as vantagens da sua utilização (NORMEY-RICO; LIMA; SANTOS, 2015; LIMA; SANTOS; NORMEY-RICO, 2015). Do ponto de vista prático, a técnica é bem útil e pode gerar melhores resultados que a aplicação de estratégias que não compensam o atraso explicitamente.

Vamos apresentar um exemplo do uso desta abordagem em um processo não linear monovariável.

**Exemplo 6.15**

Considere um sistema ilustrativo cuja dinâmica é dada pela seguinte equação:

$$y(k) = \frac{2{,}5y(k)y(k-1)}{1+y(k)^2+y(k-1)^2} + 0{,}3\cos\left[0{,}5(y(k)+y(k-1))\right] + 1{,}2(u(k-d)+q(k-d)),$$

na qual $y$, $u$, $q$, $d$ são, respectivamente, a saída, a entrada, a perturbação não medida e o atraso em amostras do processo. Três estratégias de controle serão comparadas: um PNMPC, um DTC-PNMPC com filtro unitário do erro de predição $F_e(z) = 1$ e um DTC-PNMPC com $F_e(z) \neq 1$. Os parâmetros de sintonia são: $N_1 = d + 1$, $N_2 = d + 5$, $N_u = 3$, $\lambda = 5$, $\delta = 1$ e, para os algoritmos DTC, $N_1 = 1$, $N_2 = 5$. A sintonia DTC-PNMPC1 considera $F_e(z) = 1$ e a sintonia DTC-PNMPC2 considera o seguinte filtro do erro de predição:

$$F_e(z) = \frac{0{,}1z}{z-0{,}9}.$$

O cenário de simulação é: em $t = 10$ amostras, uma mudança de referência de 0 para 1 é aplicada e um degrau na perturbação de amplitude 0,1 é aplicado em $t = 60$ amostras. As condições iniciais são $y_0 = 0$, $u_0 = -0{,}25$, $q_0 = 0$. Inicialmente, consideraremos o caso nominal em que o atraso é $d = 10$. O resultado é apresentado na Figura 6.31. Veja que, no seguimento de referência, todos os algoritmos possuem o mesmo desempenho, no entanto, para a perturbação o comportamento muda (Figura 6.32). O PNMPC original tem um comportamento mais agressivo na rejeição da perturbação, assim como o DTC-PNMPC1, mas este último apresenta oscilações. Por último, o DTC-PNMPC2, que possui um filtro do erro de predição passa-baixas, rejeita a perturbação sem oscilações, mas de forma lenta. Isso ilustra que o efeito do filtro do erro de predição é similar ao observado no caso linear, já apresentado nas seções anteriores.

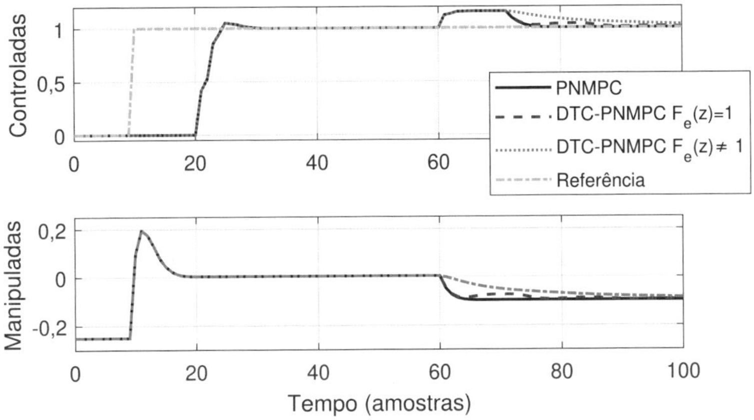


**Figura 6.31** Exemplo 6.15 – Resposta nominal para diferentes algoritmos NMPC.

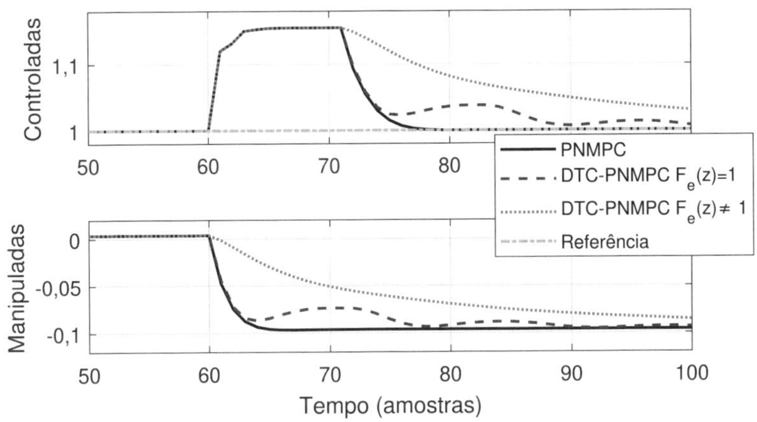


**Figura 6.32** Exemplo 6.15 – Resposta nominal para a perturbação.

Agora, considere que o atraso real do processo é $d_r = 11$ e que o modelo nominal ainda considera o atraso como $d = 10$ amostras. Os resultados de simulação podem ser vistos na Figura 6.33. Este erro de modelagem causa picos periódicos na resposta do sistema em malha fechada controlado com os algoritmos PNMPC e DTC-PNMPC1, ou seja, a forma como estes algoritmos estimam a perturbação não medida impacta negativamente na robustez de malha fechada. Já o algoritmo DTC-PNMPC2, que possui um filtro do erro de predição passa-baixas, não apresenta oscilações na resposta. Assim, o compromisso entre robustez e velocidade da resposta de rejeição de perturbações tem características similares às observadas no FSP e DTC-GPC para o caso linear.

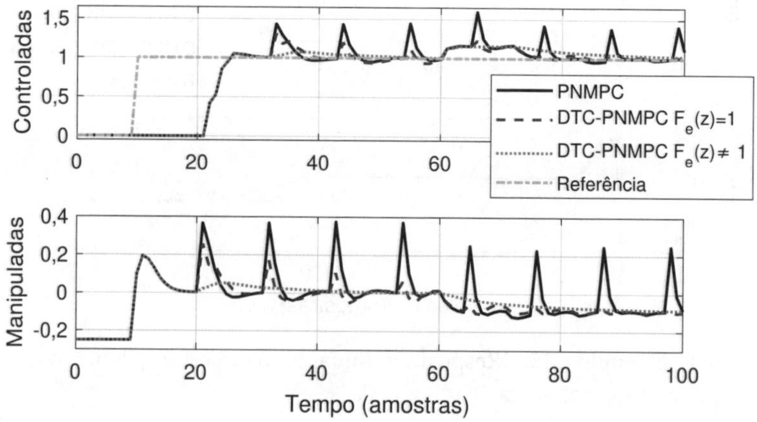


**Figura 6.33** Exemplo 6.15 – Resposta com erro de modelagem para diferentes algoritmos NMPC.

Com este último exemplo, mostramos que os algoritmos DTC-NMPC podem ser úteis no caso de processos não lineares com atraso, pois fornecem mais um grau de liberdade para ajustar a resposta de malha fechada do sistema considerando especificações de rejeição de perturbações e robustez.

Para finalizar o capítulo, na próxima seção, apresentamos um estudo de caso de uma planta multivariável com múltiplos atrasos.

## 6.5 ESTUDO DE CASO – FRACIONADOR DE ÓLEO PESADO

Aqui, retomaremos o estudo de caso do fracionador de óleo pesado inicialmente apresentado na Seção 3.4.2, lembrando que este é um sistema MIMO com muito acoplamento entre as variáveis e atrasos significativos.

Este processo tem três variáveis que devem ser controladas: a composição de topo ($Y_1$), a composição da extração lateral ($Y_2$) e a temperatura da base ($Y_3$). Para isso, manipulam-se as vazões de extração de topo ($U_1$) e lateral ($U_2$) e o refluxo da base ($U_3$).

O modelo do processo, funcionando nas vizinhanças de um ponto de operação, é dado por (tempo em minutos):

$$\begin{bmatrix} Y_1(s) \\ Y_2(s) \\ Y_3(s) \end{bmatrix} = \begin{bmatrix} \frac{4,05e^{-27s}}{1+50s} & \frac{1,77e^{-28s}}{1+60s} & \frac{5,88e^{-27s}}{1+50s} \\ \frac{5,39e^{-18s}}{1+50s} & \frac{5,72e^{-14s}}{1+60s} & \frac{6,9e^{-15s}}{1+40s} \\ \frac{4,38e^{-20s}}{1+33s} & \frac{4,42e^{-22s}}{1+44s} & \frac{7,2}{1+19s} \end{bmatrix} \begin{bmatrix} U_1(s) \\ U_2(s) \\ U_3(s) \end{bmatrix}.$$

O modelo incremental de tempo discreto do sistema em torno do ponto de operação, com $T_s = 1,0\,\text{min}$, é dado por:

$$\begin{bmatrix} Y_1(z) \\ Y_2(z) \\ Y_3(z) \end{bmatrix} = \begin{bmatrix} \frac{0,080195z^{-27}}{(z-0,9802)} & \frac{0,029256z^{-28}}{(z-0,9835)} & \frac{0,11643z^{-27}}{(z-0,9802)} \\ \frac{0,10673z^{-18}}{(z-0,9802)} & \frac{0,094543z^{-14}}{(z-0,9835)} & \frac{0,17036z^{-15}}{(z-0,9753)} \\ \frac{0,13074z^{-20}}{(z-0,9702)} & \frac{0,099322z^{-22}}{(z-0,9775)} & \frac{0,36915}{(z-0,9487)} \end{bmatrix} \begin{bmatrix} U_1(z) \\ U_2(z) \\ U_3(z) \end{bmatrix}.$$

Considere que, agora, também existe uma perturbação de entrada $Q$ que é somada à entrada $U_1$.

Neste estudo de caso, vamos analisar as respostas do GPC e do DTC-GPC com diferentes sintonias. Inicialmente, vamos considerar o modelo de matriz de transferência como se fosse o processo real. O cenário de simulação considera um tempo total de simulação de 450 min. O sistema parte de $q = u_1 = u_2 = u_3 = 0$ e $y_1 = y_2 = y_3 = 0$ e, em $t = 10$ min, uma variação do tipo degrau unitário da referência de $y_1$ é aplicada. Posteriormente, em $t = 100$ min, aplica-se uma variação do tipo degrau de amplitude 0,5 na referência de $y_2$. A referência de $y_3$ muda para 0,2 em $t = 170$ min e, finalmente, uma perturbação do tipo degrau de amplitude 0,2 é aplicada em $t = 220$ min.

Veja que os atrasos mínimos por saída são: $d_1 = 27$, $d_2 = 14$, $d_3 = 0$. Assim, os horizontes de predição são ajustados de maneira adequada: $N_{1,1} = d_1 + 1$, $N_{1,2} = d_2 + 1$, $N_{1,3} = d_3 + 1$, $N_{2,1} = d_1 + 61$, $N_{2,2} = d_2 + 61$ e $N_{2,3} = d_3 + 45$. Para os casos com o DTC-GPC, basta remover os atrasos mínimos dos horizontes.

Os demais parâmetros de sintonia são: $N_{u,1} = N_{u,2} = N_{u,3} = 5$, $\delta_i = 1/N_i$ e $\lambda_i = 1/N_{u,i}$, $\forall i$. Também são consideradas restrições no sinal e no incremento de controle:

$$-0{,}8 \leq u_1, u_2, u_3 \leq 0{,}8,$$

$$-0{,}1 \leq \Delta u_1, \Delta u_2, \Delta u_3 \leq 0{,}1.$$

Verificaremos a resposta do sistema para três controladores diferentes, um GPC tradicional, um DTC-GPC com $F_{e,j}(z) = 1$, $\forall j$ (DTC-GPC1), e um DTC-GPC com um filtro do erro de predição agressivo para acelerar a resposta de rejeição da perturbação $q$ (DTC-GPC2). Para este último controlador, é necessário fazer o ajuste adequado dos filtros $F_{e,j}(z)$. Como a perturbação atua somando com o sinal de controle $u_1$, apenas os polos indesejados da primeira coluna precisam ser eliminados com o uso de $F_{e,j}(z)$. Considerando os polos discretizados, as condições que os filtros devem satisfazer são:

$$z^{d_1} - F_{e,1}(z)\Big|_{z=z_1} = 0, \qquad F_{e,1}(1) = 1,$$

$$z^{d_2} - F_{e,2}(z)\Big|_{z=z_2} = 0, \qquad F_{e,2}(1) = 1,$$

sendo que $z_1 = z_2 = 0{,}9802$. Além disso, $F_{e,3}(z)$ não é utilizado, já que a saída $y_3$ tem atraso mínimo $d_3 = 0$, assim, não faz sentido utilizar o PSF para essa saída utilizando a metodologia DTC apresentada. Desejando uma resposta agressiva para a rejeição da perturbação $q$, utilizaremos a seguinte estrutura para $F_{e,j}(z)$:

$$F_{e,j}(z) = \frac{z(a_j z + b_j)}{(z - z_f)^2},$$

com dois parâmetros de ajuste e de segunda ordem para dar um certo grau de robustez. Então, definido $z_f = 0{,}85$, temos os seguintes filtros

$$F_{e,1}(z) = \frac{0{,}62734z(z - 0{,}9641)}{(z - 0{,}85)^2}, \qquad F_{e,2}(z) = \frac{0{,}47621z(z - 0{,}9528)}{(z - 0{,}85)^2}.$$

Os resultados para seguimento de referências no caso nominal (modelo de predição igual ao processo real) são apresentados na Figura 6.34. Veja que todos os controladores possuem respostas iguais, pois o uso da estratégia DTC apenas modifica a resposta para perturbações não medidas. Já a resposta para a perturbação, apresentada na Figura 6.35, é diferente para cada controle. O caso GPC é o mais agressivo, como discutido anteriormente, por conta da forma como perturbações não medidas são estimadas, o que influencia diretamente na agressividade do preditor implícito da estratégia. O caso DTC-GPC1, com filtros unitários (similar ao PS original), apresenta uma resposta consideravelmente mais lenta para a perturbação em questão. Por fim, no caso DTC-GPC2, apresenta tempos de assentamento similares aos do GPC, apesar de os transitórios serem diferentes.

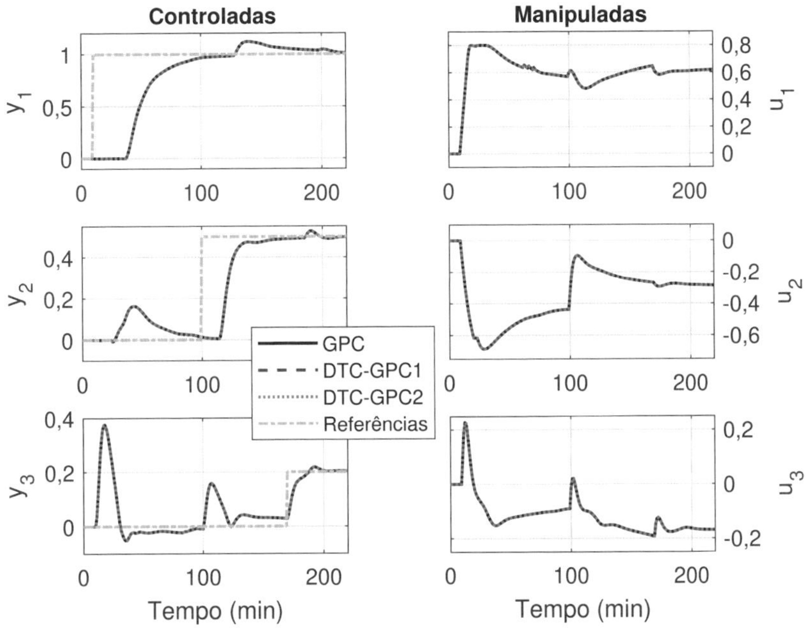


**Figura 6.34** Estudo de caso 6.5 – Fracionador de óleo pesado: resposta para seguimento de referência.

Agora, considere que o sistema apresenta erros de modelagem nas constantes de tempo das funções de transferência que relacionam as saídas com a entrada $u_1$, de forma tal que o processo, na verdade, é representado pelo seguinte modelo de tempo contínuo:

$$\begin{bmatrix} Y_1(s) \\ Y_2(s) \\ Y_3(s) \end{bmatrix} = \begin{bmatrix} \dfrac{4{,}05e^{-27s}}{1+55s} & \dfrac{1{,}77e^{-28s}}{1+54s} & \dfrac{5{,}88e^{-27s}}{1+52s} \\[2ex] \dfrac{5{,}39e^{-18s}}{1+50s} & \dfrac{5{,}72e^{-14s}}{1+60s} & \dfrac{6{,}9e^{-15s}}{1+40s} \\[2ex] \dfrac{4{,}38e^{-20s}}{1+33s} & \dfrac{4{,}42e^{-22s}}{1+44s} & \dfrac{7{,}2}{1+19s} \end{bmatrix} \begin{bmatrix} U_1(s) \\ U_2(s) \\ U_3(s) \end{bmatrix}.$$

O cenário de simulação foi modificado para considerar apenas as mudanças de referência e não considerar as restrições. A motivação para isso ficará clara em breve. Os resultados para este caso são apresentados na Figura 6.36, em que os sinais de controle foram omitidos para facilitar a visualização. Também, com o mesmo objetivo, os valores dos sinais de algumas das variáveis controladas são mostrados em intervalos limitados de tempo e amplitude. Note que apenas o caso DTC-GPC1 consegue manter a estabilidade, o que era esperado, pois os outros controladores eram mais agressivos quanto à rejeição de perturbações e, por consequência, tendem a ser menos robustos. Quando restrições são consideradas (Figura 6.37), a resposta não chega a divergir de fato para os casos GPC e DTC-GPC2, pois as restrições limitam a agressividade, porém o comportamento fica oscilatório, especialmente no sinal de controle.

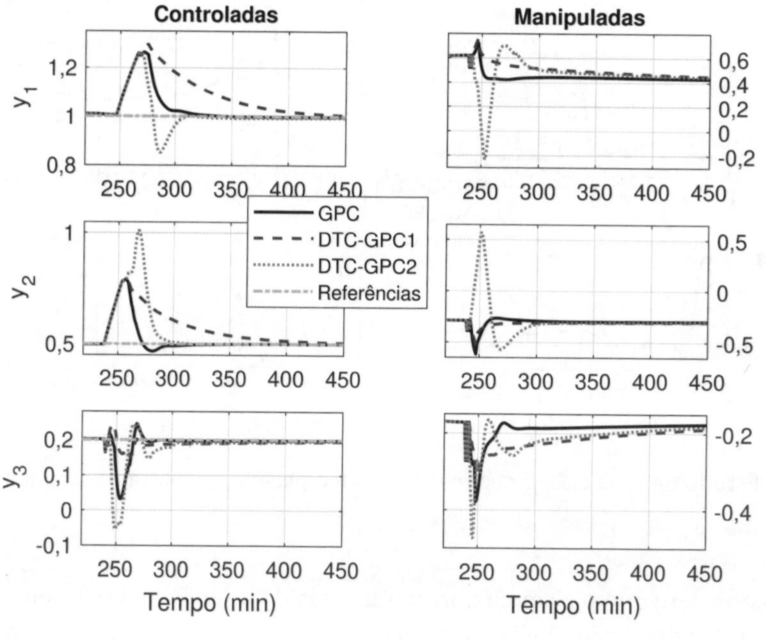


**Figura 6.35** Estudo de caso 6.5 – Fracionador de óleo pesado: resposta para rejeição de perturbação.

Assim, com este estudo de caso, mostramos como a estrutura DTC pode ser combinada com algoritmos MPC para melhorar a robustez. No entanto, isso também tem impacto na rejeição de perturbações. Por meio da sintonia do MPC (horizontes de predição e ponderações), também seria possível ajustar a resposta do sistema para perturbações, porém, alterar esses parâmetros alteraria a resposta nominal para a referência. Com a estrutura DTC-GPC, temos um grau de liberdade adicional para modificar a rejeição de perturbação ou a robustez sem alterar a resposta nominal para a referência, o que pode ser uma vantagem.

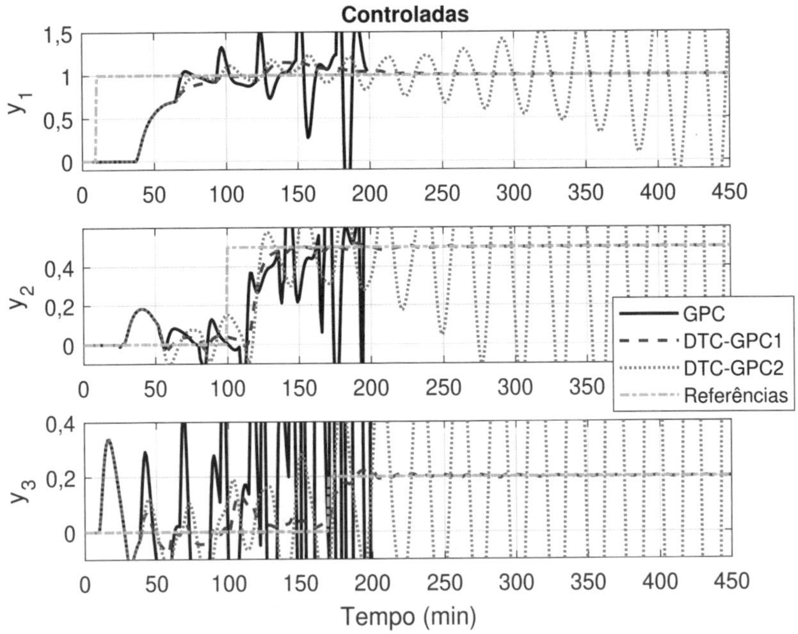


**Figura 6.36** Estudo de caso 6.5 – Fracionador de óleo pesado: resposta para seguimento de referência com erro de modelagem sem restrições.

## 6.6 COMENTÁRIOS FINAIS

Neste capítulo, apresentamos um estudo do controle preditivo para sistemas com atraso, para os casos SISO e MIMO, e para processos com modelos lineares e não lineares. Inicialmente, revisamos o preditor de Smith filtrado, uma estrutura de compensação de atraso que facilita o projeto de sistemas de controle para processos com atraso e fornece um grau de liberdade adicional para ajustar a rejeição de perturbações ou a robustez.

Na sequência, mostramos que, para processos com atraso, os algoritmos MPC implementam implicitamente uma estrutura equivalente ao PSF, porém o filtro do erro de predição depende de cada algoritmo MPC e de como cada um estima perturbações não medidas. Assim, é possível utilizar algoritmos DTC-MPC implementando o algoritmo MPC para o processo sem atraso (ou sem atraso mínimo por saída no caso MIMO) e a estrutura de compensação de atraso usando o PSF separadamente, dando mais liberdade ao projetista para ajustar a rejeição de perturbações ou robustez do processo em malha fechada. Isso é especialmente interessante para os casos do GPC e de algoritmos que utilizam uma estimação de perturbação não medida similar, já que o filtro do erro de predição implícito do GPC tende a ser agressivo (características passa-altas), prejudicando a robustez.

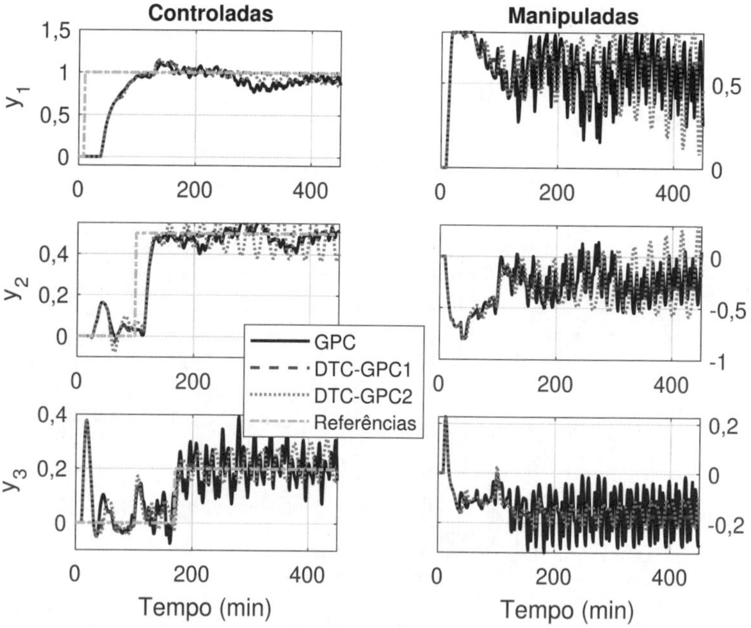


**Figura 6.37** Estudo de caso 6.5 – Fracionador de óleo pesado: resposta para seguimento de referência com erro de modelagem com restrições.

O estudo foi apresentado, inicialmente, para o caso SISO e depois generalizado para os casos MIMO e não linear. Vários exemplos de simulação foram usados para ilustrar as vantagens das estruturas combinadas de preditor e MPC.

## 6.7 EXERCÍCIOS PROPOSTOS

1. Para o PSF obtivemos uma função de transferência entre a perturbação e a saída dada por $H_q = \frac{Y(z)}{Q(z)}$:

$$H_q = \frac{z^{-d_n} N_g(z)}{D_g(z)} \left[ \frac{D_c(z)D_g(z)D_e(z)z^{d_n} + N_c(z)N_g(z)(D_e(z)z^{d_n} - N_e(z))}{(D_c(z)D_g(z) + N_c(z)N_g(z))D_e(z)} \right].$$

Considere que o modelo do processo não tem polos múltiplos nem ação integradora. Mostre que a condição estabelecida para o filtro $F_e$

$$(D_e(z)z^{d_n} - N_e(z))\Big|_{z=z_i} = 0, \ \forall z_i,$$

para cada polo de malha aberta $z_i$ indesejado do modelo da planta, implica que $\frac{Y(z)}{Q(z)}$ não possui os polos indesejados do modelo do processo. Ainda, se o controle primário for integrador e $F_e(1) = 1$, $H_q(z)$ tem ganho estático nulo. Finalmente, como deve ser modificada a condição a ser verificada pelo filtro se o processo é integrador?

2. Considere um processo duplo integrador com atraso com modelo em função de transferência dado por $P(z) = \frac{0{,}1z^{-5}}{(z-1)^2}$. Ajuste um PSF para que o sistema em malha fechada rejeite, em regime permanente, perturbações do tipo degrau. Analise o ajuste dos polos do filtro de predição $F_e$ e seu efeito no desempenho e na robustez do sistema em malha fechada. Utilize as respostas no tempo e diagramas frequenciais para a análise.

3. Considere um processo integrador com atraso, como modelo dado por:

$$y(k) = y(k-1) + u(k-5) - q(k),$$

que pode representar a dinâmica de um sistema de armazenamento, onde $u(k)$ são as entradas de produto (sinal de controle), $q(k)$ as saídas de produto (perturbação) e $y(k)$ a quantidade de produto armazenado. O atraso neste processo modela a demora entre a ordem enviada ao fornecedor do produto e a efetiva chegada do mesmo no armazém. Considere que as perturbações podem ser modeladas por $q(k) = 3 \operatorname{sen}(k\pi/60)$. Ajuste o PSF para que o sistema rejeite essa perturbação e siga referências do tipo degrau com erro nulo, e tenha respostas transitórias sem oscilações.

4. Os modelos de primeira ordem com atraso são os mais utilizados na prática para representar o comportamento de diversos processos. Realize um estudo comparativo de desempenho e robustez entre o GPC e o DTC-GPC para os sistemas de primeira ordem com atraso dados por:

$$P_1(z) = \frac{0{,}5z^{-10}}{z-0{,}9}, \quad P_2(z) = \frac{0{,}1z^{-10}}{z-1}, \quad P_3(z) = \frac{0{,}2z^{-10}}{z-1{,}2}.$$

Em todos os casos, analise, analiticamente, o filtro de predição $F_e(z)$ equivalente de cada controle para o ajuste que você determinou.

5. Projete um GPC MIMO para o processo do Exemplo 6.11 definindo os horizontes e ponderações. Simule o sistema no caso nominal e com erro de modelagem dos atrasos. Compare os resultados com um DTC-GPC-MIMO com os mesmos horizontes e ponderações e diferentes valores de ajuste dos polos dos filtros, $z_1$ e $z_2$. Foque a análise na rejeição de perturbações e na robustez.

6. Realize uma comparação entre o DMC e o PS para o mesmo processo do Exemplo 6.9. Compare com o GPC e observe as diferenças entre o comportamento dos três controladores.

7. Para os sistemas de primeira ordem do Exercício 4, ajuste um GDMC e analise o efeito do ajuste do filtro nas respostas e na robustez.

8. Ajuste um GDMC para o mesmo processo do Exercício 5 e compare os resultados com o do DTC-GPC.

9. Considere o processo de controle de pH do caldo concentrado em uma indústria de cana de açúcar, estudado no Exercício 3 da lista de exercícios propostos do Capítulo 5. Agora vamos considerar que o sistema tem atraso na medição do pH e o novo modelo é dado pela seguinte equação a diferenças não linear:

$$y(k) = 0{,}9y(k-1) - 0{,}09(u(k-d-1))^3 + 0{,}14q(k-d-1),$$

com $y(k)$ a medida do pH, $u(k)$ a vazão de ácido, $q(k)$ a vazão de caldo e $d = 5$ o atraso. Neste problema, a vazão de caldo $q$ é a principal perturbação, dado que pode variar com a produção.

Implemente e ajuste um controlador PNMPC e um controlador DTC-PNMPC para este processo e compare os resultados para o seguimento de referências de pH de tipo degrau e para a rejeição de perturbações de $q$. Analise o efeito do ajuste dos filtros $F_e(z)$ usados no DTC-PNMPC. Considere cenários com e sem erro de modelagem e com e sem ruído de medição.

# CAPÍTULO 7

# Algoritmos MPC e de otimização

Como vimos nos capítulos anteriores e mais especificamente na Seção 3.1, se o MPC for implementado para o caso com restrições, a obtenção do sinal de controle se dá por meio do cálculo de um problema de otimização que precisa ser resolvido numericamente. De forma geral, para as formulações lineares, como o DMC e o GPC, o problema de otimização se apresenta como um problema de minimização, no qual desejamos obter o valor do vetor $\mathbf{\Delta u}$ que minimiza a função custo e está sujeito a restrições. Matematicamente, o problema é apresentado como:

$$\begin{aligned} \min_{\mathbf{\Delta u}} \quad & J \\ \text{s.a.} \quad & \overline{\mathbf{R}}\mathbf{\Delta u} \leq \overline{\mathbf{r}}. \end{aligned} \tag{7.1}$$

com $J = \frac{1}{2}\mathbf{\Delta u}^T\mathbf{H}\mathbf{\Delta u}+\mathbf{b}^T\mathbf{\Delta u}+c$. Esse tipo de problema é conhecido na área de otimização como um problema de programação quadrática (QP, do inglês *Quadratic Programming problem*), por ter uma função custo quadrática e restrições lineares. Os detalhes e as discussões para a obtenção das matrizes e vetores que compõem o problema de otimização para cada tipo de formulação MPC são apresentados nas Seções 3.2 e 3.3 para o DMC e o GPC, respectivamente. A forma de representação das restrições é bastante genérica e também foi discutida previamente. Dessa forma, a descrição dos termos é omitida aqui.

A partir do problema (7.1), verificamos que é necessária a implementação de um algoritmo de otimização junto ao controlador. Muitas vezes, os engenheiros de controle utilizam o otimizador como uma caixa preta, ou seja, apenas utilizam a ferramenta sem entrar em detalhes do que se passa internamente. Há muitas bibliotecas de otimização quadrática em diferentes linguagens que podem ser utilizadas sem conhecimento aprofundado sobre sua estrutura interna. Alguns exemplos são: QPOases (C++) [15], quadprog (MATLAB)[16], qpsolvers (Python)[17] e OSQP (várias linguagens)[18].

Entretanto, o recurso computacional para resolver o problema de otimização em um período de amostragem pequeno, já que é necessário obter a ação de controle a cada

[15] <https://github.com/coin-or/qpOASES>

[16] <https://www.mathworks.com/help/optim/ug/quadprog.html>

[17] <https://pypi.org/project/qpsolvers/>

[18] <https://osqp.org/>

iteração, é um ponto que requer atenção para a implementação do MPC. Portanto, a escolha do otimizador do MPC é uma tarefa crítica para se obter um algoritmo eficiente. Apesar de o MPC ser um método de controle avançado relevante na indústria, em geral, é mais utilizado em processos de dinâmica lenta com grandes períodos de amostragem e recursos computacionais maiores. Isso pode ser explicado, em parte, pelo tempo de cômputo do problema de otimização de programação quadrática. Essa questão motivou pesquisas para encontrar alternativas que permitam a aceleração do tempo de computação dos algoritmos de MPC e suas implementações. Recentemente, com o avanço na disponibilidade de sistema computacionais de alto desempenho, a aplicação de algoritmos de MPC em processos com dinâmicas rápidas está se tornando uma realidade.

A demanda por algoritmos eficientes de controle é aumentada pela necessidade de controladores avançados nos níveis mais baixos da pirâmide de produção, que, consequentemente, devem operar com períodos de amostragem mais rápidos, por exemplo, da ordem de milissegundos.

Para que um algoritmo de controle seja considerado eficiente para uma implementação embarcada, podemos destacar algumas características importantes:

1. ser capaz de computar as ações de controle em um período de amostragem previamente definido, com um pior caso de tempo de execução (WCET, do inglês *Worst Case Execution Time*) previsível, de modo a atender requisitos de tempo real;
2. necessitar de pouca memória para guardar os dados que definem o problema de otimização e o código que implementa a solução;
3. resultar em um código de controle que seja simples o suficiente para ser verificado, validado e certificado, além de ser fácil de entender e de sinalizar claramente em caso de falhas, especialmente em aplicações críticas.

Várias das bibliotecas de otimização para o QP são de propósito geral e não são focadas em ter um desempenho computacional baixo o suficiente para a implementação em sistemas embarcados e com tempo de cálculo reduzido. Para implementações embarcadas para aplicação em sistemas com dinâmicas rápidas, tipicamente não são empregadas bibliotecas genéricas, dado que elas não atendem aos pontos elencados anteriormente.

Uma abordagem é reformular o QP como um problema de programação paramétrica e posteriormente calcular uma solução off-line baseada em regiões. Essa abordagem é chamada de MPC explícito (PISTIKOPOULOS et al., 2015). Entretanto, nessa abordagem o número de regiões cresce muito rapidamente com o número de estados do sistema e, consequentemente, a memória necessária para o armazenamento dos dados também cresce. Em (BORRELLI et al., 2010) e em (KVASNICA et al., 2015), soluções de SSMPC explícito sem regiões são apresentadas, como alternativas para mitigar essa questão. Nesses métodos, a geração de regiões críticas é evitada e substituída pela enumeração de conjuntos ativos ótimos, o que reduz a memória requerida para armazenamento. Entretanto, seu uso ainda é limitado a problemas com poucas restrições, uma vez que o número de possíveis combinações das restrições ativas aumenta exponencialmente com o número de restrições (AHMADI-MOSHKENANI; JOHANSEN; OLARU, 2018).

Entre as soluções de computação on-line, o método de conjunto ativo (CIMINI; BEMPORAD, 2017; HERCEG; JONES; MORARI, 2015), o método de barreira logarítmica (ROLDAO-LOPES et al., 2009; WILLS; MILLS; NINNESS, 2011) e os métodos de primeira ordem merecem ser destacados. Para os métodos de primeira ordem, uma solução baseada no método de gradiente projetado acelerado dual (GPAD) para a formulação dual do QP do MPC é apresentada em (PECCIN et al., 2021). Soluções que empregam o método do operador de partição chamada método dos multiplicadores em direção alternada (ADMM, do inglês *Alternating Direction Method of Multipliers*) são apresentadas em (O'DONOGHUE; STATHOPOULOS; BOYD, 2013; PECCIN et al., 2020). Entretanto, uma desvantagem comum dos métodos de primeira ordem é que o desempenho numérico é dependente das características do problema a ser resolvido, ou seja, pode ser necessário um grande número de iterações para o algoritmo convergir e chegar a uma resposta com tolerância pequena (FERREAU et al., 2017). Outra questão é a diferença no número de iterações, que pode variar bastante entre os casos de restrições ativas e inativas. Dessa forma, como no contexto de MPC o determinismo é importante, a análise do WCET deve ser levada em consideração.

Neste capítulo, são apresentados três algoritmos de otimização adequados às características do MPC e customizados para o tipo de QP apresentado em (7.1). O primeiro é um método clássico de segunda ordem chamado método de barreira logarítmica e os outros dois, menos custosos computacionalmente, são o método de projeção de gradiente acelerado dual e o método dos multiplicadores em direções alternadas. Esses métodos podem ser utilizados em plantas com dinâmicas mais rápidas e até mesmo ser implementados em microcontroladores com recursos computacionais mais modestos.

Primeiramente, na Seção 7.1, são apresentadas opções de algoritmos eficientes para a implementação do GPC e DMC, deixando a chamada para o otimizador de forma genérica. Posteriormente, na Seção 7.2, são tratados especificamente os algoritmos dos métodos de otimização.

***Notação:*** nos algoritmos apresentados a seguir, o símbolo $\leftarrow$ denota a associação de um valor a uma variável, $\mathbf{v}(i)$ representa o $i$-ésimo elemento do vetor $\mathbf{v}$ e $\mathbf{v}(n:m)$ representa um subvetor composto pelos elementos $n$ até $m$ do vetor $\mathbf{v}$. Para uma matriz $\mathbf{M} \in \mathbb{R}^{n \times m}$, $\mathbf{M}_{i,j}$ denota o elemento na $i$-ésima linha e $j$-ésima coluna, $\mathbf{M}(n:m,\ o:p)$ representa uma submatriz composta pelos elementos correspondentes ao intervalo entre as linhas $n$ e $m$ e colunas $o$ e $p$ da matriz. Uma matriz identidade de dimensão $n \times m$ é denotada por $\mathbf{I}_{n\times m}$. Um vetor em que todos os elementos são iguais a zero é denotado por $\mathbf{0}$, com dimensões apropriadas. A transposta de uma matriz $\mathbf{M}$ é denotada por $\mathbf{M}^T$. Para uma matriz positiva definida $\mathbf{M}$, $\lambda_{\max}(\mathbf{M})$ e $\lambda_{\min}(\mathbf{M})$ denotam o maior e o menor autovalor de $\mathbf{M}$, respectivamente. Para vetores, os operadores max, min, $\geq$ e $\leq$ são definidos para ser elemento por elemento. A norma euclidiana de um vetor $\mathbf{v}$ é denotada por $||\mathbf{v}||$, enquanto a norma espectral de uma matriz $\mathbf{M}$ é denotada por $||\mathbf{M}||$. Para um sinal amostrado $x$, $x(k)$ é o valor no $k$-ésimo instante amostrado. Para uma variável $v$, $v_i$ denota a $i$-ésima instância da mesma variável.

## 7.1 ALGORITMOS MPC

Perceba que os algoritmos para a implementação de um MPC podem ser divididos em duas partes: a primeira é responsável pela obtenção das matrizes que compõem o controlador e a segunda pelo método de otimização. Dessas duas partes, podemos dividir também o que pode ser computado previamente e que não muda durante o ciclo de controle, que chamaremos de cômputo off-line, e o que varia durante o ciclo de controle, que chamaremos de cômputo on-line. O foco principal será em reduzir o custo computacional dos algoritmos que participam do cômputo on-line e que afetam diretamente o tempo de cômputo da ação de controle.

### 7.1.1 Algoritmo DMC recursivo

A forma recursiva para a implementação do DMC apresentada para o caso SISO no Volume 1 e generalizada para o caso MIMO na Seção 3.2.3 deste volume é mais adequada para a implementação computacional do algoritmo DMC que a versão tradicional. Isso ocorre porque essa formulação requer menos espaço de memória para armazenar as variáveis que modelam o problema de otimização e um número menor de operações matemáticas. Assim, o cômputo da resposta livre fica mais eficiente.

Uma proposta de algoritmo para o DMC recursivo para o caso SISO é apresentada no Algoritmo 1. Perceba que as variáveis de entrada são o vetor de coeficientes $\mathbf{g}$, que representa o modelo da planta utilizado para a predição, e as restrições desejadas, já na sua representação matricial, com $\overline{\mathbf{R}}$ e $\overline{\mathbf{r}}$. Os dados são os parâmetros utilizados para a sintonização do controlador, como os horizontes e as ponderações.

Avaliando o algoritmo, percebemos que, entre as linhas 1 e 9, as variáveis são inicializadas e a matriz $\mathbf{H}$ do DMC é definida. Essa parte do algoritmo representa o cômputo off-line e não é crítica para o tempo de cômputo da ação de controle. Já a parte entre as linhas 10 e 23 representa a parcela de cômputo on-line. Perceba que é feita uma divisão para quando o controlador está em modo automático, trabalhando de forma realimentada, e o modo manual. O modo manual foi omitido do algoritmo, mas basicamente permite que o operador atue diretamente no atuador da planta.

---

**Algoritmo 1:** DMC SISO

---

**Entrada:** $\mathbf{g}, \overline{\mathbf{R}}, \overline{\mathbf{r}}$
**Saída:** $u$
**Dados:** $\mathbf{Q}_\delta, \mathbf{Q}_\lambda, N_u, N_1, N_2, N_{ss}, u(0)$
1 **início**
2   $N \leftarrow N_2 - N_1 + 1$;
3   **para** $i = 1 : N_u$ **faça**
4     $\mathbf{G}(i : N, i) \leftarrow \mathbf{g}(N_1 : N_2 + 1 - i)$;
5   **fim**
6   $\mathbf{H} \leftarrow 2(\mathbf{G}^T\mathbf{Q}_\delta\mathbf{G} + \mathbf{Q}_\lambda)$;
7   $\hat{\mathbf{f}} \leftarrow \mathbf{1}_{N_{ss}}y$;
8   $u \leftarrow u(0)$;
9   $\Delta\mathbf{u} \leftarrow \mathbf{0}_{N_u}$;
10   **enquanto** *modo automático* **faça**
11     **se** *tempo de amostragem* **então**
12       Adquire saída $y$ e referência $w$;
13       $\hat{\mathbf{f}} \leftarrow \hat{\mathbf{f}} + \mathbf{g}\Delta u$;
14       $e \leftarrow (y - \hat{\mathbf{f}}(1))$;
15       $\hat{\mathbf{f}} \leftarrow [\hat{\mathbf{f}}(2)\ \hat{\mathbf{f}}(3) \ldots \hat{\mathbf{f}}(N_{ss} - 1)\ \hat{\mathbf{f}}(N_{ss} - 1)]^T$;
16       $\mathbf{f} \leftarrow \hat{\mathbf{f}}(N_1 : N_2) + \mathbf{1}_N e$;
17       $\mathbf{b}^T \leftarrow 2(\mathbf{f} - \mathbf{w})^T\mathbf{Q}_\delta\mathbf{G}$;
18       Atualiza $\overline{\mathbf{R}}$ e $\overline{\mathbf{r}}$, se necessário;
19       $\Delta\mathbf{u} \leftarrow$ Otimizador$(\mathbf{H}, \mathbf{b}^T, \overline{\mathbf{R}}, \overline{\mathbf{r}})$;
20       $\Delta u \leftarrow \Delta\mathbf{u}(1)$;
21       $u \leftarrow u + \Delta u$;
22     **fim**
23   **fim**
24 **fim**

---

O laço condicional da linha 11 deve acontecer periodicamente, em um tempo predefinido, que corresponde ao período de amostragem do sistema de controle. Frequentemente, são utilizadas rotinas de interrupção de temporizadores para cumprir esse requisito em sistemas embarcados. Na linha 12, é feita a obtenção do valor da variável controlada e da referência. Essas tarefas são deixadas de forma genérica, pois as informações podem ser obtidas de diversas formas, como a leitura de um conversor analógico-digital, recebimento por redes de comunicação, entre outras.

Das linhas 13 a 16, são definidos os passos para o cálculo da resposta livre do DMC de forma recursiva. Na linha 17, é computado o vetor $\mathbf{b}^T$, que é dependente da atualização de $\mathbf{f}$. Na linha 18, são atualizadas matrizes que definem as restrições. Essa atualização é necessária para alguns tipos de restrições, como as restrições no sinal de controle ou de saída da planta. No caso de haver apenas restrições no incremento de controle, esse passo não é necessário, dado que $\overline{\mathbf{R}}$ e $\overline{\mathbf{r}}$ são constantes, logo podem ser calculados na parte off-line do algoritmo e apenas empregados na chamada do otimizador.

Na linha 19 é computado o vetor de incrementos de controle a partir da resolução do problema de otimização. Nesse algoritmo, fazemos apenas uma chamada de função para o otimizador no estilo caixa preta, passando como parâmetros as matrizes e os vetores associados à função custo e às restrições. Nas seções seguintes, apresentaremos alguns possíveis algoritmos de otimização para serem implementados com o controlador.

Ao final do algoritmo, linhas 20 e 21, é selecionado apenas o primeiro incremento de controle calculado e, posteriormente, a ação de controle a ser aplicada ao atuador. A forma de aplicação da ação de controle também foi omitida do algoritmo pela mesma razão da omissão na obtenção da variável controlada e da referência, ou seja, isso pode ser feito de diversas maneiras, de acordo com a aplicação. Exemplos de possibilidades são o uso de um conversor digital-analógico, de uma saída digital com modulação por largura de pulso e de redes de comunicação.

O algoritmo para o caso MIMO do DMC recursivo pode ser visto no Algoritmo 2. Os passos são os mesmos do caso SISO, exceto pela generalização das variáveis. Para o caso MIMO, a matriz $\mathbf{G}$ é formada por outras matrizes $\mathbf{G}_{l,p}$, onde $\mathbf{G}_{l,p}$ é uma matriz de coeficientes da resposta ao degrau que relaciona a saída $l$ com a entrada $p$. Portanto, a matriz $\mathbf{G}$ é dada por:

$$\mathbf{G} = \begin{bmatrix} \mathbf{G}_{1,1} & \cdots & \mathbf{G}_{1,m} \\ \mathbf{G}_{2,1} & \cdots & \mathbf{G}_{2,m} \\ \vdots & \ddots & \vdots \\ \mathbf{G}_{n,1} & \cdots & \mathbf{G}_{n,m} \end{bmatrix}.$$

**Algoritmo 2:** MIMO DMC

```
Entrada: $g_{1,1}, ..., g_{n,m}, \overline{\mathbf{R}}, \overline{\mathbf{r}}, u_1(0), ..., u_m(0)$
Saída: $u_1,...,u_m$
Dados: $\mathbf{Q}_\delta, \mathbf{Q}_\lambda, \mathbf{N_u}, \mathbf{N_1}, \mathbf{N_2}, \mathbf{N_{ss}}$
início
    para $l = 1 : n$ faça
        $\mathbf{N}(l) \leftarrow \mathbf{N_2}(l) - \mathbf{N_1}(l) + 1$;
        para $p = 1 : m$ faça
            para $i = 1 : \mathbf{N_u}(p)$ faça
                $\mathbf{G}_{l,p}(i : N_l, i) \leftarrow \mathbf{g}_{l,p}(\mathbf{N_1}(l) : \mathbf{N_2}(l) + 1 - i)$;
            fim
            $u_p \leftarrow u_p(0)$;
        fim
        $\hat{\mathbf{f}}_l \leftarrow \mathbf{1}_{\mathbf{N_{ss}}(l)} y_l(0)$;
    fim
    $\mathbf{H} \leftarrow 2(\mathbf{G}^T \mathbf{Q}_e \mathbf{G} + \mathbf{Q}_u)$;
    $\Delta\mathbf{u} \leftarrow \mathbf{0}_{\mathbf{N_u}(1)+...+\mathbf{N_u}(m)}$;
    enquanto modo automático faça
        se período de amostragem então
            Obtém as saídas $y_1 ... y_n$;
            Define as referências $\mathbf{w} \leftarrow [\mathbf{w}_1 ... \mathbf{w}_n]^T$;
            para $l = 1 : n$ faça
                $\hat{\mathbf{f}}_l \leftarrow \hat{\mathbf{f}}_l + \mathbf{g}_l \Delta u_l$;
                $e_l \leftarrow y_l - \hat{\mathbf{f}}_l(1)$;
                $\hat{\mathbf{f}}_l \leftarrow [\hat{\mathbf{f}}_l(2) ... \hat{\mathbf{f}}_l(\mathbf{N_{ss}}(l) - 1)\ \hat{\mathbf{f}}_l(\mathbf{N_{ss}}(l) - 1)]^T$;
                $\mathbf{f}_l \leftarrow \hat{\mathbf{f}}_l(\mathbf{N_1}(l) : \mathbf{N_2}(l)) + \mathbf{1}_{\mathbf{N}(l)} e_l$;
            fim
            $\mathbf{f} \leftarrow [\mathbf{f}_1^T, ..., \mathbf{f}_n^T]^T$;
            $\mathbf{b}^T \leftarrow 2(\mathbf{f} - \mathbf{w})^T \mathbf{Q}_\delta \mathbf{G}$;
            Atualiza $\overline{\mathbf{R}}$ e $\overline{\mathbf{r}}$ se necessário;
            $\Delta\mathbf{u} \leftarrow$ Otimizador($\mathbf{H}, \mathbf{b}^T, \overline{\mathbf{R}}, \overline{\mathbf{r}}$);
            $i \leftarrow 1$;
            para $p = 1 : m$ faça
                $\Delta u_p \leftarrow \Delta\mathbf{u}(i)$;
                $i \leftarrow i + \mathbf{N_u}(p)$;
                $u_p \leftarrow u_p + \Delta u_p$;
            fim
        fim
    fim
fim
```

Para se obter o vetor de resposta livre generalizado **f**, as respostas livres para cada saída do sistema são agrupadas como:

$$\mathbf{f} = \left[\mathbf{f}_1^T \ \cdots \ \mathbf{f}_n^T\right]^T,$$

e os horizontes em vetores da seguinte forma:

$$\mathbf{N_1} = [N_{1,1}\ N_{1,2}\ \cdots\ N_{1,n}]^T, \qquad \mathbf{N_2} = [N_{2,1}\ N_{2,2}\ \cdots\ N_{2,n}]^T,$$
$$\mathbf{N_u} = [N_{u,1}\ N_{u,2}\ \cdots\ N_{u,m}]^T, \qquad \mathbf{N_{ss}} = [N_{ss,1}\ N_{ss,2}\ \cdots\ N_{ss,n}]^T.$$

### 7.1.2 Algoritmo GPC recursivo

A forma de obtenção da lei de controle utilizando a equação diofantina, apresentada na Seção 3.3, nem sempre é a mais adequada para a utilização em algoritmos embarcados, devido à operação de divisão requerida. A operação de divisão é sabidamente lenta e, em casos de baixa precisão na representação numérica, a operação de divisão aumenta o acúmulo de erros. Vale ressaltar que há a alternativa da implementação recursiva do cálculo da diofantina apresentada no Volume 1. Vamos apresentar aqui uma formulação direta, na qual a matriz **G** e o vetor **f** podem ser calculados recursivamente. Os elementos $g_i$, que compõem a matriz **G**, e os elementos $f_i$, que compõem o vetor de resposta livre **f**, podem ser computados por:

$$g_i = z(1 - A(z^{-1}))g_{i-1} + B(z^{-1})\bar{u}(i), \tag{7.2a}$$
$$f_i = z(1 - \tilde{A}(z^{-1}))f_{i-1} + B(z^{-1})\Delta u(k - d + i - 1), \tag{7.2b}$$

com $i = 1, \ldots, N_2$, $\bar{u}(i)$ sendo um degrau unitário, $g_i = 0$ para $i \leq 0$, $f_i = y(k - i)$ para $i \leq 0$ e $\Delta u(k + j) = 0$ para $j \geq 0$. Esse método foi apresentado no Volume 1, então não serão apresentados os detalhes novamente, mas uma alternativa de implementação algorítmica. Após o cômputo dos elemento $g_i$ e $f_i$, a matriz **G** e o vetor **f** podem ser escritos como:

$$\mathbf{G} = \begin{bmatrix} g_{N_1} & g_{N_1-1} & \cdots & g_{N_1-N_u+1} \\ g_{N_1+1} & g_{N_1} & \cdots & g_{N_1-N_u+2} \\ \vdots & \vdots & \vdots & \vdots \\ g_{N_2} & g_{N_2-1} & \cdots & g_{N_2-N_u+1} \end{bmatrix}, \qquad \mathbf{f} = \begin{bmatrix} f_{N_1} \\ f_{N_1+1} \\ \vdots \\ f_{N_2} \end{bmatrix}.$$

Vale ressaltar que, em casos práticos, com sistemas estáveis, a matriz **G** frequentemente é obtida de forma experimental a partir dos coeficientes da resposta ao degrau em malha aberta, que compõem a primeira coluna de **G**.

O algoritmo do GPC recursivo pode ser visto no Algoritmo 3. Perceba que as variáveis de entrada são os coeficientes dos polinômios que definem o modelo CARIMA, o atraso e as matrizes de restrições desejadas. Os dados são os parâmetros utilizados para a sintonização do controlador, como os horizontes e as ponderações.

Entre as linhas 1 e 10, são computadas as matrizes que definem o controlador GPC e que podem ser determinadas de modo off-line. Já a parte entre as linhas 11 e 24 representa a parcela de cômputo on-line. Aqui, assim como apresentado no algoritmo DMC, também é feita a divisão para quando o controlador está em modo automático, trabalhando de forma realimentada, e o modo manual. Relembramos que o laço condicional da linha 12 deve acontecer periodicamente, de acordo com o período de amostragem do sistema de controle e que frequentemente são utilizadas rotinas de interrupção de temporizadores para cumprir esse requisito em sistemas embarcados.

Na linha 13, é feita a obtenção dos valores da variável controlada e da referência. Das linhas 14 até 17, são definidos os passos para o cálculo da resposta livre do GPC de forma recursiva. Na linha 18, é computado o vetor **b**, que é dependente da atualização de **f**. Na linha 17 é computado o vetor de incrementos de controle a partir da resolução do problema de otimização. Ao final do algoritmo, linhas 20 e 21, é selecionado apenas o primeiro incremento de controle calculado e, posteriormente, a ação de controle a ser aplicada ao atuador, conforme discutido para o DMC.

Para o caso MIMO do GPC, a generalização das matrizes ocorre da mesma forma que no DMC. Portanto, o vetor de resposta livre para cada saída $p$ pode ser obtido recursivamente como:

$$f_{p,i} = z(1 - \tilde{\mathbf{A}}_{p,p}(z^{-1}))f_{p,i-1} + \sum_{l=1}^{n_i} \mathbf{B}_{p,l}(z^{-1})\Delta u_l(k - L_{p,p} + i - 1), \tag{7.3}$$

com $i = 1, ..., N_{2_p}$, $p = 1, ..., n$, $l = 1, ..., m$, $f_{p,i} = y_p(k+i)$ para $i \leq 0$, $\Delta u_l(k+j) = 0$ para $j \geq 0$ e $L_{p,p}$ é um elemento da matriz diagonal $\mathbf{L}$ com dimensões $n \times n$ e que contém os atrasos efetivos por saída (menor atraso de cada saída) na diagonal principal.

O algoritmo do GPC recursivo para o caso MIMO é apresentado no Algoritmo 4.

Uma vez definidos algoritmos para a implementação do DMC e do GPC, passaremos a avaliar métodos que permitam a solução do QP resultante desses controladores. Note que nesta seção foram feitas chamadas genéricas de função para o otimizador, porém a Seção 7.2 apresenta detalhes de implementação de alternativas de algoritmos e discussões sobre a adequação deles para resolver o problema de otimização específico resultante de MPCs.

**Algoritmo 3:** Controle preditivo generalizado

**Entrada:** $A$, $B$, $d$, $\overline{\mathbf{R}}$, $\bar{\mathbf{r}}$<br>
**Saída:** $u$<br>
**Dados:** $\mathbf{Q}_\lambda$, $\mathbf{Q}_\delta$, $N_u$, $N_1$, $N_2$, $u(0)$<br>
**início**<br>
    $\tilde{A}(z^{-1}) \leftarrow (1 - z^{-1})A(z^{-1})$;<br>
    **para** $i = 0 : N_2$ **faça**<br>
        $\mathbf{g}(i) \leftarrow z(1 - A(z^{-1}))\mathbf{g}(i-1) + B(z^{-1})\bar{\mathbf{u}}(i)$;<br>
    **fim**<br>
    **para** $i = 1 : N_u$ **faça**<br>
        $\mathbf{G}(i : N, i) \leftarrow \mathbf{g}(N_1 : N_2 + 1 - i)$;<br>
    **fim**<br>
    $\mathbf{H} \leftarrow 2(\mathbf{G}^T\mathbf{Q}_\delta\mathbf{G} + \mathbf{Q}_\lambda)$;<br>
    $u \leftarrow u(0)$;<br>
    $\Delta\mathbf{u} \leftarrow \mathbf{0}_{N_u}$;<br>
    **enquanto** *modo automático* **faça**<br>
        **se** *tempo de amostragem* **então**<br>
            Adquire saída $y$ e referência $w$;<br>
            $\mathbf{f}(1 : n_a) \leftarrow \mathbf{y}(k - n_a + 1 : k)$;<br>
            **para** $i = n_a + 1 : N_2 + n_a$ **faça**<br>
                $\mathbf{f}(i) \leftarrow z(1 - \tilde{A}(z^{-1}))\mathbf{f}(i-1) + B(z^{-1})\Delta u(k - d + i - 1)$;<br>
            **fim**<br>
            $\mathbf{f} \leftarrow \mathbf{f}(N_1 + n_a : N_2 + n_a)$ ;<br>
            $\mathbf{b}^T \leftarrow 2(\mathbf{f} - \mathbf{w})^T\mathbf{Q}_\delta\mathbf{G}$;<br>
            Atualiza $\overline{\mathbf{R}}$ e $\bar{\mathbf{r}}$, se necessário;<br>
            $\Delta\mathbf{u} \leftarrow$ Otimizador$(\mathbf{H}, \mathbf{b}^T, \overline{\mathbf{R}}, \bar{\mathbf{r}})$;<br>
            $\Delta u \leftarrow \Delta\mathbf{u}(1)$;<br>
            $u \leftarrow u + \Delta u$;<br>
        **fim**<br>
    **fim**<br>
**fim**

**Algoritmo 4:** MIMO GPC

**Entrada:** $A_1, ..., A_n, B_{1,1}, ..., B_{m,n}, \mathbf{L}, \overline{\mathbf{R}}, \overline{\mathbf{r}}, u_1(0), ..., u_m(0)$
**Saída:** $u_1, ..., u_m$
**Dados:** $m, n, \mathbf{Q}_\lambda, \mathbf{Q}_\delta, \mathbf{N}_u, \mathbf{N}_1, \mathbf{N}_2$

**início**
  **para** $l = 1 : n$ **faça**
    $\tilde{A}_l\left(z^{-1}\right) \leftarrow (1 - z^{-1})A_l\left(z^{-1}\right)$;
    **para** $p = 1 : m$ **faça**
      **para** $i = 1 : \mathbf{N}_2(l)$ **faça**
        $g_{l,p}(i) \leftarrow z\left(1 - A_p(z^{-1})\right)g_{l,p}(i-1) + B_{l,p}\left(z^{-1}\right)\bar{u}_i$;
      **fim**
      **para** $i = 1 : \mathbf{N}_u(p)$ **faça**
        $\mathbf{G}_{l,p}(i : \mathbf{N}_2(l) - \mathbf{N}_1(l) + 1, i) \leftarrow g_{l,p}(\mathbf{N}_1(l) : \mathbf{N}_2(l) + 1 - i)$;
      **fim**
      $u_p \leftarrow u_p(0)$;
    **fim**
  **fim**
  $\mathbf{H} \leftarrow 2(\mathbf{G}^T\mathbf{Q}_\delta\mathbf{G} + \mathbf{Q}_\lambda)$;
  $\Delta\mathbf{u} \leftarrow \mathbf{0}_{\mathbf{N}_u(1)+...+\mathbf{N}_u(m)}$;
  **enquanto** *modo automático* **faça**
    **se** *período de amostragem* **então**
      **para** $l = 1 : n$ **faça**
        Obtém as saídas $y_l$ e referências $w_l$;
        $f_{l,0} \leftarrow y_l$;
        **para** $i = 1 : \mathbf{N}_2(l)$ **faça**
          $f_{l,i} \leftarrow z\left(1 - \tilde{A}_l\left(z^{-1}\right)\right)f_{l,i-1} + \sum_{p=1}^{m} B_{l,p}\left(z^{-1}\right)\Delta u_p(k - L_{l,l} + i - 1)$;
        **fim**
      **fim**
      $\mathbf{f} \leftarrow [\mathbf{f}_1(\mathbf{N}_1(1) : \mathbf{N}_2(1)) \ldots \mathbf{f}_n(\mathbf{N}_1(n) : \mathbf{N}_2(n))]^T$;
      $\mathbf{b}^T \leftarrow 2(\mathbf{f} - \mathbf{w})^T\mathbf{Q}_\delta\mathbf{G}$;
      Atualiza $\overline{\mathbf{R}}$ e $\overline{\mathbf{r}}$ se necessário;
      $\Delta\mathbf{u} \leftarrow$ Otimizador($\mathbf{H}, \mathbf{b}, \overline{\mathbf{R}}, \overline{\mathbf{r}}$);
      $i \leftarrow 1$;
      **para** $p = 1 : m$ **faça**
        $\Delta u_p \leftarrow \Delta\mathbf{u}(i)$;
        $i \leftarrow i + \mathbf{N}_u(p)$;
        $u_p \leftarrow u_p + \Delta u_p$;
      **fim**
    **fim**
  **fim**
**fim**

## 7.2 ALGORITMOS DE OTIMIZAÇÃO

Serão apresentados três algoritmos para a resolução do QP resultante de implementações de MPC, apresentado em (7.1), cada um com características distintas. O primeiro é um método de segunda ordem chamado método de ponto interior com barreira logarítmica. Esse método utiliza operações matemáticas mais complexas, entretanto, apresenta menos variação no número de iterações para um mesmo problema, podendo ser utilizado em problemas maiores e com necessidade de maior exatidão. Serão apresentados, também, algoritmos menos custosos computacionalmente, como o método de projeção de gradiente acelerado dual e o método dos multiplicadores em direções alternadas. Esses métodos podem ser utilizados em plantas com dinâmicas mais rápidas e até mesmo ser implementados em microcontroladores com menos funções matemáticas disponíveis. Posteriormente, será apresentado um estudo de caso com uma comparação entre os algoritmos.

Para auxiliar o leitor que não é familiarizado com a área de otimização convexa, algumas definições importantes empregadas no decorrer do texto são disponibilizadas no Apêndice B.

### 7.2.1 Método de ponto interior com barreira logarítmica

O método de ponto interior com barreira logarítmica (IPLB, do inglês *Interior Point Logarithmic Barrier*) é bastante popular para a resolução de problemas do tipo QP resultantes de MPC ou não. Trata-se de uma adaptação dos métodos do tipo ponto interior para tratar restrições de desigualdade. A ideia básica é incluir as restrições na função custo com o uso da barreira logarítmica e resolver o problema irrestrito. A classe de métodos de ponto interior agrupa métodos que partem de um ponto factível dentro dos limites das variáveis para encontrar a solução a partir do problema irrestrito e das condições de otimalidade. Com a função custo alterada, apesar de que qualquer método de minimização convexa pode ser utilizado, em geral, utiliza-se o método de Newton por conta da rápida convergência para resolver o problema irrestrito. Para entendermos o método IPLB é importante discutirmos o funcionamento básico do método de Newton primeiro.

#### 7.2.1.1 Método de Newton

O método de Newton é um método para se obter sucessivas aproximações das raízes de uma determinada função (DEDIEU, 2015). Entretanto, ele pode ser utilizado para a minimização de funções se for considerado um critério de otimalidade no qual o mínimo de uma função convexa (Definição B.3 do Apêndice B) ocorre quando a derivada da função é igual a zero.

Para obtermos uma forma de calcular os valores que minimizam uma função, podemos aproximar a derivada $f'$ de uma função $f$ por uma série de Taylor truncada no termo linear:

$$f'(x + \Delta x_{nt}) \approx f'(x) + f''(x)\,(x + \Delta x_{nt} - x)\,, \tag{7.4}$$

sendo $\Delta x_{nt}$ a variação em relação ao ponto atual e, aqui, chamaremos também de passo de Newton. Perceba que uma aproximação linear da derivada é um bom modelo para uma função quadrática, uma vez que a sua derivada é uma reta, então a aproximação linear acaba caindo exatamente no ótimo. Agora, se igualarmos esse modelo a zero,

$$f'(x) + f''(x)\,(x + \Delta x_{nt} - x) = 0,$$

podemos obter uma forma de calcular o argumento que minimiza a função $f$, pois o ponto de derivada zero indica um mínimo numa função convexa. Isolando o termo a ser calculado, $x + \Delta x_{nt}$, temos:

$$x + \Delta x_{nt} = x - \frac{f'(x)}{f''(x)}. \tag{7.5}$$

Em termos intuitivos, o método encontra a direção de maior decrescimento (descenso) da função, que nada mais é do que a direção oposta àquela indicada pela derivada da função, e encontra, por extrapolação linear, o ponto em que a derivada seria nula, ou seja, o ponto de mínimo da função original. Na sequência, vamos avaliar esse comportamento por meio de um exemplo.

**Exemplo 7.1**

Considere a seguinte função polinomial de segunda ordem, que é convexa:

$$f(x) = x^2 + x + 3.$$

Utilizando o método de Newton, buscaremos o mínimo dessa função partindo de um chute inicial $x_0 = 1$. As suas derivadas são dadas por:

$$f'(x) = 2x + 1, \qquad f''(x) = 2.$$

Avaliando essas funções com $x_0 = 1$, temos que:

$$f'(1) = 3, \qquad f''(1) = 2,$$

então, utilizando o método de Newton, o ponto de mínimo seria:

$$x_0 + \Delta x_{nt} = 1 - \frac{f'(1)}{f''(1)} = 1 - 1{,}5 = -0{,}5.$$

Avaliando $f(x)$ neste ponto, temos $f(-0{,}5) = 2{,}75$, que é exatamente o mínimo da função original. Isso pode ser facilmente verificável a partir do ponto de derivada nula de $f(x)$:

$$f'(x) = 2x + 1 = 0,$$
$$2x = -1,$$
$$x = -0{,}5.$$

Caso o ponto inicial tivesse sido assumido em outro valor, por exemplo, $x_0 = 9$, o procedimento resultaria em:

$$x_0 + \Delta x_{nt} = 9 - \frac{f'(9)}{f''(9)} = 9 - \frac{19}{2} = -0{,}5,$$

que é o mesmo valor obtido para a condição inicial $x_0 = 1$.

Perceba que (7.5) é uma aproximação linear da derivada da função, e que nem sempre esse é um bom modelo para todas as funções convexas, como veremos no exemplo a seguir.

**Exemplo 7.2**

Considere a seguinte função polinomial de quarta ordem, que é convexa:

$$f(x) = 0{,}1x^4 + 0{,}2x^2 + 3x + 1{,}5.$$

Utilizando o método de Newton, buscaremos o ponto de mínimo a partir de uma condição inicial $x_0 = 0{,}4$. As derivadas dessa função são:

$$f'(x) = 0{,}4x^3 + 0{,}4x + 3, \qquad f''(x) = 1{,}2x^2 + 0{,}4.$$

Avaliando essas funções no ponto inicial $x_0 = 0{,}4$, temos que:

$$f'(0{,}4) = 3{,}1856, \qquad f''(0{,}4) = 0{,}5920.$$

Então, utilizando o método de Newton, o ponto de mínimo seria:

$$x_0 + \Delta x_{nt} = x_0 - \frac{f'(0{,}4)}{f''(0{,}4)} = -4{,}9811.$$

Agora, calculamos o valor de $f(x)$ para os dois pontos:

$$f(0{,}4) = 2{,}7346, \qquad f(-4{,}9811) = 53{,}0784.$$

Veja que, apesar de o método de Newton utilizar a direção de descenso da função no ponto avaliado, $f(x_0 + \Delta x_{nt})$ é maior do que $f(x)$. Na Figura 7.1 pode ser visto de forma gráfica que o passo foi maior do que o esperado, passando pelo ponto de mínimo. Isso ocorre pois a aproximação de primeira ordem utilizada para encontrar o ponto de mínimo não é boa o suficiente neste caso.

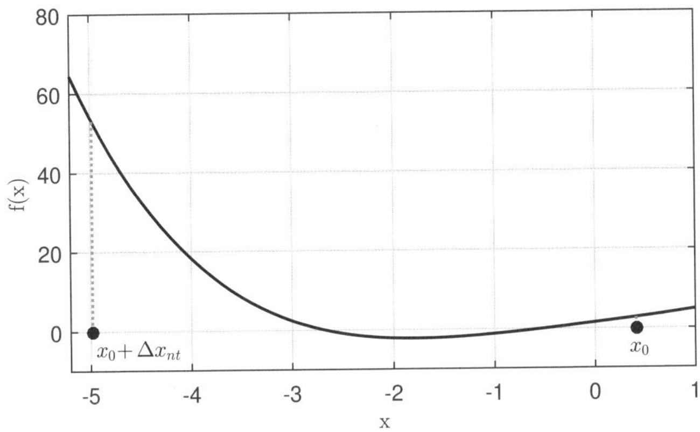


**Figura 7.1** Exemplo 7.4 – Representação gráfica do problema de programação quadrática sem restrição.

Portanto, para evitar este problema de a aproximação linear não ser boa aproximação de $f'(x)$, é comum representar o algoritmo de Newton de forma iterativa e com um tamanho de passo $l$ menor do que um, que muitas vezes é ajustado dinamicamente:

$$x_{i+1} = x_i - l\frac{f'(x_i)}{f''(x_i)}. \tag{7.6}$$

De forma simplificada, podemos pensar que esse método iterativo de minimização tem por objetivo encontrar valores menores da função custo a cada iteração, tal que:

$$f(x_{i+1}) < f(x_i). \tag{7.7}$$

Se esse processo for repetido várias vezes, o resultado será muito próximo do mínimo da função, desde que ela seja convexa.

Existem alguns métodos para a escolha do valor de $l$ de tal forma que a condição anterior seja satisfeita. Aqui, apresentaremos a busca retroativa em linha (*backtracking line search*). Esse método inicia com o valor inicial do passo de Newton, ou seja, $l = 1$. Daí, testa-se uma condição de parada e, se esta não for satisfeita, reduz-se o passo por um fator $\beta \in (0;\ 1)$, sendo que valores mais próximos de 1 fazem uma redução menor do passo a cada iteração. Valores típicos de $\beta$ incluem o intervalo de $0{,}1$, para uma busca mais grosseira, e $0{,}8$ para uma busca mais refinada. Agora, definiremos uma condição de parada para a escolha do tamanho do passo. Na literatura, é possível encontrar outras condições de parada, mas a que será proposta é simples e dá resultados satisfatórios na maioria dos casos. Utilizando a aproximação de Taylor de primeira ordem da função a ser minimizada, podemos escrever:

$$
\begin{aligned}
f(x + \Delta x_{nt}) &\approx f(x) + f'(x)\Delta x_{nt}, \\
f(x + \Delta x_{nt}) - f(x) &\approx f'(x)\Delta x_{nt}.
\end{aligned}
$$

Esta última equação indica que a variação esperada da função entre os pontos $x + \Delta x_{nt}$ e $x$ será aproximadamente $f'(x)\Delta x_{nt}$. Assim, podemos utilizar este valor como base para estabelecer uma condição de parada. Mas, como vimos, a aproximação de Taylor de primeira ordem pode não representar adequadamente as mudanças de valor de $f(x)$. Assim, definimos a condição de parada como:

$$
f(x + l\Delta x_{nt}) - f(x) \leq \varpi f'(x)\,(l\Delta x_{nt}), \tag{7.8}
$$

sendo o parâmetro $\varpi$ a fração aceitável de decaimento da função predita por extrapolação linear estimada por $f'(x)\,(l\Delta x_{nt})$. Em (BOYD; VANDENBERGHE, 2004), afirma-se que os valores típicos de $\varpi$ são escolhidos entre 0,01 e 0,3, significando que é aceitável um decaimento da função custo de 1% a 30% da predição baseada na extrapolação linear.

Então, para minimizar uma função $f(x)$ com o método de Newton, dado um passo inicial, a cada iteração do método, encontra-se um passo de tal forma que $f(x_{i+1}) < f(x_i)$, e repete-se o procedimento até que o passo calculado seja menor do que um valor $\epsilon_{nt}$, o que indica que o ponto calculado já se aproxima do mínimo da função.

O Algoritmo 5 apresenta o método de Newton completo com busca retroativa linear. Na sequência, apresentaremos um exemplo de emprego desse algoritmo, considerando a mesma função empregada no Exemplo 7.2.

**Algoritmo 5:** Método de Newton com busca retroativa linear

**Entrada:** $x_0, f, f', f''$

**Saída:** $x$

**Dados:** $\beta \in (0;\ 1)$, $\varpi \in [0{,}01;\ 0{,}3]$, $\epsilon_{nt}$

**início**
- $x \leftarrow x_0$;
- $\Delta x_{nt} \leftarrow -\dfrac{f'(x)}{f''(x)}$;
- **enquanto** $|\Delta x_{nt}| > \epsilon_{nt}$ **faça**
  - $l = 1$;
  - **enquanto** $f(x + l\Delta x_{nt}) - f(x) > \varpi f'(x)\,(l\Delta x_{nt})$ **faça**
    - $l \leftarrow \beta l$;
  - **fim**
  - Atualiza $x \leftarrow x + l\Delta x_{nt}$;
  - $\Delta \mathbf{x}_{nt} \leftarrow -\dfrac{f'(x)}{f''(x)}$;
- **fim**

**fim**

### Exemplo 7.3

Aqui, utilizaremos o método de Newton para obter o mínimo da função apresentada no Exemplo 7.2. Utilizando o mesmo passo inicial $x_0 = 0{,}4$ e definindo $\beta = 0{,}5$, $\varpi = 0{,}3$ e $\epsilon_{nt} = 1 \times 10^{-4}$, temos que:

$$f'(0{,}4) = 3{,}1856, \qquad f''(0{,}4) = 0{,}5920,$$

o que resulta em:

$$\Delta x_{nt} = -\frac{f'(0{,}4)}{f''(0{,}4)} = -5{,}3811.$$

Iniciando com $l = 1$, então

$$x_1 = x_0 + \Delta x_{nt} = -4{,}9811.$$

Agora, precisamos dos valores de $f(x)$ nesses dois pontos para verificar a condição de que $f(x_{i+1}) < f(x_i)$:

$$f(0{,}4) = 2{,}7346, \qquad f(-4{,}9811) = 53{,}0784.$$

Obviamente, a condição de decrescimento da função custo não é atendida, mas devemos testar a condição de parada (7.8) da busca linear, como estipulado pelo algoritmo:

$$\begin{aligned} f(x_1 + l\Delta x_{nt}) - f(x_0) &\leq \varpi f'(x_0)\,(l\Delta x_{nt})\,, \\ 53{,}0784 - 2{,}7346 &\leq 0{,}3 \cdot 3{,}1856 \cdot (-5{,}3811), \\ 50{,}3438 &\nleq -5{,}1426. \end{aligned}$$

Como esta última condição é falsa, devemos fazer $l = \beta l = 0{,}5 \cdot 1 = 0{,}5$ e repetir os cálculos:

$$x_1 = x_0 + 0{,}5\Delta x_{nt} = -2{,}2905,$$

$$f(0{,}4) = 2{,}7346, \qquad f(-2{,}2905) = -1{,}5697,$$

e testar novamente a condição de parada da busca linear

$$\begin{aligned} f(x_1 + l\Delta x_{nt}) - f(x_0) &\leq \varpi f'(x_0)\,(l\Delta x_{nt})\,, \\ -1{,}5697 - 2{,}7346 &\leq 0{,}3 \cdot 3{,}1856 \cdot 0{,}5 \cdot (-5{,}3811), \\ -4{,}3042 &\leq -2{,}5713. \end{aligned}$$

Como, agora, a condição é satisfeita, o valor de $x_1$ definitivo é encontrado, e o algoritmo continua, já que a condição de parada geral $|\Delta x_{nt}| < \epsilon_{nt}$ ainda não é satisfeita. Repetindo os passos anteriores, precisamos de 5 iterações do algoritmo para encontrar o mínimo da função, que é:

$$x = -1{,}7876, \qquad f(x) = -2{,}2026.$$

As informações importantes de cada passo são apresentadas na Tabela 7.1.

**Tabela 7.1** Passos do método de Newton para o Exemplo 7.3.

| $i$ | $x_{i-1}$ | $f'(x_{i-1})$ | $f''(x_{i-1})$ | $\Delta x_{nt}$ | $l$ | $f(x_i)$ |
|---|---|---|---|---|---|---|
| 1 | 0,4 | 3,18560 | 0,5920 | −5,3811 | 0,5 | −1,5697 |
| 2 | −2,2905 | −2,72321 | 6,6959 | 0,4067 | 1 | −2,1823 |
| 3 | −1,8838 | −0,42773 | 4,6586 | 0,0918 | 1 | −2,2025 |
| 4 | −1,7920 | −0,01875 | 4,2536 | 0,0044 | 1 | −2,2026 |
| 5 | −1,7876 | −0,00004 | 4,2347 | 0,0000 | 1 | −2,2026 |

Por fim, para generalizar o método para variáveis de dimensões maiores, podemos redefinir a noção de derivada para o gradiente e a Hessiana e, dessa forma, o passo principal do método iterativo de Newton passa a ser:

$$\mathbf{x}_{i+1} = \mathbf{x}_i - l(\nabla^2 f(\mathbf{x}_i))^{-1}(\nabla f(\mathbf{x}_i)), \tag{7.9}$$

e a condição de parada da busca retroativa linear é dada por:

$$f(\mathbf{x}+l\Delta\mathbf{x}_{nt})-f(\mathbf{x})<\varpi\nabla f(\mathbf{x})^T\,(l\Delta\mathbf{x}_{nt})\,. \tag{7.10}$$

O Exemplo 7.4 avalia a aplicação da versão generalizada do método de Newton para dimensões maiores a um problema de controle preditivo.

**Exemplo 7.4**

Vamos aplicar o método proposto no contexto de controle preditivo, por enquanto, sem restrições. Assim, a função a ser minimizada é a função custo $J(\Delta\mathbf{u})$. Considerando um horizonte de controle de duas amostras $N_u = 2$, então, $\Delta\mathbf{u} \in \mathbb{R}^2$ é um vetor com dois elementos. Neste caso, a função custo tem o formato de um paraboloide em $\Delta\mathbf{u}$ e é dada por:

$$J(\Delta\mathbf{u}) = \frac{1}{2}\Delta\mathbf{u}^T\mathbf{H}\Delta\mathbf{u}+\mathbf{b}^T\Delta\mathbf{u}. \tag{7.11}$$

O gradiente e a Hessiana são definidos por:

$$\nabla J(\Delta\mathbf{u}) = \mathbf{H}\Delta\mathbf{u}+\mathbf{b}, \qquad \nabla^2 J(\Delta\mathbf{u}) = \mathbf{H}.$$

Assumiremos uma planta cujo modelo é representado por

$$\mathbf{A}(z^{-1}) = 1-1{,}64z^{-1}+0{,}67z^{-2}, \qquad \mathbf{B}(z^{-1}) = 0{,}035-0{,}031z^{-1}$$

e um GPC com $N_u = 2$, $N_1 = 1$, $N_2 = 20$, $\delta = 1$ e $\lambda = 10$. Em um instante de tempo $k$, assumindo condições iniciais nulas e a referência $w = 1$, teremos as matrizes:

$$\mathbf{H} = \begin{bmatrix} 82 & 59 \\ 59 & 75 \end{bmatrix}, \qquad \mathbf{b} = \begin{bmatrix} -44 \\ -40 \end{bmatrix}.$$

A representação gráfica da função custo é apresentada na Figura 7.2.

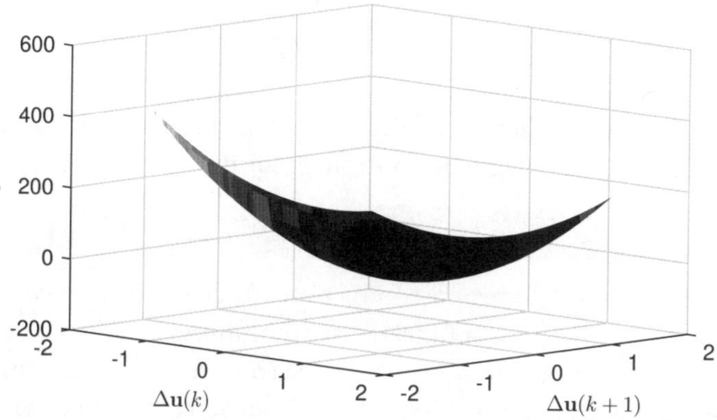


**Figura 7.2** Exemplo 7.4 – Representação gráfica do problema de programação quadrática sem restrição.

Definindo, de forma arbitrária, o ponto inicial para os incrementos de controle futuros como $\Delta\mathbf{u}_0 = [1{,}5 \quad 1{,}5]^T$ e os parâmetros do método de Newton como $\beta = 0{,}5$, $\varpi = 0{,}3$ e $\epsilon_{nt} = 1 \times 10^{-4}$, podemos iniciar o algoritmo do método de Newton para obter $\Delta\mathbf{u}_1$:

$$\begin{aligned}
\Delta\mathbf{x}_{nt} &= -(\nabla^2 J(\Delta\mathbf{u}_0))^{-1}(\nabla J(\Delta\mathbf{u}_0)) \\
&= -\mathbf{H}^{-1}(\mathbf{H}\Delta\mathbf{u}_0 + \mathbf{b}) \\
&= -\begin{bmatrix} 0{,}028 & -0{,}022 \\ -0{,}022 & 0{,}031 \end{bmatrix}\left(\begin{bmatrix} 82 & 59 \\ 59 & 75 \end{bmatrix}\begin{bmatrix} 1{,}5 \\ 1{,}5 \end{bmatrix} + \begin{bmatrix} -44 \\ -40 \end{bmatrix}\right) \\
&= \begin{bmatrix} -1{,}1478 \\ -1{,}2437 \end{bmatrix}.
\end{aligned}$$

Seguindo os passos do algoritmo, avaliamos a condição de parada:

$$|\Delta\mathbf{x}_{nt}| < \epsilon_{nt},$$
$$1{,}6924 \nless 1 \times 10^{-4},$$

e, como ela não é satisfeita, continuamos o procedimento com $l = 1$:

$$\Delta\mathbf{u}_1 = \Delta\mathbf{u}_0 + l\Delta\mathbf{x}_{nt},$$
$$\Delta\mathbf{u}_1 = \begin{bmatrix} 1{,}5 \\ 1{,}5 \end{bmatrix} + 1 \cdot \begin{bmatrix} -1{,}1478 \\ -1{,}2437 \end{bmatrix} = \begin{bmatrix} 0{,}3522 \\ 0{,}2536 \end{bmatrix}.$$

Agora, devemos testar a condição de parada da busca linear (linha 6 do Algoritmo 5):

$$f(\mathbf{u}_0 + l\Delta\mathbf{x}_{nt}) - f(\mathbf{u}_0) < \varpi\nabla f(\mathbf{u}_0)^T\,(l\Delta\mathbf{x}_{nt})\,,$$

$$-12{,}8737 + 183{,}3750 < 0{,}3 \cdot \begin{bmatrix}167{,}5 & 161\end{bmatrix} \cdot \left(1 \cdot \begin{bmatrix}-1{,}1478\\-1{,}2437\end{bmatrix}\right),$$

$$-196{,}2487 < -117{,}7492,$$

e, como ela é satisfeita, não é necessário recalcular $l$.

Seguindo o procedimento, devemos recalcular $\Delta\mathbf{x}_{nt}$ considerando o ponto $\Delta\mathbf{u}_1$ calculado anteriormente:

$$\begin{aligned}\Delta\mathbf{x}_{nt} &= -\mathbf{H}^{-1}(\mathbf{H}\Delta\mathbf{u}_1 + \mathbf{b})\\ &= -\begin{bmatrix}0{,}028 & -0{,}022\\-0{,}022 & 0{,}031\end{bmatrix}\left(\begin{bmatrix}82 & 59\\59 & 75\end{bmatrix}\begin{bmatrix}0{,}3522\\0{,}2536\end{bmatrix} + \begin{bmatrix}-44\\-40\end{bmatrix}\right)\\ &= \begin{bmatrix}0{,}2556\times10^{-15}\\0{,}3674\times10^{-15}\end{bmatrix},\end{aligned}$$

e, testando a condição de parada do algoritmo, temos

$$|\Delta\mathbf{x}_{nt}| < \epsilon_{nt},$$
$$4{,}4754\times10^{-16} < 1\times10^{-4},$$

que é satisfeita, então o ponto ótimo foi encontrado em um passo.

Perceba que $\Delta\mathbf{u} = [0{,}3522\ \ 0{,}2536]^T$ é o ponto que leva a função a ter o seu valor ótimo, dado por $J(\Delta\mathbf{u}_1) = -12{,}8737$, e que esse ponto poderia ser encontrado de forma analítica, dado que o problema não tem restrições. Além disso, o mesmo ponto pode ser visualmente identificado na Figura 7.3.

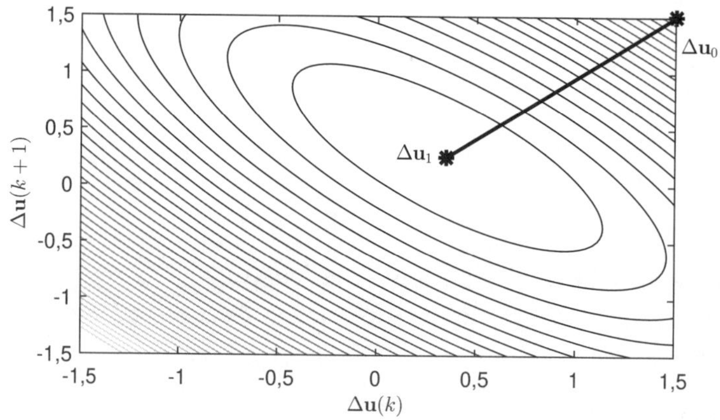


**Figura 7.3** Exemplo 7.4 – contorno da função quadrática mostrando a convergência para o valor ótimo em apenas um passo.

O método de Newton, como apresentado, funciona bem para minimização de funções convexas. Porém, no contexto de controle preditivo, é necessário considerar, também, as restrições presentes no problema de otimização. Nesses casos, é necessário reescrever o problema original com restrições num equivalente sem restrições para podermos usar o método de Newton. Há algumas maneiras de se fazer isso, mas aqui apresentaremos o método da barreira logarítmica.

#### 7.2.1.2 Barreira logarítmica

O método de barreira tem como objetivo aproximar um problema de otimização com restrições de desigualdade por um problema irrestrito ou com apenas restrições de igualdade, nos quais o método de Newton pode ser aplicado diretamente. Considere o seguinte problema de otimização com $f(\mathbf{x})$ sendo uma função convexa:

$$\begin{aligned} \min_{\mathbf{x}} \quad & f(\mathbf{x}) \\ \text{s.a.} \quad & \overline{\mathbf{R}}\mathbf{x} \leq \overline{\mathbf{r}}. \end{aligned} \tag{7.12}$$

De forma genérica, podemos reescrever o problema anterior com as restrições de desigualdade definidas implicitamente na função custo:

$$\min_{\mathbf{x}} \quad f(\mathbf{x}) + \sum_{i=1}^{n_{rin}} I_-([\overline{\mathbf{R}}\mathbf{x} - \overline{\mathbf{r}}]_i), \tag{7.13}$$

onde $I_- : \mathbb{R} \rightarrow \mathbb{R}$ é uma função indicadora para reais não positivos, definida como:

$$I_-([\overline{\mathbf{R}}\mathbf{x}-\overline{\mathbf{r}}]_i) = \begin{cases} 0, & \text{se } [\overline{\mathbf{R}}\mathbf{x}-\overline{\mathbf{r}}]_i \leq 0 \\ \infty, & \text{se } [\overline{\mathbf{R}}\mathbf{x}-\overline{\mathbf{r}}]_i > 0 \end{cases}, \tag{7.14}$$

e $n_{rin}$ é a dimensão do vetor $\overline{\mathbf{r}}$.

Dessa forma, caso o valor de $\mathbf{x}$ leve a uma violação das restrições, a função custo teria um valor infinito e, obviamente, não seria uma solução mínima. Esse efeito faz com que a solução obtida seja o mínimo valor da função custo que não viola as restrições. Entretanto, apesar de a formulação em (7.13) não apresentar restrições de desigualdade, a sua função custo não é diferenciável e o método de Newton não pode ser aplicado diretamente. De modo a fazer uma aproximação da função indicadora, podemos utilizar a função logarítmica (BOYD; VANDENBERGHE, 2004):

$$\hat{I}_- = -\frac{1}{k_b}\ln(-[\overline{\mathbf{R}}\mathbf{x}-\overline{\mathbf{r}}]_i), \quad \mathbf{dom}\,\hat{I}_- = \{\mathbf{x} \in \mathbb{R}^n \mid [\overline{\mathbf{R}}\mathbf{x}-\overline{\mathbf{r}}]_i < 0\},$$

em que $k_b > 0$ é um parâmetro que ajusta a exatidão da aproximação. Na Figura 7.4, são apresentados os perfis da função indicadora e das aproximações com a função logarítmica. Podemos perceber que, quanto maior o parâmetro $k_b$, melhor é a aproximação da função indicadora feita pela função logarítmica.

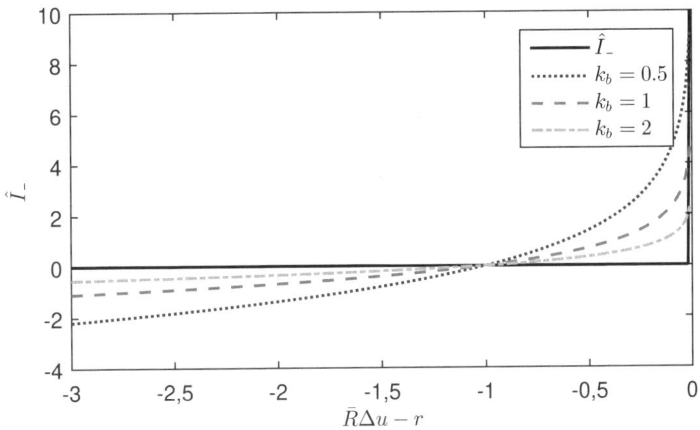


**Figura 7.4** Função indicadora e as aproximações com a função logarítmica e diferentes valores de $k_b$.

Substituindo $I_-$ em (7.13) por $\hat{I}_-$, obtemos o problema aproximado:

$$\min_{\mathbf{x}} \quad f(\mathbf{x}) + \sum_{i=1}^{n_{rin}} -\frac{1}{k_b}\ln(-[\overline{\mathbf{R}}\mathbf{x}-\overline{\mathbf{r}}]_i). \tag{7.15}$$

Supondo $f(\mathbf{x})$ convexa, então (7.15) é convexa e diferenciável, logo, o método de Newton pode ser aplicado. A função

$$\eta = \sum_{i=1}^{n_{rin}} -\ln(-[\overline{\mathbf{R}}\mathbf{x} - \overline{\mathbf{r}}]_i),$$

com $\mathbf{dom}\,\eta = \{\mathbf{x} \in \mathbb{R}^n \mid [\overline{\mathbf{R}}\mathbf{x} - \overline{\mathbf{r}}]_i < 0,\ i = 1,\ldots, n_{rin}\}$, é chamada de barreira logarítmica para o problema (7.15).

Como para valores altos de $k_b$ a convergência do método de Newton é mais difícil, a ideia do método de barreira é começar com um valor mais baixo de $k_b$, ou seja, uma aproximação pior da função indicadora e, consequentemente, da função original a ser minimizada, e ir aumentando o parâmetro $k_b$ de tal forma a construir um algoritmo iterativo para obter a solução ótima a partir da solução anterior até que um critério de parada seja alcançado. Esse conjunto de pontos de soluções intermediárias obtidas com o método de Newton é o chamado caminho central.

O Algoritmo 6 mostra todos os passos a serem executados e se baseia na resolução de uma sequência de problemas de minimização irrestritos que utilizam o último ponto encontrado como o ponto de início da próxima iteração. O algoritmo é iniciado com um valor inicial para $k_b$ ($k_{b0}$) e, a cada iteração, o método de Newton (linhas 6 a 19) é utilizado para calcular um novo ponto ótimo. Note que aqui temos algumas diferenças em relação ao inicialmente apresentado no Algoritmo 5. O primeiro ponto importante é que o ponto inicial $\mathbf{x}_0$ precisa ser estritamente factível, ou seja, $\overline{\mathbf{R}}\mathbf{x}_0 - \overline{\mathbf{r}} < 0$, para que o domínio da função $\hat{I}_-$, que aproxima a função indicadora, seja respeitado. O gradiente $\mathcal{G}$ e a Hessiana $\mathcal{H}$ da função $\overline{f}(\mathbf{x},k_b)$, definida em (7.15), que são necessários no método de Newton, são dados por

$$\mathcal{G}(\mathbf{x}, k_b) = \nabla f(\mathbf{x}) - \sum_{i=1}^{n_{rin}} \frac{(1/k_b)}{\overline{\mathbf{R}}(i,:)\mathbf{x} - \overline{\mathbf{r}}_i} \overline{\mathbf{R}}(i,:)^T,$$

$$\mathcal{H}(\mathbf{x}, k_b) = \nabla^2 f(\mathbf{x}) + \sum_{i=1}^{n_{rin}} \frac{(1/k_b)}{(\overline{\mathbf{R}}(i,:)\mathbf{x} - \overline{\mathbf{r}}_i)^2} \overline{\mathbf{R}}(i,:)^T \overline{\mathbf{R}}(i,:).$$

A necessidade de $\mathbf{x}_0$ ser estritamente factível fica ainda mais evidente aqui, pois, se $\overline{\mathbf{R}}\mathbf{x}_0 - \overline{\mathbf{r}} = 0$, haverá divisões por zero, assim, essa situação deve ser evitada. Por conta disso, o algoritmo de busca retroativa em linha (linhas 10 a 17 do Algoritmo 6) precisa, inicialmente, verificar que o próximo ponto a ser calculado continue a ser factível (linhas 11 a 13). Depois deste passo, testa-se a condição de decrescimento da função objetivo, já explicada anteriormente. A condição de parada do método de Newton também é alterada: agora é necessário que $|\Delta\mathbf{x}_{nt}| \le \epsilon_{nt}$, ou então que um certo número de iterações $L_{nt}$ seja atingido. Em (BOYD; VANDENBERGHE, 2004), os autores defendem que computar

$\mathbf{x}^*(k_b)$ no passo de centralização (via método de Newton) de forma exata é desnecessário, uma vez que o caminho central tem pouca relevância no direcionamento da solução para o problema original quando $k_b \longrightarrow \infty$. A centralização inexata ainda continuará resultando em uma sequência de pontos $\mathbf{x}(k_b)$ que converge para um ponto ótimo. Dessa forma, devido à rápida convergência do método de Newton, o passo de centralização pode ser executado com apenas algumas poucas iterações. Valores típicos para $L_{nt}$ variam entre 3 e 10 iterações e costumam apresentar bons resultados (WANG; BOYD, 2010).

**Algoritmo 6:** Método de barreira logarítmica para otimização de funções convexas com restrições.

**Entrada:** $f, \nabla f, \nabla^2 f, \overline{\mathbf{R}}, \bar{\mathbf{r}}, \mathbf{x}_0$ estritamente factível
**Saída:** $\mathbf{x}$
**Dados:** $k_b = k_{b0} > 0, \mu > 1, \epsilon > 0, \epsilon_{nt} > 0, \beta \in (0;\ 1), \varpi \in [0{,}01;\ 0{,}5]$, $L_{nt} > 1$

**início**
  $\mathbf{x} \leftarrow \mathbf{x}_0$;
  $\Delta\mathbf{x}_{nt} \leftarrow \infty$;
  **enquanto** $n_{rin}/k_b > \epsilon$ **faça**
    $i \leftarrow 0$;
    **enquanto** $i \leq L_{nt}$ e $|\Delta\mathbf{x}_{nt}| > \epsilon_{nt}$ **faça**
      $\mathcal{G} \leftarrow \nabla f(\mathbf{x}) - \sum_{i=1}^{n_{rin}} \frac{(1/k_b)}{\overline{\mathbf{R}}(i,:)\mathbf{x} - \bar{\mathbf{r}}_i} \overline{\mathbf{R}}(i,:)^T$ ;
      $\mathcal{H} \leftarrow \nabla^2 f(\mathbf{x}) + \sum_{i=1}^{n_{rin}} \frac{(1/k_b)}{(\overline{\mathbf{R}}(i,:)\mathbf{x} - \bar{\mathbf{r}}_i)^2} \overline{\mathbf{R}}(i,:)^T \overline{\mathbf{R}}(i,:)$ ;
      $\Delta\mathbf{x}_{nt} \leftarrow -\mathcal{H}^{-1}\mathcal{G}$ ;
      $l = 1$;
      **enquanto** $\overline{\mathbf{R}}(\mathbf{x} + l\Delta\mathbf{x}_{nt}) - \bar{\mathbf{r}} \geq 0$ **faça**
        $l \leftarrow \beta l$ ;
      **fim**
      **enquanto** $\bar{f}(\mathbf{x} + l\Delta\mathbf{x}_{nt}, k_b) - \bar{f}(\mathbf{x}, k_b) > l\varpi\mathcal{G}^T\Delta\mathbf{x}_{nt}$ **faça**
        $l \leftarrow \beta l$ ;
      **fim**
      $\mathbf{x} \leftarrow \mathbf{x} + l\Delta\mathbf{x}_{nt}$;
      $i \leftarrow i + 1$;
    **fim**
    $k_b \leftarrow \mu k_b$ ;
  **fim**
**fim**

Para a escolha da taxa de atualização de $k_b$, denotada por $\mu$, é necessário ponderar entre o número de iterações na centralização, chamadas de iterações internas, ou de iterações no método propriamente dito, chamadas de iterações externas. Se $\mu$ for escolhido pequeno (próximo de 1), então a cada iteração externa $k_b$ é incrementado por um fator pequeno. Como resultado, o ponto inicial para o método de Newton é um bom ponto inicial e o número de passos de Newton é pequeno. Por outro lado, o número de iterações externas é grande, uma vez que o resíduo é também reduzido por valores pequenos (são necessários mais passos para a barreira logarítmica se aproximar da função indicadora). Na prática, para uma grande faixa de valores entre 3 e 100, aproximadamente, os dois efeitos praticamente se cancelam e o número de passos de Newton fica aproximadamente constante. Valores usuais de $\mu$ estão na faixa entre 10 e 20 (BOYD; VANDENBERGHE, 2004).

Quanto à escolha de $k_{b0}$, um valor grande implica uma primeira iteração externa com um grande número de iterações internas. Já para a escolha de um $k_{b0}$ pequeno, o algoritmo irá requerer uma quantidade extra de iterações externas. Em (BOYD; VANDENBERGHE, 2004), é sugerido que $k_{b0}$ seja da mesma ordem de grandeza de $\epsilon$ ou $\mu\epsilon$. A explicação para isso tem relação com o resíduo dual do problema de otimização, mas esse assunto não será abordado aqui por fugir do escopo do livro. Por fim, as iterações externas são repetidas até que a condição de parada $k_b \geq n_{rin}/\epsilon$ seja satisfeita, sendo que em cada uma delas o valor de $k_b$ é incrementado com emprego de um fator $\mu$ (linha 20). Essa condição garante uma solução $\epsilon$-subótima do problema original seja obtida (BOYD; VANDENBERGHE, 2004).

### 7.2.1.3 Algoritmo de barreira logarítmica para MPC

O algoritmo apresentado anteriormente pode ser aplicado a qualquer função convexa sujeita a restrições, inclusive na minimização da função custo do MPC. No entanto, é interessante particularizar a solução para o caso do MPC, que possui uma função custo com estrutura bem definida. Relembre que o problema de minimização do MPC é dado por:

$$\begin{aligned} \min_{\Delta \mathbf{u}} \quad & \tfrac{1}{2}\Delta \mathbf{u}^T \mathbf{H} \Delta \mathbf{u} + \mathbf{b}^T \Delta \mathbf{u} \\ \text{s.a.} \quad & \overline{\mathbf{R}} \Delta \mathbf{u} \leq \overline{\mathbf{r}}, \end{aligned}$$

que é uma função quadrática convexa. Utilizando a função de barreira logarítmica, transformamos o problema anterior em um sem restrições:

$$\min_{\Delta \mathbf{u}} \quad \tfrac{1}{2}\Delta \mathbf{u}^T \mathbf{H} \Delta \mathbf{u} + \mathbf{b}^T \Delta \mathbf{u} + \textstyle\sum_{i=1}^{n_{rin}} -\frac{1}{k_b} \ln(-[\overline{\mathbf{R}} \mathbf{x} - \overline{\mathbf{r}}]_i).$$

O gradiente e a Hessiana dessa função são dados, respectivamente, por:

$$\mathcal{G} = \mathbf{H}\Delta\mathbf{u} + \mathbf{b} - \sum_{i=1}^{n_{rin}} \frac{(1/k_b)}{\overline{\mathbf{R}}(i,:)\Delta\mathbf{u} - \overline{\mathbf{r}}_i}\overline{\mathbf{R}}(i,:)^T, \tag{7.16}$$

$$\mathcal{H} = \mathbf{H} + \sum_{i=1}^{n_{rin}} \frac{(1/k_b)}{(\overline{\mathbf{R}}(i,:)\Delta\mathbf{u} - \overline{\mathbf{r}}_i)^2}\overline{\mathbf{R}}(i,:)^T\overline{\mathbf{R}}(i,:). \tag{7.17}$$

Assim, o algoritmo de barreira logarítmica aplicado ao MPC é apresentado no Algoritmo 7. Um detalhe importante é a escolha de $\Delta\mathbf{u}_0$ estritamente factível ($\overline{\mathbf{R}}\Delta\mathbf{u} - \overline{\mathbf{r}} < 0$), para que o domínio da função $\overline{J}$ seja respeitado. Usualmente, assumimos que, antes de o MPC ser iniciado, o processo já se encontra em regime permanente em um ponto que respeita as restrições. Assim, $\Delta\mathbf{u}_0 = \mathbf{0}$ tipicamente é um valor adequado para esta aplicação. A partir do momento em que o MPC já está sendo executado, é possível acelerar a convergência utilizando como solução inicial a solução da iteração passada (*warm start*). Vale ressaltar que em alguns casos, com o uso de *warm start* ou quando as restrições mudam de uma iteração para outra, pode acontecer de um ponto inicial para o algoritmo ser infactível, e, nesses casos, deve ser adotada alguma abordagem para tornar esse ponto factível antes de iniciar o algoritmo.

Um caso especial é importante de ser mencionado. Anteriormente, apresentamos certos tipos de restrições que requerem relaxações para que o problema sempre seja sempre factível, por exemplo, restrições nos limites das saídas. Os valores dessas variáveis de relaxação também devem ser encontrados pelo algoritmo de otimização. Com o algoritmo de barreira logarítmica, os valores iniciais dessas variáveis devem ser escolhidos altos, de tal forma que as restrições associadas a elas sejam factíveis no passo inicial.

**Algoritmo 7:** Algoritmo do método IPLB para MPC

**Entrada:** $\mathbf{H}$, b, $\overline{\mathbf{R}}$, $\bar{\mathbf{r}}$, $\Delta\mathbf{u}_0$ estritamente factível
**Saída:** $\Delta\mathbf{u}$
**Dados:** $k_b = k_{b0} > 0$, $\mu > 1$, $\epsilon > 0$, $\epsilon_{nt} > 0$, $\beta \in (0,\ 1)$, $\varpi \in [0{,}01;\ 0{,}5]$, $L_{nt} > 1$

**início**
  $\Delta\mathbf{u} \leftarrow \Delta\mathbf{u}_0$;
  $\Delta\mathbf{x}_{nt} \leftarrow \infty$;
  **enquanto** $n_{rin}/k_b > \epsilon$ **faça**
    $i \leftarrow 0$;
    **enquanto** $i \leq L_{nt}$ e $|\Delta\mathbf{x}_{nt}| > \epsilon_{nt}$ **faça**
      $\mathcal{G} \leftarrow \mathbf{H}\Delta\mathbf{u} + \mathbf{b} - \sum_{i=1}^{n_{rin}} \frac{(1/k_b)}{\overline{\mathbf{R}}(i,:)\Delta\mathbf{u} - \bar{\mathbf{r}}_i} \overline{\mathbf{R}}(i,\ :)^T$;
      $\mathcal{H} \leftarrow \mathbf{H} + \sum_{i=1}^{n_{rin}} \frac{(1/k_b)}{(\overline{\mathbf{R}}(i,:)\Delta\mathbf{u} - \bar{\mathbf{r}}_i)^2} \overline{\mathbf{R}}(i,\ :)^T \overline{\mathbf{R}}(i,\ :)$;
      $\Delta\mathbf{x}_{nt} \leftarrow -\mathcal{H}^{-1}\mathcal{G}$;
      $l = 1$;
      **enquanto** $\overline{\mathbf{R}}(\Delta\mathbf{u} + l\Delta\mathbf{x}_{nt}) - \bar{\mathbf{r}} \geq \mathbf{0}$ **faça**
        $l \leftarrow \beta l$;
      **fim**
      **enquanto** $\bar{J}(\Delta\mathbf{u} + l\Delta\mathbf{x}_{nt}, k_b) - \bar{J}(\Delta\mathbf{u}, k_b) > l\varpi\mathcal{G}^T\Delta\mathbf{x}_{nt}$ **faça**
        $l \leftarrow \beta l$;
      **fim**
      $\Delta\mathbf{u} \leftarrow \Delta\mathbf{u} + l\Delta\mathbf{x}_{nt}$;
      $i \leftarrow i + 1$;
    **fim**
    $k_b \leftarrow \mu k_b$;
  **fim**
**fim**

### Exemplo 7.5

Vamos retomar o caso do Exemplo 7.4 e definir as matrizes de restrições para limites superior e inferior no incremento de controle com $\overline{\mathbf{R}} = [\mathbf{I}_{2\times2}\ -\mathbf{I}_{2\times2}]^T$ e $\bar{\mathbf{r}} = [0{,}5\ \ 0{,}5\ \ 0{,}1\ \ 0{,}1]^T$. Agora, vamos aplicar o método IPLB com o ponto inicial $\Delta\mathbf{u}_0 = [0\quad 0]^T$, $k_{b0} = 0{,}01$, $\epsilon = 0{,}001$, $\mu = 10$, $L_{nt} = 3$, $\epsilon_{nt} = 0{,}1$, $\beta = 0{,}4$ e $\varpi = 0{,}02$. Iniciando o algoritmo verificamos que:

$$n_{rin}/k_b < \epsilon,$$
$$400 \not< 0{,}001,$$

e, como a condição não é aceita, podemos iniciar o algoritmo do método de Newton com a barreira logarítmica inserida na função objetivo e obter $\Delta \mathbf{u}_1$:

$$\mathcal{G} = \mathbf{H}\Delta\mathbf{u} + \mathbf{b} - \sum_{i=1}^{n_{rin}} \frac{(1/k_b)}{\overline{\mathbf{R}}(i,:)\Delta\mathbf{u} - \bar{\mathbf{r}}_i}\overline{\mathbf{R}}(i,:)^T,$$

$$\mathcal{G} = [-844 \quad -840]^T,$$

$$\mathcal{H} = \mathbf{H} + \sum_{i=1}^{n_{rin}} \frac{(1/k_b)}{(\overline{\mathbf{R}}(i,:)\Delta\mathbf{u} - \bar{\mathbf{r}}_i)^2}\overline{\mathbf{R}}(i,:)^T\overline{\mathbf{R}}(i,:),$$

$$\mathcal{H} = \begin{bmatrix} 10482 & 59 \\ 59 & 10475 \end{bmatrix},$$

e, portanto, o passo de Newton é dado por:

$$\Delta\mathbf{x}_{nt} = -\mathcal{H}^{-1}\mathcal{G},$$

$$\Delta\mathbf{x}_{nt} = [0{,}0801 \quad 0{,}0797]^T.$$

Agora, devemos testar a condição de factibilidade da função objetivo na busca linear (linha 11 do Algoritmo 7):

$$\overline{\mathbf{R}}(\Delta\mathbf{u} + l\Delta\mathbf{x}_{nt}) - \bar{\mathbf{r}} \leq \mathbf{0},$$

$$[-0{,}4199 \quad -0{,}4203 \quad -0{,}1801 \quad -0{,}1797]^T \leq \mathbf{0},$$

e também a condição de diminuição da função objetivo na busca linear (linha 14 do Algoritmo 7):

$$\bar{J}(\Delta\mathbf{u} + l\Delta\mathbf{x}_{nt}, k_b) - \bar{J}(\Delta\mathbf{u}, k_b) < l\varpi\mathcal{G}^T\Delta\mathbf{x}_{nt},$$

$$510{,}6855 - 599{,}1465 < -2{,}6912,$$

$$-88{,}4609 < -2{,}6912,$$

e como ambas as condições são satisfeitas, não é necessário recalcular $l$. Continuamos o procedimento com $l = 1$:

$$\Delta\mathbf{u}_1 = \Delta\mathbf{u}_0 + l\Delta\mathbf{x}_{nt},$$

$$\Delta\mathbf{u}_1 = \begin{bmatrix} 0{,}0801 \\ 0{,}0797 \end{bmatrix}.$$

Seguindo os passos do algoritmo, avaliamos a condição de parada do método de Newton:

$$|\Delta \mathbf{x}_{nt}| < \epsilon_{nt},$$
$$0{,}1130 \nless 0{,}001,$$

e, como ela não é satisfeita, seguimos o procedimento, para recalcular $\Delta \mathbf{x}_{nt}$ considerando o ponto $\Delta \mathbf{u}_1$ calculado anteriormente:

$$\Delta \mathbf{x}_{nt} = \begin{bmatrix} 0{,}0923 \\ 0{,}0916 \end{bmatrix},$$

e testando a condição percebemos que ainda não é atendida:

$$|\Delta \mathbf{x}_{nt}| < \epsilon_{nt},$$
$$0{,}1300 \nless 0{,}1.$$

Dessa forma, se inicia a terceira iteração do método de Newton e se obtém:

$$\Delta \mathbf{x}_{nt} = \begin{bmatrix} 0{,}0338 \\ 0{,}0336 \end{bmatrix},$$

e, testando a condição de parada do algoritmo, temos

$$|\Delta \mathbf{x}_{nt}| < \epsilon_{nt},$$
$$0{,}0476 < 0{,}1,$$

que é satisfeita, então o ponto do método de Newton foi encontrado com

$$\Delta \mathbf{u}_1 = \begin{bmatrix} 0{,}206 \\ 0{,}205 \end{bmatrix}.$$

A continuação do algoritmo se dá ajustando a barreira logarítmica para se aproximar mais da função indicadora, ajustando $k_b$:

$$k_b = \mu k_b,$$
$$k_b = 0{,}1,$$

e repetindo o procedimento apresentado.

O algoritmo irá convergir em 6 iterações de atualização da barreira logarítmica com:

$$\Delta \mathbf{u}_2 = \begin{bmatrix} 0{,}244 \\ 0{,}235 \end{bmatrix}, \quad \Delta \mathbf{u}_3 = \begin{bmatrix} 0{,}309 \\ 0{,}269 \end{bmatrix}, \quad \Delta \mathbf{u}_4 = \begin{bmatrix} 0{,}344 \\ 0{,}261 \end{bmatrix},$$

$$\Delta\mathbf{u}_5 = \begin{bmatrix} 0{,}351 \\ 0{,}257 \end{bmatrix}, \quad \Delta\mathbf{u}_6 = \begin{bmatrix} 0{,}352 \\ 0{,}256 \end{bmatrix}.$$

Na Figura 7.5, é apresentada a representação gráfica do método de barreira convergindo para o ponto ótimo da função objetivo conforme a barreira logarítmica vai se aproximando da função indicadora.

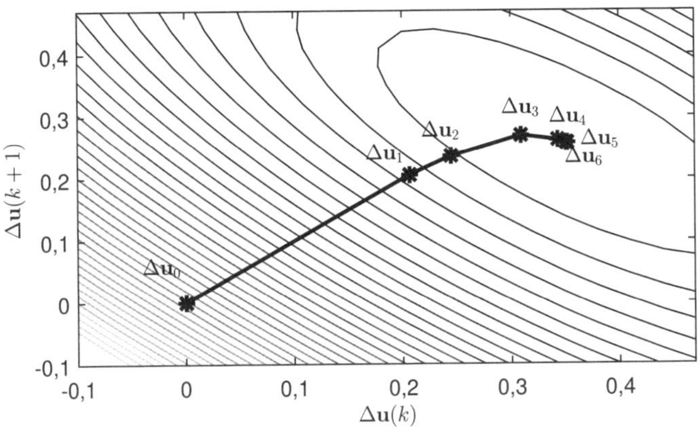


**Figura 7.5** Exemplo 7.5 – Contorno da função objetivo mostrando a convergência do método de barreira para o valor ótimo em 6 passos.

Com os desenvolvimentos e exemplos apresentados, podemos dizer que o método de ponto interior com barreira logarítmica apresenta boas características para ser utilizado no contexto de MPC. Uma das principais vantagens é a previsibilidade do número máximo de iterações, não variando muito para momentos de restrições ativas ou inativas. Assim, ele é uma boa abordagem para casos nos quais o pior caso de tempo de execução deve ser conhecido. Uma desvantagem é a necessidade de cálculos mais complexos, como a inversão de matrizes, que pode tornar o cômputo mais custoso que em outros métodos. Assim, apesar de ter boa previsibilidade do tempo de cálculo, o método tende a ser mais lento que outros métodos discutidos nesta obra para a maioria das aplicações em MPC.

#### 7.2.1.4 Método IPLB sem inversão de matrizes (gradiente conjugado)

Podemos constatar que o passo mais custoso computacionalmente no Algoritmo 6 é a inversão da matriz Hessiana associada ao passo de Newton (linha 6). Nos casos em que o algoritmo será implementado em hardwares com poucos recursos de processamento ou processos de dinâmicas mais rápidas, esse cálculo pode ser inconveniente. Dessa forma, é possível reformular esse passo como o cômputo de um sistema linear do tipo $\mathbf{Ax} = \mathbf{b}$, que tipicamente requer $O(N^3 n_{rin}^3)$ operações em um processador serial (WILLS; MILLS; NINNESS, 2011):

$$\Delta\mathbf{x}_{nt} = -\mathcal{H}^{-1}\mathcal{G} \qquad \longleftrightarrow \qquad \mathcal{H}\Delta\mathbf{x}_{nt} = \mathcal{G}.$$

Esse tipo de sistema poderia ser resolvido de forma eficiente por meio da decomposição das matrizes e exploração da estrutura da matriz $\mathcal{H}$, como a decomposição de Cholesky. Entretanto, a decomposição só é eficiente se a estrutura de $\mathcal{H}$ for esparsa. Para o caso do MPC, em especial as formulações DMC e GPC, a matriz tipicamente é densa, então não é trivial explorar a estrutura. Nesse caso, uma outra abordagem é a utilização de um método iterativo. Um método possível é o do gradiente conjugado (GOLUB; LOAN, 1996). Essa abordagem foi utilizada no contexto de SSMPC e FPGA em (ROLDAO-LOPES et al., 2009) e (WILLS; MILLS; NINNESS, 2011). Para entender como o método do gradiente conjugado pode ser utilizado para resolver o problema $\mathcal{H}\Delta\mathbf{x}_{nt} = \mathcal{G}$, pode-se considerar o problema de minimização:

$$\min_{\Delta\mathbf{x}_{nt}} \quad h_{gc}, \tag{7.18}$$

com $h_{gc} = \frac{1}{2}\Delta\mathbf{x}_{nt}^T\mathcal{H}\Delta\mathbf{x}_{nt} - \Delta\mathbf{x}_{nt}^T\mathcal{G}$ e $\mathcal{H} \in \mathbb{R}^{N_u \times N_u}$ simétrica positiva definida (característica atendida pelas formulações MPC apresentadas no livro) e $\mathcal{G} \in \mathbb{R}^{N_u}$. O mínimo de $h_{gc}$ é $-\mathcal{G}^T\mathcal{H}^{-1}\mathcal{G}/2$, obtido com $\Delta\mathbf{x}_{nt}^* = \mathcal{H}^{-1}\mathcal{G}$. Dessa forma, minimizar $h_{gc}$ e resolver $\mathcal{H}\Delta\mathbf{x}_{nt} = \mathcal{G}$ são problemas equivalentes.

O Algoritmo 8 apresenta o método do gradiente conjugado com busca exata em linha (em inglês, *exact line search*) genérico. O resíduo $\mathbf{r} = \Delta\mathbf{x}_{nt} - \mathcal{H}\Delta\mathbf{x}_{nt}$ indica quão próxima a solução está do ótimo e, idealmente, a solução é encontrada quando o resíduo é zero. No entanto, na prática, as iterações do método são executadas até que a norma do resíduo atinja um valor $\epsilon_{gc}$ pequeno o suficiente.

**Algoritmo 8:** Método do gradiente conjugado

**Entrada:** $\Delta\mathbf{x}_{nt}$, $\mathcal{H}$, $\mathcal{G}$
**Dados:** $\epsilon_{gc}$
**Saída:** $\Delta\mathbf{x}_{nt}$

**início**
  Calcula o resíduo inicial: $\mathbf{r} = \Delta\mathbf{x}_{nt} - \mathcal{H}\Delta\mathbf{x}_{nt}$;
  $\mathbf{r}^{-} \leftarrow \infty$;
  $\mathbf{p} \leftarrow \mathbf{0}$;
  **enquanto** $|\mathbf{r}| > \epsilon_{gc}$ **faça**
    Calcula a direção do passo: $\mathbf{p} \leftarrow \mathbf{r} + \frac{\mathbf{r}^T\mathbf{r}}{(\mathbf{r}^{-})^T\mathbf{r}^{-}}\mathbf{p}$;
    Calcula o tamanho do passo $\alpha \leftarrow \mathbf{r}^T\mathbf{r}/\left(\mathbf{p}^T\mathcal{H}\mathbf{p}\right)$;
    Atualiza $\Delta\mathbf{x}_{nt} \leftarrow \Delta\mathbf{x}_{nt} + \alpha\mathbf{p}$;
    Guarda valor anterior: $\mathbf{r}^{-} \leftarrow \mathbf{r}$;
    Atualiza o resíduo: $\mathbf{r} \leftarrow \mathbf{r} - \alpha\mathcal{H}\mathbf{p}$;
  **fim**
**fim**

O algoritmo de barreira sem a necessidade do cálculo de inversão de matriz, empregando o método do gradiente conjugado, é apresentado no Algoritmo 9. O método do gradiente conjugado é implementado entre as linhas 12 e 24 para o cálculo do passo de Newton $\Delta\mathbf{x}_{nt}$. Note, também, que foi adicionada uma segunda condição de parada para que as iterações do método de gradiente conjugado estejam limitadas a $L_{gc}$ iterações, pois, como já explicado anteriormente, não é necessário calcular o passo de Newton com uma precisão muito grande no passo de centralização.

**Algoritmo 9:** Método de barreira logarítmica sem inversão de matrizes (gradiente conjugado) aplicado ao MPC

**Entrada:** $\mathbf{H}$, $\mathbf{b}$, $\overline{\mathbf{R}}$, $\bar{\mathbf{r}}$, $\Delta\mathbf{u}_0$ estritamente factível
**Saída:** $\Delta\mathbf{u}$
**Dados:** $k_b = k_{b0} > 0$, $\mu > 1$, $\epsilon > 0$, $\epsilon_{nt} > 0$, $\epsilon_{gc} > 0$, $\beta \in (0,\ 1)$, $\varpi \in [0{,}01;\ 0{,}5]$, $L_{nt} > 1$, $L_{gc} > 1$

**início**
  $\Delta\mathbf{u} \leftarrow \Delta\mathbf{u}_0$;
  $\Delta\mathbf{x}_{nt} \leftarrow 0$;
  **enquanto** $n_{rin}/k_b > \epsilon$ **faça**
    $i \leftarrow 0$;
    **enquanto** $i \leq L_{nt}$ *e* $|\Delta\mathbf{x}_{nt}| > \epsilon_{nt}$ **faça**
      $\mathcal{G} \leftarrow \mathbf{H}\Delta\mathbf{u} + \mathbf{b} - \sum_{i=1}^{n_{rin}} \frac{(1/k_b)}{\overline{\mathbf{R}}(i,:)\Delta\mathbf{u} - \bar{\mathbf{r}}_i}\overline{\mathbf{R}}(i,\ :)^T$;
      $\mathcal{H} \leftarrow \mathbf{H} + \sum_{i=1}^{n_{rin}} \frac{(1/k_b)}{(\overline{\mathbf{R}}(i,:)\Delta\mathbf{u} - \bar{\mathbf{r}}_i)^2}\overline{\mathbf{R}}(i,\ :)^T\overline{\mathbf{R}}(i,\ :)$;
      $\mathbf{r} \leftarrow -\mathcal{G} - \mathcal{H}\Delta\mathbf{x}_{nt}$;
      $j \leftarrow 0$;
      $\mathbf{r}^- \leftarrow \infty$;
      $\mathbf{p} \leftarrow \mathbf{0}$;
      **enquanto** $j \leq L_{gc}$ *e* $|\mathbf{r}| > \epsilon_{gc}$ **faça**
        $j \leftarrow j + 1$;
        $\mathbf{p} \leftarrow \mathbf{r} + \frac{\mathbf{r}^T\mathbf{r}}{\mathbf{r}^{-T}\mathbf{r}^-}\mathbf{p}$;
        $\alpha \leftarrow \mathbf{r}^T\mathbf{r}/\mathbf{p}^T\mathcal{H}\mathbf{p}$;
        $\Delta\mathbf{x}_{nt} \leftarrow \Delta\mathbf{x}_{nt} + \alpha\mathbf{p}$;
        $\mathbf{r}^- \leftarrow \mathbf{r}$;
        $\mathbf{r} \leftarrow \mathbf{r} - \alpha\mathcal{H}\mathbf{p}$;
      **fim**
      $l = 1$;
      **enquanto** $\overline{\mathbf{R}}(\Delta\mathbf{u} + l\Delta\mathbf{x}_{nt}) - \bar{\mathbf{r}} \geq 0$ **faça**
        $l \leftarrow \beta l$;
      **fim**
      **enquanto** $\overline{J}(\Delta\mathbf{u} + l\Delta\mathbf{x}_{nt},\ k_b) - \overline{J}(\Delta\mathbf{u},\ k_b) > l\varpi\mathcal{G}^T\Delta\mathbf{x}_{nt}$ **faça**
        $l \leftarrow \beta l$;
      **fim**
      $\Delta\mathbf{u} \leftarrow \Delta\mathbf{u} + l\Delta\mathbf{x}_{nt}$;
      $i \leftarrow i + 1$;
    **fim**
    $k_b \leftarrow \mu k_b$;
  **fim**
**fim**

### 7.2.2 Método de projeção de gradiente

O método de projeção de gradiente foi originalmente proposto em (GOLDSTEIN, 1964) e também foi proposto de forma independente em (LEVITIN; POLYAK, 1966). A ideia principal do algoritmo é assumir um problema convexo sem restrições, iterativamente dar passos na direção de descenso da função e, posteriormente, fazer uma projeção da solução no conjunto de restrições.

Apresentaremos este método de otimização utilizando diretamente o problema de programação quadrática do MPC de (7.1) de modo a facilitar a explicação. Assumindo, inicialmente, o caso sem restrições, lembre-se que o gradiente de uma função indica a direção de maior crescimento dela. Assim, como o objetivo é diminuir a função custo $J(\Delta\mathbf{u})$ a cada passo, a direção de maior descenso ocorre na direção contrária do gradiente $\nabla J(\Delta\mathbf{u})$ no ponto em questão. Portanto, o passo do método do gradiente para o caso sem restrições é dado por:

$$\Delta\mathbf{u}_{j+1} = \Delta\mathbf{u}_j - l_j \nabla J(\Delta\mathbf{u}_j), \tag{7.19}$$

onde $l_j > 0$ é o tamanho do passo e deve garantir que o algoritmo iterativo forme uma chamada sequência de relaxação tal que:

$$J(\Delta\mathbf{u}_{j+1}) \leq J(\Delta\mathbf{u}_j), \quad \forall j \geq 0, \tag{7.20}$$

de forma equivalente ao que se buscava garantir no método de Newton.

Várias regras para a definição do comprimento do passo $l_j$ podem ser encontrados na literatura, como o comprimento de passo fixo, a regra de Armijo e a busca linear retroativa (TRUONG; NGUYEN, 2020). A regra mais simples é a de passo fixo $l_j = l > 0,\ \forall j \geq 1$ e é geralmente utilizada, uma vez que a função $J$ é convexa e foi provado em (NESTEROV, 2014) ter a mesma taxa de convergência das outras regras para este caso específico. Para se definir um tamanho de passo que garanta a convergência do método do gradiente para o MPC, uma das condições é que o gradiente da função seja Lipschitz contínuo, ou seja, que exista uma constante Lipschitz $L \geq 0$ tal que (RICHTER; JONES; MORARI, 2009):

$$\|\nabla J(\Delta\mathbf{u}_{j+1}) - \nabla J(\Delta\mathbf{u}_j)\| \leq L\|\Delta\mathbf{u}_{j+1} - \Delta\mathbf{u}_j\|, \quad \forall\ \Delta\mathbf{u}_{j+1}, \Delta\mathbf{u}_j. \tag{7.21}$$

Perceba que a condição de continuidade tipo Lipschitz do gradiente garante a suavidade da função, ou seja, que a diferença do gradiente entre dois pontos é limitada. A partir dessa condição, é possível demonstrar que a sequência de relaxação (7.20) é satisfeita se $0 < l < \frac{2}{L}$, e a diminuição da função custo em cada passo é máxima quando $l = \frac{1}{L}$. Portanto, a iteração principal do método de gradiente com passo fixo é dada por:

$$\Delta\mathbf{u}_{j+1} = \Delta\mathbf{u}_j - \frac{1}{L}\nabla J(\Delta\mathbf{u}_j). \tag{7.22}$$

Para encontrar o valor da constante Lipschitz $L$ para o QP em (7.1), podemos calcular o gradiente da função nos pontos de interesse:

$$\nabla J(\Delta\mathbf{u}) = \mathbf{H}\Delta\mathbf{u} + \mathbf{b},$$

e substituir em (7.21):

$$\begin{aligned} \|\mathbf{H}\Delta\mathbf{u}_{j+1} + \mathbf{b} - (\mathbf{H}\Delta\mathbf{u}_j + \mathbf{b})\| &\leq L\|\Delta\mathbf{u}_{j+1} - \Delta\mathbf{u}_j\|, \\ \|\mathbf{H}\Delta\mathbf{u}_{j+1} - \mathbf{H}\Delta\mathbf{u}_j\| &\leq L\|\Delta\mathbf{u}_{j+1} - \Delta\mathbf{u}_j\|, \\ \|\mathbf{H}(\Delta\mathbf{u}_{j+1} - \Delta\mathbf{u}_j)\| &\leq L\|\Delta\mathbf{u}_{j+1} - \Delta\mathbf{u}_j\|, \\ \|\mathbf{H}\| \cdot \|\Delta\mathbf{u}_{j+1} - \Delta\mathbf{u}_j\| &\leq L\|\Delta\mathbf{u}_{j+1} - \Delta\mathbf{u}_j\|, \\ \|\mathbf{H}\| &\leq L. \end{aligned} \tag{7.23}$$

Portanto, podemos definir $L$ com o mesmo valor da norma espectral da Hessiana, que nesse caso seria $L = \|\mathbf{H}\|$. A norma espectral pode ser calculada como:

$$L = \|\mathbf{H}\| = \sqrt{\lambda_{\max}(\mathbf{H}^T\mathbf{H})}, \tag{7.24}$$

sendo que $\lambda_{\max}(\mathbf{H}^T\mathbf{H})$ denota o maior autovalor da matriz $\mathbf{H}^T\mathbf{H}$. Alguns autores também utilizam a norma Frobenius para a definição de $L$, uma vez que:

$$\|\mathbf{H}\|_F \geq \|\mathbf{H}\|. \tag{7.25}$$

A norma Frobenius da Hessiana é mais simples de ser calculada de forma computacional e pode ser obtida por:

$$L = \|\mathbf{H}\|_F = \sqrt{\sum_{i=1}^{n}\sum_{j=1}^{n} |h_{ij}|^2}, \tag{7.26}$$

onde $n$ é a dimensão da matriz Hessiana e $h_{ij}$ é o elemento da matriz correspondente à linha $i$ e à coluna $j$.

#### 7.2.2.1 Projeção ortogonal

Agora, vamos retomar o caso com restrições. Após calcular o passo na direção de descida da função custo, o método prevê uma projeção ortogonal dos pontos obtidos no conjunto formado pelas restrições. Dessa forma, o passo principal do método de projeção de gradiente é dado por:

$$\Delta\mathbf{u}_{j+1} = P\left(\Delta\mathbf{u}_j - \frac{1}{L}\nabla J(\Delta\mathbf{u}_j)\right), \tag{7.27}$$

em que $P$ é a função projeção ortogonal. A ideia básica da projeção é encontrar o vetor de soluções factível (dentro do conjunto das restrições) que tenha a menor distância euclidiana ao vetor calculado. Entretanto, isso pode ser complicado para alguns tipos de restrições do problema de otimização.

Uma solução é a abordagem por meio do uso do problema dual. O princípio da dualidade estabelece que problemas de otimização podem ser vistos sob duas perspectivas, o problema primal e o problema dual. Se o problema original (primal) é de minimização, então o problema dual é um problema de maximização (e vice-versa). Qualquer solução para o problema primal (minimização) é ao menos tão grande quanto qualquer solução factível do problema dual (maximização). Assim, a solução do problema primal é um limite superior para a solução do seu dual, e a solução do dual é um limite inferior para a do primal (BOYD; VANDENBERGHE, 2004).

O primeiro passo para se obter a forma dual é definir o Lagrangiano associado ao QP (7.1):

$$\mathcal{L}(\Delta\mathbf{u}, \psi) = \frac{1}{2}\Delta\mathbf{u}^T\mathbf{H}\Delta\mathbf{u} + \mathbf{b}^T\Delta\mathbf{u} + \psi^T(\overline{\mathbf{R}}\Delta\mathbf{u} - \overline{\mathbf{r}}), \tag{7.28}$$

onde $\psi \in \mathbb{R}^{n_{rin}}$ é o vetor de multiplicadores de Lagrange associados às restrições de desigualdade. O problema de otimização dual, apresentado como uma minimização, é, então, dado por:

$$\begin{aligned} \min_{\psi} \quad & -J_d \\ \text{s.a.} \quad & \psi \geq \mathbf{0}, \end{aligned} \tag{7.29}$$

sendo $J_d = \frac{1}{2}\psi^T\overline{\mathbf{R}}\mathbf{H}^{-1}\overline{\mathbf{R}}^T\psi + \left(\overline{\mathbf{R}}\mathbf{H}^{-1}\mathbf{b} + \overline{\mathbf{r}}\right)^T\psi + \frac{1}{2}\mathbf{b}^T\mathbf{H}^{-1}\mathbf{b} - c$ a função dual associada a $J$ e, assumindo que existe um ponto estritamente factível no problema primal, a dualidade forte se aplica, ou seja, o valor ótimo da função custo no problema dual, $d^*$, é igual ao valor ótimo da função objetivo primal, $p^*$. Assim, uma vez obtidos os multiplicadores de Lagrange ótimos $\psi^*$, o ótimo primal pode ser obtido por:

$$\Delta\mathbf{u}^* = \text{argmin}(\mathcal{L}(\Delta\mathbf{u}, \psi^*)), \tag{7.30}$$

ou seja, minimizando a função em (7.28). Como a Equação (7.30) não tem restrições, o ponto de mínimo pode ser calculado algebricamente e este é dado quando o gradiente da função é nulo:

$$\begin{aligned} \nabla\mathcal{L}(\Delta\mathbf{u}, \psi^*) &= \mathbf{H}\Delta\mathbf{u} + \mathbf{b} + \overline{\mathbf{R}}^T\psi^* = \mathbf{0}, \\ \mathbf{H}\Delta\mathbf{u} &= -\left(\overline{\mathbf{R}}^T\psi^* + \mathbf{b}\right), \\ \Delta\mathbf{u}^* &= -\mathbf{H}^{-1}\left(\overline{\mathbf{R}}^T\psi^* + \mathbf{b}\right). \end{aligned}$$

Então, é preciso encontrar $\psi^*$ que minimiza o problema dual em (7.29) e, para isso, utilizaremos a solução iterativa apresentada em (7.27) aplicada ao problema dual. É importante ressaltar que o problema dual em (7.29) é obtido substituindo esta última equação no problema primal, apresentado em (7.28).

A iteração principal do método de gradiente com passo fixo, aplicada a este problema, é dada por:

$$\psi_{j+1} = P\left(\psi - \frac{1}{L}\left(-\nabla J_d(\psi)\right)\right), \tag{7.31}$$

e, como a Hessiana do problema dual é $\overline{\mathbf{R}}\mathbf{H}^{-1}\overline{\mathbf{R}}^T$, então $L$ é escolhido como

$$L = \|\overline{\mathbf{R}}\mathbf{H}^{-1}\overline{\mathbf{R}}^T\|, \tag{7.32}$$

ou ainda

$$L = \|\overline{\mathbf{R}}\mathbf{H}^{-1}\overline{\mathbf{R}}^{\mathbf{T}}\|_F = \sqrt{\sum_{i=1}^{n_{rin}}\sum_{j=1}^{n_{rin}} |(\overline{\mathbf{R}}\mathbf{H}^{-1}\overline{\mathbf{R}}^T)_{ij}|^2}. \tag{7.33}$$

Quanto ao cálculo da projeção, como a restrição de (7.29) é $\psi > \mathbf{0}$, a projeção é a menor distância de $\psi$ para valores positivos, o que pode ser representado matematicamente como:

$$P(\psi) = \max(\psi, \mathbf{0}), \tag{7.34}$$

onde o operador max é definido pelo maior valor elemento por elemento.

Portanto, o passo principal do método de projeção de gradiente na variável dual é definido como:

$$\begin{aligned}
\psi_{j+1} &= P\left(\psi_j - \frac{1}{L}\left(-\nabla J_d(\psi_j)\right)\right), \\
\psi_{j+1} &= \max\left(\psi_j - \frac{1}{L}\left(\overline{\mathbf{R}}\mathbf{H}^{-1}\overline{\mathbf{R}}^T\psi_j + \overline{\mathbf{R}}\mathbf{H}^{-1}\mathbf{b} + \overline{\mathbf{r}}\right), \mathbf{0}\right),
\end{aligned} \tag{7.35}$$

o qual pode ser dividido em dois passos para que o cálculo da variável primal $\Delta\mathbf{u}$ fique explícito a cada iteração. O primeiro passo é:

$$\Delta\mathbf{u}_j = -\mathbf{H}^{-1}\left(\mathbf{b} + \overline{\mathbf{R}}^T\psi_j\right). \tag{7.36}$$

Para obter o segundo passo, rearranjamos (7.36) para obter:

$$\begin{aligned}
-\mathbf{H}\Delta\mathbf{u}_j &= \left(\mathbf{b} + \overline{\mathbf{R}}^T\psi_j\right), \\
\overline{\mathbf{R}}^T\psi_j &= -\mathbf{H}\Delta\mathbf{u}_j - \mathbf{b},
\end{aligned} \tag{7.37}$$

e a substituímos em (7.35), resultando em:

$$\psi_{j+1} = \max\left(\psi_j - \frac{1}{L}\left(\overline{\mathbf{R}}\mathbf{H}^{-1}\left(-\mathbf{H}\Delta\mathbf{u}_j - \mathbf{b}\right) + \overline{\mathbf{R}}\mathbf{H}^{-1}\mathbf{b} + \overline{\mathbf{r}}\right), \mathbf{0}\right),$$

$$\psi_{j+1} = \max\left(\psi_j - \frac{1}{L}\left(-\overline{\mathbf{R}}\Delta\mathbf{u}_j - \overline{\mathbf{R}}\mathbf{H}^{-1}\mathbf{b} + \overline{\mathbf{R}}\mathbf{H}^{-1}\mathbf{b} + \overline{\mathbf{r}}\right), \mathbf{0}\right),$$

$$\psi_{j+1} = \max\left(\psi_j + \frac{1}{L}\left(\overline{\mathbf{R}}\Delta\mathbf{u}_j - \overline{\mathbf{r}}\right),\ \mathbf{0}\right).$$

A partir das definições apresentadas, um algoritmo do método de projeção pode ser visto no Algoritmo 10. O algoritmo é executado por $j_{max}$ iterações ou até que a variação em $\psi$ seja menor do que um valor $\epsilon$, indicando que a solução está suficientemente próxima do ótimo. Tipicamente, $j_{max}$ é escolhido com o maior valor possível para que a ação de controle esteja disponível, nesse caso o algoritmo retornará uma ação de controle subótima que deve ser avaliada se deve ser aplicada ao atuador. Já o valor inicial $\psi_0$, em geral, pode ser definido como um vetor de zeros.

**Algoritmo 10:** Método de gradiente projetado dual

**Entrada:** $\mathbf{H}$, $\mathbf{b}$, $\overline{\mathbf{R}}$, $\overline{\mathbf{r}}$
**Saída:** $\Delta\mathbf{u}$
**Dados:** $\psi_0$, tolerância $\epsilon > 0$, $j_{\max} > 0$

**início**
  $L \leftarrow \sqrt{\sum_{i=1}^{n_{rin}} \sum_{j=1}^{n_{rin}} |(\overline{\mathbf{R}}\mathbf{H}^{-1}\overline{\mathbf{R}}^T)_{ij}|^2}$;
  $\psi \leftarrow \psi_0$;
  $j \leftarrow 0$;
  **enquanto** $j \leq j_{\max}$ **faça**
    $\Delta\mathbf{u} \leftarrow -\mathbf{H}^{-1}\left(\mathbf{b} + \overline{\mathbf{R}}^T\psi\right)$;
    $\psi_{ant} \leftarrow \psi$;
    $\psi \leftarrow \max\left(\psi + \frac{1}{L}\left(\overline{\mathbf{R}}\Delta\mathbf{u} - \overline{\mathbf{r}}\right), \mathbf{0}\right)$;
    **se** $|\psi - \psi_{\text{ant}}| < \epsilon$ **então**
      **sai do laço**
    **fim**
    $j \leftarrow j + 1$;
  **fim**
**fim**

#### 7.2.2.2 Aceleração do método de projeção de gradiente

Em geral, o método de projeção de gradiente pode precisar de muitas iterações para convergir em casos de tolerâncias muito pequenas. Dessa forma, uma versão acelerada do método de projeção de gradiente foi proposta em (NESTEROV, 1983) e vem sendo amplamente utilizada no contexto de MPC de cômputo rápido. O ponto principal para a aceleração do método é a não observância da propriedade da sequência de relaxação definida em (7.20) e a sua substituição pela chamada sequência estimada. Dessa forma, é inserida uma operação *a priori* no cálculo de $\psi$:

$$\mathbf{w}_j = \psi_j + \theta_j(\theta_{j-1}^{-1} - 1)(\psi_j - \psi_{j-1}), \tag{7.38}$$

$$\Delta \mathbf{u}_{j+1} = P\left(\mathbf{w}_j - \frac{1}{L}\nabla J_d(\mathbf{w}_j)\right), \tag{7.39}$$

com $\theta_{j+1} = \left(\sqrt{\theta_j^4 + 4\theta_j^2} - \theta_j^2\right)/2$.

O cômputo de $\theta$ apresenta operações algébricas mais custosas computacionalmente, como as potências e a raiz quadrada, e essas são operações indesejadas para sistemas embarcados. Dessa forma, como foi demonstrada a convergência do método para qualquer escolha de $\theta$ tal que:

$$\frac{1 - \theta_{j+1}}{\theta_{j+1}^2} \leq \frac{1}{\theta_j^2}, \tag{7.40}$$

uma escolha possível que atende (7.40) é $\theta_j = 2/(j+2)$ (TSENG, 2008). Substituindo $\theta_j = 2/(j+2)$ em (7.38), obtém-se uma equação mais simples:

$$\theta_j(\theta_{j-1}^{-1} - 1) = \frac{j-1}{j+2},$$

e, se definirmos uma variável $\beta = \frac{j-1}{j+2}$, é possível reescrever (7.38) como:

$$\mathbf{w}_j = \psi_j + \beta(\psi_j - \psi_{j-1}). \tag{7.41}$$

A versão do método de gradiente acelerado dual é chamada de gradiente projetado acelerado dual (GPAD).

#### 7.2.2.3 Algoritmo GPAD para MPC

Como critério de parada do algoritmo, a factibilidade e a otimalidade primal podem ser utilizadas. Para a factibilidade primal, é possível testar se as restrições são atendidas dentro da tolerância $\epsilon_f$, ou seja:

$$\overline{\mathbf{R}}\Delta\mathbf{u}_j - \overline{\mathbf{r}} \leq \epsilon_f. \tag{7.42}$$

Para o critério de otimalidade primal, uma propriedade derivada da dualidade forte pode ser utilizada. Lembrando que, se a dualidade forte se aplica, então $J_d(\psi^*) = J(\Delta\mathbf{u}^*)$ e:

$$J(\Delta\mathbf{u}_j) - J(\Delta\mathbf{u}^*) \leq J(\Delta\mathbf{u}_j) - J_d(\psi_j), \tag{7.43}$$

ou seja, a diferença entre o valor da função custo no ponto $\Delta\mathbf{u}_j$ e o valor da função no ponto ótimo é menor do que a diferença entre o valor da função em $\Delta\mathbf{u}_j$ e o valor da função dual $J_d$ no ponto $\psi_j$ associado a $\Delta\mathbf{u}_j$. Portanto, uma solução é considerada $\epsilon_o$-ótima se:

$$J(\Delta\mathbf{u}_j) - J_d(\psi_j) \leq \epsilon_o, \tag{7.44}$$

e, então, substituindo a função $J(\Delta\mathbf{u})$, definida em (7.1), a função $J_d(\psi)$, definida em (7.29), e considerando (7.36), a solução será $\epsilon_o$-ótima se:

$$\begin{aligned}
\epsilon_o \geq& \frac{1}{2}\Delta\mathbf{u}^T\mathbf{H}\Delta\mathbf{u} + \mathbf{b}^T\Delta\mathbf{u} + c \\
&+ \frac{1}{2}\psi_j^T\overline{\mathbf{R}}\mathbf{H}^{-1}\overline{\mathbf{R}}^T\psi_j + \left(\overline{\mathbf{R}}\mathbf{H}^{-1}\mathbf{b} + \overline{\mathbf{r}}\right)^T\psi_j + \frac{1}{2}\mathbf{b}^T\mathbf{H}^{-1}\mathbf{b} - c, \\
\epsilon_o \geq& \frac{1}{2}\left(\mathbf{b} + \overline{\mathbf{R}}^T\psi_j\right)^T\mathbf{H}^{-1}\mathbf{H}\mathbf{H}^{-1}\left(\mathbf{b} + \overline{\mathbf{R}}^T\psi_j\right) - \mathbf{b}^T\mathbf{H}^{-1}\left(\mathbf{b} + \overline{\mathbf{R}}^T\psi_j\right) \\
&+ \frac{1}{2}\psi_j^T\overline{\mathbf{R}}\mathbf{H}^{-1}\overline{\mathbf{R}}^T\psi_j + \left(\overline{\mathbf{R}}\mathbf{H}^{-1}\mathbf{b} + \overline{\mathbf{r}}\right)^T\psi_j + \frac{1}{2}\mathbf{b}^T\mathbf{H}^{-1}\mathbf{b}, \\
\epsilon_o \geq& \psi_j^T\mathbf{R}\mathbf{H}^{-1}\mathbf{R}T\psi_j + \psi_j^T\mathbf{R}\mathbf{H}^{-1}\mathbf{b} + \psi_j^T\overline{\mathbf{r}}, \\
\epsilon_o \geq& -\psi_j^T\left(-\mathbf{R}\mathbf{H}^{-1}\left(\mathbf{R}^T\psi_j - \mathbf{b}\right) - \psi_j^T\overline{\mathbf{r}}\right), \\
\epsilon_o \geq& -\psi_j^T(\overline{\mathbf{R}}\Delta\mathbf{u}_j - \overline{\mathbf{r}}).
\end{aligned}$$

A partir dos desenvolvimentos apresentados, o GPAD para MPC é apresentado no Algoritmo 11, no qual $j_{\max}$ é o número máximo de iterações.

**Algoritmo 11:** Algoritmo GPAD para MPC

**Entrada:** $\mathbf{H}$, $\mathbf{b}$, $\overline{\mathbf{R}}$, $\bar{\mathbf{r}}$
**Saída:** $\Delta\mathbf{u}(k)$
**Dados:** $\psi_0 = \mathbf{0}$, $\epsilon_{\mathbf{f}}$, $\epsilon_{\mathbf{o}}$, $j_{\max}$

**início**
    $L \leftarrow \sqrt{\sum_{i=1}^{n_{rin}} \sum_{j=1}^{n_{rin}} \left| [\overline{\mathbf{R}}\mathbf{H}^{-1}\overline{\mathbf{R}}^T]_{ij} \right|^2}$;
    $\psi \leftarrow \psi_0$;
    $\psi_{ant} \leftarrow \psi_0$;
    $j \leftarrow 0$;
    **enquanto** $j < j_{\max}$ **faça**
        **se** $j = 0$ **então**
            $\beta \leftarrow 0$;
        **fim**
        **senão**
            $\beta \leftarrow \frac{j-1}{j+2}$;
        **fim**
        $\mathbf{w} \leftarrow \psi + \beta(\psi - \psi_{\text{ant}})$;
        $\Delta\mathbf{u} \leftarrow -\mathbf{H}^{-1}(\overline{\mathbf{R}}^T\mathbf{w} + \mathbf{b})$;
        $\mathbf{s} \leftarrow \overline{\mathbf{R}}\Delta\mathbf{u} - \bar{\mathbf{r}}$;
        **se** $\mathbf{s}_i \leq \epsilon_f$, $\forall i = 1,\ldots,n_{rin}$ **então**
            **se** $-\mathbf{w}^T\mathbf{s} < \epsilon_o$ **então**
                **sai do laço**;
            **fim**
        **fim**
        $\psi_{\text{ant}} \leftarrow \psi$;
        $\psi \leftarrow \max(\mathbf{w} + (1/L)\mathbf{s}, \mathbf{0})$;
        $j \leftarrow j + 1$;
    **fim**
**fim**

## Exemplo 7.6

Vamos retomar o caso do Exemplo 7.4 para avaliarmos o comportamento do algoritmo de projeção de gradiente acelerado dual. No primeiro cenário, vamos manter as matrizes de restrições para um limite superior e inferior no incremento de controle com $\overline{\mathbf{R}} = [\mathbf{I}_{2\times2}; -\mathbf{I}_{2\times2}]$ e $\overline{\mathbf{r}} = [0{,}5\ 0{,}5\ 0{,}1\ 0{,}1]^T$ com o ponto inicial $\Delta\mathbf{u}_0 = [0 \quad 0]^T$ e tolerâncias $\epsilon_f = \epsilon_o = 0{,}001$. Nesse cenário, o valor ótimo ($\Delta\mathbf{u}^* = [0{,}3522 \quad 0{,}2563]^T$) está dentro do conjunto de restrições e, portanto, o algoritmo converge em apenas uma iteração, como podemos ver na Figura 7.6.

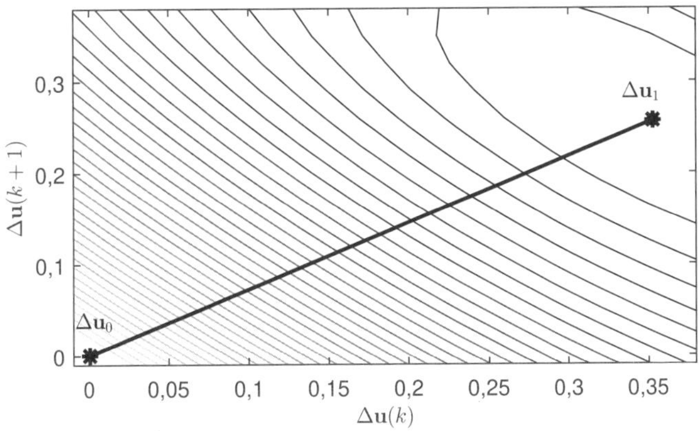


**Figura 7.6** Exemplo 7.6 – Contorno da função objetivo mostrando a convergência do método GPAD para o valor ótimo em apenas 1 iteração.

Agora, vamos verificar o caso com restrições ativas. Para isso, vamos redefinir $\overline{\mathbf{r}} = [0{,}32 \quad 0{,}32 \quad 0{,}1 \quad 0{,}1]^T$. Com esse cenário, podemos verificar a convergência do método em 6 iterações:

$$\Delta\mathbf{u}_1 = \begin{bmatrix} 0{,}352 \\ 0{,}256 \end{bmatrix}, \quad \Delta\mathbf{u}_2 = \begin{bmatrix} 0{,}341 \\ 0{,}265 \end{bmatrix}, \quad \Delta\mathbf{u}_3 = \begin{bmatrix} 0{,}332 \\ 0{,}272 \end{bmatrix}, \quad \Delta\mathbf{u}_4 = \begin{bmatrix} 0{,}326 \\ 0{,}277 \end{bmatrix},$$

$$\Delta\mathbf{u}_5 = \begin{bmatrix} 0{,}3241 \\ 0{,}2784 \end{bmatrix}, \quad \Delta\mathbf{u}_6 = \begin{bmatrix} 0{,}3210 \\ 0{,}2808 \end{bmatrix}.$$

Na Figura 7.7, é apresentada a representação gráfica do método de projeção de gradiente acelerado dual. Podemos perceber que na primeira iteração o método se aproxima do valor ótimo sem restrições e, posteriormente, vai convergindo para o ponto ótimo com restrições conforme vai fazendo a projeção para os pontos factíveis.

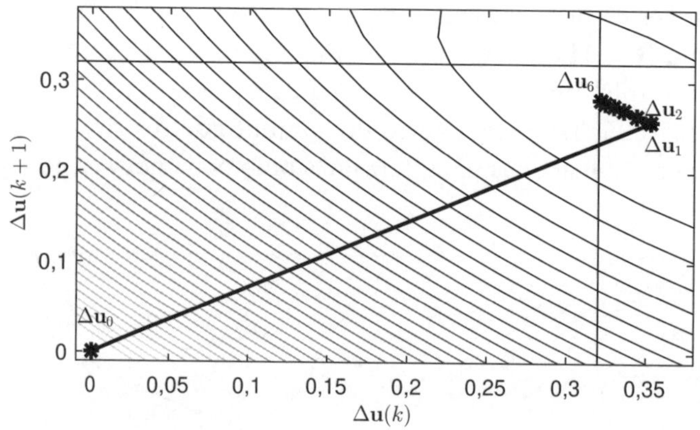


**Figura 7.7** Exemplo 7.6 – Contorno da função objetivo mostrando a convergência do método GPAD para o valor ótimo em 6 iterações.

Com o apresentado nesta seção, podemos afirmar que o algoritmo GPAD é uma boa opção para a utilização em MPC. A principal característica é o baixo custo computacional, podendo ser utilizado em processos com dinâmicas rápidas. A matriz $H$ não muda durante o ciclo de controle e a sua inversa pode ser calculada de forma off-line. O fato de não utilizar a operação de divisão no cômputo on-line favorece a utilização de aritmética de ponto fixo com menor acúmulo de erro, diminuindo ainda mais o tempo de cômputo. Outra boa propriedade é que não é necessário um parâmetro de sintonia, apenas as tolerâncias desejadas. Uma desvantagem está associada à variação do número de iterações entre os momentos de restrições ativas e inativas. Outra desvantagem é que o número de iterações para momentos de restrição ativa também aumenta quanto menor for a tolerância desejada da resposta. Dessa forma, devem ser escolhidas as maiores tolerâncias possíveis que atendam à aplicação para se obter uma convergência mais rápida.

### 7.2.3 Métodos de operador de partição

Os métodos de operador de partição baseiam-se na ideia de que, a partir de uma função custo separável, o problema de otimização pode ser separado em problemas mais simples. Dessa forma, esses problemas simples podem ser resolvidos paralelamente. Para resolver cada um dos problemas reduzidos, existem técnicas que podem utilizar a formulação primal, dual ou até primal-dual. Os métodos que se destacam são o Método dos Multiplicadores com Direções Alternadas (ADMM, do inglês *Alternating Direction Method of Multipliers*), o Algoritmo de Minimização Alternada (AMA, do inglês *Alternating Minimization Algorithm*) e o Algoritmo Primal-Dual (PDA, do inglês *Primal-Dual Algorithm*) (STATHOPOULOS et al., 2016).

O ADMM é um dos métodos de operador de partição mais populares e trata-se de um algoritmo simples, mas que se adapta muito bem a problemas de otimização convexa distribuída. Ele se apresenta na forma de um algoritmo de decomposição/coordenação, no qual as soluções de pequenos subproblemas locais são coordenadas para encontrar uma solução para um problema global de grande escala (O'DONOGHUE; STATHOPOULOS; BOYD, 2013). O ADMM pode ser interpretado como uma tentativa de colher os benefícios de ambos, a decomposição dual e os métodos de Lagrangiano aumentado para otimização com restrições (BOYD et al., 2011).

Devido à possibilidade de paralelização dos métodos de partição, o ADMM se apresenta como uma boa abordagem para as soluções modernas de hardware, como os processadores de múltiplos núcleos e os FPGAs. Em (O'DONOGHUE; STATHOPOULOS; BOYD, 2013), é apresentada uma forma de implementação de SSMPC com ADMM denominada *Operator Splitting for Control* (OSC) e o ADMM em um GPC apresentado em (PECCIN et al., 2020). Essa formulação, em muitos casos, pode não necessitar de operações de divisão, o que facilita a implementação em arquiteturas de aritmética de ponto fixo, como FPGAs. Os pontos fracos do ADMM são a dependência do tipo do problema no desempenho do método e a baixa precisão nos resultados, o que, tipicamente, não é um problema para aplicação em MPC. Em (RAGHUNATHAN; CAIRANO, 2014), é proposto um mecanismo de detecção de infactibilidade e o seu desempenho é exemplificado em uma aplicação de MPC.

A seguir, são apresentados a formulação e alguns conceitos importantes relacionados ao ADMM e suas variações úteis para o MPC.

#### 7.2.3.1 Métodos precursores do ADMM

Os precursores do ADMM, ou seja, as técnicas nas quais o ADMM se baseia, são os métodos conhecidos como o método ascendente dual e o método dos multiplicadores (BOYD et al., 2011). O método ascendente dual assume um problema de otimização convexa com restrições de igualdade da seguinte forma:

$$\begin{aligned} \min_{\mathbf{x}} \quad & f(\mathbf{x}) \\ \text{s.a.} \quad & \overline{\mathbf{M}}\mathbf{x} = \overline{\mathbf{m}}, \end{aligned} \tag{7.45}$$

com $f : \mathbb{R}^n \to \mathbb{R}$ convexa, $\mathbf{x} \in \mathbb{R}^n$, $\overline{\mathbf{M}} \in \mathbb{R}^{n_{req} \times n}$, $\overline{\mathbf{m}} \in \mathbb{R}^{n_{req}}$. A partir de (7.45), o problema dual pode ser obtido através do Lagrangiano e da função dual $f_d$ associados. O Lagrangiano é dado por:

$$\mathcal{L}(\mathbf{x}, \nu) = f(\mathbf{x}) + \nu^T(\overline{\mathbf{M}}\mathbf{x} - \overline{\mathbf{m}}),$$

com $\nu \in \mathbb{R}^{n_{req}}$ sendo o vetor de multiplicadores de Lagrange associados às restrições de igualdade. O problema dual recai em:

$$\begin{aligned} \max_{\nu} \quad & f_d(\nu) \\ \text{s.a.} \quad & \nu \geq \mathbf{0}. \end{aligned} \tag{7.46}$$

com $f_d(\nu) \triangleq \inf_x (\mathcal{L}(\mathbf{x},\psi,\nu))$. Dessa forma, uma vez obtidos os multiplicadores de Lagrange ótimos $\nu^*$, assumindo que a dualidade forte (ótimo da função primal e dual são iguais) se aplica, o ótimo primal pode ser obtido a partir do ótimo dual:

$$\mathbf{x}^* = \underset{\mathbf{x}}{\operatorname{argmin}}(\mathcal{L}(\mathbf{x}, \nu^*)). \tag{7.47}$$

O método ascendente dual consiste em iterativamente computar a variável primal e atualizar a variável dual na direção do gradiente em relação a $\nu$ de $f_d$ com um passo de comprimento $l$, ou seja:

$$\begin{aligned} \mathbf{x}_{j+1} &= \underset{\mathbf{x}}{\operatorname{argmin}}(\mathcal{L}(\mathbf{x}, \nu_j)), \\ \nu_{j+1} &= \nu_j + l\nabla_\nu f_d = \nu_j + l(\overline{\mathbf{M}}\mathbf{x}_{j+1} - \overline{\mathbf{m}}). \end{aligned} \tag{7.48}$$

Como o método ascendente dual necessita de algumas propriedades para a convergência, como a finitude e a convexidade estrita da função $f$, o método de multiplicadores foi desenvolvido para contornar esses requisitos.

O método dos multiplicadores utiliza o Lagrangiano aumentado, que, para (7.45), é dado por:

$$\mathcal{L}_\rho(\mathbf{x}, \nu) = f(\mathbf{x}) + \nu^T(\overline{\mathbf{M}}\mathbf{x} - \overline{\mathbf{m}}) + \frac{\rho}{2}\|\overline{\mathbf{M}}\mathbf{x} - \overline{\mathbf{m}}\|^2,$$

em que $\rho > 0$ é chamado de parâmetro de penalização, e o último termo da equação anterior pode ser interpretado como um resíduo da restrição de igualdade, sendo que seu valor ótimo, idealmente, é zero. A vantagem de incluir esse termo com penalização no Lagrangiano é que a função dual obtida é diferenciável sob condições menos restritas do que na formulação original. O gradiente do Lagrangiano aumentado pode ser obtido da mesma forma que o Lagrangiano normal e, dessa forma, o método dos multiplicadores se apresenta da seguinte forma:

$$\begin{aligned} \mathbf{x}_{j+1} &= \underset{\mathbf{x}}{\operatorname{argmin}}(\mathcal{L}_\rho(\mathbf{x}, \nu_j)), \\ \nu_{j+1} &= \nu_j + \rho\nabla_\nu f_d = \nu_j + \rho(\overline{\mathbf{M}}\mathbf{x}_{j+1} - \overline{\mathbf{m}}). \end{aligned} \tag{7.49}$$

Perceba que o método dos multiplicadores segue o mesmo padrão do ascendente dual, exceto que o passo de minimização de $\mathbf{x}$ usa o Lagrangiano aumentado e que o parâmetro de penalização $\rho$ é usado como o comprimento do passo $l$. O método dos multiplicadores converge sob condições mais gerais que o ascendente dual, incluindo casos nos quais $f$ tende a infinito ou não é estritamente convexa. A escolha de $\rho$ como comprimento do passo na direção do gradiente pode ser justificada como uma boa escolha para manter pontos factíveis, tanto primal quanto dual. Essa característica pode ser vista se avaliadas as condições de otimalidade Karush-Kuhn-Tucker (KKT) (Teorema B.2) de (7.45). Supondo $f$ convexa, as condições de otimalidade primal e dual são (STATHOPOULOS et al., 2016):

$$\overline{\mathbf{M}}\mathbf{x}^* - \overline{\mathbf{m}} = \mathbf{0}, \quad \nabla f(\mathbf{x}^*) + \overline{\mathbf{M}}^T\nu^* = \mathbf{0},$$

respectivamente. Como, por definição, $\Delta\mathbf{x}_{j+1}$ minimiza o Lagrangiano aumentado $\mathcal{L}_\rho(\mathbf{x}, \nu_j)$, então:

$$\begin{aligned} \mathbf{0} &= \nabla_x\mathcal{L}_\rho(\mathbf{x}_{j+1}, \nu_j) \\ &= \nabla_x f(\mathbf{x}_{j+1}) + \overline{\mathbf{M}}^T(\nu_j + \rho(\overline{\mathbf{M}}\mathbf{x}_{j+1} - \overline{\mathbf{m}})) \\ &= \nabla_x f(\mathbf{x}_{j+1}) + \overline{\mathbf{M}}^T\nu_{j+1}. \end{aligned} \tag{7.50}$$

Pode-se perceber a partir de (7.50) que a escolha de $\rho$ como o comprimento de passo, na atualização da variável dual do método, fornece um par $\{\mathbf{x}_{j+1}, \nu_{j+1}\}$ factível dual.

A melhora nas propriedades de convergência do método dos multiplicadores em relação ao ascendente dual implica um ônus na possibilidade de decomposição deste. Quando $f$ é separável, o Lagrangiano aumentado não é separável e, portanto, o passo de minimização de $\mathbf{x}$ não pode ser computado de forma paralela, como ocorre no método ascendente dual (STATHOPOULOS et al., 2016).

#### 7.2.3.2 Formulação ADMM

O ADMM foi desenvolvido de modo a reunir as propriedades de decomposição do método ascendente dual com as boas propriedades de convergência do método dos multiplicadores. Para isso, são utilizadas duas variáveis, o que torna a função custo separável, com uma restrição de acoplamento entre elas. Para entender o ADMM, podemos assumir que método resolve problemas da seguinte forma:

$$\begin{aligned} \min_{\mathbf{x},\,\mathbf{z}} \quad & f(\mathbf{x}) + \zeta(\mathbf{z}) \\ \text{s.a.} \quad & \overline{\mathbf{M}}\mathbf{x} + \overline{\mathbf{D}}\mathbf{z} = \overline{\mathbf{m}}, \end{aligned} \tag{7.51}$$

com $\mathbf{x} \in \mathbb{R}^n$, $\mathbf{z} \in \mathbb{R}^m$, $\overline{\mathbf{M}} \in \mathbb{R}^{n_{req} \times n}$, $\overline{\mathbf{D}} \in \mathbb{R}^{n_{req} \times m}$, $\overline{\mathbf{m}} \in \mathbb{R}^{n_{req}}$ e $f$ e $\zeta$ sendo funções convexas.

Para incluir a restrição na função custo, a partir de (7.51), pode ser formado o Lagrangiano aumentado como no método dos multiplicadores:

$$\mathcal{L}_\rho(\mathbf{x}, \mathbf{z}, \nu) = f(\mathbf{x}) + \zeta(\mathbf{z}) + \nu^T(\overline{\mathbf{M}}\mathbf{x} + \overline{\mathbf{D}}\mathbf{z} - \overline{\mathbf{m}}) + \frac{\rho}{2}\|\overline{\mathbf{M}}\mathbf{x} + \overline{\mathbf{D}}\mathbf{z} - \overline{\mathbf{m}}\|^2. \tag{7.52}$$

Assumindo que a dualidade forte se aplica, os valores ótimos para o problema primal e dual são os mesmos. Dessa forma, o ótimo do problema primal $\mathbf{x}^*$ pode ser obtido através do ponto ótimo dual $\nu^*$:

$$\mathbf{x}^*, \mathbf{z}^* = \underset{\mathbf{x},\mathbf{z}}{\operatorname{argmin}}\, \mathcal{L}_\rho(\mathbf{x}, \mathbf{z}, \nu^*).$$

Portanto, o ADMM pode ser computado de forma recursiva, alternando entre as minimizações de $\mathbf{x}$ e $\mathbf{z}$ e atualizando a variável $\nu$ da seguinte forma:

$$\mathbf{x}_{j+1} = \underset{\mathbf{x}}{\operatorname{argmin}}\, \mathcal{L}_\rho(\mathbf{x}, \mathbf{z}_j, \nu_j), \tag{7.53}$$

$$\mathbf{z}_{j+1} = \underset{\mathbf{z}}{\operatorname{argmin}}\, \mathcal{L}_\rho(\mathbf{x}_{j+1}, \mathbf{z}, \nu_j), \tag{7.54}$$

$$\nu_{j+1} = \nu_j + \rho(\overline{\mathbf{M}}\mathbf{x}_{j+1} + \overline{\mathbf{D}}\mathbf{z}_{j+1} - \overline{\mathbf{m}}). \tag{7.55}$$

#### 7.2.3.3 Condições de otimalidade e convergência

Assumindo $f$ e $\zeta$ diferenciáveis, as condições de otimalidade necessárias e suficientes para o ADMM são a factibilidade primal,

$$\overline{\mathbf{M}}\mathbf{x}^* + \overline{\mathbf{D}}\mathbf{z}^* - \overline{\mathbf{m}} = \mathbf{0}, \tag{7.56}$$

e a factibilidade dual,

$$\mathbf{0} = \nabla f(\mathbf{x}^*) + \overline{\mathbf{M}}^T \nu^*, \tag{7.57a}$$

$$\mathbf{0} = \nabla \zeta(\mathbf{z}^*) + \overline{\mathbf{D}}^T \nu^*. \tag{7.57b}$$

Uma vez que, por definição, $\mathbf{x}_{j+1}$ minimiza o Lagrangiano $\mathcal{L}_\rho(\mathbf{x}_j, \mathbf{z}_j, \nu_j)$, tem-se, a partir de (7.57) e usando (7.55), que:

$$\begin{aligned}
\mathbf{0} &= \nabla f(\mathbf{x}_{j+1}) + \overline{\mathbf{M}}^T (\nu_j + \rho(\overline{\mathbf{M}}\mathbf{x}_{j+1} + \overline{\mathbf{D}}\mathbf{z}_j - \overline{\mathbf{m}})) \\
&= \nabla f(\mathbf{x}_{j+1}) \\
&\quad + \overline{\mathbf{M}}^T \left(\nu_j + \rho \left(\overline{\mathbf{M}}\mathbf{x}_{j+1} + \overline{\mathbf{D}}\mathbf{z}_j - \overline{\mathbf{m}} + \overline{\mathbf{D}}\mathbf{z}_{j+1} - \overline{\mathbf{D}}\mathbf{z}_{j+1}\right)\right) \\
&= \nabla f(\mathbf{x}_{j+1}) + \overline{\mathbf{M}}^T \nu_{j+1} + \rho\overline{\mathbf{M}}^T\overline{\mathbf{D}}(\mathbf{z}_j - \mathbf{z}_{j+1}), \\
\rho\overline{\mathbf{M}}^T\overline{\mathbf{D}}(\mathbf{z}_{j+1} - \mathbf{z}_j) &= \nabla f(\mathbf{x}_{j+1}) + \overline{\mathbf{M}}^T \nu_{j+1},
\end{aligned}$$

e, portanto, a parcela

$$\mathbf{s}_{j+1} = \rho\overline{\mathbf{M}}^T\overline{\mathbf{D}}(\mathbf{z}_{j+1} - \mathbf{z}_j)$$

pode ser considerada o resíduo dual na iteração $j + 1$. A partir de (7.56), tem-se que o resíduo primal é dado por:

$$\mathbf{r}_{j+1} = \overline{\mathbf{M}}\mathbf{x}_{j+1} + \overline{\mathbf{D}}\mathbf{z}_{j+1} - \overline{\mathbf{m}}.$$

Dessa forma, um critério de parada frequentemente utilizado em ADMM é a comparação dos resíduos com as tolerâncias primal $\epsilon_p$ e dual $\epsilon_d$, de acordo com algum critério de otimalidade desejado, ou seja:

$$\|\mathbf{r}_j\| \leq \epsilon_p \quad \text{e} \quad \|\mathbf{s}_j\| \leq \epsilon_d. \tag{7.58}$$

Quanto à convergência do algoritmo, uma prova pode ser encontrada em (BOYD et al., 2011) e esta é garantida se $f$ e $\zeta$ forem funções próprias, convexas e fechadas, e se o Lagrangiano não aumentado ($\rho = 0$) associado tem um ponto de sela, ou seja, $\mathcal{L}_0(\mathbf{x}^*, \mathbf{z}^*, \nu) \leq \mathcal{L}_0(\mathbf{x}^*, \mathbf{z}^*, \nu^*) \leq \mathcal{L}_0(\mathbf{x}, \mathbf{z}, \nu^*)$. O QP do MPC, definido em (7.1), atende essas propriedades e, portanto, podemos definir uma formulação ADMM específica.

#### 7.2.3.4 Forma escalonada

O ADMM pode ser representado de uma forma mais compacta e que pode ser mais conveniente para a implementação. Essa forma é chamada de escalonada e pode ser obtida por meio da definição de uma nova variável $\phi_j = (\frac{1}{\rho})\nu_j$, chamada de variável escalonada dual. Fazendo essa substituição em (7.52), e usando a norma euclidiana e $\mathbf{r} = \overline{\mathbf{M}}\mathbf{x} + \overline{\mathbf{D}}\mathbf{z} - \overline{\mathbf{m}}$, para facilitar a notação, temos:

$$\mathcal{L}_\rho(\mathbf{x}, \mathbf{z}, \nu) = f(\mathbf{x}) + \zeta(\mathbf{z}) + \rho\phi^T\mathbf{r} + \frac{\rho}{2}\|\mathbf{r}\|_2^2,$$

e como

$$\begin{aligned} \frac{\rho}{2}\|\mathbf{r} + \phi\|_2^2 &= \frac{\rho}{2}\left(\mathbf{r}^T\mathbf{r} + 2\phi^T\mathbf{r} + \phi^T\phi\right), \\ \frac{\rho}{2}\|\mathbf{r} + \phi\|_2^2 &= \frac{\rho}{2}\|\mathbf{r}\|_2^2 + \rho\phi^T\mathbf{r}^T + \frac{\rho}{2}\|\phi\|_2^2, \\ \frac{\rho}{2}\|\mathbf{r} + \phi\|_2^2 - \frac{\rho}{2}\|\phi\|_2^2, &= \frac{\rho}{2}\|\mathbf{r}\|_2^2 + \rho\phi^T\mathbf{r}^T, \end{aligned}$$

então:

$$\mathcal{L}_\rho(\mathbf{x}, \mathbf{z}, \nu) = f(\mathbf{x}) + \zeta(\mathbf{z}) + \frac{\rho}{2}\|\mathbf{r} + \phi\|_2^2 - \frac{\rho}{2}\|\phi\|_2^2. \tag{7.59}$$

Dessa forma, o ADMM escalonado pode ser computado recursivamente da seguinte forma:

$$\mathbf{x}_{j+1} = \operatorname{argmin}\left(f(\mathbf{x}_j) + \frac{\rho}{2}\|\overline{\mathbf{M}}\mathbf{x}_j + \overline{\mathbf{D}}\mathbf{z}_j - \overline{\mathbf{m}} + \phi_j\|_2^2\right), \tag{7.60a}$$

$$\mathbf{z}_{j+1} = \operatorname{argmin}\left(\zeta(\mathbf{z}_j) + \frac{\rho}{2}\|\overline{\mathbf{M}}\mathbf{x}_{j+1} + \overline{\mathbf{D}}\mathbf{z}_j - \overline{\mathbf{m}} + \phi_j\|_2^2\right), \tag{7.60b}$$

$$\phi_{j+1} = \phi_j + (\overline{\mathbf{M}}\mathbf{x}_{j+1} + \overline{\mathbf{D}}\mathbf{z}_{j+1} - \overline{\mathbf{m}}). \tag{7.60c}$$

Em (7.60a), que calcula $\mathbf{x}_{j+1}$, veja que não é necessário levar em conta o segundo e o quarto termos do Lagrangiano, definido em (7.59), pois eles assumem valores fixos no cômputo de $\mathbf{x}_{j+1}$. De forma similar, para calcular $\mathbf{z}_{j+1}$, podemos ignorar o primeiro e o quarto termos de (7.59).

A partir dos conceitos apresentados, o algoritmo genérico do ADMM na forma escalonada para o problema definido em (7.51) pode ser visto no Algoritmo 12.

**Algoritmo 12:** Método dos multiplicadores em direções alternadas (ADMM) na forma escalonada

**Entrada:** $f$, $\zeta$, $\overline{\mathbf{M}}$, $\overline{\mathbf{D}}$, $\overline{\mathbf{m}}$, $\mathbf{x}_0$ factível, $\mathbf{z}_0$ factível
**Dados:** $\rho > 0$, $\epsilon_p > 0$, $\epsilon_d > 0$, $j_{\max}$
**Saída:** $\mathbf{x}$

$j \leftarrow 0$;
$\phi \leftarrow \mathbf{0}$;
$\mathbf{z} \leftarrow \mathbf{z}_0$;
$\mathbf{x} \leftarrow \mathbf{x}_0$;
**enquanto** $j < j_{\max}$ **faça**
  $\mathbf{z}_{\text{ant}} \leftarrow \mathbf{z}$;
  $\mathbf{x} \leftarrow \text{argmin}\left(f(\mathbf{x}) + \frac{\rho}{2}\|\overline{\mathbf{M}}\mathbf{x} + \overline{\mathbf{D}}\mathbf{z} - \overline{\mathbf{m}} + \phi\|^2\right)$;
  $\mathbf{z} \leftarrow \text{argmin}\left(\zeta(\mathbf{z}) + \frac{\rho}{2}\|\overline{\mathbf{M}}\mathbf{x} + \overline{\mathbf{D}}\mathbf{z} - \overline{\mathbf{m}} + \phi\|^2\right)$;
  $\phi \leftarrow \phi + (\overline{\mathbf{M}}\mathbf{x} + \overline{\mathbf{D}}\mathbf{z} - \overline{\mathbf{m}})$;
  **se** $\|\overline{\mathbf{M}}\mathbf{x} + \overline{\mathbf{D}}\mathbf{z} - \overline{\mathbf{m}}\| \le \epsilon_p$ ***e*** $\|\rho\overline{\mathbf{M}}^T\overline{\mathbf{D}}(\mathbf{z} - \mathbf{z}_{\text{ant}})\| \le \epsilon_d$ **então**
    **sai do laço**;
  **fim**
  $j \leftarrow j + 1$;
**fim**

#### 7.2.3.5 Sintonia do ADMM

O comprimento do passo no ADMM coincide com o parâmetro de penalização $\rho$ do Lagrangiano aumentado e pode ser utilizado como um grau de liberdade para uma convergência mais rápida do algoritmo. Na forma padrão do ADMM, o valor de $\rho$ é mantido constante, entretanto, existem variações do ADMM que propõem diferentes valores de $\rho_j$ a cada iteração (BOYD et al., 2011). As equações de atualização do ADMM sugerem que grandes valores de $\rho$ causam uma grande penalização nas violações da factibilidade primal e tendem a produzir pequenos resíduos primais. Por outro lado, a definição do resíduo dual sugere que pequenos valores de $\rho$ tendem a diminuir o resíduo dual, ao custo de reduzirem a penalização da factibilidade primal, o que pode resultar em um maior resíduo primal. Dessa forma, o valor de $\rho$ deve ser escolhido de forma a reduzir o número de iterações necessárias para o ponto $\epsilon$-ótimo. Em (GHADIMI et al., 2015), é proposto um teorema que define um valor ótimo de $\rho$ para aplicação em QPs na forma padrão (Definição B.6 do Apêndice B). O requisito é que a matriz de restrições $\bar{\mathbf{R}}$ tenha posto completo de linhas. Então, o valor ótimo de $\rho$ para QPs é dado por:

$$\rho^* = \left(\sqrt{\lambda_{\max}(\bar{\mathbf{R}}\mathbf{H}^{-1}\bar{\mathbf{R}}^T)\lambda_{\min>0}(\bar{\mathbf{R}}\mathbf{H}^{-1}\bar{\mathbf{R}}^T)}\right)^{-1}, \tag{7.61}$$

em que $\lambda_{\max}(\bar{\mathbf{R}}\mathbf{H}^{-1}\bar{\mathbf{R}}^T)$ e $\lambda_{\min>0}(\bar{\mathbf{R}}\mathbf{H}^{-1}\bar{\mathbf{R}}^T)$ representam o maior e o menor autovalores positivos de $\bar{\mathbf{R}}\mathbf{H}^{-1}\bar{\mathbf{R}}^T$, respectivamente. Entretanto, essa característica frequentemente não se aplica para QPs oriundos de MPCs. Por exemplo, quando escolhemos $\bar{\mathbf{R}} = [\mathbf{I}; -\mathbf{I}]$, perdemos a propriedade de posto completo de linhas, pois as linhas não são linearmente independentes e obtemos $\lambda_{\min} = 0$. Em (GISELSSON; BOYD, 2017), é proposta uma heurística para tratar este caso e obter um $\lambda_{\min} > 0$, entretanto, é necessária a resolução de um problema de programação mista. Dessa forma, é comum, em aplicações práticas, a definição de $\rho$ de forma experimental ou simulada. No Exemplo 7.7, é apresentado um ensaio simulado para a definição do parâmetro $\rho$ para um problema específico.

#### 7.2.3.6 Algoritmo ADMM para MPC

A partir do QP do MPC, definido em (7.1), o primeiro passo proposto é representar as restrições de desigualdade por meio de uma função indicadora $I_-(\mathbf{x})$, da mesma forma apresentada em (7.14). Podemos definir

$$J(\Delta\mathbf{u}) = \frac{1}{2}\Delta\mathbf{u}^T\mathbf{H}\Delta\mathbf{u} + \mathbf{b}^T\Delta\mathbf{u}$$

e reescrever o problema rearranjando as restrições com uso da função indicadora $I_-(x)$ na função custo, resultando em:

$$\min_{\Delta\mathbf{u}} \quad J(\Delta\mathbf{u}) + I_-(\overline{\mathbf{R}}\Delta\mathbf{u} - \bar{\mathbf{r}}). \tag{7.62}$$

Para se obter a forma padrão do ADMM, apresentada em (7.51), podemos assumir que $J(\Delta\mathbf{u})$ representa $f(\mathbf{x})$ e $I_-(\overline{\mathbf{R}}\Delta\mathbf{u} - \bar{\mathbf{r}})$ representa $\zeta(\mathbf{z})$ com $\mathbf{z} = \overline{\mathbf{R}}\Delta\mathbf{u} - \bar{\mathbf{r}}$ e inserimos uma restrição de igualdade para manter o acoplamento entre as variáveis, resultando em:

$$\begin{aligned} \min_{\Delta\mathbf{u},\mathbf{z}} \quad & J(\Delta\mathbf{u}) + I_-(\mathbf{z}) \\ \text{s.a.} \quad & \overline{\mathbf{R}}\Delta\mathbf{u} - \mathbf{z} = \bar{\mathbf{r}}. \end{aligned} \tag{7.63}$$

A partir da forma padrão em (7.63), o Lagrangiano aumentado $\mathcal{L}_\rho$ pode ser definido como:

$$\mathcal{L}_\rho(\Delta\mathbf{u}, \mathbf{z}, \nu) = J(\Delta\mathbf{u}) + I_-(\mathbf{z}) + \nu^T(\overline{\mathbf{R}}\Delta\mathbf{u} - \mathbf{z} - \bar{\mathbf{r}}) + \frac{\rho}{2}\|\overline{\mathbf{R}}\Delta\mathbf{u} - \mathbf{z} - \bar{\mathbf{r}}\|^2.$$

Com o Lagrangiano aumentado e os passos básicos do ADMM escalonado descritos em (7.60), o ADMM para MPC pode ser computado como:

$$\Delta\mathbf{u}_{j+1} = \underset{\Delta\mathbf{u}}{\operatorname{argmin}} \left( J(\Delta\mathbf{u}) + \frac{\rho}{2} \|\overline{\mathbf{R}}\Delta\mathbf{u} - \mathbf{z}_j - \overline{\mathbf{r}} + \phi_j\|^2 \right), \tag{7.64a}$$

$$\mathbf{z}_{j+1} = \underset{\mathbf{z}}{\operatorname{argmin}} \left( I_-(\mathbf{z}) + \frac{\rho}{2} \|\overline{\mathbf{R}}\Delta\mathbf{u}_{j+1} - \mathbf{z} - \overline{\mathbf{r}} + \phi_j\|^2 \right), \tag{7.64b}$$

$$\phi_{j+1} = \phi_j + (\overline{\mathbf{R}}\Delta\mathbf{u}_{j+1} - \mathbf{z}_{j+1} - \overline{\mathbf{r}}). \tag{7.64c}$$

Para computar o passo da equação (7.64a), podemos abrir os termos da norma presente no argumento da função argmin e reorganizá-los como:

$$\begin{aligned} J(\Delta\mathbf{u}) + \frac{\rho}{2} \|\overline{\mathbf{R}}\Delta\mathbf{u} - \mathbf{z}_j - \overline{\mathbf{r}} + \phi_j\|^2 =& \frac{1}{2}\Delta\mathbf{u}^T\mathbf{H}\Delta\mathbf{u} + \mathbf{b}^T\Delta\mathbf{u} + c \\ &+ \frac{\rho}{2}\Delta\mathbf{u}^T\overline{\mathbf{R}}^T\overline{\mathbf{R}}\Delta\mathbf{u} + \rho(\phi - \mathbf{z} - \overline{\mathbf{r}})^T\overline{\mathbf{R}}\Delta\mathbf{u} \\ &+ \frac{\rho}{2}(\phi - \mathbf{z} - \overline{\mathbf{r}})^T(\phi - \mathbf{z} - \overline{\mathbf{r}}) \\ =& \frac{1}{2}\Delta\mathbf{u}^T\tilde{\mathbf{H}}\Delta\mathbf{u} + \tilde{\mathbf{b}}^T\Delta\mathbf{u} + \tilde{c}, \end{aligned}$$

com

$$\tilde{\mathbf{H}} = \mathbf{H} + \overline{\mathbf{R}}^T\rho\overline{\mathbf{R}}, \qquad \tilde{\mathbf{b}} = \mathbf{b} + \rho\overline{\mathbf{R}}^T(\phi - \mathbf{z} - \overline{\mathbf{r}}),$$
$$\tilde{c} = c + \frac{\rho}{2}(\phi - \mathbf{z} - \overline{\mathbf{r}})^T(\phi - \mathbf{z} - \overline{\mathbf{r}}).$$

Como o termo $\tilde{c}$ não depende de $\Delta\mathbf{u}$, ele não afeta o resultado de (7.64a) e pode ser ignorado. Assim, temos que (7.64a) é equivalente a:

$$\Delta\mathbf{u}_{j+1} = \underset{\Delta\mathbf{u}}{\operatorname{argmin}} \left( \frac{1}{2}\Delta\mathbf{u}^T\tilde{\mathbf{H}}\Delta\mathbf{u} + \tilde{\mathbf{b}}^T\Delta\mathbf{u} \right),$$

que nada mais é do que um problema padrão de programação quadrática sem restrições

$$\min_{\Delta\mathbf{u}} \quad \frac{1}{2}\Delta\mathbf{u}^T\tilde{\mathbf{H}}\Delta\mathbf{u} + \tilde{\mathbf{b}}^T\Delta\mathbf{u}, \tag{7.65}$$

que possui solução analítica dada por:

$$\Delta\mathbf{u}_{j+1} = -\tilde{\mathbf{H}}^{-1}\tilde{\mathbf{b}}. \tag{7.66}$$

Em um problema típico de MPC, assumindo $\rho$ e $\bar{\mathbf{R}}$ constantes, a matriz $\tilde{\mathbf{H}}$ pode ser computada off-line, então a sua inversa pode ser armazenada off-line e a solução desse passo pode ser computada apenas com uma multiplicação matricial.

Para computar o passo da equação (7.64b), é possível reescrever o problema como um operador proximal (STATHOPOULOS et al., 2016) e, usando as teorias associadas a esse tipo de operador, derivar uma solução. Porém, uma solução intuitiva é relativamente simples de ser encontrada. Podemos reescrever (7.64b) como:

$$\mathbf{z}_{j+1} = \underset{\mathbf{z}}{\operatorname{argmin}} \left( I_{-}(\mathbf{z}) + \frac{\rho}{2} \|\mathbf{z} - \mathbf{d}\|^2 \right),$$

sendo $\mathbf{d} = \overline{\mathbf{R}}\Delta\mathbf{u}_{j+1} - \overline{\mathbf{r}} + \phi_j$ uma constante, uma vez que $\Delta u_{j+1}$ foi obtido na solução de (7.66) e, portanto, todas as variáveis envolvidas no cálculo de $\mathbf{d}$ neste passo são fixas. Podemos decompor o problema em vários problemas escalares

$$I_{-}(\mathbf{z}) + \frac{\rho}{2} \|\mathbf{z} - \mathbf{d}\|^2 = \sum_{i=1}^{n_{rin}} \left( I_{-}(z(i)) + \frac{\rho}{2} (z(i) - d(i))^2 \right).$$

Para cada problema definido no somatório, temos que encontrar uma solução $z(i) \leq 0$, pois, caso contrário, a função indicadora assume valores infinitos e, obviamente, o ponto avaliado não minimiza a função. Para minimizar $(z(i) - d(i))^2$, note que o termo $(z(i) - d(i))^2$ define uma parábola convexa com raízes em $d(i)$. Assim, se $d(i) \leq 0$, a solução ótima é $z(i) = d(i)$. Porém, se $d(i) > 0$, a solução ótima é o valor mais próximo de $d(i)$ que satisfaça $z(i) \leq 0$, ou seja, $z(i) = 0$.

Portanto, (7.64b) pode ser resolvida com a seleção da parte negativa de cada elemento ou zero, que equivale a obter a projeção de $\mathbf{d}$ sobre $\mathbb{R}_{-}^{n_{rin}}$:

$$\mathbf{z}_{j+1} = \min(\overline{\mathbf{R}}\Delta\mathbf{u}_{j+1} - \overline{\mathbf{r}} + \phi_j, \mathbf{0}).$$

Quanto aos critérios de parada do ADMM aplicado ao MPC, os resíduos das condições de otimalidade podem ser usados, como mencionado anteriormente. O resíduo primal $\mathbf{r}$ e o resíduo dual s, neste caso, são dados por:

$$\begin{aligned} \mathbf{r}_j &= \overline{\mathbf{R}}\Delta\mathbf{u}_j - \mathbf{z}_j - \overline{\mathbf{r}}, \\ \mathbf{s}_j &= \rho\overline{\mathbf{R}}^T (\mathbf{z}_j - \mathbf{z}_{j-1}), \end{aligned} \tag{7.67}$$

e o algoritmo ADMM para MPC pode ser parado quando um valor de tolerância desejado é atingido:

$$\|\mathbf{r}_j\| \leq \epsilon_p \quad \text{e} \quad \|\mathbf{s}_j\| \leq \epsilon_d. \tag{7.68}$$

A partir dos desenvolvimentos apresentados, o ADMM para MPC é apresentado no Algoritmo 13. A seguir, analisaremos o comportamento do algoritmo com um exemplo.

**Algoritmo 13:** Algoritmo ADMM para MPC

**Entrada:** $\mathbf{H},\mathbf{b},\overline{\mathbf{R}},\overline{\mathbf{r}}$
**Saída:** $\Delta\mathbf{u}(k)$
**Dados:** $\rho > 0$, $\phi_0$, $\mathbf{z}_0$, $\epsilon_p$, $\epsilon_d$

**início**
  $j \leftarrow 0$;
  $\mathbf{z} \leftarrow \mathbf{z}_0$;
  $\phi \leftarrow \phi_0$;
  $\tilde{\mathbf{H}} \leftarrow \mathbf{H} + \overline{\mathbf{R}}^T \rho \overline{\mathbf{R}}$;
  **enquanto** $j < j_{max}$ **faça**
    $\mathbf{z}_{\text{ant}} \leftarrow \mathbf{z}$;
    $\tilde{\mathbf{b}} \leftarrow \mathbf{b} + \rho\overline{\mathbf{R}}^T(\phi - \mathbf{z} - \overline{\mathbf{r}})$;
    $\Delta\mathbf{u} \leftarrow -\tilde{\mathbf{H}}^{-1}\tilde{\mathbf{b}}$;
    $\mathbf{z} \leftarrow \min(\overline{\mathbf{R}}\Delta\mathbf{u} - \overline{\mathbf{r}} + \phi, \mathbf{0})$;
    $\phi \leftarrow \phi + (\overline{\mathbf{R}}\Delta\mathbf{u} - \mathbf{z} - \overline{\mathbf{r}})$;
    **se** $\|\overline{\mathbf{R}}\Delta\mathbf{u} - \mathbf{z} - \overline{\mathbf{r}}\| \leq \epsilon_p$ *e* $\|\rho\overline{\mathbf{R}}^T(\mathbf{z} - \mathbf{z}_{\text{ant}})\| \leq \epsilon_d$ **então**
      **sai do laço**;
    **fim**
    $j \leftarrow j + 1$;
  **fim**
**fim**

### Exemplo 7.7

Vamos retomar o caso do Exemplo 7.4 para avaliarmos o comportamento do algoritmo ADMM para MPC. No primeiro cenário, vamos manter as matrizes de restrições para um limite superior e inferior no incremento de controle com $\overline{\mathbf{R}} = [\mathbf{I}_{2\times2}; -\mathbf{I}_{2\times2}]$ e $\overline{\mathbf{r}} = [0{,}5\ 0{,}5\ 0{,}1\ 0{,}1]^T$ com o ponto inicial $\Delta\mathbf{u}_0 = [0 \quad 0]^T$ e tolerâncias $\epsilon_f = \epsilon_o = 0{,}001$. O parâmetro de sintonia foi definido com $\rho = 18$. Nesse cenário, o valor ótimo está dentro do conjunto de restrições e o algoritmo converge em 17 iterações, como podemos ver na Figura 7.6.

Agora, vamos verificar o caso com restrições ativas. Para isso, vamos redefinir $\overline{\mathbf{r}} = [0{,}32 \ \ 0{,}32 \ \ 0{,}1 \ \ 0{,}1]^T$. Com esse cenário, podemos verificar a convergência do método em 14 iterações, conforme apresentado na Figura 7.9.

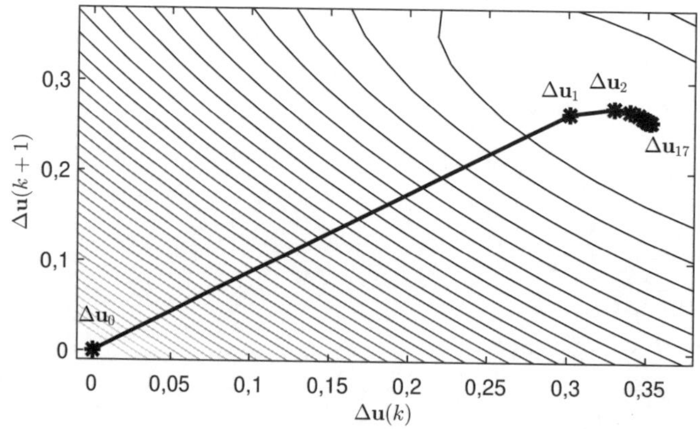


**Figura 7.8** Exemplo 7.7 – Contorno da função objetivo mostrando a convergência do método ADMM para o valor ótimo em 17 iterações no caso irrestrito.

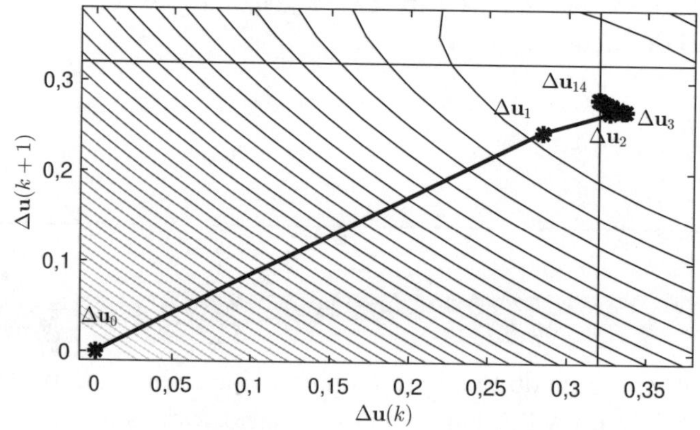


**Figura 7.9** Exemplo 7.7 – Contorno da função objetivo mostrando a convergência do método ADMM para o valor ótimo em 14 passos no caso com restrições.

Vamos, agora, analisar o comportamento do algoritmo, em relação ao número de iterações, para diferentes escolhas de valor para o parâmetro $\rho$. Na Figura 7.10, podemos verificar que o algoritmo apresenta valores menores no número de iterações em uma faixa grande de valores de $\rho$, entre 15 e 85, para o exemplo em questão. Dessa forma, o valor utilizado de $\rho = 18$, representa uma boa escolha, fazendo com que o número de iterações para o caso com restrições ativas e com restrições inativas seja relativamente pequeno.

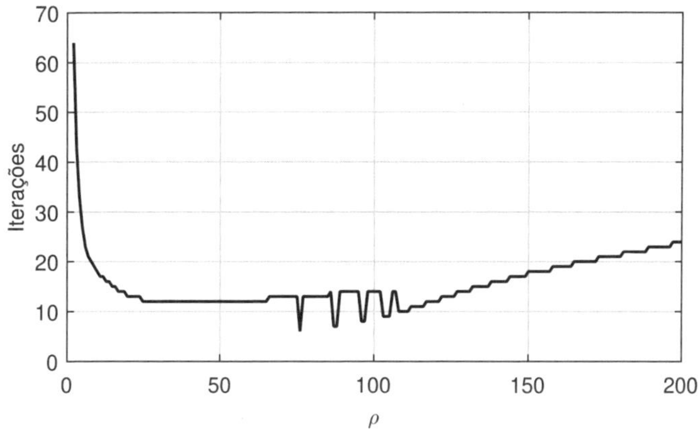


**Figura 7.10** Exemplo 7.7 – Comportamento do algoritmo quanto ao número de iterações para diferentes valores do parâmetro $\rho$ no caso irrestrito.

A partir dos resultados apresentados, conclui-se que o algoritmo ADMM apresentado é uma opção para a utilização com o MPC. O ADMM apresenta as mesmas características do GPAD de baixo custo computacional, não utiliza divisão e permite o cômputo off-line da inversa da matriz $\tilde{H}$. Entretanto, o ADMM possui o parâmetro de sintonia $\rho$, que precisa ser definido e nem sempre tem escolha trivial. Para problemas com matrizes grandes, alguns passos do ADMM podem ser avaliados para serem computados de forma paralela, de modo a minimizar o tempo de cômputo.

## 7.3 ESTUDO DE CASO

Nesta seção, é apresentado um estudo de caso para a comparação dos algoritmos propostos com emprego de simulações em MATLAB.

Vamos retomar um exemplo abordado no Volume 1 e considerar o controle de posição de um motor de corrente contínua alimentado em tensão. Nesse sistema, desejamos controlar a posição do eixo do motor dentro de um intervalo atuando na tensão de alimentação do motor. A principal perturbação do sistema é o torque de carga aplicado no eixo do motor, que consideramos representado por sinais do tipo degrau.

Um modelo simplificado em função de transferência de tempo discreto desse sistema, com variáveis normalizadas de $0\,\%$ a $100\,\%$, é dado por:

$$Y(z) = \frac{0{,}09675z + 0{,}09358}{z^2 - 1{,}905z + 0{,}905}[4U(z) - Q(z)],$$

sendo $U$ o sinal de tensão aplicado, $Y$ a posição do eixo do motor e $Q$ o torque de carga. O cenário de simulação em malha fechada considera uma perturbação de amplitude $20\,\%$ no tempo 5 amostras e uma mudança de referência do tipo degrau de amplitude $30\,\%$ no tempo 40 amostras.

Um GPC foi sintonizado com $N_u = 5$, $N_1 = 1$, $N_2 = 30$ e $\lambda = 1$. O GPC não usa filtro de referência, não tem conhecimento da referência futura e também não tem medida da perturbação.

Um otimizador do MATLAB chamado quadprog foi utilizado como base de comparação para os algoritmos. O método para a solução do QP no otimizador quadprog utiliza um método de ponto interior. Não foi utilizada partida a quente (em inglês, *warm-start*) em nenhum dos algoritmos. O algoritmo PILB foi sintonizado com $\mu = 20$, $\beta = 0{,}3$, $k_{b0} = \mu\epsilon$, $\varpi = 0{,}03$ e $L_{nt} = 3$. No algoritmo ADMM, foi utilizado $\rho = 5$. Os tempos de cômputo durante a simulação foram obtidos a partir do comando *tic-toc* do MATLAB. O computador utilizado possui um processador AMD Ryzen 3 PRO de 2,5 GHz e uma memória RAM de 8 GB.

O ensaio foi proposto com três cenários de modo a avaliar o comportamento dos algoritmos em relação ao tempo de cômputo e ao número de iterações.

No cenário 1, foi utilizada apenas uma restrição na variável de saída, dada por:

$$-100\,\% \leq \mathbf{u}(k+j) \leq 100\,\%,$$

com $j = 1, \ldots, N-1$ e o problema de otimização recaiu, então, em uma matriz $\mathbf{H} \in \mathbb{R}^{5\times 5}$ com 10 restrições. Todos os algoritmos foram ajustados para uma tolerância dos resíduos de $\epsilon = \pm 10^{-3}$.

No cenário 2, foi inserida uma restrição no incremento de controle, dada por:

$$|\Delta\mathbf{u}(k+j)| \leq 3\,\%,$$

com $j = 0, \ldots, N_u - 1$, o que totaliza 20 restrições.

No cenário 3, foram utilizadas ambas as restrições e as tolerâncias foram alteradas para $\epsilon = \pm 10^{-6}$.

Os resultados para o cenário 1 podem ser vistos na Figura 7.11 com o sinal de saída da planta e o sinal de controle aplicado. Note que é imperceptível a diferença na variável controlada e no esforço de controle calculado pelos diferentes algoritmos na escala apresentada e com a faixa de tolerância de $\pm 10^{-3}$. Podemos verificar, também, que não há restrições ativas, uma vez que o sinal de controle não se aproxima dos valores limites de $\pm 100\,\%$. Na Figura 7.12, são apresentados os números de iterações nos laços dos algoritmos iterativos e os tempos de cômputo de cada um dos algoritmos de otimização utilizados. Podemos perceber que os tempos de cômputo são menores para ADMM e GPAD em relação a PILB e quadprog. Outra característica importante é que o GPAD converge em apenas uma iteração no caso de restrições inativas. Dessa forma, podemos concluir que esse cenário é propício para os métodos de primeira ordem, que apresentam um melhor desempenho para soluções com tolerâncias maiores e restrições inativas.

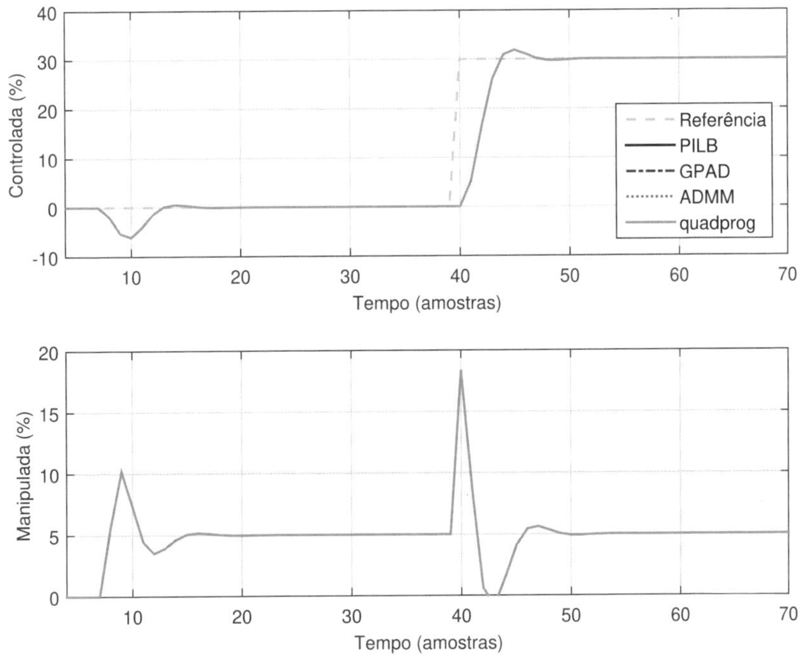


**Figura 7.11** Resultado do GPC com diferentes otimizadores para o Cenário 1.

Os resultados para o cenário 2 são apresentados na Figura 7.13. Nesse cenário, estão presentes as restrições no sinal de saída e no incremento de controle. Podemos observar a restrição no incremento de controle a partir de uma limitação em $\pm 3\,\%$, evidenciando, assim, que existem restrições ativas. Na Figura 7.14, são apresentados os números de iterações e os tempos de cômputo do cenário 2. Percebe-se uma grande sensibilidade dos algoritmos de primeira ordem quando as restrições estão ativas, refletindo esse comportamento no aumento do número de iterações. Essa característica não aparece nos algoritmos de ponto interior como PILB e o quadprog. De maneira geral, todos os

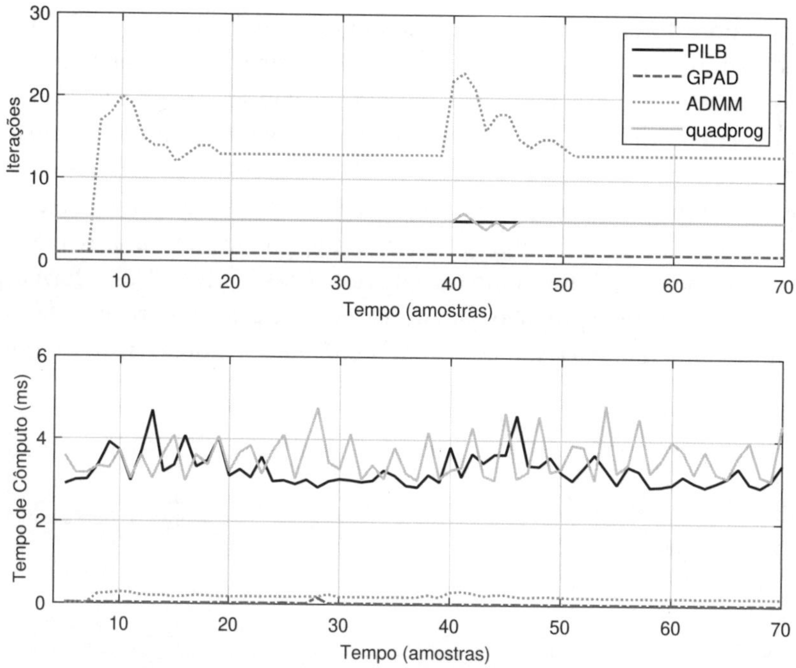


**Figura 7.12** Número de iterações e tempo de cômputo dos otimizadores para o Cenário 1.

algoritmos gastaram um tempo de cômputo ligeiramente maior, já que há também um número maior de restrições. Obviamente, esse aumento é maior nos algoritmos GPAD e ADMM. Entretanto, mesmo com um número mais elevado de iterações, GPAD e ADMM ainda se apresentam como soluções mais rápidas, beneficiando-se da simplicidade das operações matemáticas em cada iteração. Os algoritmos PILB e quadprog apresentaram pouca variação de tempo de cômputo entre os cenários 1 e 2.

No terceiro cenário, com ambas as restrições e com a tolerância de $\pm 10^{-6}$, a diferença no sinal de controle entre os algoritmos é imperceptível em relação ao cenário 2 e a figura foi omitida. Na avaliação de tempo de cômputo, apresentado na Figura 7.15, os algoritmos de primeira ordem apresentaram um aumento considerável no número de iterações e, consequentemente, no tempo de cômputo. No pior caso, GPAD teve um aumento ainda maior que os métodos de ponto interior. ADMM se mostrou o algoritmo mais rápido nesse cenário, apesar de GPAD ter valores médios menores. Neste cenário, fica evidenciado que IPLB tem pouca variação e se torna competitivo com o aumento da exigência na tolerância da resposta. Apesar disso, tipicamente não são necessárias tolerâncias muito apertadas para problemas de otimização resultantes de controle preditivo, por questões já discutidas neste capítulo.

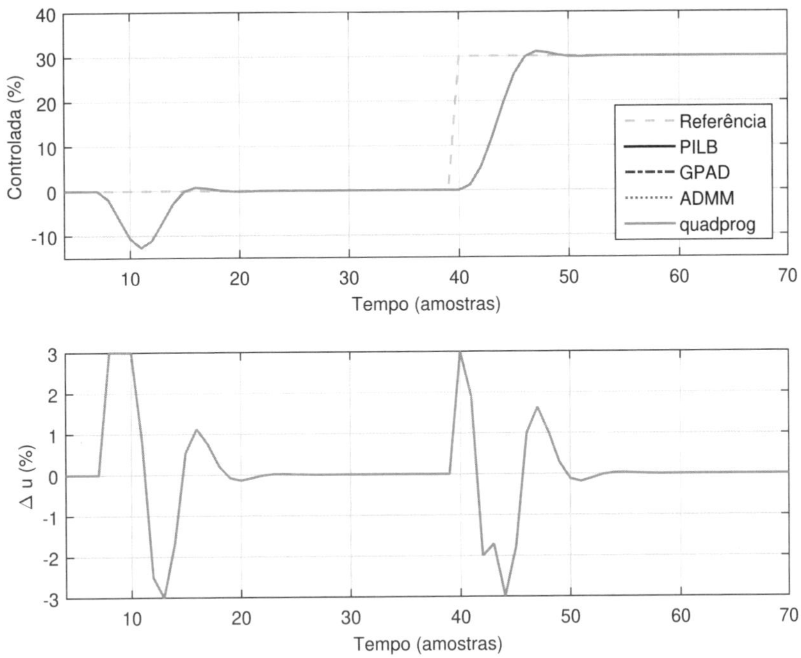


**Figura 7.13** Resultado do GPC com diferentes otimizadores para o Cenário 2.

Na Tabela 7.2, os tempos máximos de cômputo dos algoritmos, em milissegundos, são apresentados para cada cenário. No cenário 1, o algoritmo GPAD foi o de melhor desempenho, com tempo de cômputo de 0,04 ms, sendo 8 vezes mais rápido que ADMM e aproximadamente 100 vezes mais rápido que IPLB e quadprog. Essa vantagem se dá principalmente pelo número de iterações do GPAD ser apenas 1 em todo o ensaio.

No cenário 2, ADMM foi mais rápido, com o tempo de cômputo de 0,32 ms. Nesse cenário, ADMM foi 1,85 vez mais rápido que GPAD, 3,32 vezes mais rápido que IPLB e 3,98 vezes mais rápido que quadprog. O aumento no tempo de cômputo dos algoritmos de primeira ordem acompanha o aumento do número de iterações com restrições ativas, que foram de 169 e 132 iterações para GPAD e ADMMM, respectivamente. Perceba que, apesar da diferença, os resultados dos algoritmos estão todos dentro da mesma ordem de grandeza, apesar de os tempos médios dos métodos de primeira ordem serem bem menores.

Já no cenário 3, podemos perceber um aumento acentuado no número de iterações do GPAD, que passa para 1083 iterações e, consequentemente, resulta em um tempo de cômputo de 21,43 ms. Esse resultado torna o GPAD o algoritmo de pior desempenho para esse cenário, ficando, inclusive, mais lento que PILB para o pior caso. O melhor desempenho foi apresentado pelo ADMM, com 2,82 ms. Esse tempo é 7,60 vezes mais

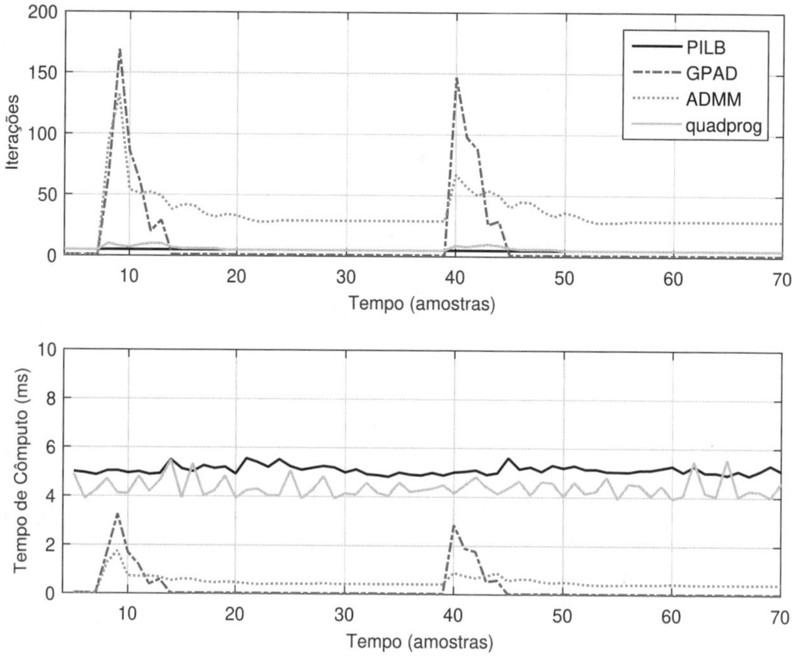


**Figura 7.14** Número de iterações e tempo de cômputo dos otimizadores para o Cenário 2.

rápido que o apresentado pelo GPAD, 4,62 vezes mais rápido que o do IPLB e 2,90 vezes mais rápido que o do quadprog.

A partir dos cenários apresentados, foi possível ver diferentes características dos algoritmos de otimização apresentados no contexto do MPC. São algoritmos que podem ser implementados em sistemas simples como microcontroladores em aritméticas de ponto fixo e apresentam bom desempenho. Outro ponto a ser destacado é que o desempenho dos algoritmos é diretamente relacionado ao problema a ser resolvido, então não podemos afirmar que em todos os problemas ADMM será mais rápido que GPAD, por exemplo. Vale também ressaltar que os tempos obtidos são válidos para comparações relativas e não absolutas, pois o tempo de cômputo depende da frequência do hardware, da arquitetura, da linguagem de implementação do código, entre outros.

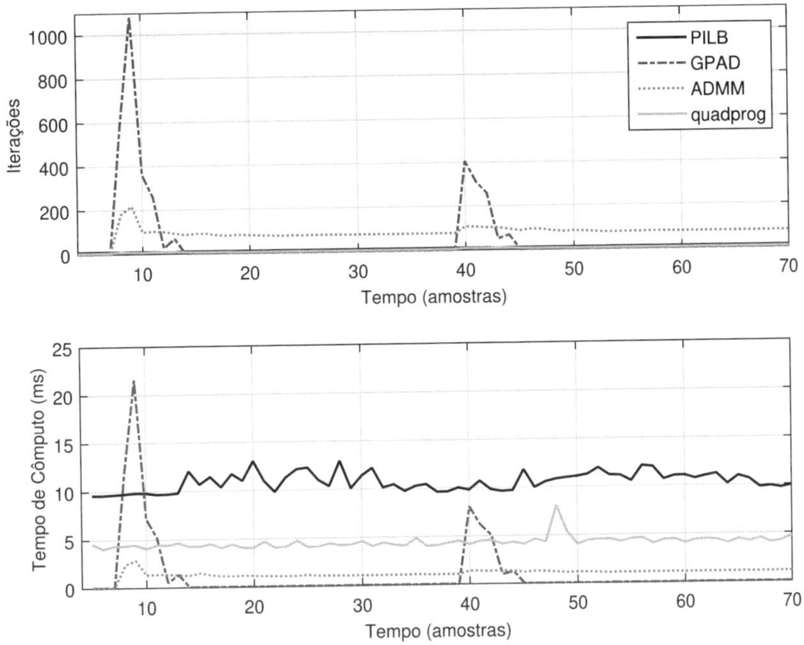


**Figura 7.15** Número de iterações e tempo de cômputo dos otimizadores para o Cenário 3.

**Tabela 7.2** Tempos máximos de cômputo, em milissegundos, dos algoritmos GPC com ADMM, GPAD, IPLB e quadprog.

| | Cenário 1 | Cenário 2 | Cenário 3 |
|---|---|---|---|
| GPAD | 0,04 | 3,24 | 21,43 |
| ADMM | 0,32 | 1,75 | 2,82 |
| IPLB | 4,59 | 5,81 | 13,03 |
| quadprog | 4,04 | 6,96 | 8,17 |

## 7.4 CONSIDERAÇÕES FINAIS

Neste capítulo, foram abordados algoritmos para as formulações do GPC e do DMC por serem as mais utilizadas na indústria. O algoritmo de otimização baseado no método de barreira é uma solução que pode ser útil nos casos nos quais não são desejadas grandes variações no número de iterações do otimizador, apesar de ter um tempo de cômputo médio mais elevado que outras alternativas. Os métodos de otimização de primeira ordem apresentados, GPAD e ADMM, são mais simples de serem implementados e necessitam de operações matemáticas mais simples, o que os torna adequados para aplicações com dinâmicas rápidas, já que tipicamente resultam em controladores com menor necessidade de recursos computacionais. Ambos possuem a característica de não necessitar de operações de divisão, o que possibilita a utilização de aritmética de ponto fixo para a representação numérica com um acúmulo menor de erro. O ADMM apresenta o inconveniente de necessitar do ajuste de um parâmetro $\rho$, que nem sempre tem uma escolha trivial.

De modo a orientar a escolha do algoritmo de controle, na Tabela 7.3 é apresentada uma comparação qualitativa que destaca os algoritmos mais adequados com as métricas consideradas relevantes para a implementação.

**Tabela 7.3** Tabela qualitativa para orientar a escolha do algoritmo de otimização.

| Requisito | GPAD | ADMM | Barreira logarítmica |
|---|---|---|---|
| Maior rapidez | ✓ | ✓ | - |
| Menos recursos computacionais | ✓ | ✓ | - |
| Mais simples de codificar | ✓ | ✓ | - |
| Previsibilidade WCET | ✓ | - | ✓ |
| Menor variabilidade temporal | - | - | ✓ |
| Maior precisão | - | - | ✓ |

## 7.5 EXERCÍCIOS PROPOSTOS

1. Considerando um sistema cujo modelo CARIMA é dado por $A = 1 - 1{,}783z^{-1} + 0{,}819z^{-2}$ e $B = 0{,}0187 + 0{,}01746z^{-1}$, calcule a predição de resposta livre e o vetor $\mathbf{g}$ de forma recursiva a partir da equação (7.2). Assuma o horizonte de predição definido por $N_1 = 1$ e $N_2 = 3$ e as condições iniciais $y(k) = 0{,}9$, $y(k-1) = 0{,}8$, $y(k-2) = 0{,}7$, $\Delta u(k-1) = 0{,}1$ e $\Delta u(k-2) = 0{,}2$.

2. Implemente um código genérico em uma linguagem de programação que calcule a predição de resposta livre de forma recursiva. Teste o código com o exemplo do Exercício 1.

3. Dadas as matrizes que modelam o problema do QP de um determinado sistema de controle: $\mathbf{H} = \begin{bmatrix} 6{,}79 & 1{,}16 \\ 1{,}16 & 2{,}30 \end{bmatrix}$, $\mathbf{b} = \begin{bmatrix} -37{,}00 \\ -8{,}43 \end{bmatrix}$, $\bar{\mathbf{R}} = \begin{bmatrix} 1 & 0 \\ 0 & 1 \end{bmatrix}$ e $\bar{\mathbf{r}} = \begin{bmatrix} 3 \\ 3 \end{bmatrix}$, calcule de forma manual $\Delta\mathbf{u}$ pelo algoritmo de barreira logarít-

mica apresentado no Algoritmo 7. Utilize uma tolerância $\epsilon = \epsilon_{nt} = 0{,}05$, $k_{b0} = 1$, $\mu = 20$, $\varpi = 0{,}03$, $\beta = 0{,}3$ e $L_{nt} = 3$.

4. Implemente um código genérico em uma linguagem de programação que calcule o incremento de controle $\Delta\mathbf{u}$ pelo algoritmo de barreira logarítmica apresentado no Algoritmo 7. Teste o código com o exemplo do Exercício 3.

5. Dadas as matrizes que modelam o problema do QP de um determinado sistema de controle: $\mathbf{H} = \begin{bmatrix} 4{,}56 & 0{,}23 \\ 0{,}23 & 4{,}13 \end{bmatrix}$, $\mathbf{b} = \begin{bmatrix} -2{,}35 \\ -0{,}79 \end{bmatrix}$, $\bar{\mathbf{R}} = \begin{bmatrix} 1 & 0 \\ 1 & 1 \end{bmatrix}$ e $\bar{\mathbf{r}} = \begin{bmatrix} 0{,}5 \\ 0{,}5 \end{bmatrix}$, calcule de forma manual $\Delta\mathbf{u}$ pelo algoritmo GPAD apresentado no Algoritmo 11. Utilize as tolerâncias $\epsilon_f = 0{,}01$ e $\epsilon_o = 0{,}01$.

6. Implemente um código genérico em uma linguagem de programação que calcule o incremento de controle $\Delta\mathbf{u}$ pelo algoritmo GPAD apresentado no Algoritmo 11. Teste o código com o exemplo do Exercício 5.

7. Dadas as matrizes que modelam o problema do QP de um determinado sistema de controle: $\mathbf{H} = \begin{bmatrix} 4{,}44 & 0{,}18 \\ 0{,}18 & 4{,}10 \end{bmatrix}$, $\mathbf{b}^T = \begin{bmatrix} -2{,}16 \\ -0{,}75 \end{bmatrix}$, $\bar{\mathbf{R}} = \begin{bmatrix} 1 & 0 \\ 0 & 1 \end{bmatrix}$ e $\bar{\mathbf{r}} = \begin{bmatrix} 0{,}4 \\ 0{,}4 \end{bmatrix}$, calcule de forma manual $\Delta\mathbf{u}$ pelo algoritmo ADMM apresentado no Algoritmo 13. Utilize as tolerâncias $\epsilon_f = 0{,}01$, $\epsilon_o = 0{,}01$ e $\rho = 5$.

8. Implemente um código genérico em uma linguagem de programação que calcule o incremento de controle $\Delta\mathbf{u}$ pelo algoritmo ADMM apresentado no Algoritmo 13. Teste o código com o exemplo do Exercício 7.

9. Considere o QP de um MPC definido como:

$$\mathbf{H} = \begin{bmatrix} 4{,}38 & 4{,}10 & 3{,}82 \\ 4{,}10 & 3{,}84 & 3{,}58 \\ 3{,}82 & 3{,}58 & 3{,}35 \end{bmatrix}, \mathbf{b}^T = \begin{bmatrix} 1{,}69 \\ 1{,}58 \\ 1{,}48 \end{bmatrix}, \bar{\mathbf{R}} = \begin{bmatrix} 1 & 0 & 0 \\ 0 & 1 & 0 \\ 0 & 0 & 1 \\ -1 & 0 & 0 \\ 0 & -1 & 0 \\ 0 & 0 & -1 \end{bmatrix}, \bar{\mathbf{r}} = \begin{bmatrix} 2 \\ 2 \\ 2 \\ 2 \\ 2 \\ 2 \end{bmatrix},$$

compare o número de iterações e o tempo de cômputo dos diferentes algoritmos implementados nos exercícios 4, 6 e 8. Utilize os parâmetros $\epsilon = 10^{-3}$, $k_{b0} = 0{,}02$, $\mu = 20$, $\varpi = 0{,}03$, $\beta = 0{,}3$, $L_{nt} = 3$ e $\rho = 5$.

10. Retome o problema do exercício 9 e compare os algoritmos, considerando agora as tolerâncias $\epsilon = 10^{-6}$. Discuta as diferenças nos números de iterações e tempo de cômputo com a redução da tolerância.

APÊNDICE A

# Simulador para GPC MIMO

Neste apêndice, apresentamos brevemente um simulador interativo para o controlador GPC MIMO. O simulador pode ser descarregado da página web do professor Jose Luis Guzman Sanchez, da Universidade de Almeria, na Espanha, por meio do seguinte endereço: <https://w3.ual.es/personal/joguzman/material_docente_itools.shtml>.

O arquivo é executável e não precisa de nenhuma instalação. Ainda, da mesma página, podem ser baixados os manuais de utilização. Por ser uma ferramenta interativa, é possível modificar qualquer parâmetro da simulação e observar os efeitos causados no desempenho do sistema de forma imediata. Por isso, é uma ferramenta útil para ilustrar os principais conceitos de MPC, apesar de ser baseada apenas no GPC.

Neste simulador, apenas podem ser simulados quatro estudos de caso, mas, usando a ferramenta de alocação de polos e zeros no plano complexo, algumas das características dos modelos podem ser alteradas. A ferramenta tem duas janelas, uma para especificar a planta e modelo, e outra para especificar os parâmetros da simulação e do controle.

A Figura A.1 mostra a janela da ferramenta para especificar a planta e o modelo, neste caso para um sistema $2\times2$. Na parte inferior à esquerda, podemos ver os gráficos da saída $y$ e do sinal de controle $u$. Aqui, existe a possibilidade de ver todas as variáveis ou apenas algumas. Na parte direita, observa-se a janela que mostra a localização de polos e zeros de cada um dos quatro elementos da função de transferência do processo e do modelo. Assim como ocorre na ferramenta equivalente para o caso SISO, apresentada no Volume 1 desta obra, é possível modificar a posição de polos e zeros do processo ou modelo.

Para a etapa de ajuste do controle, deve ser escolhida a opção *Design and Analysis* mediante a seleção da opção correspondente na tela vista na Figura A.2. Neste caso, a parte direita da tela apresenta gráficos para a saída e os sinais de controle. Pode ser escolhida a saída (por meio de um clique nas setas mostradas na parte inferior direita de cada gráfico) a ser analisada e então ajustar horizontes, ponderações e restrições correspondentes. Assim como no caso SISO, barras verticais tracejadas indicam os horizontes de predição no gráfico de $y$ e de controle no gráfico de $u$, agora para cada uma das saídas e para cada um dos controles. É possível mudar as referências e as perturbações aplicadas, assim como o tempo de simulação. Para o ajuste de qualquer parâmetro, basta mover as barras para esquerda ou para a direita. Para a escolha do tipo de restrição a ser usada, basta marcar a caixa correspondente. Nos gráficos, é possível modificar os horizontes, tempos de aplicação das mudanças de referência e perturbações, assim como suas amplitudes, apenas mexendo diretamente com o cursor no elemento correspondente. Para maiores detalhes sugerimos a leitura do manual, que pode ser acessado da mesma página web da ferramenta.

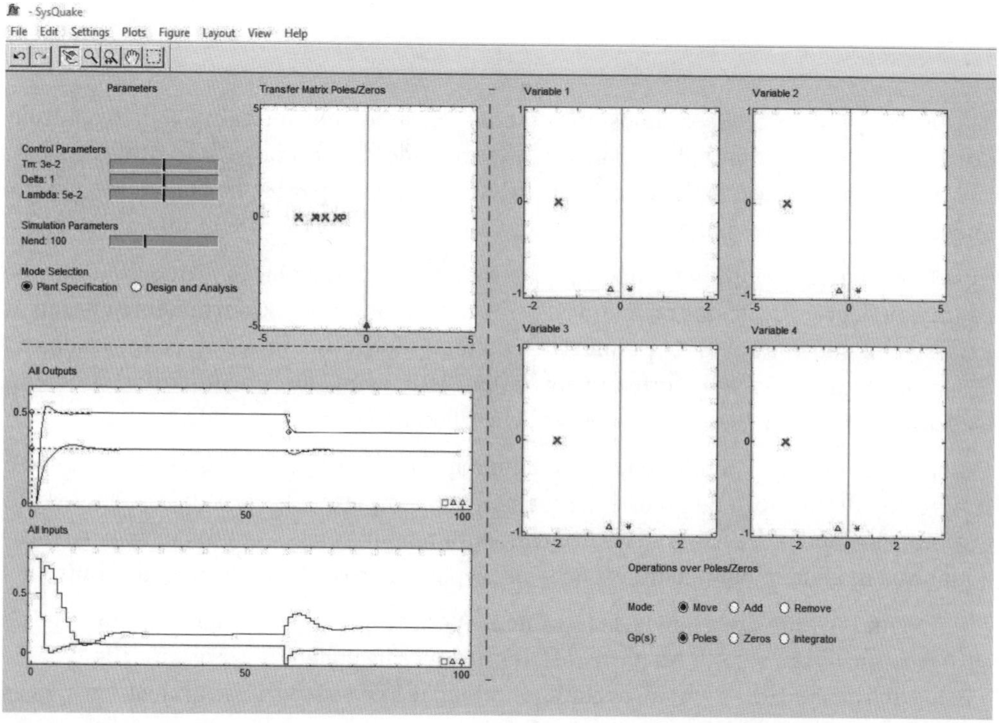


**Figura A.1** Janela da ferramenta interativa de simulação do GPC MIMO. Definição do processo e modelo.

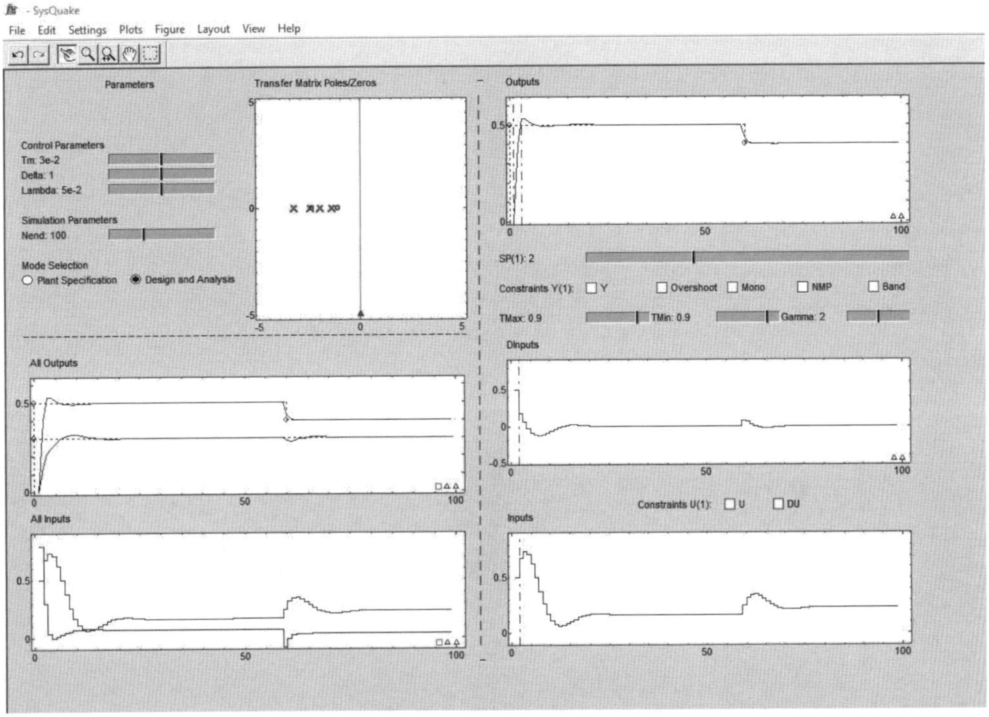


**Figura A.2** Janela da ferramenta interativa de simulação do GPC MIMO. Definição do controle e simulação.

APÊNDICE B

# Definições de otimização convexa

Neste apêndice são apresentadas algumas definições dos principais termos da área de otimização que são utilizados neste livro. Para um maior aprofundamento nesse tema, recomenda-se a leitura de (BOYD; VANDENBERGHE, 2004), material empregado como base para a redação deste apêndice.

**Definição B.1** (Conjunto convexo). *Um conjunto $\Omega \subset \mathbb{R}^n$ é dito convexo se $\forall\theta \in [0,1]$:*

$$\theta x + (1-\theta)y \in \Omega, \quad \forall x,y \in \Omega.$$

**Definição B.2** (Função convexa). *Uma função $f : \Omega \to \mathbb{R}$ definida sobre um conjunto convexo $\Omega \subset \mathbb{R}^n$ é dita convexa em $\Omega$ se $\forall\theta \in [0,1]$:*

$$f(\theta x + (1-\theta)y) \leq \theta f(x) + (1-\theta)f(y), \quad \forall x,y \in \Omega.$$

**Definição B.3** (Função estritamente convexa). *Uma função $f : \Omega \to \mathbb{R}$ definida sobre um conjunto convexo $\Omega \subset \mathbb{R}^n$ é dita estritamente convexa em $\Omega$ se $\forall\theta \in [0,1]$:*

$$f(\theta x + (1-\theta)y) < \theta f(x) + (1-\theta)f(y), \quad \forall x,y \in \Omega.$$

**Definição B.4** (Função Lipschitz contínua). *Uma função é dita Lipschitz contínua no conjunto $\Omega$ se existir uma constante Lipschitz $L \geq 0$ que satisfaça a seguinte condição:*

$$\|f(\mathbf{x}) - f(\mathbf{y})\| \leq L\|\mathbf{x} - \mathbf{y}\|, \quad \forall \mathbf{x},\mathbf{y} \in \Omega.$$

**Definição B.5** (Programa quadrático). *O problema de otimização*

$$\begin{aligned} QP : \min_{\mathbf{x}} \quad & \frac{1}{2}\mathbf{x}^T\mathbf{H}\mathbf{x} + \mathbf{b}^T\mathbf{x} \\ s.\ a. \quad & \bar{\mathbf{R}}\mathbf{x} \leq \bar{\mathbf{r}} \\ & \bar{\mathbf{C}}\mathbf{x} = \bar{\mathbf{c}}, \end{aligned} \tag{B.1}$$

*com o vetor variáveis de decisão* $\mathbf{x} \in \mathbb{R}^n$, *uma matriz Hessiana positiva semidefinida simétrica* $\mathbf{H} \in \mathbb{R}^{n \times n}$, *o vetor gradiente* $\mathbf{b} \in \mathbb{R}^n$, *a matriz de restrições de desigualdade* $\bar{\mathbf{R}} \in \mathbb{R}^{n_{rin} \times n}$, *o vetor de restrições de desigualdade* $\bar{\mathbf{r}} \in \mathbb{R}^{n_{rin}}$, *a matriz de restrições de igualdade* $\bar{\mathbf{C}} \in \mathbb{R}^{n_{req} \times n}$ *e o vetor de restrições de igualdade* $\bar{\mathbf{c}} \in \mathbb{R}^{n_{req}}$, *é chamado de programa quadrático e sua solução ótima é dada por* $\mathbf{x}^*$.

**Definição B.6** (Programa quadrático convexo). *Um programa quadrático da forma de* (B.1) *é dito convexo se, e somente se, sua matriz Hessiana* $\mathbf{H}$ *for simétrica positiva definida, ou seja:*

$$\mathbf{H} = \mathbf{H}^T; \quad \nu^T \mathbf{H} \nu \succeq \mathbf{0},\ \forall \nu \in \mathbb{R}^n.$$

**Definição B.7** (Programa quadrático factível). *Um programa quadrático da forma de* (B.1) *é dito factível se, e somente se, seu conjunto factível*

$$\mathcal{F} \triangleq \{\check{\mathbf{x}} \in \mathbb{R}^n | \bar{\mathbf{R}}\check{\mathbf{x}} \leq \bar{\mathbf{r}},\ \bar{\mathbf{C}}\check{\mathbf{x}} = \bar{\mathbf{c}}\}$$

*for não vazio.*

**Definição B.8** (Programa quadrático limitado). *Um programa quadrático da forma de* (B.1) *é dito limitado (por baixo) se, e somente se, existir um número* $\theta$ *tal que*

$$\theta \leq \frac{1}{2}\check{\mathbf{x}}^T \mathbf{H} \check{\mathbf{x}} + \mathbf{b}^T \check{\mathbf{x}}, \quad \forall \check{\mathbf{x}} \in \mathcal{F}.$$

**Definição B.9** (Lagrangiano). *O Lagrangiano* $\mathcal{L} : \mathbb{R}^n \times \mathbb{R}^{n_{rin}} \times \mathbb{R}^{n_{req}} \to \mathbb{R}$ *associado ao QP* (B.1) *é definido como:*

$$\mathcal{L}(\mathbf{x}, \psi, \nu) \triangleq \frac{1}{2}\mathbf{x}^T \mathbf{H} \mathbf{x} + \mathbf{b}^T \mathbf{x} + \psi^T (\bar{\mathbf{R}}\mathbf{x} - \bar{\mathbf{r}}) + \nu^T (\bar{\mathbf{C}}\mathbf{x} - \bar{\mathbf{c}}).$$

**Definição B.10** (Função dual). *Define-se a função dual* $f_d : \mathbb{R}^{n_{rin}} \times \mathbb{R}^{n_{req}} \to \mathbb{R}$ *como o ínfimo do Lagrangiano sobre* $x$, *ou seja:*

$$f_d(\psi, \nu) \triangleq \inf_x \left(\mathcal{L}(\mathbf{x}, \psi, \nu)\right).$$

**Definição B.11** (Programa quadrático dual). *Define-se o programa quadrático dual referente ao QP* (B.1) *como*

$$\begin{aligned} QP_{dual} : \max_{\psi} \quad & f_d(\psi) \\ s.\ a. \quad & \psi \geq 0 \end{aligned} \tag{B.2}$$

*onde todas as quantidades são definidas como em* (B.1) *e sua solução ótima é dada por* $\psi^*$.

**Definição B.12** (Dualidade forte). *A dualidade forte se aplica para um QP do tipo* (B.1) *se a brecha dual (duality gap) for nula, ou seja, o valor ótimo da função objetivo do problema dual* $d^*$ *é igual ao valor ótimo da função objetivo primal* $p^*$:

$$p^* = d^*.$$

**Definição B.13** (Condição de Slater). *É dito que um QP do tipo* (B.1) *satisfaz a condição de Slater se ele é estritamente factível, ou seja:*

$$\exists \check{\mathbf{x}} \in \Omega : \bar{\mathbf{R}}\check{\mathbf{x}} < \bar{\mathbf{r}},\ \bar{\mathbf{C}}\check{\mathbf{x}} = \bar{\mathbf{c}}.$$

**Teorema B.1** (Dualidade forte via condição de Slater). *Se o problema primal* (B.1) *é convexo e satisfaz a condição de Slater, então a dualidade forte se aplica.*

*Demonstração.* Uma prova da dualidade forte via condição de Slater pode ser vista em (BOYD; VANDENBERGHE, 2004, p. 234) □

**Teorema B.2** (Condições Karush-Kuhn-Tucker (KKT) de otimalidade para QP). *Assumindo um QP do tipo* (B.1) *estritamente convexo e factível, então existe um único* $\mathbf{x}^* \in \mathbb{R}^n$ *e um vetor* $\psi^* \in \mathbb{R}^{n_{rin}}$ *que satisfazem as seguintes condições:*

$$\begin{aligned} \bar{\mathbf{R}}\mathbf{x}^* - \bar{\mathbf{r}} &\leq \mathbf{0}, \\ \bar{\mathbf{C}}\mathbf{x}^* - \bar{\mathbf{c}} &= \mathbf{0}, \\ \psi^* &\geq \mathbf{0}, \\ \psi^{*T}(\bar{\mathbf{R}}\mathbf{x}^* - \bar{\mathbf{r}}) &= \mathbf{0}, \\ \mathbf{H}\mathbf{x}^* + \mathbf{b} + \bar{\mathbf{R}}^T\psi^* &= \mathbf{0}, \end{aligned} \tag{B.3}$$

*e além disso,* $\mathbf{x}^*$ *é o único mínimo global do QP primal* (B.1), $(\mathbf{x}^*,\psi^*)$ *é a solução ótima do QP dual* (B.2) *e os valores ótimos das funções objetivo do QP primal e dual são iguais.*

*Demonstração.* Diversos livros de otimização apresentam demonstrações de que as condições KKT são necessárias e suficientes para caracterizar soluções de um QP convexo. Recomenda-se a consulta a (BOYD; VANDENBERGHE, 2004, p. 44). □

**Definição B.14** (Projeção em um conjunto). *Dados um conjunto* $\Omega \subset \mathbb{R}^n$ *e um ponto factível* $\mathbf{x}_0 \in \Omega$ *define-se a projeção de* $\mathbf{x} \in \mathbb{R}^n$ *sobre* $\Omega$*, do seguinte modo:*

$$P(\mathbf{x}) \triangleq \text{argmin}\{\|\mathbf{x}_0 - \mathbf{x}\| : \mathbf{x}_0 \in \Omega\}$$

**Teorema B.3** (Teorema da projeção). *Seja* $\Omega \subset \mathbb{R}^n$ *um conjunto fechado e não vazio. Então para todo ponto* $\mathbf{x} \in \mathbb{R}^n$ *existe uma projeção de* $\mathbf{x}$ *sobre* $\Omega$*. Se, além de ser fechado, o conjunto* $\Omega$ *for convexo, então para todo ponto* $\mathbf{x} \in \mathbb{R}^n$ *existe uma única projeção de* $\mathbf{x}$ *sobre* $\Omega$*.*

*Demonstração.* Uma demonstração pode ser encontrada nas páginas 10 e 94 de (IZMAILOV; SOLODOV, 2014). □

APÊNDICE C

# Resumo dos algoritmos MPC

Neste apêndice, são descritos de forma resumida os algoritmos MPC apresentados, para facilitar eventuais consultas do leitor.

## C.1 FORMULAÇÃO GERAL DO MPC

A função custo básica considerada neste volume envolve a soma ponderada dos erros de seguimento de referência para cada uma das saídas e dos incrementos de controle para cada uma das variáveis manipuladas. Assim, a função custo considerada no processo de otimização é dada por:

$$J = \sum_{l=1}^{n} \sum_{i=N_{1,l}}^{N_{2,l}} \delta_l(i) \left(r_l(k+i) - \hat{y}_l(k+i \mid k)\right)^2 + \sum_{p=1}^{m} \sum_{i=0}^{N_{u,p}-1} \lambda_p(i) \Delta u_p(k+i)^2, \quad \text{(C.1)}$$

em que $r_l$ é a referência para a saída $l$, $N_{1,l}$ é o horizonte inicial de predição para a saída $l$, $N_{2,l}$ é o horizonte final de predição para a saída $l$, $\delta_l(i)$ é a ponderação para o erro de seguimento associado à saída $l$ no instante $i$ do horizonte de predição, $N_{u,p}$ é o horizonte de controle associado à variável manipulada $p$ e $\lambda_p(i)$ é a ponderação do esforço de controle da variável manipulada $p$ no instante $i$ do horizonte de controle.

As predições podem ser escritas no formato vetorial:

$$\hat{\mathbf{y}} = \mathbf{G}\Delta\mathbf{u} + \mathbf{f}. \quad \text{(C.2)}$$

Nesta formulação, os vetores de predição de cada uma das saídas são empilhados no vetor $\hat{\mathbf{y}}$, que tem dimensão $\sum_{l=1}^{n} N_l$, com $N_l = (N_{2,l} - N_{1,l} + 1)$, e os incrementos de controle são empilhados no vetor $\Delta\mathbf{u}$, que tem dimensão $\sum_{p=1}^{m} N_{u,p}$. Além disso, $\mathbf{G}\Delta\mathbf{u}$ representa a resposta forçada e $\mathbf{f}$ representa a resposta livre. A matriz $\mathbf{G}$ tem dimensão $\sum_{l=1}^{n} N_l \times \sum_{p=1}^{m} N_{u,p}$, $\mathbf{f}$ tem a mesma dimensão de $\hat{\mathbf{y}}$ e os vetores são definidos como:

$$\hat{\mathbf{y}} = \begin{bmatrix} \hat{\mathbf{y}}_1 \\ \hat{\mathbf{y}}_2 \\ \vdots \\ \hat{\mathbf{y}}_n \end{bmatrix}, \quad \hat{\mathbf{y}}_l = \begin{bmatrix} \hat{y}_l(k+N_{1,l} \mid k) \\ \hat{y}_l(k+N_{1,l}+1 \mid k) \\ \vdots \\ \hat{y}_l(k+N_{2,l} \mid k) \end{bmatrix},$$

$$\Delta \mathbf{u} = \begin{bmatrix} \Delta \mathbf{u}_1 \\ \Delta \mathbf{u}_2 \\ \vdots \\ \Delta \mathbf{u}_m \end{bmatrix}, \quad \Delta \mathbf{u}_p = \begin{bmatrix} \Delta u_p(k) \\ \Delta u_p(k+1) \\ \vdots \\ \Delta u_p(k+N_{u,p}-1) \end{bmatrix}.$$

É possível escrever a função custo na forma matricial assumindo que o vetor de predições futuras é organizado da forma padrão apresentada em (C.1). Assim,

$$J = [\mathbf{r} - \hat{\mathbf{y}}]^T \mathbf{Q}_e [\mathbf{r} - \hat{\mathbf{y}}] + \Delta \mathbf{u}^T \mathbf{Q}_u \Delta \mathbf{u}, \tag{C.3}$$

com

$$\mathbf{r} = \begin{bmatrix} \mathbf{r}_1 \\ \mathbf{r}_2 \\ \vdots \\ \mathbf{r}_n \end{bmatrix}, \quad \mathbf{r}_l = \begin{bmatrix} r_l(k+N_{1,l}) \\ r_l(k+N_{1,l}+1) \\ \vdots \\ r_l(k+N_{2,l}) \end{bmatrix},$$

$$\mathbf{Q}_e = \begin{bmatrix} \delta_1 \mathbf{I}_{N_{2,1}-N_{1,1}+1} & \mathbf{0} & \cdots & \mathbf{0} \\ \mathbf{0} & \delta_2 \mathbf{I}_{N_{2,2}-N_{1,2}+1} & \cdots & \mathbf{0} \\ \vdots & \vdots & \ddots & \vdots \\ \mathbf{0} & \mathbf{0} & \cdots & \delta_n \mathbf{I}_{N_{2,n}-N_{1,n}+1} \end{bmatrix},$$

$$\mathbf{Q}_u = \begin{bmatrix} \lambda_1 \mathbf{I}_{N_{u,1}} & \mathbf{0} & \cdots & \mathbf{0} \\ \mathbf{0} & \lambda_2 \mathbf{I}_{N_{u,2}} & \cdots & \mathbf{0} \\ \vdots & \vdots & \ddots & \vdots \\ \mathbf{0} & \mathbf{0} & \cdots & \lambda_m \mathbf{I}_{N_{u,m}} \end{bmatrix},$$

sendo $\mathbf{Q}_e$ e $\mathbf{Q}_u$ as matrizes de ponderações do erro e ações de controle futuras, respectivamente. Note que, neste caso, os pesos $\delta_l(i)$ e $\lambda_p(i)$ foram considerados constantes ao longo do horizonte e chamados simplesmente de $\delta_l$ e $\lambda_p$. Caso sejam empregados pesos variáveis ao longo do horizonte, os blocos em que esses pesos multiplicam a matriz identidade em $\mathbf{Q}_e$ e $\mathbf{Q}_u$ devem ser substituídos por matrizes diagonais com os pesos ao longo do horizonte. Rearranjando esta última equação no formato padrão do problema de otimização quadrático, temos

$$J = \frac{1}{2} \Delta \mathbf{u}^T \mathbf{H}_{qp} \Delta \mathbf{u} + \mathbf{f}_{qp}^T \Delta \mathbf{u} + c_{qp}, \tag{C.4}$$

com

$$\begin{aligned} \mathbf{H}_{qp} &= 2\left(\mathbf{G}^T \mathbf{Q}_e \mathbf{G} + \mathbf{Q}_u\right), \\ \mathbf{f}_{qp} &= -2\mathbf{G}^T \mathbf{Q}_e [\mathbf{r} - \mathbf{f}], \\ c_{qp} &= [\mathbf{r} - \mathbf{f}]^T \mathbf{Q}_e [\mathbf{r} - \mathbf{f}]. \end{aligned}$$

A solução irrestrita desse problema é dada por:

$$\Delta \mathbf{u} = \mathbf{K}\left[\mathbf{r} - \mathbf{f}\right], \tag{C.5}$$

com

$$\mathbf{K} = \left(\mathbf{G}^T \mathbf{Q}_e \mathbf{G} + \mathbf{Q}_u\right)^{-1} \mathbf{G}^T \mathbf{Q}_e.$$

Note que $\Delta\mathbf{u}$ define um vetor de incrementos futuros de controle, porém, apenas os $\Delta u_p(k)$ com $p = 1 \ldots m$ são aplicados ao processo no instante $k$, pois $\Delta\mathbf{u}$ deve ser recalculado a cada instante de amostragem, seguindo o princípio de horizonte deslizante. Assim, é necessário obter apenas o valor de $\Delta u_p(k)$ ótimo, dado pelo vetor de incrementos de controle para o instante atual, definido como:

$$\Delta \mathbf{u}_a = \begin{bmatrix} \Delta u_1(k) \\ \Delta u_2(k) \\ \vdots \\ \Delta u_m(k) \end{bmatrix}, \tag{C.6}$$

com elementos iguais aos primeiros elementos de cada um dos subvetores do vetor $\Delta\mathbf{u}$. No caso irrestrito, é possível obter uma matriz simplificada $\mathbf{K}_1$ obtida a partir das $m$ linhas de $\mathbf{K}$ associadas ao cálculo de $\Delta u_p(k)$, $\forall\ p$, de tal forma que $\Delta\mathbf{u}_a = \mathbf{K}_1\left[\mathbf{r} - \mathbf{f}\right]$. Por fim, as ações de controle a serem aplicadas no processo são:

$$u_p(k) = u_p(k-1) + \Delta u_p(k),\ \forall p = 1 \ldots m. \tag{C.7}$$

Se forem consideradas restrições de desigualdade, o problema de otimização se torna:

$$\begin{array}{ll} \min & \frac{1}{2}\Delta\mathbf{u}^T \mathbf{H}_{qp} \Delta\mathbf{u} + \mathbf{f}_{qp}^T \Delta\mathbf{u} + c_{qp} \\ \text{s.a.} & \overline{\mathbf{R}}\Delta\mathbf{u} \leq \overline{\mathbf{r}} \end{array} \tag{C.8}$$

com $\overline{\mathbf{R}}$ e $\overline{\mathbf{r}}$ sendo uma matriz e um vetor, respectivamente, que representam as restrições associadas ao problema de otimização. As restrições mais comuns são: (a) no incremento de controle; (b) no valor da ação de controle; (c) na saída do sistema.

A restrição no incremento de controle é descrita como:

$$\Delta u_{p,\min} \leq \Delta u_p(k+j) \leq \Delta u_{p,\max}, \ \forall p, \ j \geq 0,$$
$$\mathbf{1}_{N_{u,p}} \Delta u_{p,\min} \leq \Delta \mathbf{u}_p \leq \mathbf{1}_{N_{u,p}} \Delta u_{p,\max}, \ \forall p,$$

sendo $\mathbf{1}_{N_{u,p}}$ um vetor de dimensão $N_{u,p}$ no qual todos os elementos são iguais a 1. Matricialmente, podemos reescrever essa restrição para todas as entradas como:

$$\left[\begin{array}{cccc} \mathbf{I}_{N_{u,1}} & 0 & \cdots & 0 \\ 0 & \mathbf{I}_{N_{u,2}} & \cdots & 0 \\ \vdots & \vdots & \ddots & \vdots \\ 0 & 0 & \cdots & \mathbf{I}_{N_{u,m}} \\ \hdashline -\mathbf{I}_{N_{u,1}} & 0 & \cdots & 0 \\ 0 & -\mathbf{I}_{N_{u,2}} & \cdots & 0 \\ \vdots & \vdots & \ddots & \vdots \\ 0 & 0 & \cdots & -\mathbf{I}_{N_{u,m}} \end{array}\right] \begin{bmatrix} \Delta \mathbf{u}_1 \\ \Delta \mathbf{u}_2 \\ \vdots \\ \Delta \mathbf{u}_m \end{bmatrix} \leq \left[\begin{array}{c} \mathbf{1}_{N_{u,1}} \Delta u_{1,\max} \\ \mathbf{1}_{N_{u,2}} \Delta u_{2,\max} \\ \vdots \\ \mathbf{1}_{N_{u,m}} \Delta u_{m,\max} \\ \hdashline -\mathbf{1}_{N_{u,1}} \Delta u_{1,\min} \\ -\mathbf{1}_{N_{u,2}} \Delta u_{2,\min} \\ \vdots \\ -\mathbf{1}_{N_{u,m}} \Delta u_{m,\min} \end{array}\right],$$

$$\mathbf{R}_{\Delta u} \Delta \mathbf{u} \leq \mathbf{r}_{\Delta u}.$$

A restrição no valor da ação de controle é dada por:

$$u_{p,\min} \leq u_p(k+j) \leq u_{p,\max}, \ \forall p, j \geq 0,$$
$$u_{p,\min} \leq \sum_{i=0}^{j} \Delta u_p(k+i) + u_p(k-1) \leq u_{p,\max}, \ \forall p, \ j \geq 0,$$
$$\mathbf{1}_{N_{u,p}} u_{p,\min} \leq \mathbf{T}_{N_{u,p}} \Delta \mathbf{u}_p + \mathbf{1}_{N_{u,p}} u_p(k-1) \leq \mathbf{1}_{N_{u,p}} u_{p,\max}, \ \forall p,$$

sendo $\mathbf{T}_{N_{u,p}} \in \mathbb{R}^{N_{u,p} \times N_{u,p}}$ uma matriz triangular inferior na qual todos os elementos não nulos são iguais a 1. Matricialmente, podemos reescrever como:

$$\left[\begin{array}{cccc} \mathbf{T}_{N_{u,p}} & 0 & \cdots & 0 \\ 0 & \mathbf{T}_{N_{u,2}} & \cdots & 0 \\ \vdots & \vdots & \ddots & \vdots \\ 0 & 0 & \cdots & \mathbf{T}_{N_{u,m}} \\ \hdashline -\mathbf{T}_{N_{u,1}} & 0 & \cdots & 0 \\ 0 & -\mathbf{T}_{N_{u,2}} & \cdots & 0 \\ \vdots & \vdots & \ddots & \vdots \\ 0 & 0 & \cdots & -\mathbf{T}_{N_{u,m}} \end{array}\right] \begin{bmatrix} \Delta \mathbf{u}_1 \\ \Delta \mathbf{u}_2 \\ \vdots \\ \Delta \mathbf{u}_m \end{bmatrix} \leq \left[\begin{array}{c} \mathbf{1}_{N_{u,1}}(u_{1,\max} - u_1(k-1)) \\ \mathbf{1}_{N_{u,2}}(u_{2,\max} - u_2(k-1)) \\ \vdots \\ \mathbf{1}_{N_{u,m}}(u_{m,\max} - u_m(k-1)) \\ \hdashline -\mathbf{1}_{N_{u,1}}(u_{1,\min} - u_1(k-1)) \\ -\mathbf{1}_{N_{u,2}}(u_{2,\min} - u_2(k-1)) \\ \vdots \\ -\mathbf{1}_{N_{u,m}}(u_{m,\min} - u_m(k-1)) \end{array}\right],$$

$$\mathbf{R}_u \mathbf{u} \leq \mathbf{r}_u.$$

Por fim, a restrição na saída é dada por:

$$y_{l,\min} \leq \hat{y}_l(k+j \mid k) \leq y_{l,\max}, \ \forall l, \ j > 0,$$

$$\mathbf{1}_{N_l} y_{l,\min} \leq \sum_{p=1}^{m} \mathbf{G}_{l,p} \Delta \mathbf{u}_p + \mathbf{f}_l \leq \mathbf{1}_{N_l} y_{l,\max}, \ \forall l,$$

sendo que $\mathbf{G}_{l,p}$ representa a matriz dinâmica entre a saída $l$ e a entrada $p$, e $\mathbf{f}_l$ é a resposta livre da saída $l$. Matricialmente, temos:

$$\left[\begin{array}{cccc} \mathbf{G}_{1,1} & \mathbf{G}_{1,2} & \cdots & \mathbf{G}_{1,m} \\ \mathbf{G}_{2,1} & \mathbf{G}_{2,2} & \cdots & \mathbf{G}_{2,m} \\ \vdots & \vdots & \ddots & \vdots \\ \mathbf{G}_{n,1} & \mathbf{G}_{n,2} & \cdots & \mathbf{G}_{n,m} \\ \hdashline -\mathbf{G}_{1,1} & -\mathbf{G}_{1,2} & \cdots & -\mathbf{G}_{1,m} \\ -\mathbf{G}_{2,1} & -\mathbf{G}_{2,2} & \cdots & -\mathbf{G}_{2,m} \\ \vdots & \vdots & \ddots & \vdots \\ -\mathbf{G}_{n,1} & -\mathbf{G}_{n,2} & \cdots & -\mathbf{G}_{n,m} \end{array}\right] \begin{bmatrix} \Delta \mathbf{u}_1 \\ \Delta \mathbf{u}_2 \\ \vdots \\ \Delta \mathbf{u}_m \end{bmatrix} \leq \left[\begin{array}{c} \mathbf{1}_{N_1} y_{1,\max} - \mathbf{f}_1 \\ \mathbf{1}_{N_2} y_{2,\max} - \mathbf{f}_2 \\ \vdots \\ \mathbf{1}_{N_n} y_{n,\max} - \mathbf{f}_n \\ \hdashline -\mathbf{1}_{N_1} y_{1,\min} + \mathbf{f}_1 \\ -\mathbf{1}_{N_2} y_{2,\min} + \mathbf{f}_2 \\ \vdots \\ -\mathbf{1}_{N_n} y_{n,\min} + \mathbf{f}_n \end{array}\right],$$

$$\left[\begin{array}{c} \mathbf{G} \\ \hdashline -\mathbf{G} \end{array}\right] \mathbf{u} \leq \left[\begin{array}{c} \mathbf{1}_{N_1} y_{1,\max} \\ \mathbf{1}_{N_2} y_{2,\max} \\ \vdots \\ \mathbf{1}_{N_n} y_{n,\max} \\ \hdashline -\mathbf{1}_{N_1} y_{1,\min} \\ -\mathbf{1}_{N_2} y_{2,\min} \\ \vdots \\ -\mathbf{1}_{N_n} y_{n,\min} \end{array}\right] + \left[\begin{array}{c} -\mathbf{f} \\ \hdashline \mathbf{f} \end{array}\right],$$

$$\mathbf{R}_y \mathbf{u} \leq \mathbf{r}_y.$$

Aqui não adicionamos as relaxações das restrições de saída por simplicidade, mas devemos lembrar que elas são necessárias pois o problema pode se tornar infactível.

As restrições devem ser agrupadas de forma a obter o formato $\overline{\mathbf{R}} \Delta \mathbf{u} \leq \overline{\mathbf{r}}$, resultando em:

$$\overline{\mathbf{R}} = \begin{bmatrix} \mathbf{R}_{\Delta u} \\ \mathbf{R}_u \\ \mathbf{R}_y \end{bmatrix}, \qquad \overline{\mathbf{r}} = \begin{bmatrix} \mathbf{r}_{\Delta u} \\ \mathbf{r}_u \\ \mathbf{r}_y \end{bmatrix}. \tag{C.9}$$

## C.2 CONTROLE POR MATRIZ DINÂMICA (DMC)

O algoritmo DMC utiliza o seguinte modelo do processo:

$$\hat{y}_{ol}(k \mid k) = \sum_{p=1}^{m} \sum_{i=1}^{\infty} g_{l,p,i} \Delta u_p(k-i) + \sum_{s=1}^{m_q} \sum_{i=0}^{\infty} g_{q,l,s,i} \Delta q_s(k-i), \tag{C.10}$$

em que $g_{l,p,i}$ e $g_{q,l,s,i}$ são os coeficientes da resposta ao degrau da saída $l$ em relação à entrada $u_p$ e à perturbação medida $q_s$, respectivamente, e $m_q$ é o número de perturbações medidas. Para o desenvolvimento resumido deste apêndice, assumiremos que o processo é estável.

O modelo para o cálculo das predições corrigidas do processo é:

$$\begin{aligned}\hat{y}_l(k+j \mid k) = &\sum_{p=1}^{m} \sum_{i=1}^{\infty} g_{l,p,i} \Delta u_p(k+j-i) \\ &+ \sum_{s=1}^{m_q} \sum_{i=0}^{\infty} g_{q,l,s,i} \Delta q_s(k+j-i) + \hat{\eta}_l(k \mid k),\end{aligned} \tag{C.11}$$

com $\hat{\eta}_l(k \mid k) = y_l(k) - \hat{y}_l(k \mid k)$. Substituindo o valor de $\hat{\eta}_l(k \mid k)$ na equação anterior e rearranjando, obtém-se:

$$\begin{aligned}\hat{y}_l(k+j \mid k) = &\sum_{p=1}^{m} \sum_{i=1}^{j} g_{l,p,i} \Delta u_p(k+j-i) \\ &+ \sum_{p=1}^{m} \sum_{i=1}^{N_{ss,l,p}} \left(g_{l,p,j+i} - g_{l,p,i}\right) \Delta u_p(k-i) + y_l(k) \\ &+ \sum_{s=1}^{m_q} \sum_{i=0}^{j-1} g_{q,l,s,i} \Delta q_s(k+j-i) \\ &+ \sum_{s=1}^{m_q} \sum_{i=0}^{N_{ssq,l,s}} \left(g_{q,l,s,j+i} - g_{q,l,s,i}\right) \Delta q(k-i),\end{aligned} \tag{C.12}$$

sendo que $N_{ss,l,p}$ e $N_{ssq,l,s}$ são, respectivamente, os horizontes de modelo escolhidos para as relações entre as variáveis manipulada $p$ e controlada $l$ e entre a perturbação $s$ e a variável controlada $l$.

As predições da saída $l$ de 1 a $N_{2,l}$ podem ser escritas de forma matricial da seguinte maneira:

$$\mathbf{\hat{y}}_l = \sum_{p=1}^{m} \mathbf{G}_{l,p} \Delta \mathbf{u}_p + \mathbf{f}_l, \tag{C.13}$$

em que $\mathbf{G}_{l,p} \in \mathbb{R}^{N_{2,l} \times N_{u,p}}$ é a matriz de coeficientes da resposta ao degrau da entrada $p$ para a saída $l$ e $\mathbf{f}_l \in \mathbb{R}^{N_{2,l}}$ é a resposta livre da saída $l$ do sistema. Esses vetores e matrizes são dados por:

$$\mathbf{f}_l = \begin{bmatrix} f_l(k+1 \mid k) \\ f_l(k+2 \mid k) \\ \vdots \\ f_l(k+N_{2,l} \mid k) \end{bmatrix} = \sum_{p=1}^{m} \mathbf{H}_{l,p} \underleftarrow{\Delta \mathbf{u}}_p + \sum_{s=1}^{m_q} \mathbf{G}_{q,l,s} \Delta \mathbf{q}_s + \sum_{s=1}^{m_q} \mathbf{H}_{q,l,s} \underleftarrow{\Delta \mathbf{q}}_s + \mathbf{1}_{N_{2,l}} y_l(k),$$

com $\mathbf{H}_{l,p} \in \mathbb{R}^{N_{2,l} \times N_{ss,l,p}}$, $\mathbf{G}_{q,l,s} \in \mathbb{R}^{N_{2,l} \times N_{q,s}}$, $\mathbf{H}_{q,l,s} \in \mathbb{R}^{N_{2,l} \times N_{ssq,l,s}+1}$, $\underleftarrow{\Delta \mathbf{u}}_p \in \mathbb{R}^{N_{ss,l,p}}$, $\Delta \mathbf{q}_s \in \mathbb{R}^{N_{q,s}}$, $\underleftarrow{\Delta \mathbf{q}}_s \in \mathbb{R}^{N_{ssq,l,s}+1}$, e $\mathbf{1}_N \in \mathbb{R}^{N_{2,l}}$ sendo um vetor formado por elementos iguais a 1. As matrizes e os vetores são dados por:

$$\underleftarrow{\Delta \mathbf{u}}_p = \begin{bmatrix} \Delta u_p(k-1) \\ \Delta u_p(k-2) \\ \vdots \\ \Delta u_p(k-N_{ss,l,p}) \end{bmatrix}, \Delta \mathbf{q}_s = \begin{bmatrix} \Delta q_s(k+1) \\ \Delta q_s(k+2) \\ \vdots \\ \Delta q_s(k+N_{q,s}) \end{bmatrix}, \underleftarrow{\Delta \mathbf{q}}_s = \begin{bmatrix} \Delta q_s(k) \\ \Delta q_s(k-1) \\ \vdots \\ \Delta q_s(k-N_{ssq,s}) \end{bmatrix},$$

$$\mathbf{H}_{l,p} = \begin{bmatrix} h_{l,p,1,1} & h_{l,p,1,2} & \cdots & h_{l,p,1,N_{ss,l,p}-1} & h_{l,p,1,N_{ss,l,p}} \\ h_{l,p,2,1} & h_{l,p,2,2} & \cdots & h_{2,N_{ss,l,p}-1} & h_{l,p,2,N_{ss,l,p}} \\ \vdots & \vdots & \ddots & \vdots & \vdots \\ h_{l,p,N_{2,l},1} & h_{l,p,N_{2,l},2} & \cdots & h_{l,p,N_{2,l},N_{ss,l,p}-1} & h_{l,p,N_{2,l},N_{ss,l,p}} \end{bmatrix},$$

$$h_{l,p,j,i} = g_{l,p,j+i} - g_{l,p,i}, \; j+i \leq N_{ss,l,p},$$
$$h_{l,p,j,i} = g_{l,p,N_{ss,l,p}} - g_{l,p,i}, \; j+i > N_{ss,l,p},$$

$$\mathbf{H}_{q,l,s} = \begin{bmatrix} h_{q,l,s,1,0} & h_{q,l,s,1,1} & \cdots & h_{q,l,s,1,N_{ssq,l,s}-1} & h_{q,l,s,1,N_{ssq,l,s}} \\ h_{q,l,s,2,0} & h_{q,l,s,2,1} & \cdots & h_{q,l,s,2,N_{ssq,l,s}-1} & h_{q,l,s,2,N_{ssq,l,s}} \\ \vdots & \vdots & \ddots & \vdots & \vdots \\ h_{q,l,s,N_{2,l},0} & h_{q,l,s,N_{2,l},1} & \cdots & h_{q,l,s,N_{2,l},N_{ssq,l,s}-1} & h_{q,l,s,N_{2,l},N_{ssq,l,s}} \end{bmatrix},$$

$$h_{q,l,s,j,i} = g_{q,l,s,i+j} - g_{q,l,s,i}, \; j+i \leq N_{ssq,l,s},$$
$$h_{q,l,s,j,i} = g_{q,l,s,N_{ssq,l,s}} - g_{q,l,s,i}, \; j+i > N_{ssq,l,s},$$

$$\mathbf{G}_{q,l,s} = \begin{bmatrix} g_{q,l,s,0} & 0 & \cdots & 0 \\ g_{q,l,s,1} & g_{q,l,s,0} & \cdots & 0 \\ \vdots & \vdots & \vdots & \vdots \\ g_{q,l,s,N_{2,l}-1} & g_{q,l,s,N_{2,l}-2} & \cdots & g_{q,l,s,N_{2,l}-N_{q,s}} \end{bmatrix},$$

$$\mathbf{G}_{l,p} = \begin{bmatrix} g_{l,p,1} & 0 & \cdots & 0 \\ g_{l,p,2} & g_{l,p,1} & \cdots & 0 \\ \vdots & \vdots & \vdots & \vdots \\ g_{l,p,N_{2,l}} & g_{l,p,N_{2,l}-1} & \cdots & g_{l,p,N_{2,l}-N_{u,p}+1} \end{bmatrix}.$$

Da mesma forma que no caso monovariável, se o horizonte inicial de predição da saída $l$ for maior do que um ($N_{1,l} > 1$), as $N_{1,l} - 1$ linhas iniciais de $\hat{\mathbf{y}}_l$, $\mathbf{G}_{l,p}$, e $\mathbf{f}_l$ devem ser removidas.

Combinando as predições de todas as $n$ saídas, obtemos o formato padrão de predição:

$$\hat{\mathbf{y}} = \mathbf{G}\Delta\mathbf{u} + \mathbf{f}, \tag{C.14}$$

com $\mathbf{f} = \mathbf{H}\underset{\leftarrow}{\Delta\mathbf{u}} + \mathbb{I}\mathbf{y}(k) + \mathbf{G_q}\Delta\mathbf{q} + \mathbf{H_q}\underset{\leftarrow}{\Delta\mathbf{q}}$ e

$$\mathbf{G} = \begin{bmatrix} \mathbf{G}_{1,1} & \cdots & \mathbf{G}_{1,m} \\ \mathbf{G}_{2,1} & \cdots & \mathbf{G}_{1,m} \\ \vdots & \vdots & \vdots \\ \mathbf{G}_{n,1} & \cdots & \mathbf{G}_{n,m} \end{bmatrix}, \quad \mathbf{H} = \begin{bmatrix} \mathbf{H}_{1,1} & \cdots & \mathbf{H}_{1,m} \\ \mathbf{H}_{2,1} & \cdots & \mathbf{H}_{1,m} \\ \vdots & \vdots & \vdots \\ \mathbf{H}_{n,1} & \cdots & \mathbf{H}_{n,m} \end{bmatrix},$$

$$\mathbb{I} = \begin{bmatrix} \mathbf{1}_{N_{2,1}} & \mathbf{0} & \cdots & \mathbf{0} \\ \mathbf{0} & \mathbf{1}_{N_{2,2}} & \cdots & \mathbf{0} \\ \vdots & \vdots & \ddots & \vdots \\ \mathbf{0} & \mathbf{0} & \cdots & \mathbf{1}_{N_{2,n}} \end{bmatrix}, \quad \mathbf{G_q} = \begin{bmatrix} \mathbf{G}_{q,1,1} & \cdots & \mathbf{G}_{q,1,m_q} \\ \mathbf{G}_{q,2,1} & \cdots & \mathbf{G}_{q,2,m_q} \\ \vdots & \vdots & \vdots \\ \mathbf{G}_{q,n,1} & \cdots & \mathbf{G}_{q,n,m_q} \end{bmatrix},$$

$$\mathbf{H_q} = \begin{bmatrix} \mathbf{H}_{q,1,1} & \cdots & \mathbf{H}_{q,1,m_q} \\ \mathbf{H}_{q,2,1} & \cdots & \mathbf{H}_{q,2,m_q} \\ \vdots & \vdots & \vdots \\ \mathbf{H}_{q,n,1} & \cdots & \mathbf{H}_{q,n,m_q} \end{bmatrix}, \quad \mathbf{f} = \begin{bmatrix} \mathbf{f}_1 \\ \mathbf{f}_2 \\ \vdots \\ \mathbf{f}_n \end{bmatrix},$$

$$\underset{\leftarrow}{\Delta\mathbf{q}} = \begin{bmatrix} \underset{\leftarrow}{\Delta\mathbf{q}_1} \\ \underset{\leftarrow}{\Delta\mathbf{q}_2} \\ \vdots \\ \underset{\leftarrow}{\Delta\mathbf{q}_{m_q}} \end{bmatrix}, \quad \Delta\mathbf{q} = \begin{bmatrix} \Delta\mathbf{q}_1 \\ \Delta\mathbf{q}_2 \\ \vdots \\ \Delta\mathbf{q}_{m_q} \end{bmatrix}, \quad \mathbf{y}(k) = \begin{bmatrix} y_1(k) \\ y_2(k) \\ \vdots \\ y_n(k) \end{bmatrix}, \quad \underset{\leftarrow}{\Delta\mathbf{u}} = \begin{bmatrix} \underset{\leftarrow}{\Delta\mathbf{u}_1} \\ \underset{\leftarrow}{\Delta\mathbf{u}_2} \\ \vdots \\ \underset{\leftarrow}{\Delta\mathbf{u}_m} \end{bmatrix}.$$

### C.2.1 Implementação recursiva do DMC

A implementação recursiva do DMC permite calcular de forma mais eficiente a resposta livre. Por simplicidade, assumiremos que todos os horizontes de modelo $N_{ss,l,p}$ e $N_{ssq,l,s}$ são iguais a um valor $N_{ss}$. Se alguns forem diferentes, basta replicar o último coeficiente até que o número do maior horizonte de modelo seja obtido. As predições de malha aberta (sem correção) são dadas por:

$$\hat{\mathbf{y}}_{ol}(k \mid k) = \hat{\mathbf{y}}_{ol}(k \mid k-1) + \sum_{p=1}^{m} \begin{bmatrix} g_{l,p,1} \\ g_{l,p,2} \\ \vdots \\ g_{l,p,N_{ss}} \end{bmatrix} \Delta u_p(k-1) + \sum_{s=1}^{m_q} \begin{bmatrix} g_{q,l,s,0} \\ g_{q,l,s,1} \\ \vdots \\ g_{q,l,s,N_{ss}-1} \end{bmatrix} \Delta q_s(k), \tag{C.15}$$

com

$$\hat{\mathbf{y}}_{ol}(k \mid k-1) = \begin{bmatrix} \hat{y}_{ol}(k \mid k-1) \\ \hat{y}_{ol}(k+1 \mid k-1) \\ \vdots \\ \hat{y}_{ol}(k+N_{ss}-1 \mid k-1) \end{bmatrix}.$$

Após a atualização, o primeiro elemento de $\hat{\mathbf{y}}_{ol}(k \mid k)$ é utilizado para calcular o erro de predição $\hat{\eta}_l(k \mid k) = y(k) - \mathbf{y}_{ol}(k \mid k)$. Daí, obtemos o novo vetor $\hat{\mathbf{y}}_{ol}(k+1 \mid k)$ a partir dos elementos de $\hat{\mathbf{y}}_{ol}(k \mid k)$:

$$\hat{\mathbf{y}}_{ol}(k+1 \mid k) = \begin{bmatrix} \hat{y}_{ol}(k+1 \mid k) \\ \hat{y}_{ol}(k+2 \mid k) \\ \vdots \\ \hat{y}_{ol}(k+N_{ss}-1 \mid k) \\ \hat{y}_{ol}(k+N_{ss} \mid k) \end{bmatrix} \approx \begin{bmatrix} \hat{y}_{ol}(k+1 \mid k) \\ \hat{y}_{ol}(k+2 \mid k) \\ \vdots \\ \hat{y}_{ol}(k+N_{ss}-1 \mid k) \\ \hat{y}_{ol}(k+N_{ss}-1 \mid k) \end{bmatrix}. \tag{C.16}$$

A resposta livre pode, então, ser calculada como:

$$\mathbf{f}_l = \begin{bmatrix} \hat{y}_{ol}(k+N_1 \mid k) \\ \vdots \\ \hat{y}_{ol}(k+N_2 \mid k) \end{bmatrix} + \sum_{s=1}^{m_q} \mathbf{G}_{q,l,s} \Delta \mathbf{q}_s + \mathbf{1}_{N_l} \hat{\eta}_l(k \mid k). \tag{C.17}$$

### C.2.2 DMC filtrado

As propriedades de robustez e rejeição de perturbações do DMC podem ser modificadas de forma simples utilizando um filtro no modelo de perturbação não medida, o que dá lugar ao DMC filtrado. Para implementar a versão filtrada do DMC, o cálculo da resposta livre muda ligeiramente. Ao invés de adicionar o valor de $\hat{\eta}_l(k \mid k)$, agora se adiciona o valor $\hat{\eta}_{f,l}(k \mid k)$, dado por:

$$\hat{\eta}_{f,l}(k \mid k) = F_{e,l}(z)\hat{\eta}_l(k \mid k),$$

sendo $F_{e,l}(z)$ um filtro estável, com ganho estático unitário, projetado adequadamente. A resposta livre pode, então, ser calculada como:

$$\mathbf{f}_l = \begin{bmatrix} \hat{y}_{ol}(k+N_1 \mid k) \\ \vdots \\ \hat{y}_{ol}(k+N_2 \mid k) \end{bmatrix} + \sum_{s=1}^{m_q} \mathbf{G}_{q,l,s}\Delta\mathbf{q}_s + \mathbf{1}_{N_l}\,\hat{\eta}_{f,l}(k \mid k). \tag{C.18}$$

## C.3 DMC GENERALIZADO (GDMC)

A versão generalizada do DMC (GDMC) pode ser aplicada a qualquer tipo de modelo linear, inclusive integradores e instáveis. Para isso, a forma como o erro de predição $\hat{\eta}$ é utilizado para o cálculo da resposta livre muda:

$$\hat{\eta}_{f,l}(k+j \mid k) = F_{e,j,l}(z)\hat{\eta}_l(k \mid k) = F_{e,j,l}(z)\left[y(k) - \hat{y}_{ol}(k \mid k)\right], \tag{C.19}$$

sendo $F_{e,j,l}(z)$ filtros do erro de predição que devem ser estáveis, ter ganho estático unitário e ser projetados adequadamente. Para cada saída $l$, cada um dos filtros $F_{e,j,l}(z)$ deve satisfazer a seguinte condição:

$$\frac{d^m(z^j - F_{e,j,l}(z))}{dz^m} = 0 \qquad \forall z = z_i,\ m = 0,1,2,\ldots,M_i - 1, \tag{C.20}$$

sendo $z_i$ um polo com$|z_i| \geq 1$, ou em uma posição indesejada, na função de transferência entre a saída $l$ e a entrada $p$ ($G_{l,p}(z)$), ou na função de transferência entre a saída $l$ e a perturbação $s$ ($G_{q,l,s}(z)$)), e $M_i$ é a multiplicidade do polo. Caso $G_{l,p}(z)$ tenha polos integradores, a condição a ser considerada para esse conjunto de polos deve ser:

$$\frac{d^m(z^j - F_{e,j,l}(z))}{dz^m} = 0, \qquad z = 1,\ m = 0,1,2,\ldots,M_i. \tag{C.21}$$

A ordem de $F_{e,j,l}(z)$ deve ser escolhida para satisfazer todas as condições simultaneamente.

Com $F_{e,j}(z)$ e a definição de $\hat{\eta}_f$ em (C.19), a resposta livre é dada por:

$$
\begin{aligned}
f_l(k+j \mid k) = & \sum_{p=1}^{m} \sum_{i=1}^{N_{f,l}} \left(g_{l,p,j+i} - \tilde{g}_{l,p,j,i}\right) \Delta u_p(k-i) \\
& + \sum_{s=1}^{m_q} \sum_{i=0}^{j-1} g_{q,l,s,i} \Delta q_s(k+j-i) \\
& + \sum_{s=1}^{m_q} \sum_{i=0}^{N_{f,l}} \left(g_{q,l,s,j+i} - \tilde{g}_{q,l,s,j,i}\right) \Delta q_s(k-i) + y_{f,l,j}(k), \qquad \text{(C.22)}
\end{aligned}
$$

sendo que $\tilde{g}_{l,p,j,i}$ e $\tilde{g}_{q,l,s,j,i}$ são os coeficientes das respostas ao degrau filtrados por $F_{e,l,j}(z)$ relacionados à entrada $u_p$ e à perturbação medida $q_s$, respectivamente, e $y_{f,l,j}$ é a saída filtrada $y_{f,l,j}(k) = F_{e,j,l}(z) y_l(k)$. Assim, a resposta livre em formado vetorial é dada por:

$$
\mathbf{f}_l = \begin{bmatrix} f_l(k+1 \mid k) \\ f_l(k+2 \mid k) \\ \vdots \\ f_l(k+N_{2,l} \mid k) \end{bmatrix} = \sum_{p=1}^{m} \mathbf{H}_{l,p} \underleftarrow{\Delta \mathbf{u}}_p + \sum_{s=1}^{m_q} \mathbf{G}_{q,l,s} \Delta \mathbf{q}_s + \sum_{s=1}^{m_q} \mathbf{H}_{q,l,s} \underleftarrow{\Delta \mathbf{q}}_s + \mathbf{y}_{f,l},
$$

com $\mathbf{H}_{l,p} \in \mathbb{R}^{N_{2,l} \times N_{f,l}}$, $\mathbf{G}_{q,l,s} \in \mathbb{R}^{N_{2,l} \times N_{q,s}}$, $\mathbf{H}_{q,l,s} \in \mathbb{R}^{N_{2,l} \times N_{f,l}+1}$, $\underleftarrow{\Delta \mathbf{u}}_p \in \mathbb{R}^{N_{f,l}}$, $\Delta \mathbf{q}_s \in \mathbb{R}^{N_{q,s}}$, e $\underleftarrow{\Delta \mathbf{q}}_s \in \mathbb{R}^{N_{f,l}+1}$. As matrizes e vetores são dados por:

$$
\underleftarrow{\Delta \mathbf{u}}_p = \begin{bmatrix} \Delta u_p(k-1) \\ \Delta u_p(k-2) \\ \vdots \\ \Delta u_p(k-N_{f,l}) \end{bmatrix}, \quad \underleftarrow{\Delta \mathbf{q}}_s = \begin{bmatrix} \Delta q_s(k) \\ \Delta q_s(k-1) \\ \vdots \\ \Delta q_s(k-N_{f,l}) \end{bmatrix}, \quad \mathbf{y}_{f,l} = \begin{bmatrix} y_{f,l,1}(k) \\ y_{f,l,2}(k) \\ \vdots \\ y_{f,l,N_{2,l}}(k) \end{bmatrix},
$$

$$
\mathbf{H}_{l,p} = \begin{bmatrix} h_{l,p,1,1} & h_{l,p,1,2} & \cdots & h_{l,p,1,N_{f,l}-1} & h_{l,p,1,N_{f,l}} \\ h_{l,p,2,1} & h_{l,p,2,2} & \cdots & h_{2,N_{f,l}-1} & h_{l,p,2,N_{f,l}} \\ \vdots & \vdots & \ddots & \vdots & \vdots \\ h_{l,p,N_{2,l},1} & h_{l,p,N_{2,l},2} & \cdots & h_{l,p,N_{2,l},N_{f,l}-1} & h_{l,p,N_{2,l},N_{f,l}} \end{bmatrix},
$$

$$
h_{l,p,j,i} = g_{l,p,j+i} - \tilde{g}_{l,p,j,i}, \; j+i \leq N_{f,l},
$$

$$
h_{l,p,j,i} = g_{l,p,N_{f,l}} - \tilde{g}_{l,p,j,i}, \; j+i > N_{f,l},
$$

$$\mathbf{H}_{q,l,s} = \begin{bmatrix} h_{q,l,s,1,0} & h_{q,l,s,1,1} & \cdots & h_{q,l,s,1,N_{f,l}-1} & h_{q,l,s,1,N_{f,l}} \\ h_{q,l,s,2,0} & h_{q,l,s,2,1} & \cdots & h_{q,l,s,2,N_{f,l}-1} & h_{q,l,s,2,N_{f,l}} \\ \vdots & \vdots & \ddots & \vdots & \vdots \\ h_{q,l,s,N_{2,l},0} & h_{q,l,s,N_{2,l},1} & \cdots & h_{q,l,s,N_{2,l},N_{f,l}-1} & h_{q,l,s,N_{2,l},N_{f,l,s}} \end{bmatrix},$$

$$h_{q,l,s,j,i} = g_{q,l,s,j+i} - \tilde{g}_{q,l,s,j,i}, \; j+i \leq N_{f,l},$$
$$h_{q,l,s,j,i} = g_{q,l,s,N_{f,l,s}} - \tilde{g}_{q,l,s,j,i}, \; j+i > N_{f,l},$$

e $\Delta\mathbf{q}_s$ e $\mathbf{G}_{q,l,s}$ são iguais aos definidos na Seção C.2. Da mesma forma que no caso monovariável, se o horizonte inicial de predição da saída $l$ for maior do que um ($N_{1,l} > 1$), as $N_{1,l} - 1$ linhas iniciais da resposta livre $\mathbf{f}_l$ devem ser removidas. Por fim, para obter o vetor completo de resposta livre $\mathbf{f}$, basta combinar as $n$ respostas livres $\mathbf{f}_l$ em um único vetor, como apresentado em (C.14). O GDMC não altera a resposta forçada, então o restante do cálculo para se obter as predições é igual ao usado no DMC.

## C.4 CONTROLE PREDITIVO GENERALIZADO (GPC)

O GPC utiliza um modelo por função de transferência do processo:

$$\mathbf{Y}(z) = \mathbf{P}(z)\mathbf{U}(z) + \mathbf{P}_q(z)\mathbf{Q}(z),$$

sendo $\mathbf{U}(z)$ o vetor de variáveis manipuladas, $\mathbf{Y}(z)$ o vetor de saídas, $\mathbf{Q}(z)$ o vetor das perturbações, e $\mathbf{P}(z)$ e $\mathbf{P}_q(z)$ matrizes de transferência cujos elementos são dados, respectivamente, por:

$$P_{i,j}(z) = \frac{N_{i,j}(z)}{D_{i,j}(z)}, \quad P_{q,i,j}(z) = \frac{N_{q,i,j}(z)}{D_{q,i,j}(z)}.$$

Aqui, não consideraremos o atraso explícito nas funções de transferência, mas este pode facilmente ser embutido nos polinômios $N_{i,j}(z)$ e $N_{q,i,j}(z)$.

É possível reescrever este modelo utilizando a descrição matricial fracionária (MFD) de tal forma que o modelo de cada saída $l$ é dado por:

$$A_l(z^{-1})y_l(k) = \sum_{p=1}^{m} B_{l,p}(z^{-1})u_p(k-1) + \sum_{p=1}^{m_q} B_{q,l,p}(z^{-1})q_p(k) + \frac{e(k)}{\Delta}, \tag{C.23}$$

onde $A_l(z^{-1})$, $B_{l,p}(z^{-1})$ e $B_{q,l,p}(z^{-1})$ são polinômios de grau $n_{a,l}$, $n_{b,l,p}$ e $n_{bq,l,p}$, respectivamente, $e$ é um ruído branco de média zero, $\Delta = 1 - z^{-1}$ e

$$\begin{aligned}
A_l(z) &= 1 + a_{l,1}z^{-1} + a_{l,2}z^{-2} + \ldots + a_{l,n_{a,l}}z^{-n_{a,l}}, \\
B_{l,p}(z) &= b_{l,p,0} + b_{l,p,1}z^{-1} + b_{l,p,2}z^{-2} + \ldots + b_{l,p,n_{b,l,p}}z^{-n_{b,l,p}}, \\
B_{q,l,p}(z) &= b_{q,l,p,0} + b_{q,l,p,1}z^{-1} + b_{q,l,p,2}z^{-2} + \ldots + b_{q,l,p,n_{bq}}z^{-n_{bq,l,p}}.
\end{aligned}$$

Utilizando a equação diofantina a seguir:

$$1 = E_{l,j}(z^{-1})\Delta A_l(z^{-1}) + z^{-j}F_{l,j}(z^{-1}),$$

com $E_{l,j}(z)$ e $F_{l,j}(z)$ polinômios de ordem $j-1$ e $n_{a,l}$, respectivamente, e sendo que

$$\begin{aligned}
E_{l,j}(z) &= e_{l,j,0} + e_{l,j,1}z^{-1} + e_{l,j,2}z^{-2} + \ldots + e_{l,j,j-1}z^{-(j-1)}, \\
F_{l,j}(z) &= f_{l,j,0} + f_{l,j,1}z^{-1} + \ldots + f_{l,j,n_{a,l}}z^{-n_{a,l}},
\end{aligned}$$

é possível escrever as predições em função de termos conhecidos até o instante $k$ e dos incrementos de controle futuros. Isso é feito aplicando as equações diofantinas ao modelo em (C.23) e reorganizando, o que permite escrever as predições como:

$$\begin{aligned}
\hat{y}_l(k+j \mid k) = &\sum_{p=1}^{m}\left[G_{l,p,j}(z^{-1})\Delta u_p(k+j-1) + H_{l,p,j}(z^{-1})\Delta u_p(k-1)\right] \\
&+ \sum_{p=1}^{m_q}\left[G_{q,l,p,j}(z^{-1})\Delta q_p(k+j) + H_{q,l,p,j}(z^{-1})\Delta q_p(k)\right] \\
&+ F_{l,j}(z^{-1})y_l(k),
\end{aligned}$$

sendo que os polinômios $G_{l,p,j}(z^{-1})$ e $H_{l,p,j}(z^{-1})$ são obtidos a partir do polinômio $E_{l,j}(z^{-1})B_{l,p}(z^{-1})$, e $G_{l,p,j}(z^{-1})$ representa os coeficientes da resposta ao degrau da saída $l$ em relação à entrada $p$. Da mesma forma, $G_{q,l,p,j}(z^{-1})$ e $H_{q,l,p,j}(z^{-1})$ são obtidos a partir do polinômio $E_{l,j}(z^{-1})B_{q,l,p}(z^{-1})$, e $G_{q,l,p,j}(z^{-1})$ representa os coeficientes da resposta ao degrau da saída $l$ em relação à perturbação $p$. $G_{l,p,j}(z^{-1})$ tem grau $j-1$ e $H_{l,p,j}(z^{-1})$ é um polinômio de grau fixo $n_{b,l,p}$. De maneira similar, $G_{q,l,p,j}(z^{-1})$ tem grau $j-1$ e $H_{q,l,p,j}(z^{-1})$ é um polinômio de grau fixo $n_{bq,l,p}-1$.

Então, as predições futuras da saída $l$ (considerando o horizonte de 1 a $N_{2,l}$) podem ser escritas de forma matricial da seguinte maneira:

$$\hat{\mathbf{y}}_l = \sum_{p=1}^{m} \mathbf{G}_{l,p}\Delta\mathbf{u}_p + \mathbf{f}_l, \tag{C.24}$$

onde $\mathbf{G}_{l,p} \in \mathbb{R}^{N_{2,l}\times N_{u,p}}$ é a matriz de coeficientes da resposta ao degrau, $\mathbf{f}_l \in \mathbb{R}^{N_{2,l}}$ é o vetor de resposta livre do sistema, $N_{2,l}$ é o horizonte de predição da saída $l$, $N_{u,p}$ é o horizonte de controle da entrada $p$, $N_{q,p}$ é o horizonte da perturbação $p$ e

$$\mathbf{f}_l = \begin{bmatrix} f_l(k+1 \mid k) \\ f_l(k+2 \mid k) \\ \vdots \\ f_l(k+N_{2,l} \mid k) \end{bmatrix} = \mathbf{F}_l \underleftarrow{\mathbf{y}}_l + \sum_{p=1}^{m} \mathbf{H}_{l,p}\underleftarrow{\Delta\mathbf{u}}_p + \sum_{p=1}^{m_q} \mathbf{G}_{q,l,p}\Delta\mathbf{q}_p + \sum_{p=1}^{m_q} \mathbf{H}_{q,l,p}\underleftarrow{\Delta\mathbf{q}}_p,$$

com

$$\mathbf{F}_l = \begin{bmatrix} f_{l,1,0} & f_{l,1,1} & \cdots & f_{l,1,n_{a,l}} \\ f_{l,2,0} & f_{l,2,1} & \cdots & f_{l,2,n_{a,l}} \\ \vdots & \vdots & \ddots & \vdots \\ f_{l,N_2,0} & f_{l,N_2,1} & \cdots & f_{l,N_2,n_{a,l}} \end{bmatrix}, \quad \underleftarrow{\mathbf{y}}_l = \begin{bmatrix} y_l(k) \\ y_l(k-1) \\ \vdots \\ y_l(k-n_{a,l}) \end{bmatrix},$$

$$\underleftarrow{\Delta\mathbf{u}}_p = \begin{bmatrix} \Delta u_p(k-1) \\ \Delta u_p(k-2) \\ \vdots \\ \Delta u_p(k-n_{b,l,p}) \end{bmatrix}, \quad \mathbf{H}_{l,p} = \begin{bmatrix} h_{l,p,1,1} & h_{l,p,1,2} & \cdots & h_{l,p,1,n_{b,l,p}} \\ h_{l,p,2,1} & h_{l,p,2,2} & \cdots & h_{l,p,2,n_{b,l,p}} \\ \vdots & \vdots & \ddots & \vdots \\ h_{l,p,N_2,1} & h_{l,p,N_2,2} & \cdots & h_{l,p,N_2,n_{b,l,p}} \end{bmatrix},$$

$$\mathbf{G}_{l,p} = \begin{bmatrix} g_{l,p,1} & 0 & \cdots & 0 \\ g_{l,p,2} & g_{l,p,1} & \cdots & 0 \\ \vdots & \vdots & \ddots & \vdots \\ g_{l,p,N_{2,l}} & g_{l,p,N_{2,l}-1} & \cdots & g_{l,p,N_{2,l}-N_{u,p}+1} \end{bmatrix}, \quad \Delta\mathbf{u}_p = \begin{bmatrix} \Delta u_p(k) \\ \Delta u_p(k+1) \\ \vdots \\ \Delta u_p(k+N_{u,p}-1) \end{bmatrix},$$

$$\underleftarrow{\Delta\mathbf{q}}_p = \begin{bmatrix} \Delta q_p(k) \\ \Delta q_p(k-1) \\ \vdots \\ \Delta q_p(k-n_{bq,l,p}+1) \end{bmatrix}, \quad \Delta\mathbf{q}_p = \begin{bmatrix} \Delta q_p(k+1) \\ \Delta q_p(k+2) \\ \vdots \\ \Delta q_p(k+N_{q,p}) \end{bmatrix},$$

$$\mathbf{H}_{q,l,p} = \begin{bmatrix} h_{q,l,p,1,0} & h_{q,l,p,1,1} & \cdots & h_{l,p,1,n_{qb,l,p}-1} \\ h_{q,l,p,2,0} & h_{q,l,p,2,1} & \cdots & h_{l,p,2,n_{qb,l,p}-1} \\ \vdots & \vdots & \ddots & \vdots \\ h_{q,l,p,N_{2,l},0} & h_{q,l,p,N_{2,l},1} & \cdots & h_{l,p,N_{2,l},n_{qb,l,p}-1} \end{bmatrix},$$

$$\mathbf{G}_{q,l,p} = \begin{bmatrix} g_{q,l,p,0} & 0 & \cdots & 0 \\ g_{q,l,p,1} & g_{q,l,p,0} & \cdots & 0 \\ \vdots & \vdots & \ddots & \vdots \\ g_{q,l,p,N_{2,l}-1} & g_{q,l,p,N_{2,l}-2} & \cdots & g_{q,l,p,N_{2,l}-N_{q,p}} \end{bmatrix},$$

em que $\mathbf{H}_{l,p} \in \mathbb{R}^{N_{2,l}\times n_{b,l,p}}$, $\mathbf{H}_{q,l,p} \in \mathbb{R}^{N_{2,l}\times n_{bq,l,p}}$, $\mathbf{G}_{q,l,p} \in \mathbb{R}^{N_{2,l}\times N_{q,p}}$ e $\mathbf{F} \in \mathbb{R}^{N_2\times n_{a,l}+1}$ são matrizes com os coeficientes dos polinômios $H_{l,p,j}(z^{-1})$, $H_{q,l,p,j}(z^{-1})$, $G_{q,l,p}(z^{-1})$ e $F_{l,j}(z^{-1})$, respectivamente, e, da mesma forma que no caso monovariável, se o horizonte inicial de predição da saída $l$ for maior do que um ($N_{1,l} > 1$), as $N_{1,l} - 1$ linhas iniciais de $\mathbf{G}_{l,p}$ e $\mathbf{f}_l$ devem ser removidas.

Combinando as predições de todas as $n$ saídas, dadas por (C.24), obtemos o formato padrão

$$\hat{\mathbf{y}} = \mathbf{G}\Delta\mathbf{u} + \mathbf{f}, \tag{C.25}$$

com $\mathbf{f} = \mathbf{F}\underset{\leftarrow}{\mathbf{y}} + \mathbf{H}\underset{\leftarrow}{\Delta\mathbf{u}} + \mathbf{G}_q\Delta\mathbf{q} + \mathbf{H}_q\underset{\leftarrow}{\Delta\mathbf{q}}$, sendo $\mathbf{F}$ bloco diagonal, e

$$\mathbf{G} = \begin{bmatrix} \mathbf{G}_{1,1} & \cdots & \mathbf{G}_{1,m} \\ \mathbf{G}_{2,1} & \cdots & \mathbf{G}_{2,m} \\ \vdots & \vdots & \vdots \\ \mathbf{G}_{n,1} & \cdots & \mathbf{G}_{n,m} \end{bmatrix}, \quad \mathbf{f} = \begin{bmatrix} \mathbf{f}_1 \\ \mathbf{f}_2 \\ \vdots \\ \mathbf{f}_n \end{bmatrix}, \quad \Delta\mathbf{u} = \begin{bmatrix} \Delta\mathbf{u}_1 \\ \Delta\mathbf{u}_2 \\ \vdots \\ \Delta\mathbf{u}_m \end{bmatrix},$$

$$\mathbf{H} = \begin{bmatrix} \mathbf{H}_{1,1} & \cdots & \mathbf{H}_{1,m} \\ \mathbf{H}_{2,1} & \cdots & \mathbf{H}_{2,m} \\ \vdots & \vdots & \vdots \\ \mathbf{H}_{n,1} & \cdots & \mathbf{H}_{n,m} \end{bmatrix}, \quad \underset{\leftarrow}{\Delta\mathbf{u}} = \begin{bmatrix} \underset{\leftarrow}{\Delta\mathbf{u}}_1 \\ \underset{\leftarrow}{\Delta\mathbf{u}}_2 \\ \vdots \\ \underset{\leftarrow}{\Delta\mathbf{u}}_m \end{bmatrix}, \quad \mathbf{F} = \begin{bmatrix} \mathbf{F}_1 & & \\ & \ddots & \\ & & \mathbf{F}_n \end{bmatrix},$$

$$\underset{\leftarrow}{\mathbf{y}} = \begin{bmatrix} \underset{\leftarrow}{\mathbf{y}}_1 \\ \underset{\leftarrow}{\mathbf{y}}_2 \\ \vdots \\ \underset{\leftarrow}{\mathbf{y}}_n \end{bmatrix}, \quad \mathbf{G}_q = \begin{bmatrix} \mathbf{G}_{q,1,1} & \cdots & \mathbf{G}_{q,1,m_q} \\ \mathbf{G}_{q,2,1} & \cdots & \mathbf{G}_{q,2,m_q} \\ \vdots & \vdots & \vdots \\ \mathbf{G}_{q,n,1} & \cdots & \mathbf{G}_{q,n,m_q} \end{bmatrix}, \quad \Delta\mathbf{q} = \begin{bmatrix} \Delta\mathbf{q}_1 \\ \Delta\mathbf{q}_2 \\ \vdots \\ \Delta\mathbf{q}_{m_q} \end{bmatrix},$$

$$\mathbf{H}_q = \begin{bmatrix} \mathbf{H}_{q,1,1} & \cdots & \mathbf{H}_{q,1,m_q} \\ \mathbf{H}_{q,2,1} & \cdots & \mathbf{H}_{q,2,m_q} \\ \vdots & \vdots & \vdots \\ \mathbf{H}_{q,n,1} & \cdots & \mathbf{H}_{q,n,m_q} \end{bmatrix}, \quad \underset{\leftarrow}{\Delta\mathbf{q}} = \begin{bmatrix} \underset{\leftarrow}{\Delta\mathbf{q}}_1 \\ \underset{\leftarrow}{\Delta\mathbf{q}}_2 \\ \vdots \\ \underset{\leftarrow}{\Delta\mathbf{q}}_{m_q} \end{bmatrix}.$$

### C.4.1 GPC com polinômio $C_l(z) \neq 1$

Com o uso do polinômio $\mathbf{C}(z^{-1})$, o modelo de cada saída $l$ é dado por:

$$A_l(z^{-1})y_l(k) = \sum_{p=1}^{m} B_{l,p}(z^{-1})u_p(k-1) + \sum_{p=1}^{m_q} B_{q,l,p}(z^{-1})q_p(k) + \frac{C_l(z^{-1})}{\Delta}e(k), \tag{C.26}$$

sendo que $C_l(z^{-1})$ é um polinômio mônico de grau $n_{c,l}$

$$C_l(z) = 1 + c_{l,1}z^{-1} + c_{l,2}z^{-2} + \ldots + c_{l,n_{c,l}}z^{-n_{c,l}}.$$

Com $C_l(z^{-1}) \neq 1$, a equação diofantina a ser resolvida para obter os polinômios $E_{l,j}(z^{-1})$ e $F_{l,j}(z^{-1})$ passa a ser

$$C_l(z^{-1}) = E_{l,j}(z^{-1})\Delta A_l(z^{-1}) + z^{-j}F_{l,j}(z^{-1}). \tag{C.27}$$

Utilizando esta equação diofantina em (C.26) e rearranjando, obtemos:

$$\begin{aligned}\hat{y}_l(k+j \mid k) = &\sum_{p=1}^{m} \frac{E_{l,j}(z^{-1})B_{l,p}(z^{-1})}{C_l(z^{-1})}\Delta u_p(k+j-1) \\ &+ \sum_{p=1}^{m_q} \frac{E_{l,j}(z^{-1})B_{q,l,p}(z^{-1})}{C_l(z^{-1})}\Delta q_p(k+j) \\ &+ \frac{F_{l,j}(z^{-1})}{C_l(z^{-1})}y_l(k).\end{aligned} \tag{C.28}$$

Definindo uma nova equação diofantina

$$E_{l,j}(z^{-1})B_{l,p}(z^{-1}) = G_{l,p,j}(z^{-1})C_l(z^{-1}) + z^{-j}H_{l,p,j}(z^{-1}), \tag{C.29}$$

e substituindo em (C.28), obtemos

$$\begin{aligned}\hat{y}_l(k+j \mid k) = &\sum_{p=1}^{m} \left[G_{l,p,j}(z^{-1})\Delta u_p(k+j-1) + H_{l,p,j}(z^{-1})\Delta u_{c,l,p}(k-1)\right] \\ &+ \sum_{p=1}^{m_q} \left[G_{q,l,p,j}(z^{-1})\Delta q_{c,l,p}(k+j) + H_{q,l,p,j}(z^{-1})\Delta q_{c,l,p}(k)\right] \\ &+ F_{l,j}(z^{-1})y_{c,l}(k),\end{aligned}$$

com $G_{q,l,p,j}(z^{-1})$ e $H_{q,l,p,j}(z^{-1})$ os polinômios que separam os termos dependentes de valores futuros e passados, respectivamente, da perturbação medida, e

$$\Delta u_{c,l,p}(k) = \frac{1}{C_l(z^{-1})}\Delta u_p(k), \quad y_{c,l}(k) = \frac{1}{C_l(z^{-1})}y_l(k),$$
$$q_{c,l,p}(k) = \frac{1}{C_l(z^{-1})}q_p(k),$$

definem os sinais filtrador por $C_l(z^{-1})$. Note que apenas são filtrados os termos que fazem parte da resposta livre. Os termos $G_{l,p,j}(z^{-1})\Delta u_p(k+j-1)$ só possuem elementos dependentes de valores futuros de $\Delta u_p$ e eles não dependem do polinômio $C_l(z^{-1})$. Ainda, podemos reordenar a equação de forma a evidenciar as respostas livre e forçada da predição da saída $y_l$:

$$\hat{y}_l(k+j \mid k) = \sum_{p=1}^{m} G_{l,p,j}(z^{-1})\Delta u_p(k+j-1) + f_l(k+j \mid k),$$

com

$$\begin{aligned} f_l(k+j \mid k) = &\sum_{p=1}^{m} H_{l,p,j}(z^{-1})\Delta u_{c,l,p}(k-1) \\ &+ \sum_{p=1}^{m_q} \left[G_{q,l,p,j}(z^{-1})\Delta q_{c,l,p}(k+j) + H_{q,l,p,j}(z^{-1})\Delta q_{c,l,p}(k)\right] \\ &+ F_{l,j}(z^{-1})y_{c,l}(k). \end{aligned}$$

Essa equação tem a mesma forma que no caso de $C_l(z^{-1}) = 1$, fazendo com que o restante do algoritmo GPC não precise ser alterado, sendo necessário apenas cuidado com as dimensões das matrizes. A resposta forçada não muda com a inclusão do polinômio $C_l(z^{-1}) \neq 1$, dado que ela representa apenas o efeito do controle futuro na predição, sem levar em conta as perturbações.

### C.4.2 DTC-GPC

Um processo MIMO com atraso de transporte pode ser representado por

$$\mathbf{P}(z) = \begin{bmatrix} G_{11}(z)z^{-d_{11}} & \cdots & G_{1m}(z)z^{-d_{1m}} \\ \vdots & \ddots & \vdots \\ G_{n1}(z)z^{-d_{n1}} & \cdots & G_{nm}(z)z^{-d_{nm}} \end{bmatrix}, \tag{C.30}$$

onde cada função de transferência do modelo MIMO tem um atraso $d_{l,i}$ que corresponde ao atraso da entrada $i$ para a saída $l$. Se considerarmos uma dada saída $l$, podemos definir o atraso mínimo associado a ela, $d_l$, como sendo o mínimo de todos os $d_{l,i}$:

$$d_l = \min_{i=1\ldots m} (d_{li}) .$$

Dessa forma, o modelo MIMO pode ser escrito como o produto de uma matriz diagonal de atrasos mínimos,

$$\mathbf{L}(z) = \begin{bmatrix} z^{-d_1} & & 0 \\ & \ddots & \\ 0 & & z^{-d_n} \end{bmatrix},$$

por $\mathbf{G}(z)$, denominado modelo rápido, que não tem esses atrasos:

$$\mathbf{G}(z) = \begin{bmatrix} G_{11}(z)z^{-d_{11}+d_1} & \cdots & G_{1m}(z)z^{-d_{1m}+d_1} \\ \vdots & \ddots & \vdots \\ G_{n1}(z)z^{-d_{n1}+d_n} & \cdots & G_{nm}(z)z^{-d_{nm}+d_n} \end{bmatrix}.$$

Logo:

$$\mathbf{P}(z) = \mathbf{L}(z)\mathbf{G}(z),$$

e denominaremos $G_{l,i}(z)$ o elemento $l,i$ da matriz $\mathbf{G}(z)$.

O algoritmo DTC-GPC é obtido combinando um preditor de Smith filtrado MIMO com o controlador GPC projetado para o sistema sem atrasos mínimos, ou seja, projetado para $\mathbf{G}(z)$. Esse controlador GPC utiliza as saídas preditas pelo PSF para seus cálculos e não mais as saídas do processo. Note que o controlador continua tendo realimentação, pois as saídas preditas pelo PSF empregam informação das saídas medidas no processo. O que se altera é o preditor utilizado para obter a resposta até o instante do atraso, que deixa de ser o preditor ótimo tipicamente implementado pelo GPC e passa a ser um PSF.

Considerando um filtro $F_{e,l}(z)$ por saída, o cálculo das predições usando o PSF pode ser feito empregando:

$$\begin{aligned}Y_{p,l}(z) =& F_{e,l}(z)Y_l(z)\\ &+ \left[G_{l,1}U_1(z) + G_{l,2}U_2(z) + \ldots + G_{l,m}U_m(z)\right](1 - z^{-d_l}F_{e,l}(z)),\\ Y_{p,l}(z) =& F_{e,l}(z)Y_l(z)\\ &+ \left[P_{l,1}U_1(z) + P_{l,2}U_2(z) + \ldots + P_{l,m}U_m(z)\right](z^{d_l} - F_{e,l}(z)),\end{aligned}$$

que pode ser escrito como:

$$Y_{p,l}(z) = F_{e,l}(z)Y_l(z) + S_{l,1}U_1(z) + S_{l,2}U_2(z) + \ldots + S_{l,m}U_m(z),$$

com

$$S_{l,i}(z) = (z^{d_l} - F_{e,l}(z))P_{l,i}(z), \tag{C.31}$$

para $i = 1 \ldots m$, e lembrando que $F_{e,l}(z)$ deve ser projetado de tal forma que $S_{l,i}(z)$ não tenha os polos indesejáveis de malha aberta contidos em $P_{l,i}(z)$, $\forall i$.

O filtro do erro de predição da saída $l$ deverá ter ganho estático unitário e graus de liberdade suficientes para que:

$$\left.\frac{d^p(z^{d_n} - F_{e,l}(z))}{dz^p}\right|_{z=z_i} = 0,\ \forall z_i,\ \forall p = 0, 1, \ldots, M_i - 1, \tag{C.32}$$

com $M_i$ a multiplicidade do polo indesejado $z_i$ proveniente dos modelos $P_{l,i}(z)$, com $i = 1, \ldots m$.

Finalmente, uma vez calculados os filtros por saída, o filtro MIMO a ser usado no DTC-GPC-MIMO será diagonal (de dimensão $n$), com elementos $F_{e,l}(z)$, de $l = 1$ a $l = n$:

$$\mathbf{F}_e(z) = \begin{bmatrix} F_{e,1}(z) & & \\ & \ddots & \\ & & F_{e,n}(z) \end{bmatrix}.$$

Quanto ao GPC, este é calculado utilizando o modelo sem os atrasos mínimos por saída $\mathbf{G}(z)$, e não mais $\mathbf{P}(z)$. Assim, é importante frisar que as equações diofantinas a serem resolvidas para a obtenção das matrizes para o cálculo da resposta livre devem considerar o modelo $\mathbf{G}(z)$.

## C.5 MPC EM ESPAÇO DE ESTADOS

O MPC em espaço de estados apresentado utiliza o seguinte modelo:

$$\begin{cases} \mathbf{x}(k+j+1) = \mathbf{A}\mathbf{x}(k+j) + \mathbf{B}\mathbf{u}(k+j) + \mathbf{B}_q\mathbf{q}(k) \\ \qquad\qquad\qquad + \dfrac{1}{\Delta}\mathbf{e}(k+j+1), & \text{(C.33a)} \\ \mathbf{y}(k+j) = \mathbf{C}\mathbf{x}(k+j) + \mathbf{C}_q\mathbf{q}(k), & \text{(C.33b)} \end{cases}$$

no qual $\mathbf{x} \in \mathbb{R}^{n_s}$ representa o vetor de variáveis de estado, $\mathbf{u} \in \mathbb{R}^m$ é o vetor de sinais de controle, $\mathbf{y} \in \mathbb{R}^n$ é o vetor de saídas, $\mathbf{A} \in \mathbb{R}^{n_s \times n_s}$ é a matriz de estados, $\mathbf{B} \in \mathbb{R}^{n_s \times m}$ é a matriz de entrada, $\mathbf{B}_q \in \mathbb{R}^{n_s \times m_q}$ é a matriz de perturbação, $\mathbf{C} \in \mathbb{R}^{n \times n_s}$ é a matriz de saída e $\mathbf{C}_q \in \mathbb{R}^{n \times m_q}$ é a matriz de saída da perturbação.

A partir deste modelo, as predições são dadas por:

$$\begin{aligned} \hat{\mathbf{y}}(k+j \mid k) =& \mathbf{C}\sum_{i=1}^{j}\left(\sum_{l=0}^{i-1}\mathbf{A}^l\right)\mathbf{B}\Delta\mathbf{u}(k+j-i) \\ &+ \mathbf{C}\sum_{i=1}^{j}\left(\sum_{l=0}^{i-1}\mathbf{A}^l\right)\mathbf{B}_q\Delta\mathbf{q}(k+j-i) \\ &+ \mathbf{C}_q\left(\mathbf{q}(k) + \sum_{i=1}^{j}\mathbf{I}_{m_q}\Delta\mathbf{q}(k+i)\right) + \mathbf{y}(k) \\ &+ \mathbf{C}\left(\sum_{i=1}^{j}\mathbf{A}^i\right)\mathbf{x}(k) - \mathbf{C}\left(\sum_{i=1}^{j}\mathbf{A}^i\right)\mathbf{x}(k-1). \end{aligned} \tag{C.34}$$

Com isso, é possível reescrever as predições futuras do sistema no formato padrão já apresentado,

$$\hat{\mathbf{y}} = \mathbf{G}\Delta\mathbf{u} + \mathbf{f}, \tag{C.35}$$

com

$$\mathbf{f} = \mathbb{I}\mathbf{y}(k) + \mathbf{F}\underleftarrow{\mathbf{x}} + \mathbf{G}_q\Delta\mathbf{q} + \mathbf{F}_q\underleftarrow{\mathbf{q}} \tag{C.36}$$

e

$$\hat{\mathbf{y}} = \begin{bmatrix} \hat{\mathbf{y}}(k+1 \mid k) \\ \hat{\mathbf{y}}(k+2 \mid k) \\ \vdots \\ \hat{\mathbf{y}}(k+N_2 \mid k) \end{bmatrix}, \quad \hat{\mathbf{y}}(k+j \mid k) = \begin{bmatrix} \hat{y}_1(k+j \mid k) \\ \hat{y}_2(k+j \mid k) \\ \vdots \\ \hat{y}_n(k+j \mid k) \end{bmatrix},$$

$$\Delta\mathbf{u} = \begin{bmatrix} \Delta\mathbf{u}(k) \\ \Delta\mathbf{u}(k+1) \\ \vdots \\ \Delta\mathbf{u}(k+N_u-1) \end{bmatrix}, \quad \Delta\mathbf{u}(k+j) = \begin{bmatrix} \Delta u_1(k+j) \\ \Delta u_2(k+j) \\ \vdots \\ \Delta u_m(k+j) \end{bmatrix},$$

$$\Delta\mathbf{q} = \begin{bmatrix} \Delta\mathbf{q}(k+1) \\ \Delta\mathbf{q}(k+2) \\ \vdots \\ \Delta\mathbf{q}(k+N_q) \end{bmatrix}, \quad \Delta\mathbf{q}(k+j) = \begin{bmatrix} \Delta q_1(k+j) \\ \Delta q_2(k+j) \\ \vdots \\ \Delta q_{m_q}(k+j) \end{bmatrix},$$

$$\mathbf{G} = \begin{bmatrix} \mathbf{CB} & \mathbf{0} & \cdots & \mathbf{0} \\ \mathbf{C}(\mathbf{I}+\mathbf{A})\mathbf{B} & \mathbf{CB} & \cdots & \mathbf{0} \\ \vdots & \vdots & \ddots & \vdots \\ \mathbf{C}\left(\sum_{l=0}^{N_2-1}\mathbf{A}^l\right)\mathbf{B} & \cdots & \cdots & \mathbf{C}\left(\sum_{l=0}^{N_2-N_u}\mathbf{A}^l\right)\mathbf{B} \end{bmatrix},$$

$$\mathbb{I} = \begin{bmatrix} \mathbf{I}_n \\ \mathbf{I}_n \\ \vdots \\ \mathbf{I}_n \end{bmatrix}, \quad \mathbf{F} = \begin{bmatrix} \mathbf{CA} & -\mathbf{CA} \\ \mathbf{C}(\mathbf{A}+\mathbf{A}^2) & -\mathbf{C}(\mathbf{A}+\mathbf{A}^2) \\ \vdots & \vdots \\ \mathbf{C}\left(\sum_{i=1}^{N_2}\mathbf{A}^i\right) & -\mathbf{C}\left(\sum_{i=1}^{N_2}\mathbf{A}^i\right) \end{bmatrix}, \quad \underset{\leftarrow}{\mathbf{x}} = \begin{bmatrix} \mathbf{x}(k) \\ \mathbf{x}(k-1) \end{bmatrix},$$

$$\mathbf{G}_q = \begin{bmatrix} \mathbf{C}_q & \mathbf{0} & \cdots & \mathbf{0} \\ \mathbf{CB}_q+\mathbf{C}_q & \mathbf{C}_q & \cdots & \mathbf{0} \\ \mathbf{C}(\mathbf{I}+\mathbf{A})\mathbf{B}_q & \mathbf{CB}_q+\mathbf{C}_q & \cdots & \mathbf{0} \\ \vdots & \vdots & \ddots & \vdots \\ \mathbf{C}\left(\sum_{l=0}^{N_2-2}\mathbf{A}^l\right)\mathbf{B}_q+\mathbf{C}_q & \cdots & \cdots & \mathbf{C}\left(\sum_{l=0}^{N_2-N_q-1}\mathbf{A}^l\right)\mathbf{B}_q+\mathbf{C}_q \end{bmatrix},$$

$$\mathbf{F}_q = \begin{bmatrix} \mathbf{CB}_q+\mathbf{C}_q & -\mathbf{CB}_q \\ \mathbf{C}(\mathbf{I}+\mathbf{A})\mathbf{B}_q+\mathbf{C}_q & -\mathbf{C}(\mathbf{I}+\mathbf{A})\mathbf{B}_q \\ \vdots & \vdots \\ \mathbf{C}\left(\sum_{i=0}^{N_2-1}\mathbf{A}^i\right)\mathbf{B}_q+\mathbf{C}_q & -\mathbf{C}\left(\sum_{i=0}^{N_2-1}\mathbf{A}^i\right)\mathbf{B}_q \end{bmatrix}, \quad \underset{\leftarrow}{\mathbf{q}} = \begin{bmatrix} \mathbf{q}(k) \\ \mathbf{q}(k-1) \end{bmatrix},$$

sendo $N_q$ o horizonte de valores futuros da perturbação $\mathbf{q}$. Se um horizonte $N_1 > 1$ for utilizado, é necessário remover as primeiras $n \cdot (N_1 - 1)$ linhas das matrizes.

A obtenção da lei de controle é feita de forma análoga ao já apresentado, mas alguns vetores e matrizes são redefinidos por conta da forma como as variáveis são organizadas nos vetores. A função custo é dada por

$$J = [\mathbf{r}_{ss} - \hat{\mathbf{y}}]^T \mathbf{Q}_e [\mathbf{r}_{ss} - \hat{\mathbf{y}}] + \Delta\mathbf{u}^T \mathbf{Q}_u \Delta\mathbf{u}, \tag{C.37}$$

com

$$\mathbf{r}_{ss} = \begin{bmatrix} \mathbf{r}_{ss}(k+N_1) \\ \mathbf{r}_{ss}(k+N_1+1) \\ \vdots \\ \mathbf{r}_{ss}(k+N_2) \end{bmatrix}, \quad \mathbf{r}_{ss}(k+i) = \begin{bmatrix} r_1(k+i) \\ r_2(k+i) \\ \vdots \\ r_n(k+i) \end{bmatrix},$$

$$\mathbf{Q}_e = \begin{bmatrix} \tilde{\mathbf{Q}}_y(N_1) & & 0 \\ & \ddots & \\ 0 & & \tilde{\mathbf{Q}}_y(N_2) \end{bmatrix}, \quad \tilde{\mathbf{Q}}_y(i) = \begin{bmatrix} \delta_1(i) & & 0 \\ & \ddots & \\ 0 & & \delta_n(i) \end{bmatrix},$$

$$\mathbf{Q}_u = \begin{bmatrix} \tilde{\mathbf{Q}}_u(0) & & 0 \\ & \ddots & \\ 0 & & \tilde{\mathbf{Q}}_u(N_u-1) \end{bmatrix}, \quad \tilde{\mathbf{Q}}_u(i) = \begin{bmatrix} \lambda_1(i) & & 0 \\ & \ddots & \\ 0 & & \lambda_m(i) \end{bmatrix}.$$

No caso sem restrições, a solução que minimiza a função custo é:

$$\Delta\mathbf{u} = \mathbf{K}\left[\mathbf{r}_{ss} - \mathbf{f}\right], \tag{C.38}$$

com

$$\mathbf{K} = \left(\mathbf{G}^T \mathbf{Q}_e \mathbf{G} + \mathbf{Q}_u\right)^{-1} \mathbf{G}^T \mathbf{Q}_e.$$

Como apenas $\Delta u_p(k)$, com $p \in \{1, \cdots, m\}$, será aplicado ao sistema no instante $k$, é possível reescrever (C.38) como:

$$\Delta\mathbf{u}(k) = \begin{bmatrix} \Delta u_1(k) \\ \Delta u_2(k) \\ \vdots \\ \Delta u_m(k) \end{bmatrix} = \mathbf{K}_1\left[\mathbf{r}_{ss} - \mathbf{f}\right], \tag{C.39}$$

em que $\mathbf{K}_1$ define uma matriz com as $m$ primeiras linhas de $\mathbf{K}$.

Por conta de a ordem dos elementos nos vetores ser diferente da adotada nas outras formulações de MPC discutidas nesta obra, as restrições são escritas de forma distinta. Para restrições no incremento de controle, temos:

$$\Delta\mathbf{u}_{\min} \leq \Delta\mathbf{u}(k+j) \leq \Delta\mathbf{u}_{\max}, \quad \forall j \in [0, N_u - 1],$$

com $\Delta\mathbf{u}_{\min}$, $\Delta\mathbf{u}_{\max} \in \mathbb{R}^m$

$$\Delta\mathbf{u}_{\min} = \left[\Delta u_{1,\,\min} \cdots \Delta u_{m,\,\min}\right]^T,$$
$$\Delta\mathbf{u}_{\max} = \left[\Delta u_{1,\,\max} \cdots \Delta u_{m,\,\max}\right]^T,$$

então

$$\begin{bmatrix} \mathbf{I}_m & \mathbf{0} & \cdots & \mathbf{0} \\ \mathbf{0} & \mathbf{I}_m & \cdots & \mathbf{0} \\ \vdots & \vdots & \ddots & \vdots \\ \mathbf{0} & \mathbf{0} & \cdots & \mathbf{I}_m \end{bmatrix} \Delta\mathbf{u} \leq \begin{bmatrix} \Delta\mathbf{u}_{\max} \\ \Delta\mathbf{u}_{\max} \\ \vdots \\ \Delta\mathbf{u}_{\max} \end{bmatrix}, \begin{bmatrix} -\mathbf{I}_m & \mathbf{0} & \cdots & \mathbf{0} \\ \mathbf{0} & -\mathbf{I}_m & \cdots & \mathbf{0} \\ \vdots & \vdots & \ddots & \vdots \\ \mathbf{0} & \mathbf{0} & \cdots & -\mathbf{I}_m \end{bmatrix} \Delta\mathbf{u} \leq \begin{bmatrix} -\Delta\mathbf{u}_{\min} \\ -\Delta\mathbf{u}_{\min} \\ \vdots \\ -\Delta\mathbf{u}_{\min} \end{bmatrix},$$

ou, de forma compacta,

$$\begin{bmatrix} \mathbf{I}_{mN_u} \\ -\mathbf{I}_{mN_u} \end{bmatrix} \Delta\mathbf{u} \leq \begin{bmatrix} \mathbf{r}_{\Delta u,\,\max} \\ \mathbf{r}_{\Delta u,\,\min} \end{bmatrix} \longleftrightarrow \mathbf{R}_{\Delta u}\Delta\mathbf{u} \leq \mathbf{r}_{\Delta u}.$$

Para restrições no sinal de controle, temos:

$$\mathbf{u}_{\min} \leq \mathbf{u}(k+j) \leq \mathbf{u}_{\max}, \ \forall j \in [0, N_u - 1],$$
$$\mathbf{u}_{\min} \leq \mathbf{u}(k-1) + \sum_{i=0}^{j} \mathbf{I}_m \Delta\mathbf{u}(k+i) \leq \mathbf{u}_{\max}, \ \forall j \in [0, N_u - 1],$$

com vetores $\mathbf{u}_{\min}$, $\mathbf{u}_{\max} \in \mathbb{R}^m$ dados por:

$$\mathbf{u}_{\min} = \left[u_{1,\,\min} \cdots u_{m,\,\min}\right]^T,$$
$$\mathbf{u}_{\max} = \left[u_{1,\,\max} \cdots u_{m,\,\max}\right]^T.$$

Organizando matricialmente, chega-se a:

$$\begin{bmatrix} \mathbf{I}_m & \mathbf{0} & \cdots & \mathbf{0} \\ \mathbf{I}_m & \mathbf{I}_m & \cdots & \mathbf{0} \\ \vdots & \vdots & \ddots & \vdots \\ \mathbf{I}_m & \mathbf{I}_m & \cdots & \mathbf{I}_m \end{bmatrix} \Delta\mathbf{u} \leq \begin{bmatrix} \mathbf{u}_{\max} - \mathbf{u}(k-1) \\ \mathbf{u}_{\max} - \mathbf{u}(k-1) \\ \vdots \\ \mathbf{u}_{\max} - \mathbf{u}(k-1) \end{bmatrix},$$

$$\begin{bmatrix} -\mathbf{I}_m & \mathbf{0} & \cdots & \mathbf{0} \\ -\mathbf{I}_m & -\mathbf{I}_m & \cdots & \mathbf{0} \\ \vdots & \vdots & \ddots & \vdots \\ -\mathbf{I}_m & -\mathbf{I}_m & \cdots & -\mathbf{I}_m \end{bmatrix} \Delta\mathbf{u} \leq \begin{bmatrix} -\mathbf{u}_{\min} + \mathbf{u}(k-1) \\ -\mathbf{u}_{\min} + \mathbf{u}(k-1) \\ \vdots \\ -\mathbf{u}_{\min} + \mathbf{u}(k-1) \end{bmatrix},$$

ou, de forma compacta,

$$\begin{bmatrix} \mathbb{T}_{m,N_u} \\ -\mathbb{T}_{m,N_u} \end{bmatrix} \Delta\mathbf{u} \leq \begin{bmatrix} \mathbf{r}_{u,\,\max} \\ \mathbf{r}_{u,\,\min} \end{bmatrix} \longleftrightarrow \mathbf{R}_u \Delta\mathbf{u} \leq \mathbf{r}_u.$$

Para restrições na saída, temos:

$$\mathbf{y}_{\min} \leq \hat{\mathbf{y}}(k+j) \leq \mathbf{y}_{\max}, \; \forall j \in [N_1, N_2],$$

com vetores $\mathbf{y}_{\min}$, $\mathbf{y}_{\max} \in \mathbb{R}^n$ dados por:

$$\begin{aligned} \mathbf{y}_{\min} &= \begin{bmatrix} y_{1,\,\min} \cdots y_{n,\,\min} \end{bmatrix}^T, \\ \mathbf{y}_{\max} &= \begin{bmatrix} y_{1,\,\max} \cdots y_{n,\,\max} \end{bmatrix}^T. \end{aligned}$$

Dado que $\hat{\mathbf{y}} = \mathbf{G}\Delta\mathbf{u} + \mathbf{f}$, então

$$\begin{bmatrix} \mathbf{y}_{\min} \\ \mathbf{y}_{\min} \\ \vdots \\ \mathbf{y}_{\min} \end{bmatrix} \leq \mathbf{G}\Delta\mathbf{u} + \mathbf{f} \leq \begin{bmatrix} \mathbf{y}_{\max} \\ \mathbf{y}_{\max} \\ \vdots \\ \mathbf{y}_{\max} \end{bmatrix},$$

em que $\mathbf{y}_{\min}$ e $\mathbf{y}_{\max}$ são repetidos $N_y = N_2 - N_1 + 1$ vezes. Assim,

$$\begin{bmatrix} \mathbf{G} \\ -\mathbf{G} \end{bmatrix} \Delta\mathbf{u} \leq \begin{bmatrix} \mathbf{r}_{y,\,\max} \\ \mathbf{r}_{y,\,\min} \end{bmatrix} \longleftrightarrow \mathbf{R}_y \Delta\mathbf{u} \leq \mathbf{r}_y,$$

com

$$\mathbf{r}_{y,\,\max} = \begin{bmatrix} \mathbf{y}_{\max} \\ \mathbf{y}_{\max} \\ \vdots \\ \mathbf{y}_{\max} \end{bmatrix} - \mathbf{f}, \quad \mathbf{r}_{y,\,\min} = \begin{bmatrix} -\mathbf{y}_{\min} \\ -\mathbf{y}_{\min} \\ \vdots \\ -\mathbf{y}_{\min} \end{bmatrix} + \mathbf{f}.$$

## C.6 CONTROLE PREDITIVO NÃO LINEAR DIRETO (NMPC)

Esta formulação utiliza o seguinte modelo:

$$\begin{cases} \mathbf{x}(k+1) = f(\mathbf{x}(k), \mathbf{u}(k), \mathbf{q}(k)) + \frac{1}{\Delta}\mathrm{e}(k), & \text{(C.40a)} \\ \mathbf{y}(k) = g(\mathbf{x}(k), \mathbf{u}(k), \mathbf{q}(k)), & \text{(C.40b)} \end{cases}$$

sendo $\mathbf{x} \in \mathbb{R}^{n_s}$ o vetor de estados, $\mathbf{u} \in \mathbb{R}^{m}$ o vetor de sinais de controle, $\mathbf{q} \in \mathbb{R}^{m_q}$ o vetor de perturbações e $\mathbf{y} \in \mathbb{R}^{n}$ o vetor de saídas do sistema. Ainda, $f$ e $g$ são duas funções não lineares contínuas e diferenciáveis.

Reorganizando, as predições são dadas por:

$$\begin{aligned} \hat{\mathbf{x}}(k+j+1 \mid k) &= f(\hat{\mathbf{x}}(k+j \mid k), \mathbf{u}(k+j), \mathbf{q}(k+j+1)) \\ &\quad + \hat{\mathbf{x}}(k+j \mid k) - f(\mathbf{x}(k+j-1), \mathbf{u}(k-1), \mathbf{q}(k)), \\ \hat{\mathbf{y}}(k+j) &= g(\hat{\mathbf{x}}(k+j \mid k), \mathbf{u}(k+j), \mathbf{q}(k)). \end{aligned}$$

Considerando a mesma função custo definida para o SSMPC e, para simplificar, supondo um horizonte de predição de 1 a $N$ e horizonte de controle $N_u$, o problema de otimização é dado por:

$$J = [\mathbf{r} - \hat{\mathbf{y}}]^T \, \mathbf{Q}_e \, [\mathbf{r} - \hat{\mathbf{y}}] + \Delta\mathbf{u}^T \mathbf{Q}_u \Delta\mathbf{u},$$

com as mesmas definições já vistas para as variáveis e parâmetros usados em $J$. O problema a ser resolvido para a formulação NMPC é dado por:

$$\min J$$

s.a.

$$\begin{aligned} \hat{\mathbf{x}}(k+j+1 \mid k) &= f(\hat{\mathbf{x}}(k+j \mid k), \mathbf{u}(k+j), \mathbf{q}(k+j)), \; j = 1, \ldots N, \\ \hat{\mathbf{y}}(k+j \mid k) &= g(\hat{\mathbf{x}}(k+j \mid k), \mathbf{u}(k+j), \mathbf{q}(k+j)), \; j = 1, \ldots N, \\ h_1(\mathbf{u}(k+j)) &\le 0, \; j = 1, \ldots N_u, \\ h_2(\hat{\mathbf{x}}(k+j \mid k), \hat{\mathbf{y}}(k+j \mid k)) &\le 0, \; j = 1, \ldots N, \end{aligned}$$

em que $h_1$ e $h_2$ são funções que representam as restrições colocadas no controle, e estados e saídas do processo, respectivamente. Essa função pode incluir restrições comuns de limites das variáveis e também restrições não lineares em geral.

O problema NMPC direto não recai em um problema de programação quadrática, então a solução precisa ser obtida com um algoritmo de otimização não linear mais geral. Isso tende a tornar a solução mais lenta que a obtida em formulações que recaem em um problema de programação quadrática.

## C.7 CONTROLE AUTOADAPTATIVO DE PREDIÇÃO ESTENDIDA NÃO LINEAR (NEPSAC)

No NEPSAC, o modelo do processo é dado por:

$$y(k) = x(k) + \eta(k),$$

sendo $\eta(k)$ uma perturbação aditiva não mensurável e $x(k)$ a saída do modelo sem as perturbações não medidas. Em geral, o modelo recursivo para $x(k)$ será:

$$\begin{aligned} x(k) =& f\Big(x(k-1), \ldots, x(k-n_x), u(k-1), \ldots, u(k-n_u), \\ & q(k), \ldots, q(k-n_q)\Big), \end{aligned} \tag{C.41}$$

com $f$ uma função não linear qualquer e $n_x$, $n_u$ e $n_q$ as ordens que definem a dependência com os valores passados de $x$, $u$ e $q$, respectivamente. Nesse modelo, $q$ representa as perturbações medidas do processo. Na sequência, usaremos a notação compacta:

$$x(k) = f(\mathbf{x}_p(k-1), \mathbf{u}_p(k-1), \mathbf{q}_p(k))$$

para representar a relação entre $x(k)$ e os vetores

$$\begin{aligned} \mathbf{x}_p(k-1) &= [x(k-1)\ x(k-2) \ldots x(k-n_x)]^T, \\ \mathbf{u}_p(k-1) &= [u(k-1)\ u(k-2) \ldots u(k-n_u)]^T, \\ \mathbf{q}_p(k) &= [q(k)\ q(k-1) \ldots q(k-n_q)]^T, \end{aligned}$$

que armazenam, respectivamente, os valores passados de $x$, $u$ e $q$ (neste último caso considerando $q(k)$ dentro desse vetor, já que no instante $k$ se tem informação sobre a perturbação atual).

O modelo das perturbações não mensuráveis é semelhante ao usado no GPC:

$$\eta(k) = \frac{C(z^{-1})}{D(z^{-1})} e(k), \tag{C.42}$$

com $e(k)$ um ruído branco e $C(z^{-1})$ e $D(z^{-1})$ polinômios mônicos em $z^{-1}$ com graus $n_c$ e $n_d$, respectivamente. Sabendo que $\eta(k-j) = y(k-j) - x(k-j)$ para $j \leq 0$, para obter os valores estimados $\hat{\eta}(k+j \mid k), \forall j > 0$, calculamos os valores passados de $e$:

$$e(k-j) = \frac{D(z^{-1})}{C(z^{-1})} \eta(k-j),$$

para depois calcular os valores estimados $\hat{\eta}$, considerando que $e(k+j \mid k) = 0, \forall j > 0$:

$$\begin{aligned} \hat{\eta}(k+j \mid k) =& - d_1\hat{\eta}(k+j-1 \mid k) - d_2\hat{\eta}(k+j-2 \mid k) - \ldots \\ & + e(k+j \mid k) + c_1 e(k+j-1 \mid k) + \ldots. \end{aligned}$$

Com a estimação dos valores futuros de $\hat{\eta}$, é possível calcular as predições no horizonte. Há duas maneiras de se fazer isso:

- Modelo paralelo:

  $$\hat{y}(k+j+1 \mid k) = f(\mathbf{x}_p(k+j \mid k), \mathbf{u}_p(k+j), \mathbf{q}_p(k+j+1)) + \hat{\eta}(k+j+1 \mid k),$$

  sendo que

  $$\mathbf{x}_p(k+j \mid k) = [x(k+j \mid k) \ x(k+j-1 \mid k) \ \ldots \ x(k+j-n_x \mid k)]^T,$$

  e os valores de $x$ são obtidos executando o modelo nominal em malha aberta (sem informação da saída medida). Esse modelo não pode ser usado com processos instáveis.

- Modelo série-paralelo:

  $$\hat{y}(k+j+1 \mid k) = f(\hat{\mathbf{y}}_p(k+j \mid k), \mathbf{u}_p(k+j), \mathbf{q}_p(k+j+1)) + \hat{\eta}(k+j+1 \mid k),$$

  com

  $$\hat{\mathbf{y}}_p(k+j \mid k) = [\hat{y}(k+j \mid k) \ \hat{y}(k+j-1 \mid k) \ \ldots \ \hat{y}(k+j-n_x \mid k)]^T,$$

  e $\hat{y}(k+j \mid k) = y(k+j)$, se $j \leq 0$. Ou seja, as predições são obtidas por meio do modelo nominal e das saídas medidas passadas.

O NEPSAC considera que a sequência de controle $u(k+j)$ a ser calculada pelo algoritmo é composta por duas partes:

$$u(k+j) = u_b(k+j) + \delta u(k+j), \quad j = 0,\ldots,N_u - 1,$$

sendo $u_b(k+j)$ o chamado controle base, $\delta u(k+j)$ o incremento de controle com relação ao controle base (pulsos de amplitude $\delta u(k+j)$ aplicados em cada $j$) e $N_u$ o horizonte de controle.

A saída predita pelo modelo é calculada como a soma da resposta base do modelo, $y_b$, que corresponde ao efeito de $u_b$ e das perturbações, e $y_{ot}$, que corresponde apenas ao efeito de $\delta u$:

$$y(k+j) = y_b(k+j) + y_{ot}(k+j), \quad j = N_1,\ldots,N_2.$$

A saída $y_b$ (que no primeiro passo depende apenas de valores de controle conhecidos e do modelo das perturbações) é associada ao modelo não linear e $y_{ot}$ a um modelo linear que é determinado a partir da resposta do modelo não linear em cada passo. Assim, é possível escrever $y_{ot}$ como:

$$\hat{\mathbf{y}}_{ot} = \mathbf{G}_e \delta\mathbf{u}, \tag{C.43}$$

sendo $\hat{\mathbf{y}}_{ot}$ e $\delta\mathbf{u}$ dados por:

$$\hat{\mathbf{y}}_{ot} = \begin{bmatrix} \hat{y}_{ot}(k+N_1 \mid k) \\ \hat{y}_{ot}(k+N_1+1 \mid k) \\ \vdots \\ \hat{y}_{ot}(k+N_2 \mid k) \end{bmatrix}, \quad \delta\mathbf{u} = \begin{bmatrix} \delta u(k) \\ \delta u(k+1) \\ \vdots \\ \delta u(k+N_u-1) \end{bmatrix},$$

e $\mathbf{G_e}$ tem a forma:

$$\mathbf{G}_e = \left[\begin{array}{cccc|c} h_{N_1} & h_{N_1-1} & \dots & h_{N_1-N_u+2} & g_{N_1-N_u+1} \\ h_{N_1+1} & h_{N_1} & \dots & h_{N_1-N_u+3} & g_{N_1-N_u+2} \\ \vdots & \vdots & \ddots & \vdots & \vdots \\ h_{N_2} & h_{N_2-1} & \dots & h_{N_2-N_u+2} & g_{N_2-N_u+1} \end{array}\right],$$

em que $h_i$ (i = $N_1$, ..., $N_2$) são os coeficientes da resposta ao impulso unitário e os parâmetros $g_i$ (i = $N_1 - N_u + 1, \dots, N_2 - N_u + 1$) são os coeficientes da resposta ao degrau unitário. Valores de $h_i$ e $g_i$ para $i \leq 0$ são nulos. Os coeficientes da resposta ao impulso ou degrau podem ser determinados simplesmente simulando o modelo não linear com entradas de tipo impulso ou degrau e determinando a variação da saída do modelo com relação ao valor de $y_b$. Definindo um valor $\epsilon$ como a amplitude do impulso ou degrau, os coeficientes de cada coluna $j$ de $\mathbf{G}_e$ são dados por:

$$\mathbf{G}_e(:, j) = \frac{\hat{\mathbf{y}}_j - \hat{\mathbf{y}}_b}{\epsilon},$$

sendo que $\mathbf{G}_e(:, j)$ indica a $j$-ésima coluna de $\mathbf{G}_e$, e $\hat{\mathbf{y}}_j$ e $\mathbf{y}_b$ são, respectivamente, o vetor de resposta predita considerando a aplicação impulso $\delta u(k+j-1)$ (ou de um degrau se $j = N_u$), e o vetor de resposta base, dados por:

$$\hat{\mathbf{y}}_j = \begin{bmatrix} \hat{y}(k+N_1 \mid k) \\ \hat{y}(k+N_1+1 \mid k) \\ \vdots \\ \hat{y}(k+N_2 \mid k) \end{bmatrix}, \quad \hat{\mathbf{y}}_b = \begin{bmatrix} \hat{y}_b(k+N_1 \mid k) \\ \hat{y}_b(k+N_1+1 \mid k) \\ \vdots \\ \hat{y}_b(k+N_2 \mid k) \end{bmatrix}.$$

Assim, as predições são escritas como:

$$\hat{\mathbf{y}} = \mathbf{G}_e \delta\mathbf{u} + \hat{\mathbf{y}}_b,$$

com:

$$\hat{\mathbf{y}} = \begin{bmatrix} \hat{y}(k+N_1 \mid k) \\ \hat{y}(k+N_1+1 \mid k) \\ \vdots \\ \hat{y}(k+N_2 \mid k) \end{bmatrix}.$$

O problema de otimização do NEPSAC consiste em calcular o vetor $\delta\mathbf{u}$ que minimiza a função custo repetidas vezes até que a norma $|\delta\mathbf{u}|$ seja pequena o suficiente ou um dado número de iterações seja atingido. A cada iteração, o sinal de controle base é atualizado com o novo vetor $\delta\mathbf{u}$ e a matriz $\mathbf{G}_e$ deve ser recalculada.

A função custo (C.1) deve ser modificada para explicitar $\delta\mathbf{u}$ como variável de decisão. A partir do detalhamento apresentado na Seção 5.3.2, chega-se ao formato padrão da função custo de um problema de programação quadrática:

$$J = \frac{1}{2}\delta\mathbf{u}^T\mathbf{H}_{qp}\delta\mathbf{u} + \mathbf{f}_{qp}^T\delta\mathbf{u} + c_{qp}, \tag{C.44}$$

com

$$\begin{aligned} \mathbf{H}_{qp} &= 2\left(\mathbf{G}_e^T\mathbf{Q}_e\mathbf{G}_e + (\mathbf{T}^{-1})^T\mathbf{Q}_u\mathbf{T}^{-1}\right), \\ \mathbf{f}_{qp} &= -2\left(\mathbf{G}_e^T\mathbf{Q}_e\left[\mathbf{r}-\hat{\mathbf{y}}_b\right] + (\mathbf{T}^{-1})^T\mathbf{Q}_u\mathbf{T}^{-1}\left[\mathbf{u}_b - \mathbf{1}u(k-1)\right]\right), \\ c_{qp} &= \left[\mathbf{r}-\hat{\mathbf{y}}_b\right]^T\mathbf{Q}_e\left[\mathbf{r}-\hat{\mathbf{y}}_b\right] \\ &\quad + \left[\mathbf{u}_b - \mathbf{1}u(k-1)\right](\mathbf{T}^{-1})^T\mathbf{Q}_u\mathbf{T}^{-1}\left[\mathbf{u}_b - \mathbf{1}u(k-1)\right]^T, \end{aligned}$$

sendo $\mathbf{T}$ uma matriz triangular inferior com elementos não nulos iguais a 1. Assim como a função custo, as restrições devem ser escritas em função de $\delta\mathbf{u}$.

## C.7.1 Restrições no NEPSAC

Nesta seção são resumidas as representações das principais restrições para serem aplicadas no contexto do NEPSAC.

### C.7.1.1 Restrições no incremento de controle

As restrições no incremento de controle são definidas como:

$$\Delta u_{\min} \leq \Delta u(k+j) \leq \Delta u_{\max}, \ \forall j \geq 0,$$
$$\mathbf{1}_{N_u}\Delta u_{\min} \leq \Delta \mathbf{u} \leq \mathbf{1}_{N_u}\Delta u_{\max},$$
$$\mathbf{1}_{N_u}\Delta u_{\min} \leq \mathbf{T}^{-1}[\delta\mathbf{u} - \mathbf{1}_{N_u}u(k-1) + \mathbf{u}_b] \leq \mathbf{1}_{N_u}\Delta u_{\max},$$

com $\Delta u_{\max}$ e $\Delta u_{\min}$ os valores máximos e mínimos do incremento de controle, respectivamente. Reorganizando no formato padrão, chega-se a:

$$\left[\begin{array}{c} \mathbf{T}^{-1} \\ \hdashline -\mathbf{T}^{-1} \end{array}\right] \delta\mathbf{u} \leq \left[\begin{array}{c} \mathbf{1}_{N_u}(\Delta u_{\max} + u(k-1)) - \mathbf{u}_b \\ \hdashline -\mathbf{1}_{N_u}(\Delta u_{\min} + u(k-1)) + \mathbf{u}_b \end{array}\right].$$

### C.7.1.2 Restrições no sinal de controle

As restrições do sinal de controle são definidas como:

$$u_{\min} \leq u(k+j) \leq u_{\max}, \ \forall j \geq 0,$$
$$\mathbf{1}_{N_u}u_{\min} \leq \mathbf{u} \leq \mathbf{1}_{N_u}u_{\max},$$
$$\mathbf{1}_{N_u}u_{\min} \leq \mathbf{u}_b + \delta\mathbf{u} \leq \mathbf{1}_{N_u}u_{\max},$$

com $u_{\max}$ e $u_{\min}$ os valores máximos e mínimos do sinal de controle, respectivamente. Reorganizando no formato padrão de restrições, chega-se a:

$$\left[\begin{array}{c} \mathbf{I}_{N_u} \\ \hdashline -\mathbf{I}_{N_u} \end{array}\right] \delta\mathbf{u} \leq \left[\begin{array}{c} \mathbf{1}_{N_u}u_{\max} - \mathbf{u}_b \\ \hdashline -\mathbf{1}_{N_u}u_{\min} + \mathbf{u}_b \end{array}\right].$$

### C.7.1.3 Restrições na saída

As restrições na saída são definidas como:

$$y_{\min} \leq \hat{y}(k+j \mid k) \leq y_{\max}, \ \forall j \in [N_1, N_2],$$
$$\mathbf{1}_N y_{\min} \leq \hat{\mathbf{y}} \leq \mathbf{1}_N y_{\max},$$
$$\mathbf{1}_N y_{\min} \leq \mathbf{G}_e\delta\mathbf{u} + \hat{\mathbf{y}}_b \leq \mathbf{1}_N y_{\max},$$

com $y_{\max}$ e $y_{\min}$ os valores máximos e mínimos da saída, respectivamente. Reorganizando no formato padrão de restrições, temos:

$$\left[\begin{array}{c} \mathbf{G}_e \\ \hdashline -\mathbf{G}_e \end{array}\right] \delta\mathbf{u} \leq \left[\begin{array}{c} \mathbf{1}_N y_{\max} - \hat{\mathbf{y}}_b \\ \hdashline -\mathbf{1}_N y_{\min} + \hat{\mathbf{y}}_b \end{array}\right].$$

### C.7.2 Caso multivariável

Assim como no GPC e no DMC multivariáveis, no NEPSAC vamos considerar que temos um modelo que permite calcular cada uma das saídas do processo em função das variáveis manipuladas e das perturbações que a afetam. Considerando o modelo completo, cada saída $y_i(k)$ será representada por um modelo genérico da forma:

$$y_i(k) = f_i(\mathbf{y}_{i,l}(k-1), \mathbf{u}_{i,p}(k-1), \mathbf{q}_{i,s}(k)) + \eta_i(k), \qquad i = 1 \dots n, \forall\, l,p,s,$$

em que $\mathbf{y}_{i,l}(k-1)$, $\mathbf{u}_{i,p}$ e $\mathbf{q}_{i,p}$ são, respectivamente, os vetores contendo as informações passadas das $n$ saídas, dos $m$ controles e das $m_q$ perturbações medidas que afetam a saída $y_i$, e $\eta_i(k)$ é a perturbação não medida que afeta a mesma saída.

Assim como no caso SISO, toda a formulação para decompor a ação de controle em duas partes se aplica a cada um dos sinais de controle $u_p$, separando-os em $u_{b,p}$ e $\delta u_p$ com $p = 1 \dots m$. Aplicando, no sistema multivariável, as entradas $u_{b,p}$ e as perturbações medidas $q_s$, calculamos todas as $y_{b,i}$ apenas simulando o modelo não linear multivariável no horizonte de predição de cada saída.

Por outro lado, para encontrar $\mathbf{y}_{ot,i}$ usaremos a mesma metodologia do caso SISO para cada uma das entradas, obtendo uma matriz $\mathbf{G}_{e,i,p}$ para modelar o efeito da entrada $p$ na saída $i$. Dessa forma:

$$\hat{\mathbf{y}}_{ot,i} = \mathbf{G}_{e,i,1}\delta\mathbf{u}_1 + \mathbf{G}_{e,i,2}\delta\mathbf{u}_2 + \dots + \mathbf{G}_{e,i,m}\delta\mathbf{u}_m,$$

com:

$$\hat{\mathbf{y}}_{ot,i} = \begin{bmatrix} \hat{y}_{ot,i}(k+N_{1,i} \mid k) \\ \hat{y}_{ot,i}(k+N_{1,i}+1 \mid k) \\ \vdots \\ \hat{y}_{ot,i}(k+N_{2,i} \mid k) \end{bmatrix}, \quad \delta\mathbf{u}_p = \begin{bmatrix} \delta u_p(k) \\ \delta u_p(k+1) \\ \vdots \\ \delta u_p(k+N_{u,p}-1) \end{bmatrix},$$

sendo $N_{1,i}$ e $N_{2,i}$ os instantes iniciais e finais dos horizontes da saída $i$, e $N_{u,l}$ o horizonte de controle de $u_l$. A forma de calcular cada $\mathbf{G}_{e,i,p}$ segue o mesmo procedimento do caso SISO, excitando o modelo não linear com impulsos e degraus no controle $p$ para obter os coeficientes de $\mathbf{G}_{e,i,p}$.

Finalmente, a matriz completa terá $n \times m$ blocos:

$$\mathbf{G}_e = \begin{bmatrix} \mathbf{G}_{e,1,1} & \cdots & \mathbf{G}_{e,1,m} \\ \mathbf{G}_{e,2,1} & \cdots & \mathbf{G}_{e,2,m} \\ \vdots & \ddots & \vdots \\ \mathbf{G}_{e,n,1} & \cdots & \mathbf{G}_{e,n,m} \end{bmatrix},$$

e o modelo de predição será dado por:

$$\hat{\mathbf{y}} = \mathbf{G}_e \delta\mathbf{u} + \hat{\mathbf{y}}_b, \tag{C.45}$$

com:

$$\hat{\mathbf{y}}_b = \begin{bmatrix} \hat{\mathbf{y}}_{b,1} \\ \hat{\mathbf{y}}_{b,2} \\ \vdots \\ \hat{\mathbf{y}}_{b,n} \end{bmatrix}, \quad \delta\mathbf{u} = \begin{bmatrix} \delta\mathbf{u}_1 \\ \delta\mathbf{u}_2 \\ \vdots \\ \delta\mathbf{u}_m \end{bmatrix}.$$

O restante do algoritmo permanece igual ao apresentado para o caso SISO.

## C.8 PRACTICAL NMPC (PNMPC)

O PNMPC utiliza o mesmo modelo do processo que o algoritmo NEPSAC e o cálculo da resposta livre no horizonte utiliza a versão série-paralelo para incorporar o efeito de perturbações não medidas. Já para o cálculo da resposta forçada, o PNMPC faz uma linearização local a cada amostra da resposta do sistema em função dos incrementos futuros de controle. O PNMPC representa as predições futuras como:

$$\hat{\mathbf{y}} = \mathbf{G}\Delta\mathbf{u} + \mathbf{f},$$

com as mesmas definições descritas na Seção C.1, porém, a matriz $\mathbf{G}$ tem um cálculo distinto e os coeficientes de $\mathbf{f}$ são obtidos a partir do modelo não linear do processo.

A matriz $\mathbf{G}$ é obtida a cada instante de amostragem do controlador por um processo de linearização da resposta do sistema. A seguir, são apresentados os passos que devem ser seguidos para isso:

1. Calcule a resposta livre sem correção do sistema, $\hat{\mathbf{y}}_{o,0}$, executando o algoritmo que modela ou simula o processo e considerando incrementos de controle futuros nulos a partir da condição inicial (entradas e saídas passadas efetivamente aplicadas ao processo).

2. Calcule a primeira coluna de $\mathbf{G}$. Para isso, faça

$$\Delta \mathbf{u}(k) = [\epsilon \; 0 \; \ldots \; 0]^T,$$

em que $\epsilon$ é um valor pequeno, por exemplo, $u(k-1)/100$, e calcule $\hat{\mathbf{y}}_{o,1}$ aplicando esse incremento de controle no algoritmo que modela o processo (considerando as entradas e saídas passadas efetivamente aplicadas ao processo como condição inicial). Então, a primeira coluna de $\mathbf{G}$ é dada por:

$$\mathbf{G}(:,1) = \frac{\hat{\mathbf{y}}_{o,1} - \hat{\mathbf{y}}_{o,0}}{\epsilon}.$$

3. Calcule a segunda coluna de $\mathbf{G}$. Para isso, faça

$$\Delta \mathbf{u}(k) = [0 \; \epsilon \; 0 \; \ldots \; 0]^T,$$

e calcule $\hat{\mathbf{y}}_{o,2}$ seguindo o mesmo procedimento adotado para $\hat{\mathbf{y}}_{o,1}$. Então, a segunda coluna de $\mathbf{G}$ é dada por:

$$\mathbf{G}(:,2) = \frac{\hat{\mathbf{y}}_{o,2} - \hat{\mathbf{y}}_{o,0}}{\epsilon}.$$

4. Repita o procedimento para as outras colunas de $\mathbf{G}$ até a matriz estar completa.

Nessa representação, $\mathbf{G}(:,j)$ indica a $j$-ésima coluna de $\mathbf{G}$. Uma discussão para a escolha de $\epsilon$ é apresentada na Seção 5.3.2 (p. 193).

O cálculo da resposta livre segue o mesmo procedimento do NEPSAC série-paralelo explicado no Apêndice C.7 ou Seção 5.4.1. Já o problema de otimização e o procedimento para a obtenção do controle ótimo são idênticos aos considerados no DMC ou no GPC.

## C.8.1 Caso multivariável

Cada saída $y_i(k)$ será representada por um modelo genérico da forma:

$$y_i(k) = f_i(\mathbf{y}_{i,l}(k-1), \mathbf{u}_{i,p}(k-1), \mathbf{q}_{i,s}(k)) + \eta_i(k), \qquad i = 1 \ldots n, \forall\, l,p,s,$$

em que $\mathbf{y}_{i,l}(k-1)$, $\mathbf{u}_{i,p}$ e $\mathbf{q}_{i,p}$ são, respectivamente, os vetores contendo as informações passadas das $n$ saídas, dos $m$ controles e das $m_q$ perturbações medidas que afetam a saída $y_i$, e $\eta_i(k)$ é a perturbação não medida que afeta a mesma saída.

Assim, mantendo o sinal de controle constante no sistema multivariável e considerando as perturbações medidas $q_s$, calculam-se todas as saídas $y_i$, apenas simulando o modelo não linear multivariável no horizonte de predição de cada saída.

Por outro lado, para encontrar as respostas forçadas, usaremos a mesma metodologia do caso SISO para cada uma das entradas, obtendo uma matriz $\mathbf{G}_{i,p}$ para modelar o efeito da entrada $p$ na saída $i$. Assim, a predição é dada por:

$$\hat{\mathbf{y}}_i = \mathbf{G}_{i,1}\Delta\mathbf{u}_1 + \mathbf{G}_{i,2}\Delta\mathbf{u}_2 + \ldots + \mathbf{G}_{i,m}\Delta\mathbf{u}_m + \mathbf{f}_i,$$

com $\mathbf{f}_i$ a resposta livre e:

$$\hat{\mathbf{y}}_i = \begin{bmatrix} \hat{y}_i(k + N_{1,i} \mid k) \\ \hat{y}_i(k + N_{1,i} + 1 \mid k) \\ \vdots \\ \hat{y}_i(k + N_{2,i} \mid k) \end{bmatrix}, \mathbf{\Delta u}_p = \begin{bmatrix} \Delta u_p(k) \\ \Delta u_p(k+1) \\ \vdots \\ \Delta u_p(k + N_{u,l} - 1) \end{bmatrix},$$

sendo $N_{1,i}$ e $N_{2,i}$ os horizontes da saída $i$ e $N_{u,p}$ o horizonte de controle de $u_p$.

A forma de calcular cada $\mathbf{G}_{i,p}$ segue o mesmo procedimento do caso SISO, calculando as derivadas parciais numericamente para cada controle $p$. Finalmente, a matriz completa terá $n \times m$ blocos:

$$\mathbf{G} = \begin{bmatrix} \mathbf{G}_{1,1} & \cdots & \mathbf{G}_{1,m} \\ \mathbf{G}_{2,1} & \cdots & \mathbf{G}_{2,m} \\ \vdots & \vdots & \vdots \\ \mathbf{G}_{n,1} & \cdots & \mathbf{G}_{n,m} \end{bmatrix}$$

e o modelo de predição será dado por:

$$\hat{\mathbf{y}} = \mathbf{G}\Delta\mathbf{u} + \mathbf{f}, \tag{C.46}$$

com as mesmas definições da Seção C.1.

# Referências


AHMADI-MOSHKENANI, P.; JOHANSEN, T. A.; OLARU, S. Combinatorial approach toward multiparametric quadratic programming based on characterizing adjacent critical regions. *IEEE Transactions on Automatic Control*, v. 63, n. 10, p. 3221–3231, 2018.

ANDERSSON, J. A.; GILLIS, J.; HORN, G.; RAWLINGS, J. B.; DIEHL, M. CasADi: a software framework for nonlinear optimization and optimal control. *Mathematical Programming Computation*, v. 11, p. 1–36, 2019.

ARRUDA, L. V. R.; LÜDERS, R.; AMARAL, W. C.; GOMIDE, F. A. C. An object-oriented environment for control systems in oil industry. In: *1994 Proceedings of IEEE International Conference on Control and Applications*. Glasgow: IEEE, 1994. p. 1353–1358.

BEQUETTE, B. W. *Process dynamics*: Modeling, analysis, and simulation. Hoboken: Prentice Hall PTR, 1998.

BORRELLI, F.; BAOTIĆ, M.; PEKAR, J.; STEWART, G. On the computation of linear model predictive control laws. *Automatica*, v. 46, n. 6, p. 1035–1041, 2010.

BOYD, S.; PARIKH, N.; CHU, E.; PELEATO, B.; ECKSTEIN, J. Distributed optimization and statistical learning via the alternating direction method of multipliers. *Foundations and Trends on Machine Learning*, v. 3, n. 1, p. 1–122, jan. 2011.

BOYD, S.; VANDENBERGHE, L. *Convex Optimization*. Cambridge, MA: Cambridge Univ. Press, 2004.

CAMACHO, E. F.; BORDONS, C. *Model Predictive Control*. London: Springer, 2004.

CHEN, C.-T. *Linear System Theory and Design*. 4. ed. Cary: Oxford University Press, 2013.

CHIA, T. L.; BROSILOW, C. B. Modular multivariable control of a fractionator. *Hydrocarbon processing (International ed.)*, v. 70, n. 6, p. 61–66, 1991.

CIMINI, G.; BEMPORAD, A. Exact complexity certification of active-set methods for quadratic programming. *IEEE Transactions on Automatic Control*, v. 62, n. 12, p. 6094–6109, Dec 2017.

CUTLER, C. R.; RAMAKER, B. L. Dynamic matrix control – a computer control algorithm. In: *Proceedings of the Joint Automatic Control Conference*. San Francisco, CA: IEEE, 1980. p. WP5–B.

DE KEYSER, R.; LAZAR, M. A 'Gent'-le approach to nonlinear predictive control. In: *Plenary Paper in the ACA-Congress of the Automatic Control Association*. Medellin, Colombia: ACA, 2003.

DEDIEU, J.-P. Newton–Raphson method. In: *Encyclopedia of Applied and Computational Mathematics*. Berlin, Heidelberg: Springer, 2015. p. 1023–1028.

DU, J.; JOHANSEN, T. A. A gap metric based weighting method for multimodel predictive control of MIMO nonlinear systems. *Journal of Process Control*, v. 24, n. 9, p. 1346–1357, 2014.

ENGELL, S.; KLATT, K.-U. Nonlinear control of a non-minimum-phase CSTR. In: *Proceedings of the American Control Conference*. San Francisco, CA: IEEE, 1993. p. 2941–2945.

FERREAU, H. J.; ALMéR, S.; VERSCHUEREN, R.; DIEHL, M.; FRICK, D.; DOMAHIDI, A.; JEREZ, J. L.; STATHOPOULOS, G.; JONES, C. Embedded optimization methods for industrial automatic control. In: *Proc. 20th IFAC World Congress*. Toulouse, France: IFAC, 2017.

FRANKLIN, G. F.; POWELL, J. D.; EMAMI-NAEINI, A. *Sistemas de Controle para Engenharia*. Porto Alegre: Bookman Editora, 2013.

GHADIMI, E.; TEIXEIRA, A.; SHAMES, I.; JOHANSSON, M. Optimal parameter selection for the alternating direction method of multipliers (ADMM): Quadratic problems. *IEEE Transactions on Automatic Control*, v. 60, n. 3, p. 644–658, mar 2015.

GISELSSON, P.; BOYD, S. Linear convergence and metric selection for Douglas–Rachford splitting and ADMM. *IEEE Transactions on Automatic Control*, v. 62, n. 2, p. 532–544, Feb 2017.

GOLDSTEIN, A. A. Convex programming in Hilbert space. *Bulletin of the American Mathematical Society*, v. 70, n. 5, p. 709–710, 09 1964.

GOLUB, G. H.; LOAN, C. F. V. *Matrix Computations*. 3. ed. Baltimore: The Johns Hopkins University Press, 1996.

GUPTA, Y. P. Control of integrating processes using dynamic matrix control. *Chemical Engineering Research and Design*, v. 76, n. 4, p. 465–470, 1998.

HENDRICKS, E.; JANNERUP, O.; SØRENSEN, P. H. *Linear Systems Control*: Deterministic and stochastic methods. London: Springer, 2008.

HERCEG, M.; JONES, C. N.; MORARI, M. Dominant speed factors of active set methods for fast MPC. *Optimal Control Applications and Methods*, v. 36, n. 5, p. 608–627, 2015.

IZMAILOV, A.; SOLODOV, M. *Otimização*: Condições de otimalidade, elementos de análise convexa e de dualidade (volume 1). 3. ed. Rio de Janeiro: IMPA, 2014.

KVASNICA, M.; TAKÁCS, B.; HOLAZA, J.; DI CAIRANO, S. On region-free explicit model predictive control. In: *Proc. 54th IEEE Conference on Decision and Control (CDC)*. Osaka, Japan: IEEE, 2015. p. 3669–3674.

LATHI, B. P. *Sinais e Sistemas Lineares*. 2. ed. Porto Alegre: Bookman, 2006.

ŁAWRYŃCZUK, M. A family of model predictive control algorithms with artificial neural networks. *International Journal of Applied Mathematics and Computer Science*, v. 17, n. 2, p. 217–232, 2007.

LEVITIN, E. S.; POLYAK, B. T. Constrained minimization problems. *USSR Computational Mathematics and Mathematical Physics*, p. 1–50, 1966.

LIMA, D. M.; NORMEY-RICO, J. E.; PLUCENIO, A.; SANTOS, T. L.; GOMES, M. V. C. Improving robustness and disturbance rejection performance with industrial MPC. In: *Proc. 20th Brazilian Conference on Automation (CBA)*. Belo Horizonte, Brazil: SBA, 2014. p. 3229–3236.

LIMA, D. M.; NORMEY-RICO, J. E.; SANTOS, T. L. M. Temperature control in a solar collector field using filtered dynamic matrix control. *ISA Transactions*, v. 62, p. 39–49, 2016.

LIMA, D. M.; SANTOS, T. L. M.; NORMEY-RICO, J. E. Robust nonlinear predictor for dead-time systems with input nonlinearities. *Journal of Process Control*, v. 27, p. 1–14, 2015. ISSN 0959-1524.

NESTEROV, Y. A method of solving a convex programming problem with convergence rate $o(1/k^2)$. *Soviet Mathematics Doklady*, v. 27, n. 2, p. 372–376, 1983.

NESTEROV, Y. *Introductory Lectures on Convex Optimization*: A basic course. Boston: Springer Publishing Company, 2014.

NORMEY-RICO, J. E. *Prediction for Control*. Tese (Doutorado) — Escuela Superior de Ingenieros de la Universidad de Sevilla, 1999.

NORMEY-RICO, J. E.; CAMACHO, E. F. *Control of Dead-time Processes.* London: Springer, 2007.

NORMEY-RICO, J. E.; LIMA, D. M.; SANTOS, T. L. M. Robustness of nonlinear MPC for dead-time processes. In: *Proceedings of the 5th IFAC Conference on Nonlinear Model Predictive Control.* Sevilha: IFAC, 2015. p. 332–341.

O'DONOGHUE, B.; STATHOPOULOS, G.; BOYD, S. A splitting method for optimal control. *IEEE Transactions on Control Systems Technology,* v. 21, n. 6, p. 2432–2442, Nov. 2013.

PECCIN, V. B.; LIMA, D. M.; FLESCH, R. C. C.; NORMEY-RICO, J. E. Fast constrained generalized predictive control with ADMM embedded in an FPGA. *IEEE Latin America Transactions,* v. 18, n. 2, p. 422–429, 2020.

PECCIN, V. B.; LIMA, D. M.; FLESCH, R. C. C.; NORMEY-RICO, J. E. Fast algorithms for constrained generalised predictive control with on-line optimisation. *IET Control Theory & Applications,* v. 15, n. 4, p. 545–558, 2021.

PICON YANG, B. B. *Contribuições aos algoritmos PNMPC e DMC com passo de estabilidade.* 146 p. Dissertação (mestrado) – Programa de Pós-Graduação em Engenharia de Automação e Sistemas, Universidade Federal de Santa Catarina, Florianópolis, 2016.

PISTIKOPOULOS, E. N.; DIANGELAKIS, N. A.; OBERDIECK, R.; PAPATHANASIOU, M. M.; NASCU, I.; SUN, M. PAROC–An integrated framework and software platform for the optimisation and advanced model-based control of process systems. *Chemical Engineering Science,* v. 136, p. 115–138, 2015.

PLUCÊNIO, A. *Desenvolvimento de Técnicas de Controle Não Linear para Elevação de Fluidos Multifásicos.* Tese (Doutorado) – Universidade Federal de Santa Catarina, Centro Tecnológico, Programa de Pós-Graduação em Engenharia de Automação e Sistemas, 2010.

PLUCENIO, A.; PAGANO, D. J.; BRUCIAPAGLIA, A. H.; NORMEY-RICO, J. E. A practical approach to predictive control for nonlinear processes. In: *Proceedings of NOLCOS* 2007– $7^{th}$ *IFAC Symposium on Nonlinear Control Systems.* Pretoria, South Africa: IFAC, 2007.

RAGHUNATHAN, A. U.; CAIRANO, S. D. Infeasibility detection in alternating direction method of multipliers for convex quadratic programs. In: *Proc. 53rd IEEE Conference on Decision and Control.* Los Angeles, USA: IEEE, 2014. p. 5819–5824.

RICHALET, J.; RAULT, A.; TESTUD, J. L.; PAPON, J. Algorithm control for industrial processes. In: *Proc. 4th IFAC Symp. on Identification and System Parameter Estimation.* Tbilisi, URSS: IFAC, 1976.

RICHTER, S.; JONES, C. N.; MORARI, M. Real-time input-constrained MPC using fast gradient methods. In: *Proc. 48th IEEE Conference on Decision and Control (CDC)*. Shanghai, China: IEEE, 2009. p. 7387–7393.

ROLDAO-LOPES, A.; SHAHZAD, A.; CONSTANTINIDES, G. A.; KERRIGAN, E. C. More flops or more precision? Accuracy parameterizable linear equation solvers for model predictive control. In: *Proc. 17th IEEE Symposium on Field Programmable Custom Computing Machines*. Napa, USA: IEEE, 2009. p. 209–216.

SMITH, O. J. M. Closed control of loops with dead-time. *Chemical Engineering Progress*, v. 53, p. 217–219, 1957.

STATHOPOULOS, G.; SHUKLA, H.; SZUCS, A.; PU, Y.; JONES, C. N. Operator splitting methods in control. *Foundations and Trends in Systems and Control*, v. 3, n. 3, p. 249–362, 2016.

TRUONG, T. T.; NGUYEN, H. T. Backtracking gradient descent method and some applications in large scale optimisation: Part 2: Algorithms and experiments. *Applied Mathematics & Optimization*, Springer, p. 1–30, 2020.

TSENG, P. *On accelerated proximal gradient methods for convex-concave optimization*. Seattle, WA, 2008. (Technical Report).

VAN DE VUSSE, J. G. Plug-flow type reactor versus tank reactor. *Chemical Engineering Science*, v. 19, n. 12, p. 994–996, 1964.

WÄCHTER, A.; BIEGLER, L. T. On the implementation of an interior-point filter line-search algorithm for large-scale nonlinear programming. *Mathematical Programming*, Springer, v. 106, p. 25–57, 2006.

WANG, Y.; BOYD, S. Fast model predictive control using online optimization. *IEEE Transactions on Control Systems Technology*, v. 18, n. 2, p. 267–278, mar. 2010.

WILLS, A.; MILLS, A.; NINNESS, B. FPGA implementation of an interior-point solution for linear model predictive control. In: *Proceedings 18th IFAC World Congress*. Milano, Italy: IFAC, 2011.

# Sobre os autores

**Julio Elias Normey-Rico** Possui graduação em Engenharia Eletrônica (1986) pela Universidade Nacional de La Plata, mestrado em Engenharia Elétrica (1989) pela Universidade Federal de Santa Catarina (UFSC) e doutorado em Robótica Automática e Eletrônica (1999) pela Universidade de Sevilla. É professor titular da Universidade Federal de Santa Catarina, coordenador do Programa de Pós-Graduação em Engenharia de Automação e Sistemas, pesquisador 1A do CNPq, coordenador do Instituto Nacional de Ciência e Tecnologia em Controle e Automação de Processos de Energia, e também coordenador de vários projetos de pesquisa. É membro de comitês editoriais nacionais e internacionais. Atua em engenharia de controle e automação com ênfase em controle de processos, principalmente em controle de sistemas com atraso e controle preditivo, com aplicações em diversos setores, principalmente em energias renováveis. É autor dos livros *Control of dead-time processes* (Springer, 2007) e *Introdução ao controle de processos* (Blucher, 2021). Leciona disciplinas de controle preditivo na UFSC desde o ano 2000, participando como professor convidado em outras universidades no Brasil e no exterior.

**Rodolfo César Costa Flesch** é professor do Departamento de Automação e Sistemas, do Programa de Pós-graduação em Engenharia de Automação e Sistemas e do Programa de Pós-graduação em Engenharia Mecânica da Universidade Federal de Santa Catarina (UFSC). É doutor (2012), mestre (2008) e graduado (2006, com mérito estudantil) em Engenharia de Controle e Automação pela UFSC. Realizou pós-doutorado na Fuzhou University (China) na área de controle preditivo de conversores de potência. Suas principais áreas de interesse são controle de processos (com ênfase em controle preditivo), instrumentação, metrologia e automação da medição. Mantém projetos de cooperação internacional com diversas universidades, além de projetos de cooperação com o setor produtivo. É coordenador do Programa de Formação de Engenheiros em Automação, Controle e Instrumentação para Petróleo, Gás e Biocombustíveis (PRH 2.1, financiado pela ANP), subcoordenador do Instituto Nacional de Ciência e Tecnologia em Controle e Automação de Processos de Energia e bolsista de produtividade em pesquisa 1D do CNPq. Tem mais de uma centena de artigos publicados e orientou mais de 70 trabalhos de conclusão de graduação e de pós-graduação, muitos deles na área de controle preditivo.

**Daniel Martins Lima** possui graduação em Engenharia de Controle e Automação (2011), mestrado (2013) e doutorado (2015) em Engenharia de Automação e Sistemas, todos pela Universidade Federal de Santa Catarina (UFSC). Desde 2016, é professor adjunto da UFSC, campus Blumenau, atuando principalmente no curso de graduação em Engenharia de Controle e Automação. Leciona disciplinas na área de controle de processos, incluindo técnicas clássicas e avançadas como controle preditivo. Suas áreas de pesquisa incluem controle de sistemas com atraso e controle preditivo aplicados a diferentes áreas da indústria, tal como energias renováveis e produção de petróleo.

**Vinícius Berndsen Peccin** obteve a graduação em Engenharia de Controle e Automação em 2009, o mestrado e o doutorado em Engenharia de Automação e Sistemas em 2013 e 2021, respectivamente, todos pela Universidade Federal de Santa Catarina (UFSC). É professor do Instituto Federal de Santa Catarina, atuando principalmente no curso de graduação em Engenharia de Controle e Automação. Atua no ensino e pesquisa nas áreas de controle de processos, modelagem dinâmica e otimização. É líder do grupo de pesquisa em instrumentação e controle (Labicon) do Instituto Federal de Santa Catarina.